Shaanxisheng Meitan Ziyuan Qianli Pingjia

陕西省煤炭资源潜力评价

李智学　主编

中国矿业大学出版社
·徐州·

内 容 提 要

本书在分析研究各种勘查成果的基础上，编制多类图表；以地球动力学和煤田地质理论为指导，从主要成煤期含煤地层、层序地层、煤质特征入手，建立典型成煤模式；以构造控煤作用研究为核心，恢复煤盆地构造-热演化历史，分析含煤岩系后期改造和煤变质作用，揭示不同构造背景下煤炭资源的聚集和赋存规律。本书同时应用多种技术手段、地学研究方法，以聚煤规律和构造控煤作用研究为切入点，对陕西省煤炭资源潜力开展科学预测。

本书可供煤炭企业技术人员和科研院所研究人员参考使用，也可供高等院校矿业工程、安全工程等相关专业师生使用。

图书在版编目(CIP)数据

陕西省煤炭资源潜力评价/李智学主编. —徐州：中国矿业大学出版社，2023.8

ISBN 978-7-5646-5935-6

Ⅰ. ①陕… Ⅱ. ①李… Ⅲ. ①煤炭资源—矿产资源—资源潜力—资源评价—陕西 Ⅳ. ①P618.110.624.1

中国国家版本馆 CIP 数据核字(2023)第 166960 号

书　　名　陕西省煤炭资源潜力评价

主　　编　李智学

责任编辑　黄本斌

出版发行　中国矿业大学出版社有限责任公司

（江苏省徐州市解放南路　邮编 221008）

营销热线　(0516)83885370　83884103

出版服务　(0516)83995789　83884920

网　　址　http://www.cumtp.com　**E-mail**:cumtpvip@cumtp.com

印　　刷　苏州市古得堡数码印刷有限公司

开　　本　787 mm×1092 mm　1/16　**印张** 24　**插页** 12　**字数** 665 千字

版次印次　2023 年 8 月第 1 版　2023 年 8 月第 1 次印刷

定　　价　180.00 元

《陕西省煤炭资源潜力评价》
编　委　会

主　　　编　李智学

主要编写人员　贺　丹　俞桂英　邵龙义　任海香
贾志刚　杨耀成　王东东　李明培
易万亿　郝　业　贾少杰　李　瑾
张永生

前　言

本书收集和查阅了《陕西省煤炭资源远景调查报告》《陕西省渭北石炭-二叠纪煤田预测报告》《陕北侏罗纪煤田靖边-定边地区煤炭资源预测报告》《鄂尔多斯盆地聚煤规律及煤炭资源评价》《陕西省煤层气资源评价报告》《陕西省煤炭资源图集》《陕北早-中侏罗世含煤岩系沉积环境》《黄陇煤田侏罗系沉积特征、时代划分与对比》《陕西省彬长矿区侏罗纪含煤地层研究》《陕西省渭北石炭-二叠纪煤田成煤期古地理、古构造及下伏早古生代地层划分与对比》《陕北侏罗纪煤田榆神府地区聚煤条件与含煤建造特征》《陕北侏罗纪煤田榆神府地区主要煤层特征及其利用方向与成煤环境探讨》《渭北石炭-二叠纪煤田石炭系与二叠系分界研究》等科研成果，并在前三次陕西省煤田预测成果的基础上，还收集和分析了近年来渭北石炭-二叠纪煤田、陕北石炭-二叠纪煤田、陕北三叠纪煤田、陕北侏罗纪煤田、黄陇侏罗纪煤田、陕南煤产地等勘查地质报告和资料，以及山西、甘肃、宁夏、内蒙古等地的煤田勘查钻孔资料。在分析研究各种勘查成果提供的地质信息基础上，本书编制了矿区级、煤田级、省级及分析性图件，以及多种类表格。本书以地球动力学和煤田地质理论为指导，从主要成煤期含煤地层、层序地层、煤质特征入手，建立典型成煤模式；以构造控煤作用研究为核心，恢复煤盆地构造-热演化历史，分析含煤岩系后期改造和煤变质作用，揭示不同构造背景煤炭资源的聚集和赋存规律。本书同时应用现代矿产资源预测评价的理论方法和以GIS（地理信息系统）评价为核心的多种技术手段、多种地学信息集成研究方法，以聚煤规律和构造控煤作用研究为切入点，对陕西省煤炭资源潜力开展科学预测。

本书撰写分工如下：第1章由任海香、李智学编写，第2章由贾志刚、李智学、贾少杰编写，第3章由俞桂英、李智学、贾志刚、郝业编写，第4章由李智学、邵龙义、俞桂英、王东东、李明培编写，第5章由李智学、贺丹编写，第6章由李智学、杨耀成、易万亿、张永生编写，第7章由贺丹、李智学、李瑾编写，第8章由李智学、贺丹、俞桂英编写，第9章由李智学编写。任海香、贺丹、贾志刚、易万亿、刘军分别拟编了省级与煤田级综合图件，蒋同昌、吕婷婷、吴欣、侯昭华、苗霖田、张永生、张丽维、田野、李明培、郝业、贾少杰、李瑾分别拟编了矿区级基础图件，张永生对子长矿区的勘查区进行了调查，赵亚宁、薛芳芳、李兴飞负责了本书图件的信息化。全书由李智学统稿。

本书研究成果得到中国煤炭地质总局煤炭资源潜力评价项目组、中国矿业大学（北京）曹代勇教授的关心与悉心指导，陕西省自然资源厅与陕西省煤田地质集团有限公司主要领导对本书研究给予了大力支持，在此，谨向所有给予关注和支持的单位和专家表示衷心的感谢。

由于作者水平有限，书中疏漏之处在所难免，敬请读者不吝指正。

作 者

2022年10月

目　录

1 绪　论

1.1 概况

1.1.1 位置、交通

1.1.1.1 位置

陕西简称陕或秦，位于我国内陆腹地，黄河中游，东经 105°29′至 111°15′、北纬 31°42′至 39°35′之间，东邻山西、河南，西连甘肃、宁夏，南抵湖北、四川、重庆，北接内蒙古，居于连接中国东、中部地区和西北、西南地区的重要位置，是我国毗邻省、自治区、直辖市最多的省份。全省南北最长为 878.0 km，东西最长为 517.3 km，行政区划面积为 205 624.3 km^2。

1.1.1.2 交通

陕西省境内的铁路有陇海铁路、宝成铁路、阳安铁路、襄渝铁路、侯西铁路、咸铜铁路、西安-延安-神木铁路、西康铁路、神黄铁路、包西铁路、西平铁路，安康、宝鸡和绥德铁路枢纽及陕北能源化工基地铁路支线均已相继建成。西安-郑州、西安-大同、西安-宝鸡、西安-成都高铁等建成通车。铁路纵贯南北，横跨东西，基本形成了“两纵三横三个枢纽”骨架网络布局。西安地处“陆桥通道”“包柳通道”“宁西通道”交会处，是西北地区最大的铁路枢纽，也是全国主要铁路枢纽之一。

公路运输在陕西省内占有比较重要的地位，全省有多条国道、省道、省级干线，与各县、乡镇公路和关中地区的村村通公路构成陕西省的公路交通大网络。全省公路基本形成了以西安为中心，四通八达的骨干网络。

陕西已建成西安咸阳、榆林、延安、汉中、宝鸡、安康等多个机场，其中西安咸阳国际机场是西北地区最大的空中交通枢纽，可起降各类飞机。

1.1.2 自然地理

1.1.2.1 地形地貌及气候

陕西地形总特点是南、北高，中间低。北部为陕北黄土高原，南部为陕南秦岭巴山山地（简称陕南秦巴山地），中部为关中盆地，关中盆地地形特点是西高东低。

陕北黄土高原是中国黄土高原的主要组成部分，海拔 900～1 900 m。北部为毛乌素沙漠，中南部在塬、梁、峁及沟壑等黄土地形基础上，发育有子午岭、黄龙山等中低山脉，海拔 1 400～1 800 m；高原西南缘的陇山为六盘山余脉，东与渭河盆地之“北山”相连，与秦岭山脉相对峙，海拔 1 200～2 400 m。“北山”泛指陕北黄土高原与关中盆地过渡地带的一系列山丘，如东崛山、五峰山、嵯峨山、将军山、尧山、牡丹山及高祖山等，海拔 1 200～1 650 m。

水系主要有无定河、延河、洛河、泾河等，分别汇入渭河和黄河。

陕南秦巴山地的地势结构为“两山一平川”。北部秦岭走向近东西，为秦岭山系的骨干，北陡南缓，巍峨壮丽，海拔 1 500～3 000 m，主脉分布于北部，海拔 2 000 m 以上的山峰连绵矗立，构成中-高山地，为黄河水系与长江水系的分水岭。太白山海拔 3 767 m，为秦岭主峰，华山海拔 2 160 m，素以“断崖千尺，雄伟险峻”著称。太白山南麓呈南北走向的凤岭、紫柏山等支脉，层峦叠嶂，俗称“九岭十八坡”，东部商洛山区，山势如“掌状”，向东、南分成蟒岭、流岭、鹘岭及新开岭等支脉。秦岭北陡南缓的山势导致了北坡溪流湍急，主要有黑河、沣河、灞河等，南坡诸水源远流长，除嘉陵江由北而南直入长江外，其余褒河、胥水河、子午河、旬河、金钱河及丹江等均南入汉江。川陕间的大巴山、米仓山呈北西走向，一般海拔 1 500～2 000 m，长约 300 km，最高峰为化龙山，海拔 2 917 m，北坡的牧马河、任河、坝河等依势北入汉江。汉江源于紫柏山和米仓山西端，横贯秦岭、巴山之间，在勉县武侯镇至洋县龙亭镇之间形成汉中盆地，长约 116 km，宽 5～30 km，海拔约 500 m。

陕西为内陆省，南北狭长，兼有我国南北气候的特征。陕北北部属温带气候，陕北南部、关中盆地及秦岭南坡 1 000 m 左右以北地区属暖温带，南部其余地区属凉亚热带，总体属大陆季风气候。春季温暖干燥，夏季炎热多雨，秋季凉爽湿润，冬季干冷少雨。全省年平均气温 5.9～15.7 ℃，一月平均气温为－10.2～3.5 ℃，极端最低气温－32.7 ℃；七月平均气温最高为 20.0～27.7 ℃（高山除外），极端最高气温达 41.0～43.4 ℃。全省年降水量 340～1 240 mm，年平均降水量 573.3 mm，南北差异明显，南多北少。六月至九月为雨季，十一月至来年三月为旱季，四月至五月和十月为干湿过渡季节。省内无霜期一般在 150～270 d 之间。

1.1.2.2 *矿产资源*

陕西地质成矿条件优越，矿产资源丰富，资源/储量大，许多矿种在全国占有重要地位。陕北蕴藏优质盐、煤、石油、天然气等矿产，关中有煤、地热等矿产，陕南有色金属、贵金属、黑色金属及各类非金属矿产资源丰富。全省探明资源/储量居全国前 10 位的矿种有 60 多种，资源/储量居全国前列的重要矿产有盐矿、煤、石油、天然气、金红石、钼、汞、金、水泥用石灰岩、玻璃石英岩等，不仅资源/储量可观，且质量较好，在国内市场具有明显的优势。

1.2 煤炭资源潜力评价目的、任务

1.2.1 煤炭资源潜力评价的目的

通过陕西省煤炭资源潜力评价，系统收集整理各类地质勘查和研究成果，在掌握陕西省煤炭资源勘查与开发现状的基础上，充分应用现代矿产资源预测评价的理论方法和以 GIS 评价为核心的多种技术手段、多种地学信息集成研究方法，以聚煤规律和构造控煤作用研究为切入点，对陕西省煤炭资源潜力开展科学预测。

1.2.2 煤炭资源潜力评价的任务

1.2.2.1 *煤炭资源赋存规律研究*

以地球动力学和煤田地质理论为指导，深入开展陕西省赋煤区煤炭资源赋存规律研

究。从主要成煤期含煤地层、层序地层、煤质特征入手，建立典型成煤模式；以构造控煤作用研究为核心，恢复煤盆地构造-热演化历史，分析含煤岩系后期改造和煤变质作用，揭示不同构造背景煤炭资源的聚集和赋存规律，为煤炭资源潜力预测和勘查前景评价提供依据。

1.2.2.2 煤炭资源勘查开发现状分析

以煤炭资源/储量为基础，分析陕西省现有煤矿(生产井、在建井)资源现状，尚未利用资源状况和分布。通过编制煤炭资源勘查开发现状图，反映陕西省煤炭资源现状，为煤炭资源预测评价提供基础。

1.2.2.3 煤炭资源潜力预测评价

在煤炭资源赋存规律研究的基础上，研究煤炭资源预测评价理论和方法，根据第三次陕西省煤田预测后新的地质资料和地质勘查成果，充分利用区域地质、物探、遥感、煤炭资源勘查与开发等多源信息，对第三次全国煤炭资源预测和原地矿部全国煤炭资源远景预测工作提出的预测区及其资源量进行筛选、再认识；同时，提出预测新的含煤区，采用科学的方法估算资源量，基本摸清煤炭资源潜力及其空间分布。

1.2.2.4 煤炭资源勘查开发潜力评价

从潜在的经济意义、煤质特征和生态环境容量等方面，进行预测资源量的分级、分类研究。

1.2.3 评价工作概况

1.2.3.1 资料收集与野外调查

1. 资料收集

广泛收集前三次陕西省煤田预测资料及区域地质资料和区测报告、遥感和地球物理调查成果、煤炭资源勘查地质报告、有关科研成果，以及近年施工的煤层气钻孔、油井钻孔和盐井钻孔资料等其他资料。

(1) 区域地质资料和区测报告

《西北区煤田预测》《陕西省煤田预测》《陕西省渭北石炭-二叠纪煤田预测报告》《陕西省黄陇侏罗纪煤田预测说明书》《陕西省第三次煤田预测》《陕北侏罗纪靖边-定边地区煤炭资源预测报告》《陕西省煤炭资源远景调查报告》《陕西省首批煤炭国家规划矿区资源评价报告》及《陕甘宁盆地石油地质普查总结报告》《西北区域地层表(陕西分册)》《1∶50万陕西省地质图》《秦岭地质志(1960)》《东秦岭地层(1967)》《1∶50万东秦岭地质图(1969)》《西秦岭地质图(1973)》《陕西省区域地质志(1989)》《陕西省岩石地层》等。

(2) 遥感和地球物理调查成果

《1∶50万陕西省构造体系图及其说明书》《陕西省构造体系与地震震中分布规律》《陕西省区域地球物理(磁、重)场基本特性及找矿远景的研究报告》等调查成果。

(3) 煤炭资源勘查地质报告

收集和查阅陕西省各类煤田地质勘查报告和资料220件，其中煤田地质勘探报告126件、煤田地质详查报告33件、煤田地质普查报告46件、煤田地质预查报告13件、地震勘探报告2件。

(4) 有关科研成果

《鄂尔多斯盆地聚煤规律及煤炭资源评价》《陕西省煤层气资源评价报告》《陕西省煤炭资源图集》《黄陇煤田早-中侏罗纪含煤地层时代划分与对比》《渭北石炭-二叠纪成煤期古地理、古构造及下伏早古生代地层划分对比》《陕西省渭北煤田石炭-二叠纪地层、古生物》《陕西省渭北煤田山西组与太原组分界》《鄂尔多斯盆地南缘石炭系的划分与对比》《渭北石炭-二叠纪煤田石炭系与二叠系分界研究》《华北地台晚古生代煤地质学研究》《陕北侏罗纪煤田榆神府区早、中侏罗纪含煤岩系沉积环境及聚煤规律》《陕西省铜川市煤炭资源状况及开发规划》等。

(5) 其他资料

定边、吴堡、佳县等地盐井钻孔 14 个，渭北石炭-二叠纪煤田煤层气钻孔 11 个，靖边和定边油井钻孔 180 个、天然气钻孔解释成果资料 40 个，以及山西、甘肃、宁夏、内蒙古等周边煤田钻孔资料 52 个。

2. 野外调查

为了做好本次潜力评价工作，对陕西省五大煤田部分勘查区开展了野外调查。

1.2.3.2 评价方法

评价方法包括收集资料、编制图件与分析研究、报告编制、数据库建设等。工作流程如图 1-2-1 所示。

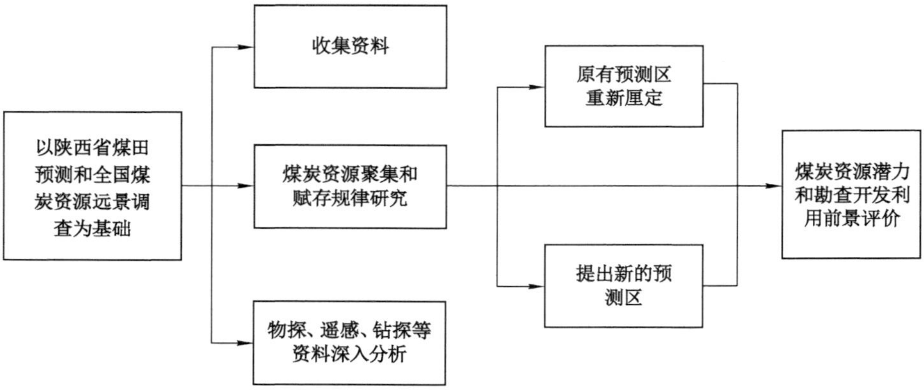

图 1-2-1 工作流程

1.2.3.3 分析研究

1. 图件编制

本次共编制分析性图件 155 幅、煤田及矿区级图件 47 幅、省级图件 9 类 18 幅，以及 11 类表格。

2. 研究内容

(1) 煤田含煤岩系地层沉积体系与沉积环境研究

通过收集煤炭、石油和天然气等地质勘查钻孔资料，编制煤田煤岩系沉积体系和沉积环境等有关分析图件，分析研究陕西省含煤岩系岩石学特征、含煤岩系沉积体系和沉积环境。

(2) 利用层序地层新理论开展沉积环境与赋煤规律研究

运用层序地层理论建立陕西省石炭-二叠纪、三叠纪和侏罗纪地层格架,绘制晚石炭世、早-中二叠世、晚三叠世、中侏罗世含煤岩系岩相古地理格局图;通过编制各成煤期古地理和聚煤规律图,对各含煤时代岩相古地理空间变化规律和演化规律进行研究,总结各含煤岩系聚煤规律。

(3) 开展成煤期含煤岩系古构造特征与煤盆地构造形成及发展演化研究

在历次对陕西省煤田地质构造研究的基础上,结合近年来地质构造理论和煤田地质勘查众多成果,对全省煤盆地赋煤构造单元、赋煤单元开展系统划分和分析研究,对各煤田的构造分布规律及其对含煤地层赋存控制作用、控煤构造样式及控煤意义开展分析研究,对煤盆地构造形成及发展演化、各成煤期含煤岩系古构造特征开展分析研究。

(4) 开展各煤田可采煤层对比研究

通过收集陕西省煤田地质勘查资料与石油系统油气勘探资料,以及山西、甘肃、宁夏等煤田地质有关资料,对陕西省五大煤田主要可采煤层开展对比研究。

(5) 开展各煤田主要可采煤层煤质分析研究和评价

通过收集、整理各勘查区煤岩与煤质测试资料及筛分浮沉试验大样、简易可选性试验资料,编制有关煤质分析图件,对各煤田主要可采煤层煤岩特征、化学特征及工艺性能、浮沉试验等进行详细分析研究和评价,并结合煤质特征对其工业用途进行分析评价。

(6) 开展陕西省煤炭资源预测评价

依据前期煤田地质勘查资料,通过编制陕西省煤田及矿区地质图、含煤岩系地层等厚线图、主要可采煤层等厚线图、累计可采煤层等厚线图等,并在充分分析研究区域地质资料与含煤地层、成煤构造、煤层赋存规律等基础上,开展陕西省预测区煤炭资源预测评价。

2 区域地质

陕西省地处我国南北和东西向地质构造的枢纽地带，主要包括华北地块、华南地块及秦祁昆造山系、西藏-三江造山系四大构造单元，地层出露齐全，岩浆活动强烈，地质构造复杂，矿产资源丰富，是研究中国地层学、古生物学、岩石学、构造地质学及矿床学等学科的良好地区之一。

2.1 地层

据陕西省区域地质调查资料，以古地理条件、沉积相、岩性组合及成矿条件将全省划分为 4 个地层大区、6 个地层区和 12 个地层分区（图 2-1-1）。陕西省地层发育较好，除上白垩统外，各时代地层发育齐全。

华北地层大区：位于华北地层区的西部，处于陕西中北部。南界由西而东大致以八渡-天王镇断裂及余下-铁炉子断裂为界，分为鄂尔多斯地层区及鄂尔多斯、汾渭、太华三个地层分区。

秦祁昆地层大区：位于华北地层大区以南，南与华南地层大区相邻，以宁强宽川铺、勉县、洋县、石泉饶峰、紫阳麻柳坝至镇坪钟宝一线的区域性断裂为界，可分北祁连、秦岭、勉略结合带等三个地层区。进一步划分为走廊、北秦岭、商丹蛇绿混杂带、南秦岭佛坪-旬阳、南秦岭略阳-紫阳、勉略结合带 6 个地层分区。北祁连和勉略结合带地层区在陕西分布范围小，地层复杂，不做叙述。

华南地层大区：位于华南地层区的西北隅，处于陕西南部，分为上扬子地层区及龙门山、米仓山-大巴山两个地层分区。

西藏-三江地层大区：位于陕西西南隅，分为巴颜喀拉地层区及摩天岭地层分区。

陕西省含煤地层较多，从下古生界、上古生界到中生界均有发育，其分布遍及全省。下古生界石煤地层主要分布于南秦岭略阳-紫阳地层分区，有中寒武统（$\in_2$）毛坝关组和八卦庙组、上奥陶统-志留系（O_3-S）斑鸠关组、下志留统（S_1）大贵坪组，本书不再展开叙述。上古生界及中生界含煤地层主要分布于华北地层大区鄂尔多斯地层区，秦岭地层区零星分布上古生界石炭系及中生界上三叠统含煤地层。因此，本书地层从上古生界石炭系由老至新详细展开叙述。

图 2-1-1 陕西省地层分区图

2.1.1 上古生界(Pz_2)(表 2-1-1)

表 2-1-1 陕西省上古生界地层划分简表

地层		分区							
		鄂尔多斯地层区		秦岭地层区				上扬子地层区	
二叠系	P_3	孙家沟组	孙家沟组			十里墩群	龙洞川组	长兴组	大隆组
		上石盒子组	石盒子组				熨斗滩组	吴家坪组 灰岩段	郭家垭组
							西口组	吴家坪组 页岩段	
	P_2						水峡口组	茅口组	龙池组
		下石盒子组						栖霞组	
	P_1	山西组					五里坡组	梁山组	
							垭子组		
石炭系	C_2	太原组			武王沟组	上统	羊山组		马平组
		本溪组	草凉驿群		铁厂铺组		逍遥子组		黄龙组
	C_1			二峪河组	界河街组	下统	四峡口组		大塘组
				红岩寺组			袁家沟组		岩关组
泥盆系	D_3		刘岭群	桐峪寺组	九里坪组	铁山群	南羊山组		蟠龙山组
							冷水河组		
	D_2			青石垭组	星红铺组	杨岭沟组			三岔沟组
				池沟组	古道岭组	大枫沟组			
				牛耳川组	王家楞组	石家沟组			
	D_1				未出露	公馆组			
							西岔河组		

1. 石炭系(C)

石炭系分布于鄂尔多斯、秦岭、上扬子三个地层区。石炭系在鄂尔多斯地层区缺失下统,上统分布于渭北、府谷一带,为海陆交互相含煤建造,厚度小于 100 m,生物群以植物、腕足类、䗴类较发育;在秦岭地层区凤县、山阳以南齐全,以北缺失上统,为海相碳酸盐岩局部夹陆相碎屑岩,厚度 750～2 710 m;在上扬子地层区仅于高川一带分布,上、下统齐全,为海相碳酸盐岩夹含煤碎屑岩,厚度 550～860 m,化石丰富。

(1) 下石炭统(C_1)

① 秦岭地层区:北秦岭地层分区周至小王涧-玉皇庙一带的下石炭统未分;南秦岭佛坪-旬阳地层分区北部山阳-柞水一带的称红岩寺组和二峪河组,南部镇安一带的称界河街组,西部凤县与留坝之间的未分,东部的称袁家沟组和四峡口组。

红岩寺组:与下伏桐峪寺组呈断层接触,整合于二峪河组之下,由三种岩石构成,其下部为碳质千枚岩,中部为粉砂岩及灰绿色千枚岩,上部为一薄层状灰岩,以碳质岩石的出现为该组顶界。

二峪河组：碳质板岩、石英砂岩、粉砂岩及灰岩夹劣质煤，整合于下伏红岩寺组之上，厚度 990～1 400 m，产植物化石及少量介形虫化石。

界河街组：深灰色灰岩、含燧石条带及燧石结核灰岩，中部与底部夹少量板岩，整合于上泥盆统九里坪组之上，厚度 112～450 m，产珊瑚及腕足类化石。

袁家沟组：以浅灰色灰岩为主，夹页岩及钙质砂岩，产珊瑚、腕足类、层孔虫化石，厚度 195～795 m，整合于上泥盆统之上。

四峡口组：由两套含燧石条带及结核的灰岩和一套碎屑岩组成，产珊瑚、腕足类化石等，厚度小于 750 m，整合于下伏袁家沟组之上。

② 上扬子地层区：米仓山-大巴山地层分区西乡-镇巴一带的下石炭统称岩关组和大塘组。

岩关组：浅海相碳酸盐岩和碎屑岩沉积，整合于下伏上泥盆统蟠龙山组之上，为灰色、深灰色厚层灰岩与泥岩、粉砂岩互层，厚度 45～236 m，产珊瑚、腕足类化石等。

大塘组：下段以灰岩为主，底部为一层石英砂岩，厚度 25～213 m；中段为石英砂岩、粉砂岩、泥岩夹薄煤层，厚度 68.6 m；上段为灰岩及燧石生物灰岩，厚度 166 m。大塘组富含化石，以珊瑚、腕足类和植物为主，少量腹足类、双壳类及海百合等。

(2) 下石炭统未分

周至小王涧-玉皇庙一带下石炭统的下部为变质砂岩、粉砂岩，整合于下伏上泥盆统之上，中部为灰岩、碎屑灰岩、钙质砂岩，上部为千枚岩类长石砂岩，灰岩中产生物化石，厚度不详。留坝以西的下石炭统以灰岩为主，下部为灰色泥质灰岩、灰岩，厚度 165 m，整合于下伏上泥盆统铁山群之上；上部为含燧石条带灰岩、灰白色细粒石英砂岩、砂砾岩及页岩，浅灰、乳白色厚层结晶灰岩，生物灰岩夹不稳定鲕状灰岩，产生物化石，厚度大于 600 m。

(3) 上石炭统(C_2)

① 鄂尔多斯地层区：鄂尔多斯地层区的上石炭统称本溪组。

本溪组：分布于韩城、澄城及吴堡、府谷一带，面积较大。其下部为杂色铝土岩、黏土岩及铁矿层，局部含石英砂岩；上部为灰白色石英砂岩、灰黑色砂质泥岩、泥岩夹煤线及薄层灰岩。本溪组厚度 0～35 m，由南、北两侧向中部吴堡一带增厚，岩性变细，在韩城一带分布较广，澄城、蒲白零星分布，铜川以西缺失。本溪组含薄煤或透镜状灰岩或钙质泥岩一层，向吴堡一带增多，动、植物化石丰富。

② 秦岭地层区：南秦岭佛坪-旬阳地层分区南部镇安-旬阳一带的上石炭统称逍遥子组，北部柞水-镇安一带的称铁厂铺组；北秦岭地层分区凤县草凉驿-太白上店坊一带的称草凉驿群；南秦岭佛坪-旬阳地层分区山阳及北秦岭地层分区周至柳叶河一带的未分。

草凉驿群：河流沼泽相沉积，不整合于下伏地层之上，其下部为砾岩夹泥岩及不稳定煤层、煤线，上部为泥岩、细粒砂岩夹砾岩、砂砾岩及薄煤层。草凉驿群厚度 250～750 m，产植物化石。

铁厂铺组：整合于下伏下石炭统界河街组之上，由滨海相碎屑岩和碳酸盐岩组成，主要为千枚岩及灰岩夹砂岩、火山集块岩，厚度 956 m，产䗴类及珊瑚化石。

逍遥子组：整合于下-上石炭统四峡口组之上，下部为灰黑色页岩、泥岩夹粉砂质泥岩，产植物化石；中上部为灰岩，偶夹泥岩、粉砂质页岩、钙质砂岩，产腕足、䗴类及珊瑚化石。逍遥子组厚度 216～439 m。

凤县以北涂家崖一带上石炭统的下部为石英砂岩、板岩互层夹千枚岩，灰绿色钙质千枚岩夹灰岩，薄至中厚层灰岩，厚度 700 m，产双壳类及珊瑚化石；上部为灰色、灰绿色钙质千枚岩、片岩夹厚层灰岩，厚度 1 500 m，与周围地层呈断层接触。凤县-留坝间、元山滩-谈家庄一带上石炭统的下部为砂质页岩、碳质页岩含铁质薄层砂岩，深灰色厚层状生物灰岩，产珊瑚化石，整合于下伏下石炭统之上，厚度小于 150 m；上部为乳白色厚层结晶灰岩、生物灰岩，厚度 180 m，产珊瑚及䗴类化石。留坝以西玉皇庙一带上石炭统的下部为钙质板岩夹泥灰岩，上部为碳酸盐化微粒灰岩，顶部为灰岩、砂质板岩互层，厚度 1 569 m。南秦岭略阳-紫阳地层分区洋县及褒河一带上石炭统下部为千枚岩夹灰岩、砂岩透镜体，厚度 54～70 m，中部为结晶灰岩、白云岩、含碳千枚岩，厚度 258～300 m，上部为白云母钙质片岩、结晶灰岩、石英片岩，厚度 109～146 m，整合于下石炭统之上。

③ 上扬子地层区：米仓山-大巴山地层分区西乡-镇巴一带的上石炭统称黄龙组。

黄龙组：灰白色厚层块状白云岩，夹少量白云质灰岩、灰岩等，横向上岩性和厚度变化较大，厚度在 20～156 m 不等。生物化石为䗴类和保存不好的珊瑚、双壳类及腕足类等。

(4) 上石炭-下二叠统(C_2-P_1)

① 鄂尔多斯地层区：鄂尔多斯地层区的上石炭-下二叠统称太原组。

太原组：出露于府谷、韩城、铜川至泾河一带，为灰黑、黑色泥岩，砂质泥岩及灰白色石英砂岩夹煤层、灰岩及钙质泥岩层，顶部含铁质结核。泥岩中产大量植物化石，灰岩中产䗴类及腕足类化石。厚度 2.0～121.3 m，一般厚 20～80 m，总体趋势是北厚南薄、东厚西薄，厚度中心位于吴堡至府谷之间，渭北石炭-二叠纪煤田泾河以西缺失。太原组整合于下伏本溪组之上，为陕西省主要含煤地层之一。

② 秦岭地层区：南秦岭佛坪-旬阳地层分区山阳一带的上石炭-下二叠统称武王沟组，镇安-旬阳一带的称羊山组。前者整合于下伏铁厂铺组之上，为钙质或砂质板岩，下部夹砂质泥灰岩及钙质砂岩，上部常有泥质板岩，厚度 1 642～1 838 m；后者整合于下伏逍遥子组之上，中下部为浅灰、灰白色或灰红色厚层状、块状灰岩，上部为灰黑色厚层状、块状灰岩，厚度200 m，富含䗴类化石。

③ 上扬子地层区：米仓山-大巴山地层分区西乡木竹坝-镇巴兴隆场一带的上石炭-下二叠统称马平组。

马平组：以灰岩和生物灰岩为主，其下部为浅灰色细粒砂岩、砾岩、灰岩夹黄色泥岩，底部有 1.7 m 厚含砾泥岩，上部为深灰色中厚层灰岩夹细粒石英砂岩、粉砂岩及灰黑色薄层泥岩。马平组厚度 50～113 m，产珊瑚、双壳类、腹足类、䗴类化石，整合于下伏黄龙组之上。

2. 二叠系(P)

二叠系分布于鄂尔多斯地层区及秦岭地层区镇安西口一带，上扬子地层区宁强、镇巴、西乡一带，另外凤县、洛南及商州等地亦有零星分布。鄂尔多斯地层区的二叠系分布范围较广，为陆相碎屑含煤沉积；秦岭地层区除商洛一带的与鄂尔多斯地层区的沉积类型相似外，留坝-白河及上扬子地层区米仓山-大巴山地层分区的均为海相碳酸盐岩、碎屑岩及海陆交互相沉积。

(1) 下-中二叠统(P_{1-2})

① 鄂尔多斯地层区：鄂尔多斯地层区的下-中二叠统称山西组。

山西组：主要分布于泾河至韩城以北广大地区，出露于府谷、吴堡及渭北等地，在泾河以西缺失，为一套陆相含煤碎屑岩系。岩性为粉砂岩、中-细粒砂岩、砂质泥岩、泥岩、碳质泥岩及煤层，底部常有一层石英砂层，府谷及渭北一带呈砂砾岩或砾岩，并夹砂质灰岩或泥灰岩透镜体。本组厚度 8.22～175.31 m，总体趋势是北厚南薄、东厚西薄，厚度中心仍位于吴堡至府谷之间。洛河以东碎屑岩增多，吴堡一带以泥岩为主，厚度最大。南部的渭北石炭-二叠纪煤田山西组厚度 8.22～131.85 m，一般厚 40～60 m；陕北府谷矿区山西组的厚度 18.84～105.13 m，一般厚约 70 m，吴堡矿区山西组的厚度 85.13～175.31 m，一般厚 100～150 m。山西组富含植物化石，整合于下伏太原组之上。

② 秦岭地层区：南秦岭佛坪-旬阳地层分区镇安西口-山阳流水沟一带的下-中二叠统，自下而上称垭子组、五里坡组，各组与下伏地层间均为整合接触。

垭子组：灰黑、浅灰色灰岩夹少量碎屑灰岩、纺锤虫灰岩，厚度 172 m，富含䗴类及珊瑚化石。

五里坡组：下部为深灰色泥质灰岩，中上部为灰、灰白色灰岩，厚度 175 m，富含䗴类及少量腕足类化石。

③ 上扬子地层区：上扬子地层区的下-中二叠统称梁山组。

梁山组：东西部地区岩性、厚度及生物群方面均有一定差异，平行不整合于下伏地层之上。梁山组在西部地区为灰黑色页岩、碳质页岩及灰白、灰黄色黏土岩，夹不稳定的劣质煤，厚度一般为 3～15 m，产少量腕足类、双壳类及介形虫等化石；在东部地区为灰黑色薄层状泥岩夹粉砂质泥岩，不含煤，厚度 8～16 m，富含腕足类及苔藓虫化石。

（2）中二叠统（P_2）

① 秦岭地层区：南秦岭佛坪-旬阳地层分区镇安西口-山阳流水沟一带的中二叠统称水峡口组。

水峡口组：整合于下伏五里坡组之上，为黑色、深灰色灰岩、泥质灰岩，夹黑色页岩、砂质页岩和砂岩，厚度 397 m，富含䗴类、腕足类和珊瑚化石。

② 上扬子地层区：中二叠统在东西部地区岩性、厚度及生物群方面均有一定差异，自下而上称栖霞组和茅口组（东部称龙池组）。

栖霞组：整合于下伏梁山组之上，为厚层灰岩，部分为含燧石结核生物碎屑灰岩，局部夹灰质白云岩或碳质页岩，厚度 25～116 m，化石较丰富。栖霞组在东部地区为灰黑色泥岩、钙质泥岩及灰岩，厚度 41～57 m，下部富含䗴类化石，中上部产腕足类化石。

茅口组：整合于下伏栖霞组之上，为中厚层灰岩、生物碎屑灰岩，夹页岩或碳质页岩，灰岩含燧石结核或条带，厚度 70～218 m，富含䗴类、珊瑚、腕足类及少量牙形刺化石。东部的称龙池组，为黑色硅质、钙质或碳质泥岩、粉砂岩，局部夹硅质岩、泥灰岩及石煤，厚度 48～134 m，含头足类、䗴类及腕足类化石，与西部茅口组为同期异相沉积。

（3）上二叠统（P_3）

① 鄂尔多斯地层区：鄂尔多斯地层区的上二叠统称孙家沟组。

孙家沟组：分布于韩城-岐山一带及府谷北侧的孙家沟组，与下伏上石盒子组连续沉积，为灰绿、浅灰色中、粗粒砂岩夹（互）暗紫色泥岩、粉砂岩，厚度 156～242 m，含植物化石及孢粉。分布于洛南一带的孙家沟组，为浅红色长石石英砂岩夹绿色、灰紫色泥岩，砂质泥岩及石膏层，厚度 224 m。分布于商州熊耳山一带的孙家沟组，为灰色中粗粒砂岩、灰色泥岩，多被后期冲刷或缺失，整合于下伏上石盒子组之上，产植物化石。分布于商州大荆-洛南兑山一带的孙家沟组,下部为中～粗粒石英砂岩,上部为紫、灰紫色细粒砂岩及泥岩,可见厚度76～341 m,平行不整合于下伏上石盒子组之上。

② 秦岭地层区:上二叠统分布于南秦岭佛坪-旬阳地层分区镇安西口-山阳流水沟一带,自下而上称西口组、熨斗滩组和龙洞川组,各组与下伏地层均为整合接触。

西口组:灰黑、灰色灰岩、泥质灰岩夹泥岩、石英砂岩、粉砂岩,厚度383 m,富含腕足类、珊瑚以及䗴类、双壳类、苔藓虫及介形虫等化石。

熨斗滩组:暗紫红、灰红色块状灰岩、泥质灰岩。

龙洞川组:灰白色块状灰岩,夹紫红、浅红色泥灰岩或灰岩,厚度789.5 m,富含䗴类、腕足类、珊瑚及有孔虫化石。

③ 上扬子地层区:上二叠统自下而上称吴家坪组与郭家垭组,长兴组与大隆组。

吴家坪组与郭家垭组:前者分为上、下两段,下段(页岩段)为杂色铝土质页岩或黏土岩,局部夹碳质页岩、铝土矿层、煤线及透镜状灰岩层,产植物化石碎片,厚度2～20 m,平行不整合于下伏茅口组之上;上段(灰岩段)为中厚层含燧石结核或条带生物碎屑灰岩、燧石灰岩及燧石岩,厚度68～568 m,富含䗴类、珊瑚及腕足类化石。后者分布于东部高川一带,为灰、灰黑、黄褐色泥岩、粉砂岩,夹少量细粒砂岩、泥灰岩、灰岩,厚度120～288 m,与前者为同期异相沉积。

长兴组与大隆组:前者为浅灰～深灰色薄层至厚层灰岩,含少量燧石结核,厚度120～180 m,整合于下伏吴家坪组之上,产䗴类、珊瑚、有孔虫、腕足类、牙形刺及藻类化石;后者分布于东部西乡至镇巴简池坝以东,为灰黑、暗灰绿色钙质页岩夹碳质页岩、薄层泥灰岩和煤线,厚度20～30 m,富含头足类及少量腕足类、植物、双壳类及珊瑚化石,与前者为同期异相沉积。

2.1.2 中生界(Mz)(表2-1-2)

1. 三叠系(T)

三叠系分布于鄂尔多斯地层区渭河以北,上、中、下三统俱全,除下统在岐山、麟游一带有海相地层外,全区均为陆相碎屑岩沉积,上统为一套以陆相砂泥岩为主、夹油页岩和煤层的含煤岩系。秦岭地层区及上扬子地层区下、中统为海相地层,上统为陆相含煤岩系。

(1) 下三叠统(T_1)

① 鄂尔多斯地层区:下三叠统出露于韩城、铜川、淳化、麟游以及陕北吴堡、府谷等地,自下而上分为刘家沟组和和尚沟组。

刘家沟组:出露于鄂尔多斯盆缘麟游至韩城、府谷、吴堡等地,为灰白、紫灰色砂岩,夹少量粉砂岩、泥质粉砂岩和砂质泥含以及多层不稳定的砾岩,其中岐山、麟游一带的为海相砂岩、粉砂岩及泥岩,厚度90～400 m。刘家沟组与下伏二叠系孙家沟组为连续沉积,产腕足类、双壳类化石,麟游好时河产蛇尾纲化石。

和尚沟组:整合于下伏刘家沟组之上,为浅湖相棕红、橙红、紫红色泥岩和粉砂质泥岩(富含钙质结核)夹紫灰、灰紫、灰绿色细粒砂岩、砂砾岩,厚度65～128 m,产叶肢介、介形虫、双壳类化石。

② 秦岭地层区:南秦岭佛坪-旬阳地层分区凤县以南的下三叠统称留凤关群,自下而上分为西坡组和任家沟组,前者分布于扈家窑、榆林铺至聂家湾一带,后者分布于站儿巷-李家河一带;镇安西口程家川一带的称金鸡岭组。

表 2-1-2 陕西省中生界地层划分简表

<table>
<tr><th colspan="2" rowspan="2">地层</th><th colspan="3">分区</th></tr>
<tr><th>鄂尔多斯地层区</th><th>秦岭地层区</th><th>上扬子地层区</th></tr>
<tr><td rowspan="2">白垩系</td><td>K₂</td><td></td><td></td><td></td></tr>
<tr><td>K₁</td><td>志丹群：泾川组、罗汉洞组、环河华池组、洛河组、宜君组</td><td>六盘山群：李洼峡组、和尚铺组、三桥组
东河群：化垭组、周家湾组、田家坝组</td><td></td></tr>
<tr><td rowspan="3">侏罗系</td><td>J₃</td><td>芬芳河组</td><td></td><td>遂宁组</td></tr>
<tr><td>J₂</td><td>安定组
直罗组
延安组</td><td>龙家沟组
勉县群</td><td>上沙溪庙组
下沙溪庙组
千佛崖组</td></tr>
<tr><td>J₁</td><td>富县组</td><td>勉县群</td><td>白田坝组</td></tr>
<tr><td rowspan="3">三叠系</td><td>T₃</td><td>瓦窑堡组
延长组：永坪组、胡家村组、铜川组</td><td>上三叠统</td><td>须家河组</td></tr>
<tr><td>T₂</td><td>延长组：铜川组
二马营组</td><td>岭沟组</td><td>雷口坡组</td></tr>
<tr><td>T₁</td><td>和尚沟组
刘家沟组</td><td>留凤关群：任家沟组、西坡组
金鸡岭组</td><td>嘉陵江组
大冶组
下三叠统</td></tr>
</table>

西坡组：整合于下伏二叠系十里墩群之上，为灰色厚层及中厚层钙质粉砂岩，钙质板岩夹灰色薄层灰岩、硅质灰岩、泥质条带灰岩，局部夹细粒砂岩、角砾状灰岩及海底滑坡层，厚度 1 373 m，产菊石类化石。

任家沟组：整合于下伏西坡组之上，为灰色厚层至中厚层钙质粉砂岩、钙质板岩、钙质细粒砂岩夹灰色薄层灰岩、粉砂质灰岩、条带状、块状灰岩、砾状灰岩，厚度 3 194 m，产菊石类化石。

金鸡岭组：整合于下伏二叠系龙洞川组之上，为杂色灰岩、泥灰岩，局部夹少量页岩，为浅海相沉积，厚度 113～663 m，产菊石类、双壳类、腕足类等化石。

③ 上扬子地层区：出露于南郑牟家坝-西乡茶镇以南和中梁山、宁强关口坝等地的下三叠统，自下而上分为大冶组和嘉陵江组；东部高川至鸡心岭一带的下三叠统未分。

大冶组：整合于下伏二叠系大隆组之上，为一套微咸化至半咸化海相泥质碳酸盐沉积的浅灰、紫色白云质灰岩，泥质白云岩、次生灰岩和次生钙质白云岩，局部夹少量页岩，厚度 78～403 m，产双壳类、菊石类化石。

嘉陵江组：整合于下伏大冶组之上，为一套半咸化至咸化浅海相碳酸盐-膏盐沉积，主要为泥质灰岩、灰岩、泥质白云岩、白云岩、盐溶角砾岩，厚度 430～820 m，产双壳类、菊石类化石。

（2）中三叠统（T_2）

① 鄂尔多斯地层区：中三叠统分布于渭河以北，出露于麟游-韩城以及吴堡、神木窟野河和府谷等地，称二马营组。

二马营组：下段为紫灰、黄绿色块状细粒砂岩夹粉砂质泥岩，上段为暗紫色粉砂质泥岩夹页岩、细粒砂岩，厚度 330～1 000 m，产植物化石以及介形虫和脊椎动物化石等，整合或平行不整合于下伏和尚沟组之上。

② 秦岭地层区：中三叠统仅分布于南秦岭佛坪-旬阳地层分区镇安西口一带，称岭沟组。

岭沟组：下部为浅灰绿色泥质微晶灰岩夹钙质砂岩，中上部为深灰色钙质泥岩夹钙质砂岩，泥质微晶灰岩，厚度 700 m，未见顶，产双壳类化石，整合于下伏金鸡岭组之上。

③ 上扬子地层区：中三叠统分布于宁强、镇巴一带，称雷口坡组。

雷口坡组：半咸至咸化浅海相碳酸盐-膏盐沉积，由灰岩、泥质灰岩、泥质白云质灰岩、假鲕状灰岩，钙质白云岩，白云岩及盐溶角砾岩组成，厚度 207～383 m，产双壳类、腕足类化石，整合于下伏嘉陵江组之上。

（3）上三叠统（T_3）

① 鄂尔多斯地层区：上三叠统广泛分布于鄂尔多斯地层区，称瓦窑堡组。

瓦窑堡组：分布于子长、子洲、富县及安塞等地，为中～细粒砂岩、粉砂质泥岩、粉砂岩、泥岩、油页岩及煤层，子长一带上部夹一层厚度 4～14 m 的油页岩，中下部夹薄层泥灰岩 1～2 层。岩性北粗南细，无定河以北以粗碎屑岩为主，不含煤；向南砂岩减少，粒度变细，以细粒砂岩、砂质泥岩、泥岩、煤层及油页岩为主。瓦窑堡组自下而上共分为 4 段，受后期剥蚀厚度变化较大，子长一带最厚达 368 m，一般厚度 200 m，吴起以西厚度小于 100 m。瓦窑堡组为三叠系主要含煤地层，产植物及双壳类、介形虫、叶肢介等动物化石，与下伏延长组为整合接触，其间以一层含煤（或煤线）砂、泥岩底面为本组开始，并与上覆富县组为平行不整合接触。

② 秦岭地层区：上三叠统分布于北秦岭地层分区的周至柳叶河及蟒岭以南地区，未分。前者下部为灰白色厚层状石英细砾岩、砂砾岩、长石石英砂岩，紫灰绿色泥砂质板岩，厚度 414 m；上部为含碳泥砂质板岩夹中细粒石英砂岩，板岩中产植物化石，厚度 176 m。后者下部为板岩夹长石石英砂岩、含砾砂岩、菱铁矿结核，局部夹劣质煤，厚度大于 370 m，产植物化石；上部为板岩夹泥灰岩、粗粒砂岩、粉砂岩，厚度大于 780 m。

③ 上扬子地层区：上三叠统分布于宁强、镇巴一带，称须家河组。

须家河组：海陆交互相到陆相含煤碎屑岩，由浅灰色砾岩、长石石英砂岩、深灰色粉砂岩、页岩夹碳质页岩及煤层组成，平行不整合于下伏雷口坡组之上。自南而北地层逐渐缺失，响洞子一带厚度 287 m，三元、长岭一带厚度 10 余米，九阵坝附近缺失。

2. 侏罗系（J）

印支运动后，陕西省统一成陆，自侏罗纪至第四纪皆为内陆盆地沉积。侏罗系在鄂尔多斯地层区发育齐全，研究程度较高；在秦岭地层区一些构造盆地中零星分布，仅有下、中统沉积；在上扬子地层区仅发育下、中统，且在米仓山-大巴山地层分区中的沉积类型、地层特征、生物群总貌及地层名称等方面均与四川盆地中的一致。

（1）下侏罗统（J_1）

① 鄂尔多斯地层区：下侏罗统分布于鄂尔多斯分区，称富县组。

富县组：出露于府谷、神木、子长、富县、彬州、麟游等地，不整合或平行不整合于下伏瓦窑堡组之上。下部为深灰、灰黑色泥岩、页岩、碳质页岩、油页岩夹薄煤层及黄绿色砂、砾状石英砂岩；上部为黄绿色砾状砂岩、砂岩夹紫红、灰绿、黄绿色砂质泥岩、泥岩。富县组在子长、富县一带以砾岩、砾状砂岩、砂质泥岩和泥岩为主；在彬州、麟游一带以铝土质泥岩为主，厚度 0～142 m，产植物化石及双壳类化石。

② 上扬子地层区：下侏罗统分布于米仓山-大巴山地层分区西乡麻柳坝至茶镇、镇巴县城至简池坝一带，称白田坝组。

白田坝组：泥岩、粉砂岩和粗粒长石石英砂岩，底部常有一层石英砾岩或含砾砂岩夹薄煤层，厚度 270～423 m，不整合或平行不整合于下伏须家河组之上，为本区主要含煤地层。

（2）下-中侏罗统（J_{1-2}）

秦岭地层区：下-中侏罗统零星分布于勉县堰河、紫阳红椿坝-瓦房店一带，称勉县群。

勉县群：堰河一带勉县群的下部为杂色砾岩，中部为灰色细粒砂岩、粉砂岩、砂质页岩夹煤层及煤线，上部为灰黄、深灰色细粒砂岩、粉砂岩夹砂砾岩、砂岩，厚度大于 500 m，不整合于下伏地层之上。紫阳红椿坝-瓦房店一带勉县群为砾岩夹细粒砂岩、砂质页岩，上部断失，可见厚度为 254 m。另外，在宁强安乐河一带有紫红色块砂砾岩，沉积时代可能属下-中侏罗统，厚度大于 300 m。

（3）中侏罗统（J_2）

① 鄂尔多斯地层区：中侏罗统出露于神木、府谷、榆阳、横山、子长、富县、黄陵、旬邑、彬州、麟游、陇县等地，自下而上分为延安组、直罗组和安定组。

延安组：与下伏地层呈整合或平行不整合接触，在府谷及陇县一带局部呈不整合接触。以大理河及葫芦河为界，可分为北、中、南三个不同的沉积区，北区为深灰色泥岩、粉砂岩，灰色中细粒砂岩及煤层，中下部夹叠锥状灰岩，可划分为 5 段，各段都含有可采煤层；南区各地保留层段不同，可划分为 4 段，煤层多集中于下部；中区由中粗粒砂岩、含砾中粒砂岩（宝塔山砂岩段）和砂岩、粉砂岩夹泥岩（枣园段）组成，自下而上有宝塔山砂岩、B 标志层、A 标志层、裴庄砂岩、真武洞砂岩、卫星砂岩及巧克力页岩等标志层，可划分为 4 段。延安组一般厚度 200～300 m，产大量植物化石及双壳类、腹足类化石，为陕西重要含煤地层。

直罗组：平行不整合于下伏延安组或超伏于三叠系之上。下部为灰绿、黄绿色块状长石砂岩（直罗砂岩）、杂色砂岩、粉砂质泥岩夹细、粉砂岩；上部为黄绿、黄灰色块状中～细粒长石砂岩（高桥砂岩）及黄绿、灰绿、紫红色泥岩、粉砂质泥岩、粉砂岩、细粒砂岩夹泥质砂岩。盆地内厚度 82～141 m，陇县、千阳至麟游一带厚度 14～315 m，产植物化石及双壳类化石。

安定组：整合于下伏直罗组之上。无定河以北的安定组为紫红、暗紫色砂岩夹灰绿色砂岩，棕黄、浅灰绿、紫红色泥岩、砂质泥岩，厚度小于 100 m。无定河以南、葫芦河以北安定组的下部为灰黑色、黑色页岩、油页岩夹粉砂质页岩、粉砂岩，上部为灰黄色泥灰岩，以含泥灰岩为其特征，厚度小于 100 m；葫芦河以南的安定组为紫色、暗紫色粉砂岩、泥岩夹紫红色、灰绿色砂岩，局部含砾石或夹砾岩层，产双壳类、腹足类及鱼类化石，在太峪以北厚度 128 m、以南厚度 243 m。有人认为葫芦河以南的该段地层仍为直罗组地层，有待以后证实。

② 秦岭地层区：中侏罗统分布于凤县扈家窑及留坝江口等地，称龙家沟组。

龙家沟组：粉砂质泥岩、粉砂岩夹砂岩、砂砾岩，厚度 36～405 m，富含动、植物化石，不整合于下伏留凤关群或石炭系之上，为含煤地层。

③ 上扬子地层区：中侏罗统分布于米仓山-大巴山地层分区，自下而上分为千佛崖组、下沙溪庙组及上沙溪庙组。千佛崖组分布于西乡麻柳坝至茶镇一带及镇巴县城至简池坝一线以南，下沙溪庙组及上沙溪庙组分布于镇巴简池坝以南。

千佛崖组：以深灰色粉砂岩、细粒砂岩为主，夹泥岩和长石石英砂岩，厚度 194～5 600 m，产植物化石和双壳类化石，整合或平行不整合于下伏白田坝组之上。

下沙溪庙组：以黄绿色块状泥岩为主，夹长石石英砂岩、粉砂岩，厚度 319 m，产双壳类和少量植物化石，整合于下伏千佛崖组之上。

上沙溪庙组：以暗紫、紫红色块状泥岩夹粉砂岩、细粒砂岩为主，中部夹花斑泥岩及钙质结核，底部为长石石英砂岩，厚度 1 774 m，整合于下伏下沙溪庙组之上。

（4）上侏罗统（J_3）

① 鄂尔多斯地层区：上侏罗统出露于千阳草碧沟、芬芳河及凤翔袁家河等地，称芬芳河组。

芬芳河组：该组为一套山麓带堆积的棕红、紫红、紫灰色块状砾岩、巨砾岩夹少量棕红色砂岩、泥质粉砂岩组合，厚度大于 1 174 m，平行不整合于下伏安定组之上。

② 上扬子地层区：上侏罗统分布于米仓山-大巴山地层分区南部川陕交界的简池坝-老洞岩一带，称遂宁组。

遂宁组：以紫红、暗紫红色钙质泥岩为主，夹钙质细粒砂岩、粉砂岩，厚度 400 m，产双壳类、介形虫及鱼类化石，整合于下伏上沙溪庙组之上。

3. 白垩系（K）

陕西省内仅有下白垩统，分布于鄂尔多斯地层区鄂尔多斯盆地的称志丹群，分布于秦岭地层区金陵河断陷盆地的称六盘山群，分布于秦岭地层区凤县断陷盆地、洛南断陷盆地、商丹断陷盆地等处的称东河群。

（1）志丹群

志丹群分布于鄂尔多斯盆地西部，榆林、宜君以西，彬州、千阳以北，自下而上可分为宜君组、洛河组、环河华池组、罗汉洞组和泾川组，不整合或平行不整合于下伏地层之上，各组之间为连续沉积。

宜君组：分布于葫芦河以南，为一套山麓相杂色砾岩夹砂岩、泥岩条带或砂岩透镜体，呈底砾岩产出，厚度 0～65 m，向盆内呈楔状变薄尖灭，或相变为砾状砂岩，在千阳草碧沟一带与下伏芬芳河组呈不整合接触。

洛河组：河流相（也有认为是风成砂丘夹冲积扇相）紫红、灰紫色块状中粗粒长石砂岩，斜层理极为发育，葫芦河以南夹砾岩、砾状砂岩，厚度 130～348 m，偶见鱼类及介形虫化石。

环河华池组：在定边以南为浅湖相杂色泥岩、砂质泥岩、页岩及砂岩，吴起一带夹凝灰岩，厚度 329～538 m，定边以北为河流相黄绿、灰绿、紫红色长石砂岩，夹多层凝灰质砂岩、凝灰岩及酸性火山玻璃凝灰岩，厚度 400～500 m，产鱼类及介形虫化石。

罗汉洞组：河流相沉积，下部为紫红、浅红色泥岩、砂质泥岩、泥质粉砂岩，夹中粗粒长石砂岩；上部为橙红、棕红色块状粗粒长石砂岩，含细砾及泥砾，斜层理不发育，厚度 106～233 m，内蒙古境内产鹦鹉嘴龙化石。

泾川组：以湖泊相沉积为主，为杂色泥岩、砂质泥岩、泥质粉砂岩夹细砾岩，含砾中粒砂岩及泥灰岩，厚度 178 m。

（2）六盘山群

六盘山群分布于金陵河断陷盆地固关-县功一带，自下而上分为三桥组、和尚铺组、李洼峡组和乃家河组，省内仅有下部三个组，不整合于下伏地层之上，各组之间为连续沉积。

三桥组：洪积相浅棕紫、灰紫色块状砾岩，局部夹砂岩透镜体，厚度 350 m。

和尚铺组：河流相紫红色中粒砂岩、块状砾岩、含砾砂岩、砂质泥岩及泥质砂岩，厚度 489 m，产腹足类化石。

李洼峡组：河流相紫红色砾岩、含砾中粒砂岩，砂岩夹砂质泥岩，厚度 618 m，产双壳类及植物化石。

（3）东河群

东河群分布于凤县断陷盆地双石铺、江口、平木及商州构峪、洛南以南，蓝田小寨沟、寺沟、蟒岭金盆沟等地，为陆相含煤碎屑沉积，自下而上分为田家坝组、周家湾组和化垭组，不整合于下伏地层之上，各组之间为连续沉积。

田家坝组：紫红色粗砾岩夹粉砂岩、泥岩、砾石大小混杂，无方向性、分选性差、次棱角状，厚度 140～1 074 m。

周家湾组：灰绿、黄绿色厚层砾岩、砂岩和泥质粉砂岩，局部地区底部夹劣质煤层，产双壳类及植物化石碎片，厚度180～851 m。

化垭组：下部为灰黑、黄绿色粉砂质泥岩、粉砂岩夹砾岩、砂岩，上部为灰绿、黄绿色砾岩及紫红、灰紫色泥质粉砂岩、粉砂岩及煤线，厚度 473～908 m，未见顶，产双壳类、腹足类、介形虫及植物等化石。

2.1.3 新生界(Cz)(表 2-1-3)

1. 古近系(E)

古近系分布于陇县及渭河盆地和陕南断陷盆地群中，地层发育程度与岩性、岩相、厚度等因地而异，主要为红色粗碎屑岩沉积，不整合于下伏地层之上，自下而上有古新统、始新统和渐新统。

（1）古新统(E_1)

古新统分布于洛南石门盆地，称樊沟组。

樊沟组：以河流相棕红、紫红色泥岩、砂质泥岩、砂砾岩为主，厚度大于 170 m，产哺乳动物化石，不整合于下伏地层之上。

（2）始新统(E_2)

分布于陇县、千阳一带的始新统称固原组，分布于临潼骊山西、南侧冷水沟和红河上游吉家湾一带的称红河组，分布于洛南盆地西南部的称红土岭组。

固原组：浅棕红色块状砾岩、细粒砂岩、含砾粉砂岩夹橙红色砂质黏土岩，砾径一般 0.5～1.0 m，成分以石英岩为主，含少量花岗岩及燧石，厚度 180～208 m，不整合于下伏下白垩统志丹群之上。

红河组：紫红色泥岩、砂质泥岩，灰绿色细粒砂岩，厚度 160～820 m，产哺乳类动物及植物化石，不整合于下伏地层之上。

红土岭组：黄棕、棕红色砂质泥岩、泥岩夹棕灰色砂岩和泥质砂岩，底部为灰绿、紫灰色砾岩夹砂质泥岩，厚度 1 044.6 m，不整合于下伏地层之上。

表 2-1-3 陕西省新生界地层划分简表

<table>
<tr><th colspan="3" rowspan="2">地层</th><th colspan="8">分区</th></tr>
<tr><th colspan="3">鄂尔多斯地层区</th><th colspan="4">秦岭地层区</th><th>上扬子地层区</th></tr>
<tr><td rowspan="7">第四系</td><td rowspan="2">全新统</td><td rowspan="2">Qh</td><td colspan="2" rowspan="2">全新统</td><td>现代堆积</td><td colspan="4" rowspan="2">全新统</td><td>现代堆积</td></tr>
<tr><td>半坡组</td><td>五里铺组</td></tr>
<tr><td rowspan="5">更新统</td><td rowspan="2">Qp_3</td><td colspan="3">马兰组</td><td colspan="2" rowspan="2">上更新统</td><td colspan="2" rowspan="2">太白组</td><td rowspan="2">上更新统</td></tr>
<tr><td colspan="2">萨拉乌苏组</td><td>乾县组</td></tr>
<tr><td>Qp_2</td><td colspan="2">离石组</td><td>泄湖组</td><td colspan="5">中更新统</td></tr>
<tr><td rowspan="2">Qp_1</td><td colspan="2">午城组</td><td>阳郭组</td><td colspan="4">上部</td><td rowspan="2">下更新统</td></tr>
<tr><td colspan="3">三门组</td><td colspan="4">龙骨岭组</td></tr>
<tr><td rowspan="5">新近系</td><td rowspan="3">上新统</td><td rowspan="3">N_2</td><td>?</td><td rowspan="3">甘肃群</td><td>张家坡组</td><td rowspan="3">疙瘩庙组</td><td rowspan="3">李家庙组</td><td rowspan="3"></td><td rowspan="3">陈家营组</td><td rowspan="5"></td></tr>
<tr><td>静乐组</td><td>蓝田组</td></tr>
<tr><td>保德组</td><td>灞河组</td></tr>
<tr><td rowspan="2">中新统</td><td rowspan="2">N_1</td><td colspan="2">小章沟组</td><td>龚家沟组</td><td colspan="2" rowspan="2">囫囵山组</td><td rowspan="2">老庄组</td><td rowspan="2"></td></tr>
<tr><td colspan="2" rowspan="2"></td><td>冷水沟组</td></tr>
<tr><td rowspan="4">古近系</td><td rowspan="2">渐新统</td><td rowspan="2">E_3</td><td>甘河组</td><td colspan="2" rowspan="2">葡萄岭组</td><td rowspan="2">山坝村组</td><td rowspan="4">古近系</td><td rowspan="4">古近系</td></tr>
<tr><td colspan="2">清水营组</td><td>白鹿塬组</td></tr>
<tr><td>始新统</td><td>E_2</td><td colspan="2">固原组</td><td>红河组</td><td colspan="2">红土岭组</td><td rowspan="2"></td></tr>
<tr><td>古新统</td><td>E_1</td><td colspan="2"></td><td>樊沟组</td><td colspan="2"></td></tr>
</table>

(3) 渐新统(E_3)

分布于定边西南梁子一带的渐新统称清水营组,分布于渭河盆地的称白鹿塬组和甘河组,分布于洛南盆地的称葡萄岭组,分布于商丹盆地的称山坝村组。

清水营组:河湖相浅红色砂岩、砾状砂岩夹棕红色黏土及石膏透镜体,未见底,厚度25 m,产介形虫及腹足类化石,不整合于下伏地层之上,时代属渐新世早期。

白鹿塬组:河流相,上部以灰白色粗～中粒块状砂岩为主,夹紫红色泥岩或黄灰色、褐色砂质泥岩,中部为灰白色砂岩与紫红色泥岩互层,底部发育砂砾岩或含砾中粒砂岩。白鹿塬组与下伏的红河组顶部的紫红色泥岩呈平行不整合接触,与上覆的冷水沟组底部的灰白色砂砾岩呈不整合接触,厚度43～785 m,产哺乳类动物及介形虫化石,平行不整合于下伏红河组之上,时代属渐新世早期。

甘河组:位于白鹿塬组之上,为河湖相灰白色含砾中～粗粒砂岩、砂砾岩,与褐灰色含砾泥质岩互层,夹细粒砂岩,顶部泥质岩夹碳质页岩及煤线,产介形虫及轮藻化石,厚度401.21 m。

葡萄岭组:河湖相灰白色砾岩、砂岩,黄棕色泥岩夹砂质泥岩,厚度219～584 m,与下伏红土岭组呈断层或不整合接触。

山坝村组:河流相棕红、棕褐色泥岩、砂质泥岩夹灰白色砾岩、砾状砂岩,厚度784 m,不整合于下伏地层之上。

2. 新近系(N)

新近系较古近系分布广泛，在渭河盆地、陕北及陕南均有分布，其中在渭河以南发育较全，与下伏古近系或其他老地层均呈不整合接触，自下而上包括中新统和上新统。

(1) 中新统(N_1)

分布于鄂尔多斯盆地南部彬州、旬邑一带的中新统称小章沟组，分布于渭河盆地的自下而上称冷水沟组和龚家沟组，分布于洛南盆地的称囫囵山组，分布于商丹盆地的称老庄组。

小章沟组：浅棕褐色砂质黏土夹白色钙质结核层，局部及下部含砾石条带，厚度40～116 m，砂质黏土中产哺乳类动物化石，不整合于下伏地层之上，时代属中新世晚期。

冷水沟组：棕红色泥岩、砂质泥岩夹灰黄、灰绿色砂岩，厚度10.0～80.9 m，产哺乳类动物化石，不整合于下伏地层之上，时代属中新世中期。

龚家沟组：以中粒砂岩、泥岩为主，夹结核层，厚度0～102.8 m，产哺乳类动物化石，平行不整合于下伏冷水沟组之上，时代属中新世晚期。

囫囵山组：河流-冲洪积相灰白、棕灰色砂砾岩、砾岩，中上部夹黄棕色含细砾泥质细粒砂岩，下部夹棕红色泥质细粒砂岩，厚度48～386 m，产动物骨骼化石碎片，平行不整合于下伏葡萄岭组之上。

老庄组：河流相灰绿色砾岩夹黄棕色砂岩、砾状砂岩，厚度884.7 m，与下伏山顷村组呈平行不整合或断层接触。

(2) 上新统(N_2)

分布于陇县以东，千阳以北，长武、彬州、旬邑、铜川、洛川、韩城、定边至清涧等地，以及零星分布于府谷、神木一带的上新统，自下而上称保德组和静乐组；分布于渭河盆地的自下而上称灞河组、蓝田组和张家坡组；分布于洛南盆地的称李家庙组；分布于石门盆地的称疙瘩庙组；分布于安康月河盆地的称陈家营组。另外，分布于陇县、千阳两个新生代断陷盆地及其以西地区的上新统称甘肃群。

保德组：河湖相深红、紫红色黏土岩、砂质黏土岩，富含钙质结核，底部夹砂砾岩，局部夹石膏层，厚度19～70 m，产三趾马、白水互棱齿象等化石，不整合于下伏地层之上，时代属上新世早期。

静乐组：棕红、鲜红、紫红色含三趾马黏土，夹钙质结核层及葡萄状结核、砂质泥岩、泥岩等，底部为褐红色砂岩、砂砾岩，厚度10～350 m，不整合于下伏地层之上，时代属上新世早期。

灞河组：河流相棕红色砂砾岩、砂岩、砂质泥岩，含少量钙质结核泥岩，厚度122.6～363.5 m，产哺乳类、软体类动物化石及少量介形虫、腹足类化石，平行不整合或不整合于下伏地层之上，时代属上新世早期。

蓝田组：下部为棕黄、棕红砂质黏土、黏土，底部有砂砾岩，上部为棕红色黏土，含钙质结核，似海绵状结构，厚度10～63 m，产哺乳类动物化石，不整合于下伏地层之上，时代属上新世中期。

张家坡组：灰绿色泥岩、含砂泥岩夹疏松的砂岩层，赤水河一带底部有红色、花斑泥岩出现，渭南一带厚度221.1 m，北洛河一带厚度61 m，东雷一带厚度30～40 m，不整合于下伏地层之上，时代属上新世晚期。

3. 第四系(Q)

第四系分布广泛，沉积类型复杂，发育比较完整，自下而上分为下更新统、中更新统、上更新统和全新统。

(1) 下更新统(Qp_1)

分布于鄂尔多斯盆地及渭河盆地的下更新统自下而上称三门组、午城组与阳郭组；分布于秦岭大巴山地区的亦分上、下两部分，下部分布于洛南、安康、汉中等地，称龙骨岭组，上部分布于太白黄牛河、凤县嘉陵江等地。

三门组：在渭河盆地北部地区为河湖相沉积，不整合于下伏地层或基岩之上，下部为中～粗砂层夹不稳定钙质结核层，上部为紫红色含细砾砂层夹钙质结核，产哺乳类动物化石，厚度 24.4 m，横向变化大；在榆林及铜川、韩城等地为河流冲积的棕红色、蓝灰色黏土、砂质黏土、粉细砂、中粗砂及砂砾石层，厚度 10～35 m；在洛河流域为湖泊相沉积的灰绿、褐黄色亚黏土夹细砂层，产介形虫化石，厚度 5～20 m；在渭河盆地为河流及湖沼相浅黄灰色粉砂质黏土夹粉砂层，灰黄、灰白色砾状粗砂层、含砾粗砂层，下粗上细，厚度 4～88 m，钻探资料揭示为 107～379 m。

午城组与阳郭组：前者分布于渭河盆地北部地区，整合或平行不整合于下伏三门组之上。在洛川黑木沟该组下部为淡肉红色石质黄土层，夹 7 层浅红色古土壤层，产哺乳类动物化石，上部为浅肉红色石质黄土夹 10～20 层钙质结核层，产哺乳类动物化石，厚度 60 m；在大理河流域该组夹 8～12 层棕红色古土壤层，底部常有冰碛砾石层，厚度 4～48 m；在延安以南洛河流域该组上部为黄土夹钙质结核，下部夹 3～7 层浅棕红色古土壤层，厚度 2～84 m；在千河及泾河流域该组局部夹 4～6 层钙质结核层，底部有冰碛砾石层，厚度 5～82 m；在铜川、韩城一带该组产哺乳类动物化石，厚度 7～20 m。后者分布于渭河盆地，整合或平行不整合于下伏三门组之上，为风成或成因不明的棕红、橙红色石质黄土、黄土状砂质土、黄土状黏土，夹多层浅褐色古土壤层及白色钙质结核层，在秦岭北侧为冰碛泥砾石层及冰碛漂砾堆积，厚度 4～25 m，最厚 86 m。

龙骨岭组：河流冲积、洪积及湖积黏土、砂质黏土、粉砂、细～粗砂及砂砾石层，次有冰川漂砾、泥砾堆积，厚度 12～150 m，产动物化石，不整合于下伏老地层之上。

下更新统上部：风成或成因不明的棕黄色黄土状亚黏土，含大块钙质结核及锰铁质结核，厚度 20～48 m，产哺乳类动物化石，整合或平行不整合于下伏龙骨岭组之上。

(2) 中更新统(Qp_2)

分布于陕北地区的中更新统称离石组；分布于渭河南北塬区及部分河流沟谷地带的称泄湖组，并可进一步分为下部公王岭亚组和上部陈家窝子亚组；分布于秦岭大巴山地区的未分。

离石组：主要为风成黄土堆积，上部夹颜色较鲜艳的褐红色古土壤层，下部夹灰白色钙质结核层，产哺乳类动物化石，该组厚度 14～220 m，不整合于下伏午城组之上；在彬州大佛寺土沟一带该组下部为浅棕黄色黏土层，夹 9～11 层钙质结核，底部为灰黄色砂层，上部为浅黄褐色黄土状粉砂土夹 10 层棕红色古土壤层，该组厚度 48 m，产哺乳类动物化石。

泄湖组下部公王岭亚组：风成及成因不明的黄土状黏质砂土，夹 4～12 层褐红色古土壤层，底部常有厚度 1～5 m 的冲积、洪积的砂及砂砾石层，该组厚度 20～50 m，平行不整合于下伏阳郭组之上。上部陈家窝子亚组:风成浅灰褐、棕黄色黄土状粉土,含黏土质较少,夹8~10层红褐色古土壤层,靠上部有三层古土壤层间距小而密集,习称“红三层”为其标志,底部有厚度2~7 m的冲积、洪积砂砾石层,该组厚度20~86 m,不整合于下伏老地层之上。

(3) 上更新统(Qp_3)

分布于渭河盆地及其以北地区的上更新统自下而上称萨拉乌苏组与乾县组、马兰组;分布于秦岭大巴山地区的上更新统下部未分,上部称太白组。

萨拉乌苏组:分布于渭河盆地北部地区,为河湖相及风积相砂质黏土,砂及砂砾石层,厚度5.0~90.3 m,产萨拉乌苏动物群,平行不整合于下伏中更新统之上,向南变薄,在白于山以北厚度5~34 m,钻探资料揭示为27.0~90.3 m,陇县至韩城一带厚度10~15 m。

乾县组:分布于渭河谷地及其支流二级阶地和西安、固市两个坳陷区内,为河流冲积、洪积相黏质砂土、砂黏土、砂及砂砾石层,厚度5~60 m,产哺乳类动物化石。

马兰组:分布于黄土塬、梁峁顶部,为风成灰黄色黄土,夹1~2层褐红色古土壤层,厚度5~40 m,在白于山以西厚度10~15 m,东侧厚度5~10 m,铜川、韩城一带厚度5~40 m,渭河盆地厚度10~20 m。

太白组:由冰川漂砾、块砾及泥砾组成,上部有冰期风成黄土或冰水冲积的砂黏土,该组厚度13~45 m,与下伏基岩呈不整合接触。

(4) 全新统(Qh)

分布于渭河盆地的全新统下部称半坡组,分布于安康一带的全新统下部称五里铺组,上部均为现代堆积。

半坡组:以冲积、洪积相浅黄褐色砂质黏土、黏质砂土、粉细砂及砂砾石层为主,厚度10~83 m,山前地带为洪积砂砾石层,厚度30~70 m,产半坡动物群,包括哺乳动物骨骼及禽类化石等。

五里铺组:冲积、洪积相棕黄色黏质粉砂夹灰白色黏土团块,部分为褐灰色黏土质粉砂、砂及砂砾石层,局部为冰碛块砾堆积,厚度2~21 m,不整合于下伏地层之上。

现代堆积:各种成因类型与现代地貌特征关系密切,为山前冲积、洪积砂砾、碎石、泥砂夹黏土质粉砂,其中在安康一带夹灰白色黏土团块,厚度2~21 m,不整合于下伏地层之上,在渭河盆地厚度5~22 m,且发育有河漫滩、沟掌的现代冲积亚砂土、亚黏土及砂砾石层,厚度2~4 m,局部坳陷为沼泽化学沉积的砂质黏土、腐殖质、石膏、芒硝及食盐等,厚度5~20 m,黄土塬边沟坡残积、重力滑动及泥流堆积厚度10~50 m,与半坡组为连续沉积。

2.2 区域构造

陕西省大地构造单元横跨华北陆块、秦祁昆造山系、西藏-三江造山系和华南陆块,大体构成“两块夹一带”的基本构造格局。

利用板块学说,将陕西区域构造划分为4个一级构造单元、6个二级构造单元、11个三级构造单元、25个四级构造单元,详见表2-2-1和图2-2-1。

表 2-2-1 陕西省构造单元划分系统表

一级	二级	三级	四级
Ⅱ华北陆块	Ⅱ$_4$鄂尔多斯古陆块	Ⅱ$_4^1$鄂尔多斯坳陷盆地	Ⅱ$_4^{1-1}$伊陕斜坡区
			Ⅱ$_4^{1-2}$河东褶曲带
			Ⅱ$_4^{1-3}$西缘褶皱冲断带
			Ⅱ$_4^{1-4}$渭北断隆区
			Ⅱ$_4^{1-5}$永寿-韩城碳酸岩台地
		Ⅱ$_4^2$汾渭裂谷	Ⅱ$_4^{2-1}$渭河裂陷盆地
			Ⅱ$_4^{2-2}$骊山古陆核
		Ⅱ$_4^3$太华古陆块	Ⅱ$_4^{3-1}$华山古陆核
			Ⅱ$_4^{3-2}$华北陆块南缘前陆盆地
Ⅳ 秦祁昆造山系	Ⅳ$_1$北祁连弧盆地	Ⅳ$_1^1$走廊弧后盆地	Ⅳ$_1^{1-1}$陇山弧后前陆盆地
	Ⅳ$_9$秦岭弧盆地	Ⅳ$_9^1$北秦岭岩浆弧	Ⅳ$_9^{1-1}$宽坪弧后盆地
			Ⅳ$_9^{1-2}$二郎坪弧后盆地
			Ⅳ$_9^{1-3}$北秦岭活动陆缘弧
		Ⅳ$_9^2$商丹蛇绿混杂带	
		Ⅳ$_9^3$南秦岭弧盆系	Ⅳ$_9^{3-1}$刘岭前陆盆地
			Ⅳ$_9^{3-2}$凤县-镇安陆缘斜坡带
			Ⅳ$_9^{3-3}$宁陕-旬阳板内陆表海
		Ⅳ$_9^4$南秦岭裂谷带	Ⅳ$_9^{4-1}$白水江-神河陆缘裂陷带
			Ⅳ$_9^{4-2}$紫阳-平利陆缘裂谷带
			Ⅳ$_9^{4-3}$高滩-兵房街裂陷带
	Ⅳ$_{11}$勉略结合带		
Ⅵ 华南陆块	Ⅵ$_2$上扬子古陆块	Ⅵ$_2^1$龙门山基底逆冲带	Ⅵ$_2^{1-1}$阳平关构造楔
		Ⅵ$_2^2$米仓山-大巴山基底逆冲带	Ⅵ$_2^{2-1}$汉南岩浆弧
			Ⅵ$_2^{2-2}$碑坝岩浆弧
			Ⅵ$_2^{2-3}$宁强-三元上扬子克拉通
			Ⅵ$_2^{2-4}$司上弧形冲断带
Ⅶ 西藏-三江造山系	Ⅶ$_1$巴颜喀拉地块	Ⅶ$_1^1$摩天岭古陆块	Ⅶ$_1^{1-1}$碧口-陈家坝洋岛弧盆地

(1) Ⅱ华北陆块：省内仅涉及其西部，南缘以八渡-铁炉子块缘断裂与秦祁昆造山带为界，东、西、北缘均延伸省外。五台-中条运动使其主体部分固结，基底岩系为太古宇及古-中元古界，盖层包括古-中元古界、寒武-奥陶系的海相沉积，石炭-二叠系过渡相沉积及中-新生界陆相沉积，缺失志留系、泥盆系和下石炭统；岩浆活动、褶皱、断裂在板缘比较发育，先后经历了阜平、中条、武陵、芹峪、晋宁、兴凯、加里东、海西、印支、燕山和喜山运动等。省内涉及1个二级构造单元，为鄂尔多斯古陆块。

Ⅱ$_4$鄂尔多斯古陆块：本单元周缘为古生界及更老地层，中部为大型中生界内陆坳陷，被认为是中生代时库拉-太平洋板块和欧亚板块近南北向左行剪切挤压运动中的产物。鄂尔

图 2-2-1 陕西省大地构造分区图

多斯古陆块可进一步划分为鄂尔多斯坳陷盆地、汾渭裂谷和太华古陆块3个三级构造单元。

Ⅱ$_4^1$鄂尔多斯坳陷盆地：呈近南北向椭圆形，西南侧以八渡-天王镇断裂与金陵河断陷为界，南侧为汾渭板内裂谷系。鄂尔多斯盆地深部地球物理资料反映为两个南北向物理场梯度带之间相对稳定区，在中部有一近南北向隆起，两侧形成两个坳陷，南部边缘有一近东西向隆起，这一基底构造形态对本区发展有重要的控制作用。中-新元古代-奥陶纪的海相沉积与这一基底轮廓有关，中、晚石炭世为海相过渡相沉积，南北向隆起仍然存在；二叠纪为陆相沉积，三叠纪、侏罗纪逐渐分化为独立的内陆盆地，成为油、气、煤生成的有利环境，但构造依然为近南北向。本区可分为伊陕斜坡区、河东褶曲带、西缘褶皱冲断带、渭北断隆区和永寿-韩城碳酸岩台地5个四级构造单元。

Ⅱ$_4^2$汾渭裂谷：是一个沿华北陆块结晶基底发育的新生代裂陷带，包含渭河裂陷盆地和骊山古陆核2个四级构造单元。本区呈夹持于秦岭-太行山与北山-吕梁山之间的一个新生代大陆内部裂谷（地堑）系，在陕西范围内为黄河以西的渭河地堑系，与地理上的渭河盆地相当，西起宝鸡，东到潼关，长约300 km，宽30～60 km，古称“八百里秦川”，地热异常值较高，有多处温泉分布，地震活动频繁，是在燕山期隆起的背景上奠基于不同基底之上、喜山期陷落的复式地堑，沉积中心偏南，为一南断北超的箕状坳陷。

Ⅱ$_4^3$太华古陆块：太华古陆块俗指小秦岭地区，属华北陆块的次级构造单元，包括2个四级单元，分别是华山古陆核和华北陆块南缘前陆盆地。太华古陆块北为渭河地堑，南为北秦岭（华北陆块南部活动带），区内地层由基底和盖层组成，基底为太古宇太华岩群和古元古界铁铜沟组，盖层为长城系-寒武-奥陶系，包括中-新元古界熊耳群、高山河群、官道口群、寒武-奥陶系。从基底到盖层的演化，经历了多次不同规模、不同性质的构造运动。阜平、中条构造-热事件使结晶基底形成并最终固结。加里东运动使本区再度抬升，并长期处于剥蚀状态。印支-燕山期的构造-热事件使古陆块“活化”，在滨西太平洋构造域的叠加作用下，导致碱性碳酸岩和中酸性-酸性岩浆岩侵入，伴随着强烈的滑脱及推覆构造活动，形成了本区特有的斜方网格构造格局。

（2）Ⅳ秦祁昆造山系：北与华北陆块为邻，南以略阳-洋县及饶峰-麻柳坝断裂分别与西藏-三江造山系和华南陆块相隔，为古生代以来在中国古陆上裂陷和坳陷再生的古裂谷系，被认为是上地幔结构不均一性等导致地壳的某种张裂现象，进一步可划分为北祁连弧盆地、秦岭弧盆地和勉略结合带3个二级构造单元。

Ⅳ$_1^1$走廊弧后盆地：主要指宝鸡以西的陇山地区，属北祁连弧盆地的次一级构造单元，主要由寒武系和奥陶系沉积地层组成，沉积类型以碳酸盐岩为主，具有大陆边缘弧后前陆盆地的沉积特征。

Ⅳ$_9^1$北秦岭岩浆弧：北秦岭岩浆弧发展于中-新元古代、早古生代不同时期的多岛弧盆系演化，沿秦岭活动陆块边缘形成中-新元古代岩浆弧带、宽坪弧后盆地以及早古生代二郎坪弧后盆地。宽坪弧后盆地、二郎坪（草滩沟-云架山）弧后盆地和秦岭陆缘弧等次级构造单元，是在陆内裂谷和陆缘海盆基础上发育而成的。寒武纪前，本区至少经历了两次重要的变质变形事件，并在加里东期褶皱造山；海西早期，本区处于隆起状态；海西晚期，本区局部有陆相或湖泊沼泽相沉积；印支期，本区发生了强烈的动力变质变形，伴随有韧性剪切作用和中酸性岩浆岩侵入，是仅次于加里东期构造变质变形的又一次重大地质构造-热事件；中-新生代，本区主要为断块隆起、走滑和花岗岩侵入。

IV_9^2商丹蛇绿混杂带：商丹蛇绿混杂带是秦岭古洋壳俯冲-消减和华北陆块与上扬子古陆块碰撞的主断裂边界体共同作用的结果，被认为是华北与上扬子两大陆块在三叠纪晚期发生强烈叠复造山作用的主缝合线。该构造带，北界以唐藏-四方台-东流水-杨斜-涌峪为界，南以庞家河-黄柏源-板房子-沙沟街-曹坪-两岔-日月滩为界，呈南北宽 3～15 km 的带状体近东西向展布。带内不同时代、不同成因、不同来源的岩块、岩体以剪切带或断裂为界无序叠置。从构造上可分南、中、北三带，从组成上可分以丹凤群为主体的蛇绿岩组合，其中包含大量镁铁质和超镁铁质岩块与不同类型的基性火山岩、以秦岭群为代表的外来陆缘地体沉积变质岩、元古宙弧岩浆岩及以武关岩群为代表的对接带弧前楔状体与大量造山期花岗岩。

IV_9^3南秦岭弧盆系：位于商丹蛇绿混杂带以南、南秦岭裂谷带以北，包括秦巴大部分地区；是在中-新元古代火山岩系裂谷构造基底上发育起来的，沉积了震旦纪-中三叠世的被动陆缘碎屑岩、碳酸盐岩及裂谷建造的火山岩等地层。北部由刘岭前陆盆地、凤县-旬阳陆表海盆地组成，其中包括马道、佛坪等海西-印支造山阶段的深层隆滑体。

IV_9^4南秦岭裂谷带：位于巴山弧形断裂以北，为白水江-北大巴山裂谷带，是秦岭造山带中规模最大、发展演化复杂的构造单元，也是秦岭造山带的主体，经历了加里东、海西、印支等构造旋回，于印支期造山。

IV_{11}勉略结合带：位于略阳-勉县一带，向西经文县、玛曲、花石峡与南昆仑缝合带相通，向东经石泉、镇坪被燕山期巨大的向南逆冲推覆构造所掩盖，总体呈东西-南东东向狭长弧形展布，南北宽 10 m～25 km 不等。该带镶嵌秦岭弧盆系与华南陆块，形成于古中国大陆的裂解期，稳定于印支-燕山期，是由多个构造事件的增生、移置块体组合而成的一个复杂的构造(结合)带。组成该带的基质为南华-震旦纪沉积变质变形地层，混杂地质体有元古宙基底地层、裂谷-洋壳-岛弧及弧后盆地、新太古代绿岩、TTG(英云闪长岩-奥长花岗岩-花岗闪长岩)岩系、泥盆纪地层等。晚古生代有明显的裂解痕迹。

(3) Ⅵ华南陆块：陕西省仅涉及其北缘，北与秦岭造山带为邻，南部延入川、鄂两省。本区构造运动表现复杂，基底历经了武陵、芹峪、晋宁运动，盖层历经了兴凯、加里东、海西、印支、燕山、喜山运动，其中晋宁运动最为重要。华南陆块涉及的二级构造单元为上扬子古陆块。

VI_2上扬子古陆块：晋宁运动使其主体部分固结，基底岩系为中元古代后河组、麻窝子组、上两组和三花石群，新元古代铁船山组、西乡群和刘家坪组，前震旦纪岩浆活动发育，地层普遍遭受变质；盖层包括震旦系、寒武-志留系、泥盆-石炭系、二叠系-中三叠统、上三叠-中侏罗统及新生界。上扬子古陆块可进一步划分为龙门山基底逆冲带和米仓山-大巴山基底逆冲带 2 个三级构造单元。

VI_2^1龙门山基底逆冲带：位于阳平关镇一带，呈楔状夹持于米仓山-大巴山基底逆冲带与摩天岭古陆块碧口-陈家坝洋岛弧盆地之间，形成构造楔，构造层为早古生代地层。

VI_2^2米仓山-大巴山基底逆冲带：包括汉南岩浆弧、碑坝岩浆弧、宁强-三元上扬子克拉通和司上弧形冲断带。汉南岩浆弧和碑坝岩浆弧共同构成扬子克拉通汉南古陆核区(过渡基底)，结晶基底为后河岩群；下构造层为中-新元古代火地垭群和新元古代铁船山组，上构造层为震旦系、侏罗系。岩浆活动集中在扬子早期，有大规模基性岩和酸性岩浆侵入，形成岩盘、岩基。震旦纪以来未见明显的岩浆活动。

(4) Ⅶ西藏-三江造山系：陕西省仅涉及其东隅，在省内夹于略阳-洋县与阳平关-洋县断裂之间，位于略阳-勉县一带，涉及1个二级构造单元巴颜喀拉地块、1个三级构造单元摩天岭古陆块。

$Ⅶ_1^1$摩天岭古陆块：发育于陕西省西南隅的一个构造单元，属于西藏-三江造山系巴颜喀拉地块东端的一部分，它的主体在甘肃、四川境内。摩天岭古陆块在元古宙为大陆边缘古岛弧，扬子期俯冲拼贴于上扬子古陆块，加里东期封闭为摩天岭造山带。在晚古生代形成北部的康勉结合带，并于海西期隆起为板内结合带，又称勉略海西-印支蛇绿杂岩带；印支期向南逆冲推覆与燕山期左旋走滑形成一系列北东向构造岩浆带。本区基底为太古宙鱼洞子岩群，中-新元古界为碧口岩群海相细碧岩-角斑岩建造。盖层为震旦-石炭纪浅海-滨海相碎屑岩-碳酸盐岩建造。本区构造复杂，变质变形和岩浆活动强烈，不同方向和性质的断裂相互叠加改造，总体组成向东收敛、向西撒开的楔形构造格局。

2.3 岩浆岩

2.3.1 岩浆岩发育概况

陕西省内岩浆岩比较发育，广泛分布于秦岭、大巴山、米仓山、华山和陇山地区。侵入岩以中深成中-酸性岩类为主，次为基性、超基性和碱性岩类，中-酸性岩具有地壳重熔、地幔分异和混合交代等成因类型，分布面积16 926 km^2，基性岩类分布面积942 km^2，超基性岩类分布面积69 km^2；火山岩以基性和酸性火山岩为主，次为中性火山岩及少量基性、碱性次火山岩，分布面积8 545 km^2。岩浆活动具有多期性，根据岩浆侵入关系和同位素地质年龄数据等资料，可分为前加里东期、加里东期、海西期、印支期和燕山期等5个岩浆侵入期，其中以印支期和燕山期最为强烈，呈大面积的岩基式侵入，其余相对较弱，多呈岩株、岩墙、岩床或小的侵入体。

2.3.2 岩浆岩与含煤地层、煤质关系

陕西省内岩浆岩主要分布于渭河以南，对陕南含石煤地层和石煤层、煤质均有影响，一般表现为吞噬含石煤地层、石煤层，使石煤赋存更加复杂、变质程度增高。

陕南早古生代含石煤地层主要受加里东期基性、中性和碱性侵入岩影响，以下志留统大贵坪组含石煤地层表现明显，在侵入体附近石煤呈藕节状、串珠状断续延伸，分层复杂，厚度变化剧烈，从20～30 m变为1～2 m甚至尖灭，厚度变化一般限于岩体接触带至附近数十米范围内。在侵入体附近煤质变化强烈，一方面促使石煤碳元素富集，如兵房街含石煤区廖家垭及豹溪沟石煤靠近接触带处煤质变好，发热量增高；另一方面使近岩体石煤变质程度增高，甚至成天然焦，如紫阳段家沟中寒武统八卦庙组石煤有腐泥焦出现，表现为灰分产率增大，自28%增大至40%，发热量降低，自21.81 MJ/kg降至17.29 MJ/kg。

3 含煤地层与煤层

陕西省含煤地层较多，从下古生界、上古生界到中生界均有发育，其分布遍及全省，下古生界含煤地层集中分布于陕南；上古生界及中生界含煤地层分布于渭河以北，按照成煤时代由老到新依次发育有石炭-二叠纪太原组、二叠纪山西组、三叠纪瓦窑堡组和侏罗纪延安组含煤地层，均含具有工业价值的可采煤层。本书仅对上古生界与中生界含煤地层做详细论述。

3.1 石炭纪含煤地层

3.1.1 含煤地层

3.1.1.1 含煤地层及其分布

石炭纪含煤地层主要分布于渭北及府谷一带，陕南仅在山阳、镇安、西乡及凤县等地零星分布，包括早石炭世二峪河组、四峡口组、大塘组，晚石炭世本溪组、铁厂铺组、草凉驿群，晚石炭-早二叠世太原组，自老至新分述如下。

1. 早石炭世含煤地层

二峪河组：分布于山阳二峪河一带。下部为薄层、中厚层状灰岩，厚度大于 138 m；中部为浅灰色中～细粒砂岩夹深灰色板岩及薄煤层，板岩中含菱铁矿和黄铁矿透镜体或结核及少量植物化石，厚度 541 m；上部为中厚层状灰岩、泥灰岩，厚度大于 31 m。

四峡口组：分布于凤县-镇安断裂以南，乾佑河以东至山阳漫川关之间，为一套海陆交互相含碳泥质碎屑岩夹灰岩沉积，岩性、岩相变化较大，向南变细、减薄，灰岩增多，仅局部含透镜状薄煤。本组岩性可分为：下部灰岩厚度 17～150 m，产珊瑚化石；中部黑色页岩及砂质含碳页岩夹石英砂岩、黏土页岩及铁质结核，厚度 10～465 m，产植物及菊石类动物化石；上部灰岩厚度 65～135 m，产珊瑚、腕足类及䗴类化石。

大塘组：分布于西乡下高川、木竹坝等地，可分为下、中、上三段。下段为石英细粒砂岩、灰绿色泥岩、灰岩，厚度 25～213 m；中段为灰白色石英砂岩、深灰色粉砂岩、泥岩、碳质泥岩夹薄煤层，局部夹灰岩或泥灰岩，含植物化石，厚度 50～100 m；上段为灰岩及燧石生物灰岩，厚度 166 m，下高川以南及东部多为灰岩，厚度 30～60 m。

2. 晚石炭世含煤地层

本溪组：分布于韩城、澄城及府谷、吴堡一带，面积较大。下部为杂色铝土岩、黏土岩及铁矿层，局部含石英砂岩；上部为灰白色石英砂岩、灰黑色砂质泥岩、泥岩夹煤线及薄层灰岩。本组厚度 0～35 m，由南、北两侧向中部吴堡一带增厚，岩性变细，在韩城一带分布较广，澄城、蒲白分布零星，铜川以西缺失。本组含薄煤、透镜状灰岩或钙质泥岩一层，向吴堡一带增多，动、植物化石丰富。

铁厂铺组：分布于镇安云盖寺、铁厂铺至山阳一带。下部以碳质板岩为主，夹深灰色含燧石灰岩、砂岩及透镜状煤层；上部为砂岩、千枚岩、厚层砾状灰岩。本组含铁质结核及大量植物化石。

草凉驿群：分布于凤县草凉驿、草滩沟、罗钵寺及太白黄牛河一带，为一套陆相粗碎屑含煤岩系。下部为砾岩夹灰色泥岩、粉砂岩、砂质泥岩，含透镜状煤层及煤线，厚度289.8 m；上部为泥岩、细粒砂岩、砾岩、砂砾岩夹透镜状煤层及煤线，厚度大于281.7 m，顶部有缺失。

3. 晚石炭-早二叠世含煤地层

太原组：分布于渭河以北广大地区，地表出露于府谷及渭北一带，为灰、深灰、灰黑色砂质泥岩、泥灰岩，灰白色中～细粒砂岩、粉砂岩，黑色碳质泥岩、深灰色碳酸盐岩及煤层。本组厚度2.0～121.3 m，呈东厚西薄、北厚南薄的变化趋势，一般厚度20～80 m，泾河以西缺失，府谷、吴堡一带最厚。南部渭北石炭-二叠纪煤田太原组厚度3.9～91.3 m，一般厚度30～50 m(图3-1-1)；北部陕北府谷矿区太原组岩性以碎屑岩为主，泥岩、煤层次之，夹少量碳酸盐岩，厚度51.2～121.3 m，一般厚度80 m，吴堡矿区太原组岩性以灰岩、泥岩为主，夹少量碎屑岩类及煤层，厚度66.1～96.7 m，一般厚度70 m(图3-1-2)。

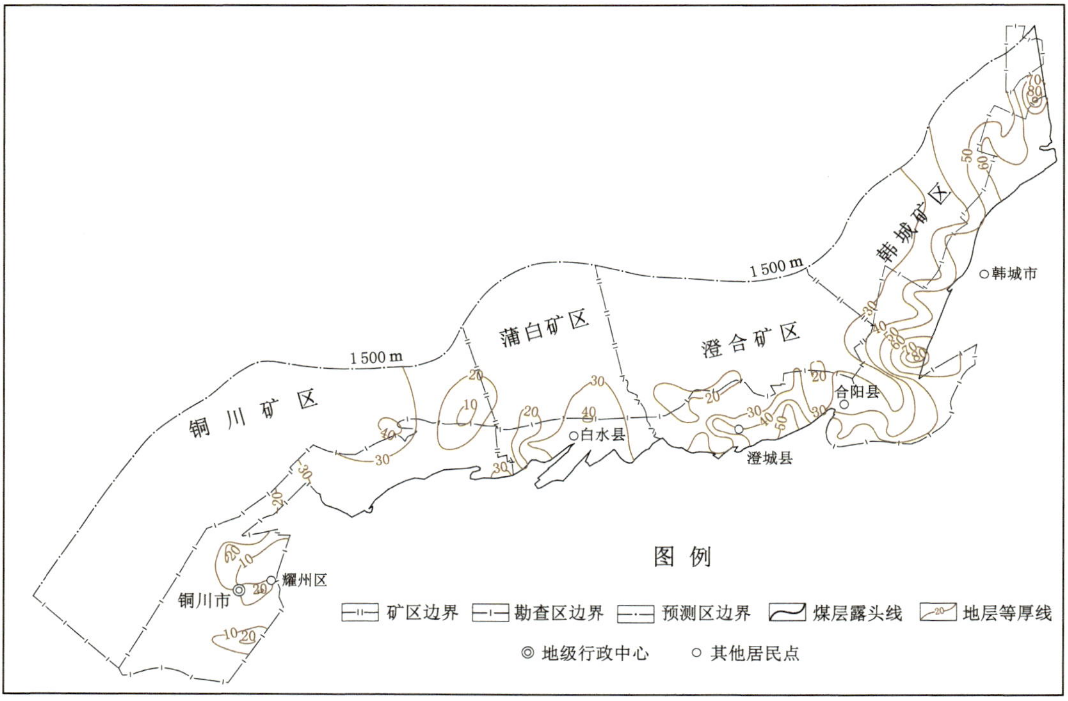

图3-1-1 渭北石炭-二叠纪煤田太原组地层厚度等值线图

太原组从下往上可分为三段。太原组第一段为中～粗粒砂岩、细粒砂岩、粉砂岩及泥岩夹煤层、灰岩及钙质泥岩，在韩城一带其底部常有石英砂岩或砾岩层。该段一般含煤1～2层，在府谷、韩城一带含主要可采煤层，洛河以西缺失。渭北石炭-二叠纪煤田太原组第一段厚度0～40.78 m，一般厚度10～20 m；陕北府谷矿区太原组第一段一般厚度10～20 m，吴堡矿区太原组第一段厚度23.02～55.83 m，平均厚度33.32 m。太原组第一段按地层年

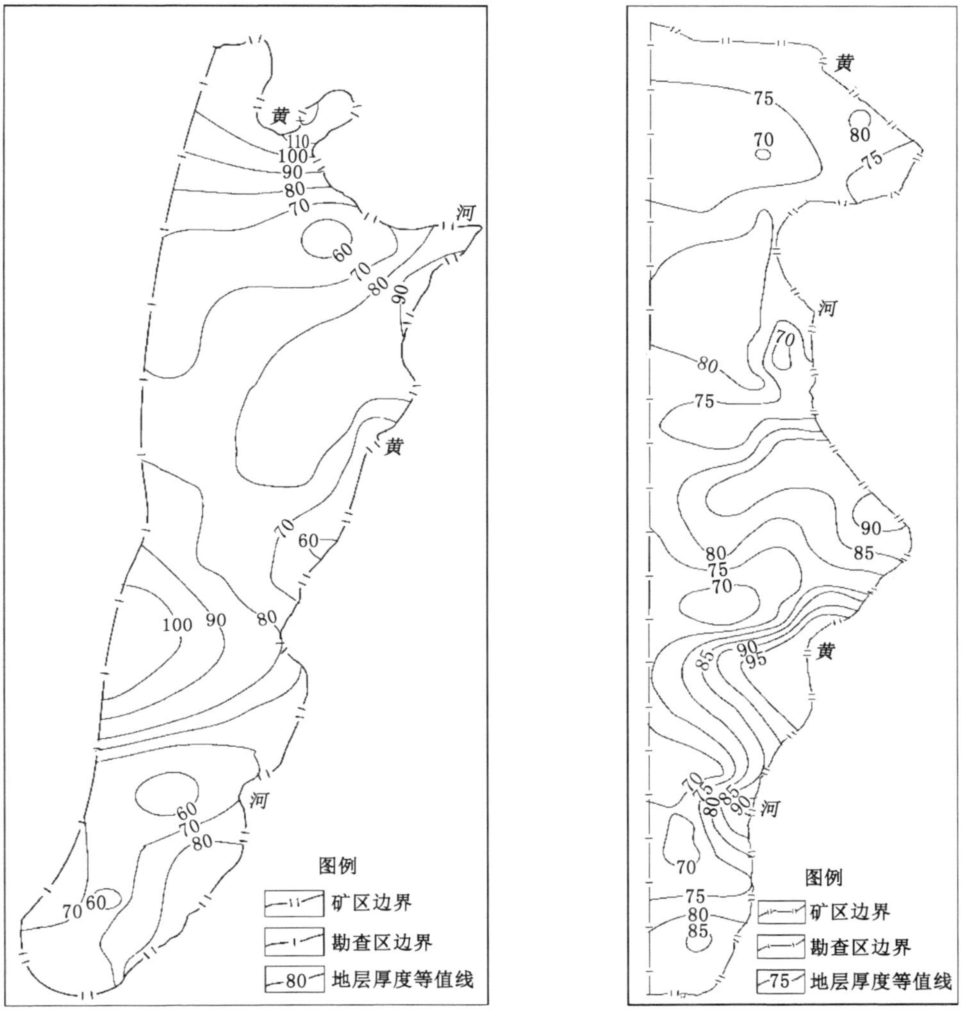

(a) 府谷矿区　　　　(b) 吴堡矿区

图 3-1-2　陕北石炭-二叠纪煤田太原组地层厚度等值线图

代划分为以上石庙沟灰岩(K_2^2)为底界,K_3 石英砂岩底为顶界,岩性以灰岩为主,夹钙质泥岩、粉砂岩、石英砂岩及薄煤 2～3 层,在澄合以西岩性以石英砂岩和泥质粉砂岩为主,夹灰岩及薄煤层。渭北石炭-二叠纪煤田太原组第二段厚度 0～39.04 m,一般厚度 20 m 左右;陕北府谷矿区太原组第二段为灰岩,厚度 10～65 m,一般厚度 30 m 左右,吴堡矿区太原组第二段厚度 26.04～58.15 m,平均厚度 40.26 m。太原组第三段为粉砂岩、砂质泥岩、泥岩和石英砂岩,含煤 1～3 层,在吴堡、铜川一带夹薄层灰岩或泥灰岩、钙质泥岩。渭北石炭-二叠纪煤田太原组第三段厚度 0～37.02 m,一般厚度 10～20 m;陕北府谷矿区太原组第三段界线不明显,吴堡矿区太原组第三段厚度 0～25.15 m,平均厚度 5.76 m。太原组第二、三段划分在下二叠统内。

3.1.1.2 古生物群特征与分布

石炭纪生物以珊瑚、腕足类为主，演变快、分布广，晚石炭世䗴类繁盛，并出现大量植物化石。

早石炭世含煤地层中古生物群出现较晚，大塘组下段、四峡口组下段化石稀少，有丛状带珊瑚 *Thysanophyllum*（泡沫轴珊瑚）及腕足类 *Fusella shaoyongensis* 等，相当于大塘阶祥摆-旧司组，二峪河组上岩段下部与此相当层位产介形虫 *Microcheilinella distortus*，*Bythocypris* aff. *huaitoutalaensis*；四峡口组中上段、大塘组中上段、二峪河组上岩段中上部等有较丰富的生物化石，其中珊瑚有 *Kueichouphyllum sinense*（中国贵州珊瑚）、*Dibunophyllum* cf. *reticuliforme*（网状棚珊瑚相似种）、*Clisiophyllum*（蛛网珊瑚）、*Arachnolasma* sp.（似棚珊瑚未定种）及 *Yuanophyllum* cf. *kansuense*（甘肃袁氏珊瑚相似种）等，腕足类有 *Gigantoproductus moderatus*（适度大长身贝）、*Balahkonia yunnanensis*（云南巴拉罕贝）、*Striatifera striata*（细线细线贝）及零星分布的菊石和海百合等。古植物有 *Rhodea hsianghsingensis*（湘乡须羊齿）、*Archaeocalamites scrobiculatus*（浅沟古芦木）、*Cardiopteridium spetsbergense*（多形铲羊齿）、*Triphyllopteris collombiana*（钝三裂羊齿）、*Lepidodendron shanyangense*（山阳鳞木）、*Sublepidodendron* sp.（亚鳞木未定种）及 *Stigmaria ficoides*（脐座根）等，相当于大塘阶上司组。大塘组顶部、四峡口组上部有䗴类 *Eostaffella*（始斯氏䗴）及腕足类 *Gigantoproductus edelburgensis*（爱德堡大长身贝）等，至早石炭世末期大批科属绝灭，这一层位相当于德坞阶摆佐组。

晚石炭世含煤地层本溪组、铁厂铺组及草凉驿群，主要以䗴类、腕足类、珊瑚及植物化石为主。其中䗴类有 *Fusulina konnoi*（今野氏纺锤䗴）、*Fusulinella pseudobocki*（假薄克小纺锤䗴）、*F. subrhomboides*（平近斜方小纺锤䗴）、*F.* cf. *helenae*（海伦小纺锤䗴）、*F. fusifirmis*（䗴状小纺锤䗴）等。古植物有 *Neuropteris gigantea*（大脉羊齿）、*N. kaipingiana*（开平脉羊齿）、*Linopteris* cf. *obligua*（歪斜网羊齿比较种）及 *Mariopteris* cf. *Lungwangkouensis*（龙王沟畸羊齿比较种）等。

晚石炭世含煤地层动物群中有䗴类、珊瑚、腕足类、有孔虫及牙形刺等，表现为典型的浅海热带动物群体特点。其中䗴类有麦粒䗴带的 *Triticites bashkiricus*（巴什基尔麦粒䗴）、纺锤䗴带的 *Pseudofusulina pulchra*（美丽假纺锤䗴）、*P.* cf. *paraanderssoni*（似安得逊假纺锤䗴）及 *Rugosofusulina intermedia*（中间皱壁䗴）等；腕足类有 *Dictyoclostus taiyuanfuensis*（太原网格长身贝）及 *Chonetes carbonifera*（石炭戟贝）等；珊瑚有 *Lophocarinopyllum* sp.（顶柱脊板珊瑚未定种）等。古植物以石松、真蕨、种子蕨、楔叶及科达纲植物为主，其中鳞木较发育，反映了热带森林植物面貌。古植物有 *Neuropteris ovata*（卵脉羊齿）、*N. plicata*（镰脉羊齿）、*Lepidodendrom posthumii*（斜方鳞木）、*L.* cf. *szeianum*（梭鳞木比较种）、*L. oculus-felis*（猫眼鳞木）、*L. nanpiaoense*（南票鳞木）及 *Pecopteris feminaeformis*（花边栉羊齿）等。

陕西石炭纪生物的空间分布与栖营地有关，在近岸地区包括秦岭地层区北部的凤县草凉驿、山阳二峪河及上扬子地层区高川等地，有大型固着生活的早石炭世威斯法期植物群分布，鄂尔多斯地层区府谷、韩城及铜川等地有晚石炭世斯蒂芬期植物群分布。䗴类主要分布于镇安、合阳、韩城及延安一带。

3.1.2 地层划分与对比

上扬子地层区大塘组下段灰岩中含化石 *Thysasnophyllum* cf. *grabaui* 及 *Kueichouphyllum sinense* 等，可与贵州旧司组、上司组对比，上段灰岩中含化石 *Balakhonia yunnanensis* 及 *Gigantoproductus edelburgensis* 等，可与华南上司组、摆佐组（德坞阶）对比，中段碎屑岩所含早石炭世植物 *Cardiopteridium* 及 *Archaeocalamites*，可与测水组对比。

秦岭地层区四峡口组上、下部灰岩中含化石，可与华南旧司组-摆佐组（德坞阶）对比，中部碎屑岩含维宪期植物 *Cardiopteridium spetsbergense*，可与测水组对比。故此四峡口组可与大塘组对比。二峪河组下岩段无化石依据，因其位于含早石炭世晚期化石的灰岩之下，可能为岩关阶，上岩段中部陆相层中有标准的维宪期植物分子，可与大塘组、四峡口组对比，其所含化石在龙门山总长沟组、昌都马查拉组、青海柴达木盆地北缘怀头他拉组中均有，也可与这些地层对比。草凉驿群下部含维宪期化石 *Archaeocalamites scrobiculatus*，以及维宪至纳缪尔期的重要分子，一些显示早石炭世晚期至晚石炭世早期的属种较多，如 *Rhodeopteridium fenxianense*（凤县须羊齿）的特征近似于欧洲库尔木期的 *R. bifida* 及比利时纳缪尔期的 *R. sublipoldi*，可大致与大塘组、四峡口组陆相层对比。

秦岭地层区铁厂铺组与上扬子地层区黄龙组均含有达拉组 *Fusulina Fusulinella* 带中的主要分子，草凉驿群上部含有晚石炭世植物化石 *Neuropteris gigantea*，鄂尔多斯地层区本溪组含石炭世化石 *Fusulina konnoi*、*Fusulinella* sp.、*Neuropteris gigantea*、*N. kaipingiana* 及 *Conchophyllum richthofenii* 等，上述地层可进行对比。

根据1987年陕西煤田地质勘探公司桑树坪实测太原组剖面古生物学研究发现，鄂尔多斯地层区太原组庙沟灰岩中含 *Pseudoschwagerina* 䗴类分子及 *Streptognathodus* 牙形石分子，其下吴家峪灰岩含 *Triticites* 䗴类分子，因此将庙沟灰岩（含 *Pseudoschwagerina* 分子）底界作为石炭系、二叠系界线，与山西西山剖面中的一致。

秦岭地层区铁厂铺组与上扬子地层区黄龙组含晚石炭世标准化石 *Triticites* sp.，但因其范围小、被断层限制，构造复杂，进一步划分意义不大。

陕西省石炭纪含煤地层划分及与邻区对比见表3-1-1。

3.1.3 煤层

陕西秦岭地层区含煤地层复杂、含煤性差，上扬子地层区含煤地层仅局部发育。渭河以北的鄂尔多斯地层区石炭-二叠纪含煤地层发育稳定，含煤性好，研究程度高。

3.1.3.1 含煤性

早石炭世含煤地层主要分布于秦岭地层区的有二峪河组、四峡口组、大塘组，晚石炭世含煤地层主要分布于秦岭地层区的有草凉驿群、铁厂铺组，均为零星分布。

早石炭世二峪河组含煤1～5层，多呈透镜体产出，走向延伸0～40 m，煤层厚度可达8.0 m，沿倾向变化较大，可分为上、下两个含煤段：下含煤段煤层位于距本组底部石英砂岩上0.8～19.8 m，由1～5个煤层透镜体组成，最大厚度7.6 m，以东洼、西洼及三号平硐一带含煤性最好，煤层发育，厚度较大，向东至大庙沟一带变薄、砂岩增多，西部阴沟以西亦变薄、尖灭，煤层结构简单，不含或偶见少量夹矸；上含煤段仅见小而薄的煤层透镜体或碳质泥岩。四峡口组岩性、岩相及厚度变化较大，仅在局部夹有透镜状薄煤，多不可采，金钱河以南白马塘一带含

表 3-1-1 陕西省石炭纪含煤地层划分及与邻区对比表

地层		地层区：陕南高川	地层区：南秦岭南区	地层区：南秦岭北区	地层区：北秦岭	地层区：鄂尔多斯	地层区：山西	地层区：甘肃
上石炭统 C_2	马平阶	马平组	羊山组	武王沟组		太原组	太原组	太原组
	达拉阶	黄龙组	逍遥子组	铁厂铺组	草凉驿群	本溪组	本溪组	羊虎沟组
	滑石板阶							红树洼组
下石炭统 C_1	德坞阶	大塘组 上	四峡口组 上	界河街组				靖远组
	大塘阶	大塘组 中 大塘组 下	四峡口组 中 四峡口组 下					臭牛沟组
	岩关阶	岩关组	袁家沟组					前黑山组
	待建阶							

可采煤层，煤层厚度 0.4～1.2 m，结构简单～复杂，产状变化亦大，多在 20°以上或近于直立。大塘组含煤 4 层，多为薄煤层，可采 1 层，厚度 0.5～3.5 m，且变化很大，以透镜状为主，向南煤层变薄，灰岩增多，含煤性变差。

晚石炭世含煤地层在秦岭地层区为草凉驿群，分布于凤县草滩沟、罗钵庵一带，含上、中、下三个煤组，上、下煤组均为不可采小透镜体，中煤组含煤三层，主要可采一层，厚度 0.04～13.70 m，变化很大，均为透镜状。铁厂铺组，仅分布于镇安铁厂铺、吉家河一带，含透镜状薄煤，多不可采。

晚石炭世含煤地层在鄂尔多斯地层区为本溪组，含煤性差，仅在府谷、吴堡一带夹薄煤层，韩城一带偶见薄煤及煤线。

不同地区太原组含煤情况不同，分述如下。

1. 陕北石炭-二叠纪煤田府谷矿区太原组含煤性

太原组含煤层 4～9 层，含可采煤层 1～6 层，自上而下编号为 6、7、8、9、10、11 号，煤层累加厚度 5.51～32.35 m，平均 15.69 m，含煤系数 5.5%～46.6%，平均 19.4%；可采煤层累加厚度 3.81～28.23 m，平均 13.30 m，平均可采含煤系数 17.4%。

2. 陕北石炭-二叠纪煤田吴堡矿区太原组含煤性

太原组含煤层 2～8 层，含可采煤层 1～3 层，自上而下编号为 t_3、$t_1^上$、t_1 号，煤层累加厚度 4.54～11.16 m，平均 8.65 m，平均含煤系数 10.9%；可采煤层累加厚度 3.51～10.37 m，平均 7.86 m，平均可采含煤系数 9.9%。太原组煤层累加厚度在该区内总体上呈现由东北部向西南部增厚。

3. 渭北石炭-二叠纪煤田太原组含煤性

太原组由上到下共含煤 8 层，编号为 4、5、6、7、8、9、10、11 号，其上部含煤性好，煤层层数多，但达到可采（煤层可采厚度 0.80 m）及局部可采的仅有 2～4 层。可采煤层累加厚度 0.8～16.2 m，平均 5.41 m，平均可采含煤系数 13.5%。可采煤层编号为：韩城矿区 5、11 号煤层；澄合矿区 4、5、11 号煤层；蒲白和铜川矿区 5、6、11（原编号 10）号煤层。太原组第一段在韩城、合阳以海陆过渡相为主，泥炭沼泽发育，其他地区以滨海湖沼环境沉积为主，向北侧深部以滨海环境为主。

3.1.3.2 煤岩层对比

1. 组段及沉积旋回

陕西省石炭-二叠纪含煤地层主要为分布于鄂尔多斯地层区的太原组，可分为三段，共含煤 8 层，其中可采 2～4 层。陕西省渭河以北石炭-二叠纪含煤岩系为连续沉积，并具有明显的旋回结构特征，自下而上共划分为Ⅷ个旋回，其中本溪组为第Ⅰ～Ⅱ旋回。太原组为第Ⅲ～Ⅷ旋回，其中太原组第一段由第Ⅲ旋回及第Ⅳ旋回下半部组成，自下而上由晋祠砂岩底至庙沟灰岩底。太原组第二段由第Ⅳ旋回上半部～Ⅶ旋回组成，自下而上由庙沟灰岩底至东大窑灰岩顶。吴堡矿区的 4 个旋回分别以庙沟灰岩、毛儿沟灰岩、斜道灰岩和东大窑灰岩顶面为界；渭北石炭-二叠纪煤田中韩城矿区斜道灰岩及东大窑灰岩相变为泥岩或砂岩，蒲白、铜川一带庙沟灰岩相变为泥岩，使第Ⅳ～Ⅴ旋回不完整。太原组第三段由第Ⅷ旋回组成，自东大窑灰岩顶至北岔沟砂岩底。耀州以西太原组由下而上逐渐尖灭。陕西省渭北晚古生代含煤地层旋回结构见图 3-1-3。

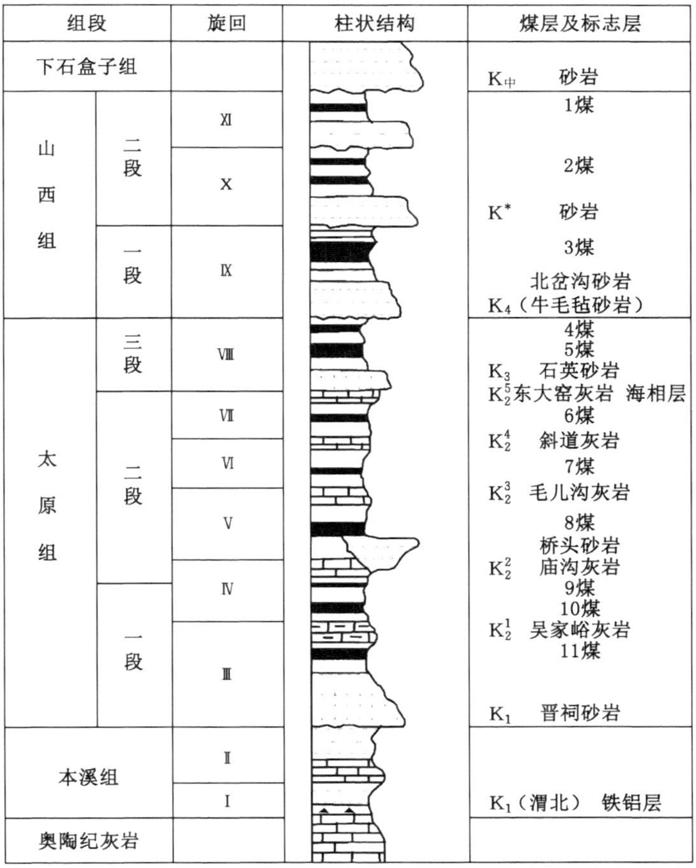

图 3-1-3 陕西省渭北晚古生代含煤地层旋回结构图

2. 标志层发育特征

陕西省太原组沉积标志层较多，但各区发育程度不一，岩性变化较大，自下而上分述如下。

K_1标志层：分布于陕北石炭-二叠纪煤田的 K_1 标志层为晋祠砂岩，岩性为灰白色厚层状石英砂岩，硅质胶结，常夹砂质泥岩、粉砂岩，局部含石英细砾，分选性中等，磨圆度为棱角～次棱角状，钙质胶结，硬度较大，本砂岩在吴堡、府谷地区发育稳定。分布于渭北石炭-二叠纪煤田的 K_1 标志层为奥陶系顶面与太原组底部的含铁铝土质泥岩，为一套灰～灰白色，风化后常呈紫～紫杂色，岩石成分主要是高岭石和水云母，局部地段含铝品位增高而成铝土矿层，团块状构造，隐约可见细水平层理，厚度变化大，一般厚度 3～8 m，最厚可达 20 m。吴堡与府谷矿区 K_1 与 K_2^1 标志层之间为 11（t_1、$t_1^{上}$）号煤层，渭北石炭-二叠纪煤田 K_1 与 K_2^1 标志层之间为 11 号煤层。

K_2标志层：海相层灰岩段。下部吴家峪灰岩（K_2^1）：灰色灰岩、泥灰岩及钙质泥岩，在吴堡、府谷矿区发育稳定，渭北东部为泥灰岩或钙质泥岩，直接覆盖于 11 号煤层上。中下部庙沟灰岩（K_2^2）、毛儿沟灰岩（K_2^3）：灰色灰岩夹少量泥岩、石英砂岩、粉砂岩及不稳定薄煤层，含鲢类及腕足类动物化石，在渭北石炭-二叠纪煤田全区稳定，为 1～3 层灰岩或相变为石英砂岩，平面上呈厚薄相间的连续分布，向西随地层变薄而减薄，层数减少，至耀西一带缺失，吴堡一带为两层灰岩夹砂岩（桥头砂岩）及一层可采煤层，稳定发育。中上部斜道灰岩（K_2^4）：仅在吴堡一带发育，厚 1～3 m，较稳定。上部东大窑灰岩、海相层（K_2^5）：在吴堡一带为较稳定的灰岩，渭北地区为钙质泥岩、含黄铁矿黑色泥岩、粉砂岩及砂质泥岩，厚度约 1 m，层位稳定，全区发育。吴堡矿区中段的四层灰岩可分别与太原西山的庙沟、毛儿沟、斜道及东大窑灰岩对比；府谷矿区灰岩不稳定，常相变为泥岩，庙沟灰岩层位之上发育有桥头砂岩。

K_3标志层：位于太原组上部，发育于东大窑灰岩、海相层之上，为一套灰～灰白色中细粒石英砂岩，为全区稳定发育的石英砂岩，碎屑颗粒的磨圆度、分选性均好，主要分布范围在合阳以西地区，向东到韩城矿区则缺失该标志层，相变为一套黑色泥岩及砂质泥岩，内含大量的菱铁矿结核，厚度最大在 20 m 以上；北部府谷矿区较南部吴堡矿区石英砂岩发育好，厚度大。渭北石炭-二叠纪煤田 K_3 与 K_2 标志层之间为 6、7、8、9、10 号煤层，陕北府谷矿区 K_3 与 K_2 标志层之间为 9 号煤层，陕北吴堡矿区 K_3 与 K_2 标志层之间为 t_3 号煤层。

3. 煤层间距变化规律

太原组由于分布面积较大，厚度变化也较大，在不同的地区、不同的煤田矿区，煤层间距变化规律性差异明显（表 3-1-2、表 3-1-3）。总体来看，吴堡、府谷矿区煤层间距变化幅度较大，渭北一带变化幅度较小。

4. 物性特征

含煤地层的岩性组合特征反映在测井曲线上，表现为不同的地球物理特征，如幅值、形态、组合特征等，利用这些特征及其变化规律，也能很好地进行地层及煤层的对比。

太原组第一段底部的砂岩体，在视电阻率上呈箱形异常，当砂体与上部地层呈渐变关系时，视电阻率曲线呈树形、自然伽马强度由下向上逐渐增大。太原组第一段上部的生物碎屑灰岩，视电阻率最高，自然伽马强度 5～13 API，部分地区含高碳质时，自然伽马强度 18～23 API，散射伽马曲线呈中高异常。太原组第三段中间的海相泥岩夹薄层泥灰岩以中高电阻率、散射伽马低异常、低自然伽马强度为特征。

表 3-1-2　陕北太原组可采煤层间距变化统计表　　单位：m

<table>
<tr><th colspan="2">府谷矿区</th><th colspan="2">吴堡矿区</th></tr>
<tr><th>煤层编号</th><th>层间距</th><th>煤层编号</th><th>层间距</th></tr>
<tr><td>6</td><td></td><td></td><td></td></tr>
<tr><td></td><td>0.92～10.32
5.79</td><td></td><td></td></tr>
<tr><td>7</td><td></td><td></td><td></td></tr>
<tr><td></td><td>1.09～6.90
2.97</td><td></td><td></td></tr>
<tr><td>8</td><td></td><td></td><td></td></tr>
<tr><td></td><td>1.90～53.68
20.17</td><td></td><td></td></tr>
<tr><td>9</td><td></td><td>t_3</td><td></td></tr>
<tr><td></td><td>1.73～29.40
14.86</td><td></td><td>27～33</td></tr>
<tr><td>10</td><td></td><td>$t_1^{上}$</td><td></td></tr>
<tr><td></td><td>0.78～8.76
5.15</td><td></td><td>2～6</td></tr>
<tr><td>11</td><td></td><td>t_1</td><td></td></tr>
</table>

表 3-1-3　渭北太原组可采煤层间距变化统计表　　单位：m

<table>
<tr><th>煤层编号</th><th>韩城矿区</th><th>澄合矿区</th><th>蒲白矿区</th><th>铜川矿区</th></tr>
<tr><td>4</td><td></td><td></td><td></td><td></td></tr>
<tr><td></td><td></td><td>2.00～13.58
6.28</td><td></td><td></td></tr>
<tr><td>5</td><td></td><td></td><td></td><td></td></tr>
<tr><td></td><td rowspan="5">41.94～60.62
47.13</td><td rowspan="3">12.46～49.18
23.98</td><td>5.15～13.97
8.40</td><td rowspan="3">3.76～21.36
12.65</td></tr>
<tr><td>6</td><td></td></tr>
<tr><td></td><td>4.96～6.35
5.49</td></tr>
<tr><td>10</td><td></td><td></td><td></td></tr>
<tr><td></td><td>10.73～13.49
12.03</td><td></td><td>1.25～15.30
6.31</td></tr>
<tr><td>11</td><td></td><td></td><td></td><td></td></tr>
</table>

煤层的物性特征：府谷矿区的 5、6、7 号煤层在测井曲线上均为单峰异常，8 号煤层以高视电阻率、高散射伽马异常为特征，6、7 号煤层间以中高视电阻率、低散射伽马异常、低自然伽马强度。吴堡矿区的 t_1 号煤层在物性特征上视电阻率相对较大，密度较小，自然伽马强度较低，自然电位负异常较强，最显著的特征是 t_1 号煤层高阻异常还未降落就有一更大幅值，高阻异常在其顶部。

陕西省石炭-二叠纪煤田勘查程度高，太原组标志层、煤层物形特征明显，煤岩层对比可靠。鄂尔多斯盆地石炭-二叠纪太原组各区煤层编号对照表 3-1-4。

表 3-1-4 鄂尔多斯盆地石炭-二叠纪太原组各区煤层编号对照表

<table>
<tr><th colspan="2">含煤组段</th><th>本次采用编号</th><th>渭北煤田</th><th>府谷矿区</th><th>吴堡矿区</th></tr>
<tr><td rowspan="8">太原组</td><td rowspan="3">第三段</td><td>4</td><td>4</td><td>6</td><td></td></tr>
<tr><td rowspan="2">5</td><td rowspan="2">5</td><td>7</td><td></td></tr>
<tr><td>8</td><td></td></tr>
<tr><td rowspan="3">第二段</td><td>6</td><td>6</td><td rowspan="3">9</td><td rowspan="3">t_3</td></tr>
<tr><td>7</td><td>7</td></tr>
<tr><td>8</td><td>8</td></tr>
<tr><td rowspan="2">第一段</td><td>10</td><td>9,10</td><td>10</td><td>$t_1^{上}$</td></tr>
<tr><td>11</td><td>11</td><td>11</td><td>t_1</td></tr>
</table>

陕西省鄂尔多斯地层区山西组、太原组含煤岩系柱状对比见图 3-1-4、图 3-1-5。

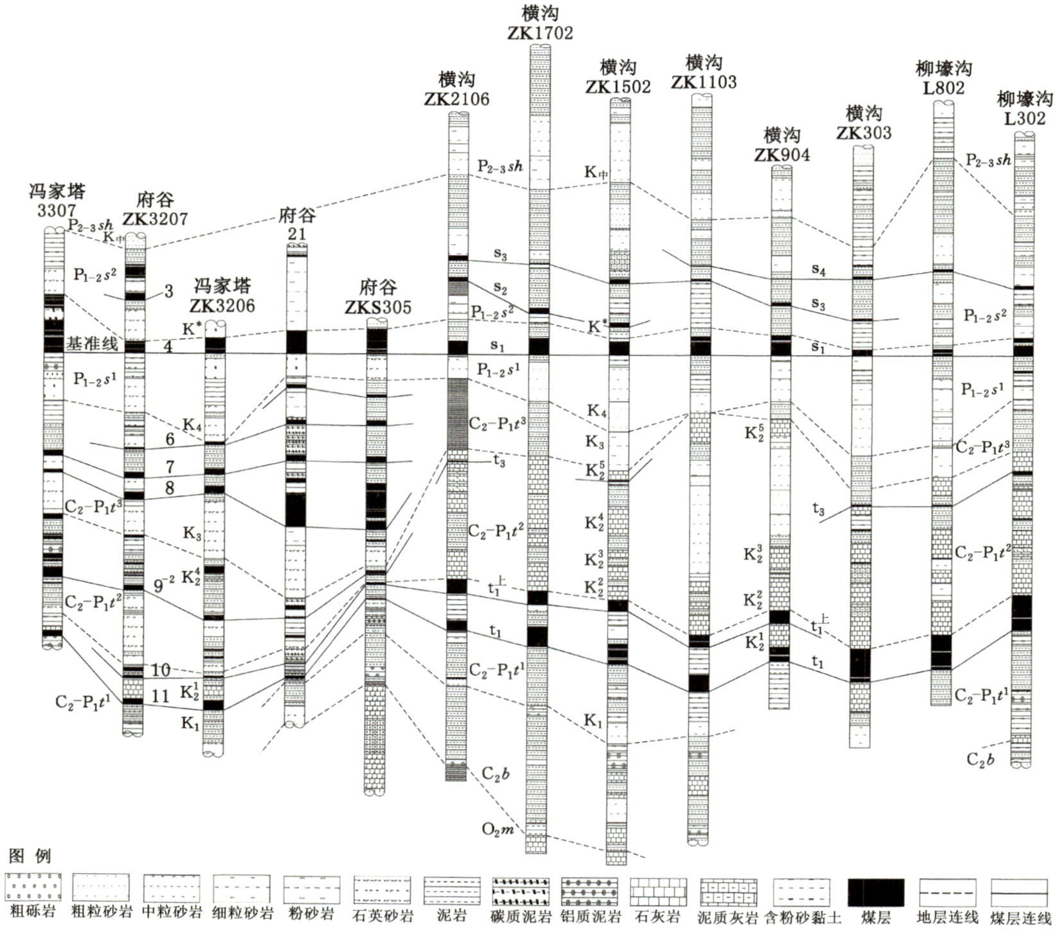

图 3-1-4 陕西省陕北山西组、太原组含煤岩系柱状对比图

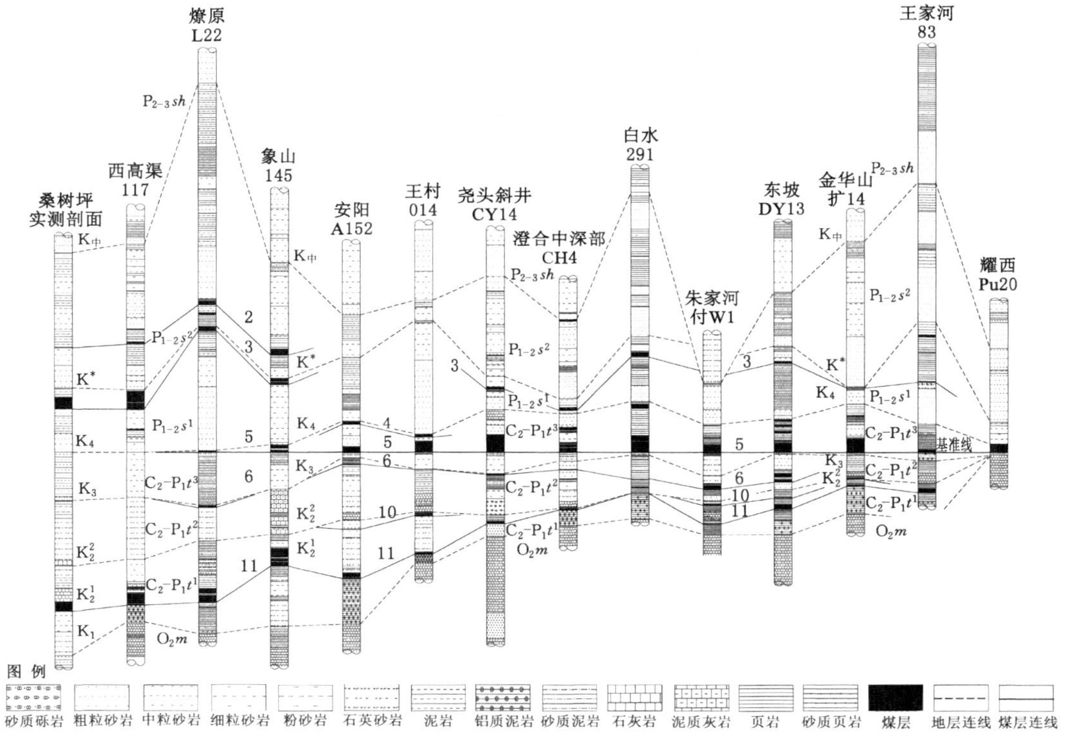

图 3-1-5 陕西省渭北山西组、太原组含煤岩系柱状对比图

3.1.3.3 可采煤层

1. 陕北石炭-二叠纪煤田府谷矿区太原组

根据资料，太原组主要可采及局部可采煤层有 6 层，分别为 6、7、8、9^{-2}、10、11 号煤层。6 号煤层在矿区东南部遭后期剥蚀不可采外，其余大部分可采，厚度较为稳定，变化不大，结构简单，属较稳定的大部可采煤层；7 号煤层在南部东西边界小部分遭后期剥蚀外，其余连片分布大部可采，厚度由北向南变薄，规律明显，较稳定，结构简单，属较稳定的大部可采煤层(图 3-1-6)；8 号煤层在东部及西部边界较小部分遭后期剥蚀，其余连片分布大部可采，厚度在中部较薄，向南、北有逐渐增厚的趋势，变化规律明显，结构简单，属较稳定的大部可采煤层(图 3-1-7)；9^{-2} 号煤层在南部及北部剥蚀外，中部可采，连片分布，煤层厚度由东向西增厚，规律明显，属局部可采不稳定煤层(图 3-1-8)；10 号煤层在中部剥蚀，可采范围分布在南部及东南部，呈带状分布，煤层厚度由中部分别向东南、西北向增厚，结构复杂，属局部可采的不稳定煤层(图 3-1-9)；11 号煤层在西南部及中东部小面积剥蚀不可采，南部大部分可采，煤层厚度变化不大，结构较简单，总体属局部可采的不稳定煤层。陕北石炭-二叠纪煤田府谷矿区太原组可采煤层特征见表 3-1-5。

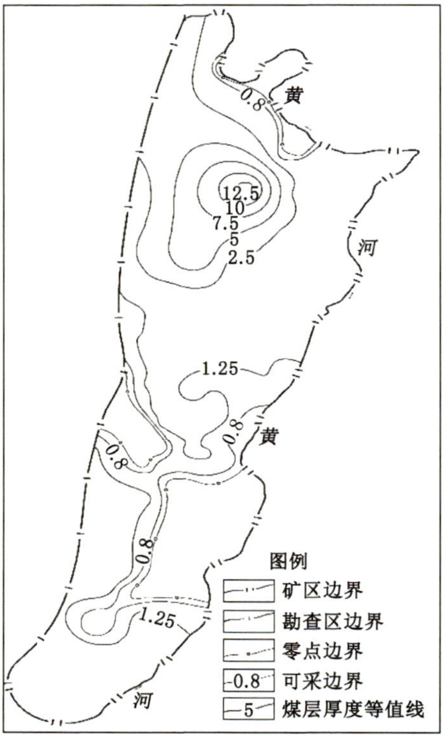

图 3-1-6 府谷矿区 7 号煤层厚度等值线图

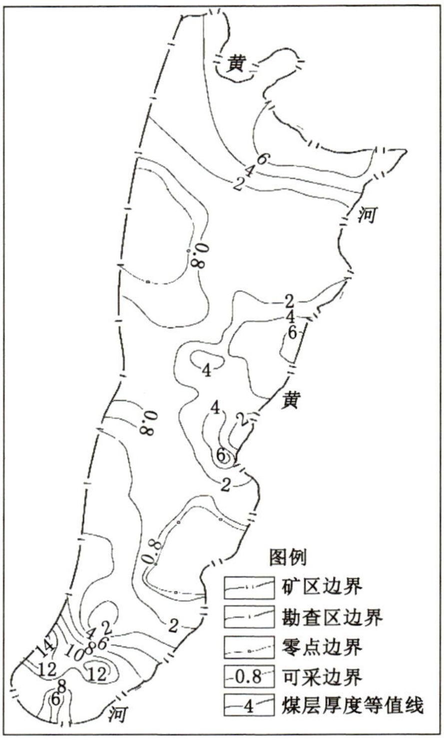

图 3-1-7 府谷矿区 8 号煤层厚度等值线图

表 3-1-5 陕北石炭-二叠纪煤田府谷矿区太原组可采煤层特征表

含煤组段	煤层编号	煤层厚度/m	煤层结构	煤层稳定型	可采性
第三段	6	0.82～6.40 2.15	局部 1～2 层夹矸，矸厚 0.08～0.72 m	较稳定	大部可采的薄～厚煤
	7	0～14.53 1.84	含夹矸 1～3 层，矸厚 0.25～0.76 m	较稳定	大部可采的薄～厚煤
	8	0～15.52 3.14	含夹矸 1～3 层，矸厚 0.05～0.68 m	较稳定	大部可采的薄～厚煤
第二段	9^{-2}	0～10.67 3.03	含夹矸 1～4 层，矸厚 0.37～0.77 m	不稳定	局部可采的薄～厚煤
第一段	10	0～12.65 2.73	含夹矸 1～5 层，矸厚 0.25～0.78 m	不稳定	局部可采的薄～厚煤
	11	0.80～4.30 1.82	含夹矸 1～4 层，矸厚 0.04～0.76 m	不稳定	局部可采的薄～中厚煤

图 3-1-8 府谷矿区 9^{-2} 号煤层厚度等值线图

图 3-1-9 府谷矿区 10 号煤层厚度等值线图

2. 陕北石炭-二叠纪煤田吴堡矿区太原组

根据矿区的煤层厚度、稳定性等综合指标，t_1 号煤层呈层状赋存于太原组第一段的上部，层位稳定，分布广泛，厚度较厚，是区内主要可采煤层之一，由北向南厚度递增的规律性十分明显，全区可采，结构简单(图 3-1-10)。$t_1^{上}$ 号煤层呈层状赋存于太原组第一段的上部，是 t_1 号煤层的上分岔煤层，分布于矿区的北部，厚度在中部较薄，向南、北有逐渐增厚的趋势，变化规律明显，该煤层层位稳定，厚度较厚，变化规律明显，煤层结构简单，属大部可采的较稳定型中～厚煤层(图 3-1-11)。t_3 号煤层位于太原组第二段的上部，呈层状产出，该煤层层位较稳定，厚度变化较小，煤层结构简单，但可采范围小，连续性差，属局部可采的不稳定型薄煤层。陕北石炭-二叠纪煤田吴堡矿区太原组可采煤层特征见表 3-1-6。

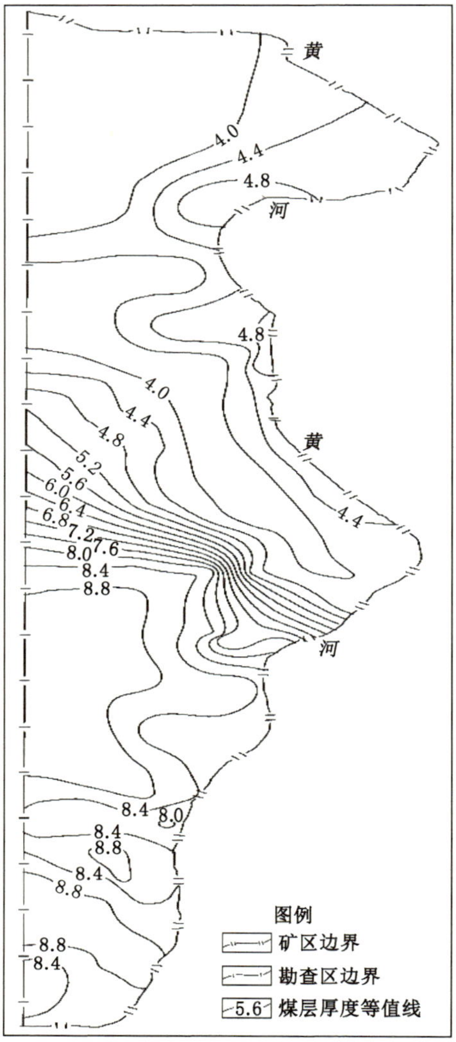

图 3-1-10　吴堡矿区 t_1 号煤层厚度等值线图

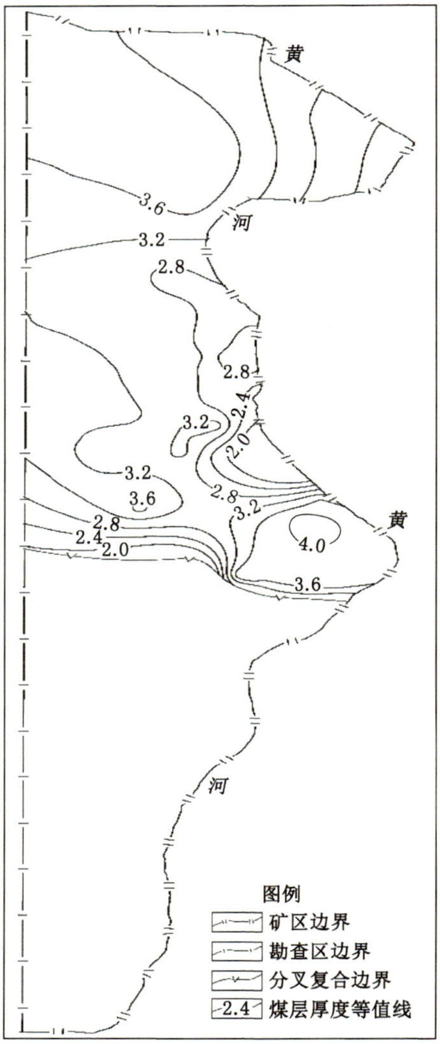

图 3-1-11　吴堡矿区 $t_1^{上}$ 号煤层厚度等值线图

表 3-1-6　陕北石炭-二叠纪煤田吴堡矿区太原组可采煤层特征表

含煤组段	煤层编号	煤层厚度/m	煤层结构	煤层稳定型	可采性
第二段	t_3	0.20～1.50 0.64	基本无夹矸，个别有1层夹矸，矸厚0.23～0.67 m	不稳定	局部可采的薄煤
第一段	$t_1^{上}$	0.85～4.05 3.12	含夹矸1层，个别有2层夹矸，矸厚0.10～0.44 m	较稳定	大部可采的中～厚煤
	t_1	3.51～8.98 5.14	含夹矸1层，局部有2～3层夹矸，矸厚0.10～0.55 m	较稳定	全区可采的厚煤

3. 渭北石炭-二叠纪煤田太原组

渭北石炭-二叠纪煤田太原组主要可采及局部可采煤层自下而上分别为11、10、6、5、4号。11号煤层主要分布在煤田东端韩城矿区至西部铜川矿区之间，为主要可采煤层之一，煤层厚度0～7.41 m，变化较大，一般3.00～5.00 m，受基底古地形的控制，低凹处煤层较厚，凸起处煤层变薄，形成沿走向方向厚薄相间的带状分布。10号煤层主要分布在东端韩城矿区及西部铜川矿区之间，中部有大面积缺失，为一局部可采煤层，厚度0～3.36 m，蒲白与铜川矿区一带煤层分布基本稳定，一般厚2.00 m，也有变薄、尖灭现象，其厚度变化同样是受基底古地形和同沉积坳陷作用的控制。6号煤层仅在澄合矿区中深部详查区局部可采，结构简单，煤质较好，为一局部可采的不稳定煤层。5号煤层除韩城矿区下峪口以北因当时覆水较深、未形成沼泽化，不利成煤外，其余广大地区均有该煤层的分布，属煤田内主要可采煤层之一，其变化规律由东向西是：韩城涺水河一带为厚煤区，煤层厚度一般4.00～6.00 m；大峪河至澄城县为薄煤区，煤层厚度2.00 m左右；澄城县至洛河一带为厚煤区，煤层厚度为3.00～5.00 m；蒲白矿区为薄煤区，煤层厚度一般1.50～2.00 m；铜川王石凹以东为厚煤区，煤层厚度一般3.00 m左右；王石凹以西至口镇一带为薄煤区或尖灭区。4号煤层在澄合矿区安阳井田和中深部详查区局部可采。渭北石炭-二叠纪煤田太原组可采煤层特征见表3-1-7。

表3-1-7 渭北石炭-二叠纪煤田太原组可采煤层特征表

含煤组段	煤层编号	煤层厚度/m	煤层结构	煤层稳定型	可采性
第三段	4	$\frac{0\sim4.65}{1.22}$	无夹矸	不稳定～较稳定	仅澄合矿区局部可采薄～厚煤
	5	$\frac{0\sim7.57}{3.30}$	含夹矸1～3层，矸厚0.10～0.20 m	较稳定	全区可采中～厚煤
第二段	6	$\frac{0\sim2.13}{0.70}$	含夹矸0～1层	不稳定	仅澄合矿区局部可采薄～中厚煤
第一段	10	$\frac{0\sim3.36}{2.00}$	含夹矸0～2层，矸厚0.05～0.20 m	较稳定	局部可采薄～厚煤
	11	$\frac{0\sim7.41}{3.00\sim5.00}$	含夹矸1～4层，矸厚0.05～0.15 m，个别点达0.5 m以上	较稳定	大部可采中～厚煤

3.2 二叠纪含煤地层

3.2.1 含煤地层

3.2.1.1 含煤地层及分布

二叠纪含煤地层主要分布于陕西省渭河以北，零星分布于商州、洛南、汉中及紫阳等地，分别属鄂尔多斯及上扬子地层区，包括早-中二叠世山西组、早-中二叠世梁山组、中二叠世龙池组、中二叠世下石盒子组、晚二叠世吴家坪组。

早-中二叠世山西组：分布于泾河至韩城及以北广大地区，出露于府谷、吴堡及渭北等地，在泾河以西缺失，为一套陆相含煤碎屑岩系。岩性为粉砂岩、中～细粒砂岩、砂质泥岩、泥岩、碳质泥岩及煤层，底部常有一石英砂层，府谷及渭北一带呈砂砾岩或砾岩，并夹砂质灰岩或泥灰岩透镜体。本组厚度 8.22～135.30 m，厚度呈北厚南薄、东厚西薄变化趋势，沉积中心仍位于府谷-吴堡一带。洛河以东碎屑岩增多，吴堡一带以泥岩为主，厚度最大。南部渭北石炭-二叠纪煤田山西组的厚度 8.22～135.30 m，一般厚 40～60 m(图 3-2-1)；陕北府谷矿区山西组的厚度 18.84～105.13 m，平均厚度 58.57 m，吴堡矿区山西组的厚度 36.01～85.93 m，平均厚度 54.84 m(图 3-2-2)。山西组为陕西省二叠纪主要含煤地层。

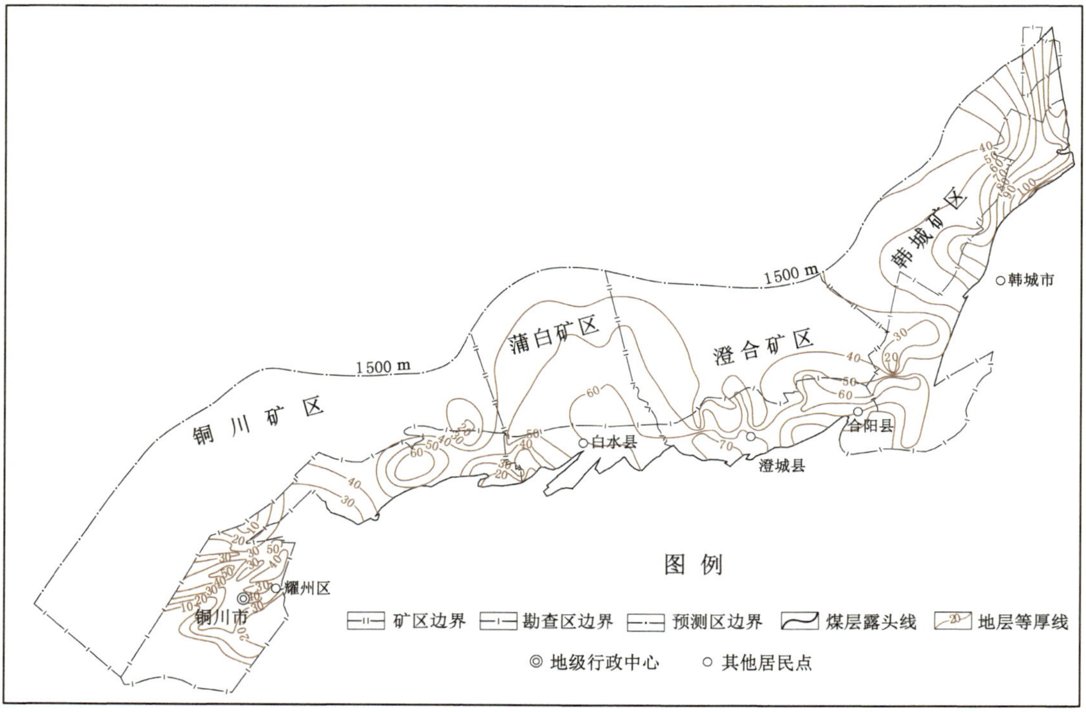

图 3-2-1 渭北石炭-二叠纪煤田山西组地层厚度等值线图

早-中二叠世梁山组：分布于南郑梁山及紫阳黄草梁等地。南郑一带为灰黑色页岩、碳质页岩，灰白、灰黄色黏土岩，夹不稳定劣质煤层，厚度 3～15 m；紫阳一带为泥质灰岩，含碳砂质灰岩夹碳质页岩、粉砂岩及煤层，厚度 150 m，底部含煤 1 层。

中二叠世龙池组：分布于西乡木竹坝至龙池一带，为黑色硅质、钙质或碳质泥岩、粉砂岩，局部夹硅质岩、泥灰岩及劣质煤或高碳质泥岩，厚度 48～134 m。龙池组与茅口组为同期异相沉积。

中二叠世下石盒子组：分布于商州大荆至洛南兑山一带，下部为灰黑及杂色砂质泥岩、泥岩夹灰白、灰黑色砂岩、砾岩，上部为灰白色细粒砂岩、灰黑色和灰白色砂质泥岩、黏土质

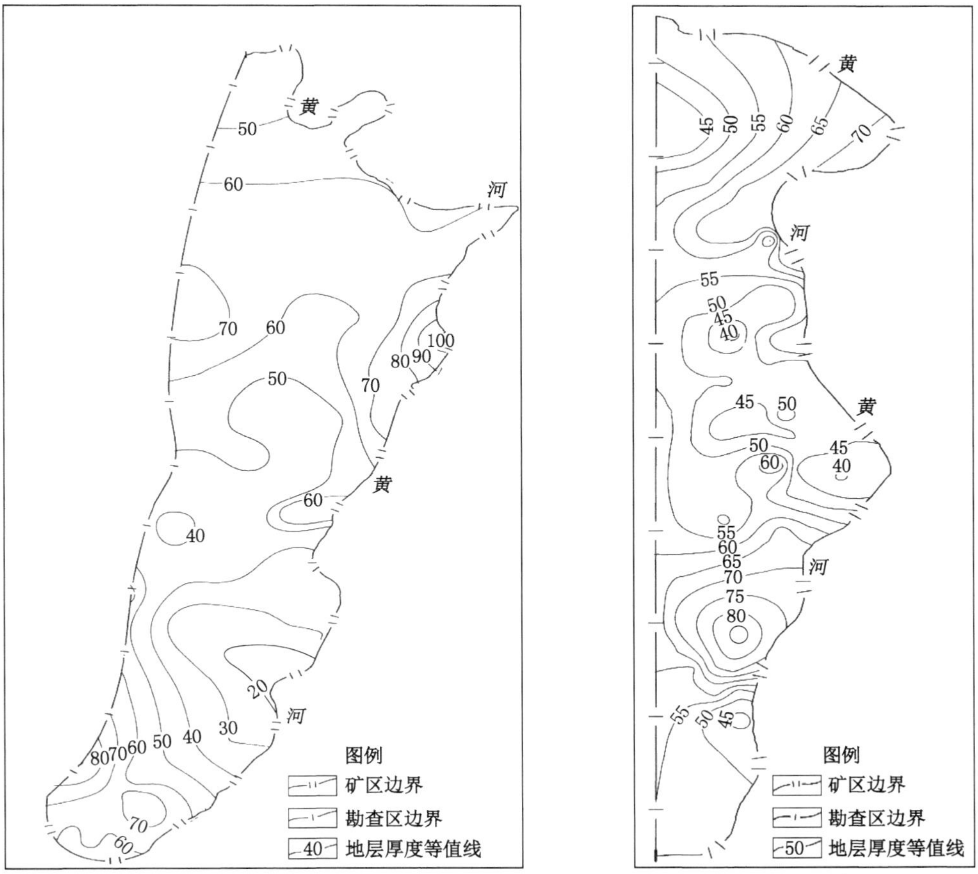

(a) 府谷矿区　　　　(b) 吴堡矿区

图 3-2-2 陕北石炭-二叠纪煤田山西组地层厚度等值线图

泥岩夹煤层，厚度 240 m。在大荆一带，其下部为杂色粉砂质页岩和页岩，上部为长石石英砂岩夹煤层，厚度 243 m；在商州熊耳山一带，其下部为灰色泥岩、砂质泥岩夹砂岩、粉砂岩及煤层，上部为灰白色中～细粒砂岩、浅黄色泥岩夹薄煤层，厚度 197 m。

晚二叠世吴家坪组下段（页岩段）：分布于南郑黎坪至梁山一带，为杂色铝土质页岩或黏土岩，局部夹碳质页岩、铝土矿，黎坪一带夹煤线及透镜状灰岩，厚度 2～20 m。

3.2.1.2 古生物群特征与分布

二叠纪生物群十分繁盛，鄂尔多斯地层区产有华夏植物群及少量孢粉、昆虫化石等，属华北生物地理区；秦岭地层区及上扬子地层区产有丰富的䗴类、珊瑚、腕足类等化石，属古地中海（特提斯洋）生物地理区。

鄂尔多斯地层区早二叠世产中期华夏植物群及少量昆虫化石，前人根据植物组成特征划分为 A、B 两期。山西组发育有 A 期植物组合中的 *Emplectopteridium alatum*（翅编羊齿）、*Emplectopteris triangularis*（三角织羊齿）、*Lobatannularia sinensis*（中国瓣轮叶）及 *Taeniopteris multinervis*（多脉带羊齿）等。晚二叠世产有晚期华夏植物群 A 期植物组合及少量孢粉化石,B 期未见。其中多数系由中期华夏植物群延续上来的,以真蕨和种子蕨纲分子为主,楔叶纲分子次之,苏铁、银杏、科达纲属种较少。洛南-商州一带下石盒子组下部产植物化石 *Calamites suckowii*(苏柯维芦木)、*Lobatannularia ensifolia*(剑瓣轮叶)等,上部有 *Gigantopteris* sp.(大羽羊齿未定)、*Pecopteris anderssonii*(镰刀栉羊齿)、*P. taiyuanensis*(太原栉羊齿)、*P. orientalis*(东方栉羊齿)等。

上扬子地层区早二叠世梁山组产腕足类 *Dictyodostus* sp.(网格长身贝未定种)、*Orthotichia* sp.(直房贝未定种)、*Tyloplecta richthofeni*(李氏瘤褶贝)等,双壳类 *Astartella* sp.(小花蛤未定种)及 *Aviculopecten* sp.(海燕扇未定种)、珊瑚 *Cystomichelinia* sp.(泡沫板米契材珊瑚未定种)等。古植物有 *Lepidodendron oculusfelis*(猫眼鳞木)、*Pecopteris norinii*(粗枝栉羊齿)、*Sphenophyllum* cf. *costae*(截楔叶相似种)。龙池组产蜓类 *Neoschwagerina*(新希瓦格蜓)及 *Sumatrina* cf. *longissima*(长苏门答腊蜓相似种),腕足类 *Urushtenia crenulata*(齿状乌鲁希腾贝)及头足类等。吴家坪组下段仅含不能鉴定的植物化石或碎片。

3.2.2 地层划分与对比

山西组所产化石与华北中期华夏植物群 A 期组合基本相同,在鄂尔多斯盆缘本组底部有一石英砂岩层,整合于下伏晚石炭-早二叠世太原组顶部海相泥岩或粉砂岩之上,与太原西山石炭纪与二叠纪分界基本一致。山西组可与山西太原、辽宁本溪、甘肃平凉、宁夏贺兰山等地区相应地层对比。洛南及商州熊耳山一带下石盒子组所含植物化石分别为早二叠世晚期至中二叠世早期分子,与鄂尔多斯地层区下石盒子组相当,仅熊耳山地区的地层发育不全。

梁山组产腕足类、双壳类及介形虫等化石,不能确定地层时代,但该组整合于上覆栖霞组之下,与黔南栖霞组下部的 *Misellina claudiae* 带或 *Wentzellophyllum volzi* 带层位可能相当,与黔水-遵义梁山组层位基本相当。龙池组所含头足类、蜓类及腕足类化石均为茅口阶代表化石,可与南京地区的孤峰组、浙江长兴堰桥组对比。吴家坪组有两个化石带,上部为 *Codonofusiella*(喇叭蜓)带,下部为 *Liangshanophyllum*(梁山珊瑚)带,中、晚二叠世界线划在王坡页岩之底,即 *Yabeina*(矢部蜓)带与 *Liangshanophyllum* 带之间,王坡页岩仅含植物化石碎片,与下伏茅口组为平行不整合接触。陕西省二叠纪含煤地层划分及与邻区对比见表 3-2-1。

表 3-2-1 陕西省二叠纪含煤地层划分及与邻区对比表

<table>
<tr><th colspan="2" rowspan="2">地层</th><th colspan="6">地层区</th></tr>
<tr><th>山西</th><th>四川绵竹</th><th colspan="2">陕西汉南</th><th>陕西高川</th><th>鄂尔多斯</th></tr>
<tr><td rowspan="3">上二叠统</td><td>长兴阶</td><td>石千峰组</td><td>长兴组</td><td colspan="2">长兴组</td><td>大隆组</td><td>孙家沟组</td></tr>
<tr><td rowspan="2">龙潭阶</td><td rowspan="3">上石盒子组</td><td rowspan="2">吴家坪组</td><td rowspan="2">吴家坪组</td><td>灰岩</td><td rowspan="2">郭家垭组</td><td rowspan="3">上石盒子组</td></tr>
<tr><td>页岩</td></tr>
<tr><td rowspan="2">中二叠统</td><td>茅口阶</td><td>茅口组</td><td colspan="2">茅口组</td><td>龙池组</td></tr>
<tr><td rowspan="3">栖霞阶</td><td>下石盒子组</td><td rowspan="2">栖霞组</td><td colspan="2">栖霞组</td><td>栖霞组</td><td>下石盒子组</td></tr>
<tr><td rowspan="2">下二叠统</td><td>山西组</td><td colspan="2">梁山组</td><td>梁山组</td><td>山西组</td></tr>
<tr><td>太原组</td><td>梁山组</td><td colspan="2"></td><td></td><td>太原组</td></tr>
</table>

3.2.3 煤层

陕西秦岭地层区含煤地层复杂，含煤性差，上扬子地层区仅局部发育，只概略叙述。渭河以北的鄂尔多斯地层区二叠纪含煤地层发育稳定，含煤性好，研究程度高。本书只对陕西分布于渭河以北的二叠纪山西组含煤地层中的主要及局部可采煤层特征重点叙述。

3.2.3.1 含煤性

分布于北秦岭商洛盆地的石盒子组可划分为下部石英砂岩段和上部含煤段。上段最多含煤 8 层，一般为 5 层，其中可采 3 层，自上而下为上煤、中$^{-1}$煤、中$^{-2}$煤、中$^{-3}$煤及下煤层。可采煤层厚度一般 3～4 m，结构简单～复杂，产状变化较大，属高灰、中～高硫、低发热量煤。

二叠纪含煤地层在上扬子地层区亦有零星分布，如南郑梁山一带的早-中二叠世梁山组为黑色页岩、灰白色黏土岩夹劣质薄煤，紫阳黄草梁一带也仅含一层薄煤，厚度 0.4～1.7 m，煤质差，多不可采；晚二叠世吴家坪组下段王坡页岩也含劣质薄煤层，多不可采，对比意义不大。

不同地区山西组含煤情况不同，分述如下。

1. 陕北石炭-二叠纪煤田府谷矿区山西组含煤性

山西组平均厚度 58.57 m，含煤层 1～7 层，含可采煤层 1～3 层，自上而下编号为 2、3、4 号，煤层累加厚度 1.50～17.52 m，平均厚度 9.52 m，含煤系数 2.5%～32.8%，平均含煤系数 16.3%；可采煤层累加厚度 1.05～14.46 m，平均厚度 7.78 m，平均可采含煤系数 13.3%。

2. 陕北石炭-二叠纪煤田吴堡矿区山西组含煤性

山西组平均厚度 54.84 m，含煤层 2～8 层，含可采煤层 1～3 层，自上而下编号为 s_3、s_2、s_1号，煤层累加厚度 2.49～8.34 m，平均厚度 5.65 m，平均含煤系数 11.5%；可采煤层累加厚度 1.63～7.96 m，平均厚度 4.93 m，平均可采含煤系数 10.0%。在矿区内山西组煤层累加厚度总体上南薄北厚，含煤系数总体上中部及北部大于南部。

3. 渭北石炭-二叠纪煤田山西组含煤性

山西组中由上到下含 3 层煤，从上到下编号 1、2、3，其中 2、3 号煤层为零星及局部可采煤层，可采煤层累加厚度一般为 3.5 m 左右，平均含煤系数 6.86%。该组地层为海退后形成的滨海平原或三角洲沉积，铜川西部为河床沉积，对成煤不利，煤田东部韩城矿区及蒲白矿区、澄合矿区东部河沼环境发育，泥炭沼泽沉积普遍，具有良好的成煤条件。

3.2.3.2 煤岩层对比

陕西省二叠纪含煤地层南北发育程度不同，鄂尔多斯地层区发育稳定，含煤性好，研究程度高，秦岭地层区地层复杂，含煤性差，上扬子地层区仅局部含煤性好。

1. 组段及沉积旋回

早-中二叠世山西组为陕西晚古生代主要含煤地层之一，根据图 3-1-3 含煤地层旋回结构图，山西组从下至上划分为两段。3 号煤层位于第一段，1、2 号煤层位于第二段。第一段由第Ⅸ旋回组成，自北岔沟砂岩(K_4)底界至 3 号煤层顶板砂岩(K^*)底界；第二段由第Ⅹ～Ⅺ旋回组成，第Ⅹ旋回自 3 号煤层顶板砂岩底界至 2 号煤层顶板砂岩底界，2 号煤层位于第

Ⅹ旋回，第Ⅺ旋回自2号煤层顶板砂岩底界至下石盒子组底部砂岩（$K_{中}$）底界，1号煤层位于第Ⅺ旋回。

2. 标志层发育特征

山西组沉积标志层亦较发育，自下而上有北岔沟砂岩（K_4）、3号煤层顶板砂岩（K^*）及下石盒子组底部砂岩（$K_{中}$）。

K_4标志层：北岔沟砂岩，又称牛毛毡砂岩，位于山西组底部，即太原组与山西组的分界线，岩性为粗～细粒砂岩，厚度1～30 m，一般厚度5～8 m，矿物成分组合较太原组砂岩复杂，除石英外，长石及云母、褐铁矿等均占一定比例，并含有暗色矿物及泥岩包体，白云母片多富集于顶面，故有“牛毛毡”砂岩之称，与下部具明显的冲刷面，有时冲刷掉下部4号和5号煤层。

K^*标志层：3号煤层顶板砂岩，与北岔沟砂岩岩性特征相似，砂体数量减少，厚度增厚，可达39 m，一般厚度8～10 m。

$K_{中}$标志层：分布于下石盒子组底部，为浅灰色中粗粒砂岩，具斜层理，砂岩中常夹有砂质泥岩及粉砂岩，产大量植物化石，与下伏山西组顶部的灰～深灰色泥岩、粉砂岩之间界线明显。

3. 煤层间距变化规律

山西组含煤地层以河流相沉积为主，厚度变化较大，其煤层间距变化亦大，但一个地区内相邻煤层间距变化不大，并有一定规律可循，可作为煤岩层对比辅助标志（表3-2-2）。

表3-2-2 山西组可采煤层间距变化统计表 单位：m

渭北煤田		府谷矿区		吴堡矿区	
煤层编号	层间距	煤层编号	层间距	煤层编号	层间距
		2		s_3	
			$\frac{1.39\sim11.37}{4.54}$		$\frac{3.39\sim18.17}{8.06}$
2		3		s_2	
	6～29		$\frac{1.40\sim21.22}{10.07}$		$\frac{0.87\sim17.00}{7.19}$
3		4		s_1	

4. 物性特征

山西组底部的砂体，视电阻率曲线呈中～高阻、自然伽马强度低、自然电位为负异常。另外山西组第一段的3号煤层视电阻率曲线下高上低，呈松塔形，自然伽马强度下低上高。

煤层的物性特征：府谷矿区的4号煤层视电阻率下高上低，呈松塔形，自然伽马强度下低上高。吴堡矿区的s_1号煤层的视电阻率相对较大，密度较小，自然伽马强度较低，自然电位负异常较强，易与s_2、s_3号等煤层区分。

由于山西组分布面积大，各段在不同地区内层位有所差异，煤层的编号不尽一致。根据全区内的标志层可将陕西早-中二叠世山西组所含煤层分为三个区域进行对比（表3-2-3）。本次采用较普遍的渭北煤田的煤层编号，自上而下：第二段含1、2号煤层，第一段含3号煤层。

表 3-2-3　二叠纪山西组各区煤层编号对照表

含煤组段		本次采用编号	渭北煤田	府谷矿区	吴堡矿区
山西组	第二段	1	1	2	s_3
		2	2	3	s_2
	第一段	3	3	4	s_1

3.2.3.3　可采煤层

1. 陕北石炭-二叠纪煤田府谷矿区山西组

根据勘查资料，2 号煤层零星可采，只分布于府谷矿区南部；3 号煤层在南部的东南区和中东及东北部小部分遭后期剥蚀，在中北部大范围分布，可采厚度 0～6.82 m，厚度中部较厚，向南、北向递减，变化规律明显，煤层结构较简单，属较稳定煤层（图 3-2-3）；4 号煤层除在南部小部分遭后期剥蚀外基本全区可采，煤层层位稳定，厚度变化较小，变化规律明显，结构较简单，属较稳定煤层，煤层可采厚度 0～17.12 m（图 3-2-4）。陕北石炭-二叠纪煤田府谷矿区山西组可采煤层特征见表 3-2-4。

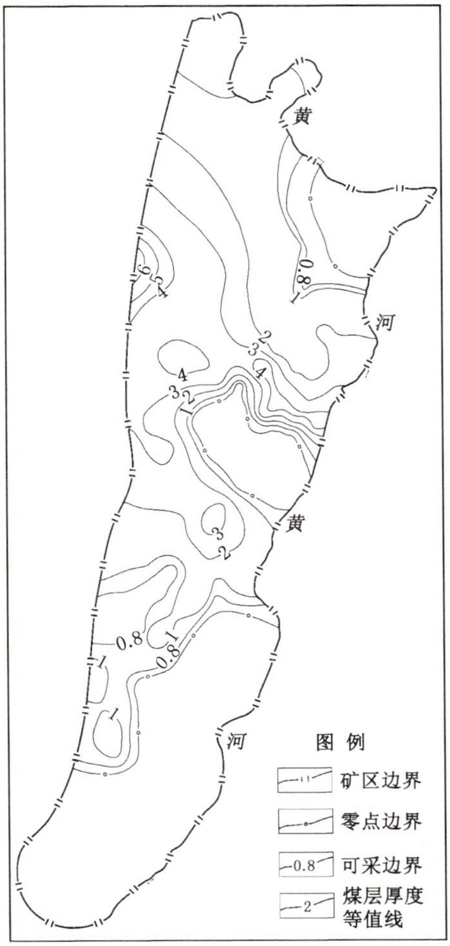

图 3-2-3　府谷矿区 3 号煤层厚度等值线图

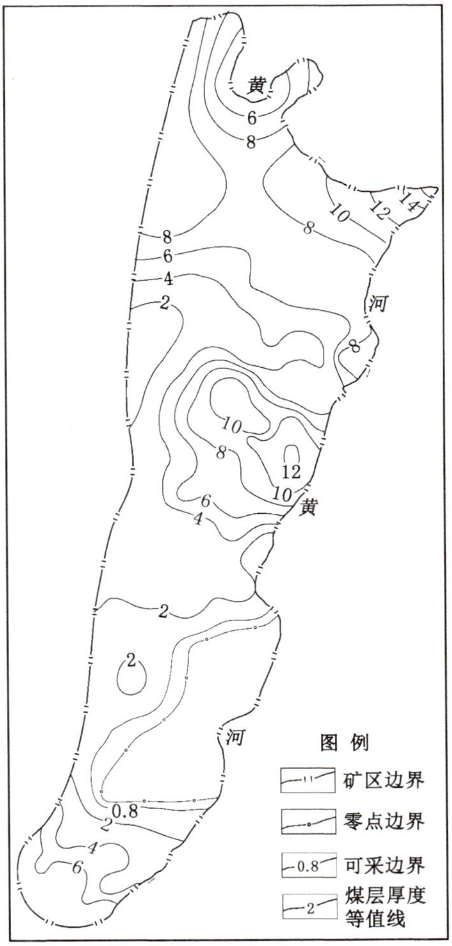

图 3-2-4　府谷矿区 4 号煤层厚度等值线图

表 3-2-4　陕北石炭-二叠纪煤田府谷矿区山西组可采煤层特征表

含煤组段	煤层编号	煤层厚度/m	煤层结构	煤层稳定型	可采性
第二段	2	0～6.58 3.19	含夹矸 1～2 层， 矸厚 0.21～0.69 m	不稳定	零星可采
	3	0～6.82 2.63	含夹矸 1～4 层， 矸厚 0.10～0.70 m	较稳定	大部可采中厚煤
第一段	4	0～17.12 6.36	含夹矸 1～6 层， 矸厚 0.03～0.79 m	较稳定	基本全区可采厚煤

2. 陕北石炭-二叠纪煤田吴堡矿区山西组

根据勘查资料，s_3号煤层呈层状赋存于山西组第二段的顶部，该煤层层位稳定，厚度变化较小，煤层结构简单，但可采范围较小，连续性较差，属零星可采的不稳定型薄煤层。s_2号煤层位于山西组第二段的中上部，呈层状产出，煤层层位稳定，厚度变化较小，但可采范围较小，连续性差，属局部可采的不稳定型薄煤层。s_1号煤层呈层状赋存于山西组第一段的上部，层位稳定，分布广泛，厚度较厚，该煤层层位稳定，厚度变化较小，且规律明显，煤层结构简单，属全区可采的较稳定型中厚煤层，煤层厚度 0.80～7.01 m(图 3-2-5)。陕北石炭-二叠纪煤田吴堡矿区山西组可采煤层特征见表 3-2-5。

表 3-2-5　陕北石炭-二叠纪煤田吴堡矿区山西组可采煤层特征表

含煤组段	煤层编号	煤层厚度/m	煤层结构	煤层稳定型	可采性
第二段	s_3	0.20～1.42 0.82	局部含 1 层夹矸， 矸厚 0.10～0.53 m	不稳定	零星可采薄煤
	s_2	0.30～1.65 1.06	不含夹矸	不稳定	局部可采薄煤
第一段	s_1	0.80～7.01 3.38	含夹矸 1～2 层， 矸厚 0.07～0.64 m	较稳定	全区可采中厚煤

3. 渭北石炭-二叠纪煤田山西组

位于山西组第一段的 3 号煤层，属局部可采煤层，沉积范围几乎广布整个煤田，而可采区主要在韩城矿区，煤层变化规律是：在韩城矿区以下峪口一带为界，向北至煤田东界黄河边一带为厚煤区，煤层平均厚度 2.73 m，最厚可达 6.78 m，向南逐渐变薄，煤层厚度一般 2.00 m 左右；由英山向西至合阳县一带为无煤区；在合阳县向西至铜川之间虽有该煤层沉积，但煤层厚度多薄而不可采或为煤线，也有个别地段煤层厚度达到 2.03 m(澄城县-白水一带)。2 号煤层在全煤田属零星可采，分布范围局限于韩城矿区马沟渠及其以北地段，煤层厚度 0.70～1.50 m，向南至英山一带煤层变薄，不可采或为煤线，由英山向西至耀州广大区间基本无 2 号煤层沉积，仅有个别点见到薄煤层或可采煤层。1 号煤层分布于韩城矿区以北个别地区，不可采。渭北石炭-二叠纪煤田山西组可采煤层特征见表 3-2-6。

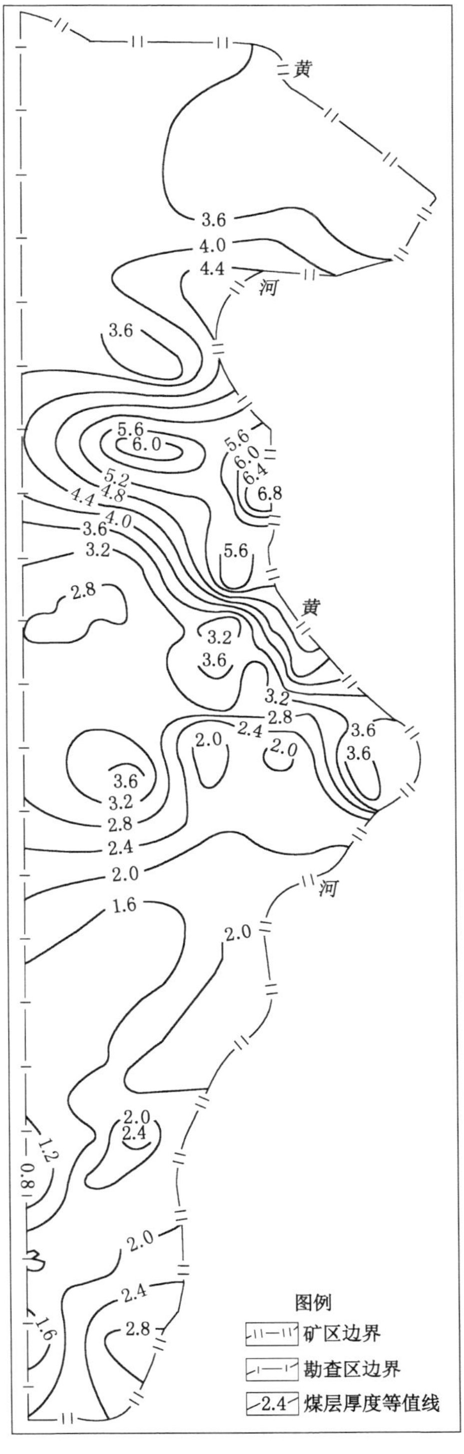

图 3-2-5 吴堡矿区 s_1 号煤层厚度等值线图

表 3-2-6　渭北石炭-二叠纪煤田山西组可采煤层特征表

含煤组段	煤层编号	煤层厚度/m	煤层结构	煤层稳定型	可采性
第二段	2	$\frac{0\sim1.50}{0.70}$	含夹矸 0～2 层， 矸厚 0.10 m 左右	不稳定	零星可采薄煤
第一段	3	$\frac{0\sim6.78}{2.73}$	含夹矸 0～2 层， 矸厚 0.10 m 左右	较稳定	局部可采 薄～厚煤

3.3　三叠纪含煤地层

3.3.1　含煤地层

3.3.1.1　含煤地层及分布

陕西省三叠纪含煤地层主要分布于渭河以北子长、子洲、米脂、甘泉、富县及安塞等地和陕南镇巴一带，为晚三叠世瓦窑堡组及须家河组，均为陆相碎屑含煤沉积。

瓦窑堡组：分布于子长、子洲、富县及安塞等地，为中～细粒砂岩、粉砂质泥岩、粉砂岩、泥岩、油页岩及煤层，在子长一带其上部夹一层厚度 4～14 m 的油页岩，中下部夹薄层泥灰岩 1～2 层。此组岩性北粗南细，厚度北薄南厚，无定河以北以粗碎屑岩为主，不含煤；向南砂岩减少，粒度变细，以细粒砂岩、粉砂岩、泥岩、煤层及油页岩为主。此组自下而上共分为四段，第一段自瓦窑堡组底部砂岩底界至"姚店砂岩"(K_1)底界，由含煤的砂、泥岩构成韵律性互层，夹 2～3 层大于 5 m 的中、细粒砂岩透镜体，含薄煤、煤线及植物化石，在子长地区，本段厚度 17.28～83.56 m，一般厚度 48 m，含煤 1～13 层，主要为 1 号煤组；第二段自"姚店砂岩"底界至 2 号煤层或含炭屑砂质泥岩层顶界，由灰白色中～细粒砂岩、深灰色粉砂岩、灰黑色砂质泥岩构成韵律性互层，富含植物化石，含煤 1～8 层，主要为 2 号煤组，一般厚度 62 m；第三段自 2 号煤层顶界至 3 号煤层底部砂岩底界，主要以中～细粒砂岩、粉砂岩构成大层的互层，局部地段有泥灰岩发育，夹薄煤层及煤线，含煤 1～8 层，一般 2～4 层，含黄铁矿结核及动、植物化石，一般厚度 95 m；第四段自 3 号煤层底部砂岩底界至侏罗系底部富县组或延安组地层底界，为主要含煤段，由灰白、灰色中～细粒砂岩、深灰色粉砂岩、泥岩、煤层及上部的油页岩组成，其中包括主要可采的 5 号、3 号煤层及顶部油页岩，含黄铁矿结核及动、植物化石，一般厚度 100 m。

本组地层受后期剥蚀，遭受不同程度的剥蚀，尤以南部剥蚀最为严重，而在清涧河、大理河、子长(瓦窑堡)一带保存最全、最厚，煤层、油页岩在此发育又全又厚，故命名为瓦窑堡组。瓦窑堡组在子长一带最厚达 368 m，一般厚度 200 m，在吴起以西小于 100 m，在横山一带一般小于 200 m(图 3-3-1)。

须家河组：分布于镇巴一带，为川中盆地北缘部分，构成镇巴煤产地的主要含煤地层。此组岩性为砾岩、砂岩、泥岩、砂质泥岩夹煤层，可分为上、下两个亚组，下亚组为泥岩、粉砂岩、砂质灰岩、泥灰岩、砂岩夹煤层及黄铁矿层，一般厚度 80 m；上亚组为砂岩、粉砂岩、泥岩、灰岩、砂质灰岩夹煤层，一般厚度 80 m。

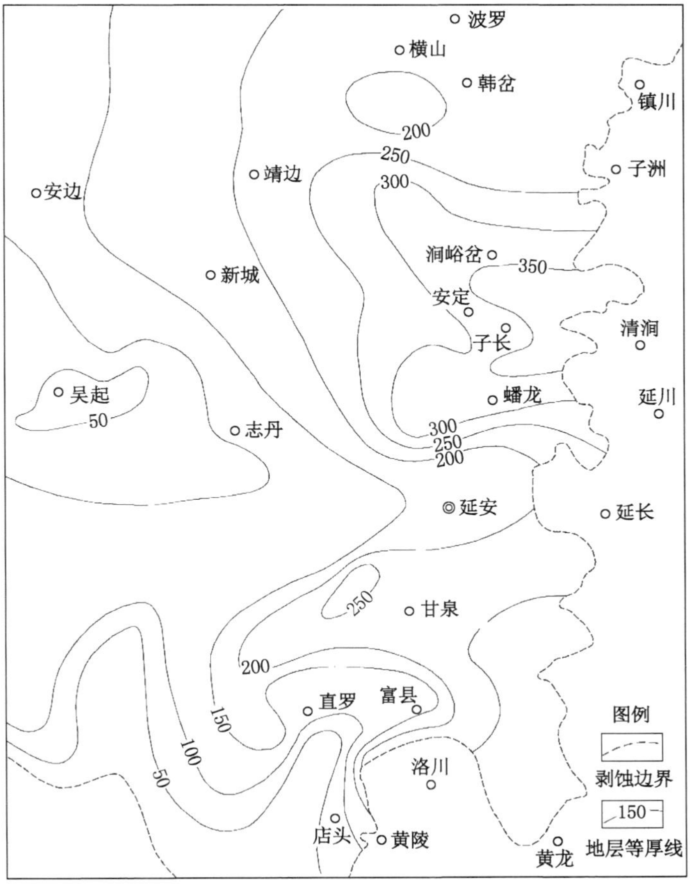

图 3-3-1 陕北三叠纪煤田瓦窑堡组地层厚度等值线图

3.3.1.2 古生物群特征与分布

陕西省晚三叠世以陆生生物为主，有植物、介形虫、叶肢介、双壳类等，其中产于鄂尔多斯地层区及秦岭地层区的植物化石称延长植物群 *Danaeopsis-Bernoullia* 组合，产于大巴山地区的称须家河组植物群。前者的组合特点是以蕨类植物中真蕨、种子蕨为主，苏铁类和银杏类仅有一些主要代表，松柏类非常贫乏，延长植物群组合与欧洲考依波植物群大致同属晚三叠世；后者在陕西境内发现不多，其组合特点是苏铁类占重要地位，蕨类以真蕨纲的双扇蕨科最发达，木贼类也较多，银杏类、种子蕨等都有其代表，该植物群在川北位于产早诺利期的双壳类化石之上，属晚诺利-瑞替期，大致与湘赣安源植物群、云南-平浪植物群时代相当。晚三叠世海生生物群仅在须家河组下部层位中产双壳类，为晚三叠世海生双壳类最晚期的一个组合，属晚诺利期。

瓦窑堡组产的植物化石有 *Danaeopsis fecundo*（多实拟丹尼蕨）、*Neocalamites carrerei*（卡勒莱新芦木）、*Glossophyllum shensiense*（陕西舌叶）、*Cladophlebis kaoiana*（高氏枝脉蕨）及 *Bernoullia zeilleri*（蔡耶贝尔瑙蕨）等，动物化石有双壳类 *Shaanxiconcha longa*（陕西长蚌）、*Utschamiella*（乌恰姆蚌）、*Unio*（蛛蚌）及介形类、叶肢介等。

须家河组产的动物化石有双壳类 *Yunnanophorus boulei*（部氏云南蛤）、*Myophoriopis* sp.（褶项蛤未定种）、*Trigonodus* sp.（三角齿蛤未定种）、*Unionites* cf. *dubi*（不确定蚌形蛤相似种）及 *Myophoria hsuei*（徐氏褶翅哈）等，植物化石有 *Ferganiella podozamioides*（苏铁杉型费尔干杉）、*Cladophlebis denticulata*（细齿枝脉蕨）、*C. platypylla*（阔叶格子蕨）、*Podozamites lanceolatus*（披针苏铁杉）、*Sinoctenis calophylla*（美叶中国蓖羽叶）、*Pterophyllum schenki*（欣壳侧羽叶）、*P. sinense*（中华侧羽叶）、*Dictyophyllum nathorstii*（那托斯特网叶蕨）及 *Doratophyllum hsuchiahoense*（须家河带叶）等。

3.3.2 地层划分与对比

瓦窑堡组含植物群 *Danaeopsis-Bernoullia* 组合及淡水双壳类 *Shaanxiconcha-Unio* 组合，与甘肃河西走廊地区的南营儿群上部、新疆准噶尔地区的郝家沟组相当，与欧洲的瑞替阶及哈萨克斯坦的上三叠统所含植物群相近，时代属晚三叠世。

须家河组下部含半咸水双壳类 *Yunnanophorus-Trigonodus* 组合，上部产植物化石 *Podozamites lanceolatus* 等，在四川广元一带产早诺利期 *Myophorianapengensis-Burmesia lirata* 海相双壳类组合，其时代应为晚三叠世中-晚期，相当于晚诺利期至瑞替期，与鄂西沙镇溪组、滇中-平浪地区干海子组、舍资组相当。陕西省晚三叠世含煤地层划分及与邻区对比见表 3-3-1。

表 3-3-1 陕西省晚三叠世含煤地层划分及与邻区对比表

地层		地层区					
		山西	四川广元	陕西镇巴	甘肃祁连	鄂尔多斯	
上三叠统	瑞替阶		须家河组	须家河组	南营儿组	瓦窑堡组	
	诺利阶	延长组	小塘子组			延长组	永坪组
	卡尼阶		垮洪洞组				胡家村组

3.3.3 煤层

3.3.3.1 含煤性

瓦窑堡组含煤层（煤线）20 余层，最多可达 32 层，可采及局部可采 1～2 层，具对比意义的煤层 7 层，编号自上而下依次为 $5^{上}$、5、4、3、3^{-1}、2、1 号。煤层总厚度达 11 m 左右，子长一带含主要可采煤层，含煤系数 1.67%，局部地区含煤系数较高，为 2.53%，富煤中心在子长与蟠龙一带。

须家河组在镇巴一带含煤 10～18 层，一般 2～8 层，可采及局部可采 4 层，可划分为上、下两个含煤段（亚组），共由Ⅴ个旋回构成；下段由第Ⅰ～Ⅱ旋回构成，含 1、2 煤组；上段由第Ⅲ～Ⅴ旋回构成，含 3、4、5、6、7 煤组。煤层可采总厚度一般 3.5 m 左右，平均可采含煤系数 2.18%，2 号主采煤层 0.43～7.45 m，一般 2.5 m。

3.3.3.2 煤岩层对比

陕西省三叠纪含煤地层在上扬子地层区分布面积小，地质构造复杂，含煤性差；在鄂尔多斯地层区发育稳定，含煤性好，研究程度高。

1．组段对比

陕北晚三叠世瓦窑堡组依据岩性、旋回结构及含煤性等特征自下而上可划分为 4 段：第一段自瓦窑堡组底部砂岩底界至“姚店砂岩”(K_1)底界，含煤 1～13 层，主要为 1 号煤组；第二段自“姚店砂岩”底界至 2 号煤层或含炭屑砂质泥岩层顶界，含煤 1～8 层，主要为 2 号煤组；第三段自 2 号煤层顶界至 3 号煤层底部砂岩底界，含煤 1～8 层，一般 2～4 层；第四段自 3 号煤层底部砂岩底界至侏罗系底部富县组或延安组地层底界，其中包括主要可采的5 号、3 号煤层及 5 号煤层顶部油页岩，大多地区被剥蚀，各地残留厚度不一。

2．标志层发育特征

本组沉积标志多为区域稳定发育。

“姚店砂岩”(K_1)：位于瓦窑堡组第二段底部，为深灰、灰褐色薄层状细粒砂岩，在延河一带比较发育，下部夹砂质灰岩透镜体，中部夹泥岩透镜体，厚度 20 m 左右。

油页岩(K_2)：瓦窑堡组第四段上部油页岩十分发育，分布范围在靖边-子长一带，除部分地区遭受富县组(J_1f)剥蚀没有保存外，其他地区均见到一般 0.5～10 m 厚度不等的油页岩，在厚煤部位油页岩相对较厚，油页岩的厚度由子长向东有变薄的趋势。其特征为：灰黑～黑色，新鲜岩芯页理不甚明显，地表暴露风化后页理则较明显；含油率不尽相同，但现场含油率初步鉴定都较低；油页岩中夹数层铝土质泥岩，厚度 3～60 cm。其中铝土质泥岩为浅黄灰色，团块状或薄层状，较致密，易风化、遇水变软、黏手、弱可塑。该层为区内稳定的标志层之一。

3．煤层厚度及层间距变化规律

晚三叠世瓦窑堡组与下伏永坪组为连续沉积，厚度变化不大，煤层间距比较稳定，但由于煤层层数多，薄煤层及煤线发育，单层对比较为困难，可以煤组对比，其间距稳定，另外 5 号煤层在可采范围内厚度变化较小，有一定的规律性，煤层厚度及层间距可作为煤岩层对比辅助标志(表 3-3-2)。

表 3-3-2　瓦窑堡组煤层厚度及层间距变化统计表　　单位：m

<table>
<tr><td>煤层编号</td><td colspan="2">6</td><td colspan="2">5</td><td colspan="2">4</td><td colspan="2">3</td><td colspan="2">2</td><td colspan="2">1</td></tr>
<tr><td>煤层厚度</td><td colspan="2">—</td><td colspan="2">$\frac{0\sim3.10}{1.34}$</td><td colspan="2">0～0.66</td><td colspan="2">$\frac{0\sim1.27}{0.42}$</td><td colspan="2">$\frac{0\sim0.60}{0.20}$</td><td colspan="2">0～0.40</td></tr>
<tr><td>层间距</td><td></td><td colspan="2">5～20</td><td colspan="2">$\frac{5\sim20}{10}$</td><td colspan="2">30～50</td><td colspan="2">$\frac{100\sim150}{120}$</td><td colspan="2">80～120</td><td></td></tr>
</table>

4．物性特征

本区煤层的物性特征以测井曲线进行对比。5 号煤层在视电阻率曲线上一般呈高阻反映，以突出的高峰值与围岩区别，薄煤层尽管受井液电阻和低阻邻岩影响，但仍有小的尖峰异常反映；煤层伽马曲线为高峰值，自然伽马明显低异常，自然电位为负异常反映。3 号煤层视电阻率值较低，曲线形态反映为小剑状，幅值一般为 50～260 Ωm；自然伽马强度值在 40～120 API 之间，自然电位值在 20～41 mV 之间。

陕北三叠纪煤田瓦窑堡组含煤岩系柱状对比见图 3-3-2。

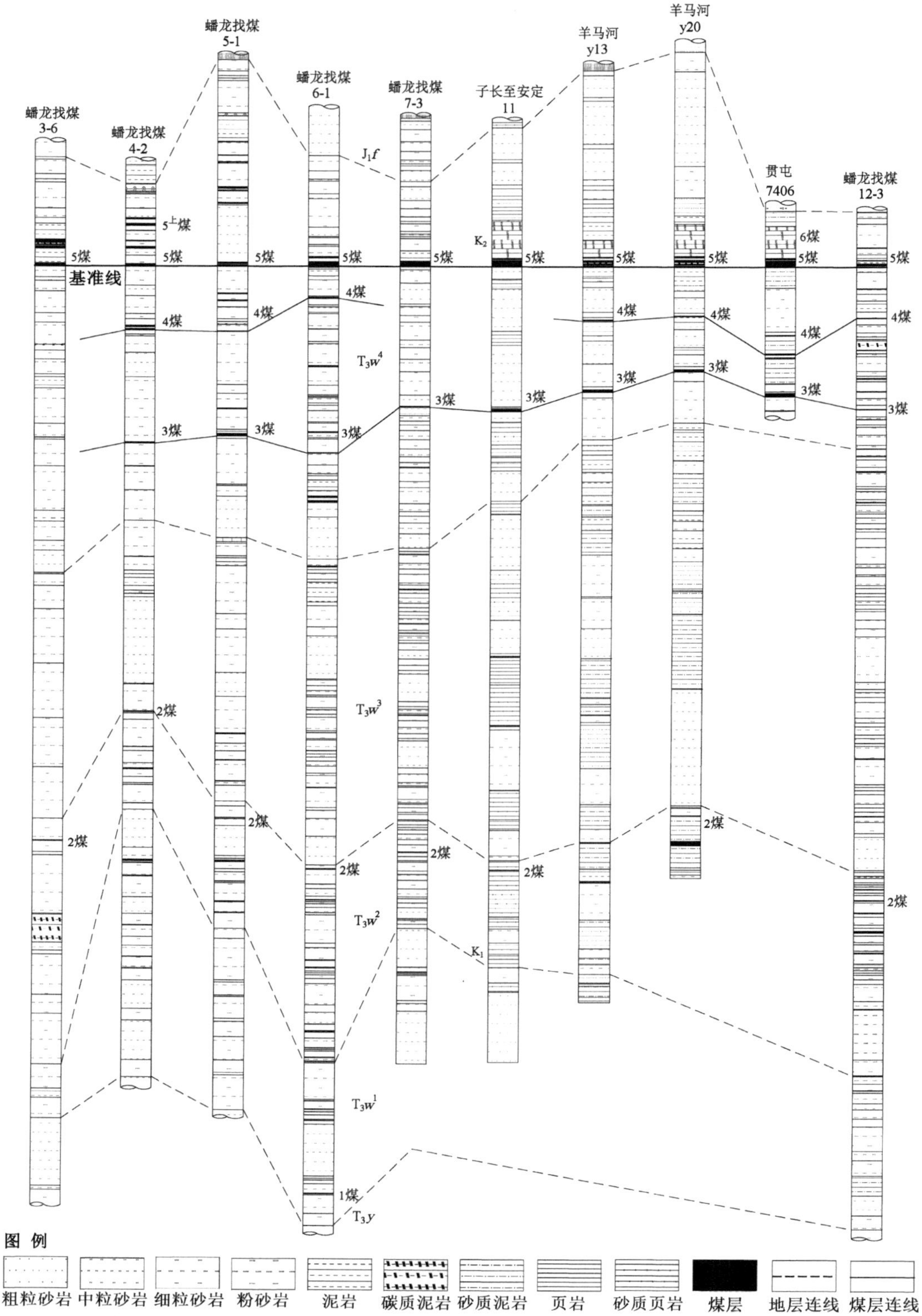

图 3-3-2 陕北三叠纪煤田瓦窑堡组含煤岩系柱状对比图

3.3.3.3 可采煤层

陕北三叠纪煤田内瓦窑堡组可采煤层为在子长一带的5、3号煤层，其余区大部分不含可采煤层。5号煤层位于瓦窑堡组第四段的中上部，厚煤层以子长为中心向周边变薄，属大部可采煤层；3号煤层位于瓦窑堡组第四段的下部，属零星可采煤层。陕北三叠纪煤田瓦窑堡组可采煤层累加厚度变化情况见图3-3-3，可采煤层特征见表3-3-3。

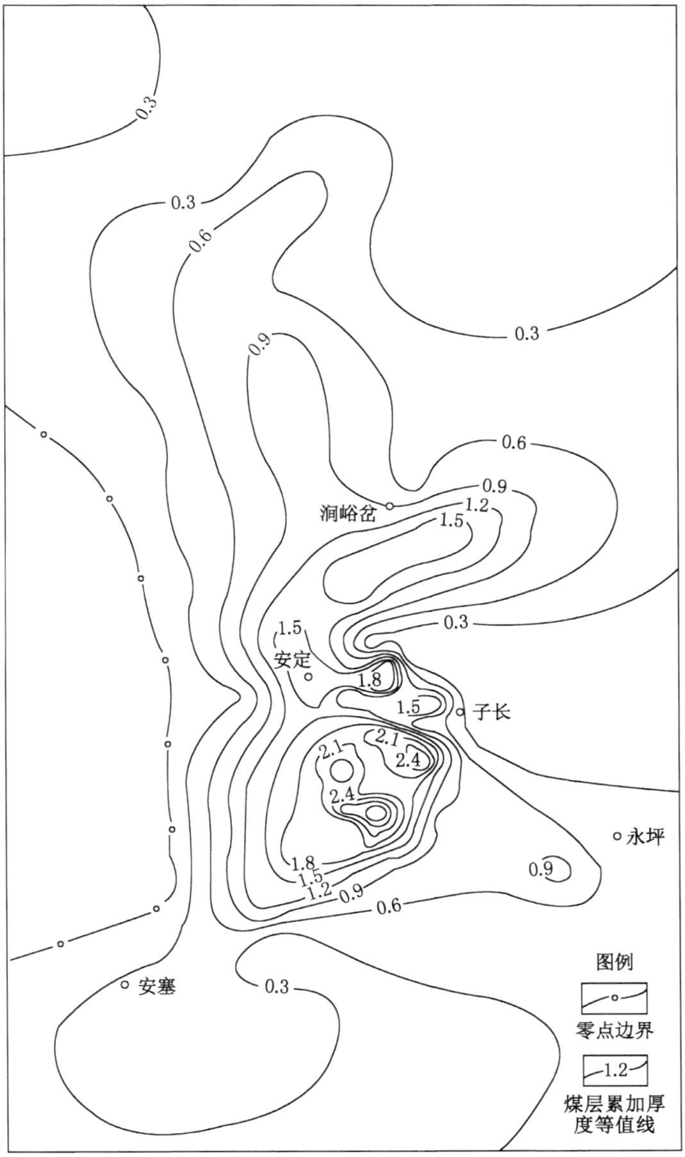

图3-3-3 陕北三叠纪煤田瓦窑堡组可采煤层累加厚度等值线图

表 3-3-3 陕北三叠纪煤田瓦窑堡组可采煤层特征表

含煤组段	煤层编号	煤层厚度/m	煤层结构	煤层稳定型	可采性
第四段	5	0～3.10 1.34	含夹矸 0～7 层， 矸厚 0.01～0.50 m	较稳定	大部可采
	3	0～1.27 0.42	含夹矸 1～2 层， 矸厚 0.05～0.35 m	不稳定	零星可采

3.4 侏罗纪含煤地层

3.4.1 含煤地层

3.4.1.1 含煤地层及分布

侏罗纪含煤地层主要分布于渭河以北广大地区，零星分布于镇巴、紫阳、凤县、勉县等地，有早侏罗世白田坝组、早-中侏罗世勉县群、中侏罗世龙家沟组和延安组。

白田坝组：分布于镇巴以南及西乡麻柳坝等地。白田坝组为陆相碎屑含煤岩系，可分为上、中、下三段：下段为灰绿色粉砂岩、泥岩夹薄煤层，底部为灰白色砾岩夹石英砂岩，厚度 50～60 m；中段为黄绿、灰绿、紫杂色泥岩、粉砂岩夹碳质泥岩及煤线，底部为中～粗粒长石石英砂岩，含镜煤条带及泥质包体，厚度 80 m；上段为黄绿、蓝灰、紫杂色泥岩、粉砂岩，底部为中～粗粒长石石英砂岩，局部含砾石，一般厚度 50 m。本组总厚度 20～420 m，一般厚度 200 m。

勉县群：分布于勉县堰河及紫阳瓦房店至红椿坝等地。堰河一带勉县群的下部为砂砾岩及砂质泥岩，厚度 0～23 m；中部为细砾岩、砂岩、泥岩、砂质泥岩、粉砂岩夹碳质泥岩及煤层，厚度 329 m；上部为粉砂岩、细粒砂岩夹中粒砂岩、细砾岩，厚度 552 m。紫阳一带勉县群的上部缺失；下部为砾岩夹较多的细粒砂岩及砂质页岩，厚度 20～143 m；中部为砂岩、砂质泥岩、碳质泥岩夹煤层，厚度大于 134 m。

龙家沟组：分布于凤县扈家窑及留坝江口等地。龙家沟组可分为上、下两个含煤段：下含煤段主要为灰绿色粉砂岩、细粒砂岩、砂质泥岩及碳质泥岩夹煤层，底部为黄褐色砾岩、砂砾岩；上含煤段为黄绿色泥岩、砂质泥岩、粉砂岩、细粒砂岩夹煤层。

延安组：分布于渭河以北的神木、府谷、横山、黄陵、旬邑、彬州、麟游至陇县一带，属鄂尔多斯地层分区。延安组为一套陆相碎屑含煤岩系，由于其沉积范围较大，横向变化复杂，大致可以大理河及葫芦河为界分为南、中、北三个区，南、北均为含煤区，中部大理河南至葫芦河北基本不含煤。

陕北侏罗纪煤田延安组地层厚度由东向西增厚，在东部神木、府谷地区小于 200 m，中部榆阳、横山地区一般 250 m，西部定边一带多在 300 m 左右（图 3-4-1）。据考考乌苏沟实测剖面及众多钻孔柱状岩性组合、标志层发育特征、含煤性及古生物、孢粉化石资料及物性差异，延安组可分为 5 个或 4 个含煤段，岩性组合为深灰色泥岩、粉砂岩、灰色中～细粒砂岩及煤层，含丰富的植物化石及双壳类化石，中下部夹叠锥灰岩，煤层层数多，每段都含有可采煤层。

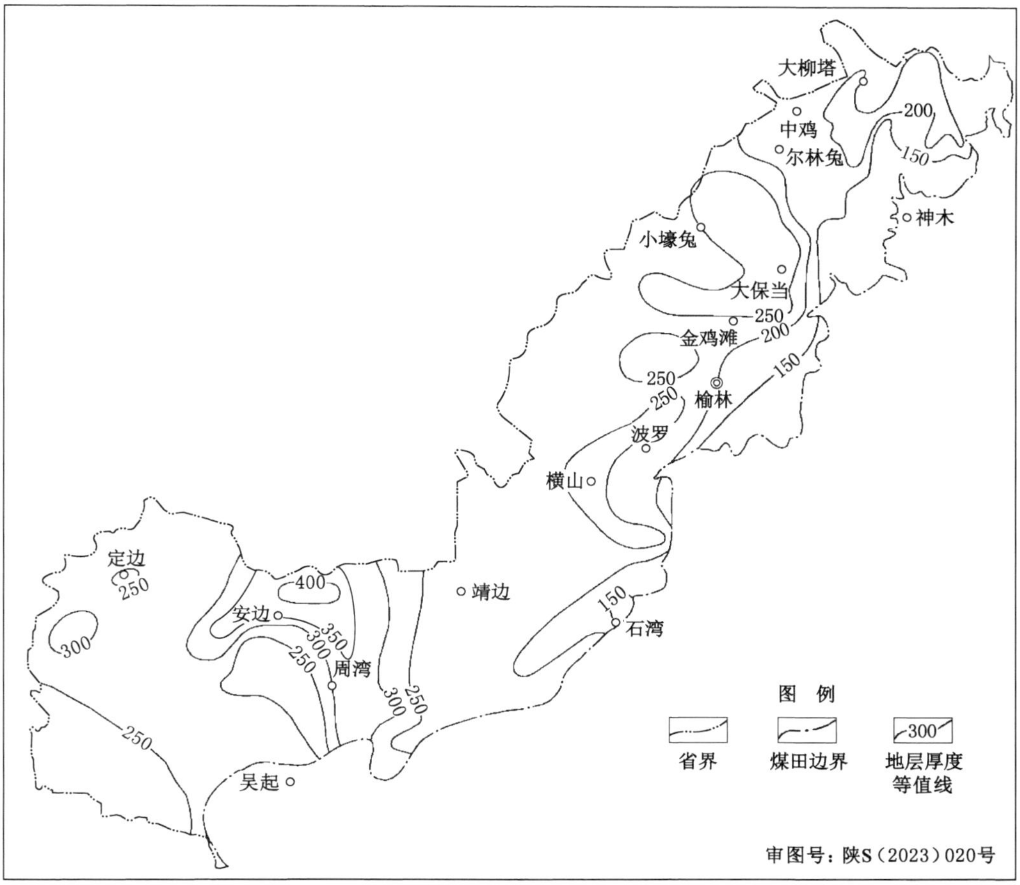

图 3-4-1 陕北侏罗纪煤田延安组地层厚度等值线图

第一段主要为浅灰、黄灰色中～粗、中～细粒长石砂岩和长石石英砂岩(多位于底部，为宝塔山砂岩)、粉砂岩、砂质泥岩及泥岩组合，含 5 号煤组，顶部发育 5^{-2} 煤层，由 1～2 个沉积旋回构成。本段为延安期沉积的初始阶段，明显受沉积基底制约，在盆地边部古高地缺失该段沉积，如乌审旗-石圪台等；在古洼地本段地层较厚，砂岩发育厚度可达 50 m。本段厚度 0～100 m，一般厚度 25 m。

煤田南部的砂岩以细粒砂岩为主，逐渐过渡为一个旋回，岩性为细粒砂岩、粉砂岩、泥岩、薄煤层。靖定地区底部宝塔山砂岩较发育，最厚可达 40 余米。

第二段以细碎屑岩为主，为灰色砂质泥岩、泥岩、粉砂岩夹细粒砂岩、泥灰岩透镜体及多层薄煤(4 号煤组)，底部为含双壳类动物化石泥岩，由 2～4 个沉积旋回构成。本段为延安期沉积的超覆扩张阶段，沉积范围较大，超覆于早期古高地之上。本段一般厚度 55 m，向西南靖定地区增厚到 125～155 m。

第三段下部以灰及浅灰色粉砂岩、砂质泥岩为主，夹中厚层状细粒砂岩及泥灰岩透镜体，上部多为中厚层状中～细粒长石砂岩、灰及灰黑色泥岩、粉砂岩，顶部为 3^{-1} 煤层，一般厚度 30～50 m。

第四段下部一般为灰白色中～细粒长石砂岩夹钙质细粒砂岩，上部为灰色粉砂岩、粉砂质泥岩及泥岩，顶部发育 2^{-2} 煤层，构成一个沉积旋回，煤层底部发育一层厚度 0.3～1.5 m 的"膨润土"层，作为局部标志层。本段一般厚度 35 m。

榆横矿区和靖定地区将此第三、四段合并为一段（J_2y^3），具 2 个旋回，顶部发育 3^{-1} 号煤层。平面分布由北向东、南砂岩由 10 余米减为 1～5 m，岩性变细，以粉砂岩、泥岩为主，地层厚度加厚，煤层明显变薄，直至尖灭。依据石油钻孔测井资料，靖定地区由西往东地层（J_2y^3）增厚，岩性变细，煤层变薄或尖灭。

第五段下部以灰白色中～细粒长石砂岩为主，夹钙质砂岩，上部为泥岩、粉砂岩夹薄层细粒砂岩、碳质泥岩及煤层，含 1 号煤组。本段厚度变化大，东部地区已被剥蚀，保留厚度一般约 50 m。

南部的黄陇侏罗纪煤田延安组厚度由东往西分别为：黄陵矿区 130～190 m，焦坪矿区-凤翔间 80～150 m，普社-凤翔断裂西最厚可达 280 m。根据葫芦河、焦坪露天矿、百子沟 3 条实测剖面及众多钻孔资料与陕甘宁盆地对比，本区延安组自下往上划分为 4 段。本区延安组为陆相碎屑含煤岩系，由于古地理及沉积环境的不同，故在岩性组合上有所不同，北端湖相黑色泥岩发育，中南端河流相砂岩发育。

第一段：一般厚度 25～40 m。下部为宝塔山砂岩段（K_2），岩性以灰白色中～粗粒砂岩为主，仅分布在古地形低洼处或古河床内，最厚可达 64.47 m。上部为含煤段（即 B 标志层段），发育主采煤层及深灰色含粉砂黏土岩，局部发育成 2～3 层煤层。第一段为延安组的初始阶段，明显受古地形制约，在低洼处地层、煤层均厚，隆起区变薄，甚至尖灭；在古河道处发育"宝塔山砂岩"，地层更厚，而煤层急剧变薄，尖灭。除黄陵矿区外，焦坪等其他区域地层、煤层连续性差，无煤区发育。

第二段：一般厚度 20～60 m，在陇县断裂带附近可达 150 m。在北端的黄陵矿区本段可分为上、下两部分，下部由下至上为灰色中粗粒砂岩（俗称七里镇砂岩）、灰色细粒砂岩、灰黑色泥岩及 1 号煤层；上部由灰色粉～细粒砂岩和黑色泥岩组成，泥岩厚度 20～30 m（A 标志层），全段厚度 30～50 m。在中、南端本段一般具有 2 个旋回，浅部往往只有 1 个旋回，均属含煤河流相旋回，岩性为底部灰白色含砾中粒砂岩或中粒砂岩（俗称小街砂岩 K_3）、深灰色粉～细粒砂岩、灰黑色泥岩及煤层，在坳陷处厚度、旋回增多，煤层可达 4 层之多。

第三段：仅在煤田北端发育齐全，厚度可达 45 m，岩性以一套灰黑色泥岩（厚度 30～40 m）为主，底部为灰色粉～细粒砂岩夹薄煤（0 号煤）。该段向南、西均发育不全，缺失上部或顶部地层。在中南端本段一般厚度 20～30 m，局部可达 50 m，下部为灰白色中～粗粒砂岩、灰绿色细粒砂岩，向上为暗紫、紫红色、灰绿色粉砂岩和砂质泥岩，局部含碳质泥岩或煤层。

第四段：仅分布在煤田北端葫芦河附近，向南于黄陵矿区北部逐步缺失，厚度 0～27.18 m。本段下部为灰色粉砂岩与细粒砂岩互层（真武洞砂岩），中部为灰绿色细粒砂岩夹粉砂岩，上部为灰绿色厚层状中粒砂岩（卫星砂岩），呈现下细上粗特征。

3.4.1.2 古生物群特征与分布

陕西省侏罗纪化石丰富，以中侏罗世尤为突出，化石门类以双壳类、介形虫、鱼类及古植物等为主，其分布广泛，研究程度较高，是含煤地层划分对比的重要依据，总体可分为华北-鄂尔多斯生物群、秦岭生物群及扬子-大巴山生物群。

华北-鄂尔多斯生物群包括有两个植物群和三个动物群，其中与含煤地层有关的主要为延安组植物群和费尔干蚌-延安蚌-西伯利亚蚌动物群；秦岭生物群包括有勉县植物群、龙家沟组植物群和龙家沟组双壳类动物群；扬子-大巴山生物群包括有一个植物群和一个动物群，其中与含煤地层有关的主要为白田坝组植物群。现分述如下：

白田坝组植物群主要产于中、下部层位中，以苏铁类为主，真蕨类次之，节蕨、银杏和松柏类贫乏，有 *Coniopteris* cf. *burejensis*（布列亚锥叶蕨）、*Marattiopsis asiatica*（亚洲拟合囊蕨）、*Todites princeps*（首要拟托第蕨）、*Cladophlebis* cf. *denticulata*（细齿枝脉蕨相似种）、*Otozamites hsiangchiensis*（香溪耳羽叶）、*Ptilophyllum contiguum*（紧挤毛羽叶）及 *Scoresbya dentata*（齿状斯科勒斯比叶）等；动物群有双壳类 *Pseudocardinia kweichouensis*（归州假铰蚌）等。

勉县植物群主要产于中部层位中，上部次之，有 *Neocalamites carcinoides*（蟹形新芦木）、*Equisetites* cf. *lateralis*（侧生似木贼相似种）、*Todites whitbyensis*（怀特托第蕨）、*T. williamsoni*（威廉姆逊似托第蕨）、*Coniopteris hymenophylloides*（膜蕨型锥叶蕨）及 *Podozamites lanceolatus*（披针苏铁杉）等。

龙家沟组植物群大多产于下部层位中，以真蕨类占优势，苏铁类、银杏类次之，松柏类较少，节蕨类贫乏，属 *Coniopteris*-*Phoenicopsis* 植物群晚期群落，以 *Neocalamites* 出现较少、裸子植物增多、不含网叶蕨-格子蕨植物群分子为特征。真蕨类有 *Coniopteris* cf. *hymenophylloides*（膜蕨型锥叶蕨相似种）、*Todites denticulata*（细齿似托第蕨）及 *Hausmannia ussuriensis*（乌苏里豪士曼蕨）等。龙家沟组动物群有双壳类 *Pseudocardinia yumenca*（玉门假铰蚌）、*P. xipoensis*（西坡假铰蚌）、*Sibireconcha* sp.（西伯利亚蚌未定种）及介形类 *Darwinuta apoluoensis*（阿波罗达尔文介）等。

延安组植物群属 *Coniopteris*-*Phoenicopsis* 组合，其中银杏类有 *Ginkgoites sibirica*（西伯利亚似银杏）、*G. obrutschewi*（奥氏似银杏）、*Baiera manchurica*（满洲拜拉）、*B. muensteriana*（敏斯特里拜拉）、*B. furcata*（叉状拜拉）、*Czekanowskia rigida*（坚直茨康诺斯基叶）及 *Phoenicopsis angustifolia*（狭叶拟刺葵）等，真蕨类有 *Marattiopsis münsteri*（敏斯特拟合束蕨）、*Todites williamsoni*（威廉姆逊拟托第蕨）、*Coniopteris hymenophylloides*（膜叶锥叶蕨）、*C. tatungensis*（大同锥叶蕨）等。另外，在葫芦河剖面花果种子 *Corpolithus* 丰富。

延安组动物群主要为费尔干蚌-延安蚌-西伯利亚蚌动物群，有 *Ferganoconcha sibirica*（西伯利亚费尔干蚌）、*F. curta*（短费尔干蚌）、*F. elongata*（长费尔干蚌）、*F. subcentralis*（近中费尔干蚌）、*Margaritifer isfarensis*（依斯法珍珠蚌）、*Unio jenissejensis*（叶尼赛珠蚌）、*U. mirabilis*（奇异珠蚌）、*Sibireconcha anodontoides*（无齿西伯利亚蚌）、*S. extensa*（伸长西伯利亚蚌）、*Yananoconcha minor*（小型延安蚌）、*Y. zaoyuanensis*（枣园延安蚌）、*Tutuella crassa*（粗饰图吐蚬）、*T. formosu*（美丽图吐蚬）及 *Pseudocardinia sibirensis*（西伯利亚假铰蚌）等。另外，在焦坪矿区见恐龙足印。

上述组合中有些分子在早侏罗世富县期就已出现，为其初期发展阶段，如植物群中的 *Czekanowskia rigida*、*Todites williamsoni* 及 *Coniopteris hymenophylloides* 等，至中侏罗世进一步发展。动物群也在中侏罗世发展迅速，个体数量增多，其中 *Ferganoconcha*、*Sibireconcha*、*Tutuella* 及 *Pseudocardinia* 4 个属同时出现，而且大量繁盛，为中亚地区陆相中侏罗世地层中的重要双壳类组合，与秦岭龙家沟组双壳类动物群以及甘肃武威、靖远一带的窑街组双壳类动物群相当。另外，延安组孢粉化石丰富，特征明显，蕨类植物孢子以桫椤科三角孢属及拟桫椤属为主，裸子植物花粉以银杏类、苏铁类为主，石松孢和新叉瘤孢有明显增加，尤其是 *Cyathidites* 属和 *Deltoidospora* 属最高，亦为地层划分对比的依据之一。

3.4.2 地层划分与对比

白田坝组，依据所含植物化石以苏铁类为主、木贼类贫乏的特征，其组合面貌与鄂西香溪群上煤组植物群组合面貌比较一致，时代应属于早侏罗世；另外，还含有双壳类 *Pseudocardinia*、*Sibireconcha* 等，据新近研究成果，其上覆千佛崖组（四川盆地称新田河组），时代为中侏罗世，故白田坝组属早侏罗世。勉县群所含植物化石组合中混有相当数量的瑞替-里阿斯期常见分子，时代大致可以确定为早-中侏罗世，但其上部有 300 余米厚的地层未发现化石，时代归属尚不能定，其下部虽有一部分属下侏罗统，但确切界线还难以肯定，因其岩性特征和所含化石均与北部富县组有一定差异，只能认为其与富县组层位大致相当。

龙家沟组所含化石时代属中侏罗世无疑，可与北部延安、山西大同组植物群对比，延安组植物群是富县组植物群的延续和发展，富县组植物群中一些常见分子都上延至延安组植物群中，但富县组中原来仅限于早侏罗世的属种基本上没有延续上来，一些共同分子在延安组植物群中得到发展，个体多、分布广，尤其是银杏类最为发育，出现了不少新的类型，具有明显的中侏罗世色彩。可见，延安组植物群的时代应比富县组新，可与山西大同组植物群、甘肃靖远窑街组植物群、北京西山门头沟组植物群、内蒙古石拐子组植物群对比，与英国约克群植物群组合面貌非常近似，有不少种属共存，时代应为中侏罗世。陕西省侏罗纪含煤地层划分及与邻区对比见表 3-4-1。

表 3-4-1 陕西省侏罗纪含煤地层划分及与邻区对比表

<table>
<tr><th colspan="2" rowspan="2">地层</th><th colspan="7">地层区</th></tr>
<tr><th>山西</th><th>甘肃靖远</th><th>鄂尔多斯</th><th colspan="2">秦岭南部</th><th>陕西镇巴</th><th>四川盆地</th></tr>
<tr><td rowspan="3">上侏罗统</td><td>波特兰阶</td><td rowspan="2"></td><td rowspan="2"></td><td rowspan="2"></td><td rowspan="3"></td><td rowspan="5"></td><td rowspan="5"></td><td rowspan="2">蓬莱镇组</td></tr>
<tr><td>启莫里阶</td></tr>
<tr><td>牛津阶</td><td>茹去组</td><td>苦水峡组</td><td>芬芳河组</td><td>遂宁组</td></tr>
<tr><td rowspan="3">中侏罗统</td><td>卡洛维阶</td><td>天池河组</td><td rowspan="2">新河组</td><td>安定组</td><td rowspan="3">龙家沟组</td><td>上沙溪庙组</td></tr>
<tr><td>巴特阶</td><td>云岗组</td><td>直罗组</td><td>下沙溪庙组</td></tr>
<tr><td>巴柔阶</td><td>大同组</td><td>窑街组</td><td>延安组</td><td rowspan="4">勉县群</td><td>千佛崖组</td><td>新田河组</td></tr>
<tr><td rowspan="5">下侏罗统</td><td>阿林阶</td><td rowspan="5">永定庄组</td><td rowspan="5">大西沟组</td><td>富县组</td><td rowspan="5"></td><td rowspan="5">白田坝组</td><td rowspan="5">白田坝组</td></tr>
<tr><td>土阿辛阶</td><td rowspan="4"></td></tr>
<tr><td>普连斯巴菲阶</td></tr>
<tr><td>西杏缪尔阶</td><td rowspan="2"></td></tr>
<tr><td>赫唐阶</td></tr>
</table>

3.4.3 煤层

延安组为陕西省侏罗纪主要含煤地层之一，分布范围大，各地区差异亦较大，主要分布在渭河以北地区。

此外，早侏罗世白田坝组零星分布在镇巴、西乡等地，属陆相碎屑含煤岩系，含煤一组，一般 1～3 层，位于下段，中、上段不含煤或被冲刷保存不完整。总体由 3 个沉积旋回构成，第Ⅰ旋回较稳定，全区发育，为河道、河漫、沼泽、泥炭沼泽至湖泊环境的完整沉积序列，在长岭一带底部河道粗碎屑岩相不发育，长岭以西分为 2 个次级旋回，含局部可采煤层；第Ⅱ旋回以河流-湖泊环境沉积为主，局部出现沼泽及泥炭沼泽，在二里垭一带受上覆千佛崖组冲刷，仅保存下部河道砂岩；第Ⅲ旋回以河流、湖泊环境为主，泥质岩、粉砂岩中出现紫杂色层，多被千佛崖组冲刷保存不全或缺失。本组底部砾岩发育比较稳定，以含燧石较少和分选性差等特征区别于须家河组砾岩，为标志层，煤层下距标志层 2～10 m。

陕西省侏罗纪含煤地层上扬子区分布面积小，地质构造复杂，含煤性差；鄂尔多斯地层区含煤地层发育稳定，含煤性好，本节将重点研究陕北侏罗纪煤田、黄陇侏罗纪煤田延安组含煤地层的含煤性、煤岩层对比、可采煤层特征。陕北侏罗纪煤田与黄陇侏罗纪煤田延安组及煤层划分对比见表 3-4-2。

表 3-4-2 陕北、黄陇侏罗纪煤田延安组及煤层划分对比表

北区 （陕北侏罗纪煤田）				中区 （无煤区）	南区 （黄陇侏罗纪煤田）			
段	神府矿区 榆神矿区	段	榆横矿区 靖定预测区	大理河以南 葫芦河以北	黄陵 矿区	焦坪矿区 旬耀矿区	彬长矿区	永陇 矿区
J_2y^5	1号煤	J_2y^4	Ⅰ(1^{-1})号煤 Ⅱ(1^{-2})号煤	卫星砂岩、 巧克力页岩、 真武洞砂岩				
J_2y^4	2^{-2}煤	J_2y^3	Ⅲ(2^{-2})号煤 Ⅳ1(3^{-1})号煤 Ⅳ2(3^{-2})号煤	泥岩、 粉砂岩、 细粒砂岩 互层	黑色 泥岩段 0号煤	1号煤	1号煤	
J_2y^3	3^{-1}煤							
J_2y^2	4号煤	J_2y^2	Ⅴ(4^{-2})号煤 Ⅵ(4^{-3})号煤 Ⅶ(4^{-4})号煤	A标志层 （中含裴庄 砂岩）	A标志层 （黑色泥 岩段）1号 煤、七里镇 砂岩	2号煤 3号煤 小街砂岩	3号煤 5号煤	上（1 号）煤、 中（2 号）煤
J_2y^1	5号煤	J_2y^1	Ⅷ(5^{-2})号煤 Ⅸ(5^{-3})号煤	B标志（宝 塔山砂岩）	2号煤，根 土岩、宝塔 山砂岩	4号煤，根 土岩、宝 塔山砂岩	8号煤，根 土岩、宝 塔山砂岩	下（3 号煤） 根土岩

3.4.3.1 陕北侏罗纪煤田

陕北侏罗纪煤田位于府谷、神木、榆阳、横山、靖边、定边一带，含煤地层由东北向西南伸展，含煤面积达 28 285.79 km^2。由北往南分别划分为神府、榆神、榆横三个矿区及靖定预测区。延安组自上而下划分 5 个段及 5 个煤组（图 3-4-2），除东部上部第五段（J_2y^5）、第四段（J_2y^4）受上覆地层冲刷、剥蚀保存不全外，其余每段均以煤层位于顶部。延安组含煤 20 多层，可采及局部可采煤层 3～8 层，自上而下编号为 1^{-2}、2^{-2}、3^{-1}、4^{-2}、4^{-3}、5^{-1}、5^{-2}、5^{-3} 号煤层，其中 2^{-2}、3^{-1}、5 号煤层为主采煤层，煤层一般厚度在 2～5 m，单层最大可达 12.36 m。

1. 含煤性

陕北侏罗纪煤田范围大，沉积特征、煤层分布及编号有所差异，故按矿区分别叙述。

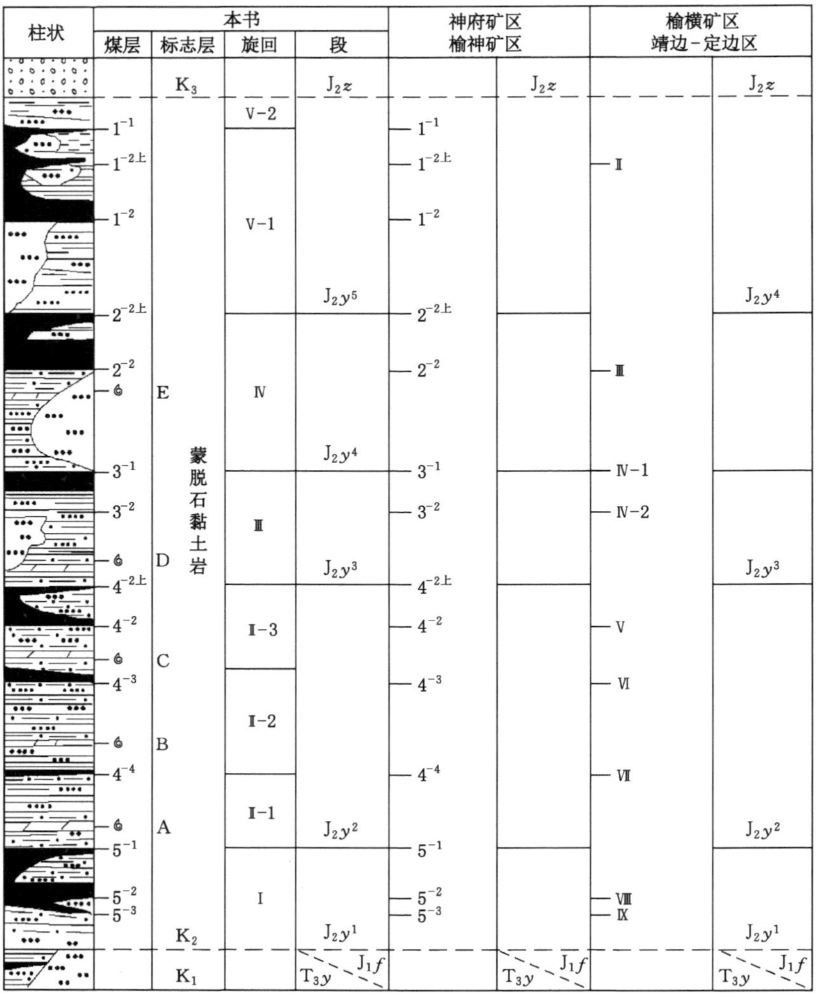

图 3-4-2 陕北侏罗纪延安组含煤地层层段划分及煤层编号示意图

神府矿区：位于神木、府谷两县（市）境内，面积约 2 400 km^2。延安组平均厚度为 206 m，中部较厚，北部薄。共含煤 28 层，可采及局部可采煤层有 10 层，其中大部可采煤层有 1^{-2}、2^{-2}、3^{-1}、4^{-2}、5^{-2}号煤层，局部可采煤层有 $1^{-2上}$、$2^{-2上}$、$4^{-2上}$、4^{-3}、5^{-1}号煤层，煤层总厚 10～25 m，含煤系数 6%～13%。悖牛川两侧的煤层在沉积特征上略有差异，表现在东侧（新民区）的 1、2 号煤组遭受剥蚀及 4^{-2}号煤层的分岔复合上。

榆神矿区：位于神木市、榆阳区境内，面积约 5 500 km^2。延安组一般厚度 250 m。含煤 20 层，可采及局部可采煤层有 8 层，其中大部可采煤层有 2^{-2}、3^{-1}、4^{-3}、5^{-2}、5^{-3}号煤层，局部可采煤层有 1^{-2}、4^{-2}、5^{-4}号煤层。煤层总厚 5.42～26.89 m，一般为 18 m，含煤系数6.5%～8.5%。

榆横矿区：位于榆阳区、横山区境内，面积约 9 000 km^2。延安组一般厚度 250 m。按照陕西省地矿局地层划分，自下而上划分四段，其中第一、二段与上述两矿区相同，将上述两矿区的第三、四段合并为第三段，将第五段编为第四段。含煤 9 层，自上而下编号为Ⅱ、Ⅲ、Ⅳ-1、Ⅳ-2、Ⅴ、Ⅵ、Ⅶ、Ⅷ、Ⅸ 9 层，其中主采煤层为Ⅲ煤层，次主采煤层为Ⅱ、Ⅴ、Ⅸ煤层，其余均为局部可采煤层，煤层总厚0.91～15.73 m，平均厚度为7.98 m，含煤系数0.37%～7.82%，平均3.54%。

2. 煤岩层对比

(1) 组段及沉积旋回对比

陕北中侏罗世延安组含煤地层根据考考乌苏沟实测剖面，依据岩性组合、标志层、煤层及古生物资料划分为5个段，即5个中级沉积旋回，每个中级旋回都是在湖退末期，湖进开始之前经过河流的加积，三角洲的进积、湖湾充填及湖泊淤浅，在泛滥平原、三角洲平原、三角洲前缘和湖湾广大地区出现泥炭堆积的环境，紧接湖进使泥炭淹没而最后成煤。河道与三角洲朵叶体的迁移、废弃和地壳不均衡沉降又可分为数个小旋回。本区的第一段以单一旋回为主，部分可分为2个小旋回，含5号煤组，即5^{-1}、5^{-2}、5^{-3}、5^{-4}号煤层；第二小旋回频繁，以3～4个小旋回为主，含4号煤组，即$4^{-2上}$、4^{-2}、4^{-3}、4^{-4}号煤层；第三、四段主要为单一旋回，第三段含3^{-1}、3^{-2}号煤层；第四段含$2^{-2上}$、2^{-2}号煤层；第五段因保存不全，可见2个小旋回，含1号煤组，即1^{-1}、$1^{-2上}$、1^{-2}号煤层。中、小旋回均以煤层居顶。延安组的湖泊三角洲垂向层序明显，横向较稳定，故采用旋回对比煤组、煤层是有效的方法。

(2) 标志层发育特征对比

延安组沉积标志层比较发育，分述如下。

"花斑泥岩"(K_1)：位于富县组(J_1f)上部，为紫红、紫杂及灰绿色黏土岩、粉砂质黏土岩，含菱铁矿鲕粒，具团块状构造，无生物化石，属风化壳产物。特征明显，是划分延安组与富县组明显标志。

"宝塔山砂岩"(K_2)：位于延安组第一段主采煤层底部，为灰白色厚层～巨厚层状中粗粒砂岩，底部见少量细砾岩，发育大型板状、槽状交错层理，以其浅色、成分、结构及沉积构造区别于三叠系砂岩，受沉积基底制约仅发育在古河道部位。

"直罗砂岩"(K_3)：位于直罗组底部，为褐灰色巨厚层状中～粗粒岩屑杂砂岩，局部含细砾石，与下伏地层呈冲刷接触，物探资料反映为"T_4"反射层，以含较多的长石、云母等区别于延安组砂岩，以含较多的炭屑区别于上覆地层中的砂岩。

辅助标志层有蒙脱石黏土岩：主要分布于神府矿区与榆神矿区，局部发育有三层，分别位于2^{-2}、4^{-3}煤层下部和4^{-2}煤层上部，2^{-2}煤层底部蒙脱石黏土岩比较发育，分布面积达350 km^2，厚度变化在0～3 m之间，为灰白、浅灰、淡绿灰色泥岩，略呈纹层结构，质地细腻，水中化解、遇空气呈细棱角状崩解。

真武洞砂岩：位于第五段底部，为巨厚层状中～细粒长石砂岩，夹浅红色砂岩团块及泥岩条带，发育大型板状交错层理，广泛发育于无定河以南、大理河以北地区，在榆神、靖定区厚度变化较大，稳定性较差，作为2^{-2}煤层顶板以含斑状球形黄铁矿区别其他砂岩。这些局部标志层已成为煤层对比的标志。

(3) 煤层层间距对比

延安组各主要可采煤层间距变化较大，1^{-2}与2^{-2}煤层间距神北区较大，新民区较小；2^{-2}与3^{-1}煤层间距榆神矿区较大，榆横矿区较小；各矿区主要可采煤层平均层间距变化规律明显，根据这些变化规律进行煤层对比是可靠的。各矿区主要可采煤层间距统计见表3-4-3和表3-4-4。

(4) 物性特征对比

表 3-4-3 陕北侏罗纪煤田延安组煤层层间距一览表 单位:m

段组	神府矿区 新民区 煤号	层间距
J_2y^5	1^{-2}	
		15.56～44.40/28.09
J_2y^4	2^{-2}	
		17.00～44.95/26.00
J_2y^3	3^{-1}	
		15.56～49.00/28.25
J_2y^2	$4^{-2上-1}$	
		0.80～28.88/7.50
J_2y^2	$4^{-2上-2}$	
		0.80～31.32/10.63
J_2y^2	4^{-2}	
		13.32～34.40/19.50
J_2y^2	4^{-3}	
		9.36～31.52/15.92
J_2y^2	4^{-4}	
		5.89～32.66/17.31
J_2y^1	5^{-1}	
		6.54～36.49/21.11
J_2y^1	5^{-2}	

段组	神府矿区 神北区 煤号	层间距
J_2y^5	1^{-1}	
		4.6～24.4/15.3
J_2y^5	$1^{-2上}$	
		0～33.0/14.7
J_2y^5	1^{-2}	
		15.8～53.6/34
J_2y^4	$2^{-2上}$	
		0～28.8/11.5
J_2y^4	2^{-2}	
		12.8～58.2/30.3
J_2y^3	3^{-1}	
		27.8～71.0/39.4
J_2y^2	$4^{-2上}$	
		0～19.6/7.8
J_2y^2	4^{-2}	
		3.2～26.7/13.7
J_2y^2	4^{-3}	
		5.9～24.0/15.8
J_2y^2	4^{-4}	
		6.2～55.5/22.5
J_2y^1	5^{-1}	
		0～25.9/6.0
J_2y^1	5^{-2}	
		9.4～26.0/14.5
J_2y^1	5^{-3}	

段组	榆神矿区 煤号	层间距
J_2y^5	$1^{-2上}$	
		3.22～16.27/12
J_2y^5	1^{-2}	
		13.11～38.77/30
J_2y^4	$2^{-2上}$	
		10.04～44.12/18
J_2y^4	2^{-2}	
		27.20～42.71/35
J_2y^3	3^{-1}	
		0.95～16.31/8
J_2y^3	3^{-2}	
		16.01～42.42/25
J_2y^2	4^{-1}	
		10.31～32.80/18
J_2y^2	4^{-2}	
		13.74～28.32/20
J_2y^2	4^{-3}	
		22.07～43.26/36
J_2y^1	5^{-2}	
		11.45～20.79/16
J_2y^1	5^{-3}	
		4.04～23.15/15
J_2y^1	5^{-4}	

段组	榆横矿区 煤号	煤间距
J_2y^5	Ⅱ(1^{-2})	
		22.24～57.18/36
J_2y^4	Ⅲ(2^{-2})	
		1.45～23.22/14
J_2y^3	Ⅳ-1(3^{-1})	
		0.95～32.45/10
J_2y^3	Ⅳ-2(3^{-2})	
		30.50～49.13/37
J_2y^2	Ⅴ(4^{-2})	
		22.50～69.81/33
J_2y^2	Ⅶ(4^{-4})	
		9.72～29.33/16
J_2y^1	Ⅷ(5^{-2})	
		6.00～28.44/18
J_2y^1	Ⅸ(5^{-3})	

表 3-4-4 陕北侏罗纪煤田延安组主要可采煤层平均层间距统计表

煤层号	1^{-2}	2^{-2}	3^{-1}	4^{-2}	4^{-3}	5^{-2}	5^{-3}
最小～最大 平均值/m	15.56～57.18 32	1.45～58.19 14～30	17.18～71.00 48	3.15～34.40 18	22.07～43.26 38	4.04～28.44 16	

物性特征明显，亦可作为对比标志之一，第一段横山以北整个岩段以低阻幅值为背景，具众多的高阻及中高阻小箱状、剑峰状凸起，形成高阻丛状组合；5 号煤层视电阻率达 350～500 Ωm，但低于其他可采煤层的 1/3～1/2，为判断 5 号煤层明显特征。第二段横山以北地区，视电阻率曲线呈中低阻不规则齿状反映，以平滑低阻幅值为主，偶见松塔形，自然伽马曲线平直，自然电位曲线明显呈负高值，上部长箱形，下部松塔形；定靖区视电阻率曲线一般为低幅值的齿状和剑形，自然电位呈幅值较低的缓波形和微齿形夹峰形、菱形，4 号煤组单层厚度小，电阻率中等幅值，呈剑状单峰群立。第三段以其异常值略高及曲线形态较多与二、四段不同，横山以北视电阻率曲线自下而上为高、中、中高幅值，并有高耸的剑峰凸起，密度曲线与自然伽马曲线似“虎头蛇尾”状，自然电位与视电阻率曲线相似，定靖区曲线仍以幅值较低为特点，自然电位曲线在中上部开始升高，至顶部呈漏斗状，构成一个完整的倒松塔形，3^{-1} 号煤层结构简单，层位稳定，曲线形态特殊，视电阻率最高达 900 Ωm，双指状，负电位，中高幅值，齿状。第四段以中低阻平滑曲线为背景，夹剑峰状，组合形态稳定，其他曲线与视电阻率吻合，呈锯齿状或平直基调；定靖区视电阻率幅值明显增高，自然电位曲线呈结构不甚完整的二阶松塔形，2^{-2} 号煤层视电阻率 700～1 180 Ωm，呈指状，低密度，高幅值。在神北区，2^{-2} 号煤层底板下的蒙脱石黏土层电阻率特低，为 1～16 Ωm，伽马曲线呈剑状异常反映，自然伽马为 30～40 API，物性明显，为 2^{-2} 号煤层与 3^{-1} 号煤层对比主要标志层。第五段以中高阻巨箱形、橄榄形及倒梯形为主体，组合形态有菱形及倒松塔形；定靖区视电阻率显著增高，尤其是顶部最为凸出，呈起伏剧烈的深齿状和剑柱形。

(5) 古生物化石标志

本组含动、植物化石丰富，在神北地区，含双壳类动物化石层位稳定发育，共有 5 层，分别为 A、B、C、D、E 层位，其中 A、B、C 层位分别位于第二段的 4^{-4}、4^{-3}、4^{-2} 号煤层之下，以 A、B 层位发育，化石丰富，D、E 层位于 4^{-2} 号煤层(喇嘛寺煤)之上和 2^{-2} 号煤层(柠条塔煤)之下，含化石泥质岩往往与泥灰岩、灰岩透镜体、蒙脱石泥岩三者为一种共生组合。本组古植物群属 *Coniopteris-Phoenicopsis* 组合，明显区别于下伏延长层植物群属 *Denaeopsis-Bernoullia* 组合。另外，本组孢粉化石有以下规律：第一组合为桫椤孢-光面三角孢-拟苏铁粉组合，位于 5 号煤层与 4 号煤层中；第二组合为桫椤孢-新叉瘤孢-石松孢组合，发育于3 号煤组，特点是蕨类植物孢子含量可达 70.4%，裸子植物花粉含量占 29.6%；第三组合为桫椤孢-拟苏铁粉组合，发育于 2 号煤组，其特点是裸子植物花粉含量达 60.9%，蕨类植物孢子含量占 39.1%；第四组合为拟苏铁粉-石松孢-桫椤孢组合，发育于 1 号煤组，特点为裸子植物花粉含量达 51.1%，蕨类植物孢子含量占 48.9%。这种化石层的存在对确定煤层间的相互关系、进行煤岩层对比尤为重要。

延安组含煤地层研究程度较高，近年来，陕西省煤田地质局各地质队在侏罗纪煤田主要矿区工作和研究中总结出了不少可行的对比方案，如煤岩特征、煤质特征、岩石组合、矿物组合特征及利用岩相古地理和沉积环境分析方法等进行对比，在各矿区聚煤规律的研究中都取得了良好的收效。陕北侏罗纪煤田延安组含煤岩系柱状对比见图 3-4-3。

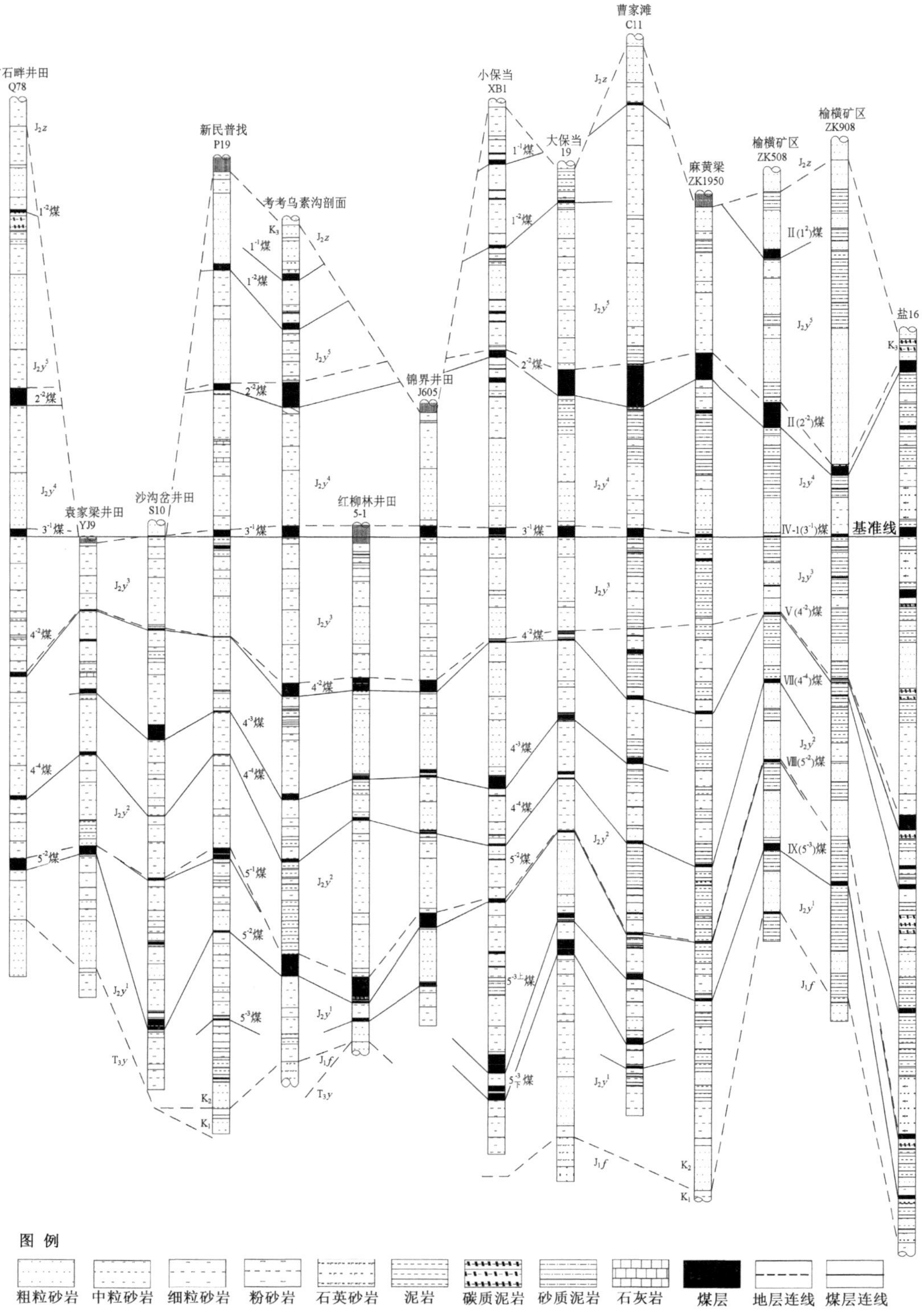

图 3-4-3 陕北侏罗纪煤田延安组含煤岩系柱状对比图

3. 可采煤层

陕北侏罗纪煤田延安组含煤多，分布广，较稳定的主要可采煤层（2^{-2}、3^{-1}、5^{-2}）及次要可采煤层（1^{-2}、4^{-2}）共 5 层，现将它们的分布及厚度变化从下到上分述如下：

5^{-2}煤：分布在无定河以北，横山-榆阳-新民一线西北的广大地区，煤厚 0～8.24 m，呈北东-南西向展布，煤厚由东北往西南减薄，即西北厚东南薄。煤层向古隆起方向尖灭，向主河流上方和东南浅湖方向变薄尖灭。在横山-榆林一线西北部煤层已变薄，以不可采区为主，可采区分布在金鸡滩及可可盖-巴拉索一带，呈南北向展布的薄煤区，煤厚小于 1.3 m。在此区东北煤厚大于 2.0～3.5 m 的厚煤有 3 处，即老高川-三道沟、大柳塔-三大拉和尔林兔-买拉湾厚煤带，煤厚 5～8 m 之间，呈北西向展布，与三角洲朵叶体部位基本吻合。局部地段如新民-琵琶沟间、孙家沟一带、南乔家沟附近、中鸡东北托拉湾及张家沟一带煤层分叉变薄。横山西南该煤层基本已尖灭。安边-五谷城乡一线以西，直到省界均有该煤层分布，煤厚 0～5 m，向南、东南方向变薄及尖灭。5^{-2}号煤层厚度变化详见图 3-4-4。

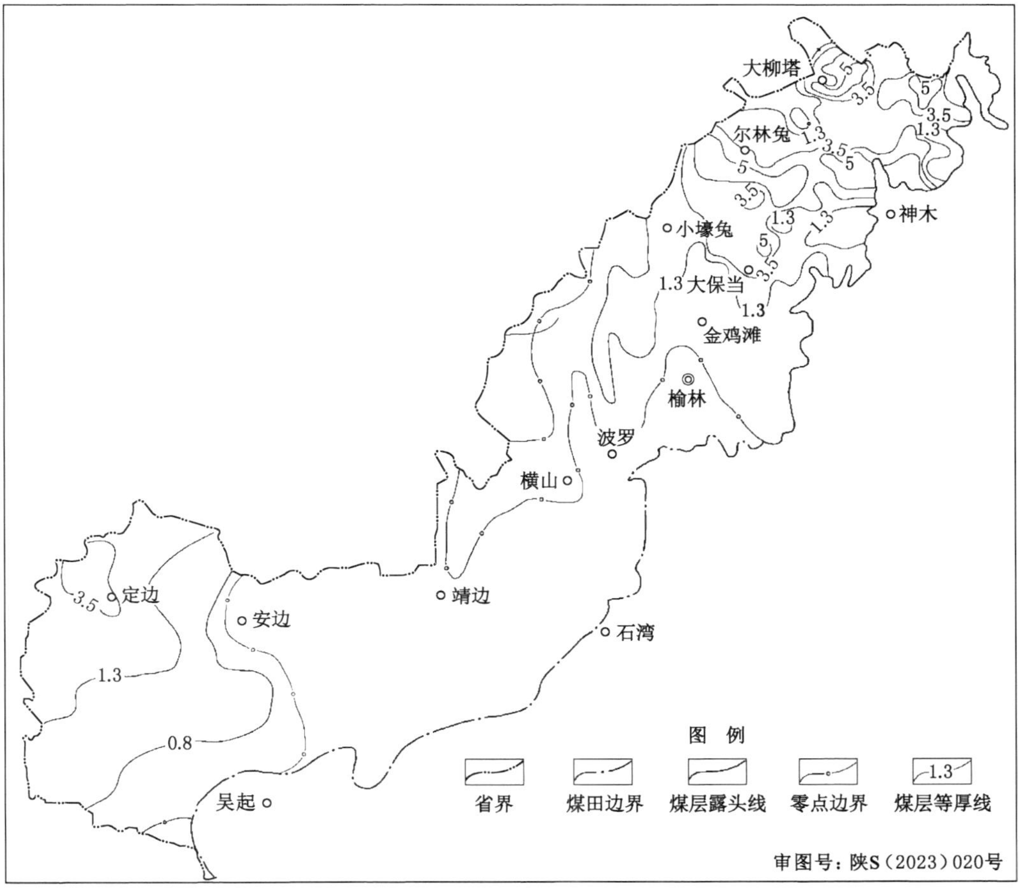

图 3-4-4　5^{-2}号煤层厚度变化

4^{-2}号煤层：展布范围与5^{-2}号煤层相似，范围有所扩大，但可采范围大大缩小，煤厚 0～4.42 m。靖边-横山西南、新桥农场-五谷城乡以东为大范围无煤区。横山-巴拉素、红碱淖-

大保当、榆林附近出现不可采区域或无煤区，近南北向的其间分布若干较小范围的可采块段，煤厚 0.8～1.5 m，海流兔一带为中厚煤区，煤厚 2.0～3.0 m。大保当以北为 4^{-2} 号煤层主要可采区，孙家岔以南至枣稍沟一带为聚煤中心，煤层稳定，厚度一般在 1.3～3.5 m 之间，最厚达 4.42 m。北部的石圪台可采范围较小，煤厚在 2.0 m 以下，新民区局部分叉成 3 个分层，其间以中鸡-孙家岔不可采区相隔。根据石油钻孔资料，西部安边、定边、姬塬一带煤厚 1.3～3.5 m，为大范围的中厚煤区；安边-定边之间煤厚 3.5～5.0 m，为厚煤区，向南变薄。4^{-2} 号煤层厚度变化详见图 3-4-5。

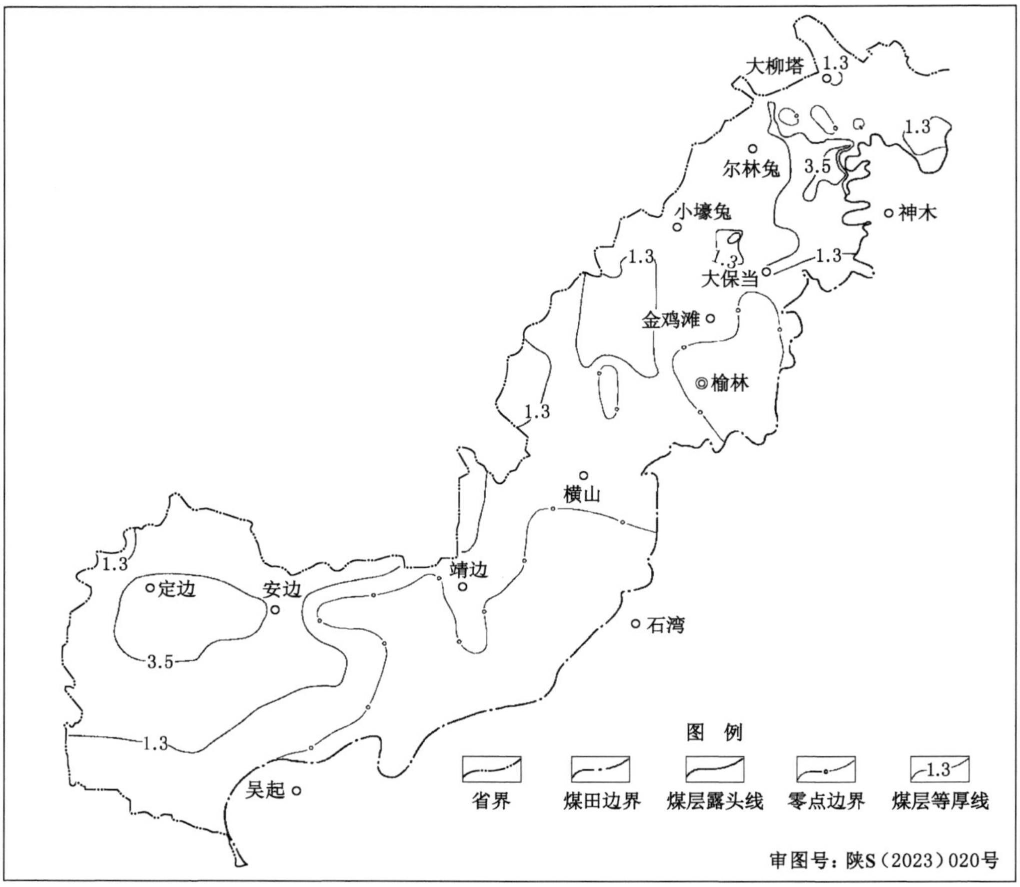

图 3-4-5 4^{-2} 号煤层厚度变化

3^{-1} 号煤层：分布范围向东南浅湖区和靖定附近扩展，形成面积分布广，为大区域稳定的中厚～厚煤层。榆神府区除北部前石畔、大柳塔等局部地段存在不可采区外，其余区域均稳定可采，总体呈北东-南西间带状展布，厚度从西北向东南变薄，大于 3.5 m，厚煤区主要分布在后石圪台、红碱淖北和活鸡兔三处，呈北东-南西向断续排列，并由此向西北延伸到内蒙古境内，煤层最大厚度达 5.05 m，在该厚煤带东南孙家岔-大保当一带，煤层厚度相当稳定，一般厚 2.0～3.0 m，再往南至浅湖方向煤层变薄直至尖灭。横山区西南小范围可采，靖边县横山-靖边-新桥农场一带可采，煤厚 0.8～2.12 m，向南变薄尖灭。安边地区亦有大范围的无煤区，在定边、新安边、姬塬范围内 3^{-1} 煤连片分布，厚度一般在 0.8～1.3 m，最厚达 2.80 m，为中厚煤区，略呈北西-南东向展布，向东、南变薄、尖灭。3^{-1} 煤层厚度变化详见图 3-4-6。

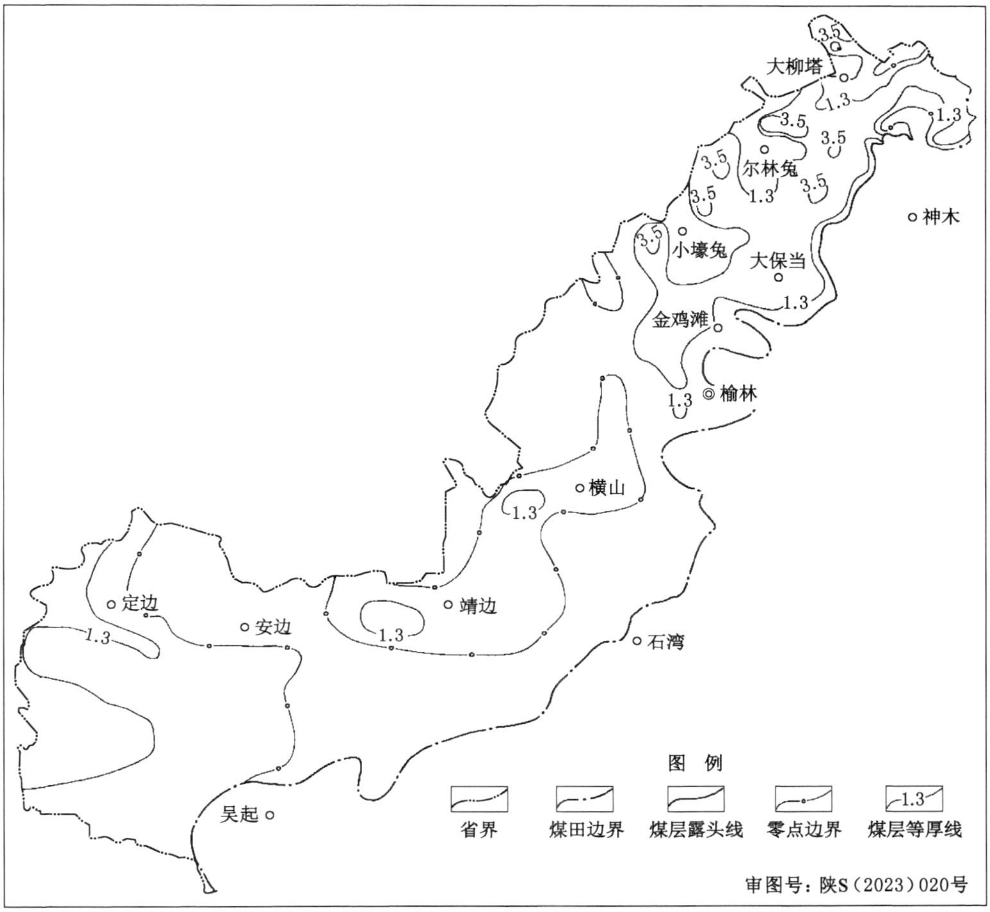

图 3-4-6　3^{-1} 号煤层厚度变化

2^{-2} 号煤层：分布范围进一步扩大，厚度较大，结构简单，为基本全区可采的主采煤层，在横山以西至靖边、定边、姬塬广阔区域内，煤层厚度变化在 0.80～3.33 m 之间，一般为0.8～2.5 m 之间，向北增厚，向南部浅湖方向变薄尖灭。横山东北的广大区域内，除红碱淖-瑶镇存在北西-南东向冲刷无煤区外，煤厚多在 2.0 m 以上，呈北东-南西向展布。按厚度可分 3 个带，沿陕蒙交界的石圪台、活鸡兔、小壕兔、补浪河一线分布，煤厚一般多在 5～7 m，最厚达 9.26 m。东南自孙家岔南的柠条塔、瑶镇、大保当、金鸡滩之间为厚～特厚煤带，煤厚一般多在 6～9 m，最厚达 12 m，是本区厚煤中心。上述两带之间为薄～中厚煤带，一般厚均在 0.8～3.5 m。局部地段如神府的柠条塔北、大柳塔东煤层分叉为 $2^{-2上}$ 号煤层，煤层结构简单，向浅湖方向变薄、尖灭。2^{-2} 号煤层厚度变化详见图 3-4-7。

1^{-2} 号煤层：分布范围较下部各主要煤层大大缩小，仅在榆神区和定边区有所展布，府

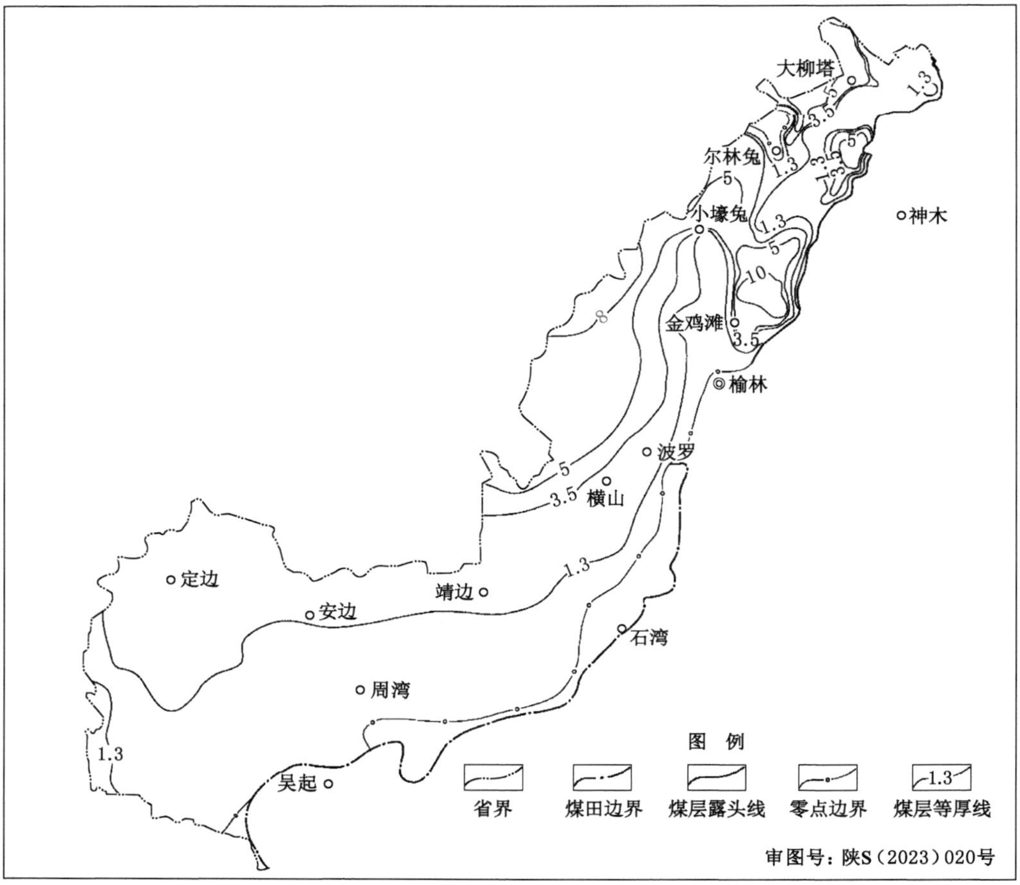

图 3-4-7 2^{-2}号煤层厚度变化

谷新民-大昌汉以南区域已剥蚀殆尽，横山-靖边-定边大范围区无煤沉积。榆神区被大片无煤区分割成四个孤立的含煤块段，由东北往西南分别为：后石圪台含煤区，面积较小，煤厚一般在 2～5 m，最厚达 6.21 m，较稳定，结构简单；活鸡兔含煤区，分布在乌兰木伦河以西，考考乌素沟以北一带，面积较前面大，煤厚一般在 2～4 m，最厚达 10.28 m，由东北往西南减薄直至尖灭，局部分叉为 1^{-1}及 $1^{-2\text{上}}$号两层煤；小保当含煤区，面积较小，煤厚一般在 1～2 m，向南、西南变薄尖灭；无定河北含煤区，分布于小壕兔-巴拉素一带，是上述四个含煤区面积最大一个，呈北东-南西展布，煤厚 0～5.5 m，一般厚 1.5～4.0 m，厚煤中心在塘湖一带，向四周变薄。煤田西部安边-定边之间有呈南北间不可采区，可采范围仅在定边的北、西部，煤厚 0.8～1.4 m，聚煤中心在宁夏境内，向东迅速变薄、尖灭。1^{-2}号煤层与上述各煤层相比分布范围最小，呈孤立的块段，从全区看属不稳定煤层，但从各块段看，有一定的分布范围，属较稳定的薄～中厚煤层，具有一定经济价值。

陕北侏罗纪煤田各矿区主要可采及局部可采煤层特征详见表 3-4-5 至表 3-4-7。

表 3-4-5 陕北侏罗纪煤田神府矿区延安组可采及局部可采煤层特征表

含煤组段	煤层编号	煤层厚度/m 最小～最大/平均	层间距/m	煤层结构	煤层稳定型	可采性
J_2y^5	$1^{-2\text{上}}$	0～4.14/1.63	14	无夹矸、局部 1 层	较稳定	局部可采
	1^{-2}	0～10.28/2.81	34	无夹矸、局部 1 层	较稳定	大部可采
J_2y^4	$2^{-2\text{上}}$	0～4.76/1.77	11	无夹矸、局部 1 层	较稳定	局部可采
	2^{-2}	0～9.46/2.14～4.10	30～26	大部无夹矸、局部 1～4 层	稳定	大部可采
J_2y^3	3^{-1}	0～5.05/1.48～2.07	39	无夹矸、局部 1 层	稳定	大部可采
J_2y^2	$4^{-2\text{上}}$	0～2.67/0.70	8～11	无夹矸、少数含 1 层	较稳定	局部可采
	4^{-2}	0～4.18/0.77～1.37	14～20	大部无夹矸、局部 1～3 层	较稳定～稳定	大部可采
	4^{-3}	0～1.78/0.67～0.80	38～33	无夹矸、少数含 1 层	不稳定～较稳定	局部可采
J_2y^1	5^{-1}	0～6.85/1.32～3.32	6～21	大部无夹矸、局部 1 层	不稳定～较稳定	局部可采
	5^{-2}	0～8.24/3.54		大部无夹矸、局部 1～2 层	稳定	大部可采

表 3-4-6 陕北侏罗纪煤田榆神矿区延安组可采及局部可采煤层特征表

含煤组段	煤层编号	煤层厚度/m 最小～最大/平均	层间距/m	煤层结构	煤层稳定型	可采性
J_2y^5	1^{-2}	0～3.68/2.73	48	多数无夹矸、个别 1 层	较稳定	局部可采
J_2y^4	2^{-2}	0.26～12.36/6.50	35	一般含夹矸 1～2 层	稳定	大部可采
J_2y^3	3^{-1}	0.18～4.01/2.48	43	大部无夹矸、局部 1 层	稳定	大部可采
J_2y^2	4^{-2}	0.14～3.56/1.59	20	大部无夹矸、个别 1 层	较稳定	局部可采
	4^{-3}	0.10～3.67/1.90	36	一般无夹矸	较稳定	大部可采
J_2y^1	5^{-2}	0.30～5.38/1.55	16	个别含夹矸 1～2 层	较稳定	大部可采
	5^{-3}	0.18～6.97/1.30	15	一般无夹矸、局部 1～2 层	稳定～较稳定	大部可采
	5^{-4}	0.21～4.65/1.34		一般无夹矸、个别 1 层	较稳定	局部可采

表 3-4-7 陕北侏罗纪煤田榆横矿区延安组可采及局部可采煤层特征表

含煤组段	煤层编号	煤层可采厚度/m 最小～最大/平均	层间距/m	煤层结构	煤层稳定型	可采性
J_2y^5	Ⅱ(1^{-2})	1.30～5.50/1.75	36	一般无夹矸	较稳定	局部可采
J_2y^4	Ⅲ(2^{-2})	0.80～11.81/4.24	15	一般无夹矸、局部1～3层	稳定	大部可采
J_2y^3	Ⅳ$_1$(3^{-1})	0.87～2.90/1.68	10	一般无夹矸、局部1层	较稳定	局部可采
	Ⅳ$_2$(3^{-2})	0.80～3.54/0.98	37	一般无夹矸局部1～2层	较稳定	局部可采
J_2y^2	Ⅴ(4^{-2})	0.86～3.30/1.60	33	一般无夹矸、局部1～2层	稳定	大部可采
	Ⅶ(4^{-4})	0.99～1.40/1.23	16	一般无夹矸	较稳定	局部可采
J_2y^1	Ⅷ(5^{-2})	0.80～2.56/1.02	18	一般无夹矸	不稳定	局部可采
	Ⅸ(5^{-3})	0.87～2.82/1.57		一般无夹矸	稳定	大部可采

3.4.3.2 黄陇侏罗纪煤田

黄陇侏罗纪煤田位于黄陵、铜川、旬邑、彬州、永寿、麟游、千阳、陇县一带，含煤地层由东北向西南延展，分布面积达 9 324.75 km^2，其中含煤面积 4 643.93 km^2。由东北往西南依次划分黄陇、焦坪、旬耀、彬长和永陇五个矿区。黄陇侏罗纪煤田含煤地层延安组与陕甘宁盆地(陕西省地矿局石油普查队)含煤地层延安组对比(详见表 3-4-8)，自上而下划分 4 个段及 4 个煤层(组)，第四段仅分布在黄陵矿区北部，向南尖灭不含煤；第三段在浅部受上覆地层冲刷、剥蚀而保存不全，仅有零星分布的煤线或薄煤层；第二段以薄～中厚煤层为主；第一段发育主采煤层。与陕北侏罗纪煤田对比，第一、第二段相同，第三段与陕北第三、第四段相同，第四段与陕北第五段相同。延安组共含煤 3～8 层，主采煤层一层，为第一段的黄陵矿区 2 号煤、焦坪-彬长矿区 4 号煤、永陇矿区下(3 号)煤层；局部可采煤层为位于第二段的中(2 号)煤(麟游-千阳)、3 号煤层(焦坪-旬耀)、5 号煤(彬长矿区)。黄陇侏罗纪煤田延安组分段及煤层编号对照详见表 3-4-9。

1. 含煤性

黄陇侏罗纪煤田延安组按沉积特征及含煤性，由东北往西南可分黄陵矿区、焦坪-彬长矿区及永陇矿区三个区域。

黄陵矿区：位于富县、黄陵县境内，面积约 2 800 km^2。延安组厚 130～190 m，由南往北增厚，共含煤 4 层，编号为 0、1、2、3 号煤，0、1、3 号煤层厚 0～1.90 m，分布零星，为不可采煤

表 3-4-8 黄陇侏罗纪煤田与陕甘宁盆地含煤地层延安组对比表

陕甘宁盆地（陕西省地矿局石油普查队，1974 年）			黄陇侏罗纪煤田（陕西省煤田地质局勘察研究院，2010 年）			
地层划分		标志层	地层划分		标志层	
					黄陵矿区	焦坪-陇县
延安群	$J_{1-2}y^5$		延安组	J_2y^4		
	$J_{1-2}y^4$			J_2y^3	黑色泥岩段	
					0 号煤	1 号煤
	$J_{1-2}y^3$	A 主要标志层		J_2y^2	A 主要标志层（黑色泥岩段）	2、3 号或 5 号及中、上煤组
					1 号煤	小街砂岩 K_3
	$J_{1-2}y^2$	B 辅助标志层		J_2y^1	2 号煤	主采煤层
		宝塔山砂岩			宝塔山砂岩 K_2	宝塔山砂岩 K_2
	$J_{1-2}y^1$		富县组	J_1f	花斑泥岩 K_1	花斑泥岩 K_1
		金盆湾砂岩				

表 3-4-9 黄陇侏罗纪煤田延安组分段及煤层编号对照表

黄陵矿区		焦坪、旬耀矿区		彬长矿区（1987 年）		彬长大佛寺矿区（1993 年）		永陇矿区	
组段	煤层编号	组段	煤层编号	组段	煤层编号	组段	煤层编号	组段	煤层编号
第四段 J_2y^4									
第三段 J_2y^3	0 号煤层	第三段 J_2y^3	1 号煤层	第三段 J_2y^3	1 号煤层 2 号煤层 3 号煤组	上段 J_2y^2	1 号煤层 2 号煤层 3 号煤组	第三段 J_2y^3	
第二段 J_2y^2	1 号煤层	第二段 J_2y^2	2 号煤组 3 号煤组	第二段 J_2y^2	4 号煤层 5 号煤组 6 号煤层 7 号煤层	下段 J_2y^1	$4^{上}$ 号煤层	第二段 J_2y^2	上（1 号）煤 中（2 号）煤
第一段 J_2y^1	2 号煤层	第一段 J_2y^1	4^{-1} 号煤层 4^{-2} 号煤层	第一段 J_2y^1	8 号煤组		4 号煤层	第一段 J_2y^1	下（3 号）煤

层。第一段的 2 号煤为主采煤层，煤厚 0～7.39 m，一般厚 2～3 m，为中厚煤层，含煤系数为 2.0%～2.7%。

焦坪-彬长矿区：位于铜川、耀州、旬邑、淳化、彬州一带，面积约 2 713 km^2。延安组厚

60～160 m，共含煤3～8层，主采煤层为4(8)号煤，煤厚0～43.87 m，焦坪矿区一般厚8 m左右，旬耀矿区为3～4 m，彬长矿区为10 m左右，属厚～特厚煤层。局部可采煤层为3号煤(焦坪-旬耀矿区)或5号煤(彬长矿区)，煤厚0～6.9 m，其中焦坪矿区平均1.17 m，彬长矿区平均1.60 m。其余煤层均为较稳定～不稳定煤层，零星可采或不可采煤层。煤层总厚：焦坪为11.61 m、旬耀为6.44 m、彬长为13.67 m，其含煤系数分别为13%、18%、17%。

永陇矿区：位于黄陇侏罗纪煤田西部，主要分布在麟游、千阳、陇县一线以北地区，面积约3 600 km^2。延安组厚40～280 m，共含煤1～6层，主采煤层为第一段的下(3号)煤，煤厚0～27.75 m，其中麟游地区平均煤厚12.80 m，千阳地区平均煤厚8.34 m，陇县地区平均煤厚5～8 m。局部可采煤层为第二段中(2号)煤，煤厚0～13.89 m，其中麟游地区平均煤厚2.13 m，千阳地区平均煤厚1.25 m。此外上(1号)煤煤厚0～2.81 m，属零星可采或不可采煤层。麟游地区含煤系数7.7%，千阳地区含煤系数13.5%，陇县地区含煤系数5.7%。

2. 煤岩层对比

(1) 组段及沉积旋回对比

黄陇侏罗纪煤田延安组地层与葫芦河剖面对比，共分4段，除黄陵矿区发育完整外，其余地段仅保留第一段至第三段，且浅部第三段还保存不完整。

黄陇侏罗纪煤田属陆相沉积环境，沉积特征东西不一，东端黄陵矿区属湖相环境，中西部广大地区属冲积平原环境。延安组沉积旋回结构清晰，自下而上由四个中级旋回组成。

第一段(J_2y^1)为单一旋回，完整的则由宝塔山砂岩→粉砂岩、泥岩→煤，下粗上细组成，但广大地区常为不完整旋回，缺少下部层序，仅由沼泽相组成。

第二段(J_2y^2)由2个亚旋回组成，黄陵矿区的下亚旋回属水进式旋回，由河转变为河、湖交错，最后以湖相告终的垂向变化，顶部湖水变浅而沼泽化，沉积薄煤(1号煤)；上亚旋回为湖相鼎盛时期，以厚达30多米的灰黑色泥岩(即A标志层)为主。中、西部广大地区一般可分2个亚旋回，均为含煤河流相旋回，下粗上细，二元结构明显，煤层居上部或顶部，由于不均衡升降，常分岔成2～4个小旋回，形成2、3号煤组(焦坪-旬耀)或4～7号煤层(彬长)，由下往上含煤性变差。

第三段(J_2y^3)黄陵矿区仍为1个湖进旋回，从下往上由底部细粒砂岩→粉砂岩夹泥岩→厚达20～30 m黑色泥岩(属较深湖相)，局部地段在浅湖中或较深湖交界处有薄层沼泽相存在(0号煤)。中、西部广大地区，浅部一般为1个不完整的河流相旋回，深部或在坳陷处可分为2～3个(含煤)河流相小旋回，局部夹薄层煤层(焦坪1号煤组及彬长1、2、3号煤)。

第四段(J_2y^4)仅分布在黄陵矿区北端，向南尖灭，为1个水退式三角洲旋回，无煤沉积。

从以上分析可知，黄陵矿区根据两套厚达20～30 m黑色薄层泥岩能明显对比煤层，其他地区可按照旋回来对比煤层。

(2) 标志层发育特征对比

黄陇侏罗纪煤田沉积标志层比较发育，特征明显，主要标志层有富县组的“花斑泥岩”(K_1)、“宝塔山砂岩”(K_2)及直罗组底部的“直罗砂岩”(K_4)。此外,尚有以下辅助标志层。

“小街砂岩”(K_3):位于第二段底部,黄陵矿区称“七里镇砂岩”,焦坪矿区称“小街砂岩”,彬长矿区称“Ⅱ旋回底部砂岩”,为浅灰～灰白色、中～粗粒岩屑石英砂岩,底部含细砾石,粒度呈下粗上细特征,虽变化较大,但层位稳定。

其他辅助标志层有主采煤层下部的“根土岩”,灰及灰褐色黏土岩,以含根化石、黄铁矿鲕粒及团块构造为特征。

(3) 煤层间距对比

黄陇侏罗纪煤田延安组沉积厚度变化较大,煤层间距各矿区具有一定规律,可作为煤层对比的参考(详见表 3-4-10)。

(4) 物性特征对比

本区煤层物性特征明显,其中电阻率电位曲线为高阻,伽马曲线为高幅度低密度,自然电位曲线为负异常,自然伽马曲线为低幅值。煤层厚度、结构不同,其伽马曲线形态具有明显的差异。第一段 4 号煤层厚度大,结构简单～较简单,顶板岩性以砂质泥岩或泥岩为主,物性特征明显,使整个岩段呈大起大落特征。一是视电阻率在下部为低幅至煤层处突然升高至 130 Ωm,呈齿状箱形;二是视电阻率在底部为高幅值,向上呈齿状降低后突然升高,中部呈松塔形,上部为矩形。4 号煤层伽马曲线异常幅值亦高,自然伽马曲线呈低幅值,自然伽马有较大负异常,幅值一般为－90～－60 mV,是 4 号煤层独有特征。第二段视电阻率在上部略有凸起,下部呈塔形;视电阻率以低阻值为背景,具众多的高阻(2、3 号或 5 号煤组)及中高阻剑峰凸起,形成高阻林立、中高阻相间的形态组合。第三段以低阻值为背景,高阻值剑峰凸起明显减小(1 号煤组),具众多的中高阻值剑峰丛林。第四段众多地区缺失。

(5) 古生物化石标志对比

延安组含植物化石丰富,属 *Coniopteris-Phoenicopsis* 组合,明显区别于下伏延长群植物群 *Denaeopsis-Bernoullia* 组合。垂向分布上:第一段以枝脉蕨为主,拟刺葵较少、化石丰富,保存完整;第二段以锥叶蕨为主,拟刺葵属次之,保存较差;第三段以锥叶蕨、枝脉蕨混合,并出现拟木贼属,拟刺葵显著减少。孢粉组合在第一段以拟桫椤孢和拟蕨铁粉为主;第二段同第一段,以四字粉、皱球粉、粒面三缝孢含量突变区别于上、下段;第三段以拟桫椤孢、光面三角孢、拟蕨铁粉为主,四字粉、具环粉低于一、二段。陕西省黄陇侏罗纪煤田含煤岩系柱状对比见图 3-4-8。

3. 可采煤层

黄陵矿区:共含 3 层煤,2 号煤层为主采煤层,全区分布,厚 0～7.39 m,一般厚 2～3 m,为中厚煤层,大于 3 m 的为厚煤分布区,呈北北东-北东向展布于坳陷的轴部,煤层在局部小范围分岔为 2～4 个分层,煤层向南部古隆起变薄尖灭,向北部葫芦河方向分岔尖灭。1 号煤层厚 0～1.2 m,平均厚 0.3 m,0 号煤层厚 0～0.5 m,均属不可采煤层。

焦坪-彬长区:共含 4～8 层煤,其中主采煤层 1 层[即焦坪、旬东的 4^{-2} 号煤层和彬长的 8(4)号煤层],煤厚 0～43.87 m,属厚～特厚煤层。古地形和古河道的影响,煤层空间分布不甚连续。煤厚在各矿区有差异:焦坪矿区煤厚 0～34 m,一般厚 8 m 左右,大于 8 m 的厚煤带分布在 6 个向斜轴部或坳陷中心部位,分别位于转角、建庄、新村、玉华川、东背塔和衣

表 3-4-10　黄陇侏罗纪煤田延安组煤层间距一览表

组段	黄陵矿区		焦坪矿区		旬耀矿区		彬长矿区		永陇矿区			
	煤号	层间距/m	煤号	层间距/m	煤号	层间距/m	煤号	层间距/m	煤号	麟游县 层间距/m	千阳县 层间距/m	陇县 层间距/m
J_2y^4	0	43.66～69.21 56.90	1	16.5			1	5.57～13.90 10.72			15.93～38.37	80.23～131.95
							2	6.56～17.25 11.05				
							3	8.50～20.58 12.25				
J_2y^3	1		2				4	1.88～13.09 6.78	上 (2上)			
J_2y^2		6.0～31.2 18.86		10.5			5	1.82～8.47 4.76		9.69～20.53 16.85	11.74	
			3		3^{-1}	3	6	5.68～18.28 8.79	中 (2)			
					3^{-2}	4.8～10.2	7	1.97～14.54 6.23			52.47～64.63	
J_2y^1	2	0～12.87 3.60	4^{-2}	10～20	4^{-1}	0.9～3.8	8		下 (3)	6.79～38.16 17.88	39.49	7.87～22.98
	3^{-1}	1.5～9.0 1.72			4^{-2}	0.6～7.3						
	3^{-2}				4^{-3}	0.8～9.1						
					4^{-4}					0.38～23.28 7.42	6.54	

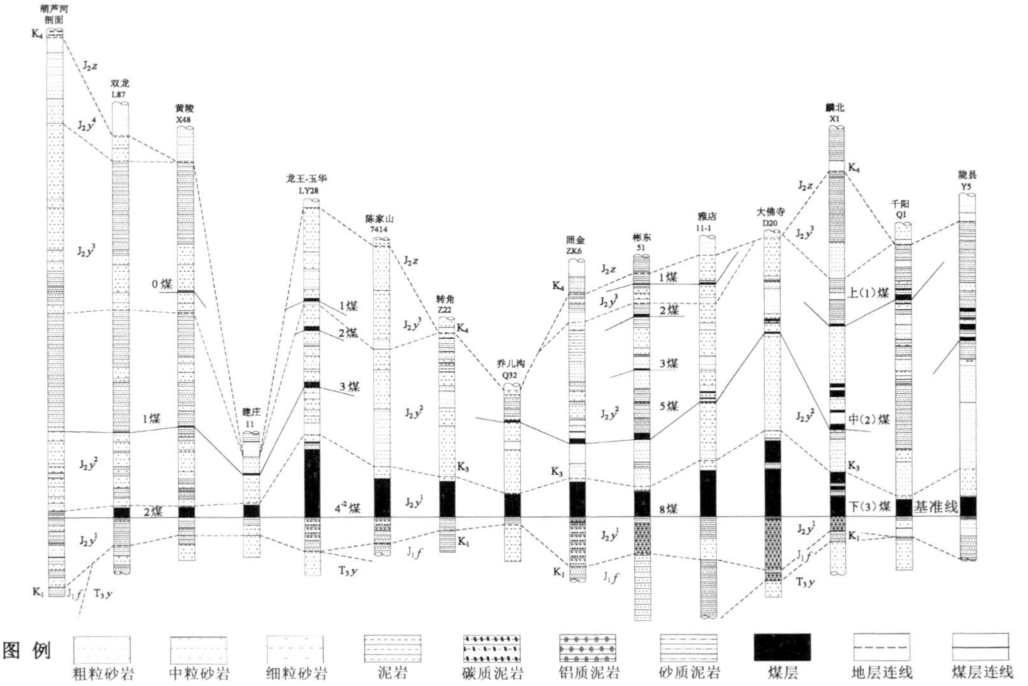

图 3-4-8 陕西省黄陇侏罗纪延安组含煤岩系柱状对比图

食村；旬耀矿区煤厚 0～16.35 m，平均厚约 6 m，受北东东及北东向古隆起的无煤区分割，大于 8 m 的厚煤区较焦坪矿区分布范围小，但同样分布在向斜轴部或坳陷中心部位，分别位于老庄子、青岗坪、炭科、秀房沟和照金北部，局部地段煤层分叉为 4^{-1}、4^{-2} 二层，其中 4^{-1} 分布面积小，煤厚 0～3.67 m，属不稳定煤层；彬长矿区煤厚 0～43.87 m，平均厚 10.64 m，呈东西向展布，分布面积大，厚煤区由南往北为大佛寺厚煤带，煤厚大于 16 m，南玉子厚煤带，煤厚大于 40 m，四郎河厚煤带，煤厚大于 16 m。总体看煤层较稳定，向古隆起方向变薄、尖灭，向古河道方向分叉、尖灭。

局部可采煤层为第二段的 3 号煤层（焦坪、旬耀矿区）、5($4^{上}$)号煤层（彬长矿区）。焦坪、旬耀矿区分布范围零星，多数不可采，仅照金附近局部可采，煤厚 0～2.54 m，平均厚 1.2 m；彬长矿区 5($4^{上}$)号煤层分布连片，范围较大，煤厚 0～6.9 m，平均厚 1.6 m。第三段局部可见零星可采点，不稳定，仅彬长矿区 3 号煤层厚 0～2.95 m，平均厚 1.10 m，在矿区东部局部可采。

麟游-陇县区：该区构造较复杂，勘查程度低，据现有资料共含煤 3～7 层，主采煤层为第一段的下(3 号)煤层，煤厚 0～27.75 m，一般厚度由东往西变薄，东、中、西部均有古隆起无煤区，使煤层不能连续分布，厚煤区分布在坳陷处，向古隆起方向变薄、尖灭。

黄陇侏罗纪煤田主采煤层 2、4^{-2}、8(4)、下(3)煤厚度等值线图详见图 3-4-9。

黄陇侏罗纪煤田各矿区可采煤层特征见表 3-4-11。

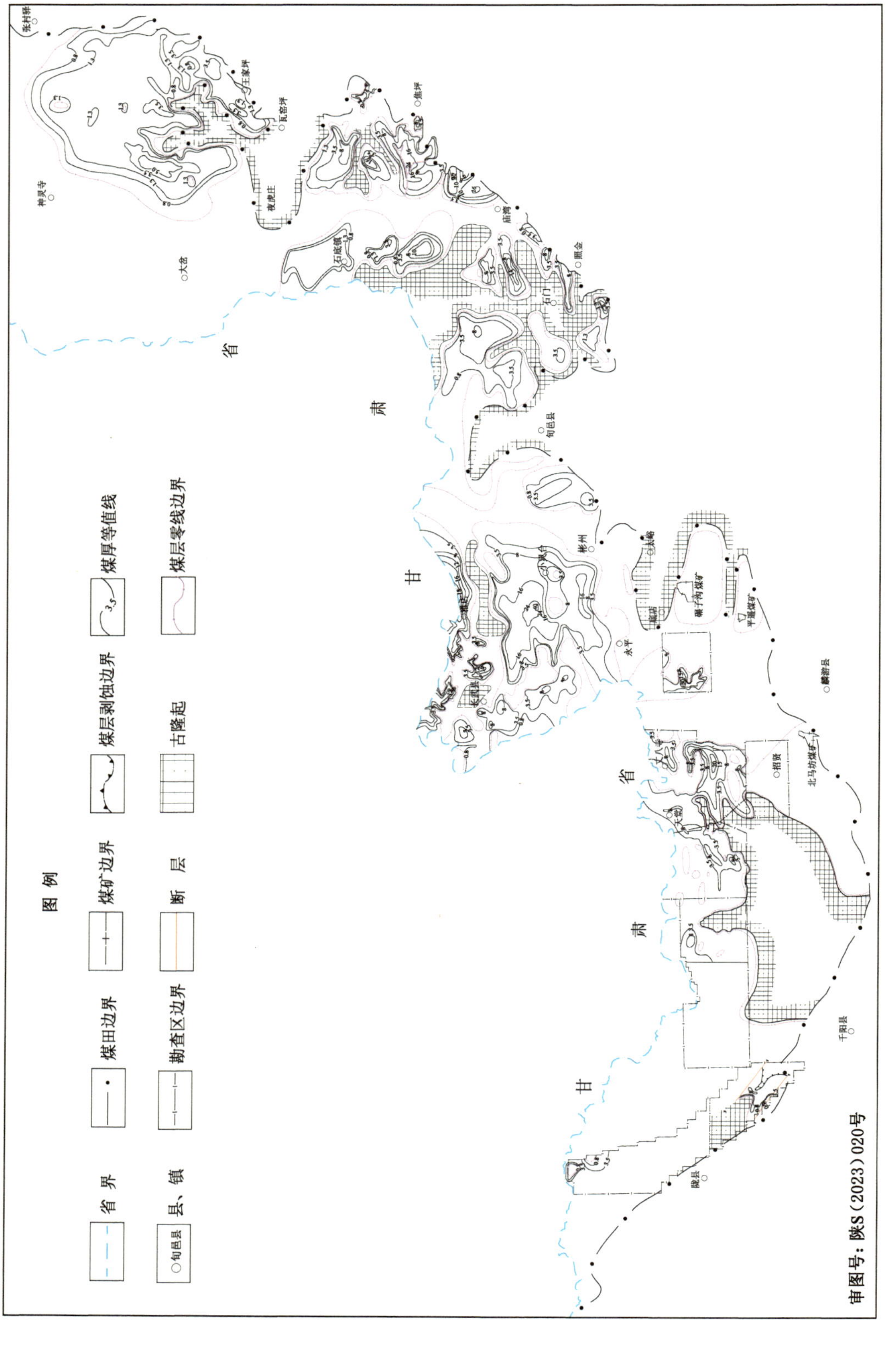

图3-4-9 黄陇侏罗纪煤田主采煤层厚度等值线图

表 3-4-11 黄陇侏罗纪煤田各矿区可采煤层特征表

矿区	含煤组段	煤层编号	煤层厚度/m 最小～最大/平均	层间距/m	煤层结构	煤层稳定型	可采性
黄陵矿区	J_2y^1	2	0～7.39/1.94		含夹矸 0～1 层、少数 2 层	稳定	大部可采
焦坪-旬耀矿区	J_2y^1	4^{-2}	0～34.00/5.86～8.68		多数含夹矸 1～2 层	较稳定	大部可采
彬长矿区	J_2y^2	5($4^{\text{上}}$)	0～6.90/1.60	20	含夹矸 1～3 层	较稳定	局部可采
	J_2y^1	8(4)	0～43.87/10.64		一般含夹矸 1～2 层	稳定～较稳定	大部可采
永陇矿区	J_2y^2	中(2)	0～13.89/1.25～2.13	18～39.5	一般无夹矸、个别 1～2 层	较稳定	局部可采
	J_2y^1	下(3)	0～27.75/8.34～12.80		含夹矸 2～3 层	较稳定	大部可采

4 沉积环境与聚煤规律

4.1 含煤岩系岩石学特征

4.1.1 晚古生代含煤岩系岩石学特征

陕西省晚古生代地层属于华北古陆稳定型近海含煤碎屑岩沉积，主要岩石类型：粗碎屑岩（砾岩、砂岩）、细碎屑岩（粉砂岩、泥岩）、生物-化学岩（碳酸盐岩）、可燃有机岩（煤等）等四大岩类，又可识别出 8 种亚类。

4.1.1.1 本溪组岩石学特征

本溪组沉积于奥陶纪古风化壳上，沉积范围和厚度很大程度上受控于古地貌。本组地层宏观表现为中部厚南北薄，东部厚西部薄，粒度表现为东部粗，其余地区较细。渭北地区沉积厚度变化大，洛河以西地层缺失，韩城地区厚度较小。本组底部常见铝土质泥岩与山西式铁矿。本溪组各段岩石类型见表 4-1-1。

表 4-1-1 本溪组各段岩石类型统计表 单位：%

岩石类型	陕北府谷	榆 17 井	陕北吴堡	榆 62 井	渭北韩城	渭北桑树坪	渭北铜川	陕 76 井
砾岩		5.9	0		0	33.8	0	
粗粒砂岩			0				0	
中粒砂岩		5.2	2.6		37.0	8.0	0	
细粒砂岩		23.7	2.5				0	7.2
粉砂岩			4.5	3.7	34.3		0	
泥岩	90.3	57.6	76.8	87.7	23.5	30.8	0	88.4
煤	2.5	7.6	0	2.0	2.7		0	
化学岩	7.2		13.6	6.6	2.5	27.4	0	4.4

（1）砂（砾）岩

砂岩一般发育在本组中上部，在陕北与渭北东部常含砾石，甚至为砾岩沉积。岩石主要为岩屑石英杂砂岩，灰白色为主，中厚层，层理不发育。碎屑成分中单晶石英占 80%，其中火山岩型石英为 50%左右，单晶石英＋复晶石英为 100%；碎屑为次棱角状，分选性中～差，杂基含量约 15%。砂岩成分成熟度高，结构成熟度低，反映了母岩岩性单一、近源快速堆积。砂岩粒度曲线为两段型，跳跃组分含量 98%、斜率 70%。偏度正值呈近对称型的窄峰态，表现潮道的回流与倒灌作用及波浪作用的影响而改造先前的沉积物特点。

（2）泥岩

本组泥岩含量较丰富，尤其是铝土质泥岩层数较多、厚度较大，局部形成铝土矿层。按成分可分为：

① 铝土质泥岩：浅灰、褐灰色，质纯细腻，贝壳状断口。常产于山西式铁矿层之上，或直接覆于奥陶纪风化壳上，呈豆状、皮壳状集合体不均匀分布，高岭石呈胶体状凝聚，具大量浸染状褐铁矿。

② 高岭石泥岩：黑灰色、深灰色，层理不发育，府谷地区剖面其为内碎屑结构。微粒同生泥岩呈扁圆状，为长条状盆内碎屑经再搬运、胶结形成。碎屑内具龟裂充填体，说明盆内水体较浅，沉积物常暴露于空气之中。

（3）生物-化学岩

本组生物-化学岩主要为碳酸盐岩，大都为泥晶灰岩与泥灰岩，具内碎屑泥晶结构，泥质为扁圆状、撕裂状的泥皮、泥砾，为内碎屑在动荡水体中破碎后经搬运再沉积的沉积物。砾屑泥晶泥灰岩的砾屑直径达 2～8 mm，成分为高岭石、绢云母，受有机质浸染呈颗粒状、扁圆状、撕裂状，定向排列，分选性、磨圆度均差；砾屑含量 30%，基质含量 70%。褐铁矿泥晶灰岩方解石含量大于 77%，镶嵌状接触，菱铁矿、褐铁矿含量约 20%，呈拉长状、团块状分布，粒径约 0.03 mm，呈条带状富集构成岩石的层理，偶有炭化植物碎片。含硅质粉晶灰岩，泥晶方解石含量约 90%，晶体清洁明亮，镶嵌接触，自生的蛋白石、髓石呈团块状分布。

（4）可燃有机岩

本溪组可燃有机岩主要为煤，该时期仅发育了几层薄煤层，研究程度低。

4.1.1.2 太原组岩石学特征

太原组主要发育灰黑色泥岩、粉砂岩、石灰岩、石英砂岩及煤层，在平面上表现为东部粒度细、石灰岩层数多，西部粒度粗、灰岩层数少的特征。本组发育研究区主要的可采煤层，自下而上煤层增多，主要集中在太原组的第一、二段。碳酸盐岩主要发育在第二段。

第一段自府谷至韩城，粗粒砂岩减少、中粒砂岩增多，由东向西细粒砂岩增多，泥岩在中部最厚，碳酸盐岩及煤层在韩城一带发育；第二段岩石组合差异较大，府谷一带以砂岩为主，韩城一带主要为碳酸盐岩，洛河以西为砂泥岩组合，自北而南粒度由粗变细，泥岩区西移至蒲白一带，煤层在蒲白及铜川东部发育，与泥岩发育区吻合，说明潮间泥坪利于泥炭堆积；第三段府谷一带以砂岩、粉砂岩为主，渭北一带粉砂岩、泥岩居多，各段岩石类型见表 4-1-2。

表 4-1-2 太原组各段岩石类型变化统计表 单位：%

层位	岩石类型	府谷	桑树坪	韩城	洛河	澄合	罕井	朱家河	王石凹	耀西	平均
第三段	砾 岩	14.2									7.1
	粗粒砂岩	21.2									10.6
	中粒砂岩	4.0				16.2					2.0
	细粒砂岩	2.0			46.7		63.1	9.7			1.0

表 4-1-2(续)

层位	岩石类型	府谷	桑树坪	韩城	洛河	澄合	罕井	朱家河	王石凹	耀西	平均
第三段	粉砂岩	8.2	100	62.4	13.3	64.2					4.1
	泥　岩	39.5		6.7	40.0	1.7		52.8	54.7	51.2	69.8
	煤　层	10.9		30.9		17.9	36.9	37.5	45.3	48.8	5.4
第二段	粗粒砂岩	21.8									10.9
	中粒砂岩	8.8	6.2	15.5							4.4
	细粒砂岩	21.3		43.4	13.2						10.6
	粉砂岩	13.6	60.8	17.6	17.1	55.7		8.5		51.9	6.8
	泥　岩	30.3	1.0	3.6	57.4		86.8	75.6	68.1	31.0	59.0
	煤　层	4.2	4.0		5.3	5.1	13.2	15.9	17.7	10.7	4.8
	碳酸盐岩		28.0	19.9	7.0	39.2			14.2	6.4	3.5
第一段	粗粒砂岩	30.8									15.4
	中粒砂岩	11.1	41.4								5.6
	细粒砂岩	15.4	7.4	19.6			97.3				7.2
	粉砂岩	0.3	27.1			10.1			36.0		0.1
	泥　岩	41.8		18.0	100	88.7	2.7		30.6		71.4
	煤　层	0.6	14.8	44.2		1.2			33.4		0.3
	碳酸盐岩		9.3	18.2							0

(1) 砂岩

太原组第一段以底部砂岩(晋祠砂岩)为特征,府谷一带为粗粒岩屑石英砂岩,下部以变质岩型为主,向上可见花岗岩型及火山岩型,沉积岩型仅占5%;渭北一带为中粒岩屑砂岩,分选性、磨圆度较好。太原组第二段砂岩粒度总体由北向南变细,府谷一带近陆源仍以粗粒砂岩为主,渭北一带逐渐以中粒砂岩、细粒砂岩为主,分选性较好,次圆～次菱角状,典型的近海型砂岩特征,层数增多。太原组第三段砂岩在府谷一带发育,底部为细砾岩、含砾中粒砂岩(K_3标志层),砾石成分为变质石英岩、硅质岩及少量石英砂岩岩屑,砾径2～5 mm,含量达55%,分选性较好、磨圆度高,填隙物中黏土矿物占12%,为岩屑杂砂岩;本段上部砂岩中单晶石英35%～70%,长石明显增高,含量占5%～15%,高岭石原杂基12%～20%。渭北一带底部为粉砂岩(K_3),成分成熟度高,单晶石英含量占90%～93%,分选性较好、磨圆度中等。

(2) 泥岩

泥岩成分变化复杂,本组第一段泥岩含量较高,以粉砂质泥岩、泥岩、铝土质泥岩及硅质泥岩为主。粉砂质泥岩中碎屑含量10%～30%,粒径小于0.15 mm,成分为石英、长石及复晶石英,分布较均匀;黏土矿物中高岭石占87%,伊利石占13%,呈均一状、毡状及鳞片状结构;凝灰硅质泥岩在渭北11号煤层底板厚约1 m(桑树坪),坚硬,具细砂状结构，粒径 0.05～0.15 mm，分选性、磨圆度均好，高岭石含量约 20%；高岭石泥岩位于煤层底板，府谷一带含 5%的石英碎屑，黏土矿物为高岭石，显微鳞片结构；铝土质泥岩在渭北一带底部发育，均匀层理，胶体状或集合体状一水硬铝石，粒径小于 0.06 mm，均匀分布，含量大于 90%；本组第二段主要为粉砂质泥岩，碎屑物含量 45%，粒径 0.05 mm，大者 0.10～0.35 mm，成分为石英及白云母，白云母杂乱分布，黏土矿物为高岭石、水云母，具鳞片状结构；砂质泥岩中碎屑粒径 0.15～0.40 mm，分选性极差，棱角状，成分为石英及泥岩岩屑，含量 40%，呈斑块状、条带状富集，黏土矿物为高岭石、绢云母交织存在，多受碳质浸染；凝灰质泥岩在府谷一带煤层底板发育，为重结晶高岭石，具鳞片状结构；本组第三段泥岩多为煤层底板及夹矸。含炭泥岩黏土矿物含量达 80%，成分为高岭石、绢云母，粒状分布，粒径 0.03 mm；含粉砂泥岩中粉砂为分选性较好的棱角状石英与白云母，黏土矿物富含有机质；菱铁质泥岩一般在煤层顶、底板附近，菱铁矿含量 30%～45%，粒状均匀分布或斑块状、条带状富集，黏土矿物为高岭石及水云母。府谷一带煤层顶板发育有砂晶硅质泥岩，镜下可见团块状、球粒状硅质体均匀分布，含量达 25%，黏土矿物为鳞片状高岭石，见有 0.5 mm 石英晶屑；粗晶高岭石泥岩与上述层位相当，自生高岭石达 30%，晶粒 0.5 mm，呈蠕虫状、手风琴状、团块状分布，黏土矿物为细分散状高岭石，斑块状不均匀分布。

(3) 生物-化学岩

太原组生物-化学岩主要为碳酸盐岩，本组第三段碳酸盐岩不发育，第二段碳酸盐岩在渭北一带较发育，下部灰岩(K_2标志层)全区分布，韩城北部桑树坪地区发育 3 层泥晶生物碎屑灰岩，向西减少、变薄，局部相变为石英砂岩，可见完整的䗴类化石，腕足、棘皮、腹足类碎片；桑树坪一带碳酸盐岩含有 15%的玻屑，不均匀分布或充填生物碎屑壳壁；上部透镜状灰岩分布于蒲白、澄合一带，常相变为泥岩。本组第一段仅在府谷一带见有生物碎屑灰岩，较稳定，至吴堡一带变为透镜状夹于砂岩之中，渭北一带不发育。

(4) 重矿物

太原组第一段砂岩中粒状、葡萄状黄铁矿居多，褐铁矿、锆石、电气石及绿泥石次之；第二段还可见石榴子石与绿帘石；第三段虽含量低但类型复杂，有暗色铁矿、透闪石、辉石、磷灰石等不稳定矿物，反映本组母岩为中基性喷发岩、花岗伟晶岩及变质岩。

(5) 可燃有机岩

太原组的可燃有机岩主要为煤，以光亮型和半亮型为主，主要由亮煤和镜煤组成。玻璃光泽，阶梯状断口，水平层理，硬度大，脆度小，内生裂隙发育，常充填方解石。煤中常见黄铁矿结核和菱铁质包体。

4.1.1.3 山西组岩石学特征

山西组以陆源碎屑砂岩、泥岩为主多，含煤系数小于 5%，极少有碳酸盐岩沉积。砂岩自下而上粒度变细，泥岩增多，本组下部含煤性相对较好。横向上北部砂岩多，粒度较粗，南部砂岩少、粒度细。第一段在府谷一带以中粒砂岩及砾岩为主，东南部韩城一带中细粒砂岩含量高，含煤较好，而西南部细粒砂岩及粉砂岩含量高，铜川一带浅部含煤性较差；本组第二段在南部发育砂岩，以中粒砂岩为主，在北部泥岩、粉砂岩与砂岩含量相近，含煤性以澄合一带最好。各段岩石类型见表 4-1-3。

表 4-1-3　山西组各段岩石类型变化统计表　　单位:%

层位	岩石类型	府谷	桑树坪	韩城	洛河	澄合	罕井	朱家河	王石凹	耀西	平均
第二段	粗粒砂岩	28.0									14.0
	中粒砂岩	1.4		12.0		41.6	53.7	14.9		30.3	0.8
	细粒砂岩	20.4	25.6		8.4			11.7	52.5	35.8	14.4
	粉砂岩	13.2	69.3	52.6	18.7			73.4		24.9	16.0
	泥　岩	35.8	3.2	35.1	68.4	58.4	46.3		47.5	9.0	51.9
	煤　层	1.2	1.9	0.3	4.5						2.9
第一段	砾　岩	19.2									9.6
	粗粒砂岩	56.5									28.2
	中粒砂岩	0.6		54.4	62.3	15.4	47.5			35.5	31.6
	细粒砂岩	0	48.8		3.1			53.8	34.4	32.9	15.0
	粉砂岩	8.7	16.0	14.8	17.7	82.5		26.4		17.6	13.2
	泥　岩	3.3		24.9	16.0		52.5	13.3	63.0	14.0	9.6
	煤　层	11.7	35.2	5.9	0.9	2.1		6.5	1.3		6.3
	碳酸盐岩								1.3		0

(1) 砂岩

山西组第一段砂岩自北部、东南部向西部单晶石英含量递增，岩屑含量递减，杂基含量在府谷一带高于渭北，胶结物则相反，有自东向西增高的趋势。底部砾岩在府谷一带为巨厚层状细砾岩～中粒砂岩，分选性、磨圆度均较差，杂基含量12%～20%，以高岭石正杂基居多，矿物成分中单晶石英占35%，以变质岩型及花岗岩型为主，单晶石英与复晶石英总和为80%～85%，碱性长石占10%；渭北一带砂岩粒度变细，为岩屑石英砂岩，分选性好，磨圆度中等～差，单晶石英及复晶石英含量约90%，后生方解石及菱铁矿含量为30%～37%；底部砂岩在府谷一带较粗，单晶石英与复晶石英含量70%，岩屑15%，多为沉积岩型，以微斜长石为主，杂基6%～16%，为高岭石原杂基；南部为煤层直接顶板，以层面富集大量炭屑及白云母为特征(牛毛毡砂岩)，云母含量15%～20%，西部5%，杂基30%～35%，并含大量球状菱铁矿，粒径0.25～1.00 mm。本组第二段砂岩中单晶石英含量为60%～66%，单晶及复晶石英总和自北、南、东向西部由83%递减至75%。长石含量与石英相反，岩屑含量在西南部成分复杂，沉积岩岩屑含量20%，火山喷发岩岩屑含量3%(洛河)。杂基与岩屑变化一致，府谷的含量为19%，洛河的含量为30%，府谷一带杂基与云母含量呈正相关增长，下部杂基含量6%～16%，云母2%～10%，顶部杂基含量35%～37%，云母含量35%～40%。

(2) 泥岩

山西组第一段为含粉砂泥岩，灰黑、褐灰色，水平层理，含较多的植物化石，府谷一带$3_{下}$煤夹矸为黑色硬质黏土，扁圆状、撕裂状火山玻基占15%～25%，粒径0.3～0.5 mm，黏土矿物为高岭石；第二段为灰黑、深灰色粉砂质泥岩与菱铁质泥岩，多为鳞片状结构，局部含分散状菱铁矿，黏土矿物以高岭石为主，为粉砂质、菱铁质水云母高岭石泥岩。

(3) 生物-化学岩

山西组生物-化学岩不太发育，只发育少量的碳酸盐岩，府谷一带第一段顶部含有0.31 m叠锥灰岩，叠锥构造明显，强烈重结晶作用后的粗大方解石晶体连生，缝合线发育，并被铁泥物质充填，含5%的碎屑状石英，粒径大小悬殊，但都小于1 mm。

(4) 重矿物

山西组第一段矿物种类较少，但含量较高，以褐铁矿、褐帘石、黝帘石为主；第二段含量小，仅为0.28%，以褐铁矿、黑云母较多，洛河以西第二段砂岩中含微量自生海绿石，具褐色氧化圈。

(5) 可燃有机岩

山西组3号煤以半亮型为主，次为半暗型。5号煤以半暗型及暗淡型煤为主，光亮型和半亮型次之。

光亮型、半亮型煤主要由亮煤、镜煤组成，玻璃光泽，中～宽条带状结构，水平层理，阶梯状、贝壳状断口，内生裂隙发育，充填方解石等，硬度大、脆度小。半暗型和暗淡型煤以暗煤和丝炭为主，条带状结构，层状构造，少量块状，硬度较大，可见黄铁矿薄膜。

4.1.2 中生代含煤岩系岩石学特征

4.1.2.1 瓦窑堡组岩石学特征

主要发育中粒砂岩、细粒砂岩、粉砂岩、泥岩、油页岩及煤层。自下而上共分4段，以子长地区为例，各段岩石类型变化如表4-1-4所列，大理河以北主要为曲流河砂岩类，向南砂岩减少，粒度变细，子长—安塞一带主要为湖泊沉积。

表4-1-4 瓦窑堡组岩石类型统计表 单位：%

层位	中粒砂岩	细粒砂岩	粉砂岩	泥岩	煤层	油页岩
第四段	53.6	11.5	0	19.2	2.5	13.2
第三段	22.8	24.2	0	52.8	0.2	
第二段	6.2	17.1		75.8	0.9	
第一段		22.5	17.6	59.2	0.7	

(1) 砂岩

晚三叠世瓦窑堡组第一段在大理河以北为中厚层～薄层状、中～细粒砂岩，底部含灰绿色泥砾，为石英砂岩，单晶石英含量50%～91%，长石自下而上减少，平均含量15.5%，以强烈风化的斜长石居多，板状晶形完整；次生方解石为溶蚀基底式胶结，局部高岭石、水云母杂基含量可达35%。第二段为深灰、灰褐色薄层状细粒砂岩，延河一带底部砂岩(姚店砂岩)厚达21.20 m，向上变粗，下部夹砂质灰岩透镜体，中部夹泥岩透镜体，中上部含泥砾及炭化植物茎干(5～40 cm)，属长石岩屑砂岩；单晶石英含量40%～95%，多在55%～60%，下部火山岩型含量达10%～20%，向上减少；长石向上含量增多至5%～15%，以酸性斜长石居多；岩屑中中酸性喷发岩含量8%，分选性较好、磨圆度差，杂基含量占5%～35%，成分、结构成熟度均较高。第三段砂岩较少、粒度细，常呈深灰、浅灰、褐灰色，为长石岩屑石英砂岩。单晶石英含量47%～90%，一般65%，单晶+复晶石英含量80%，以变质岩型及火成岩型为主，长石含量7%～30%，平均15.5%，以风化的斜长石居多，岩屑中有蚀变的中基性火山岩岩屑，胶结物含量40%，杂基较少，后生方解石强烈交代、溶蚀碎屑颗粒。第四段为浅灰色～灰绿色中厚层状中～细粒砂岩，疏松，下细上粗，层面富集云母与炭屑，属长石岩屑石英砂岩；单晶石英含量45%～77%，单晶＋复晶石英含量81.3%，火山岩较多，长石较少，平均含量13.7%，以碱性长石为主，风化强烈，见变质岩岩屑，胶结物与杂基含量均高，为高岭石正杂基及次生方解石胶结物；泥岩中具砂岩枕状构造及菱铁矿结核。

(2) 泥岩

主要为菱铁质泥岩及高岭石-伊利石泥岩。由黏土矿物及菱铁矿组成，具席状或毡状结构，高岭石含量17%～30%，伊利石含量50%～70%，并有伊蒙混层黏土矿物。含砂及砂质泥岩由粉砂碎屑与黏土矿物组成，均一及斑状结构，碎屑粒径小于0.08 mm，磨圆度差，为石英及少量长石，黏土矿物为伊利石及高岭石，呈席状交织分布，具鳞片状结构，局部受有机质浸染，伊利石含量可达50%～70%，高岭石含量20%～30%，绿泥石含量17%左右。

(3) 生物-化学岩

碳酸盐岩呈透镜状、串珠状夹于砂岩之中，主要为碳酸铁质岩及碳酸盐岩。前者菱铁矿含量达95%，有少量黏土矿物与碎屑石英及白云母等；后者包括泥晶灰岩和泥质泥晶灰岩，方解石含量在90%以上，具泥晶结构，亮晶方解石呈斑状分布，生物碎屑含量1%～2%，为腕足类碎片，泥质含量小于10%。

菱铁矿自下而上成层状、条带状、串珠状均匀分布于地层，褐红色，质硬性脆，与围岩层理一致。显微特征具花瓣状、球状显晶质集合体，充填物为黏土矿物。不规则菱铁矿团块，含小于0.003 mm的细小石英、长石等陆源碎屑。具黏土核心的鲕状球菱铁矿集合体，外缘多蚀变为褐铁矿或具有机质边缘。

(4) 可燃有机岩

瓦窑堡组煤层主要为5号可采煤层，一般为沥青～强沥青光泽，可见丝绢光泽，阶梯状～参差状断口，内生裂隙较发育，裂隙面有大量方解石及黄铁矿薄膜，可见黄铁矿结核。

油页岩分布面积广，层位稳定，一般单层厚度0.15～0.30 m，常与泥岩呈互层产出，灰褐色，沿层面刀刮起刨花卷，可见微小茎干化石。

4.1.2.2 延安组岩石学特征

延安组主要为河流、三角洲、湖泊环境下的一套陆缘碎屑岩沉积，岩石类型主要为砂岩、泥岩，砾岩、生物-化学岩、有机沉积岩和火山碎屑岩等含量较小，其中，砂岩含量居首位(46.5%)，其次为泥岩含量(31.1%)，粉砂岩含量较小(17.1%)，可燃有机岩的含量4.5%，其中煤的含量4.3%，其他为生物-化学岩。

延安组岩性纵向变化为砂岩向上先减少再增多，泥岩在延安组中部含量最高，含煤性以第四段(陕北地区)及第一段(黄陇侏罗纪煤田)最好，基本上与砂岩呈负相关关系。砂岩横向变化复杂，第一段含宝塔山砂岩段的地区砂岩含量高，西杏子河一带为巨厚层河道砂体，厚度为69.1 m，底部为砾岩，向上部呈夹层或透镜体减少，过渡为中～粗粒砂岩至细粒砂岩，吴起以西变细、减薄，总体呈南北向透镜状、东西向宽带状，分别在大理河及洛河一带变薄或尖灭。不含宝塔山砂岩段的地区砂岩含量低，砂岩分布零星。第二段在南缘焦坪—千阳一带底部砂岩(小街砂岩)以厚层中～粗粒砂岩为主，具有粒度下粗上细的特点;中区西杏子河一带底部砂岩(B标志层)为中厚层状夹粉砂岩、泥岩薄层;北部乌兰木伦河一带厚度较大,以中～粗粒砂岩居多,局部含砾。第三段仍以中～粗粒砂岩为主,葫芦河一带以细粒砂岩为主,中部含量最高;西杏子河一带层位稳定(裴庄砂岩为代表),无定河、大理河一带裴庄砂岩与顶、底泥岩一起构成明显的标志。北部砂岩多位于主采煤层顶、底部。第四段以薄层状细粒砂岩为主,含量最低;葫芦河以南地区遭受强烈剥蚀,地层几乎无保存。第五段主要分布在中北部地区,中部砂岩含量最高,底部砂岩(真武洞砂岩)层位稳定,分布面积广,在榆林附近厚达30 m,上部砂岩(卫星砂岩)以含大量钙质结核为特征。

各段岩石类型见表4-1-5。

表4-1-5 延安组各段岩石类型变化统计表　　单位:%

层位	岩石类型	千阳	百子沟	焦坪	葫芦河	西杏子河	大理河	无定河	高家堡	考考乌苏沟	乌兰木伦河	三道沟
第五段	中粒砂岩					57.0		54.0	65.1	13.9	9.8	30.1
	细粒砂岩					6.0	53.9	1.2	4.3	42.7	13.9	7.4
	粉砂岩					23.8	28.7	31.9	22.3	7.9	28.3	46.0
	泥岩					13.2	12.4	12.9	8.3	25.1	29.0	16.0
	煤层						5.0			10.4	19.0	0.5
第四段	粗粒砂岩				17.5				2.3			
	中粒砂岩					14.6	24.7	7.5			6.8	
	细粒砂岩				74.5	19.6	16.4	34.9	28.1	27.6	40.4	58.1
	粉砂岩				8.0	20.0	3.8	16.4	13.7	11.9		38.8
	泥岩					45.2	53.7	40.1	30.0	40.3	42.4	3.1
	煤层					0.6	1.4	1.1	25.9	20.2	10.4	
第三段	粗粒砂岩	11.8	5.9	14.4								
	中粒砂岩	17.6	5.0	12.4		47.4	50.2	14.6		30.9	41.7	
	细粒砂岩		40.2	29.2	16.6	12.2	17.4	20.5	14.6	22.0	16.3	31.1
	粉砂岩		24.3	19.0	8.0	4.0	4.0	17.2	40.7	10.6	5.6	28.2
	泥岩	70.6	23.7	24.7	75.4	36.4	28.4	45.8	41.0	29.0	27.9	31.9
	煤层		0.9	0.3				1.9	3.7	7.5	8.5	8.8
第二段	粗粒砂岩	14.1	10.8	23.0		37.4						
	中粒砂岩	12.7	8.0	27.0	1.3	28.8		37.7	15.0		7.7	9.8
	细粒砂岩	8.3	38.0	8.7	17.7	19.0		21.7	9.2	31.7	7.6	18.9
	粉砂岩	1.9	16.5	23.4	16.2	4.2		12.0	31.0	18.9	40.6	13.3
	泥岩	48.4	21.4	8.2	64.6	10.2		28.6	38.6	41.2	40.4	51.1
	煤层	14.6	5.3	9.7	0.2	0.4			6.2	7.7	3.7	6.9
	碳酸盐岩									0.5		

表 4-1-5(续)

层位	岩石类型	千阳	百子沟	焦坪	葫芦河	西杏子河	大理河	无定河	高家堡	考考乌苏沟	乌兰木伦河	三道沟
第一段	砾岩					1.0						
	粗粒砂岩	11.0		6.0		36.4		6.4	9.6			
	中粒砂岩			6.0		28.8	58.9		28.7	13.5	39.9	9.8
	细粒砂岩		17.7	2.0	21.7	19.0		36.5	41.2	32.8	6.2	18.9
	粉砂岩	21.8	27.2	2.8	30.5	4.1		4.5		27.6	4.7	13.3
	泥岩	13.7	33.1	10.3	44.8	10.3	41.1	52.6	20.5	11.6	38.5	51.1
	煤层	53.5	22.0	72.9	3.0	0.4				14.5	10.7	6.9

(1) 砾岩

中侏罗世延安组砾岩分布局限,仅见于第一段底砂岩下部,分布于延安-吴起附近,厚度变化较大,砾石成分单一,几乎均为石英岩与燧石。主要为杂基支撑的巨砾岩至粗砾岩,砾径由数毫米到数厘米。块状砾石分选性较差,为重力流沉积形成。水下重力流沉积的砾岩见于大理河延安组一段,厚仅 0.20 m,夹于黑色滨外湖相泥岩中,砾石有的呈直立状,磨圆度好并有碰撞坑,为再旋回的砾石,成分以石英岩为主,母岩来自老地层。

(2) 砂岩

延安组砂岩中的碎屑颗粒组分占 60%～80%,以石英、长石、岩屑为主,次要矿物有黑云母、白云母,等轴状、长条状的单晶石英多于多晶石英,含量一般占 50%左右,在延一段宝塔山砂岩中含量高达 85%,延三段含量最低,约 20%。长石在颗粒组分中占 25%～40%,以钾长石为主,酸性斜长石次之,多数已发生次生变化。岩屑一般占颗粒组分的 5%～17%,包括花岗岩、片麻岩、板岩、千枚岩、泥质岩、粉砂岩和火山岩等不稳定岩屑。云母包括黑云母和白云母,在次要矿物中占重要地位,黑云母常见轻微绿泥石化或水化,一般占颗粒组分的 5%～10%,以延五段含量最高,大于 10%,在大理河其含量最高达 25.6%。重矿物有电气石、磷灰石、石榴子石等,以安崖地区含量较高。杂基为粒度小于 0.05 mm 的细小颗粒,仅见于含砾中粒砂岩及粉砂岩中,含量占 5%～6%,成分主要是黏土,主要包括蒙-伊混层黏土、高岭石、伊利石等。化学沉淀物中赤铁矿或褐铁矿占 2%～3%,最高可达 10%,在延三、四段中含量较高,本区南部含量也较北部高。SiO_2 胶结物在岩石中一般小于 5%,以石英边缘的自生加大形式出现,厚约 0.05 mm,多见于富县组和延一段的砂岩中。碳酸盐胶结物有铁方解石、白云石及菱铁矿。铁方解石呈星散状充填于碎屑颗粒间及碎屑溶孔中,可占 22%,白云石胶结物见于安崖剖面,菱铁矿微晶常集中呈团块状。自生黏土矿物含量 1%～5%,以高岭石为主。

(3) 泥岩

延安组泥岩以灰、褐灰色及紫杂色含粉砂泥岩为主,黏土矿物主要为高岭石,伊利石、蒙脱石次之。高岭石泥岩多见于第一段煤层夹矸中,结晶程度高。高岭石-伊利石泥岩分布于延安一带第二、三段,高岭石含量 26%～46%,伊利石含量 40%～62%。蒙脱石泥岩俗称“膨润土”,为浅灰、灰白色,位于陕北第三、四段主采煤层之下,为火山物质在碱性环境下生成。铝土质泥岩位于南部第一、二段煤层底板,呈灰、深灰色薄层状,厚达 3 m(道镇),铝质成分为皮壳状-水硬铝石，含量25%～45%；另外，第二、四段还含有少量黑灰色含油泥岩及普遍存在的碳质泥岩，含大量植物根系及茎叶化石。含油泥岩产于中区第二段与第四段，深褐灰色、黑灰色细腻、层面平坦，刀刮呈刨花状，含介形虫化石。

(4) 生物-化学岩

本组生物-化学岩较少，在西杏子河剖面发育灰岩透镜体，定名为亮晶生物屑凝块状石灰岩。石英含量7%，内碎屑含量80%，球粒与凝块结构粒度0.4～2.0 mm，凝块成分为富含软体动物化石碎屑的泥晶灰岩。胶结物为亮晶方解石，局部重结晶强烈。这些内碎屑是低能环境变为高能环境的产物。

(5) 可燃有机岩

延安组煤的宏观煤岩类型光亮型煤，厚度一般较薄；半亮型煤，为延安组 2^{-2}、3^{-1}、4^{-2} 煤层的主要光泽类型；半暗型煤，为延安组陕北侏罗纪煤田 1^{-2}、2^{-2}、5^{-2} 煤层和黄陇侏罗纪煤田焦坪、黄陵矿区主要煤岩类型；暗淡型煤，为陕北 1^{-2}、5 煤层和黄陇侏罗纪煤田彬长矿区主要煤岩类型。

(6) 重矿物

重矿物组合特征以锆石、金红石较高，根据组合特征判断其母岩区以中基性喷出岩、花岗伟晶岩、酸性岩浆岩为主，其次为变质岩及沉积岩。

4.2 含煤岩系沉积体系和沉积环境

4.2.1 晚古生代含煤岩系沉积体系与沉积环境

鄂尔多斯盆地石炭-二叠系发育一套由海向陆过渡的海陆交互相含煤岩系，晚石炭世为一套浅海陆棚-开阔台地生物滩及滨岸海湾-淡化潟湖沉积体系，早二叠世早期发展为三角洲沉积体系，到早二叠世晚期及晚二叠世早期，基本为一套陆相沉积体系，到晚二叠世晚期，发育一套陆相河流-三角洲-湖泊沉积。

在野外剖面、钻孔岩芯分析及岩相类型的归纳总结基础上，结合各类岩相在垂向上的组合关系及在平面上的分布，识别出5种沉积体系、14种沉积相类型(表4-2-1)。

表4-2-1 陕西省石炭-二叠纪沉积相划分方案

沉积体系	沉积相	沉积类型
障壁海岸沉积体系	障壁岛	障壁岛
	潟湖	沼泽、潟湖泥
	潮坪	潮坪、潮道、沼泽
浅水三角洲沉积体系	上三角洲平原	分流河道、天然堤、决口扇、泛滥盆地、沼泽
	下三角洲平原	水下分流河道、分流间湾、间湾湖泊、沼泽
	水下三角洲	三角洲前缘(河口坝、远砂坝)和前三角洲泥
	三角洲间湾	沼泽

表 4-2-1(续)

沉积体系	沉积相		沉积类型
曲流河沉积体系	河床相		河床滞留沉积、边滩沉积
	洪泛平原	堤岸相	天然堤、决口扇沉积
		河漫相	河漫滩、岸后沼泽、河漫湖泊
湖泊沉积体系	滨浅湖相		滨岸砂坝、湖滨沼泽、浅湖滩坝、浅湖泥
滨外碳酸盐陆棚沉积体系	滨外泥质陆棚		泥及粉砂
	滨外碳酸盐陆棚		局限碳酸盐台地、碳酸盐台地

1. 曲流河沉积体系

曲流河体系在含煤岩系沉积中占有重要的地位，可细分为河床、堤岸、河漫等相，可进一步划分为河床滞流沉积、边滩、天然堤、决口扇、岸后沼泽、河漫湖泊等沉积类型，沉积物在垂向上表现为向上变细的正粒序(图 4-2-1)。曲流河的二元结构较为发育，上部的泥质沉积主要为河流洪泛平原沉积，也是曲流河最有利聚煤的部位。该体系主要发育于陕西省北部太原组第三段-山西组。

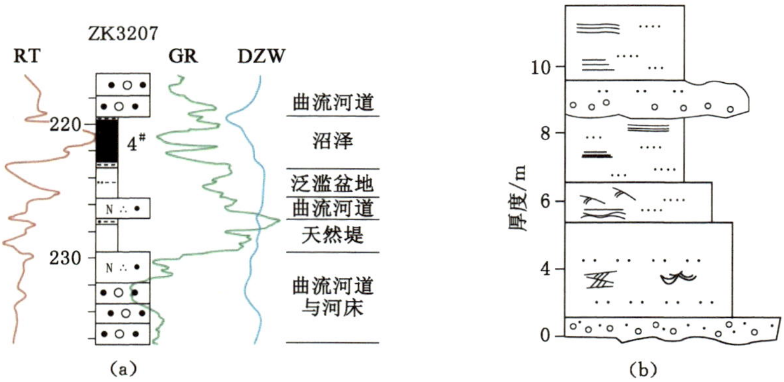

图 4-2-1 山西组曲流河垂向沉积模式

河床滞留沉积由中粒砂岩-砾岩组成，多为含砾中～粗粒岩屑石英砂岩，砾径 0.2～4.5 cm 不等，分选性中等～差和磨圆度差，成分成熟度低，发育槽状交错层理、大型板状交错层理、块状层理，底部具有冲刷面，有流水波痕，与下伏岩层呈冲刷接触，砂体形态多呈小的透镜体状，砾石具明显的定向排列，常夹有煤屑条带等，常与边滩、堤岸沉积共生。

边滩主要为中～细粒长石石英砂岩、石英砂岩、石英岩屑杂砂岩，碎屑物分选性差，磨圆度中等，棱角状至次圆状，杂基含量较高。沉积构造主要为大型板状交错层理、侧向迁移交错层理、槽状交错层理，反映为单向式水流条件。盆地北缘剖面太原组第二段边滩砂岩粒度概率图为二段、三段型，平均粒径 $M_z=1.23\Phi$①，标准偏差 $\sigma_1=0.86$，偏度 $S_{k_1}=0.065$，峰态 $K_g=1.02$，跳跃组分为主，含量在 90%以上。府谷地区山西组边滩砂岩粒度概率图为二段、三段型，$M_z=(1.24\sim3.59)\Phi$，$\sigma_1=0.56\sim0.96$，$S_{k_1}=0.02\sim0.13$，$K_g=0.98\sim1.25$，

① Φ 为乌登-温特沃斯粒级划分的转化值，其计算公式为 $\Phi=-\log_2\phi$，其中 ϕ 为颗粒的直径。

跳跃总体 88%～100%，悬浮总体 0.33%～5.66%，牵引总体最高可达 10%（图 4-2-2）。

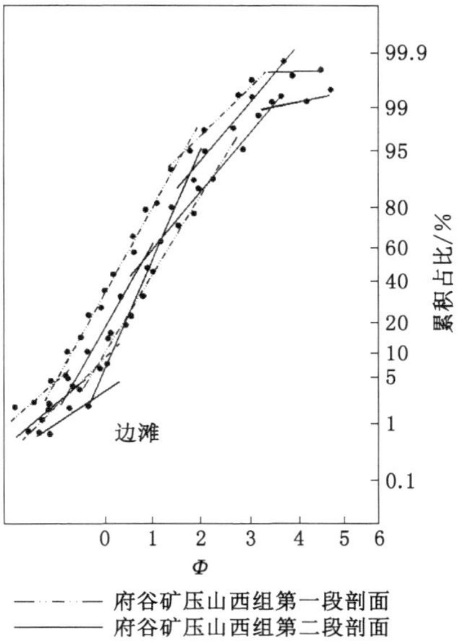

图 4-2-2 山西组边滩砂岩粒度概率图

研究区曲流河沉积体系中天然堤、决口扇、河漫滩也较发育。

岸后沼泽如果植物生长繁茂，且植物死亡后堆积形成泥炭，即已经转化为泥炭沼泽，是煤层的主要发育场所（图 4-2-1）。泥炭沼泽底部常发育含大量植物根化石的黑色粉砂岩、泥岩，在薄煤层间或煤层顶板常为在覆水沼泽微环境中沉积的灰色团块状泥岩、硬质黏土或碳质泥岩、粉砂岩。

2. 三角洲沉积体系

三角洲沉积主要发育于山西组沉积期（图 4-2-3），其次为北部和南部太原组沉积期。三角洲沉积的垂向旋回性清楚，受海平面变化影响明显。三角洲体系可进一步划分为三角洲平原、三角洲前缘、前三角洲及三角洲间湾。该区为浅水三角洲，三角洲平原（间湾湖泊）最发育，又可根据最高海平面分为上三角洲平原和下三角洲平原（图 4-2-4）；三角洲前缘不太发育，前三角洲极不发育，反映了沉积环境不稳定，横向变化较快，还没有形成大的三角洲朵叶体就已经废弃了，故在山西组的三角洲沉积体系中，即渭北、吴堡的山西组地层中未形成稳定的可采煤层。

（1）上三角洲平原相

主要为砂岩、粉砂岩、泥岩（包括碳质泥炭）、煤等，砂质沉积常与碳质泥炭、煤共生。砂质碎屑的分选性差，层理构造复杂，可见雨痕、干裂等层面构造，生物化石少。岩体呈透镜状，横向变化大。盆地东缘太原组剖面分流河道粒度概率图为二段、三段型，$M_z=1.82\Phi$，$\sigma_1=0.68$，$S_{k_1}=0.04$，$K_g=1.13$，极少有滚动组分，跳跃组分在 96.50%～99.33%之间；泛滥盆地粒度概率图为三段型，粗截点为 3Φ，细截点为 4.5Φ，跳跃总体约为 95%，悬浮总体为 5%左右（图 4-2-5）。

（2）下三角洲平原相

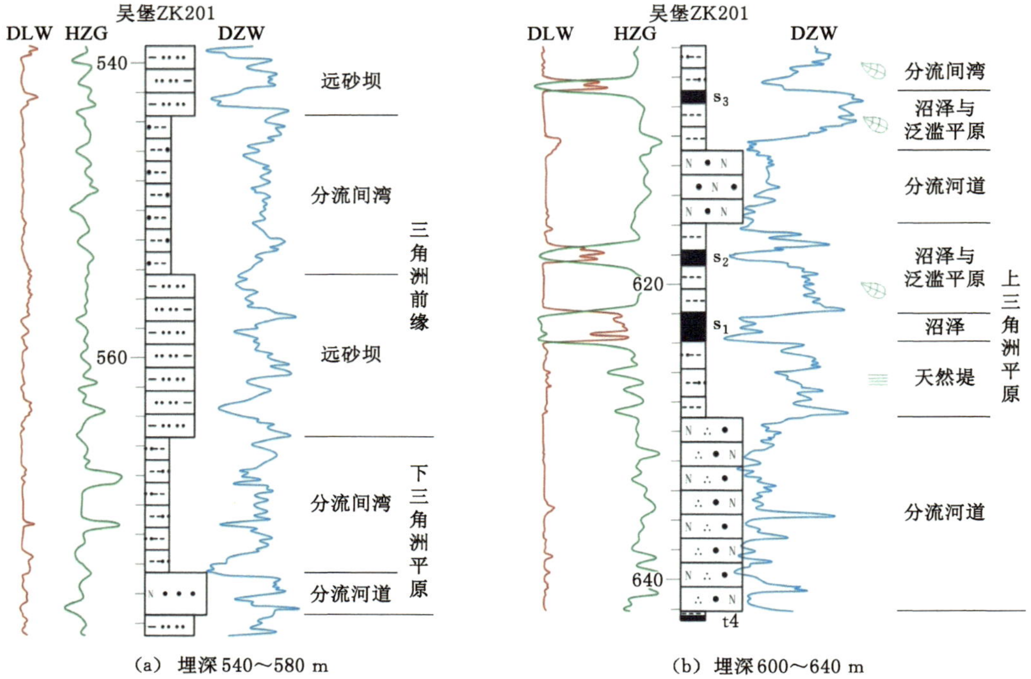

图 4-2-3 三角洲体系沉积序列图

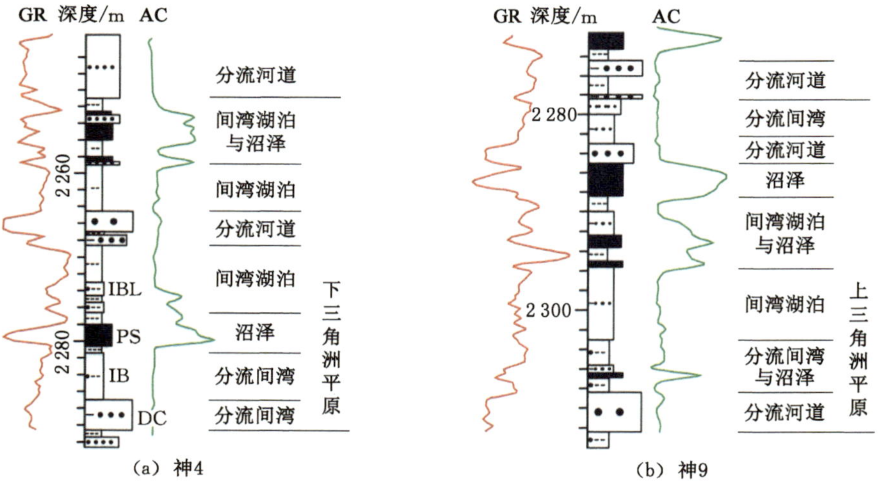

图 4-2-4 三角洲平原-间湾湖泊沉积序列图

下三角洲平原分流河道砂体规模较小，以砂、粉砂沉积为主，泥质极少，常发育交错层理、波状层理及冲刷-充填构造。砂体横剖面呈透镜状，侧向变为细粒沉积物。分流间湾沉积以深灰色至黑色泥岩为主，有不规则的石灰岩和菱铁矿分布。

(3) 三角洲前缘相

三角洲前缘主要发育以砂质沉积为主的河口坝、以粉砂质沉积为主的远砂坝和前缘席

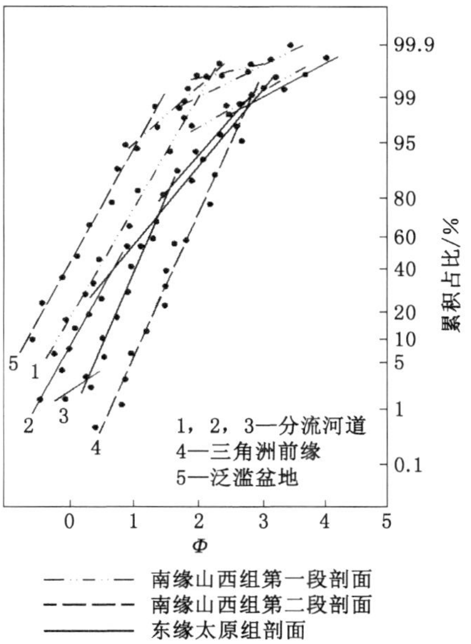

图 4-2-5 三角洲沉积粒度概率图

状砂沉积。三角洲前缘的粒度概率图为二段型，$M_z=5.2\Phi$，主要为跳跃组分，含量在 98% 左右，极少悬浮组分(图 4-2-5)。

山西组地层中，河口坝沉积常为灰色细粒岩屑石英砂岩或石英杂砂岩，以石英为主，云母及暗色岩屑次之，偶见粉砂岩、页岩或砂质灰岩薄层，泥质及少量钙质胶结，发育大型楔状交错层理、低角度交错层理及大型槽状交错层理，偶见包卷层理及共生泥砾。古水流方向受河流和潮汐水流影响较大，常出现向陆方向或多方向变化的分量。砂体在剖面上呈透镜状，粒度向上变粗再变细，测井曲线常呈近似菱形。

陕西省晚古生代山西组的三角洲多为不完整的三角洲结构，常缺乏远砂坝、前缘席状砂沉积体。

(4) 前三角洲相以发育灰色、深灰色泥岩为特征，主要由粉砂质泥岩、泥岩及薄层菱铁矿层等细粒沉积物组成，发育水平层理，偶见动物化石。该相带在研究区不太发育。

(5) 三角洲间湾位于两个大型三角洲朵体之间，具有半咸水到正常海水的沉积环境，水体受两侧三角洲朵体的限制能量较低，水体较浅，沉积物主要为泥岩、碳质泥岩和菱铁质泥岩。水体较浅部位可发育泥炭沼泽并形成厚度较大的煤层。

3. 障壁海岸沉积体系

主要包括障壁砂坝(或岛)、障壁岛前的滨外陆棚、障壁岛后的潮坪、潟湖、潮汐三角洲等。

(1) 障壁砂坝相

主要发育于晚石炭世本溪组和太原组地层中，岩性以较纯净石英砂岩为主，分选性中等～好，成分成熟度高，在垂向上常呈向上变粗的逆粒序，发育有大型交错层理，特别是低角度交错层理。太原组障壁砂坝粒度概率曲线为两段型，$M_z=(1.28\sim2.25)\Phi$，$\sigma_1=0.69\sim0.94$，$S_{k_1}=-0.05\sim0.06$，$K_g=1.09\sim1.44$，跳跃总体含量约 100%，次总体截点$(1.0\sim1.5)\Phi$(图 4-2-6)。

（2）潮坪相

潮坪根据平均高潮线和平均低潮线可以进一步划分为砂坪、混合坪和泥坪。

砂坪多为砂质沉积，潮汐作用较强，沉积物分选性中～好，发育低角度的小型交错层理、双向交错层理、潮汐层理。局部见少量菱铁矿结核和植物化石，并可见生物扰动构造及潜穴。泥坪主要由泥岩、碳质泥岩和砂质泥岩组成，偶见粉砂质沉积，含有植物化石，发育水平层理和缓坡状层理，可见生物扰动构造。渭北石炭-二叠纪煤田5号煤层稳定发育于泥坪上部。混合坪介于泥坪和砂坪之间的过渡类型，以粉砂岩为主，薄层粉砂岩与泥岩或砂质泥岩频繁交替的薄互层为特征，潮汐层理十分发育，含有植物化石，常见生物扰动构造。

潮坪沉积一般具有向上变细的垂直层序，底部多以砂坪开始，向上为混合坪、泥坪。潮坪沉积粒度概率图为二段型，中值 $M_z=(1.81\sim2.97)\Phi$，$\sigma_1=0.50\sim0.59$，$S_{k_1}=0.01\sim0.14$，$K_g=0.10\sim0.98$（图4-2-7）。潮坪相主要发育于中部本溪组-太原组沉积期，东部山西组少量，位于潟湖靠陆地一侧及障壁岛周围，是太原组主要的聚煤环境。常见潮汐层理、砂泥互层，常与沼泽伴生（图4-2-8、图4-2-9）。

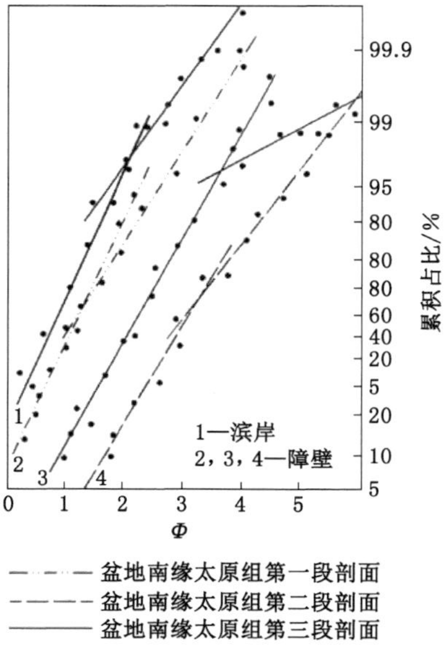

图4-2-6 滨岸、障壁沉积粒度概率图

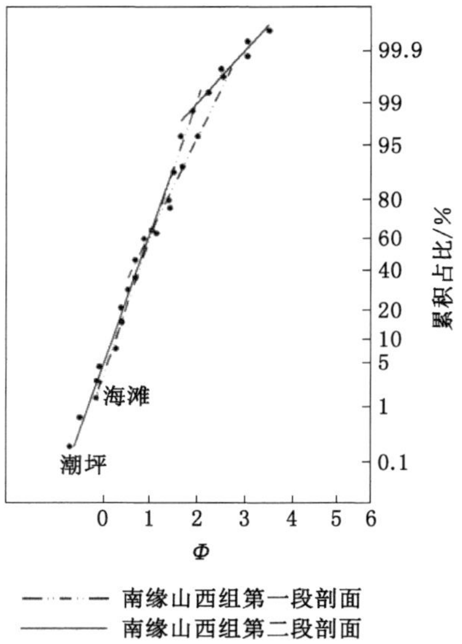

图4-2-7 潮坪、海滩沉积粒度概率图

（3）潟湖相

主要发育于晚石炭世本溪组和太原组地层中（图4-2-10），以大套黑色、灰黑色泥岩和铝土岩沉积为特征，含有较多的菱铁质鲕粒和结核，常含有种类单一而数量多的腕足类，软体动物等生物化石，可见生物潜穴。以发育水平层理、块状层理为主，偶尔见透镜状层理。

4．湖泊沉积体系

主要发育在研究区中部的山西组及石盒子组沉积时期，是在区域性潜水位抬高的情况下，演化为大型湖泊，而在干旱时期，湖平面迅速缩小，河水流入湖区形成三角洲。研究区主要一些滨、浅湖沉积，沉积物发育水平层理、沙纹层理，淡水灰岩为粉晶灰岩、含粉砂泥灰岩，厚度小，分布不稳定。微量元素 $\omega_{Sr}/\omega_{Ba}=0.34$，B含量为0.007%。

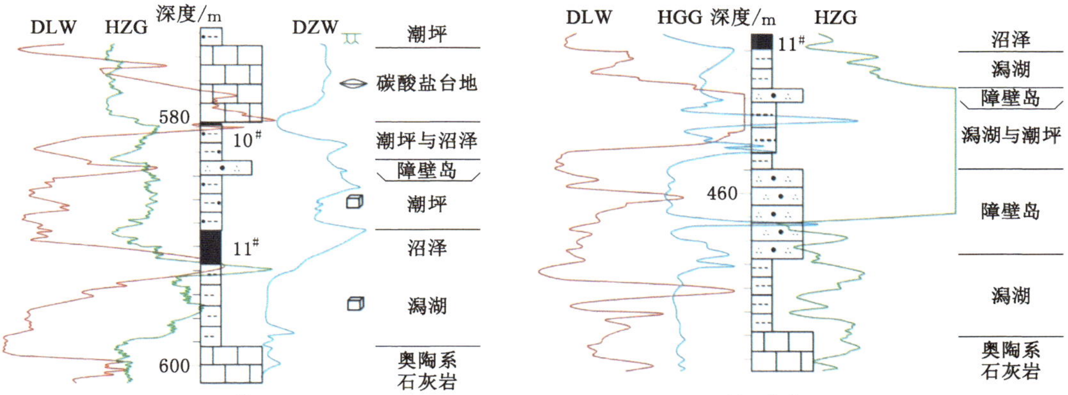

(a) 坊2 (b) 象山145

图 4-2-8 潟湖-潮坪-障壁岛沉积序列图

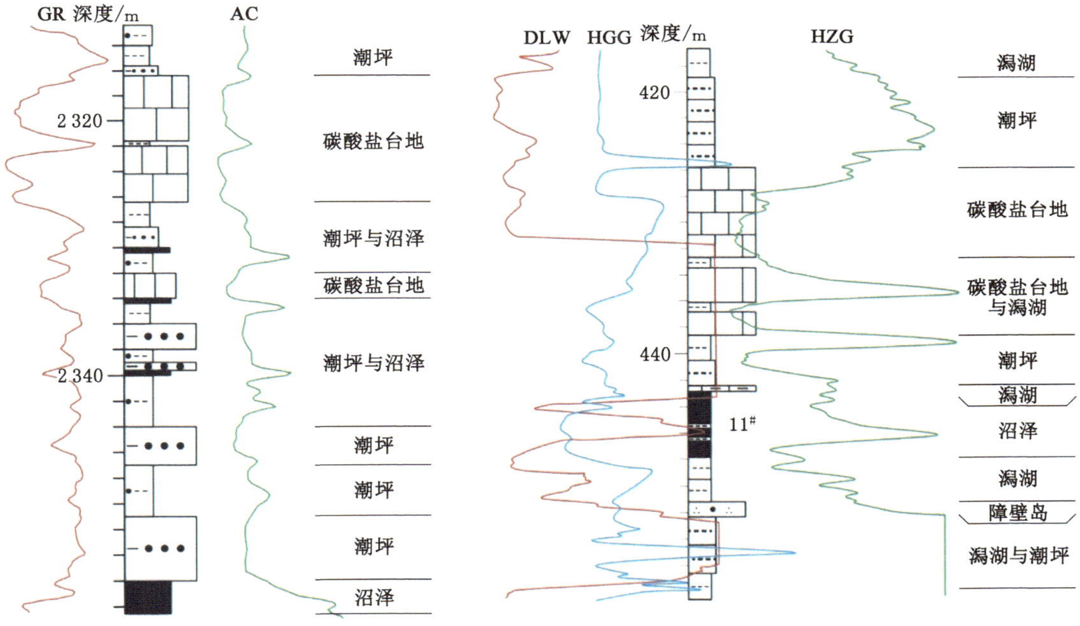

(a) 神9 (b) 象山145

图 4-2-9 碳酸盐台地-潮坪沉积序列图

5. 滨外碳酸盐陆棚沉积体系

(1) 滨外泥质陆棚

位于障壁砂坝外侧正常浪基面之下的滨外地带，水体能量低，盐度正常。沉积物主要为泥岩和粉砂岩，发育水平层理和沙纹层理，含狭盐性动物化石及生物扰动构造，向下和向上分别过渡为滨外碳酸盐陆棚和障壁砂坝沉积。

(2) 滨外碳酸盐陆棚

主要发育于太原组沉积期，代表海侵事件，是泥炭堆积终止的主要动力；以灰岩、泥质灰岩、砾屑灰岩沉积为特征(图 4-2-11)。滨外碳酸盐陆棚区域相对水浅、阳光足、氧气丰、波

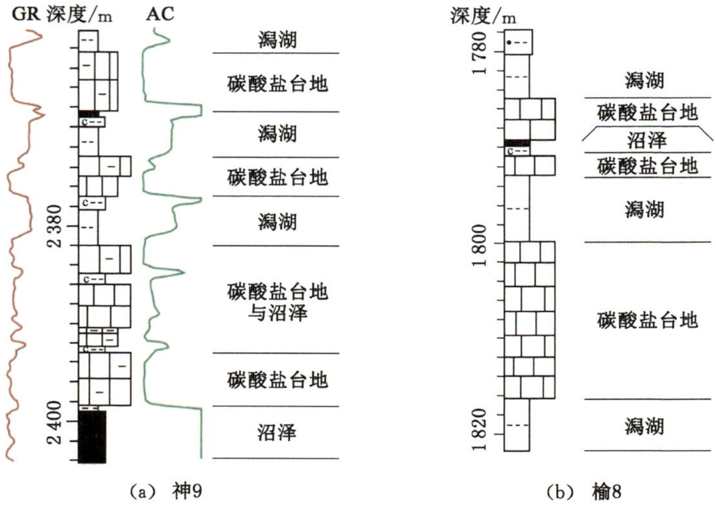

图 4-2-10 碳酸盐台地-潟湖沉积序列图

浪作用频繁，生物活动频繁。潮间-潮下潟湖中及低能带为局限碳酸盐台地相，潮下浅水陆棚潟湖低能带、浪基面之下为开阔碳酸盐台地相，简称碳酸盐台地相。

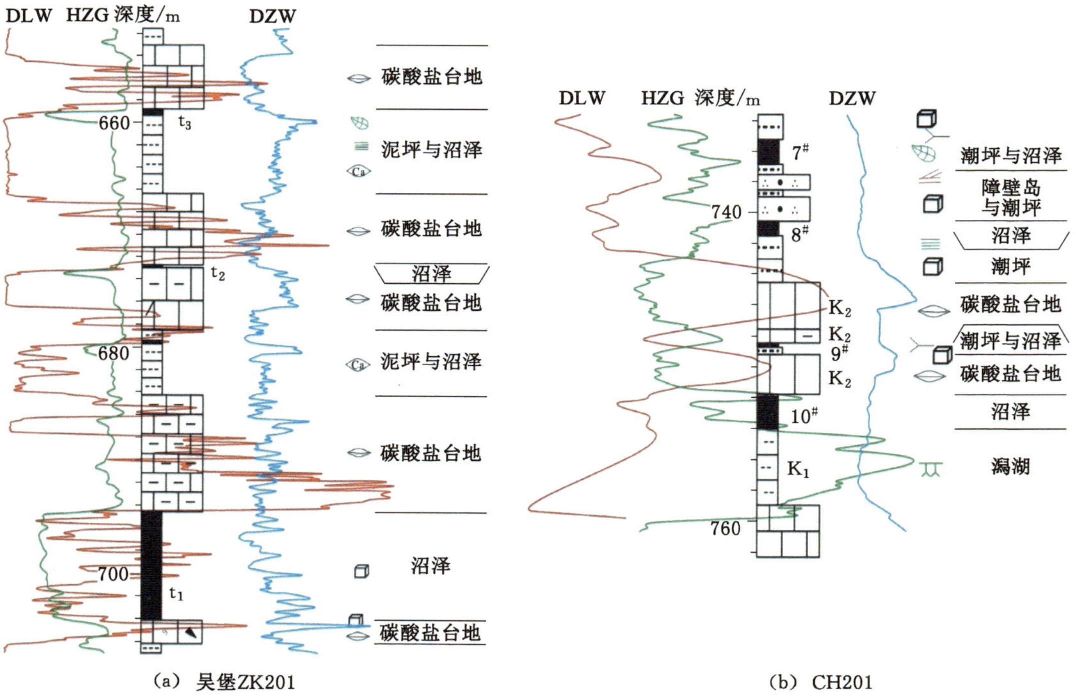

图 4-2-11 碳酸盐台地-沼泽沉积序列图

陕西省石炭-二叠纪煤田地处华北晚古生代聚煤盆地的西南缘，当华北盆地发生几次大的海侵时，陕西都有波及，但有时未能覆盖全区，以东部为主要的海水活动区域，尤其在吴堡，各海侵期碳酸盐发育最完全，吴家峪、庙沟、毛儿沟、斜道及东大窑灰岩均有发育。渭北地区吴家峪灰岩仅在桑树坪一带存在，为泥灰岩，无斜道灰岩，而东大窑灰岩仅可见其层位，几乎未发育灰岩，仅形成海相泥岩或钙质泥岩等，唯有庙沟、毛儿沟两层灰岩几乎全区稳定发育。所以陕西晚古生代地层中的潮下碳酸盐沉积也就主要指的是庙沟、毛儿沟灰岩。太原组地层中共含灰岩 1～5 层，铜川、蒲白一般含灰岩 1 层，厚 2～4 m。韩城、吴堡一带一般含灰岩 2～5 层，厚 5～8 m，最后可达 20 m 以上。姚庄、象山一带，由于碎屑搬运量大，常打乱潮下碳酸盐的平静环境，使碳酸盐突然相变为石英砂岩。本区灰岩一般呈深灰色、多为生物碎屑灰岩、生物碎屑泥晶灰岩结构。生物颗粒比较发育，生物化石常见有孔虫、介形虫、腕足等原地生物组合，以及一些异地搬运的生物化石碎片组合。生物碎屑类型也十分丰富，大小混杂，生屑粒径 0.1～80 mm，破碎强烈，以腕足类及䗴类为主，可见棘皮类、腕足类等各种碎片。此外，发育反映局限平静-较为开阔动荡的遗迹化石，如动藻迹（*Zoophycos*）、根珊瑚迹（*Rhizocorallium*），二者常共生，常见水平潜穴、倾斜潜穴、垂直潜穴等。庙沟灰岩富含腕足类和䗴类，还含有较多的四射珊瑚（*Tetracoralla*）与网格苔藓虫，常见蠕虫迹。庙沟灰岩中的䗴类主要为纺锤䗴和拟纺锤䗴，毛儿沟主要为希瓦格䗴（*Schwagerina*）。

本溪组-太原组石灰岩基本都形成于低潮面以下的滨外碳酸盐陆棚沉积环境，水动力条件一般比较弱，但也时常受到风暴浪的影响。海水的盐度基本正常，生物较发育，有机质供给充沛。

4.2.2 中生代含煤岩系沉积体系与沉积环境

瓦窑堡组和延安组均为陆相沉积体系，主要发育河流沉积体系、三角洲沉积体系和湖泊沉积体系（表 4-2-2）。河流沉积体系可以进一步区分出辫状河体系和曲流河体系，辫状河体系主要发育在延安组沉积初期，曲流河体系主要发育在瓦窑堡组和延安组的早期和晚期整个研究区、瓦窑堡组中期大理河以北和延安组中期的黄陇地区；三角洲沉积体系主要发育在瓦窑堡组中期大理河以南地区、延安组早中期～中晚期的陕北榆神府地区和西部定边-靖边-吴起地区。湖泊主要分布在瓦窑堡组安塞-子长一带、延安组中部的甘泉-延安-安塞一带。

表 4-2-2 陕西省中生代沉积体系划分表

<table>
<tr><th>沉积体系</th><th colspan="3">沉积相</th><th>沉积类型</th></tr>
<tr><td rowspan="4">河流沉积体系</td><td colspan="3">辫状河</td><td>辫状河道、心滩、河漫沼泽</td></tr>
<tr><td rowspan="3">曲流河</td><td colspan="2">河床</td><td>河床滞留沉积、边滩沉积</td></tr>
<tr><td rowspan="2">洪泛平原</td><td>河堤</td><td>天然堤、决口扇</td></tr>
<tr><td>河漫</td><td>河漫滩、岸后沼泽、河漫湖泊、泥炭沼泽</td></tr>
<tr><td rowspan="3">湖泊三角洲沉积体系</td><td colspan="3">三角洲平原</td><td>分流河道、天然堤、决口扇、沼泽、泥炭沼泽、分流间湾</td></tr>
<tr><td colspan="3">三角洲前缘</td><td>水下分流河道、河口坝、远砂坝、分流间湾</td></tr>
<tr><td colspan="3">前三角洲</td><td>前三角洲泥、重力流和滑塌</td></tr>
<tr><td rowspan="4">湖泊沉积体系</td><td colspan="3">滨湖</td><td>滨湖砂坝、滨湖沼泽、泥炭沼泽</td></tr>
<tr><td colspan="3">浅湖</td><td>浅湖滩坝、浅湖泥</td></tr>
<tr><td colspan="3">次深湖</td><td>次深湖泥、重力流</td></tr>
<tr><td colspan="3">湖湾</td><td>沼泽、泥炭沼泽、滩坝</td></tr>
</table>

1. 湖泊沉积体系

瓦窑堡组湖泊主要分布在第二段到第四段早期的子长-安塞一带，不同时期的湖泊面积有所不同，但基本上保持了一定的连续性，湖泊整体水体不深。到第四段中晚期，盆地基底开始抬升，湖泊逐渐萎缩、消亡。韩岔-蟠龙矿区南部 12-3 钻孔揭示较典型的湖泊发育（图 4-2-12）。延安组的湖泊始于延一段中期到延四段晚期，主要分布在安塞-志丹-吴起-华池-甘泉-葫芦河一带等所限范围内，即陕北侏罗纪煤田和黄陇侏罗纪煤田之间的地带。延四段晚期之后，由于构造抬升，湖泊逐渐萎缩直至消亡。延安组葫芦河剖面为典型的湖泊沉积（图 4-2-13）。根据沉积岩形成时水深、层厚、分布范围及主要沉积相标志可以进一步分为滨湖、浅湖、次深湖和湖湾亚相。

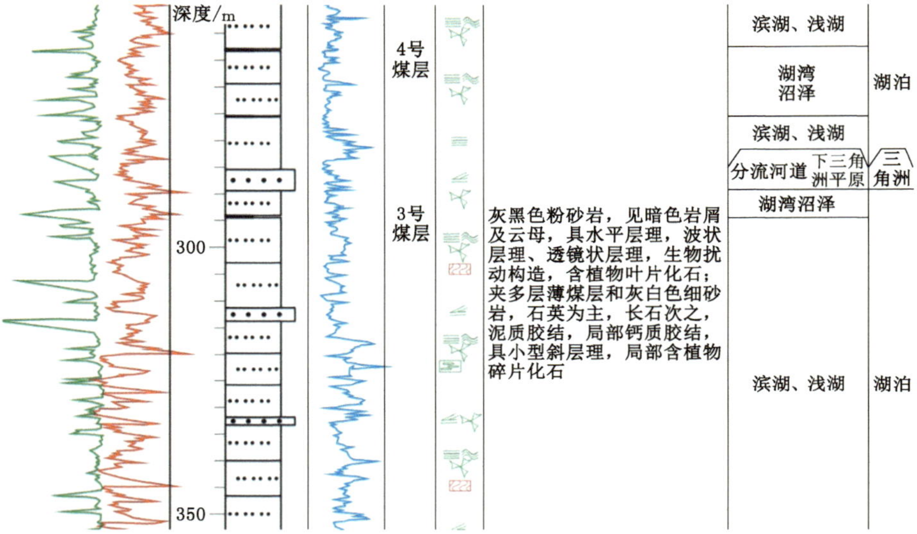

图 4-2-12 韩岔-蟠龙矿区 12-3 孔瓦窑堡组三、四段滨浅湖沉积序列图

（1）滨湖

早期盆地东南缘广泛发育，与浅湖沉积共生，包括滨湖砂坝、沼泽及风暴浪重力流沉积组合。滨湖砂坝细粒砂岩分选性磨圆度好，具缓倾角大型交错层理的湖滩砂岩见于西川河剖面的延三段中部，层系厚约 1 m，前积纹层倾角很缓，倾向指向湖心方向。在延水河郝家窑子村附近延四段的细粒砂岩中也见有类似洼形交错层理的细粒砂岩，但规模较小，可能是于强风期形成。滨湖沼泽主要分布在平缓的背风湖岸和低洼的湿地沼泽地带，具水平层理、小波痕层理，可发育薄煤层。在湖泊水退变浅期，滨湖带沼泽较发育，可以发生一定程度的聚煤作用。滨湖沼泽以含淡水动物化石延安蚌和其他生物遗迹的块状泥岩为特征。风暴重力流沉积常与滨湖过渡带交替出现，由中～细粒砂岩组成，显急流大型斜层理，垂向层序具明显的两段性，下部砂岩以水流作用为主，上部粉砂岩、泥岩以波浪作用为主，反映了由高能态单向水流向低能态水流波浪作用的转化。瓦窑堡组滨湖沉积由砂岩、泥岩、粉砂岩组成，显小型浪成交错层理、波状层理及透镜状层理，层面可见对称波痕，砂体厚度一般小于 10 m，横向较稳定，淤浅后可形成稳定的泥炭沼泽。滨湖砂粒度概率曲线以二段型和似直线型为主，跳跃组分一般为 90%，斜率大于 70°；悬浮组分少，斜率较好（图 4-2-14）。

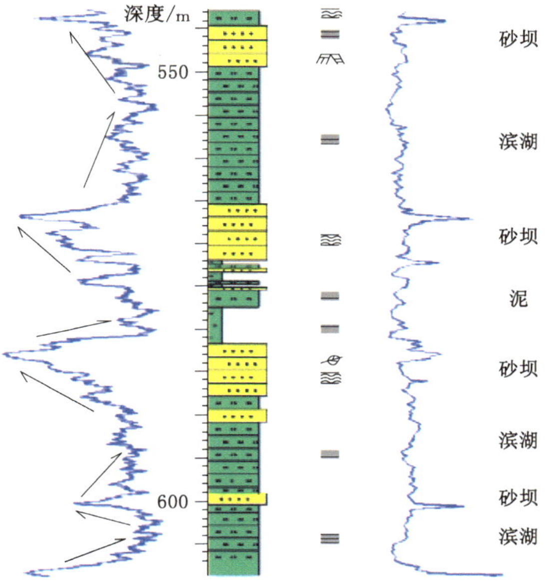

图 4-2-13 黄陇侏罗纪煤田黄陵矿区 F16 孔延二段滨湖、浅湖沉积序

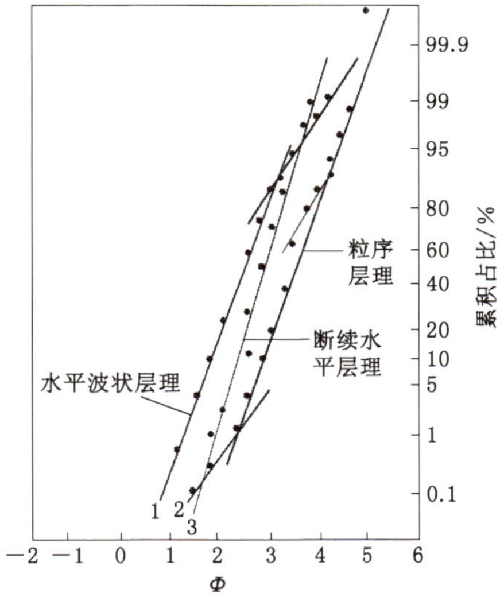

图 4-2-14 黄陇侏罗纪煤田黄陵矿区 F16 孔延二段滨浅湖沉积序

(2) 浅湖

发育于北部大保当以南及南部葫芦河一带的延二段到延四段各层段(图 4-2-15),以发育厚层浅湖泥岩最为特征。瓦窑堡组浅湖沉积主要发育在安塞-子长一带第二、三段。

浅湖沉积主要为深灰色、灰黑色的粉砂质泥岩、页岩,局部夹薄层状粉、细粒砂岩沉积。浅湖泥以灰色、灰绿色为主,偶夹薄层粉砂岩,季节性水平纹层发育,常见近水平层理,含较多双壳类化石,保存较好的植物化石,并有生物潜穴及生物扰动构造,均反映较为安静的浅水环境。滩坝主要发育在盆地南部延安组 2～3 段,灰色细粒砂岩与粉砂岩组成,成分成熟

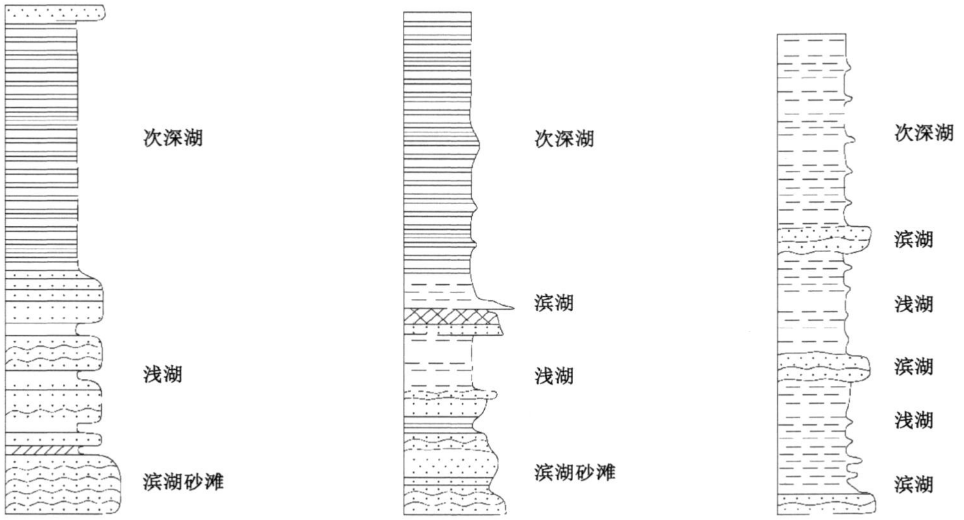

图 4-2-15 店头矿区 X34 孔延三段、葫芦河延二段和延三段剖面图

度和结构成熟度均高，具断续波状层理、水平层理域波痕，含植物化石碎片及淡水瓣腮类化石与菱铁矿薄层。重力流沉积分布于湖泊最大扩张期，以西杏子河剖面最为典型。重力流由互层的细粒砂岩和泥岩组成。该层段石英含量骤减，长石含量增高，并具有大量火山源的黑云母，表现出快速堆积的特点。砂岩具小型交错层理，粉砂岩、泥岩具浪成砂纹层理、缓波状层理及对称性浪成波痕。这种沉积体是重力流在浅水环境下延伸的表现，由低能流态向波浪作用频繁转换，缺少高流态沉积。瓦窑堡组浅湖沉积由泥岩、粉砂岩夹薄层细粒砂岩、泥灰岩薄层、菱铁矿薄层组成，具水平、波状、微波状层理，缺乏小型浪成交错层理及波痕等，水动力条件较弱，属弱还原-弱氧化环境，产大量双壳类动物化石。

黄陇侏罗纪煤田黄陵矿区、葫芦河一带，浅湖相沉积物中 Ca、Na 含量一般大于 1%，ω_{Sr}/ω_{Ba} 比值为 0.3 左右，ω_{Sr}/ω_{Ca} 比值为 0.014。浅湖砂粒度概率曲线有两种：一种是直线型，全为悬载组分，斜率 65°～74°；另一种是二段型，含 1%的跳跃组分，个别可达 10%，斜率 57°左右，99%的悬浮组分，斜率 73°左右(图 4-2-14)。

(3) 次深湖

主要分布于中区延安组第二、三段，是湖泊最大扩张期处于风暴浪基面之下的深水，由泥岩、粉砂质泥岩为主构成，夹油页岩和薄层粉砂岩(图 4-2-15)，夹有水下重力流沉积，显示覆水较深的还原环境下的沉积。沉积构造以水平层理为主，显示季节性层理，局部可见黄铁矿结核。黄陇侏罗纪煤田黄陵矿区、葫芦河一带次深湖相沉积较为典型，沉积物中 B 含量 1.18×10^{-4}，Ba 含量平均为 7.9×10^{-4}，Sr 含量达 2.3×10^{-4}，Ga 含量为 9.25×10^{-4}，Na 含量达 1%。

(4) 湖湾

发育于湖泊三角洲之间，由于三角洲朵体的遮蔽作用，波浪和湖流作用弱，沉积物以细粒的泥岩为主，也可夹少量劣质油页岩。湖湾近缘容易生长喜水性植物芦苇和莎草等，进一步可发展成泥炭沼泽，形成碳质泥岩和煤线，含黄铁矿晶体，偶见双壳类及鱼类化石(神北 24 孔）。湖湾沉积中发育浪成波纹交错层理、小型砂纹交错层理、波状层理、脉状层理、透镜状层理等，在有间歇性物源注入的湖湾环境，沉积物可含有某些正韵律小砂体。陕北榆神府矿区湖湾的 ω_{Sr}/ω_{Ba} 比值为 0.21～2.30，平均为 0.57。瓦窑堡组湖湾沉积与滨湖沉积的构成、沉积构造类似，其区别主要为平面发育位置及含煤性。

2. 湖泊三角洲沉积体系

研究区瓦窑堡组三角洲主要发育在子长北部石湾镇、横山等地区；延安组三角洲主要发育在陕北榆神府煤田及西部定边-靖边和吴起地区。

(1) 三角洲平原沉积：三角洲平原在陕北榆神府矿区（图 4-2-16）、西部靖边-定边地区广泛发育，河流自北西向南东方向推进，洪泛平原较发育，泥炭沼泽发育稳定，发育的煤层层数少，单层厚度较大；西部靖边-定边及吴起地区三角洲平原也较发育，河流大致自西部向东部推进，三角洲平原面积相对较小，在吴起以西地区，延二段发育三角洲间湾，间湾及周围地区成煤条件较好，延三段和四段地区，三角洲间湾演变为湖湾，成煤条件变差；吴起东部靠近广湖一侧成煤条件一般较差。瓦窑堡组沉积中期，横山三角洲河流自北西向南东推进，研究程度较低；子长三角洲河流自北东向南西推进（图 4-2-17），早期发育两个大三角洲，中期变为一个大三角洲，晚期再次发育两个三角洲，该时期沉积环境较不稳定，三角洲分流河道改道频繁，成煤条件差，仅发育数层薄煤层（线）；第四段末期构造环境变得稳定，三角洲平原沼泽沉积稳定，发育了厚度较大、稳定性较好的 5 号煤层。

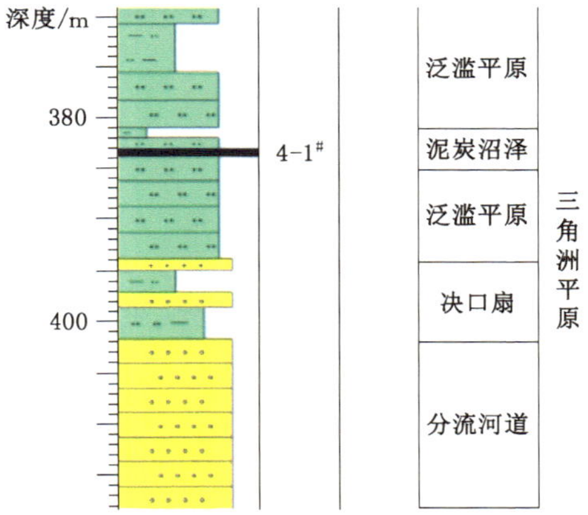

图 4-2-16 陕北榆神矿区 P139 孔延二段三角洲平原沉积序列图

陕北榆神府矿区三角洲分流河道非常发育，主要发育两种类型的分流河道沉积序列：一种是明显向上变细的类型，砂岩粒度概率曲线中值为 2.47Φ 左右，细截点 1.95Φ，代表了主河道沉积；另一种为缓慢向上变细的类型，砂岩粒度概率曲线中值为 2.27Φ 左右，细截点 2.0Φ，为该区常见的分流河道沉积（图 4-2-18）。地化指标中，ω_{Sr}/ω_{Ba} 比值为 0.08～0.22，平均 0.12。黄陇侏罗纪煤田在店头矿区和靠近甘肃华亭的地区发育少量三角洲沉积，分流河道沉积多为灰、灰绿色细粒砂岩夹薄层粉砂岩，分选性好、磨圆度高，具波状和大型板状交错层理。砂体呈上平下凸的透镜状，厚度数米，长度数十米。粒度参数表现为 $M_z=2.8\Phi$，$\sigma_1=0.6$～0.7，$S_{k_1}=0.17$～0.35，$K_g=1.26$～1.53。概率曲线为二段型，跳跃组分 92%，斜率 74°，悬浮组分 20%，斜率 62°。

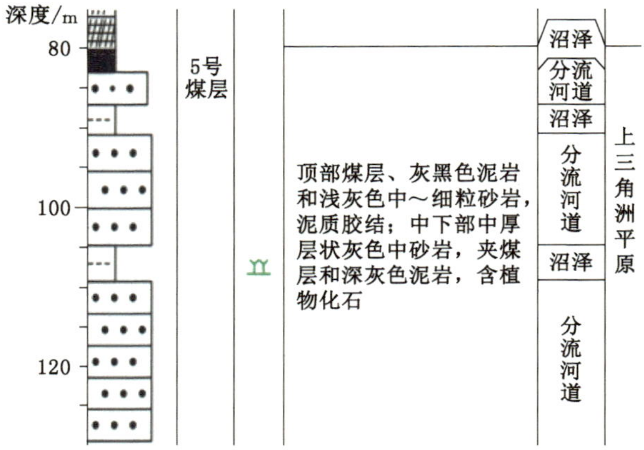

图 4-2-17　韩岔-蟠龙矿区 11 号孔瓦窑堡四段三角洲平原沉积

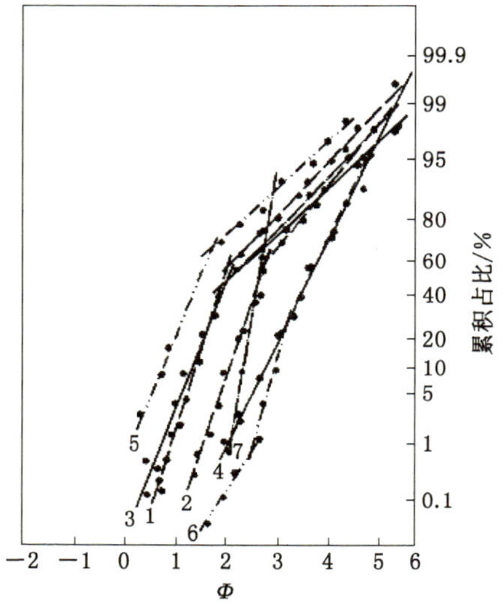

1,2—ZK252 延五段分流河道砂岩；3,4—ZK89 延三段分流河道砂岩；
5,6—ZK68 延二段分流河道砂岩；7—扎林川剖面延一段分流河道砂岩。

图 4-2-18　分流河道砂岩粒度概率图

三角洲平原上的决口水道和决口扇相比较常见，延安组可见河流洪泛盆地内的决口扇砂质沉积物夹于粉砂岩为主的洪泛盆地沉积内（如甘泉地区，图 4-2-19），沉积物色调以灰、灰黄、灰绿为主，形成于早期半干燥、半潮湿气候的浅水环境中。规模更大的决口水道和决口扇常见于湖泊水下分流间湾或间三角洲湖湾环境。

沼泽或泥炭沼泽常与决口扇和决口水道砂质沉积物共生（图 4-2-20），泥炭沼泽中植被广泛发育，是煤层发育的主要场所。空间上受三角洲分流河道的限制，在垂直层序上沼泽常出现在三角洲分流河道砂质沉积物周围。沉积物为暗色粉砂岩、泥岩，含碳质、植物碎片、根系和白云母碎片等，发育水平层理或块状层理。

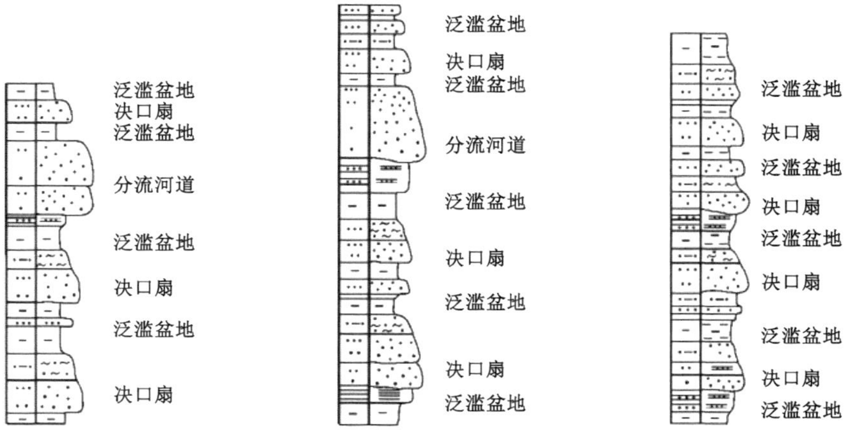

图 4-2-19 甘泉北段延安组二段三角洲平原相沉积

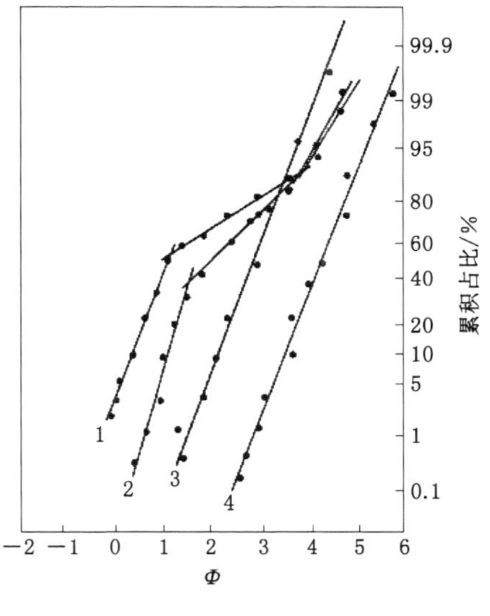

1,2—ZK89 延二段决口扇砂岩;3—ZK179 延二段天然堤砂岩;4—ZK89 延三段天然堤砂岩。

图 4-2-20 决口扇、天然堤粒度概率图

陕北地区天然堤沉积粒度曲线为直线型,全部由悬浮总体组成,斜率在 60°～70°之间,平均粒度在(3.4～4.0)Φ 之间;决口扇沉积粒度概率曲线中跳跃组分含量为 50%～58%,斜率为 60°～73°,悬浮组分为两部分,粗端占 32%～35%,斜率 32°～43°;细端占 10%～15%,斜率 55°～59°,粒度中值为(1.48～2.07)Φ,σ 为 0.94～1.25(图 4-2-20)。

(2) 三角洲前缘

水下分流河道是延安地区延安组第二段至第四段三角洲沉积体系中最有特色,也是最常见的水道沉积类型。常由分选性磨圆度较好的细粒砂岩组成,砂体厚度大,最厚可达20 m左右,粒径上下变化不大,一般总的仍是正粒序或中部略粗,典型代表是延安地区及以南延安组第三段的裴庄砂岩(图 4-2-21)。该层位的砂岩在北部大理河地区属三角洲平原分流河道的特

征，向南至延安地区具水下分流河道的特征，砂岩厚度自北向南递减，至西川河和洛河附近其下见到河口远端坝细碎屑沉积。砂岩底部有明显席状冲刷面，但无滞留沉积，表明河流底侵冲刷作用发生在尚未固结的湖底暗色泥质沉积物之上。沉积构造自下而上由平层过渡到大型板状、槽状交错层理，上部又出现平层，顶部细粒砂岩层面上有裂线理。

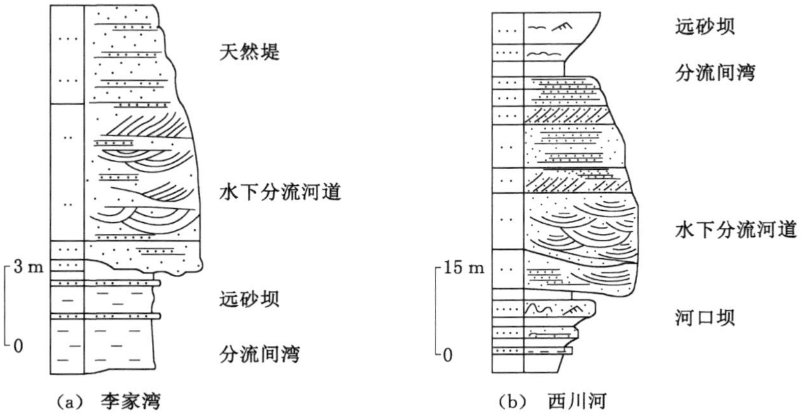

图 4-2-21 延安下李家湾、西川河延三段中下部水下分流河道(裴庄砂岩)

分流间湾以灰黑色具不明显水平纹理的泥岩为主，夹决口水道或决口扇相砂岩透镜体或薄层。沉积构造以水平层理为主，靠近水下分流河道和水下天然堤附近可出现波痕交错层理，偶见生物潜穴或淡水动物化石和菱铁矿结核。陕北榆神府矿区分流间湾地化标志上，ω_{Sr}/ω_{Ba}比值一般为0.33～0.43，ω_{B}/ω_{Ga}比值一般为0.5～1.5。

河口坝在本区东南部延三段、延四段中都常见，具有典型的向上变粗的垂层序，一般下部为薄层粉砂岩，向上出现薄层细粒砂岩和粉砂岩互层，以至细粒砂岩层厚度随粒级变化向上增大(图 4-2-22)。黄陇侏罗纪煤田河口砂坝偶发育在店头矿区，灰绿色、灰褐色中～细粒砂岩，分选性好，次棱角状，细粒砂岩具粒序层理，中粒砂岩具大型交错层理。

远端坝经常与河口坝相共生，出现在河口坝相之下和前三角洲或滨外湖相泥岩之上，由薄的泥岩、粉砂岩互层组成(图 4-2-22)。陕北榆神府矿区远端坝地化标志方面，ω_{Sr}/ω_{Ba}比值为0.24～0.61，平均为0.4。

(3) 前三角洲

前三角洲沉积在研究区不太发育，主要为灰黑色泥岩，具隐水平层理，风化页片状，层面有少量破碎的植物碎片和炭屑，细小的白云母片等。

3. 河流沉积体系

瓦窑堡组沉积期河流体系主要出现在大理河以北、石湾镇以东地区；延安组沉积期以延一段古宝塔山河及延三段小街砂岩最为典型，其次为延三、四段的河道砂岩，延五段真武洞河道砂岩和卫星河道砂岩沉积。东部延安组露头区典型剖面主要分布于中部延安至甘泉一带和北部无定河附近。延安地区延一段古宝塔山砂岩段为河流沉积典型代表，厚约75 m，层位包括整个延一段(约65 m)和延二段下部4^{-4}号煤层之下厚10 m左右的层段，其下部45 m属辫状河沉积，上部30 m为曲流河沉积。南部甘泉以南洛河剖面河流体系的沉积分布在延一段，下部辫状河和上部曲流河沉积厚度各约15 m，总厚仅30 m。西部和北部

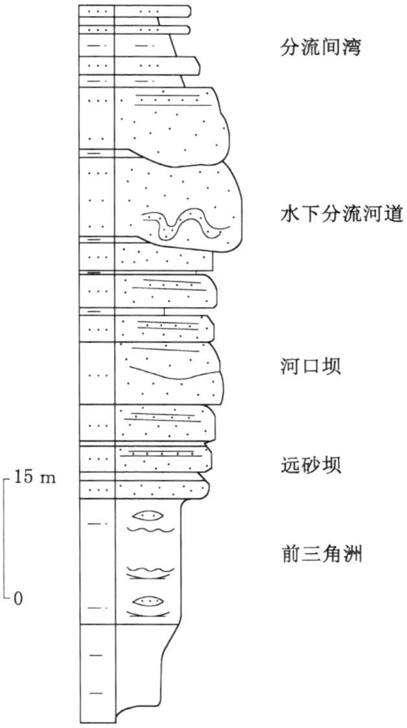

图 4-2-22 甘泉延三段三角洲前缘

掩盖区的河流沉积粒度更粗，下部以砂砾岩为主，厚 50～60 m，北部和中部以辫状河沉积占优势，南部甘肃华池至延安一线则为冲积谷地，粗碎屑沉积充填厚达 60～80 m。盆地内的宝塔山砂岩属于辫状河沉积，其上部主要为曲流河沉积。南部黄陇侏罗纪煤田的延一段早期底部宝塔山砂岩主要发育在黄陵矿区东部、彬州东部、耀州区庙湾、麟游北部和华亭一带，最厚可超过 60 m，为灰白色粗～中粒砂岩，北部细南部粗，由东南向北、西北流入湖洼区。延一段晚期在焦坪矿区也有古河流发育。

（1）辫状河

根据露头及钻井岩芯资料揭示，延一段辫状河沉积主要是由灰白色粗～中粒砂岩组成，底部含砾或夹砾岩透镜层，河道砂体的自然电位曲线呈箱状及指状负异常形态，顶底为突变型，而视电阻率曲线为中低值。

典型的辫状河沉积垂直层序可以延安印子沟宝塔山砂岩为例，剖面结构以砂砾岩和粗、中粒砂岩占绝对优势，粒度上、下变化不大，辫状河道充填相的总厚度约 40 m，其间无垂向加积的细碎屑沉积物相夹，砂岩横向连续性好，被延水河切割呈陡崖出露，顶部的泛滥盆地沉积不足砂岩总厚的 1/5。

辫状河道为粗碎屑充填，以延安第一段斜贯本区中部的辫状河道含砾砂岩为代表（图 4-2-23）。辫状河道以含砾中粒砂岩到中粒砂岩为主，分选性中等偏差，以石英砂岩为主，泥质胶结以高岭石为主，含石英和石英岩砾石，底有侵蚀面，并有不少破碎的菱铁矿结核及大型褐铁矿化的树干和树枝的印痕铸型。具大型板状和槽状交错层理（图 4-2-24），上部出现平层。最具特征的是在延安印子沟、桥儿沟由延水河切割出来的横断面上所见，一系列辫状河道充填物多次叠置，并相互切割，构成内侵蚀面十分发育，侧向急剧变化的、大型透镜体状的宽广辫状河道充填物复合体。甘泉六里峁附近的宝塔山砂岩属辫状河道充填沉积(图 4-2-25)，底部含砾中粒砂岩厚达 7 m，可见大型缓倾斜交错层理，其上的中粒砂岩以平层和大型交错层理为主。心滩在本区少见，只在本区以南彬州百子沟能够见到，主煤层以下砂岩为具大型板状交错层理的中粒砂岩，横向延伸达 3～5 m，前积纹层倾角可达 25°，顶部为平层所覆。洪泛平原不太发育，仅在洪泛期间发育厚度不大的洪泛平原沉积，往往受到后期河道的冲刷。在洪泛平原中偶见泥炭沼泽发育，但成煤条件差，持续时间短，成煤强度弱。

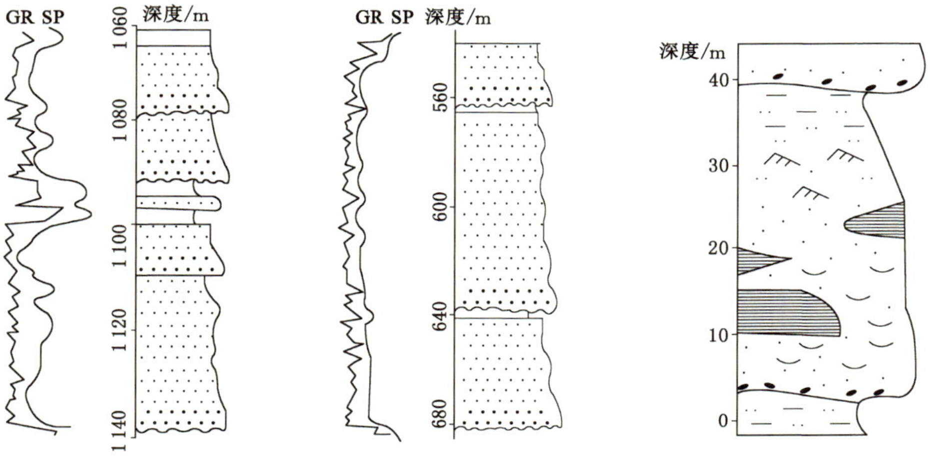

(a) 塞132　　(b) 丹21延一段下部　　(c) 西杏子河

图 4-2-23　塞 132、丹 21 延一段下部、西杏子河辫状河沉积序列图

(a) 宝塔山砂岩底界的冲刷面(幅度小于1.5 m)

(b) 道镇六里峁宝塔山砂岩底界的冲刷面

(c) 宝塔山砂岩板状交错层理

(d) 宝塔山砂岩不对称槽状交错层理，断面楔状

图 4-2-24　延安组底部宝塔山砂岩特征

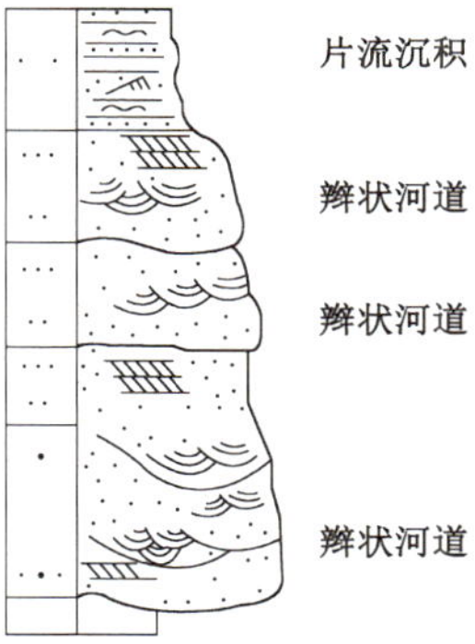

图 4-2-25 甘泉六里峁延一段宝塔山砂岩

(2) 曲流河

主要以细粒砂岩和粉砂质泥岩沉积为主，垂向上河漫滩和河道砂沉积十分发育，二元结构清晰。河道砂中见大量植物碎片及炭屑，河漫滩见各种虫孔构造，漫滩沼泽植物化石丰富，成分成熟度中等，结构成熟度较好。砂体在横剖面上为上平下凸的透镜体，四周为细粒河漫滩沉积包围，砂体基底具有明显的冲刷面。随着河流侧向迁移，河道砂坝在垂向上将造成特征向上变细的序列，反映了水流能量逐渐减弱的沉积过程。测井曲线上表现为底部突变型且幅值最大，向上幅值依次减小，至泥岩处减至最小，整个自然电位呈钟形或箱形负异常，视电阻率曲线为齿状中、低阻，局部高阻。曲流河基底冲刷面起伏较大，砂体在剖面上可以为一系列完整的旋回反复叠置，由基底冲刷面向上，依次为滞留沉积、大型和中型槽状交错层、板状交错层、平行层理及小型交错层，坝顶为河漫滩沉积覆盖。延安地区的曲流河沉积的古流向与前期的辫状河类似，也为由西向东的趋势。

曲流河主要分布于瓦窑堡组沉积期大理河以北地区，河流自西北向东南注入湖泊，以韩岔-蟠龙矿区 1-2 孔较为典型，发育了多套厚层的河道砂岩；在延安组曲流河主要发育在第一段至延二段下部(4^{-4}号煤层以下)和延五段，以南部黄陇侏罗纪煤田延一、二段的“彬州古河道”、“庙湾古河道”及“邵寨古河道”和陕北地区延五段的真武洞河道砂岩和卫星河道砂岩沉积为代表(图 4-2-26 至图 4-2-28)。曲流河沉积包括从河道充填至泛滥盆地充填相两个完整层系组，即二元结构明显(图 4-2-29)。

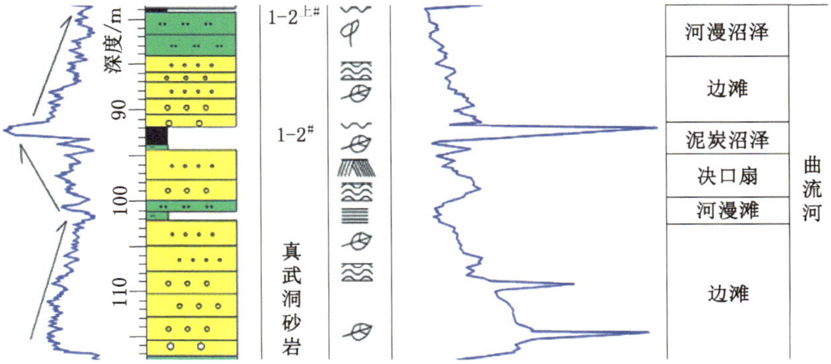

图 4-2-26 陕北神府矿区柠条塔 NG14 孔延安组五段曲流河沉积序列图

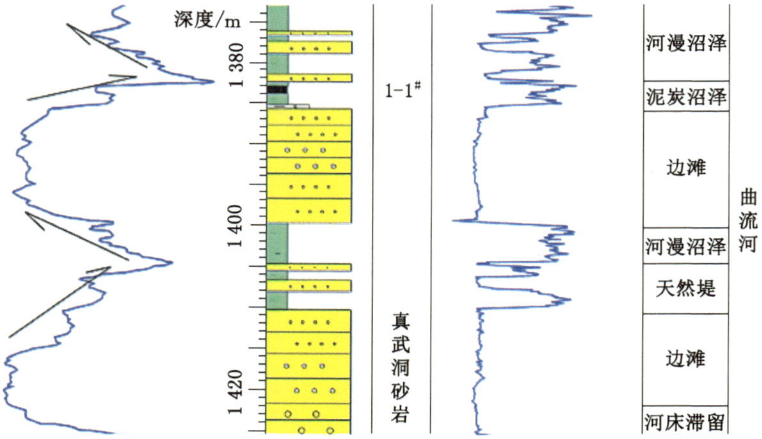

图 4-2-27　定边定 14 孔延安组五段曲流河沉积序列图

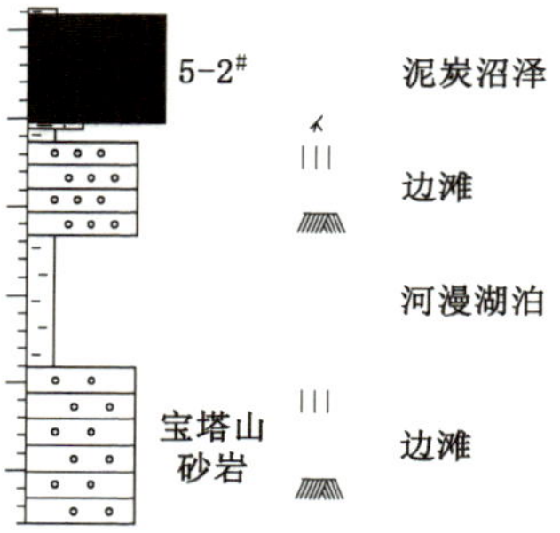

图 4-2-28　黄陇侏罗纪煤田永陇矿区 Y5 孔延一段曲流河沉积序列

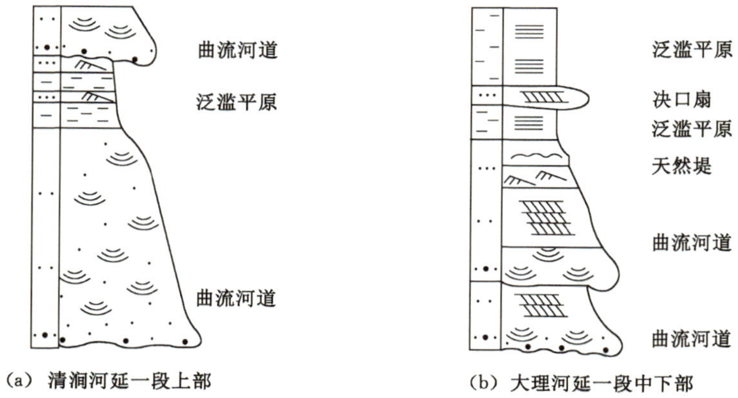

图 4-2-29　清涧河延一段上部和大理河延一段中下部曲流河序列

河床滞留沉积为曲流河河道底部的粗碎屑沉积，主要发育在延一段底部，由各种砾石和磨圆度较好的泥砾组成，可见泥质砾石的撕裂屑，往上为粗一细粒砂岩，粒序性明显。边滩沉积见于大理河以北的瓦窑堡组、延安地区的延一段、延二段下部和延五段，黄陇地区主要发育在延一段和延二段，以岩屑石英砂岩和长石石英砂岩为主，含砾石较少，发育槽状和板状交错层理，以侧向加积成因的曲流点坝沉积为特征。天然堤主要由粉砂和泥质层组成，小型波状交错层理、上攀沙纹层理和水平层理发育，在泥质层中常可见植物根及虫迹构造，并可出现钙质及铁质结核，多见于曲流河道砂体的侧翼，向远端一侧相变为砂泥互层沉积并尖灭于泛滥盆地的细碎屑沉积中。决口扇沉积为中～厚层状粉～细粒砂岩，发育各种小型交错层理及平行层理，常见小型冲刷～充填构造、植物碎片及其他化石遗体。河漫滩沉积主要由粉砂质泥岩、泥质粉砂岩、薄层状粉砂岩和中～厚层状粉～细粒砂岩组成。粉砂岩具丰富的沙纹交错层，泥质岩富含粉砂质纹层或植物根迹，二者常呈透镜状～波状复合层理频繁互层产出，有时还可见到各种变形层理。河漫沼泽沉积的垂向层序与天然堤类似，但沉积物更细，为细～粉砂岩、粉砂岩及粉砂质泥岩，具正粒序，小型波状交错层理、上攀沙纹层理和水平层理发育，富含炭屑及植物茎干，是煤层发育的最主要场所。以黄陇侏罗纪煤田最为典型，河漫沼泽发育了大量的厚煤层。河漫湖泊沉积物最细，主要为泥质沉积，水平-块状层理，有植物碎屑，发育黄铁矿等。潮湿气候下形成丰富的有机质，并能保存完整的动植物化石。

黄陇侏罗纪煤田焦坪地区河漫滩和河漫湖相沉积中，Ba 含量小于 0.01%，Sr 含量小于 0.02%，ω_{Sr}/ω_{Ba} 比值小于 1，ω_{Sr}/ω_{Ca} 比值为 0.03～0.05。

延安组河道砂岩粒度概率曲线类型主要有三种（以黄陇侏罗纪煤田为例）（图 4-2-30）：二段型（占 80%）、三段型（占 15%）和直线型（占 5%）。二段型：跳跃组分占 36%～82%，以 60%～70%为多，斜率 40°～70°为多；悬浮组分占 64%～18%，一般 35%，斜率 30°。二者折点在（0.45～4）Φ 之间，常见 2Φ 附近；三段型：滚动组分占 0.63%～19.26%，平均 6%，斜率

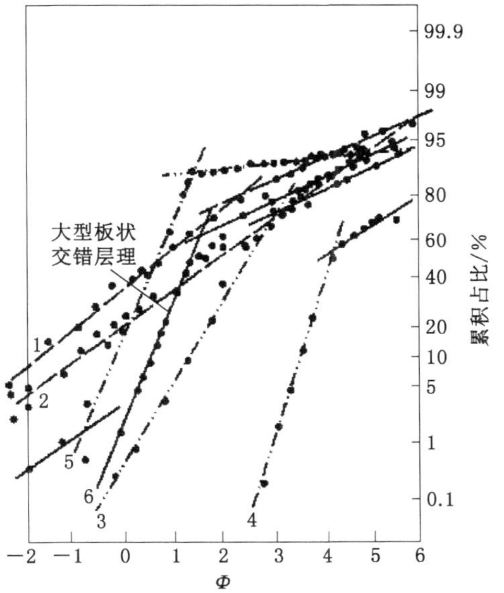

1—焦坪延一段上部河道砂（似直线型）；2—焦坪延一段上部河道砂（直线型）；
3—焦坪延二段小街砂岩（二段型）；4—百子沟延二段河道砂（二段型）；
5—葫芦河延二段河道砂（三段型）；6—葫芦河延四段砂岩（二段型）。

图 4-2-30　河道砂岩粒度概率图

43°;跳跃组分为 80%~85%,平均 56%,斜率 40°~78°,平均 62°,细截点(1~2)Φ,平均 1.37Φ,粗截点(−1.6~0.75)Φ,平均 0.29Φ;悬浮组分 69%~3.5%,平均 38%,斜率 9°~60°,平均 39°。(似)直线型:沉积物全部为悬浮总体而呈直线型,或之间有一个不明显的折点,使之斜率相差不超过 10°,称似直线型。焦坪地区斜率为 84°~36°,为河道相底部早期河流急流沉积。泛岸沉积物概率曲线研究区主要有三种类型:直线型多为洪泛平原沉积,全为悬浮搬运,斜率在 50°~69°之间;二段型主要发育在堤岸和洪泛平原相中,由跳跃和悬浮组分组成,各组分所占比例变化大,跳跃组分分选性好;多段型仅在焦坪剖面决口扇见到,三个组分均有,且跳跃组分有二段,可能为沉积物快速堆积分选不充分造成(图 4-2-31)。

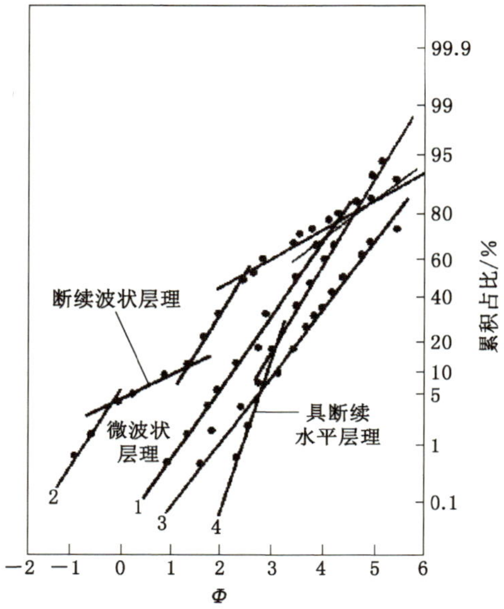

1—焦坪延三段堤岸相;2—焦坪延三段决口扇相;3—彬州延二段洪泛平原相;4—葫芦河延二段洪泛平原相。

图 4-2-31　泛岸沉积物粒度概率图

4.3　层序地层分析

4.3.1　层序地层学概念体系

层序地层学是研究以侵蚀面、无沉积面或与其相应的整合面为界的、成因上有关的地层之间的相互关系。

4.3.1.1　层序地层学术语体系

1. 层序与体系域

层序是由不整合面或与之可对比的整合面限定的、相对整一的、成因上有联系的一套地层。层序底界与初始海泛面之间的地层单元为低位体系域;初始海泛面与最大海泛面之间的地层单元为海侵体系域;最大海泛面与层序顶界面之间的地层单元为高位体系域。体系域的识别依赖于层序中的垂向位置、体系域中准层序组的进积或退积叠加模式、沉积环境、相在层序内部的横向分布位置。

2. 基准面与可容空间

基准面是一个相对于地表波状起伏的、连续的、略向盆地下倾的抽象面(非物理面),其位置、运动方向及升降幅度不断随时间变化。可容空间是指地球表面与基准面之间可供沉积物堆积的空间。可容空间随基准面的变化而不断变化,并产生沉积物保存、剥蚀、过路不留和非补偿四种地质作用。

3. 层序级别划分依据及成因解释

一般将海平面升降变化周期分成五个级别(Vail 和 Miall)。在多数情况下,一个沉积层序是在一个海平面变化周期内形成的,不同级别的海平面相对变化周期对应于相应级别的沉积层序。故与海平面升降变化周期对应,层序也主要有五个级别(表 4-3-1)。

表 4-3-1 海平面相对变化周期及其成因

周期级别	持续时间/Ma	周期成因
一级	>100	泛大陆的形成和解体
二级	10～100	全球板块运动和大洋中脊体积变化
三级	1～10	全球性大陆冰盖生长和消亡、洋中脊变浅、构造挤压作用和板内应力调整
四级	0.1～1 或 0.2～0.5	大陆冰盖生长和消亡、天文驱动力
五级	0.01～0.1 或 0.01～0.2	米兰柯维奇冰川全球海平面变化旋回和天文驱动力

4.3.1.2 层序地层对比和层序地层格架建立的意义

层序地层对比是指在横向上不同钻孔(钻井)或剖面之间,进行层序地层格架的横向对比工作。这方面的工作包括:三级层序边界的追踪、对比,三级层序组的对比,标志层的追踪和对比,煤层的对比等。层序地层对比工作是建立在详细的单剖面(钻孔)层序地层格架分析基础之上的。

4.3.2 晚古生代含煤岩系层序地层特征

层序地层格架是在识别出层序界面基础上进行划分和建立的,针对陕西省石炭-二叠纪含煤地层的岩相及识别出的层序界面在本次研究中提出 3 个三级层序(SQⅠ～SQⅢ)的划分方案,并建立了陕西省的石炭-二叠纪地层格架。

4.3.2.1 层序界面的识别

石炭-二叠纪三级复合层序边界主要有区域不整合面、河流下切冲刷面、海侵方向转换面(构造应力转换面)、低水位砂体底界、沉积体系转换面、地层颜色突变面和古土壤及根土岩等。

(1) 区域性不整合面

古构造运动形成的区域性不整合面是石炭-二叠纪层序地层划分最重要的界面,如中奥陶世石灰岩顶面为中奥陶世之后长期风化侵蚀形成的,它既是石炭纪与奥陶纪的分界面,也是晚石炭世三级层序Ⅰ底界,如图 4-3-1。

(2) 海侵方向的转换面

海侵方向转换面位于太原组 10 号煤层底板。在太原组下部 10 号煤层沉积之前古地势

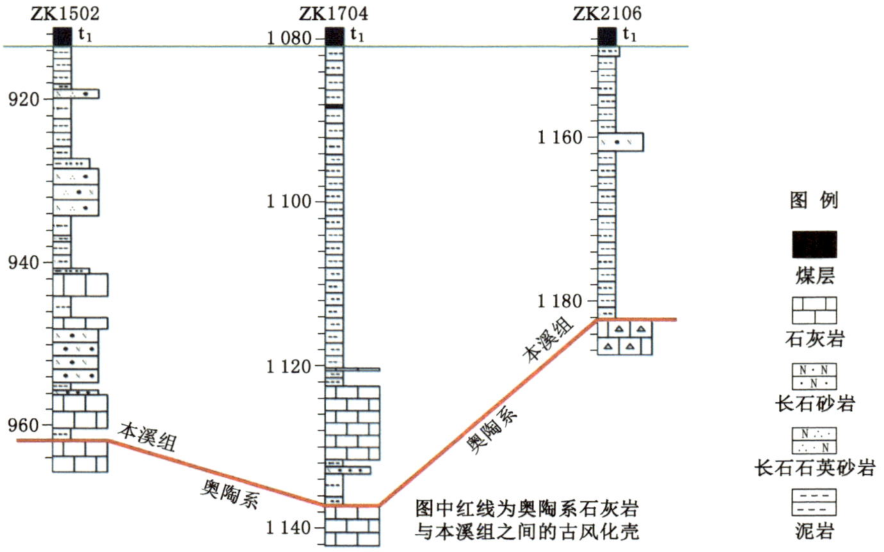

图 4-3-1 区域不整合面层序边界

是北低南高，海侵来自东北方向；10 号煤层沉积后，在同生构造控制下（北升南降），南部地势变低，海侵方向由原来的东北方向变为东南方向，府谷以北海相石灰岩很少。

（3）下切谷冲刷面

一些区域性分布的河道砂岩代表低位期的河流下切充填沉积，其底面也是一种侵蚀不整合面，可作为层序界面（图 4-3-2）。如山西组底部的砂岩、下石盒子组底部的砂岩等。

（4）低水位砂体底界

太原组与本溪组间界面有一层普遍发育的砂岩，对应于晋祠砂岩，该砂体的成因可以解释为障壁岛（潮道）、潮坪潮道、潮下砂坪等形成的，这一系列的砂体均形成于低位海平面期间。可以定义为研究区内的太原组与本溪组的界线，如图 4-3-3 所示。

（5）沉积体系转换面

沉积体系转换面位于 K_4 砂岩底（北岔沟砂岩，图 4-3-3 山西组底部黄色砂岩），界面下为复合障壁海岸沉积体系，界面上为克拉通河流三角洲沉积体系。

（6）地层颜色突变面

山西组和下石盒子组之间有一层区域稳定的杂色泥岩，代表二叠纪内温暖潮湿转变为炎热干燥的一次古气候变化，具有区域等时的特征。黄河以西地区可见此杂色泥岩，在露头处常被风化紫红色或桃红色，俗称为“桃花泥岩”，是很好的辅助标志层。

（7）古土壤及根土岩

古土壤中古潜育土主要分布于太原组和山西组，一般以煤层底板岩层为母质形成的根土岩顶面，也就是煤层的底面。

4.3.2.2 层序地层格架建立

晚石炭世-中二叠世早期主要为一套陆表海障壁海岸沉积，晚期随着海水的退去，发育近海河流-三角洲-湖泊沉积体系，总体为一海平面下降、盆地进积的沉积序列；根据区域不

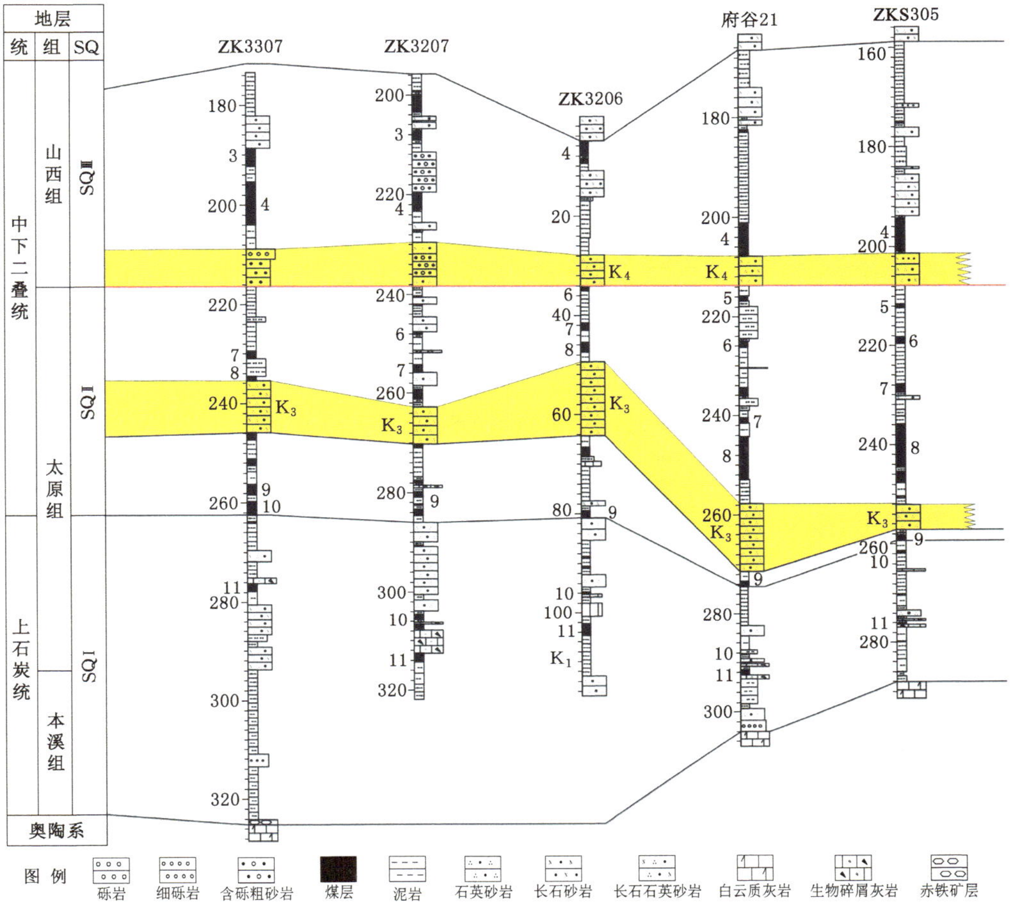

图 4-3-2 河流下切谷及其对应的整合面(山西组底部及太原组中部的黄色砂体)

整合面和区域构造应力转化面将研究区含煤岩系划分为两个二级层序,分别对应于下部的本溪组主体和上部的太原组-山西组;其中二级层序进一步识别出 3 个三级层序(SQⅠ～SQⅢ),本溪组底至太原组 10 号煤层底或 K_2 灰岩(相当于吴家峪灰岩)之顶(渭北地区)为 SQⅠ,10 号煤层底或 K_2 灰岩(相当于吴家峪灰岩)之顶(渭北地区)至太原组顶为SQⅡ,山西组为 SQⅢ,具体见于图 4-3-4(吴堡地区)、图 4-3-5(渭北地区)、图 4-3-6(府谷地区)。

由图 4-3-3 可以看出,SQⅠ、SQⅡ沉积时期,为陆表海盆地有障壁海岸沉积,只发育高位体系域和海侵体系域,低位体系域在华北陆表海东部发育,未延伸到研究区;SQⅢ沉积期海水退却,盆地演化为陆相,主要发育河流-三角洲-湖泊沉积,发育低水位、湖侵和高位体系域。

4.3.2.3 重点钻孔精细层序地层分析

为了详细剖析研究区石炭-二叠纪含煤地层的层序地层特征,选择了诸多钻孔进行层序地层分析,选取陕北石炭-二叠纪煤田府谷矿区 3307 钻孔(图 4-3-7)、南部渭北石炭-二叠纪煤田澄合矿区 CH91(图 4-3-8)钻孔为例进行层序地层的剖析。

石炭-二叠纪煤田各钻孔均识别出三级层序 SQⅠ～SQⅢ。由沉积相与层序地层综合

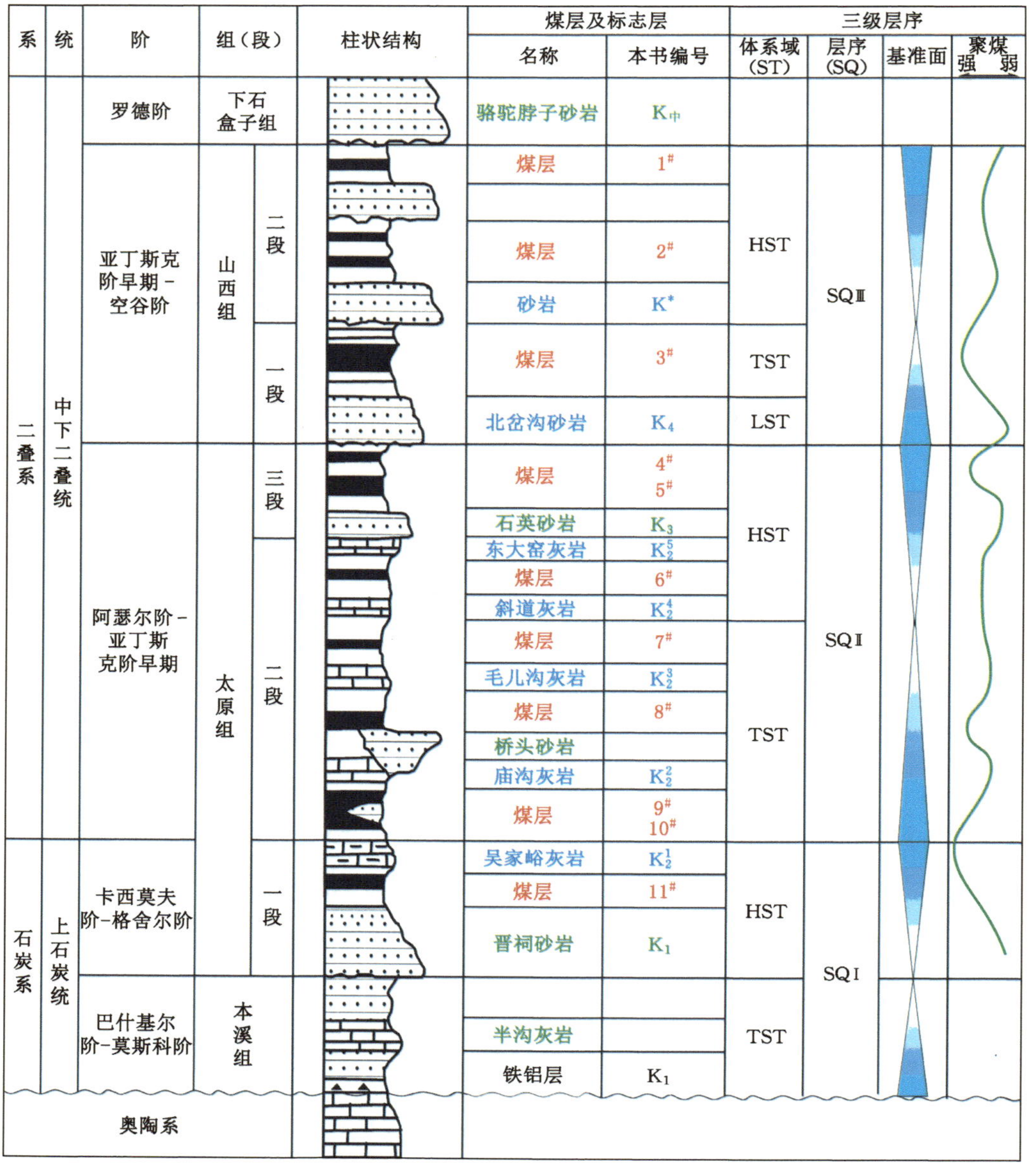

图 4-3-3 陕西省石炭-二叠纪含煤地层层序地层格架

柱状图可知，府谷、吴堡矿区主要聚煤时期为 SQⅡ 和 SQⅢ 的海(湖)侵体系域，其中 SQⅡ 的海侵体系域发育有陕西省石炭-二叠纪太原组主采煤层 9、10 号，SQⅢ 的湖侵体系域发育有山西组主采煤层 3 号，SQⅠ 聚煤作用最弱，少有煤层富集。渭北石炭-二叠纪煤田稍有差异，主要聚煤时期 SQⅠ 的海侵体系域和 SQⅡ 的高位体系域，海侵体系域发育规模较大的煤层 10 号，时间上大致为海侵体系域的初—中期，在金华山扩 14 钻孔以东地区广泛分布，SQⅡ 高位体系域形成较具规模的厚煤层 5 号，分布较煤层 10 号稍广泛，可延伸至耀西找煤区。三级层序 SQⅠ ～SQⅢ 主要沉积体系为复合障壁海岸沉积体系，SQⅢ 沉积期主要为克拉通河流三角洲沉积体系。

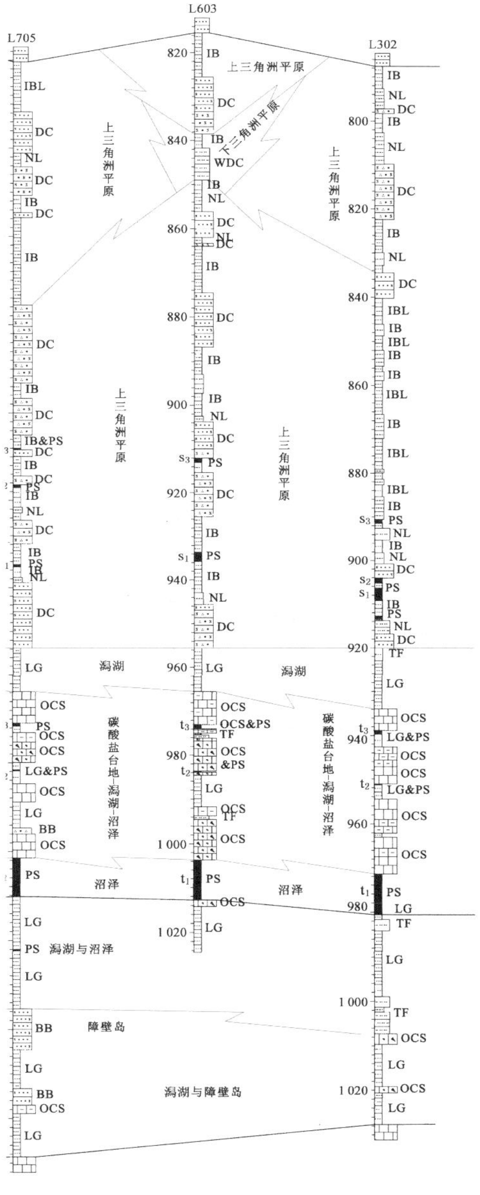

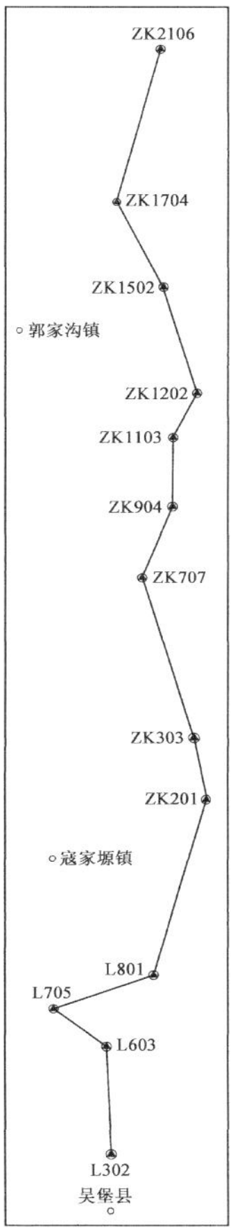

角洲平原　TC 潮道　MB 河口坝　IBL 间湾湖泊
道　BB 障壁岛　UDP 上三角洲平原
湾　WDC 水下分流河道　NL 天然堤

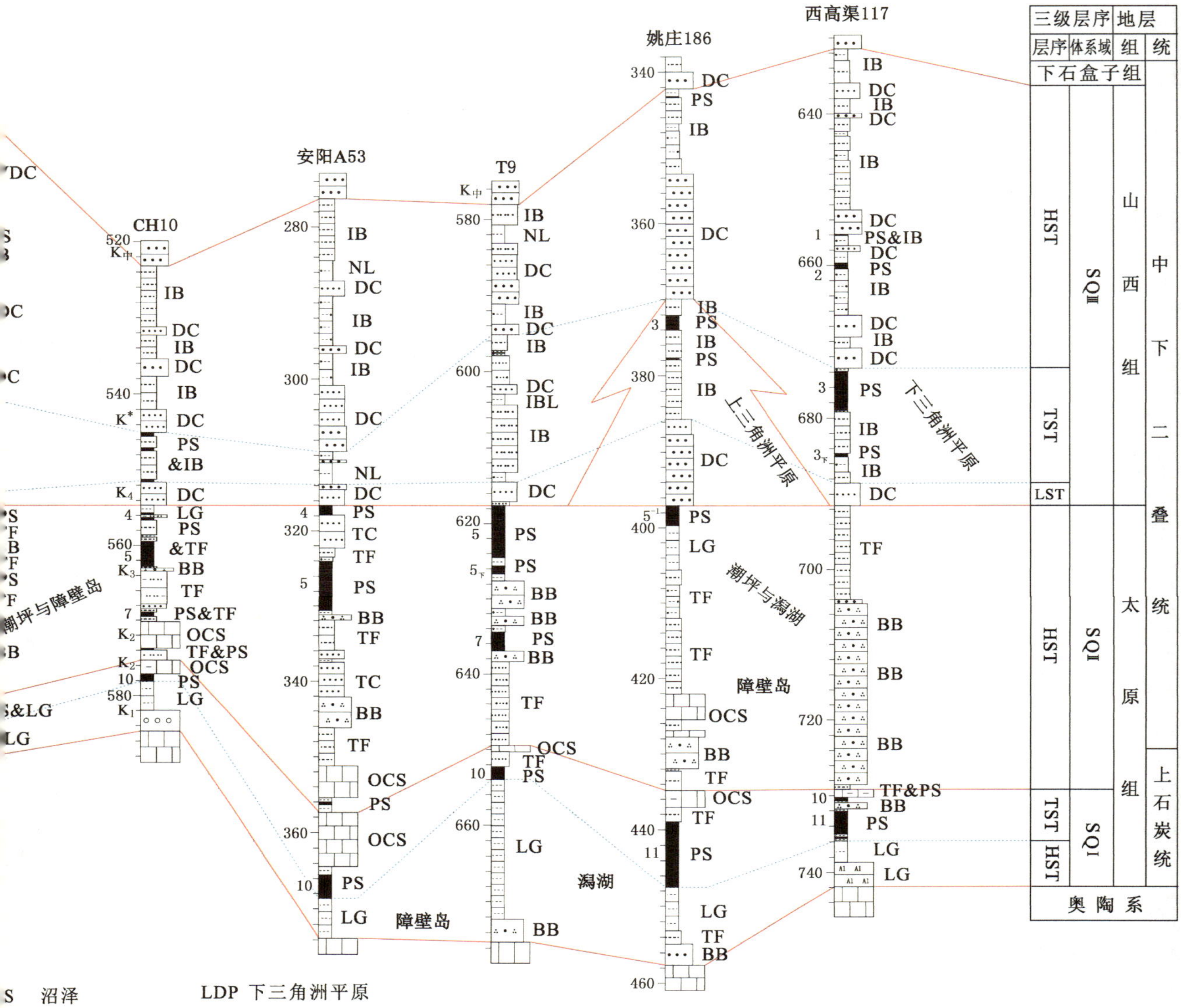

S　沼泽　　　　LDP　下三角洲平原
D　前三角洲　　DC　分流河道
F　三角洲前缘　IB　分流间湾
B　河口坝　　　IBL　间湾湖泊
DP　上三角洲平原　NL　天然堤

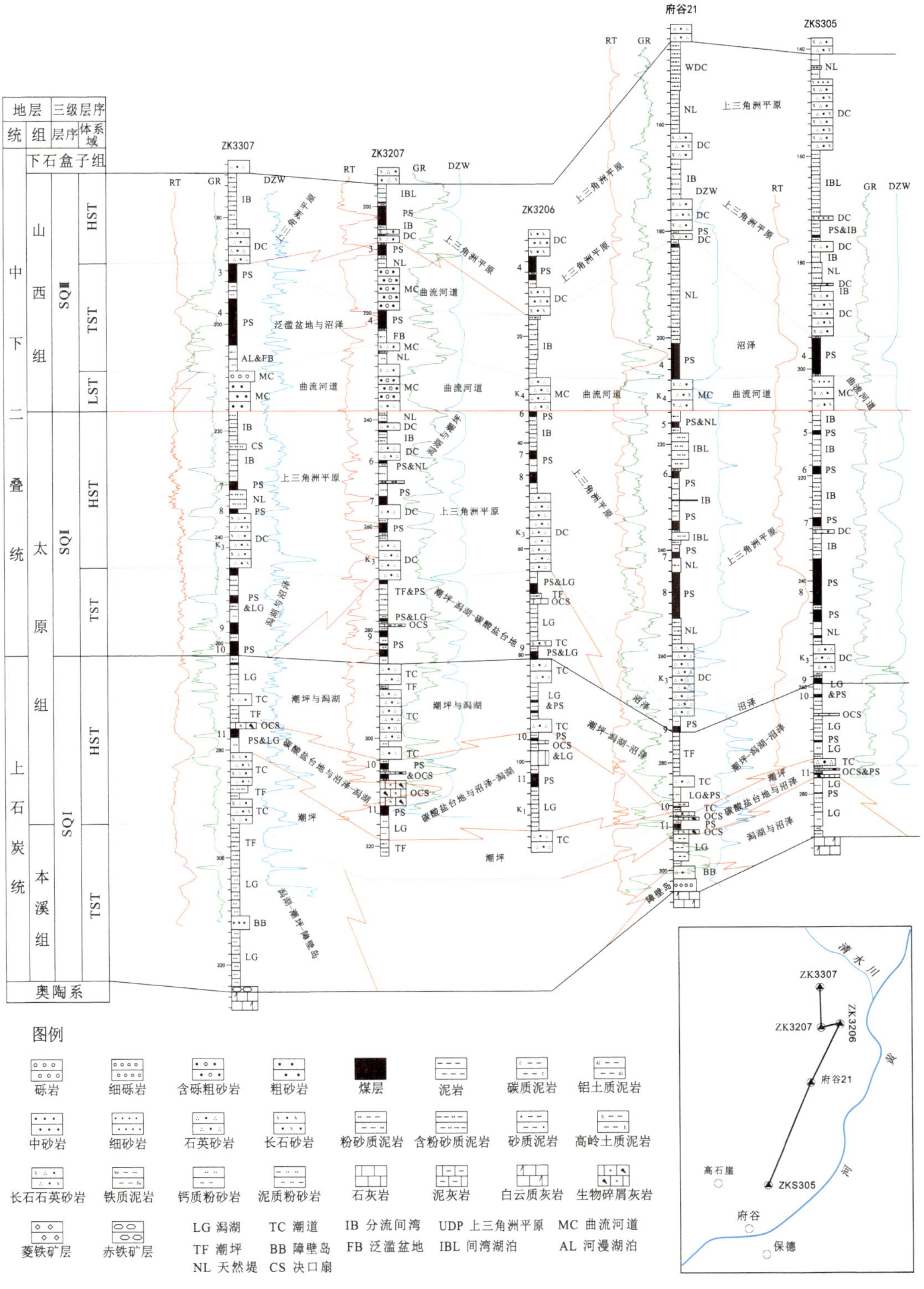

图 4-3-6 陕北石炭-二叠纪煤田府谷矿区南北向层序地层格架与沉积相图

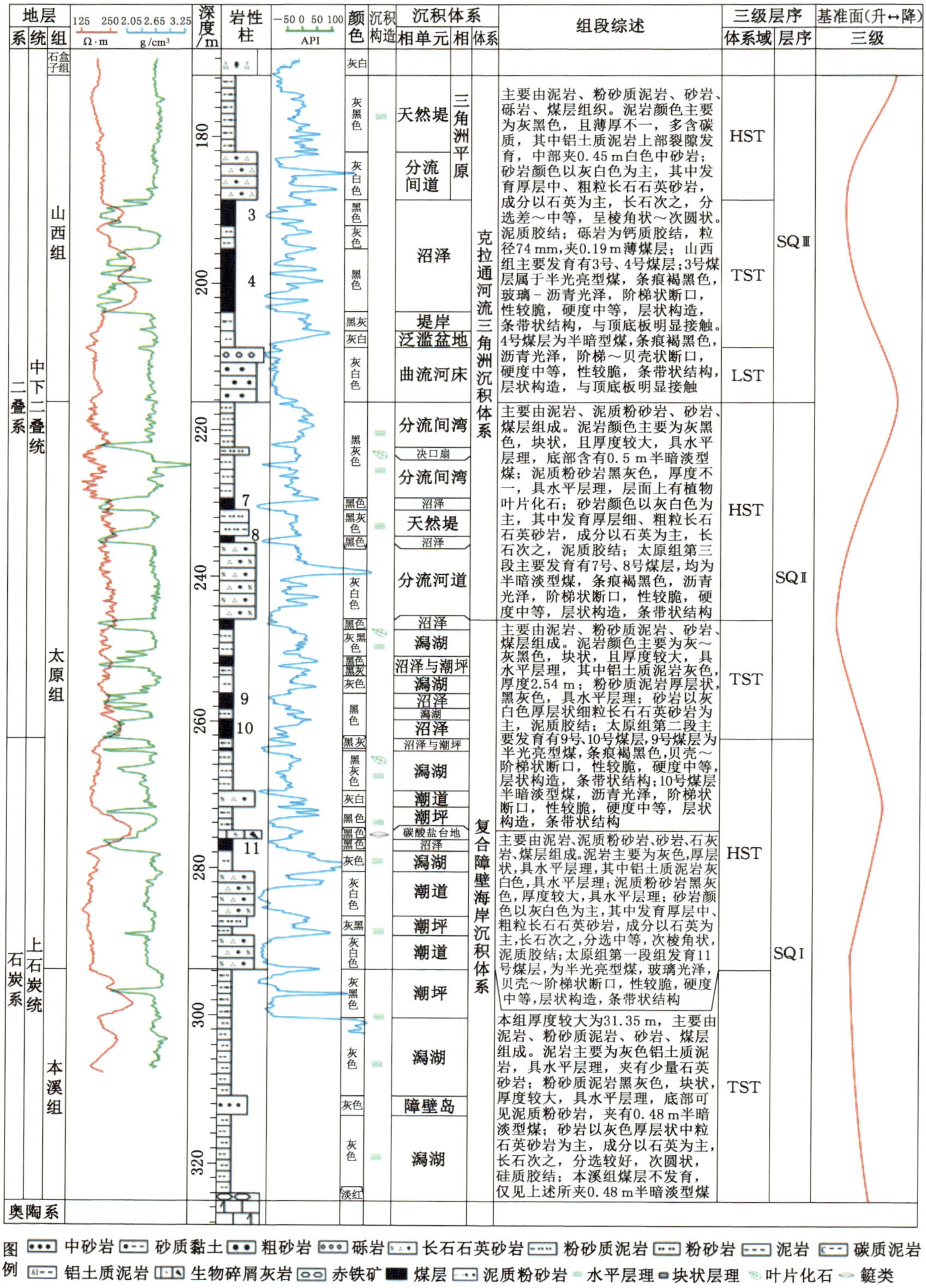

图 4-3-7　陕北石炭-二叠纪煤田府谷矿区 3307 孔沉积相-层序地层综合柱状图

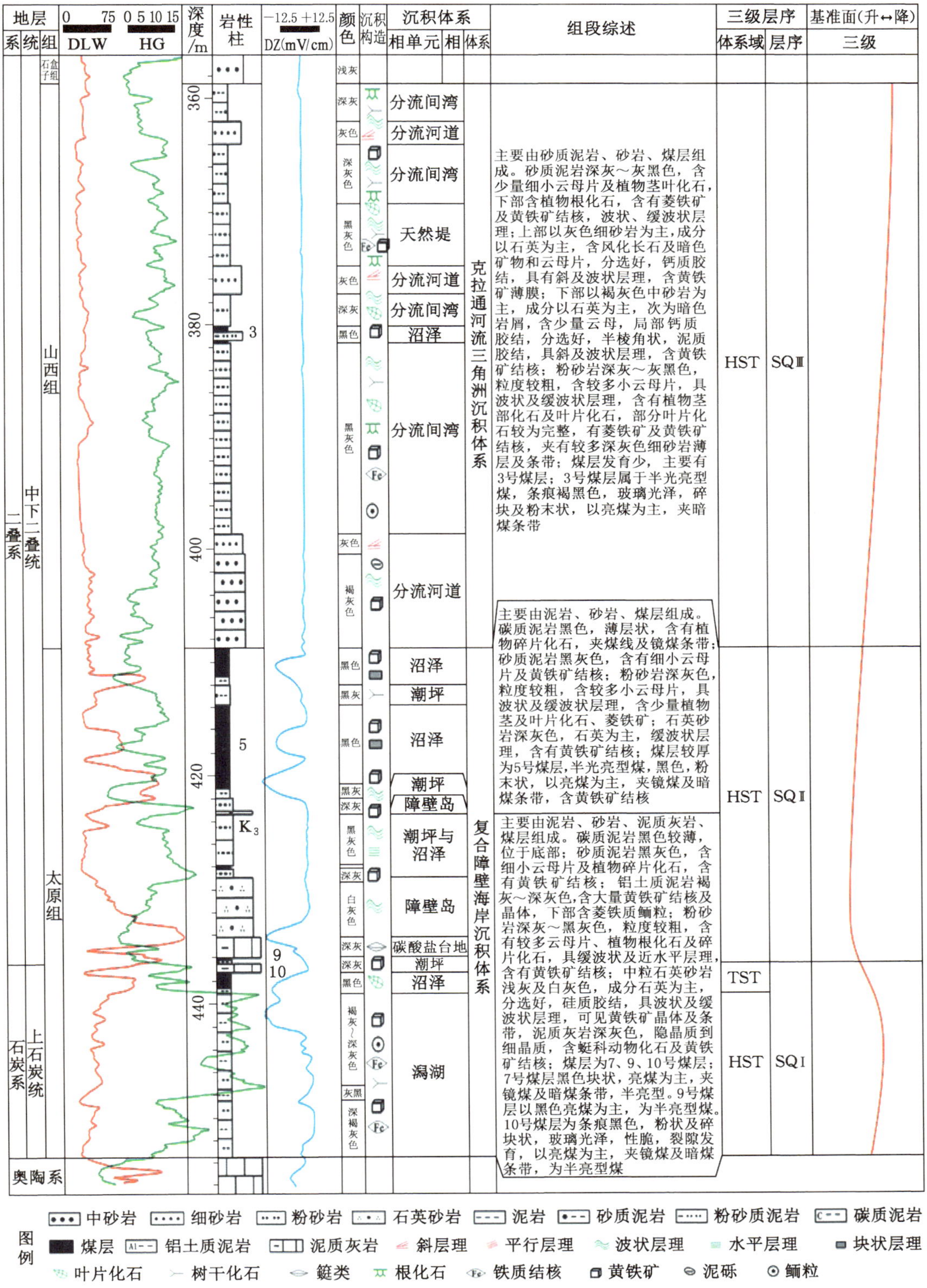

图 4-3-8 渭北石炭-二叠纪煤田澄合矿区 CH91 钻孔沉积相-层序地层综合柱状图

由上述可知，陕西省石炭-二叠纪含煤地层由北向南厚度逐渐变薄，可采煤层层数逐步减少，但厚度趋于稳定，反映了地势南高北低的一种形态，即从南向北地层逐步由鄂尔多斯盆地南部边缘向北部盆地内部迁移。

4.3.2.4　关键剖面层序地层特征与沉积演化分析

鄂尔多斯盆地石炭-二叠纪发育一套由海向陆过渡的海陆交互相含煤岩系，主要由浅海陆棚、潟湖-三角洲-河流、湖泊沉积过渡，其中晚石炭世为一套浅海陆棚-开阔台地生物滩及滨岸海湾-淡化潟湖沉积相，早二叠世早期发展为三角洲沉积体系，到早二叠世晚期及晚二叠世早期，基本为一套陆相沉积体系，到晚二叠世晚期，发育一套陆相河流-三角洲-湖泊沉积。

(1) 府谷矿区南北向层序格架与沉积相展布

由府谷矿区南北向层序格架与沉积相展布层图(图 4-3-4)可知，SQⅠ发育海侵体系域和高位体系域，海侵体系域主要由潟湖、障壁岛、泥炭沼泽等组成。海侵面与层序界面基本一致，位于本溪组的底部古风化壳。障壁岛沉积细粒及中粒石英砂岩厚度较小，潟湖沉积物沉积较厚，除障壁岛砂体以外，几乎全部是潟湖沉积，泥炭沼泽沉积很少，局部含 0.1 m 厚煤层。

SQⅡ发育海侵体系域和高位体系域，海侵体系域主要由泥炭沼泽、潟湖、碳酸盐台地等组成。该海侵体系域中发育有若干煤层，且厚度较大，煤层总厚度在 0.97～7.94 m 之间。碳酸盐在该体系域内发育不好，局部有薄层泥灰岩和石灰岩，厚度均在 1 m 左右。潟湖沉积与泥炭沼泽共生，分布较广泛。

高位体系域主要发育分流河道、天然堤、分流间湾、泥炭沼泽等。分流河道砂岩在高位体系域内最为发育，主要为中～细粒石英砂岩，厚度也较大，厚度在 5.08～14.50 m 之间。天然堤主要由一系列的粉砂、粉砂质泥岩以及泥质粉砂岩等组成。分流间湾较为发育，岩性主要为泥岩，中间夹少量粉砂岩及细粒砂岩。泥炭沼泽形成的煤层层数较多，主要为 5～8 号煤层。7 号煤层全区发育且厚度均匀，平均厚度为 1.6 m；8 号煤层全区发育，平均厚度为 1.8 m，厚度变化较大；6 号煤层厚度较小，平均厚度为 0.8 m；5 号煤层局部分布，厚度也较小，平均厚度为 0.8 m。

SQⅢ由低位体系域、海侵体系域、高位体系域组成。由于府谷矿区山西组底部发育大量的低水位河流沉积砂体，故将其划分为低位体系域。低位体系域主要由中、粗粒石英砂岩以及含砾砂岩组成，反映了曲流河的沉积特征(图 4-3-2)。砂体总厚度较为均匀，平均厚度为 6.2 m。

海侵体系域主要由煤层、粉砂质泥岩、泥质粉砂岩组成。煤层厚度较大，为山西组煤层聚集区，主要煤层为 4 号煤层，一般厚度为 6.5 m。粉砂质泥岩、泥质粉砂岩主要为天然堤、分流间湾沉积物，厚度不均。

高位体系域主要由含砾中粒砂岩、中及细粒石英砂岩、泥质粉砂岩、粉砂质泥岩等组成。含砾中粒砂岩、石英砂岩对部分煤层具有冲刷，该体系域砂体厚度较大，厚度为 24.7 m，砂岩由北向南呈逐渐变厚的趋势。煤层发育较为局限，厚度较大，平均厚度 3.3 m。泥质砂岩以及砂质泥岩发育较多，主要为天然堤、分流间湾沉积物，主要集中在府谷矿区的南部地区。

(2) 吴堡矿区南北向层序格架与沉积相展布

吴堡矿区各钻孔在横向上连续性较好，岩性较为稳定，沉积环境的演化较为连续，其层序格架与相分布如图 4-3-5 所示，SQⅠ发育海侵体系域和高位体系域，海侵体系域主要由潟湖、障壁岛、碳酸盐台地等组成。风化壳代表了初始海泛面，即海侵的开始。海侵面与层序界面基本一致，位于本溪组的底部与中奥陶统碳酸盐岩接触。障壁岛沉积厚 0.90～17.01 m 的细粒及中粒石英砂岩，部分钻孔未见本溪组，故难以判定其平均厚度。潟湖沉积较为普遍，且沉积物厚度较大，岩性简单，主要以泥质沉积物为主，含有较多还原环境里生成的铝土质泥岩及铝土岩。碳酸盐台地在该体系域内相当发育，形成有巨厚层的灰色石灰岩，厚度可达 9.38 m，包括白云质灰岩、生物碎屑灰岩、泥灰岩等。

高位体系域主要由潮坪、潟湖、潮道、障壁岛、泥炭沼泽及碳酸盐台地等组成，其中潟湖为最主要的沉积环境，沉积物较厚，并且夹杂着少量泥炭沼泽。潟湖中泥岩及铝土质泥岩最为发育。泥炭沼泽发育较少，形成的煤层厚度很小，平均厚度 0.2 m。障壁岛形成砂体厚度小，一般在 4～9 m 之间，分布连续，该连续砂体与之相对应的潮道砂岩组成了太原组下段的晋祠砂岩，为本溪组与太原组的分界面，同时也是四级层序的一个重要的分界面。该体系域顶部发育碳酸盐台地，主要以生物碎屑灰岩、硅质灰岩为主，分布局限。

SQⅡ发育海侵体系域和高位体系域，海侵体系域主要由碳酸盐台地、泥炭沼泽、潟湖、障壁岛等组成。该海侵体系域中主要发育有 t_1～t_3 煤层，t_2、t_3 煤层厚度较小，一般不超过 0.5 m，且与上下石灰岩直接接触。下部的 t_1 煤层厚度较大，平均总厚度 8.9 m，局部分叉为 $t_1^{上}$ 和 t_1 煤层，两煤层之间主要为潟湖和潮坪沉积物，其总厚度平均值为 7.6 m。碳酸盐台地最为发育，形成了大面积的厚层，以生物碎屑灰岩、泥灰岩及石灰岩为主，厚达 22.6 m。障壁岛沉积分布零星，平均厚度 28.6 m。另外潟湖也较发育，但是分布零散。

该层序高位体系域较海侵体系域薄，主要发育潮坪、潟湖、碳酸盐台地等。潮坪主要由一系列粉砂、粉砂质泥岩以及泥质粉砂岩等组成。潟湖发育为最重要的沉积环境，另外碳酸盐台地也较为发育，岩性以生物碎屑灰岩、泥灰岩及石灰岩组成，厚度较大。煤层发育差，厚度仅 0.2 m，零星分布在太原组顶部，为厚度 0.2 m 的煤线。由上可知，SQⅡ时期海平面逐渐上升，初始阶段随着海平面的上升可容空间的增大，泥炭沼泽富集增多，形成了太原组下部的厚煤层。海平面上升到一定阶段时已不再适合泥炭聚集时深水下开始沉积碳酸盐岩，形成了巨厚的碳酸盐岩，经过证实毛儿沟灰岩为当时的最大海泛面，该石灰岩沉积后海水逐渐退去，转变为潟湖-潮坪环境，海水依然不适合煤炭聚集，仅有少部分地区形成了很薄的煤层（如 ZK201 处）。

SQⅢ由低位体系域、海侵体系域、高位体系域组成。低位体系域主要有河流下切谷以及三角洲分流河道砂体，砂体大多为石英砂岩，厚度均匀，ZK303 钻孔处为最大值 19.02 m。

海侵体系域主要由煤层、粉砂质泥岩、泥质粉砂岩组成。海侵体系域为 SQⅢ的主要成煤期，煤层以 s_1 煤为主体，其厚度南北差异较大，北部 ZK1202 钻孔发现的煤层厚度最大为 5.75 m，南部 L705 钻孔发现的煤层厚度仅为 0.75 m。

高位体系域主要由含砾中粒砂岩、中粒及细粒石英砂岩、泥质粉砂岩、粉砂质泥岩及泥炭沼泽等组成。该体系域成煤作用明显较弱，仅有部分薄煤层富集。上下三角洲沉积物较为发育，且沉积厚度较大。

(3) 渭北石炭-二叠纪煤田东西向层序地层格架与沉积相展布

渭北石炭-二叠纪煤田东西向层序格架与相分布如图 4-3-6 所示，渭北石炭-二叠纪煤田位于陕西省南部，秦岭以北，属于鄂尔多斯盆地南缘部分，受古地形的影响，南部地势较高，部分地层被剥蚀或未沉积，造成了渭北石炭-二叠纪煤田大部分区域缺失本溪组，仅在韩城矿区及其附近出现本溪组地层且较薄。山西组与太原组地层厚度也较府谷、吴堡矿区薄。铜川矿区以西，特别是耀州西部地区太原组第一段地层缺失，第二段部分地层缺失。

SQⅠ为奥陶系的顶风化壳至 K_2 灰岩或吴家峪灰岩(相当层位)地层，其尖灭至耀西 Pu23 钻孔处。该层序由海侵体系域和高位体系域，高位体系域主要由风化壳、潟湖、障壁岛等组成，沉积物岩性简单。风化壳残留的铝土岩为该体系域主要岩性，金华山扩 14 钻孔处较厚为 7.97 m，东部也有铝土岩出现，厚度为 3 m 左右。潟湖沉积物较厚，除风化壳、障壁岛砂体以外，几乎全部是潟湖沉积，沉积物主要为泥岩及铝土质泥岩，厚度较大，厚度 10～18 m。障壁岛沉积较为局限，主要集中在韩城及澄合矿区，底部有障壁岛砂体富集，平均厚度 2.83 m。海侵体系域主要由泥炭沼泽、碳酸盐台地组成，泥炭沼泽发育厚煤层为 10 号煤层，煤层由东至西呈现逐渐变薄的趋势，煤层厚 0.40～8.56 m。碳酸盐岩(石灰岩)位于 10 号煤层的顶板，变化趋势不明显，厚度不一，以泥灰岩(或泥质灰岩)及石灰岩为主，厚度 5.32～7.00 m，部分石灰岩被上覆的障壁岛砂体剥蚀。海侵体系域由东向西逐步变薄，尖灭至 Pu23 钻孔处。

SQⅡ由仅高位体系域组成，即 K_2 灰岩或吴家峪灰岩(相当层位)顶至山西组底(北岔沟砂岩)的地层，至 Pu31 钻孔附近尖灭，由一系列的潮坪、潮道、障壁岛、潟湖、泥炭沼泽等组成。潮坪主要由一系列粉砂、粉砂质泥岩以及泥质粉砂岩等组成。潮道砂岩及障壁岛砂岩在体系域内分布广泛，从展布图分析知，潮道以中～细砂岩为主，厚度约为 4.6 m。障壁岛沉积砂体极为发育，几乎遍布整个体系域内，主要由中～细粒石英砂岩组成，厚度 4.98～23.98 m。该体系域内 K_3 砂岩由一系列潮道、障壁岛组成，分布稳定，厚度差别不大，厚度 0.30～3.74 m。石灰岩分布局限，厚度 1.48～4.27 m。煤层分布比较均匀，主要为 4 号、5 号、6 号和 7 号煤层。7 号煤层分布稍广泛，其他煤层厚度均超过 0.5 m。高体系域内 K_3 砂岩之上为渭北石炭-二叠纪煤田又一重要的聚煤地层，发育渭北地区重要的可采煤层 4 号、5 号煤层。4 号煤层仅澄合矿区可采，平均厚度 122 m，其他煤层厚度较小，约 0.5 m。从对比图中可知 5 号煤层横向上发育良好，基本全区可采，厚度约 3 m。

SQⅢ划分为低位、海(湖)侵、高位体系域，主要由分流河道、分流间湾、泥炭沼泽等组成。渭北石炭-二叠纪煤田山西组地层河流-三角洲较为发育，形成了层数多，厚度大的河道砂体，底部的分流河道低位体系域砂体-北岔沟砂岩几乎全区发育，砂岩以白云母含量较多而标志着携带大量悬浮物的河流进入了滞留水体，该层序内发育完整的三角洲平原沉积序列，分流河道最为发育。海侵体系域内煤层较少，主要为 2 号、3 号煤层。2 号煤层零星分布，一般厚度 0.70 m。3 号煤层除耀西以外均有发育，煤厚一般为 2 m 左右，最厚可达 6.78 m，煤层厚度由东向西逐步减小，澄合矿区厚度不超过 0.4 m，至耀西 Pu12 钻孔附近尖灭，耀西找煤区几乎无煤层富集。SQⅢ(即山西组)地层总厚度也总体呈现由东至西逐步变薄的趋势，耀西找煤区 Pu31 钻孔山西组仅存在一层河道砂体，砂体之上即为下石盒子组沉积物。

(4) 煤层在层序地层格架中的分布规律

陕西省石炭-二叠纪含煤地层层序地层格架中(图 4-3-3)，SQⅠ沉积期陕北及中部广大地区仅发育数层薄煤层，渭北地区该时期发育 10 号、11 号煤层，厚度较大，形成大面积的可采煤层；SQⅡ煤层主要发育在海侵体系域早期，该期构造较稳定，有利于煤层的发育，陕北及广大中部地区发育 9 号、10 号煤层，渭北地区该层序内的主要煤层位于高位体系域，为

4 号、5 号煤层；在 SQⅢ沉积期，煤层主要发育在海(湖)侵体系域早期，该时期可容空间逐步增大，能够为泥炭堆积提供场所，利于聚煤作用发生，形成 3 号煤层，渭北地区该煤层发育较差，部分可采。

4.3.3 中生代含煤岩系层序地层特征

4.3.3.1 层序界面的识别与层序地层划分

研究区可以识别出的层序界面主要为区域不整合面、古生物组合突变面和湖平面相对下降河流下蚀作用形成的河道砂体冲刷面及其对应界面。

(1) 区域不整合面：瓦窑堡组与上覆富县组为平行不整合接触，其间长时期未接受沉积或遭受剥蚀；延安组与直罗组之间的古剥蚀面、道镇六里峁富县组与宝塔山砂岩界面等，均为典型的层序地层界面。

(2) 典型的河道冲刷面：随着湖平面相对下降，河流对下伏地层造成强烈的冲刷。这种河道砂体一般厚度较大、分布稳定，代表了一个新层序的开始，可对比性强(图 4-3-9)。研究区瓦窑堡组、延安组内部有明显的河道冲刷层序界面(图 4-3-9、图 4-3-10)。

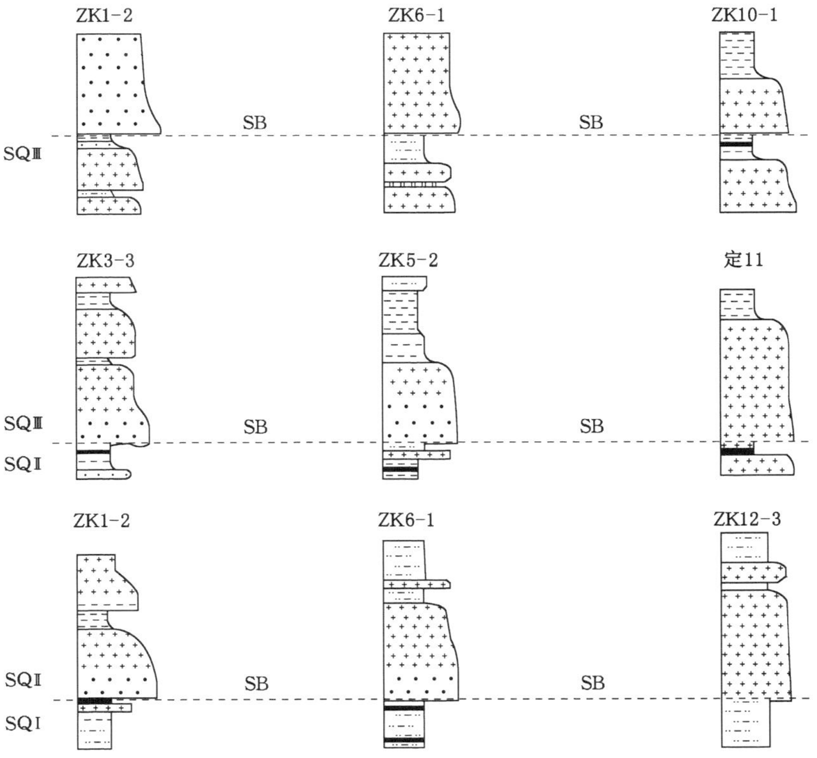

图 4-3-9 瓦窑堡组内部关键层序界面图

(3) 古生物组合突变面：瓦窑堡组和下伏延长组之间，瓦窑堡组以底部具条带状夹层的砂岩与延长组的块状砂岩为界。这一界线在生物地层的瓣鳃类 *Shaanxiconcha* 组合，叶肢介 *Euestheria* 组合之底界，古植物 *Danaeopsis fecunda-Todites shensiensis* 组合、孢粉

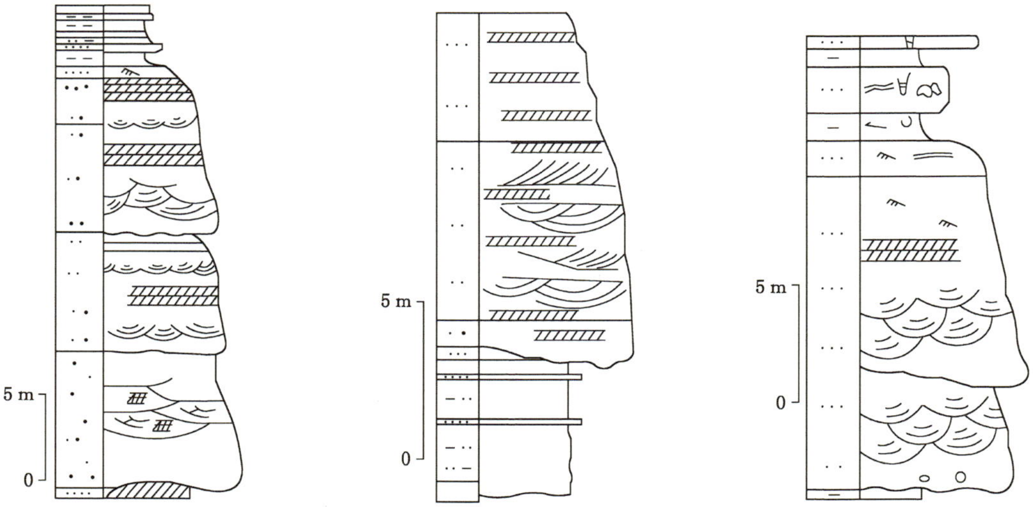

(a) 延水河剖面宝塔山砂岩　　(b) 延安下李家湾裴庄砂岩　　(c) 大理河剖面真武洞砂岩

图 4-3-10 延安组内部典型的河道冲刷层序界面

Aratrisporites-Chordasporites 组合之下。

(4) 岩性域颜色突变界面：延安组与下伏富县组之间多为连续沉积，富县组上部发育一套"花斑泥岩"或紫杂色泥岩，延安组底部发育含大量植物根化石灰色泥岩（根土岩、铝土岩）或厚层河道砂岩（"宝塔山砂岩"）（图 4-3-11），岩性及颜色变化容易区分二者，是明显的层序界面。

根据以上层序界面，将瓦窑堡组划分为 3 个三级层序，并识别出 9 个体系域（表 4-3-2），延安组划分为 3 个三级层序和 9 个体系域（表 4-3-3）。三级层序在全区内对比性好，除黄陇地区延安组上部地层保存不全外，其余地区 3 个层序发育齐全。

表 4-3-2 晚三叠世瓦窑堡组层序地层划分方案

统	组		三级层序	体系域	三级界面	区域界面
中侏罗统 / 下侏罗统	延安组 / 富县组					
					SB	砂砾岩或煤系地层底界面
上三叠统	瓦窑堡组	四段	SQⅢ	HST		
				TST		
				LST		
					SB	厚层河道砂岩冲刷底界面
		三段	SQⅡ	HST		
				TST		
		二段		LST		
					SB	厚层河道砂岩冲刷底界面
			SQⅠ	HST		
		一段		TST		
				LST		
					SB	谭家砂岩顶界面/古生物组合转化面
	延长组					

表 4-3-3 中侏罗世延安组层序地层划分方案

统	组		三级层序	体系域	三级界面	区域界面
中侏罗统	直罗组					
					SB	直罗砂岩底界面及其对应层位
	延安组	五段	SQⅢ	HST		
				TST		
				LST		
					SB	真武洞砂岩底界面及其对应层位
		四段	SQⅡ	HST		
				TST		
		三段		LST		
					SB	裴庄砂岩底界面及其对应层位
		二段	SQⅠ	HST		
				TST		
		一段		LST		
					SB	宝塔山砂岩底界面及其对应层位
下侏罗统	富县组					

4.3.3.2 瓦窑堡组层序地层特征

(1) SQⅠ特征

大致对应于瓦窑堡组第一、二段。层序底界面为瓦窑堡组和下伏延长组的古生物组合突变面，发育 1、2 号煤层(图 4-3-12)。沉积环境大理河以北以曲流河沉积为主，水流向西南方向，向南至子长以西为曲流河三角洲沉积体系，子长以西至安塞一带为湖区，湖侵方向指向东北向。SQⅠ低位体系域、湖侵体系域和高位体系域均有发育。

低位体系域仅在子长以南发育，沉积环境以曲流河三角洲为主，岩性为灰黑色、灰色中粒及细粒砂岩为主，夹粉砂岩，砂体为透镜状，煤层不发育。

湖侵体系域全区普遍发育，发育 1 号煤层，发育三角洲-湖泊沉积，岩性为中粒砂岩、细粒砂岩、粉砂岩和泥岩。大型板状交错层理、水平层理发育，含黄铁矿结核。

高位体系域分布广泛，发育 2 号煤层。为三角洲-湖泊沉积环境，岩性北部以中粒砂岩、细粒砂岩为主，向南变细，过渡为粉砂岩为主。

(2) SQⅡ特征

大致对应于瓦窑堡组第三段。层序底界面为下切谷砂砾岩体及伴随的冲刷面，发育 3 号煤层，局部可采(图 4-3-12)。沉积环境特征继承了 SQⅠ，但该段湖区范围扩大，东北向和西北向均有古水流的侵入，河流作用减弱，水流向西南方向。SQⅡ低位体系域、湖侵体系域和高位体系域全区均有发育。

低位体系域以河床滞留沉积和分流河道沉积为主，岩性较粗，砂体较厚。见大型板状交错层理，含黄铁矿结核。

湖侵体系域以分流河道、分流间湾、沼泽、前三角洲和滨浅湖沉积为主，岩性主要为细粒砂岩、粉砂岩和泥岩为主，夹数层薄煤层和煤线。发育水平层理、波状层理，含植物叶片化石。

高位体系域沉积了分流河道、分流间湾、滨浅湖和湖湾沼泽，岩性主要为中粒砂岩、细粒砂岩和粉砂岩。发育水平层理、波状层理，含植物叶片化石。

(3) SQⅢ特征

大致对应于瓦窑堡组第四段，层序底界面为下切谷砂砾岩体及伴随的冲刷面，顶界面为与富县组区域不整合面(图 4-3-12)。发育 4、5、6 号煤层，其中 5 号煤层为全区主要的可采煤层。该段以河流体系为主，河流作用增强，水流向西南方向，向前推进充填湖泊。

低位体系域以河道沉积为主，主要为灰白色、浅灰色中粒砂岩和中粒砂岩，发育水平层理。

湖侵体系域以分流间湾、滨浅湖、湖湾沼泽沉积为主，岩性主要为浅灰色、灰白色细粒砂岩、灰色泥质岩、深灰色粉砂岩和煤层。发育本区主要可采煤层为 5 号煤层，子长一带有短暂湖泊沉积的油页岩，为区域标志层，含有鱼鳞、鱼骨化石。发育水平层理、波状层理，含植物化石。

高位体系域以边滩和河漫滩沉积为主，岩性主要为中粒砂岩、细粒砂岩、粉砂岩，夹薄煤层。发育水平层理、波状层理，含植物叶片化石。

(4) 煤层在层序地层格架中的分布规律

晚三叠世瓦窑堡组层序地层划分断面图(图 4-3-12)中，SQⅠ仅发育数层煤线；SQⅡ主要发育在高位体系域晚期，该期构造较稳定，有利于煤层的发育；SQⅢ主要发育在湖侵体系域晚期和高位体系域中期，该期构造相对较稳定，可容空间较大，能够为泥炭堆积提供场所，利于聚煤作用发生。瓦窑堡组煤层发育相对较差，规律性不甚明显。

4.3.3.3 延安组层序地层特征

陕西省延安组地层大致以大理河和葫芦河为界可划分为 3 个大区块，大理河以北为陕北型，大理河到葫芦河之间为中间型，葫芦河以南为黄陇型，3 大区块特征如下：

(1) 陕北型层序地层特征

陕北地区延安组保存较全，3 个层序及 9 个体系域发育几乎齐全(图 4-3-13)。在层序Ⅰ沉积初期，主要为河流相沉积，之后随着基地下降，湖水扩展逐渐过渡为洪泛平原沉积，并沉积了 5 号煤组，随着湖水不断扩张，沉积环境逐渐转化为三角洲、滨浅湖；在层序Ⅰ沉积末期，湖水相对退却，周缘湖泊淤浅地区发育了 4 号煤组。

层序Ⅱ沉积初期，湖平面相对下降，加之北部基底抬升，河流下蚀作用增强，发育大套三角洲分流河道砂岩，逐渐向湖中心近积，并冲刷下伏地层。随着湖水的再次扩张，分流河道逐渐过渡为泛滥盆地沉积，并发育了 3 号煤组。在湖侵达到最大并趋于稳定后，分流河道再次大量发育，碎屑物不断充填，湖平面相对下降，三角洲平原地区发育 2 号煤组。

层序Ⅲ沉积初期，基底大幅度抬升，湖水整体退却，河流下蚀作用强烈，发育大套河道砂岩。随着湖水再次扩张，发育洪泛平原沉积，发育了 1 号煤组。湖侵达到最大并稳定后，河道沉积再次发育，并最终导致湖泊的萎缩。

(2) 中间型层序地层特征

大理河-葫芦河之间的区域大致为湖泊沉积中心区域，该地区湖水相对较深，以泥质沉积为主，不发育煤层(图 4-3-14)。

层序Ⅰ沉积早期，北部地区为河流洪泛平原沉积，南部由于地势较高，并未接受沉积。随着湖水不断向四周扩张，该地区由河流洪泛平原相逐渐过渡为三角洲相，最后转化为滨浅湖相，有瓣腮类化石出现。由于覆水较深，没有煤层发育。该层序沉积末期，湖水有一定程度的退却。

层序Ⅱ沉积早期，由于层序Ⅰ湖水的退却加之北部盆地基底抬升，该地区在湖泊沉积

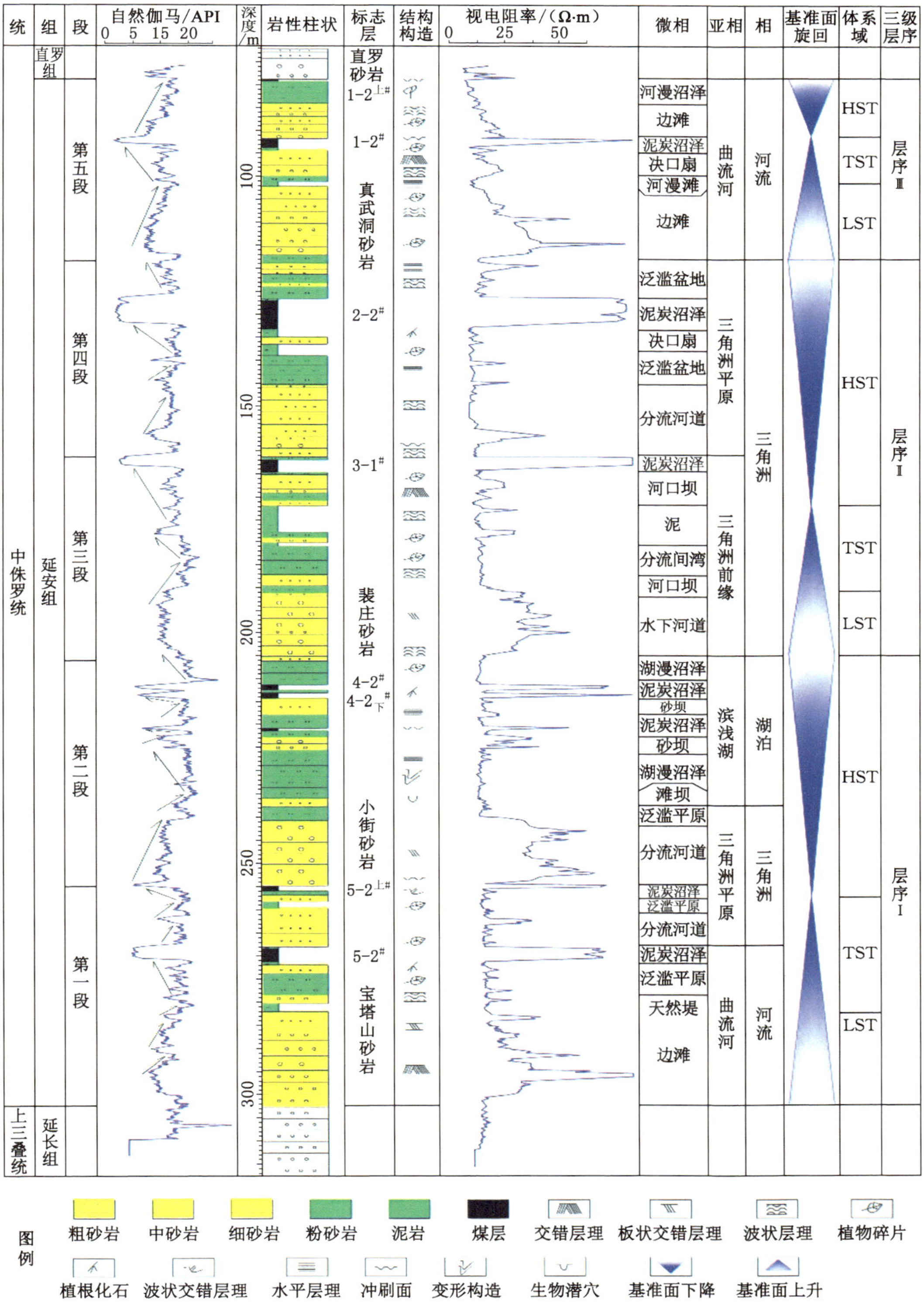

图 4-3-13 陕北神府矿区柠条塔 NG14 钻孔沉积相-层序划分综合柱状图

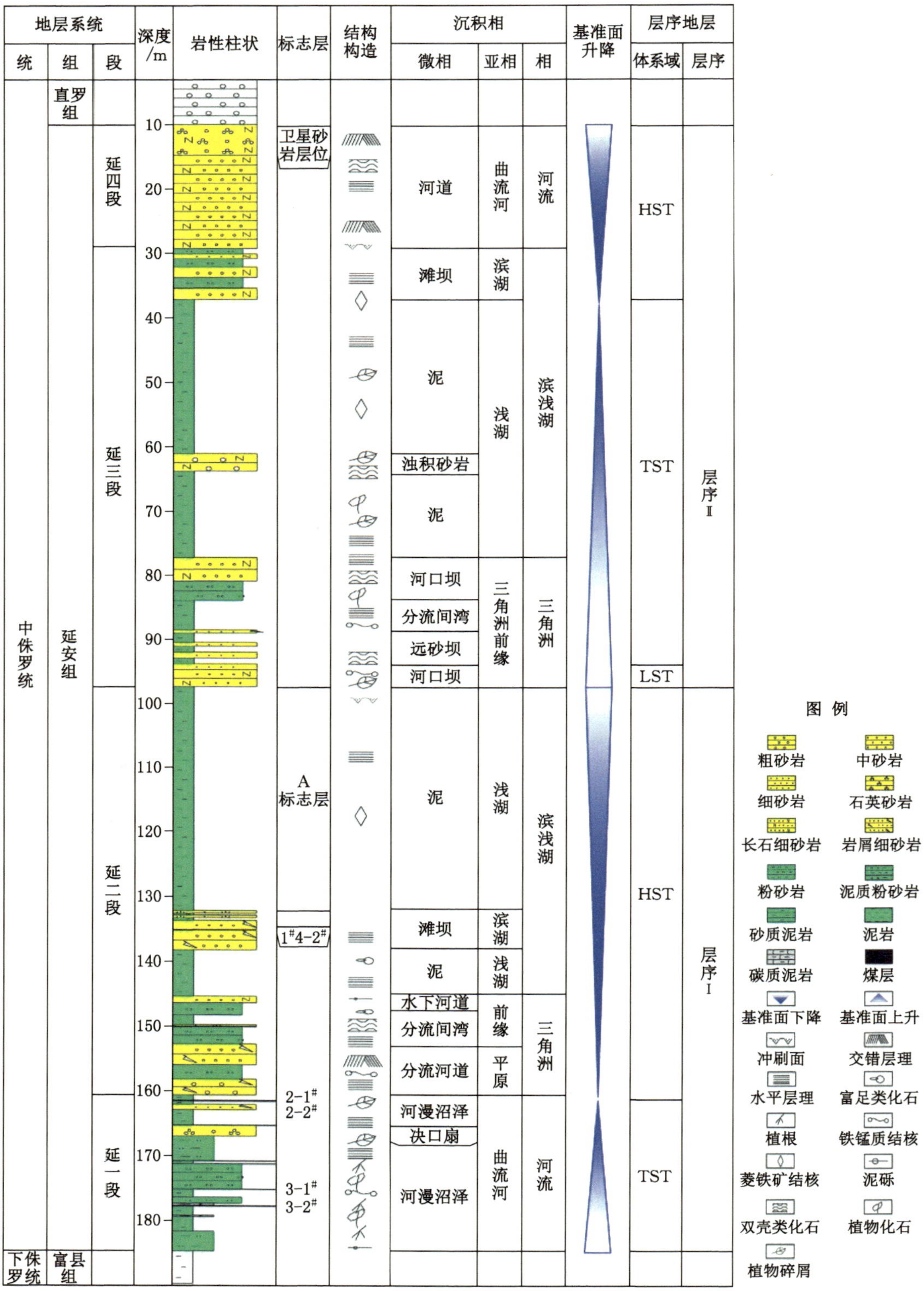

图 4-3-14 葫芦河剖面沉积相-层序地层综合柱状图

之上发育了一套三角洲前缘沉积。之后湖水再次扩张，再次转入滨湖-浅湖沉积。该层序晚期，湖水相对退却，转化为滨湖沉积。

层序Ⅲ沉积时期，盆地基底大幅度抬升，由湖泊相转化为河流相沉积，发育大套河道砂岩，湖侵期为局限湖沉积，之后再次发育河道相沉积，最终导致湖泊消亡。该层序上部局部地区遭受剥蚀，而使得层序保存不全。

（3）黄陇型层序地层特征

黄陇地区地层残存较少，层序保存不全，一般保留了层序Ⅰ和层序Ⅱ的部分地层（图 4-3-15）。

层序Ⅰ沉积早期该地区地势较高，除少数地区发育河道沉积外，大部分地区并未接受沉积。直到湖水扩张，该地区普遍接受河流洪泛平原沉积，并在洪泛平原洼地沼泽地区发育了厚煤层，代表了湖侵达到最大。之后再次发育河流相砂体沉积和洪泛平原沉积，并在洪泛平原上再次发育一些煤层，煤层厚度明显较小。

层序Ⅱ沉积早期仍为河流沉积，随着湖侵的再次扩张，在湖侵的初期和最大湖侵期，洪泛平原上发育了煤层，随后再次发育河流、洪泛平原及沼泽沉积。层序Ⅱ顶部大都保留不全，没有层序Ⅲ的地层保存。该地区地层保存不全甚至有些地区没有延安组地层，除了受地势、地形的影响外，后期直罗组砂岩的冲刷作用也影响深远。

（4）延安组层序地层分布特征

陕北地区延安组层序地层自神府矿区-榆神矿区-榆横矿区-靖边-定边地区，选取了 16 口钻孔连成层序地层断面图（图 4-3-16），该地区 3 个层序发育齐全，地层厚度略显西厚东薄。东部地区层序Ⅲ高位体系域大都不全。

黄陇地区延安组层序地层自西部华亭到陇县、麟游、彬州、旬邑、黄陵地区选取 13 个钻孔连成层序地层断面图（图 4-3-17），可以看出，华亭地区自下而上保留了层序Ⅰ和层序Ⅱ，陇县地区仅保留了层序Ⅰ和部分层序Ⅱ，丈八和郭家河地区仅保留了层序Ⅰ，彬州地区保留层序Ⅰ及部分层序Ⅱ，焦坪地区仅保留层序Ⅰ地层，黄陵地区保留了大部分层序Ⅱ。

（5）煤层在层序地层中的分布规律

煤层在层序地层中的分布主要受可容空间增长速率与泥炭堆积速率之间平衡的控制。可容空间增长速率过快或过慢均不利于泥炭的持续堆积，而导致聚煤作用的终止。不同地区煤层在层序地层格架中的分布不同（图 4-3-16、图 4-3-17）。层序Ⅰ煤层在黄陇地区主要发育在湖侵体系域的中晚期和高位体系域中期，陕北地区煤层主要发育在湖侵体系域早、晚期和高位体系域中、晚期。陕北地区煤层薄、层数多，黄陇地区煤层厚度大、层数少，反映了黄陇地区构造沉降较为稳定，利于聚煤作用长时期持续进行；陕北地区则相反，构造活动较活跃，成煤作用持续时间短，成煤期次较多。层序Ⅱ在陕北地区煤层主要发育在湖侵体系域和高位体系域晚期，黄陇地区仅局部发生聚煤作用。从沉积地层厚度上来看，黄陇地区地层厚度明显小于陕北地区，反映了该时期构造沉降速率较低，不利于泥炭持续堆积。层序Ⅲ黄陇地区全部遭受剥蚀，难以推测其煤层发育情况；陕北地区煤层主要发育在湖侵体系域和高位体系域晚期。

在层序地层格架中最有利的成煤部位为海侵体系域晚期，早期次之，中期最差；湖侵体系域中期可容空间增加速率最快，超过了成煤质料的充填速率，导致了滨岸泥炭沼泽的广泛被淹没。或者阻断了沼泽的形成，或者由于先前形成的泥炭沼泽不断沉降而终止了泥炭

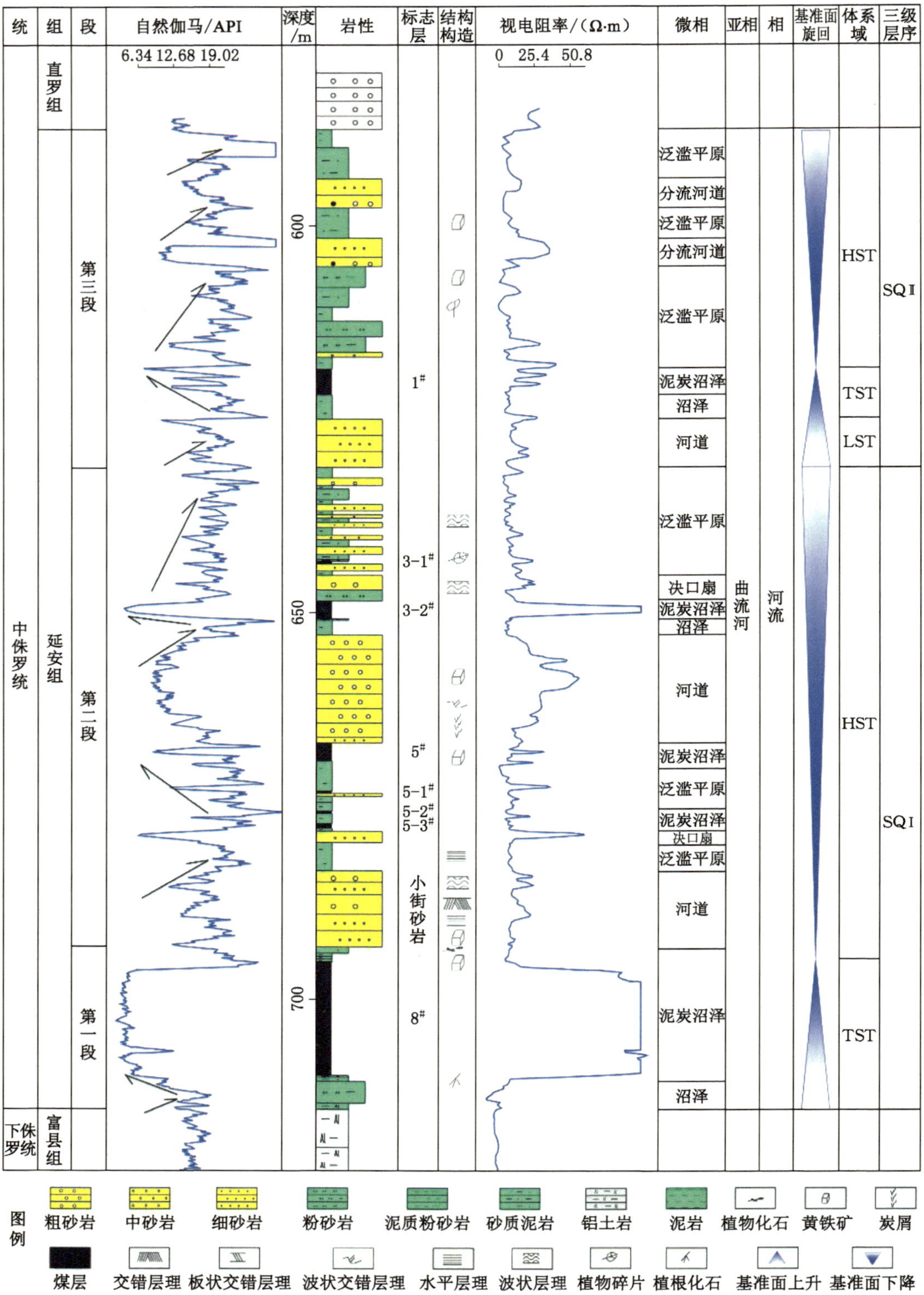

图 4-3-15 黄陇彬长矿区 27 孔沉积相-层序地层综合柱状图

的聚积。在湖侵体系域晚期，即最大湖泛面附近，湖岸泥炭沼泽向陆延伸最远，那里可容空间增加速率较缓慢，成煤泥炭的植物能够补偿。高位体系域中晚期有利于聚煤作用发生，此时湖泊缓慢淤积，利于成煤质料的繁盛和聚煤作用的大规模发生。

4.3.3.4 关键剖面层序地层特征与沉积演化分析

(1) 陕北神木-榆林-靖边-定边剖面

陕北侏罗纪煤田自东北部的神木经榆林、横山、靖边、定边地区选取了16个钻孔连成沉积断面图(图4-3-18)进行沉积相分析。从断面图可以看出，该地区3个三级层序发育完整，每个层序的三个体系域发育完整。层序Ⅰ沉积早期，主要发育厚层中粒砂岩，以河流沉积体系为主。在定边-靖边地区首先发育辫状河沉积，之后发育曲流河；在横山-榆林-神木地区以曲流河沉积为主。在曲流河洪泛平原上发育了5号煤组。层序Ⅰ沉积晚期和层序Ⅱ沉积期，湖水不断扩张，该地区主要发育三角洲沉积，由于该断面均位于湖泊的北缘，三角洲连为一体，主要发育三角洲平原；在定边地区三角洲间湾发育，在榆林-靖边之间和榆林地区发育湖湾相；其余地区以三角洲平原沉积为主；该时期在三角洲平原上发育了4号、3号和2号煤组。层序Ⅲ沉积期，主要发育曲流河沉积，以中粒砂岩、细粒砂岩沉积为主，在河流洪泛平原上发育了1号煤组。

(2) 神木-安塞-旬邑沉积断面图

本剖面共选取10个钻孔，自陕北神木地区经榆林、安塞、延安，一直到黄陵、焦坪和旬耀矿区，横穿湖泊的北缘、湖泊中心和湖泊南缘(图4-3-19)。从剖面图上可以看出，自北而南层序保存程度逐渐变好，陕北地区3个层序发育齐全，到了黄陇侏罗纪煤田，层序Ⅱ仅能保留一部分甚至仅保留层序Ⅰ地层。层序Ⅰ沉积早期主要为辫状河沉积，之后为曲流河沉积。在大保当-金牛地区和安塞-延水河地区发育大规模的辫状河厚层中粒砂岩沉积，此时葫芦河南部地区几乎没有接受沉积；层序Ⅰ晚期到层序Ⅱ沉积期，自北而南可明显划分为3个大的沉积区块，即北部三角洲沉积区、中部滨浅湖沉积区和南部河流沉积区。该时期湖水开始大规模扩张，在葫芦河-香坊一带发育滨浅湖相；在北部的大理河-安塞-延水河一带发育三角洲前缘相；再向北主要发育三角洲平原相；金牛地区在该时期早期发育湖湾相；该时期主要在北部的三角洲平原地区发育了4号、3号和2号煤组，大理河以南地区主要发育三角洲前缘和滨浅湖沉积，几乎不发育煤层；在南部转角-照金地区发育曲流河相，偶有薄煤层发育。层序Ⅲ沉积期，在全区发育曲流河沉积，并在曲流河洪泛平原上发育了陕北的5号煤组，黄陇侏罗纪煤田不同矿区与之对应的是2号、4^{-2}号或4号(8号)煤组。

(3) 华亭-陇县-旬邑-黄陵沉积断面图

断面图选取13个钻孔，自甘肃华亭，经陇县、千阳、彬州、旬邑到黄陵矿区(图4-3-20)。该地区仅保留层序Ⅰ和部分层序Ⅱ地层，局部地区仅保留层序Ⅰ地层。该地区以曲流河沉积为主。在彬州-长武地区，底部发育残积相铝土岩沉积；之后发育曲流河沉积，局部地区发育小规模的河漫湖泊；仅在华亭地区，层序Ⅱ沉积期发育三角洲沉积；在黄陵香坊、仓村地区，层序Ⅰ晚期和层序Ⅱ沉积期发育滨湖、浅湖沉积。

综合以上分析，陕西省侏罗纪延安组沉积环境垂向上表现为：层序Ⅰ沉积早期，以辫状河-曲流河沉积为主；层序Ⅰ晚期和层序Ⅱ沉积期以三角洲-滨浅湖沉积为主；层序Ⅲ以曲流河沉积为主。在平面上大致可以分为三个区，大理河以北，即湖泊北缘，为大型湖泊三角洲沉积区；大理河到葫芦河之间，即湖泊沉积区，为滨浅湖沉积区；葫芦河以南，即湖泊南缘，为曲流河沉积区。

4.4 岩相古地理格局

4.4.1 岩相古地理图的绘制原理

岩相古地理研究主要是在单剖面沉积相分析和连井剖面沉积相分析的基础上，统计出各古地理单元中各种能反映沉积环境的参数绘制等值线图，综合讨论沉积相的平面分布和等值线的趋势变化，最终得出最合理的岩相古地理图。

首先，资料统计、分析、选择。尽可能多地收集钻孔资料，筛选可以利用的钻孔来统计各种单因素数据。

其次，绘制各种单因素数据，绘制等值线图。分别统计各层序地层总厚度、砂岩厚度（或百分比）、泥岩厚度（或百分比）、石灰岩厚度（或百分比）、煤层厚度、砂泥岩之比等数据（表 4-4-1），绘制等值线图。

表 4-4-1 各种古地理参数统计方法及其地质意义

序号	参数	统计方法	等值线图意义
1	地层厚度	地层总厚度	反映区域沉降幅度、沉积中心位置、沉积物质供给、隆起和坳陷及盆地轮廓
2	砂岩厚度（或百分比）	砂岩（粗粒砂岩、中粒砂岩、细粒砂岩）总厚度	反映河流、三角洲砂体的分布范围
3	泥岩厚度（或百分比）	泥质岩类（粉砂岩、泥岩、黏土岩）总厚度	指示潮坪、潟湖发育区
4	石灰岩厚度（或百分比）	灰岩类（石灰岩、硅质灰岩、泥灰岩）总厚度	指示海侵范围
5	煤层厚度	煤层	指示煤层发育区
6	砂岩/泥岩比	砂岩厚度/泥岩厚度比值	反映主要岩相分布特征及古地理，是划分相带和相区的主要依据

注：通常为了研究问题的方便，统计砂岩厚度（或百分比）时也将各类砾岩（角砾岩除外）计算在砂岩总厚度内；统计石灰岩厚度（百分比）时也将白云岩统计在内。

最后，综合分析并绘制古地理图。综合分析各种单因素等值线图，结合单井、连井沉积相展布，勾勒出各古地理单元展布，恢复含煤岩系沉积期的岩相古地理格局。

4.4.2 晚石炭世-早、中二叠世含煤岩系岩相古地理格局与演化

陕西省晚石炭世沉积物由陆源碎屑物、煤层和碳酸盐岩多次交替叠置而成，主要发育陆表海碳酸盐岩台地、潮坪、三角洲和河流体系；早二叠世早期沉积物由陆源碎屑物和煤层交替组成，主要发育湖泊、三角洲和河流体系，由海相沉积为主，逐渐过渡为陆相沉积。

本次统计了 154 个钻孔的单因素数据，分层序统计了地层厚度、石灰岩厚度、砂岩厚度、

泥岩厚度、砂泥岩比值这些单因素参数，分别绘制了各单因素等值线图，在综合分析各单因素数据和单钻孔、连井剖面精细沉积相的基础上，恢复了各层序的古地理格局。

4.4.2.1 层序Ⅰ岩相古地理格局

层序Ⅰ大致与本溪组和太原组第一段相对应，为奥陶系风化壳至太原组下部10号煤层底板之间的地层；其中渭北地区层序Ⅰ界面较为特殊，为K_2灰岩或吴家峪灰岩(相当层位)之顶。

层序Ⅰ沉积时期地层厚度在0～70 m之间，地层厚度表现为西薄东厚，南北薄中间厚，最大沉积中心位于子洲-绥德一带，地层厚度在50～70 m之间，向周围地层厚度逐渐减薄，定边地区地层厚度仅5 m左右，北部榆林、神木、横山一带地层厚度在10～30 m之间。南部为隆起区，未发生地层沉积，仅在铜川-白水之间的一个坳陷内发育地层沉积，最大厚度超过20 m。神木市西北部在该时期同样为古隆起区，未接受地层沉积。该时期发育灰岩厚度在0～20 m之间，石灰岩厚度分布与地层厚度分布大致相同，石灰岩在子洲-绥德-米脂一带厚度最大，向周围逐渐减薄。砂岩沉积厚度在0～30 m之间，整体表现为东北部吴堡-府谷地区厚度最大、南部渭北地区砂岩厚度次之，二者之间的广大中部、西部地区砂岩厚度极小。府谷地区砂岩岩性主要以纯净的石英砂岩及长石石英砂岩为主，厚度较大，吴堡地区为石英砂岩，但是厚度稍小，渭北地区同样以石英砂岩为主，在宜川和韩城之间砂岩厚度较大，最大可达15 m。泥岩沉积厚度在0～50 m之间，整体上泥岩厚度表现为西薄东厚、南北薄中间厚，其中吴堡地区泥岩厚度最大，可达50 m左右，但分布范围较小；其次府谷地区泥岩沉积范围也较大，在府谷东北部泥岩厚度超过了30 m；渭北地区泥岩厚度大都在10 m以下，局部超过10 m，且岩性主要为铝土岩及铝土质泥岩；西部定边-靖边-吴起地区泥岩厚度一般在10 m以下。该时期研究区泥岩相对较发育，砂岩发育相对较少，砂泥岩比值普遍较小，大都在1.0以下，局部地区超过1.0。砂泥岩比值较大主要分布在吴堡-府谷-神木地区和渭北地区，其中府谷及其以西部地区最大，可达2.5左右；吴堡地区及其以西地区砂泥岩比值相对较大，最大可达1.0，钻孔统计岩性显示有厚层的含砾砂岩及粗、中、细粒砂岩；渭北地区除东北部韩城桑树坪砂泥比最大可达1.0之外，其余地区均小于1.0。

层序Ⅰ早期主要发育障壁-潟湖沉积体系，中期过渡为陆表海沉积体系，晚期为河流-障壁-潟湖-局限碳酸盐台地的局部陆表海沉积体系。层序Ⅰ沉积时期的古地理单元主要有曲流河、洪泛平原、三角洲平原、三角洲前缘、潮坪和局限碳酸盐岩台地(图4-4-1)。该层序由海侵体系域和高位体系域组成。海侵体系域地层分布于除盆地南部边缘和中部隆起之外的广大地区，沉积于下古生界平行不整合面之上，以铁铝质泥岩为主；海侵体系域晚期发育石灰岩，之后以滨岸沉积为主，表现为向上变浅的加积，反映了海域向南北两侧进积。高位体系域早期发育粗粒碎屑沉积(晋祠砂岩)，之后发育11号煤层。晚期发育K_2灰岩(吴家峪灰岩)，其上分布稳定的10号煤层。

该时期的岩相古地理格局为中部隆起区大致在横山-子洲-绥德-吴堡南部和甘泉-延安-延长北部及西部广大地区，主要发育河流洪泛平原；榆林-神木之间和黄龙-黄陵-甘泉-延长-宜川一带地势较低洼，海水较深，碳酸盐岩较发育，由于分布范围局限，与东部广海连通性差，发育局限碳酸盐岩台地相；在其与隆起区之间的榆林-佳县和东南部的富县-甘泉-延长一带，处于陆相洪泛平原和海相碳酸盐岩台地过渡地带，发育潮坪相。在东北部河曲-府谷-神木地区局限海的周围发育三角洲沉积，河流自东北方向向西南流入局限海，多期三角洲

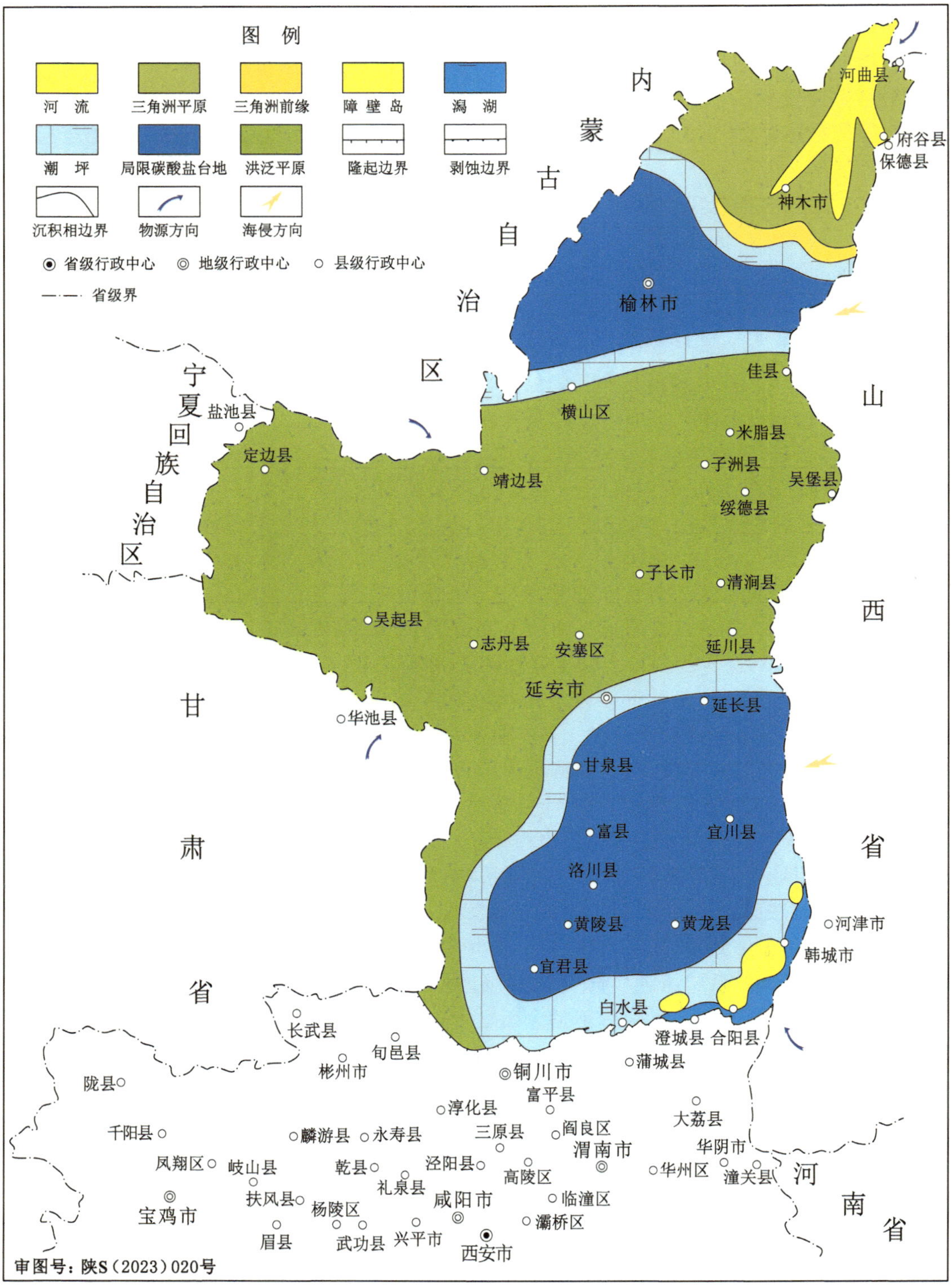

图 4-4-1 晚石炭世-早、中二叠世层序Ⅰ岩相古地理图

相互叠加，三角洲平原、前缘连成一片，范围较大；东南部的米脂、佳县、吴堡一带发育较大的三角洲体系，河流从子洲方向流入该区，向东北方向流入局限海，发育大范围三角洲平原。在渭北地区南部局限海的东南缘，通过分析可知，该区以潮坪-障壁-潟湖沉积环境为主。在韩城桑树坪、象山、安阳井田以及澄城附近岩性及等值线分布显示为障壁岛，这些障壁岛与海岸线近乎平行分布，障壁岛后为潟湖环境，受构造及古地形的影响，部分地层缺失或剥蚀。层序Ⅰ以府谷北部及渭北韩城、澄合以南为主要物源区，其次为靖边、志丹由西至东的洪泛平原物源区，海侵方向为东北向。

4.4.2.2 *层序Ⅱ岩相古地理格局*

层序Ⅱ大致与早二叠世太原组第二段部分地层、三段全部地层相对应，为太原组下部10号煤层底板至山西组底部(北岔沟砂岩底界)之间的地层，其中渭北地区层序Ⅱ为K_2灰岩或吴家峪灰岩(相当层位)顶至北岔沟砂岩底的地层。

层序Ⅱ沉积时期，地层厚度大致在0～70 m之间，整体来看，地层厚度东厚西薄，中间厚、南北薄。沉积中心位于榆林-佳县-米脂、清涧-延川-延长地区，其次为府谷、吴堡和韩城地区，向西部定边-靖边-吴起地区厚度减至15 m左右，神木最北部地层厚度减至30 m，西南部旬邑-长武一带地层减至5 m左右，淳化-三原-富平-蒲城一线南部为隆起区，不接受地层沉积。该时期石灰岩沉积厚度在0～30 m之间，整体分布趋势为东厚西薄、中间厚、南北薄，与地层厚度分布一致。石灰岩沉积中心位于横山-安塞-绥德-子洲地区，石灰岩厚度均在20 m以上，向北部、西部和南部厚度递减。北部府谷及其以北地区、西部定边-姬塬地区和南部渭北石炭-二叠纪煤田淳化-耀州地区基本不发育石灰岩。北部吴堡地区石灰岩极其发育，石灰岩厚度可达29.77 m，岩性主要以生物碎屑灰岩及石灰岩为主，与煤层交替发育。南部渭北石炭-二叠纪煤田也有石灰岩发育，厚度较吴堡小，但是较为稳定。韩城矿区石灰岩厚度最大，平均厚度达到3.5 m，由东至西澄合、蒲白、耀西等矿区石灰岩厚度逐渐减小。石灰岩厚度分布反映了海水自东部向西部入侵。该时期发育砂岩沉积厚度在0～30 m之间，整体表现在东北部砂岩厚度大、东南部次之，中部和西部地区厚度小。砂岩厚度最大区域位于神木-府谷、榆林-佳县地区，其次为韩城北部桑树坪、澄城和合阳地区，纯净的石英砂岩很发育，平面上砂岩的高值区富集较为局限，可能与障壁海岸形成砂体有关。中部和西部广大地区砂岩厚度较小且自东向西厚度逐渐减小。该时期泥岩沉积厚度在0～40 m之间，其北部厚度大，东南部次之，中部和西部厚度小。泥岩沉积中心主要位于神木、清涧-延川、韩城地区，泥岩厚度一般大于30 m；其次为靖边、米脂、府谷地区，泥岩厚度一般大于20 m；定边-志丹-吴起及南部淳化、铜川-旬邑地区泥岩厚度在10 m以下。该时期以泥岩沉积为主，砂岩沉积次之，砂泥岩比值相对较小，绝大部分地区比值小于1.0，局部大于1.0，最大可达2.6，砂泥岩比值南部渭北地区最大，北部府谷-神木地区次之，东西部吴堡-定边一带最小。南部渭北石炭-二叠纪煤田砂泥岩比值0.2～2.6之间，其中韩城矿区桑树坪、象山等矿区砂泥岩比值在0.6～2.6之间，其次为澄合中深部详查区的砂泥岩比值在0.6～1.5，蒲白矿区砂泥岩比值在0.4～0.8之间。北部府谷-神木地区砂泥岩比值较渭北石炭-二叠纪煤田的偏低，在0.2～0.6之间。全区其他地区砂泥岩比值偏低，多在0～0.4范围内。

层序Ⅱ沉积时期发育海侵体系域和高位体系域。在海侵体系域，海水自东部向西部隆起区侵漫，地层超覆在石炭系上。北部乌兰格尔隆起仍为古陆，其南坡上分布着一系列滨海冲积扇，自北而南穿插于滨海沼泽之间。南部渭北石炭-二叠纪煤田以西未接受沉积，其余为低位的滨海或潮滩沉积。高位体系域沉积时期北部的海岸线明显南移，南部海侵漫到西南部古陆边缘。东北部准格尔旗发育的河流经过府谷在扒楼沟一带发育三角洲。早期海水发生大规模的海侵，碳酸盐岩沉积范围明显变大，整个陕西省中部基本被海水淹没。层序Ⅱ沉积时期的古地理单元主要有河流、三角洲平原、三角洲前缘、潮坪、障壁岛、潟湖、碳酸盐台地等(图 4-4-2)。

由岩相古地理格局(图 4-4-2)可知，在府谷地区、榆林地区发育三角洲沉积，广泛发育三角洲平原，三角洲平原外围近海一侧发育三角洲前缘相带，水流自北向南入海；三角洲前缘与广海之间发育潮坪。在榆林以南、吴起以东、渭北石炭-二叠纪煤田以北，发育广海碳酸盐岩台地相；西部地势较高的吴起-定边地区发育潮坪相；南部渭北地区发育潮坪-障壁-潟湖沉积环境，南部隆起区到宜君-黄龙一带发育潮坪相，韩城矿区桑树坪、象山、澄合中深部详查区、蒲白矿区等地发育障壁岛，其位置基本与海岸线平行，障壁岛岸后为潟湖沉积。层序Ⅱ同样以府谷、神木北部及渭北韩城、澄合以南为主要物源区，但是海侵方向发生转变，为东南向。

4.4.2.3 层序Ⅲ岩相古地理格局

层序Ⅲ与早-中二叠世山西组相对应，为北岔沟砂岩底至下石盒子组骆驼脖子砂岩底之间的地层。

层序Ⅲ沉积时期地层厚度在 0～150 m 之间，地层厚度整体表现为中部厚，北部、南部薄的特征。沉积中心主要位于吴堡-米脂-子洲-绥德地区、定边地区和榆林地区，地层厚度在 100 m 以上，韩城北部桑树坪地区地层厚度也可达百米。北部府谷地区沉积地层厚度较小，最薄可在 40 m 以下，渭北地区地层厚度大都在 50 m 以下，淳化地区地层厚度在 10 m 以下。该时期砂岩累积沉积厚度在 0～65 m 之间，整体表现为东部厚西部薄，中部厚，北部和南部薄。砂岩沉积中心主要位于吴堡-绥德-子洲-米脂-榆林-佳县地区，砂岩厚度一般大于 50 m，其次在府谷、韩城、澄城、耀州砂岩厚度也较大。在旬邑-淳化西南部、宜君-黄龙-富县西部和定边-姬塬西部砂岩厚度一般在 10 m 以下。该时期泥岩沉积厚度在 0～140 m 之间，整体表现为西部厚东部薄，中部厚，南部和北部薄。主要的沉积中心位于横山-靖边-定边-吴起地区，泥岩厚度在 100 m 以上；此外，吴堡-米脂-佳县、韩城北部桑树坪地区泥岩厚度也可达 80 m；北部府谷地区和南部渭北大部分地区泥岩厚度较小，均在 50 m 以下，淳化地区泥岩厚度在 10 m 以下。该时期以砂岩沉积为主，泥岩沉积次之，砂泥岩比值较大，一般大于 1.0，局部地区小于 1.0。砂泥岩比值整体表现为南北高、中间低。其中渭北石炭-二叠纪煤田西部和东部砂泥岩比值较高，仅中部澄城-合阳地区较低；中部子洲-米脂-绥德地区砂泥岩比值较高，北部府谷及其北部地区砂泥岩比值亦较高。北部神木地区、西部靖边-志丹西部以及中部延安-宜川-黄龙-宜君一带砂泥岩比值较小。

层序Ⅱ沉积时期受海西运动的影响，海水从东部退出，由海相为主的沉积环境完全转变为陆相沉积环境，主要发育陆相湖泊、三角洲体系。层序Ⅲ沉积时期的古地理单元主要有河流、洪泛平原、三角洲平原、三角洲前缘、三角洲间湾、湖泊(图 4-4-3)。该时期由于南北差异沉降，表现为沉积相的南北分异。沉积相带大致可分为北部河流-三角洲相区、中部湖泊相区和南部三角洲-冲积相区。在定边东部的安边镇、吴起东北部薛家岔、子洲、清涧一带以北，主要发育三角洲及河流体系，自西北部、东北部流入该区的 3 条河流向南、西南注入湖泊，在湖泊北缘发育两个大的三角洲体系，西部的靖边-横山三角洲和西部的米脂-吴堡三角

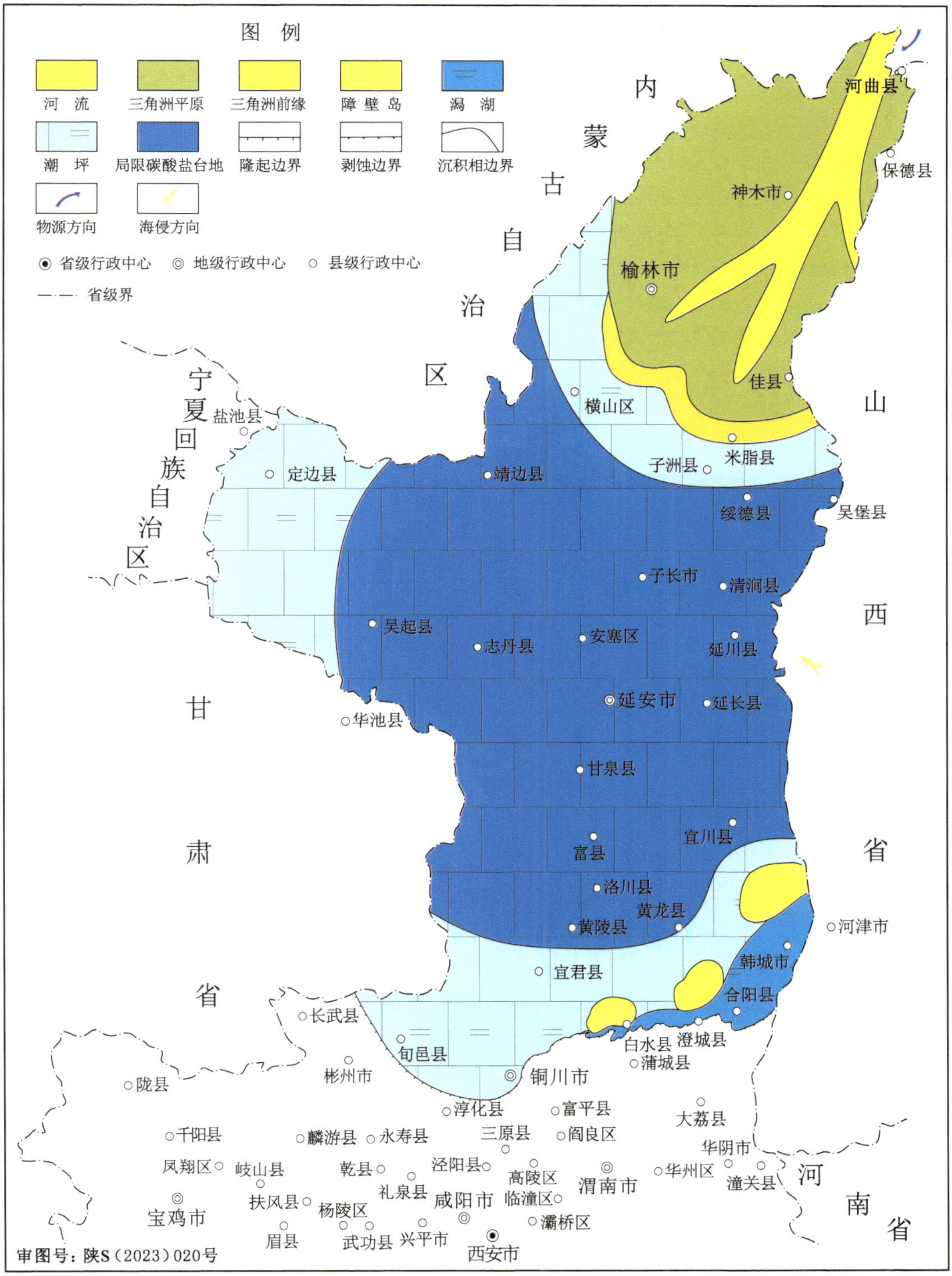

图 4-4-2 晚石炭世-早、中二叠世层序Ⅱ岩相古地理图

洲。靖边-横山三角洲河流自北而南注入湖泊，在靖边-横山地区发育广大的三角洲平原；吴堡-米脂三角洲是由自东北向西南流经佳县-子洲、吴堡的两条河流在湖缘发育的，三角洲平原主要分布在佳县-米脂-子洲-绥德-吴堡一带；两大三角洲南部向湖方向发育较宽的三角洲前缘相带，且连为一体。两个三角洲之间，在榆林地区发育一个较大的三角洲间湾区。流经佳县-子洲的河流在其上游府谷地区发育了大面积的洪泛平原沉积。

在定边东部的安边镇、吴起东北部薛家岔、子洲、清涧一带以南，宜君-黄龙以北发育大面积的浅湖沉积，主要为细粒砂岩、粉砂岩及泥质岩薄互层组合，波状层理、沙纹层理、水平层理及水平潜穴较发育。在宜君-黄龙一线以南广泛发育三角洲沉积，主要发育 3 个三角洲，西部的耀州三角洲、中部的澄城三角洲和东部的韩城三角洲。耀州三角洲河流自西南向东北注入湖泊，在淳化、耀州、铜川地区发育三角洲平原，向湖方向发育三角洲前缘。中部的澄城三角洲河流自南东方向注入湖泊，在澄城-合阳地区发育三角洲平原，向湖发育三角洲前缘。东部的韩城三角洲河流自南南东方向注入湖泊，在韩城地区发育三角洲平原，向湖发育三角洲前缘。3 个三角洲体系的相互交织，三角洲平原和前缘连为一体。旬邑以西发育洪泛平原沉积。层序Ⅲ主要物源区位于府谷、神木北部、吴堡地区、西部靖边-横山一带以及渭北石炭-二叠纪煤田广大地区。

4.4.2.4 晚石炭世岩相古地理格局

本次研究采用层序地层学的观点研究陕西省石炭-二叠纪含煤岩系沉积环境与聚煤规律，并且将陕西省石炭-二叠纪含煤地层限定在晚石炭世-早、中二叠世时间范围内。晚石炭世与前文研究的层序Ⅰ沉积期相对应，早-中二叠世与层序Ⅱ和层序Ⅲ沉积期相对应，故晚石炭世岩相古地理格局可参照层序Ⅰ岩相古地理格局。

4.4.2.5 早-中二叠世岩相古地理格局

早-中二叠世含煤地层包括太原组大部分及整个山西组地层。北部府谷、吴堡地区地层厚度较大，平均厚度 179.2 m，资料显示吴堡矿区厚度最大 218.6 m；中部地层厚度平均 126 m，较北部稍薄；西部平均厚度 153 m；南部渭北地区最薄，平均为 75.6 m，最小值仅 5.7 m，位于铜川矿区。地层厚度总体趋势南厚北薄，厚度差距较大；东西部厚度相当，差距较小。早-中二叠世砂岩厚度总体较薄，主要集中在山西组地层中，仅在北部府谷和南部渭北地区的太原组地层中见有较厚砂岩层。北部砂岩较厚，平均 46.8 m，主要以吴堡地区为富集中心，最大厚度值 76 m，平均 53.3 m，府谷矿区其次，平均厚度为 37 m；中部广大地区砂岩较薄，最厚仅为 79 m，平均 36.1 m；西部靖边-横山地区砂岩厚度最薄，平均值仅为 24 m；南部渭北地区平均厚度值为 27.6 m，最薄处位于铜川矿区，仅为 8.2 m。砂岩厚度总体趋势北厚南薄，西薄东厚，差异均很明显。早-中二叠世地层中泥岩较厚，北部府谷-吴堡矿区泥岩厚度最大值 137 m，平均值达到 86.3 m；中部广大地区泥岩也较厚，最大值 115 m，平均值 67.5 m；西部地区靖边-横山一带泥岩厚度最大值 122.5 m，平均值也达到 98.7 m；南部渭北地区稍薄，但是最大值也到达 95 m 以上，平均值仅为 43.6 m，为早-中二叠世含煤地层泥岩最薄处。早-中二叠世地层泥岩总体较厚，北部、中-东部、西部各区泥岩厚度相差不大，渭北地区变化较为明显，泥岩最薄。研究区砂泥岩比值总体分布表明北部府谷-吴堡地区和南部渭北地区较大，北部府谷-吴堡地区在 0.4～1.6 之间，南部渭北地区在 0.6～3.0之间，中-西部广大地区在 0～0.4 之间。另外，石灰岩含量值与砂泥岩比值呈现负相关

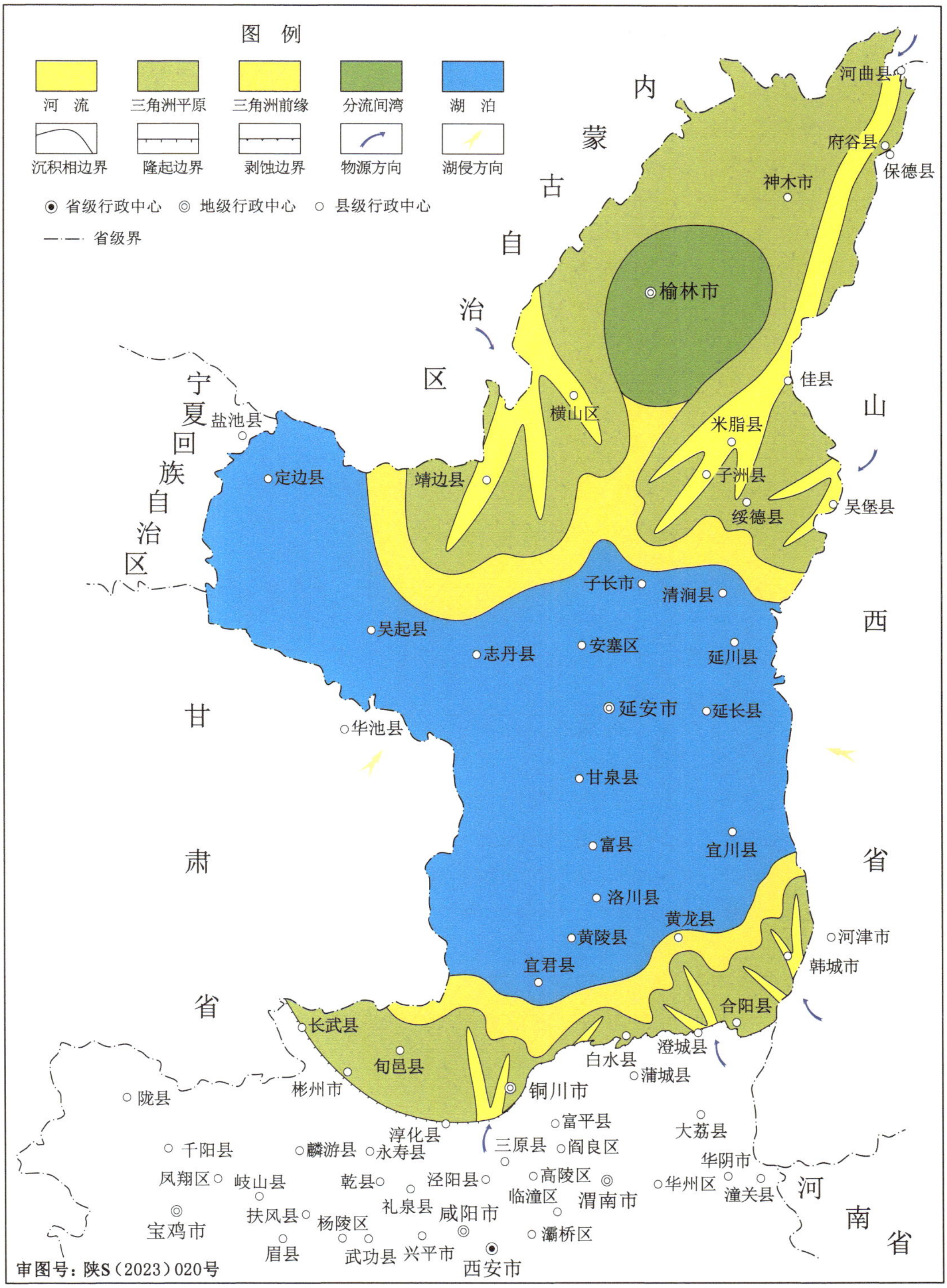

图 4-4-3 晚石炭世-早、中二叠世层序Ⅲ岩相古地理图

性,北部府谷地区的灰岩含量几乎为0,吴堡地区因地层较厚,反映的石灰岩含量偏低,最大值17.55%,平均值12.83%;中部地区石灰岩含量也在12%~14%之间,南部渭北地区极少数区域内石灰岩含量达到20%,大部分范围内石灰岩含量仅在2.8%左右。

由以上砂岩厚度、泥岩厚度、砂泥岩比值、石灰岩含量等各单因素值的分析可以得出陕西省早-中二叠世岩相古地理格局(图4-4-4),在府谷-榆林-横山-米脂一带发育河流-三角洲沉积,广泛发育三角洲平原,三角洲平原外围近海一侧发育三角洲前缘相带,水流自北向南入海湾;三角洲前缘与海湾之间发育潮坪。在子洲以南、吴起以东、渭北石炭-二叠纪煤田以北,广泛发育海湾相;西部地势较高的吴起-定边地区发育潮坪相;南部渭北地区韩城、澄合矿区主要以潮坪-障壁-潟湖沉积环境为主,发育与海岸近平行的障壁岛及潟湖,障壁岛外以潮坪为主,蒲白及铜川矿区的沉积环境有所不同,该区主要以过渡相组三角洲为主。

早-中二叠世沉积期陕西省渭北石炭-二叠纪煤田铜川矿区以西长武-彬州-淳化县一带地势仍然较高,存在局部隆起;澄合、韩城矿区以南为剥蚀区。从以上分析得出早-中二叠世沉积期的北部物源区位于横山-榆林-米脂以北的地区,方向由北向南;南部物源区位于韩城、澄合矿区潟湖靠陆地一侧以及铜川以西的三角洲平原区,方向由南向北。海侵方向已由晚石炭世沉积期的东北方向转变为东南方向。

4.4.3 晚三叠世含煤岩系岩相古地理格局与演化

本次共收集韩岔-蟠龙矿区22口钻井,并分层序统计了这些钻孔的地层厚度、砂岩厚度、泥岩厚度、砂泥岩比值等单因素数据,分层序绘制了各单因素等值线图。综合分析恢复各层序沉积时期的岩相古地理格局,在借鉴前人研究成果及本次收集资料的基础上,绘制了全省瓦窑堡组岩相古地理图。

陕西省晚三叠世瓦窑堡期的构造条件相对稳定,岩相古地理格局比较简单,北部为阴山古陆(省外)、南为秦岭古陆、西为贺兰-六盘山古陆、东为华北古陆,呈周围高、中间低的陆块内部大陆盆地,发育湖泊及三角洲环境的碎屑岩,含煤、油、气沉积。地层厚度显示南北薄而中厚,岩性显示南北粗南中细的总体分布规律。该段划分为三个层序:层序Ⅰ、层序Ⅱ和层序Ⅲ,旋回性比较清楚,每个层序都由低位、湖侵和高位三个体系域组成。

4.4.3.1 *层序Ⅰ岩相古地理格局*

层序Ⅰ处于盆地沉降初期,与瓦窑堡组第一段、第二段中-下部地层大致对应。从单因素等值线图上可以看出,层序Ⅰ地层厚度在90~120 m之间,地层厚度整体西厚东薄,尤其是东北和东南部最薄。沉积中心位于石湾镇-玉家湾镇-子长市-安塞区一带,周家湾镇、安塞区东南部、安塞区-石湾镇之间为地层沉积厚度较薄的地区,即为相对隆起区。该时期砂岩较发育,发育砂岩最大厚度在70 m以上,砂岩厚度较大的地区主要发育在西北部横山区、石湾镇-玉家湾镇之间、安塞区。泥岩最大沉积厚度超过90 m,沉积中心主要位于石湾镇南部和安塞-子长之间。砂泥岩比值整体较大,反映了该时期以砂岩沉积为主,最大值可超过7,沙泥岩比值较大的区域位于西北部横山区、石湾镇和安塞区,与砂岩沉积中心位置大致相同,反映了该地区以砂岩沉积为主。

层序Ⅰ沉积时期的古地理单元包括曲流河、洪泛平原、三角洲平原、三角洲前缘和局限湖。层序Ⅰ沉积早期,主要发育曲流河及洪泛平原,发育北东-南西向的曲流河,河道周围洪泛平原广泛发育。层序Ⅰ中晚期,随着构造沉降,盆地坳陷汇水,逐渐发育了湖泊沉积,河

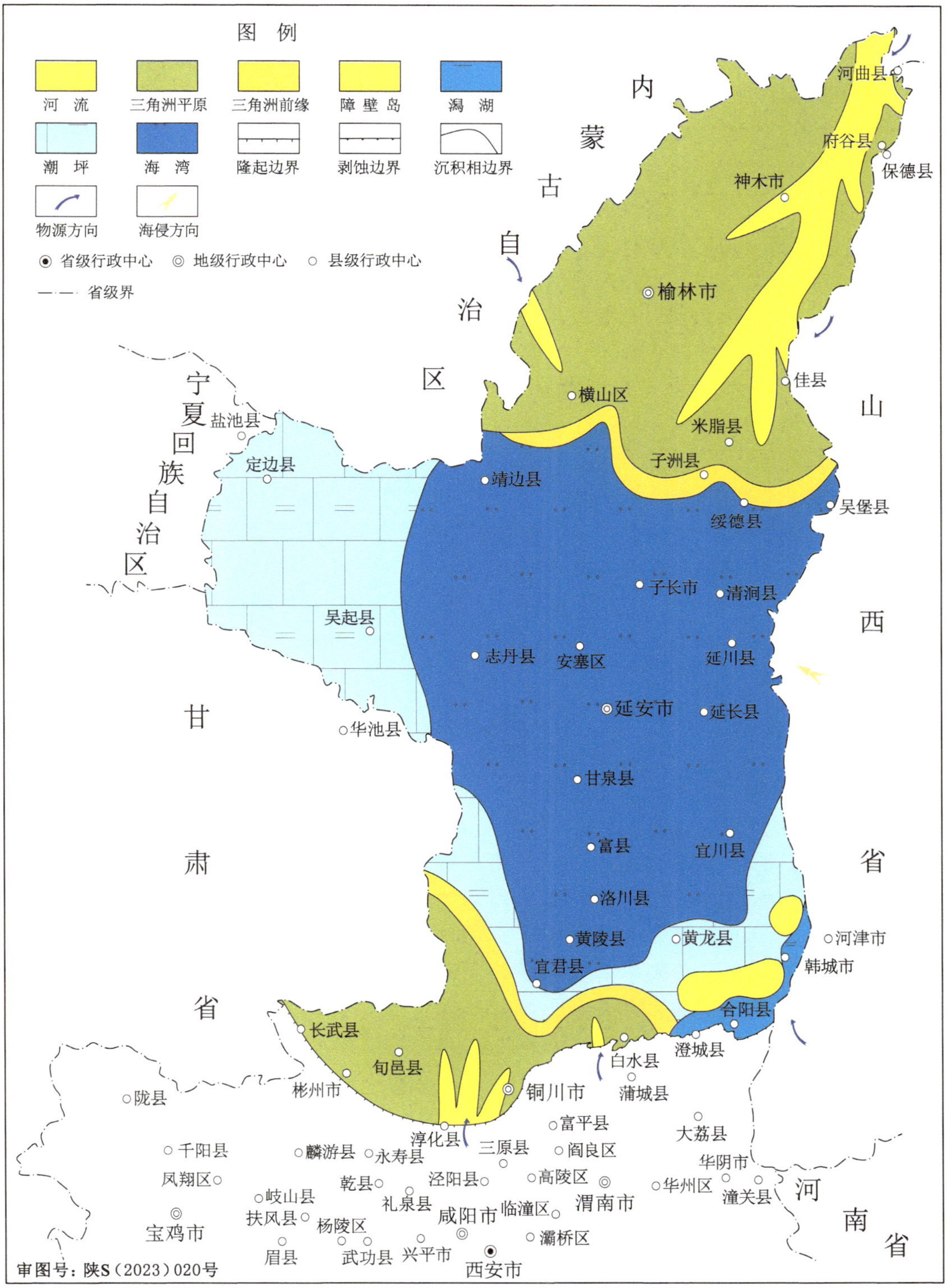

图 4-4-4 早-中二叠世岩相古地理图

流后退，并在湖缘发育三角洲沉积。该时期主要发育两条河流，自东北向西南分别流经石湾镇和周家湾镇进入安塞-子长一带的局限湖，并在北部湖缘到大理河以南发育三角洲平原和前缘相。横山西北部发育自北西向南东流入的河流，在横山地区发育三角洲。大理河以北、横山三角洲以西、局限湖的东部和南部发育河流洪泛平原(图 4-4-5)。

4.4.3.2 层序Ⅱ岩相古地理格局

层序Ⅱ处于盆地稳定沉降期，大致与瓦窑堡组第二段上部、第三段和第四段下部对应。从单因素等值线可以看出，该时期地层厚度在 70～170 m 之间，地层厚度明显表现为东薄西厚，其中安塞地区地层厚度可达 170 m，子长东南部地层厚度最小，近 70 m。砂岩累积厚度最大可达 85 m 以上，砂岩厚度大的地区主要分布在石湾镇、子长东部的寺湾和南部的安塞地区。子长东部、南部砂岩厚度较小，在 30 m 以下。泥岩厚度大致在 20～110 m 之间，明显表现为西厚东薄，安塞地区泥岩厚度达到最大，超过 110 m。该时期砂泥岩比值整体较大，最大可接近 5，表现为北部砂泥岩比值最大，南部次之，中部最小。自寺湾-玉家湾镇一线以北向横山方向，砂泥岩比值逐渐增大；安塞向南砂泥岩比值逐渐增大。在安塞-蟠龙-贯屯-永坪-子长-寺湾一带，砂泥岩比值较小。

层序Ⅱ沉积时期的岩相古地理格局继承了层序Ⅰ的古地理格局，由于湖泊持续扩展，该时期湖泊范围明显增大，三角洲和河流洪泛平原明显向岸退缩。该时期大的古地理单元包括曲流河、洪泛平原、三角洲平原、三角洲前缘和局限湖。该时期发育一条大的曲流河，自东北向西南经石湾镇注入安塞-蟠龙-子长一带的局限湖，在湖缘西北部石湾镇南部发育三角洲平原和前缘相，横山三角洲仍然发育，但范围有所后退变小。该时期湖泊范围明显扩大，三角洲和洪泛平原范围明显缩小(图 4-4-6)。

4.4.3.3 层序Ⅲ岩相古地理格局

层序Ⅲ处于盆地萎缩-消亡期，大致与瓦窑堡组第四段中、上部相对应。该时期沉积地层厚度在 20～150 m 之间，地层厚度明显表现为东厚西薄，沉积中心位于东部玉家湾-子长-永坪镇-蟠龙一带。该时期砂岩累积沉积厚度最大可达 70 m，表现为西薄东厚，砂岩厚度较大的地区位于石湾镇、玉家湾镇、子长市、蟠龙镇，寺湾砂岩厚度较小。该时期泥岩厚度最大可达 90 m，泥岩厚度明显表现为西薄东厚，泥岩沉积中心位于玉家湾镇和蟠龙镇，其次位于石湾镇。寺湾、贯屯地区泥岩厚度相对较小。该时期砂岩/泥岩比值最大可达 7，整体表现为北部比值大、南部比值小。玉家湾-子长-寺湾-安塞一线以北，向横山方向，砂泥岩比值逐渐增大；该线附近砂泥岩比值整体较小，该线以砂泥岩比值有所增大，但增幅较小。

层序Ⅲ沉积时期处于盆地的萎缩-消亡期，该时期在继承层序Ⅱ古地理格局的基础上，湖泊范围缩小，三角洲、河流沉积范围增大，向湖进积。该时期的古地理单元为河流、洪泛平原、三角洲平原、三角洲前缘和局限湖。层序Ⅲ沉积早中期，研究区北部发育两条河流，自北东向南西注入局限湖，在湖北缘-大理河以南发育三角洲平原和前缘，该时期湖泊主要发育在安塞-贯屯-子长-玉家湾一带，沉积范围有所减小，特别是东南部湖泊范围减小明显。层序Ⅲ沉积晚期，湖泊基本消失，主要发育一条曲流河，自东北向西南大致流经子长-寺湾-贯屯-安塞等地，周围主要发育河流冲积平原(图 4-4-7)。

4.4.3.4 瓦窑堡组岩相古地理格局

瓦窑堡组地层厚度在 50～350 m 之间，地层厚度西薄东厚、南北薄中间厚，其中以子长

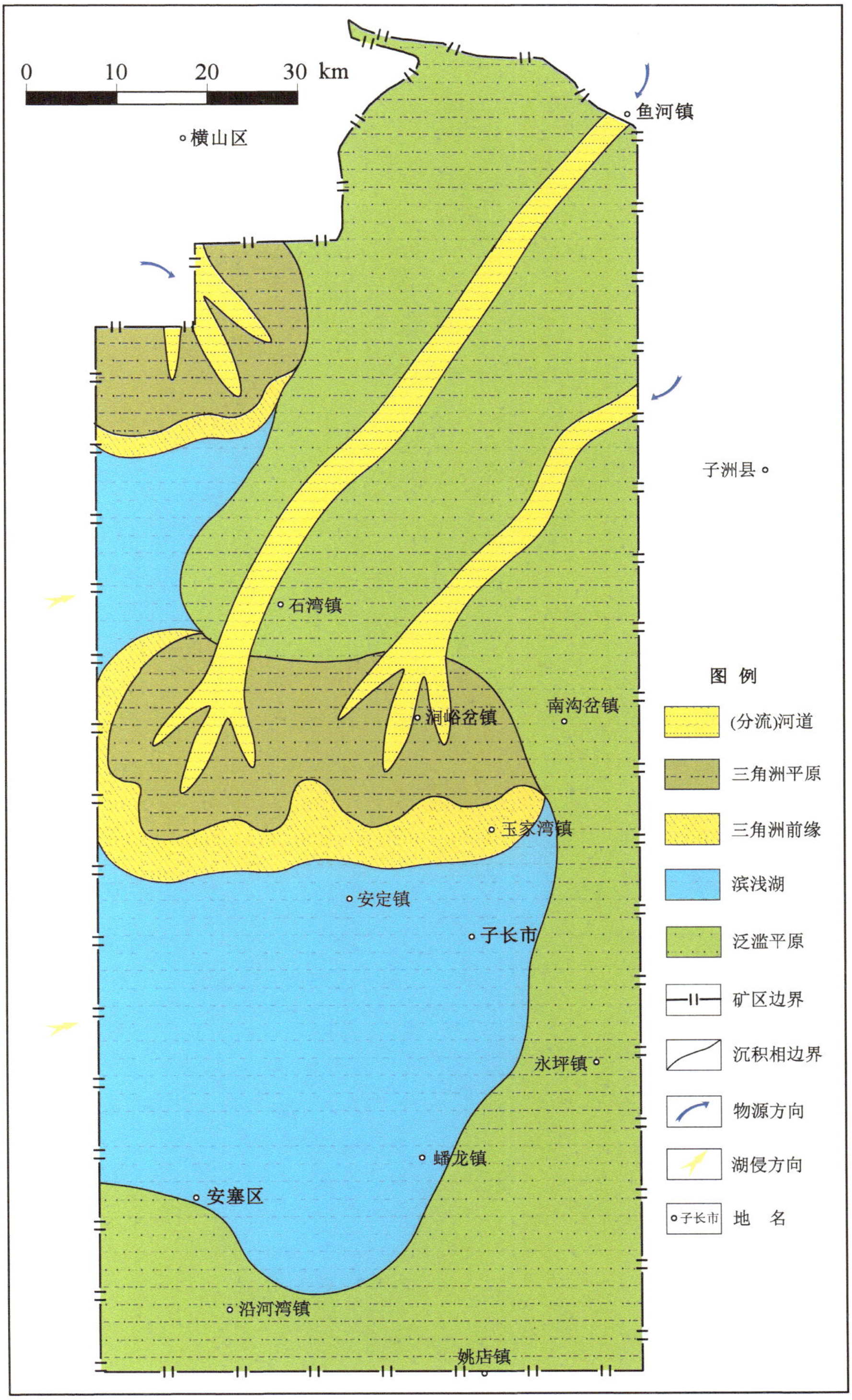

图 4-4-5　晚三叠世瓦窑堡组层序Ⅰ岩相古地理图

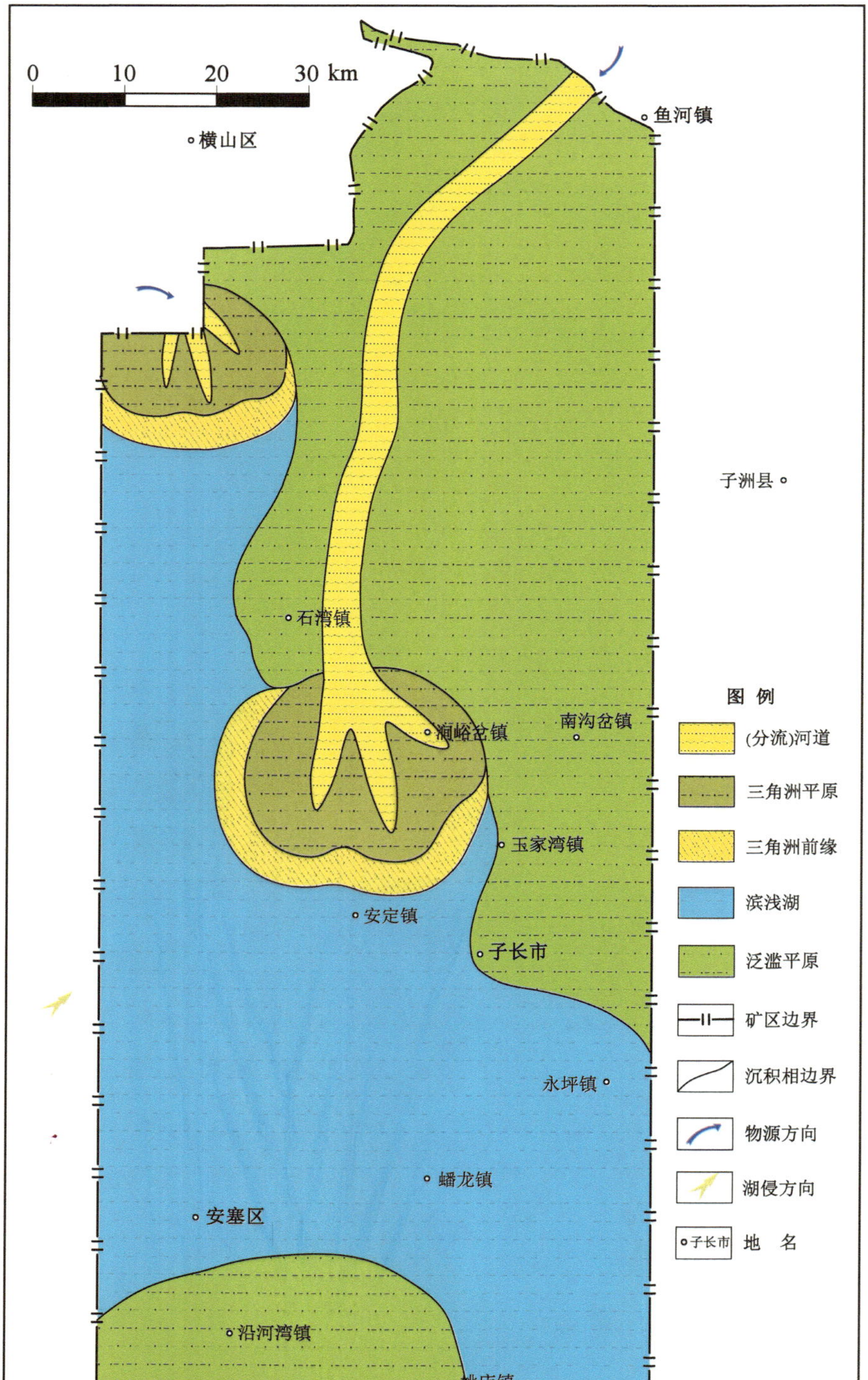

图 4-4-6 晚三叠世瓦窑堡组层序Ⅱ岩相古地理图

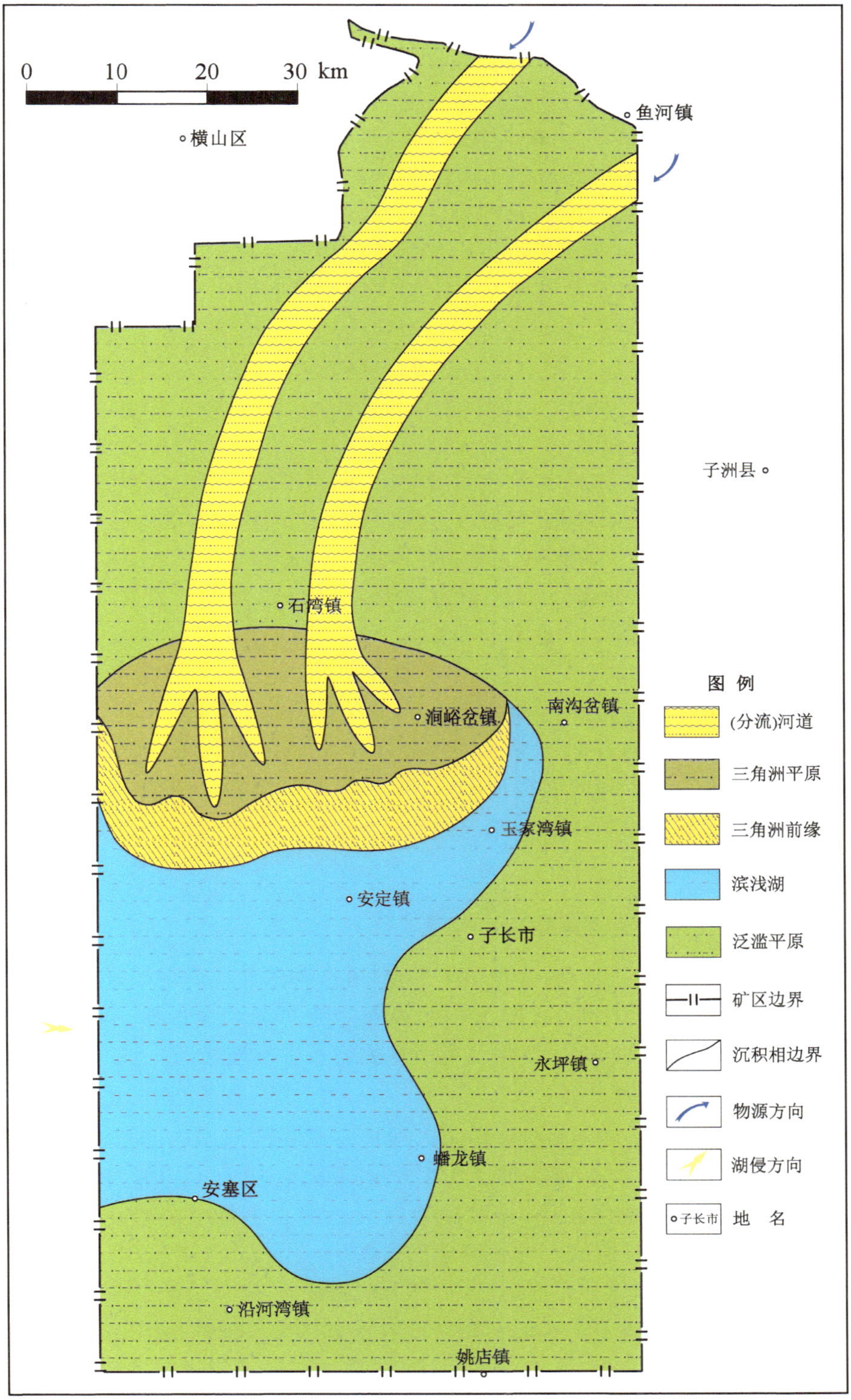

图 4-4-7 晚三叠世瓦窑堡组层序Ⅲ岩相古地理图

地区地层厚度最大，可达 352.87 m(6-1 孔)，向周围地层厚度逐渐减小。在富县-延安、靖边-横山地区厚度在 200 m 左右，向西到定边-吴起-姬塬一带厚度仅为 50 m。

韩岔-蟠龙区瓦窑堡组地层厚度在 200～350 m 之间，整体表现为东厚西薄、中部厚南北薄，其中西北部横山地区地层厚度最小，在玉家湾镇地区地层厚度达到最大，厚度可达近 350 m。砂岩累积厚度整体表现为东北、西南厚，西北、中部、东南薄，石湾镇、魏家楼、周家湾一带厚度最大，可达 200 m 以上，安塞西南部厚度次之，在 160 m 左右，寺湾及其西部地区砂岩厚度小于 120 m，贯屯、蟠龙、永坪地区砂岩厚度较小，一般在 110 m 以下。瓦窑堡组泥岩厚度整体为东厚西薄，中间厚、南北薄，泥岩沉积中心主要位于玉家湾及其西北部一带和贯屯-蟠龙-永坪一带，泥岩厚度可达 200 m 以上。北部和西南部以及中部寺湾地区泥岩厚度较小，在 140 m 以下，特别是西北部地区减薄至 60 m 以下。砂泥岩比值表现为北部高，西南部次之，中部、东南部较低。其中以西北部往横山方向砂泥岩比值最大，其次在石湾镇、周家镇、安塞区西南部砂泥岩比值较大。石湾镇南部、玉家湾镇、寺湾、子长、永坪镇、贯屯、蟠龙一带砂泥岩比值较低，大都小于 1。瓦窑堡组煤层累计厚度最厚可达 8.27 m (4-2 孔)，厚煤层主要分布在石湾镇-玉家湾镇一带，向周围煤层厚度递减。

依据韩岔-蟠龙地区众多单因素数据以及陕西省煤田地质局前期的研究成果，恢复了全省瓦窑堡组岩相古地理图(图 4-4-8)。其宏观古地理格局为东陆西湖，古地理单元有曲流河、洪泛平原、三角洲平原、湖湾、浅湖。其东北部和东部三角洲较发育，大致可以划分为 2 个大的三角洲群，北部的横山三角洲群和东北部的子长三角洲群。横山三角洲群自北西向东南注入湖泊，在湖的西北缘发育三角洲平原和前缘，子长三角洲群河流走向北东-南西向，自子洲向子长、蟠龙方向注入湖泊，河流在北部发育洪泛平原，在子长、石湾镇地区发育三角洲平原和前缘。三角洲多期发育并相互叠加，2 个三角洲群的平原带相互连接成片。湖湾主要分布在三角洲群之间的间湾地带，其中安塞地区湖湾范围最大。在靖边-安塞-富县一线西部主要发育浅湖沉积。物源主要来自北部、东北部和东部的古隆起区，湖水主要来自西部的广湖区。

4.4.4 中侏罗世含煤岩系岩相古地理格局与演化

本次共收集延安组可以利用的钻孔 194 个，利用这些钻孔统计各层序以及整个延安组的地层厚度、砂岩厚度、泥岩厚度、砂泥岩比值、煤层厚度等单因素数据，绘制各种单因素等值线，在综合分析各单因素的基础上，恢复各时期的岩相古地理格局。

4.4.4.1 *层序Ⅰ岩相古地理格局*

层序Ⅰ为湖盆初始沉陷到明显扩张阶段。层序Ⅰ沉积的地层厚度总体为北厚南薄、西厚东薄的特点，最小厚度为 0 m，最大厚度为 234 m(黄陇东 19 孔)，主要沉积中心为吴起-靖边-定边地区，榆林-神木为次沉积中心，黄陇地区沉积中心主要位于彬州及黄陵矿区。甘泉-富县、靖边-子洲为相对隆起区。砂岩厚度范围在 0～118 m(西 1 孔)之间，主要分布在定边-吴起-安塞、刀兔、神木和陇县北部地区，庆阳-富县、子长-横山地区砂岩厚度较小。泥岩厚度在 0～187 m(黄陇东 19 孔)之间，主要分布在吴起-定边、榆林-横山、神木东北部、黄陵矿区、陇县北部地区，甘泉-安塞-靖边、神木西北部、焦坪矿区等泥岩厚度较小。沙泥岩比值在 0～3.7(陕北 ZK179 孔)之间，在陕北榆神府地区，砂泥岩比值大致呈西北向东南向，定边-靖边-吴起地区大致为东西向，黄陇地区大致为南北向。砂泥岩比值较大的位置大致位

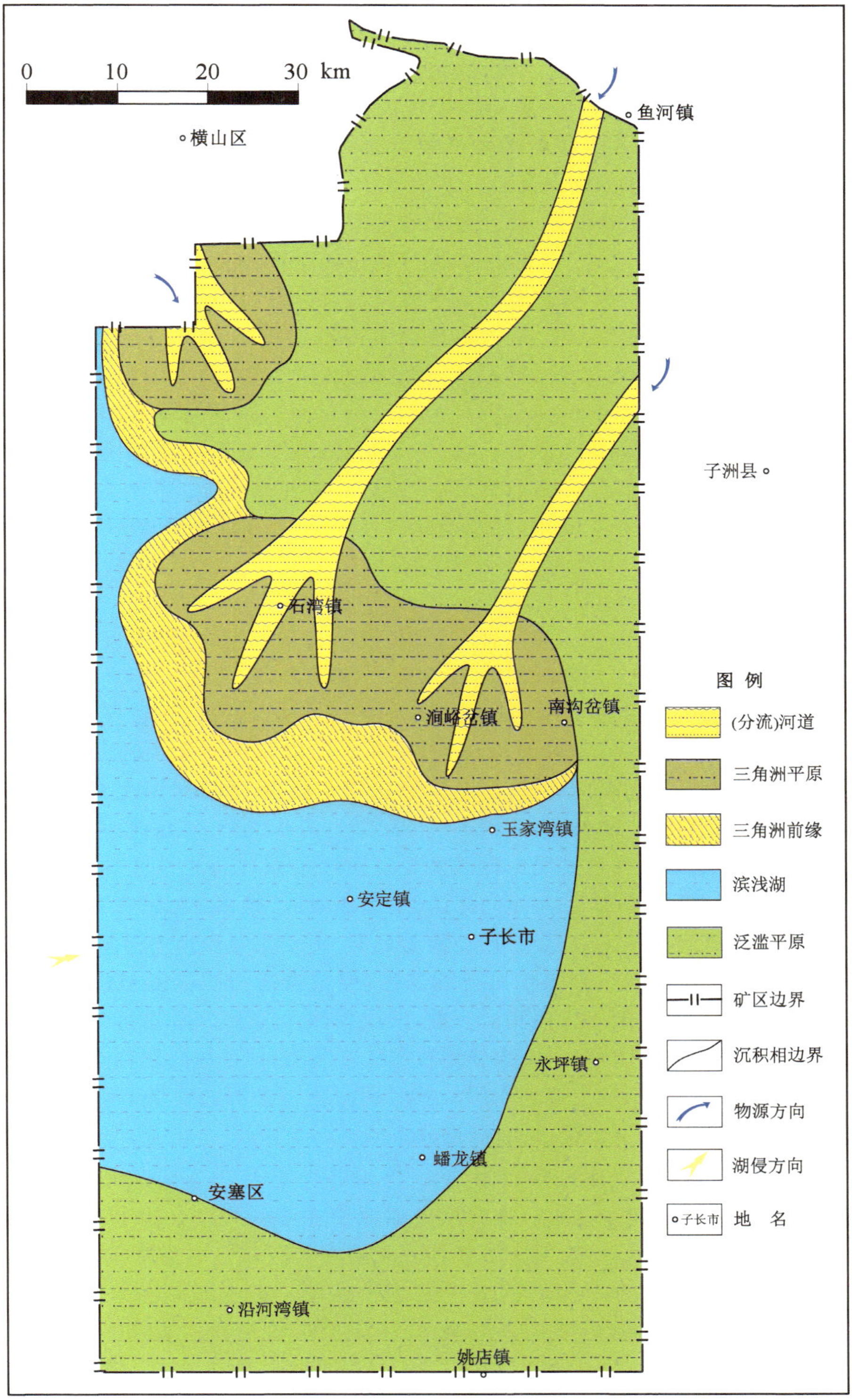

图 4-4-8 晚三叠世瓦窑堡组岩相古地理图

于吴起、安塞、横山南部和北部、榆神小壕兔、尔林兔地区和神府矿区大部。黄陇地区砂泥比较大地区主要位于陇县北部、麟游北部、焦坪庙湾、彬州北部等地区。

通过对地层厚度、砂岩及泥岩厚度和砂泥岩比值这些单因素进行综合分析，恢复了层序Ⅰ沉积时期的岩相古地理格局。该时期宏观的古地理格局：北部为三角洲沉积、中部为滨浅湖沉积、南部为河流沉积。主要的古地理单元为(分流)河道、洪泛平原、三角洲平原、三角洲前缘、三角洲间湾、滨浅湖、次深湖。

层序Ⅰ沉积早期主要发育河流、洪泛平原和局限湖。该时期在富县组填平补齐的基础上，陕甘宁古宝塔山河初具规模，上游的碎屑物质急流而下，充填低洼的河道，河道两侧的局限湖开始形成。北部在定边-吴起有 3 条主要河流，南区的河流规模最大，上游有 2 条大的分支，北部分支河道自宁夏盐池、定边等地向东南方向推进，南部的分支河道自甘肃环县、华池、庆阳向东北推进，在志丹地区汇成一条大的河流，流向自北西向南东流，经延安南部流出研究区。其次河流规模较小，规模较大的河流自西北部的内蒙古鄂托克旗向东南方流经乌审旗从横山、靖边之间流入陕西。此外，在榆林、神木地区发育规模较小的河流。南部黄陇地区也发育 3 条古河流，即古庙湾河、古彬县河和古邵寨河。盆地底部和北部活动性较强，在低洼地带开始发育积水洼地、经沼泽化发育煤层(如陕北 5 号煤)。盆地南缘构造活动弱，沉积稳定，泥炭沼泽长期发育，有利于聚煤作用长期发生，在有利的聚煤区发育了该地区最厚的煤层。

层序Ⅰ沉积晚期，由于前期的填平补齐作用，地形趋于平坦，三角洲沉积体系大规模发育，湖泊不断扩张，古隆起大部分被淹没，仅剩下零星孤岛，各河流上游分支河道大面积发育，下切作用减弱，加积作用加强。陕北榆神府矿区和定边-靖边地区在该时期主要为三角洲平原相区，由于地势平坦，三角洲平原面积广阔，平原泥炭沼泽大面积发生聚煤作用，构造活动的稳定性使得煤层的横向连续性较好，煤层厚度较大，为该时期主要的煤层发育区，发育了 4 号煤组；神木南部、榆林北部、横山-子洲之间、志丹北部-安塞地区三角洲前缘相带较发育；西部自环县流入的河流在吴起地区发育三角洲平原和前缘相区；横山西北部、定边及其西北部、吴起西部发育 3 个三角洲间湾区；靖边东南部、榆林东南部发育湖湾相区；黄陇侏罗纪煤田主要为曲流河洪泛平原相带，在麟游北部、彬州北部和焦坪庙湾发育 3 条近南北向的河流，该时期洪流较稳定，聚煤作用持续发生，但聚煤能力明显变差；夜虎庄隆起以北整个黄陵矿区为滨湖相区，聚煤作用相对较差；滨浅湖相区位于安塞-志丹一带，向东北延伸到玉林地区，南部发育在黄陵地区，聚煤作用很弱。在延安-甘泉地区发育次深湖相，水体较深，沉积厚层次深湖泥岩，不发生聚煤作用。该时期沉积物来源西北部、西部和南部的古隆起区，大致整个湖泊周围都可以提供物源(图 4-4-9)。

4.4.4.2 *层序Ⅱ岩相古地理格局*

层序Ⅱ位于湖盆稳定沉积阶段。该时期地层厚度在 0～139 m(陕 14)之间，黄陇侏罗纪煤田除黄陵矿区中北部外，多数地区不发育或无层序Ⅱ沉积。层序Ⅱ沉积中心主要位于吴起东北部、安塞、靖边、榆林、神木北部、彬州北部地区。隆起区主要位于神木西北部、横山、华池-富县地区。砂岩厚度在 0～76 m(陕 14 孔)之间，厚砂岩主要位于吴起-安塞、靖边北部和东部、榆神小壕兔-尔林兔地区，靖边-子长、定边地区、吴起-甘泉-黄陵地区砂岩厚度较小。泥岩厚度在 0～67.75 m(ZK2337 孔)之间，泥岩厚度较大的地区主要位于安塞-延安、吴起东北部、靖边-横山、榆林地区、庆阳-正宁县-黄陵北部地区，靖边-子长、横山-榆林之

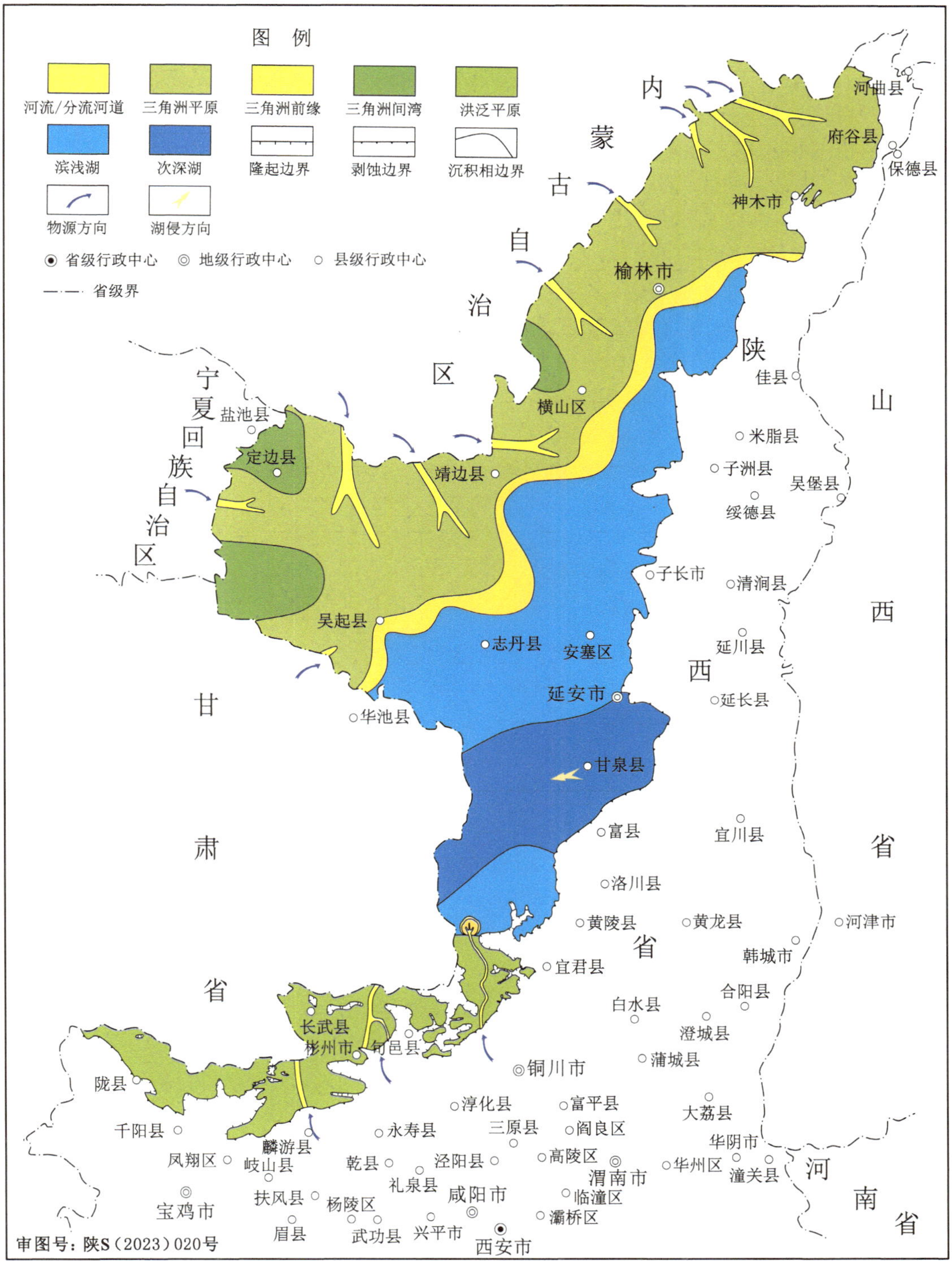

图 4-4-9　中侏罗世延安组层序Ⅰ岩相古地理图

间、神木西北部泥岩厚度较小。砂泥岩比值在0.04～3.50(定1孔)之间,砂泥岩比值较大的地区主要位于神府矿区、榆林西北部、榆林-横山之间、定边地区、吴起-安塞-靖边、陇县北部、彬州北部地区,黄陵-宁县-华池-志丹-延安一线东部砂泥岩比值较低,定边-吴起之间、横山西北部及横山-子洲、榆林-神木地区砂泥岩比值较低。

通过综合分析该层序的地层厚度、砂岩分布、泥岩分布以及砂泥岩比值等单因素参数,恢复了层序Ⅱ的岩相古地理格局(图4-4-10)。层序Ⅱ沉积时期的古地理单元为分流河道、三角洲平原、三角洲前缘、滨浅湖、次深湖、湖湾、洪泛平原。陕西省北部和西部明显划分为三个大的三角洲群,北部三角洲群主要分布在横山以北、榆神-神府矿区,河流自西北向东南流入该区,发育大面积的三角洲平原,连接成片,在榆林-横山之间和榆林-神木之间,三角洲前缘较发育;在定边和靖边地区,在西北向东南流向的河流形成了较大规模的三角洲平原,三角洲平原向湖方向发育宽度较大的三角洲前缘相区,尤其是向安塞方向延伸的三角洲前缘较发育。在吴起-环县-庆阳-华池地区有河流自西而东流入湖泊,在吴起地区发育三角洲,三角洲前缘与靖边地区的三角洲连为一体。在横山周围两个大的三角洲朵体的遮蔽作用,其后发育湖湾;同样,受南部吴起三角洲和北部靖边三角洲的遮蔽作用,在姬塬地区发育湖湾,湖水经两个三角洲前缘交汇地带与湖泊相连。该时期滨浅湖范围明显扩大,从志丹-安塞向西北延伸到榆林-神木地区。次深湖范围也明显扩大,延安以北地区,南部地层遭剥蚀而边界不详。南部黄陇侏罗纪煤田多数无层序Ⅱ地层保存不全,仅在深部地区残存层序Ⅱ地层,主要发育曲流河和洪泛平原相。

4.4.4.3 *层序Ⅲ岩相古地理格局*

层序Ⅲ处于湖泊萎缩-消亡阶段。地层厚度在16.51 m(榆神府ZK30)到117 m(陕14孔)之间,沉积地层残存范围明显减小,沉积中心主要位于吴起-志丹-靖边-定边、榆林、神木北部地区,地层厚度较小的地区位于定边-吴起一线西南部、横山-榆林之间、神府矿区西部和榆神矿区北部地区。砂岩厚度在4 m(盐16孔)～66 m(塞1孔)之间,厚砂岩主要分布在吴起-志丹-延安-安塞-靖边地区、神木地区,榆林-横山地区、定边-吴起一线西南部、靖边北部砂岩厚度较小。泥岩厚度在1.11 m(榆神ZK13-4)～82 m(陕14孔)之间,泥岩厚度大区主要分布在吴起-安塞-靖边地区,泥岩厚度较小地区主要分布在定边-吴起一线西南部。砂泥岩比值在0.21(ZK910)～4.87(吴64孔)之间,砂泥岩比值较大的地区位于靖边、吴起、延安、靖边-安塞、横山南部和北部、神府矿区和榆神矿区,其他地区砂泥岩比值均较低。该层序可用钻孔较少,控制程度偏低。

通过对层序Ⅲ的地层厚度、砂岩厚度、泥岩厚度和砂泥岩比值这些单因素进行综合分析,恢复了该时期的岩相古地理格局(图4-4-11)。该时期处于湖泊萎缩-消亡时期,广阔湖盆逐渐消失,取而代之的是范围相对较小、相对孤立的局限湖,三角洲、河流范围明显增大。古地理单元主要为曲流河、洪泛平原、分流河道、三角洲平原、局限湖。陕北榆神府矿区有3条河流自西北流入该区,分流河道位置大致位于横山西北部和东南部、榆林北部、神木北部地区,发育广泛的三角洲平原连接成片,该地区三角洲平原为该时期最主要的聚煤场所,发育了厚度较大的1号煤组。定边-吴起-延安地区发育一条规模巨大的河流,河流上游有两个巨大的分支,一分支源于甘肃盐池-定边,另一分支源于姬塬-吴起,两分支在志丹附近汇为一支,自延安南部向东南流。在主河道两侧发育两个较大的局限湖,一个位于靖边-安塞地区,一个位于吴起-志丹-甘泉地区。曲流河与两侧的局限湖不相通,无论是曲流河发育

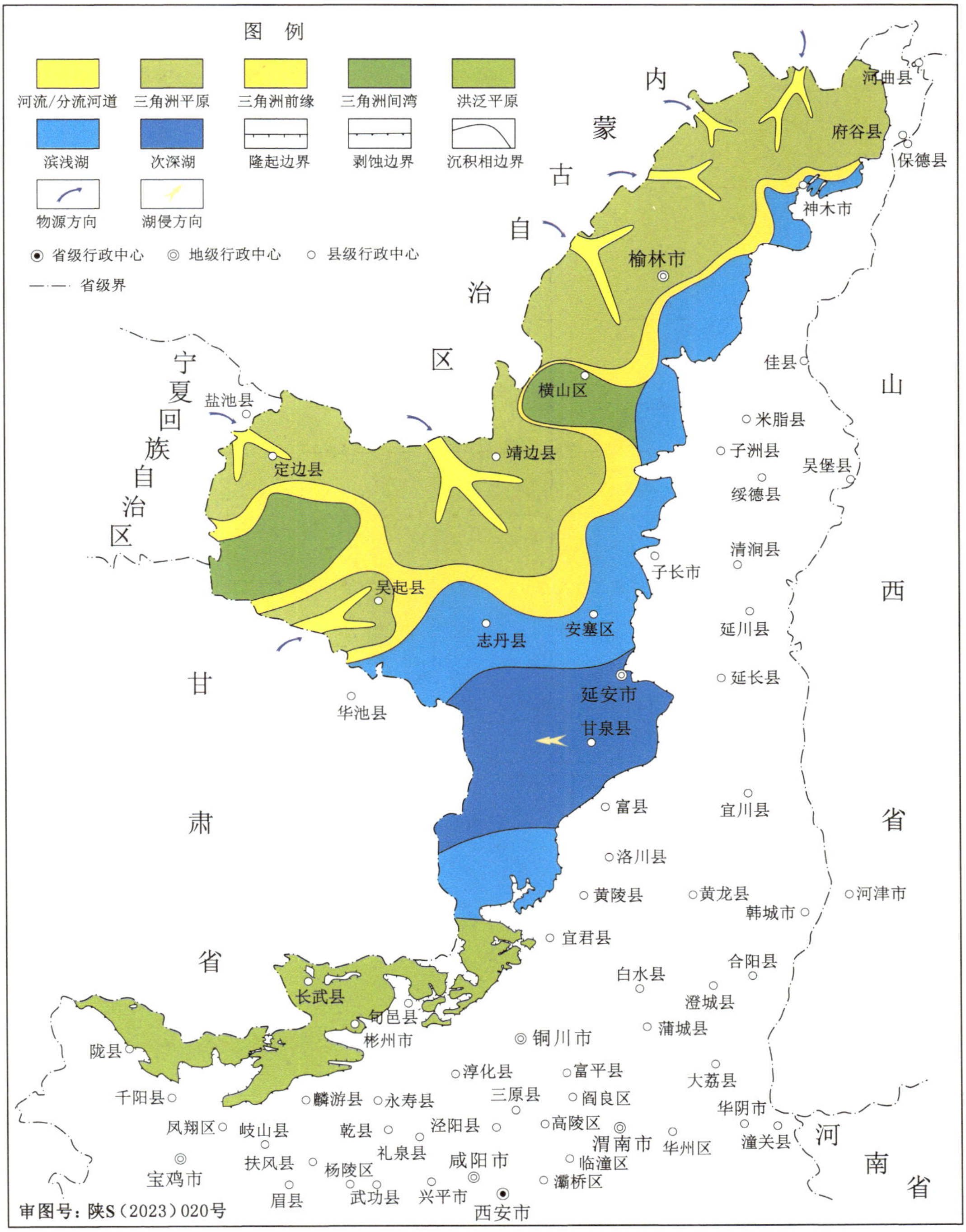

图 4-4-10　中侏罗世延安组层序Ⅱ岩相古地理图

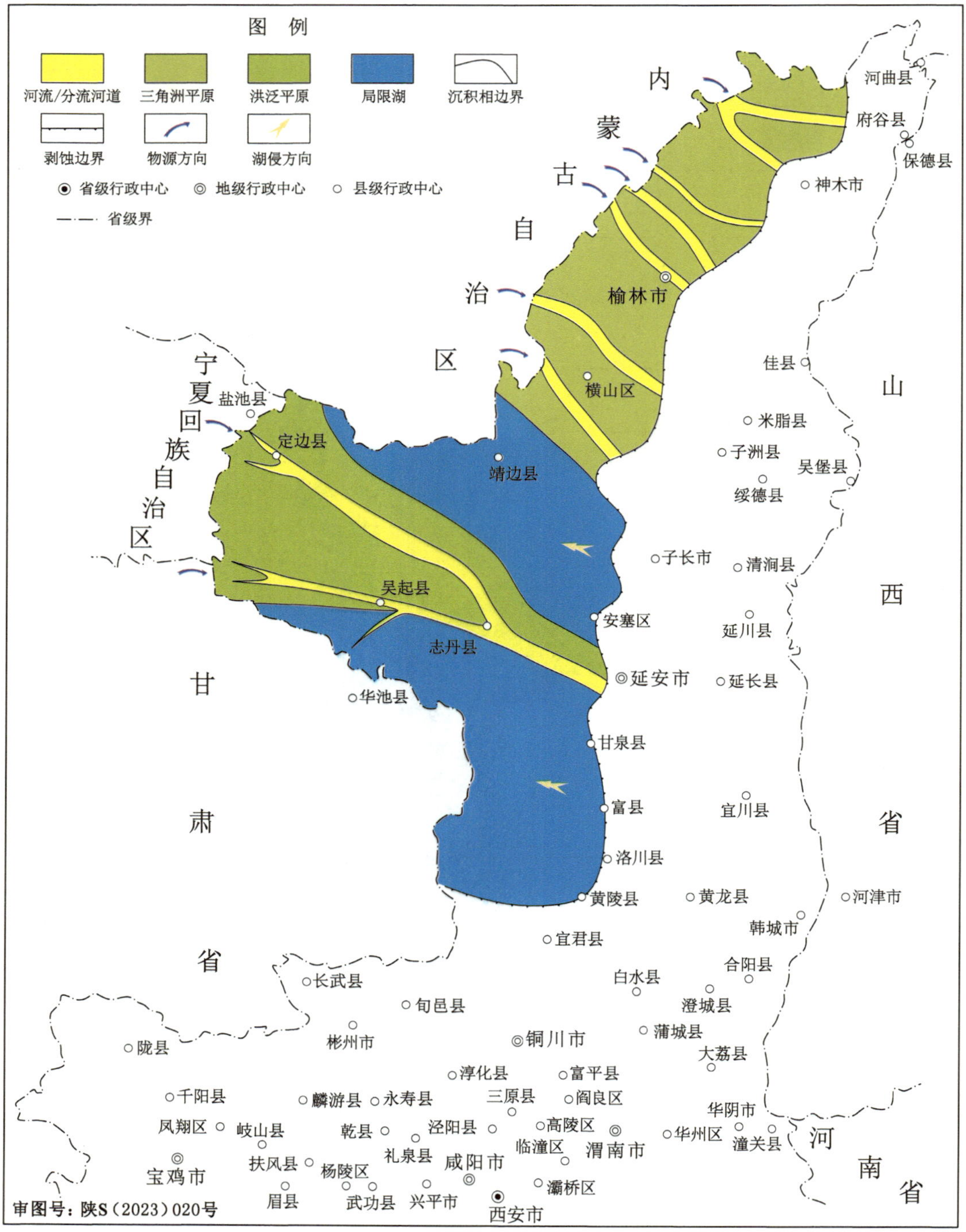

图 4-4-11 中侏罗世延安组层序Ⅲ岩相古地理图

区还是局限湖发育区，都不发育煤层。该层序为一个残存地层单元，恢复其环境及其演化和聚煤作用比较困难，目前仅在西北角神府矿区聚煤作用较好，其次在榆神-榆横矿区和西部定边-姬塬地区也发生一定强度的聚煤作用。

4.4.4.4 延安组岩相古地理格局

延安组地层厚度由于不同地区地层保存程度不同，特别是黄陇地区地层普遍残存厚度小，无法恢复剥蚀掉的地层，因此，采用的是地层残厚。延安组地层残存厚度在 0～495.5 m，最大厚度位于吴起东北部野鸡岔附近的陕 14 孔。最大的沉积中心位于吴起-靖边-定边组成的三角形之间，其次为安塞-延安、榆神矿区、神府矿区，黄陇地区沉积中心位于黄陵北部、彬州北部和陇县东北部地区。延安组砂岩厚度在 0～225.04 m(3310 孔)，砂岩厚度较大的地区位于定边-安塞-延安一带、吴起-华池地区、榆神矿区等，砂岩厚度较小的地区位于靖边-横山之间北西-南东向条带、富县-黄陵-甘肃正宁县，神府矿区砂岩厚度也相对较小。陕北地区砂岩厚度大的条带和砂岩厚度小的条带走向大致均为北西-南东向。延安组泥岩厚度在 0～268 m(陕 14 孔)之间，泥岩厚度较大的地区位于定边-吴起-延安-安塞-靖边一带、横山西部、榆神、彬州北部、千阳北部和黄陵北部地区，神府矿区、安塞-横山之间、焦坪-旬邑矿区泥岩厚度相对较小。砂岩和泥岩厚度的大小与地层厚度大小关系密切，地层厚度大的地区砂岩和泥岩厚度也都大，但难以反映出砂岩和泥岩在地层中所占的比例，而砂泥岩比值则能清晰地反映一个地区砂岩和泥岩在地层剖面中所占的比重。延安组砂泥岩比值在 0～4.57(转角 Z3-1 孔)之间，砂泥岩比值较大的地区位于神府矿区-榆神矿区大部、定边-吴起-延安-安塞-靖边地区、陇县北部、彬州西部-北部-东北部地区，其余地区砂泥岩比值相对较小，富县-甘肃正宁县-延安地区、姬塬地区、横山西部和榆林东南部地区砂泥岩比值最小。

延安组沉积时期为一个大的内陆湖泊，但并没能够完全容纳这个湖泊，而只是位于这个湖泊的一个横断面条带上，那么可划分为三个大区：西北部湖泊边缘区、中部湖泊区和南部湖泊边缘区(图 4-4-12)。

西北部湖泊边缘区由 3 个大的三角洲群组成：北部的榆神府三角洲群、西北部的定边-靖边三角洲群和西部的甘肃环县-吴起-甘肃华池三角洲群，这些三角洲群的三角洲平原较发育，为大范围、大强度聚煤提供了场所。榆神府三角洲群自北向南有 3 条较大的河流自西北注入，分流河道发育，三角洲平原广阔并连接成片，在分流河道向湖泊的延伸方向三角洲前缘较发育，横山-榆林之间的三角洲前缘较发育。三角洲之间发育湖湾，在横山地区发育一个较大的北西-南东向的湖湾，具有一定强度的聚煤作用发生。定边-靖边三角洲群自西向东有 3 条河流(北西向、北西西向、近东西向)流入该区，三角洲平原比较发育并连接成片，分流河道向湖延伸方向三角洲前缘较发育，如向安塞方向延伸分流河道发育面积较大的三角洲前缘。中部分流河道发育的三角洲前缘与南部三角洲群的三角洲前缘连接成片，对姬塬地区的湖泊起到限制作用，因而在姬塬地区发育大的湖湾，具有一定的强度的聚煤作用发生。西部的甘肃环县-吴起-甘肃华池三角洲群仅有少部分在陕西省内，即吴起三角洲。

中部的湖泊区包括滨浅湖、次深湖相。湖泊西缘和北缘的滨浅湖区分布在志丹、安塞、向北延伸到榆林地区；湖泊南缘滨浅湖区主要分布在葫芦河以南、夜虎庄背斜以北的地区。滨浅湖区在特殊时期(如淤积变浅时期)可以发生一定的聚煤作用，但聚煤作用较弱。中部富县-甘泉-延安地区发育次深湖相，不发生聚煤作用。

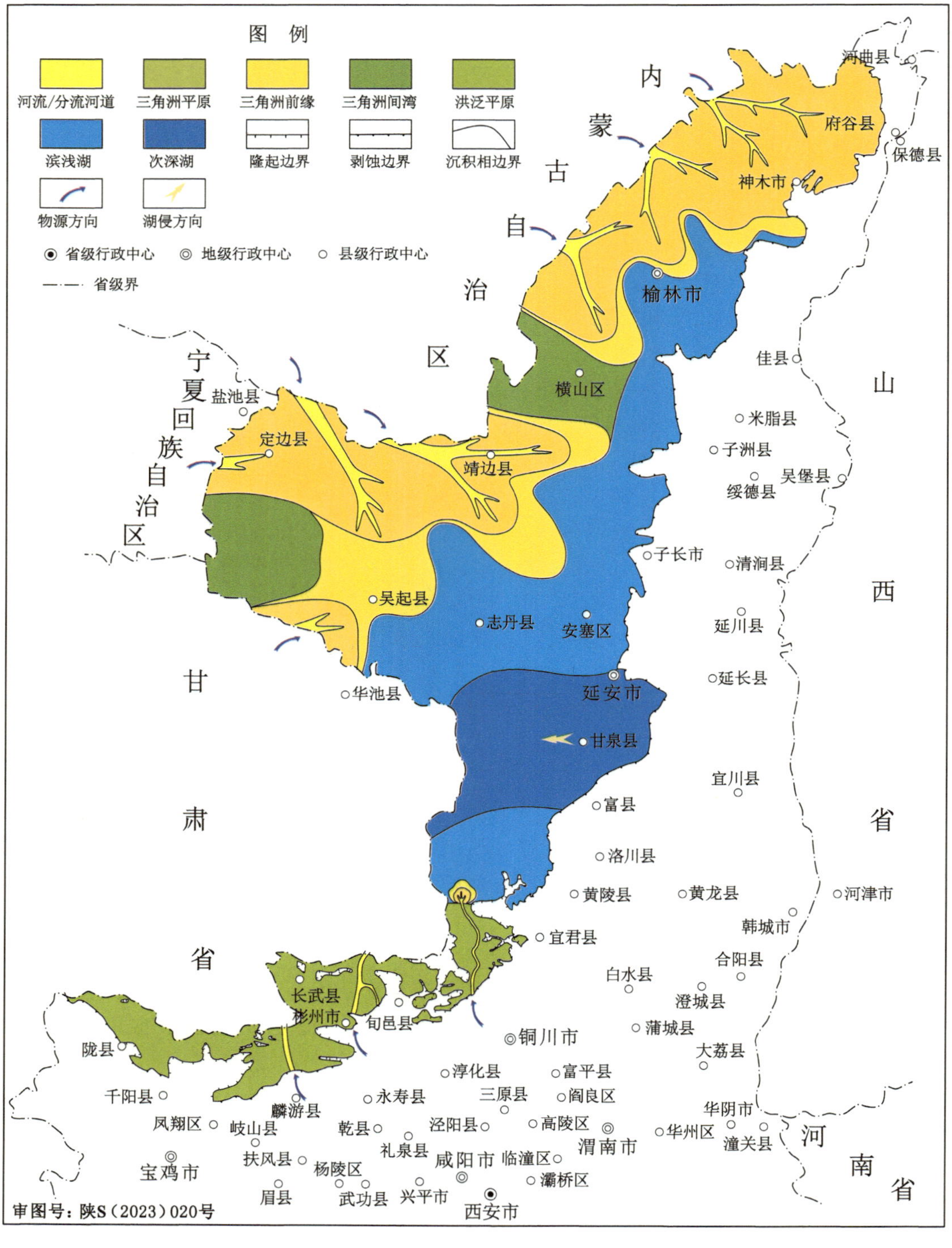

图 4-4-12 中侏罗世延安组岩相古地理图

南部湖泊边缘区位于夜虎庄背斜以南地区，主要发育河流及洪泛平原相，该地区发育数条河流，大致为自南而北流入湖泊。该地区小规模的古隆起、洼陷较多，小规模的河流、洪泛平原沼泽、湖泊较发育。这些覆水不深的沼泽、湖泊利于植物大量繁殖，成为该时期最有利的成煤地区，发育了厚度较大的煤层，但煤层横向稳定性较差。

4.5 聚煤规律及其控制因素

4.5.1 晚石炭世-早、中二叠世含煤岩系聚煤规律特征

4.5.1.1 晚石炭世(层序Ⅰ)聚煤规律

晚石炭世地层对应于层序Ⅰ沉积期地层，故晚石炭世聚煤规律即层序Ⅰ沉积期聚煤规律。

层序Ⅰ沉积期主要包括太原组10号煤底板至本溪组以及本溪组全部地层，渭北地区为奥陶系风化壳之上至K_2灰岩(相当于吴家峪灰岩)顶之间的地层，其中本溪组地层在陕西省石炭-二叠纪含煤地层中几乎不含煤，或者部分地区沉积有薄煤层及煤线等，主要煤层位于太原组下部(10号煤层底板至晋祠砂岩)的地层中，煤层总厚度较小，一般在0～3.39 m以内(图4-5-1)。此外，渭北石炭-二叠纪煤田煤层发育比较特殊，其太原组下部K_2灰岩或吴家峪灰岩(相当层位)下部发育10号、11号煤层，且规模较大(图4-3-8)，最厚可达8.56 m。

由于受古地理的影响，研究区内层序Ⅰ的煤层聚集区为3个相对独立的地区，即北部榆林以北地区、西北部横山-靖边地区和南部渭北石炭-二叠纪煤田蒲白矿区以东地区，各聚煤区被局限碳酸盐台地隔离开。南部渭北石炭-二叠纪煤田潮坪-障壁-潟湖区煤层最为发育，聚煤中心在韩城矿区及澄合矿区，11号煤层平均厚度3.5 m；北部聚煤区古地理环境主要为三角洲沉积，分流河道、三角洲平原及三角洲前缘较为发育，三角洲平原区聚煤较好，聚煤中心位于府谷县城以北，ZK3207钻孔内煤层厚度达3.39 m，平均厚度2.1 m；西北横山-靖边地区主要聚煤环境为潮坪，煤层发育局限，厚度较薄，现有钻孔资料显示煤层平均厚度为1.43 m。中部广大地区主要为河流-洪泛平原环境，现有资料显示聚煤中心位于绥德县以西洲1钻孔附近，煤层厚度为0～1.8 m内，该区主要聚煤有利区域位于河流与洪泛平原的过渡地带。

通过对层序Ⅰ岩相古地理与该层序煤层总厚度关系的分析，可以看出，在河流三角洲-洪泛平原-潮坪-局限碳酸盐台地沉积背景下，等时层序格架内有利的泥炭聚集区位于潮坪、三角洲平原以及河流与洪泛平原的过渡地带。

4.5.1.2 早-中二叠世聚煤规律

早-中二叠世含煤地层的层数较多，厚度较大，特别是陕北太原组下部9号、10号煤层厚度较大，山西组以3号煤层最厚；渭北地区太原组以4号、5号煤层较厚，山西组3号煤层不甚发育。早-中二叠世煤层总厚变化趋势为北部、西部较厚，中部和南部煤层稍薄。陕北府谷、吴堡地区煤层最厚达25.6 m，平均厚度16.3 m，西部靖边-横山一带煤层平均厚度9.9 m；中部广大地区煤层厚度较薄，平均厚度4～10 m；渭北地区煤层平均厚度5.4 m。从古地理格局来看，富煤区主要发育在府谷-神木等地的三角洲平原沼泽以及渭北地区潮坪-

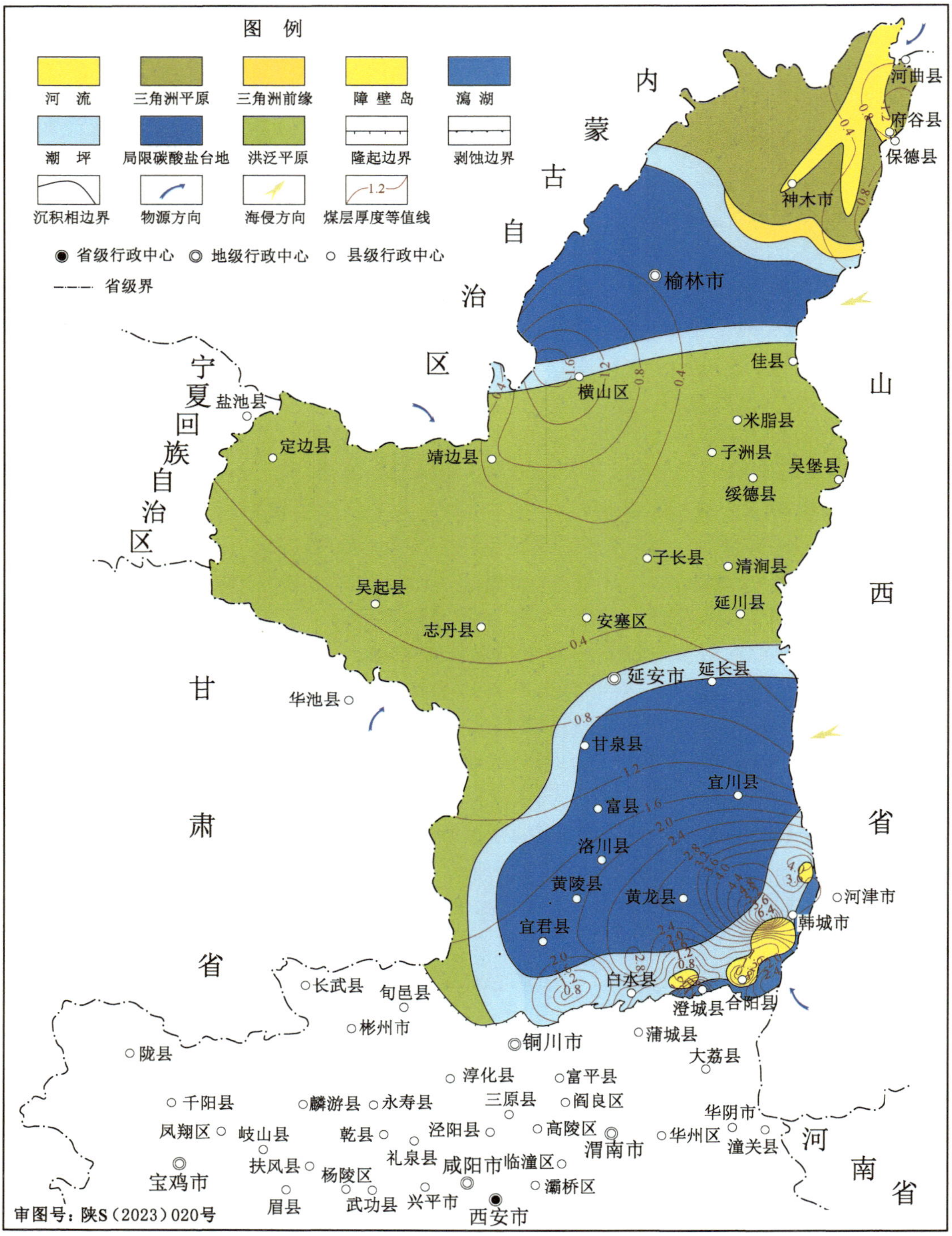

图 4-5-1 晚石炭世(层序Ⅰ)聚煤规律图

潟湖区(图 4-5-2)。

4.5.1.3 *层序Ⅱ聚煤规律*

层序Ⅱ沉积期主要包括太原组10号煤底板至北岔沟砂岩之底的全部地层，该层序含有陕西省石炭-二叠纪含煤地层重要的煤层：府谷矿区为6～10号煤层，吴堡矿区为t_1～t_4煤层，渭北石炭-二叠纪煤田为4号、5号等煤层。层序Ⅱ除府谷矿区煤层厚度超过16 m(ZKS305钻孔显示16.14 m)以外，其他地区厚度较为均匀，平均厚度一般为6～7 m(图 4-5-3)。

受古地理的影响，研究区内层序Ⅱ的煤层聚集区同样划分为3个相对独立的地区，即北部榆林以北地区和南部渭北石炭-二叠纪煤田。层序Ⅱ沉积环境由南至北差异较大，北部聚煤区主要为河流三角洲沉积体系环境，复合障壁海岸沉积体系发育较少。煤层聚集在三角洲平原以及潮坪的过渡地带，煤层最厚处位于府谷以北区域。另外榆林以西受部分钻孔控制，预测煤层厚度在10～12 m，但是煤层埋深较深。中部聚煤区包括吴堡矿区，古地理环境主要为潮坪-碳酸盐台地，吴堡矿区煤层厚度6～10 m，厚度较稳定(图 4-3-7)。南部渭北石炭-二叠纪煤田主要聚煤环境为潮坪-障壁-潟湖沉积，厚度不均，澄合矿区煤层平均厚度最大，达到4.9 m；其次为韩城矿区，平均厚度3.08 m，渭北石炭-二叠纪煤田其他矿区在该层序内煤层发育较差。

由于层序Ⅱ早期海侵事件使泥炭有足够的可容空间进行堆积，形成了太原组下部广泛分布的厚煤层，即10号煤层，随着海平面的逐步上升，水体变深，不利于成煤，煤层较少，在数次短暂的海退之间形成了若干的薄煤层，如吴堡矿区的t_2、t_3、t_4煤层。这些事件的综合影响导致了中部聚煤区煤层厚度变化小，平均厚度小的特点，且沉积相单元为碳酸盐台地。另外在中南部广大地区的煤层厚度较薄，为2～4 m之间。南部聚煤区沉积环境主要为障壁-潟湖-潮坪。煤层主要集中在潟湖以及潮坪与潟湖的过渡地带，障壁岛对其上下的煤层富集影响较大，一般在这些地区煤层较薄，且分布不均匀。铜川矿区耀西找煤区Pu12、Pu31钻孔以西地层中煤层等值线显示未有煤层，预测该区煤层逐渐尖灭。

通过对层序Ⅱ岩相古地理与该层序煤层总厚度关系的分析，可知在河流-三角洲-碳酸盐台地、潟湖-潮坪-障壁岛-碳酸盐台地沉积背景下，等时层序格架内有利的泥炭聚集区位于三角洲与潮坪的过渡地带、潟湖及潟湖与潮坪的过渡地带。

4.5.1.4 *层序Ⅲ聚煤规律*

层序Ⅲ沉积期主要包括山西组的全部地层，由于地壳整体抬升，该层序已经从先前的复合障壁海岸沉积体系转变为陆相克拉通河流三角洲沉积体系，两者呈过渡关系，仍属华北广阔盆地西部，煤层分布南北较为均匀，总体表现为南北厚度差异小，中部厚度小。该层序含有陕西省石炭-二叠纪含煤地层重要的煤层：府谷矿区为3号、4号煤层，吴堡矿区为s_1～s_3煤层，渭北石炭-二叠纪煤田为2号、3号等煤层(图 4-5-4)。

由于受古地理的影响，层序Ⅲ的煤层聚集区较多，北部府谷地区、吴堡地区以及西北横山-靖边等地区(埋藏较深)、南部渭北石炭-二叠纪煤田，另外中部浅水湖泊区也有煤层富集。层序Ⅲ沉积环境相对层序Ⅰ、层序Ⅱ较为简单，主要由河流-三角洲-浅水湖泊构成。府谷矿区沉积环境主要以河流为主，煤层主要聚集在河道外侧的洪泛平原地带，从图 4-5-4 可知，府1井东北方向为最有利聚煤区，即处于河流与洪泛平原过渡带，现有资料显示煤层一

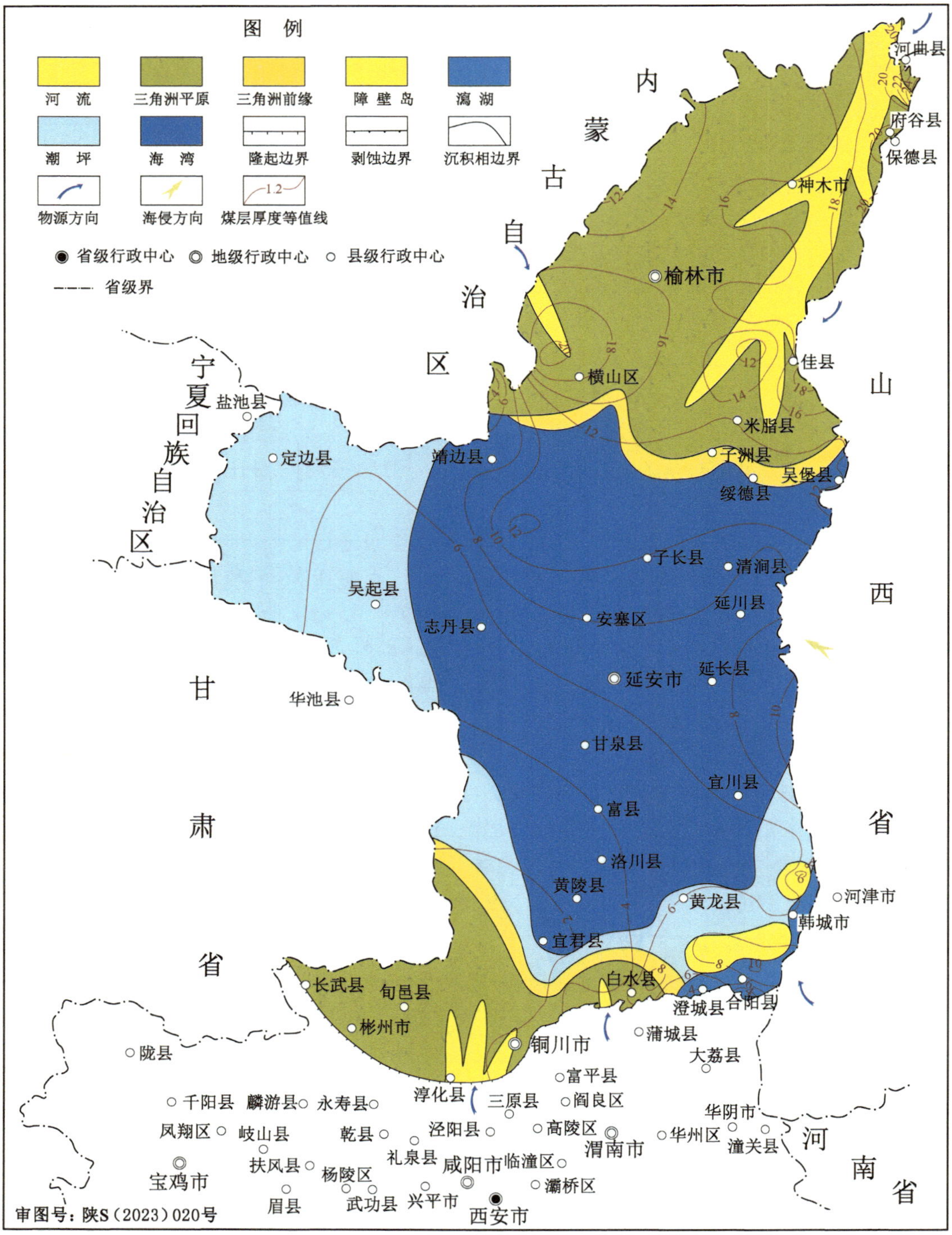

图 4-5-2 早-中二叠世含煤岩系聚煤规律图

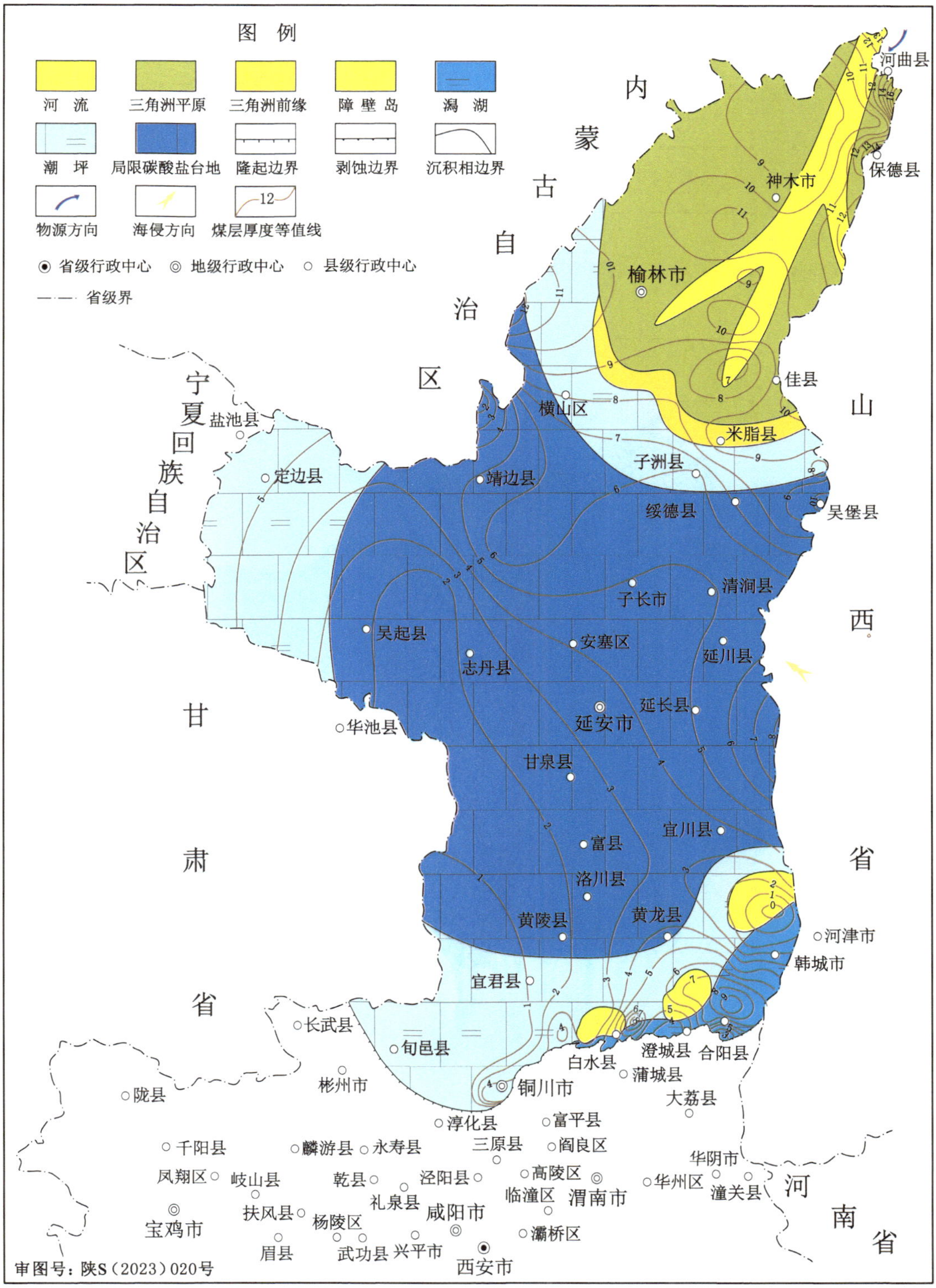

图 4-5-3 早-中二叠世含煤岩系层序Ⅱ聚煤规律图

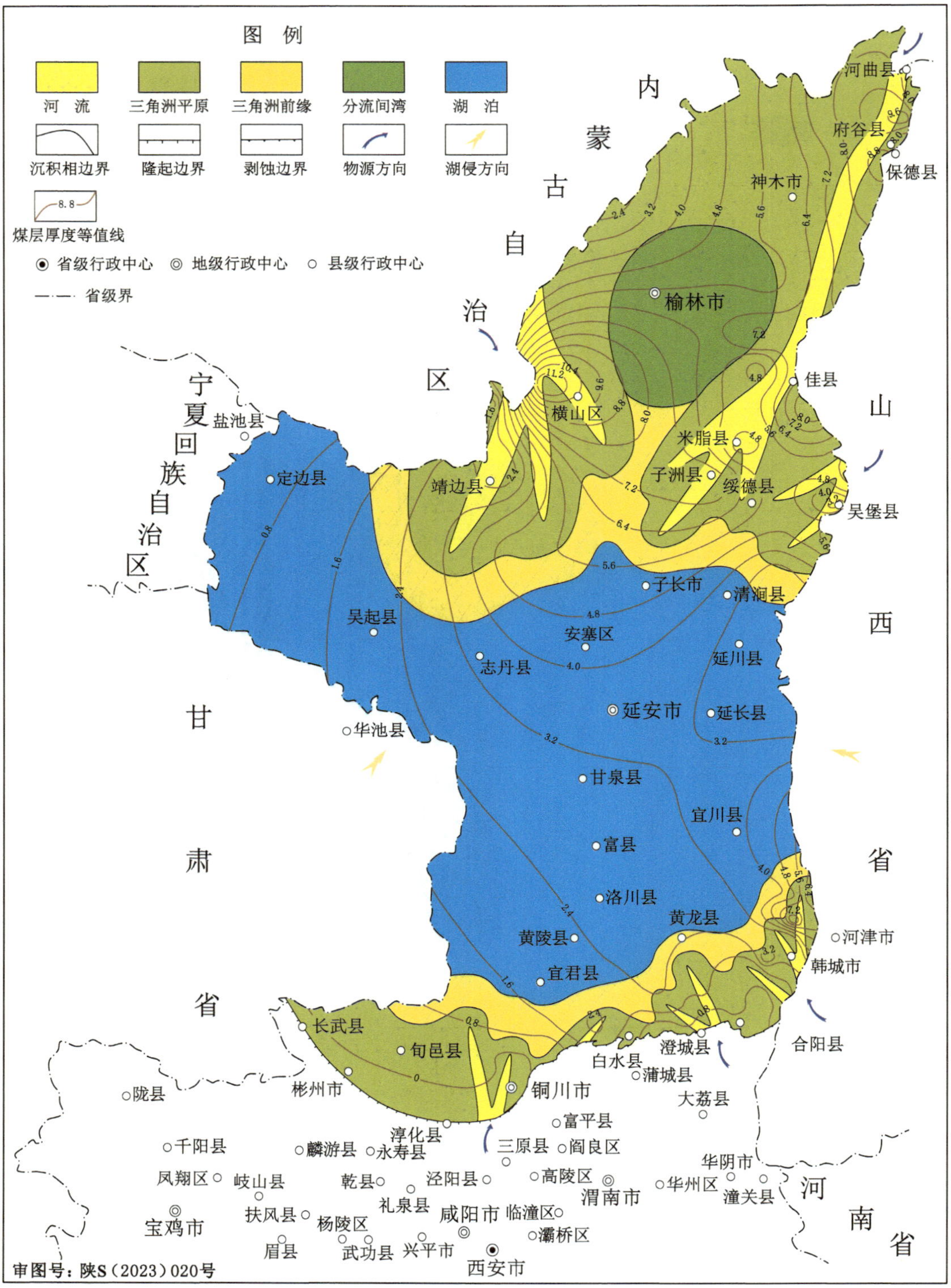

图 4-5-4 早-中二叠世含煤岩系层序Ⅲ聚煤规律图

般为 7.2～12.2 m，厚度较为均匀，向南主要为洪泛平原环境，厚度逐步减小。

北部吴堡-米脂一带三角洲沉积体系，发育三角洲平原、间湾、泥炭沼泽、三角洲前缘等。煤层聚集较厚，有利区主要集中在三角洲平原以及三角洲间湾，平均厚度在 5.6 m 以上。

西北横山-靖边一带煤层埋深较大，主要的沉积环境依然为河流-三角洲，平均厚度 4.39 m。

层序Ⅲ中部定边-吴起-安塞-延川以南至黄陵-宜川一带的广大区域为浅水湖泊相（图 4-5-4），聚煤作用较弱，该区缺少钻孔控制，但由其他钻孔推测的煤层平均厚度在 1.6～4.8 m 之间，可能更薄。

层序Ⅲ南部聚煤区主要为渭北石炭-二叠纪煤田，上一节中通过渭北石炭-二叠纪煤田东西向层序地层格架与沉积相展布图可知，层序Ⅲ主要由分流河道、分流间湾、泥炭沼泽等组成。渭北石炭-二叠纪煤田山西组地层三角洲较为发育，形成了层数多，厚度大的河道砂体。体系域内煤层较少，主要为 2 号、3 号煤层。2 号煤层零星分布，一般厚度 0.70 m。3 号煤层除耀西以外均有发育，但厚度变化很大，韩城矿区煤层较厚，澄合矿区厚度不超过 0.4 m，耀西找煤区几乎无煤层富集。由煤层等厚线与岩相古地理图可知，渭北石炭-二叠纪煤田富煤区主要位于韩城矿区，平均厚度 3.66 m。煤厚等值线显示韩城以外其他矿区煤层较薄，平均厚度 1.6 m 内，成煤条件差。

通过对三级层序岩相古地理与该层序煤层总厚度关系的分析，可以看出，在克拉通河流-三角洲沉积背景下，等时层序格架内有利的泥炭聚集区位于三角洲平原过渡带、河流与洪泛平原过渡带。

4.5.2 晚三叠世瓦窑堡组聚煤规律特征

晚三叠世瓦窑堡组煤层层数较多，单层厚度较薄，以第四段 5 号煤层单层厚度最大。本组煤层最大累积厚度可超过 7 m，煤层主要分布靖边-安塞一线以东，富煤带主要分布在子长市玉家湾镇、周家镇、石湾镇一带。从古地理格局来看，富煤带主要发育在子长三角洲群的平原沼泽、三角洲间湾以及淤浅的湖湾地区（图 4-5-5）。

本区瓦窑堡组自下而上发育 3 个层序，以层序Ⅲ含煤性最好，其余各层序煤层均为局部可采或不可采煤层。在不同的层序，煤层发育情况不同，富煤带分布位置各异，其在古地理格局中的发育情况也不尽相同。

4.5.2.1 *层序Ⅰ聚煤规律*

层序Ⅰ沉积范围最大，含煤区发育于子长南部，呈 SN 向矩形展布，含煤 1～13 层，累计厚度 0～3.30 m，以子长南煤层层数多，累计厚度大（累厚 3.30 m），但单层厚度一般小于 0.8 m。本段煤层形成于含煤地层沉积的初始发育阶段，下伏延长组沉积为基底，以曲流河三角洲沉积体系为主要成煤基础，主要富煤带发育在三角洲平原沼泽区，湖湾区煤层层数多，累计厚度小，废弃河道区煤层层数少、累计厚度较大（图 4-5-6）。

4.5.2.2 *层序Ⅱ聚煤规律*

层序Ⅱ含煤区范围较大，含煤 1～8 层，一般 2～4 层，累计厚度 0～3.0 m，厚煤区呈 SN 向展布于子长以西，向东、西两侧减薄，可分为北、中、南 3 个含煤区：北部含煤区含煤 2～5 层，累计厚度 0～1.80 m，一般煤厚大于 1.20 m 的地区发育于废弃河道区，向分流间湾、

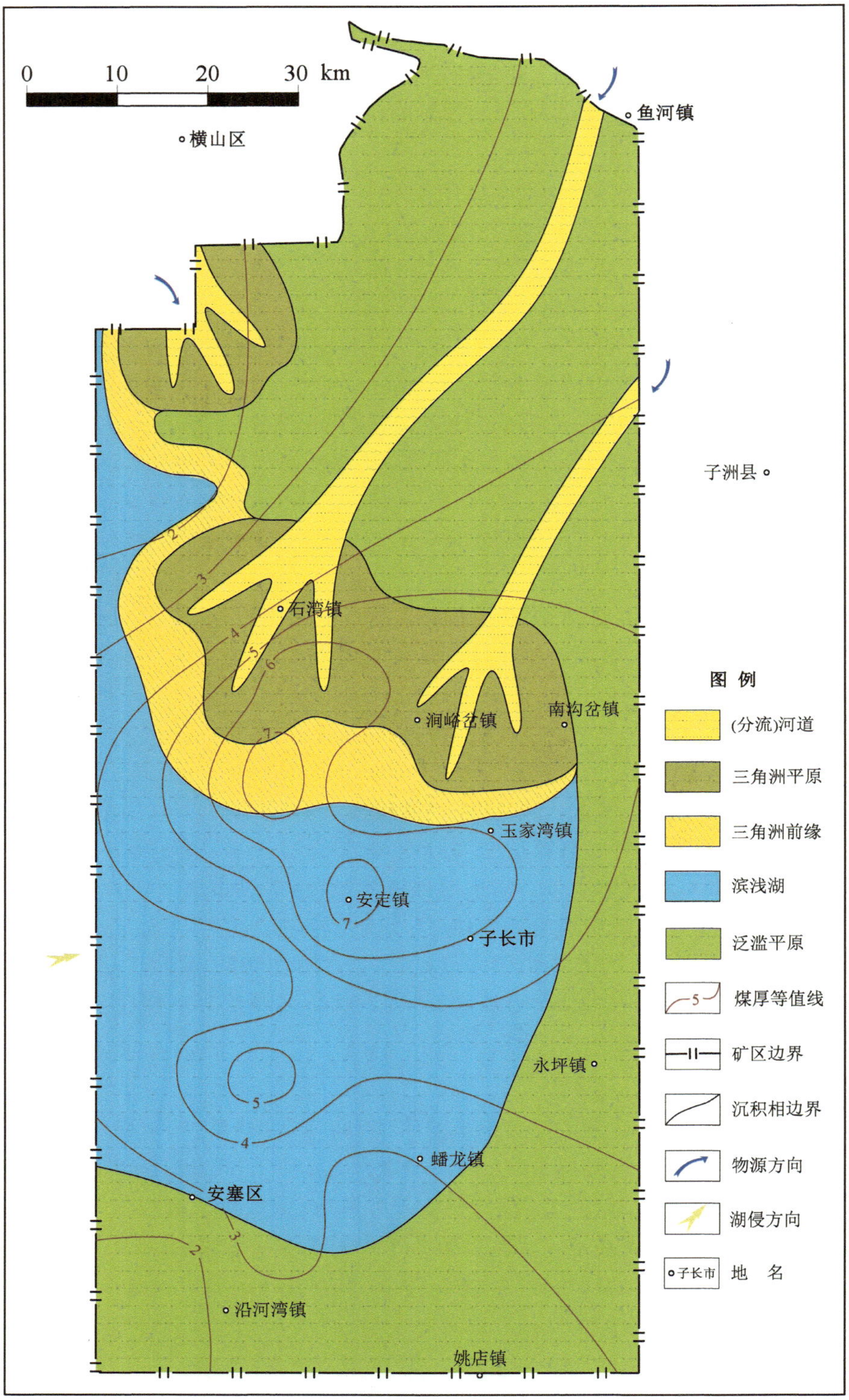

图 4-5-5 晚三叠世瓦窑堡组聚煤规律图

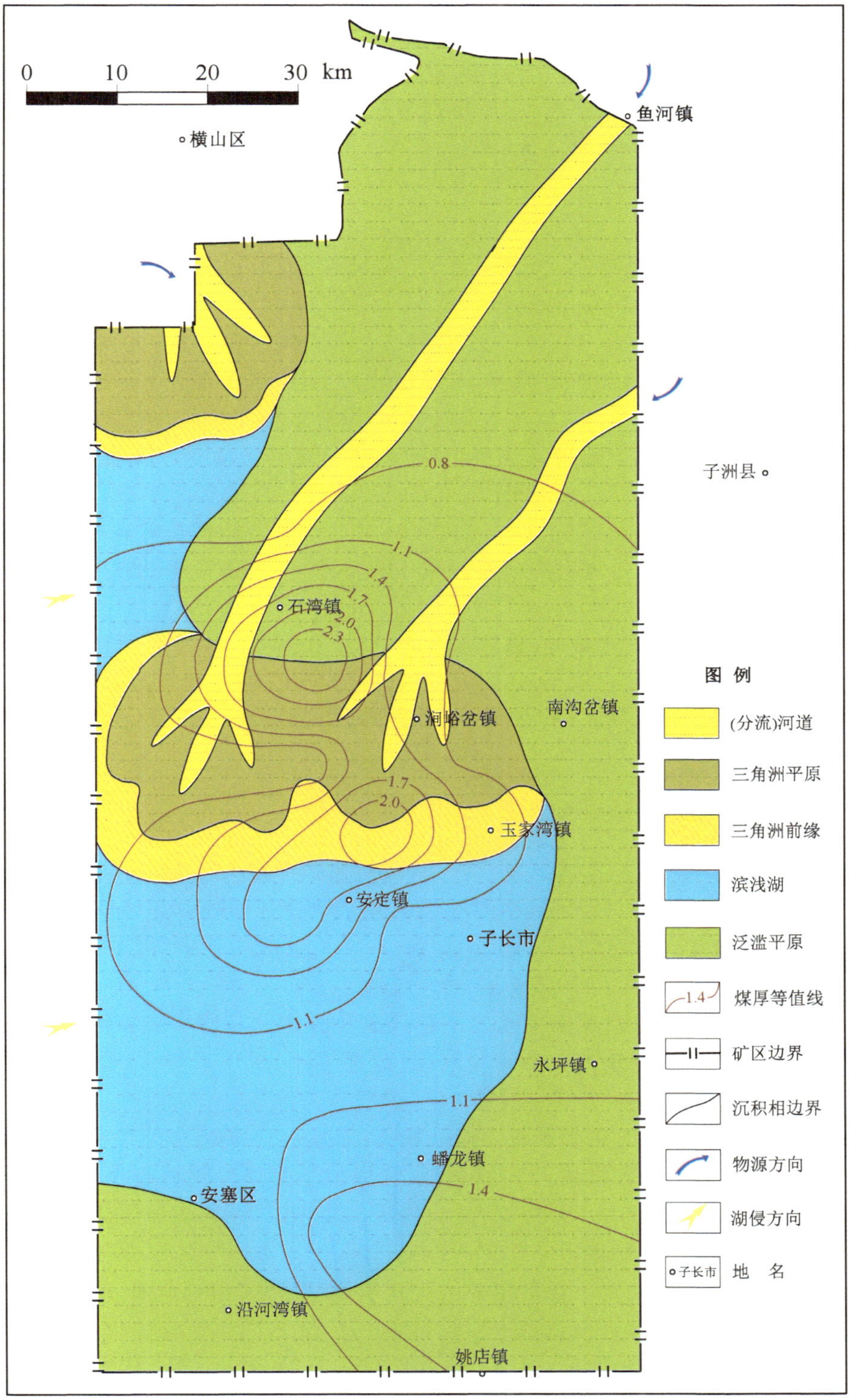

图 4-5-6 瓦窑堡组层序Ⅰ聚煤规律图

湖湾区煤层层数增加，厚度变薄；中部含煤区含煤2～8层，累计厚度0～3.0 m，多发育于湖湾及浅湖区，湖湾区煤层层数多，累计厚度相对较大，单层较薄，浅湖区煤层层数少、厚度小；南部含煤区含煤2～7层，一般2～4层，累计厚度0～2.55 m，多分布于湖泊三角洲平原及湖湾区，三角洲平原区煤层层数少、单层厚度较大，最厚者可达1.94 m(715号孔2号煤)，湖湾区煤层层数多，累计厚度大，单层较薄。顶部4号煤层在羊马河等地局部可采(图4-5-7)。

4.5.2.3 层序Ⅲ聚煤规律

层序Ⅲ沉积区较前明显缩小，含煤区发育于东部地区，亦呈SN向展布，含煤面积最大，含煤1～10层，一般2～6层，累计厚度0～6.15 m。其煤厚大于1 m的地区占整个含煤区面积的60%以上，亦可分为北、中、南3个含煤区：北部含煤区亦呈SN向展布，厚煤区偏南，最厚可达6.13 m，向东、西、北三面减薄，煤层层数减少；中部含煤区呈NE向展布，厚煤区偏北，最厚可达5.07 m；南部含煤区呈SN向展布，厚煤区位于中部，最厚可达4.89 m。上述三区以北部含煤性较好，中部埋深较浅，目前大部分地区已勘查和开发。本段煤层多发育于湖泊三角洲沉积体区，以三角洲平原、分流间湾及废弃河道区为多，主体部分位于废弃河道区，向分流间湾区煤层分叉变薄，层数增多，向三角洲平原和废弃河道区煤层层数减少，单层厚度增大。顶部5号煤层为区内大部可采煤层，其下部3号煤层在子长、南家嘴一带局部可采(图4-5-8)。

含煤性从时间上以层序Ⅲ最好，层序Ⅰ次之，层序Ⅱ较差。层序Ⅲ所含主采5号煤层，全区发育，连续性好，厚度变化较小，区内大部可采，层序Ⅰ、层序Ⅱ含局部可采煤层。空间分布上具有南北向展布的特征，向东、西两侧减薄，中部厚度较大，各含煤段均具有这一特征。

4.5.3 中侏罗世延安组聚煤规律特征

延安组煤层较多，各地发育情况差异较大，煤层累积厚度大于45 m，平均厚度在11 m左右。根据延安组沉积环境的变化，湖泊沉积的环带状特征明显，以盆地中部延安一带为中心，向盆缘可分为5个含煤性不同的地带(图4-5-9)：盆缘不稳定含煤带、盆缘坳陷厚煤带、盆缘-广湖过渡带、盆缘稳定厚煤带、广湖无煤带。

盆缘不稳定含煤带：以盆地南缘永寿平遥煤矿及麟游北马坊一带为特征，煤层分布严格受古构造控制，厚煤层均分布于山间坳陷区，范围较小、煤层层数多、结构复杂、横向变化大。

盆缘坳陷厚煤带：以盆地南缘焦坪、旬耀、彬长、天堂-丈八等地区为代表，总体为规模较大的聚煤坳陷，煤层发育于河流洪泛平原洼地，含煤地层及煤层明显受控于成煤前古构造及古地理，煤层厚度大，甚至为巨厚煤层，横向稳定或较稳定，纵向煤厚变化大，分布范围较大。具有明显的NE向厚、薄相间带发育。

盆缘-广湖过渡带：以盆缘南部黄陵矿区为代表，煤层厚度相对减薄，横向发育稳定，向湖区方变薄、尖灭。

盆缘稳定厚煤带：以盆地北部、西部的榆林、神木、府谷、定边、靖边等地区为代表，煤层发育于广阔的湖泊三角洲平原区，厚度较大，发育稳定，可采煤层层数多，分布面积大，主采煤层基本全区发育。

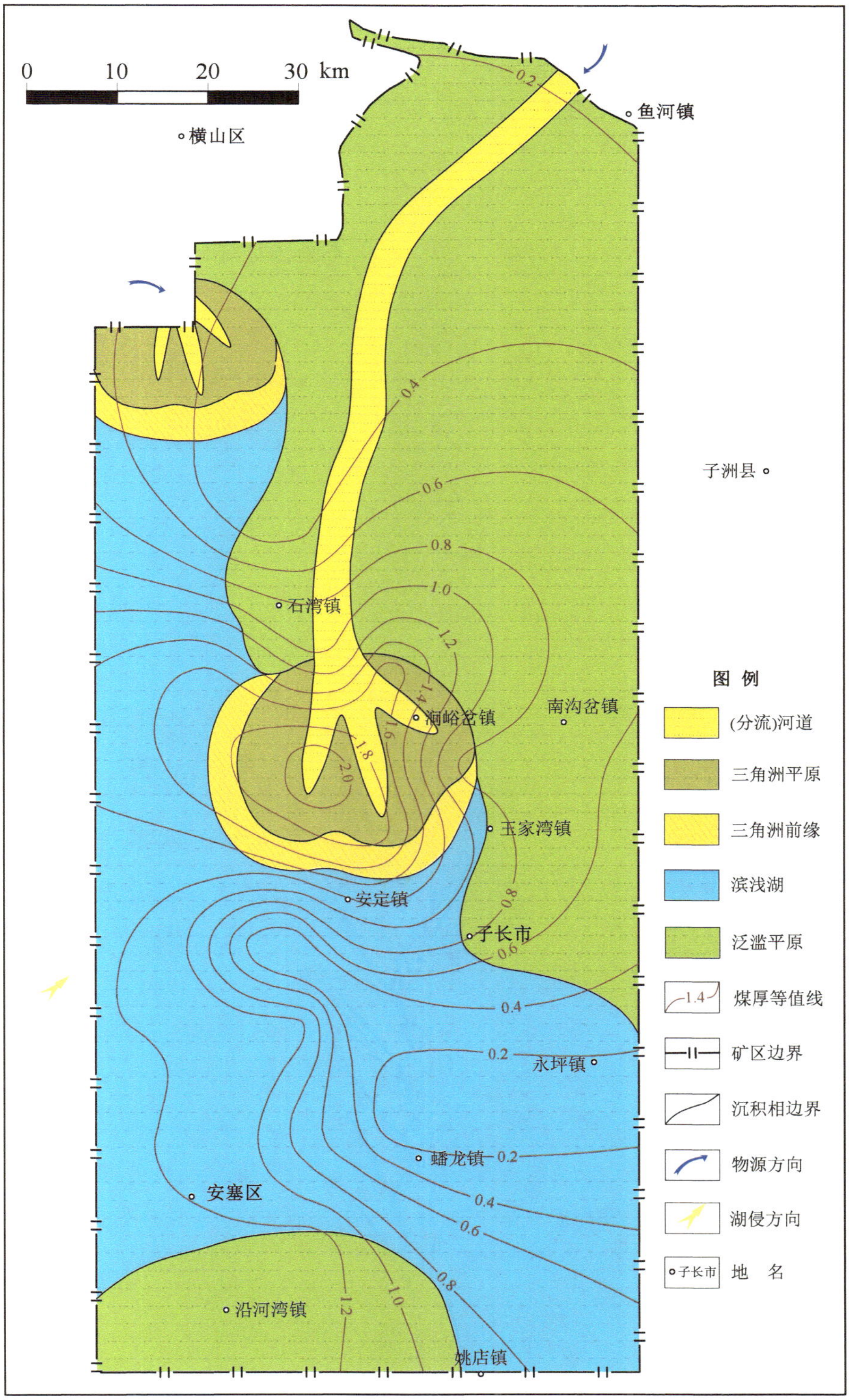

图 4-5-7 瓦窑堡组层序Ⅱ聚煤规律图

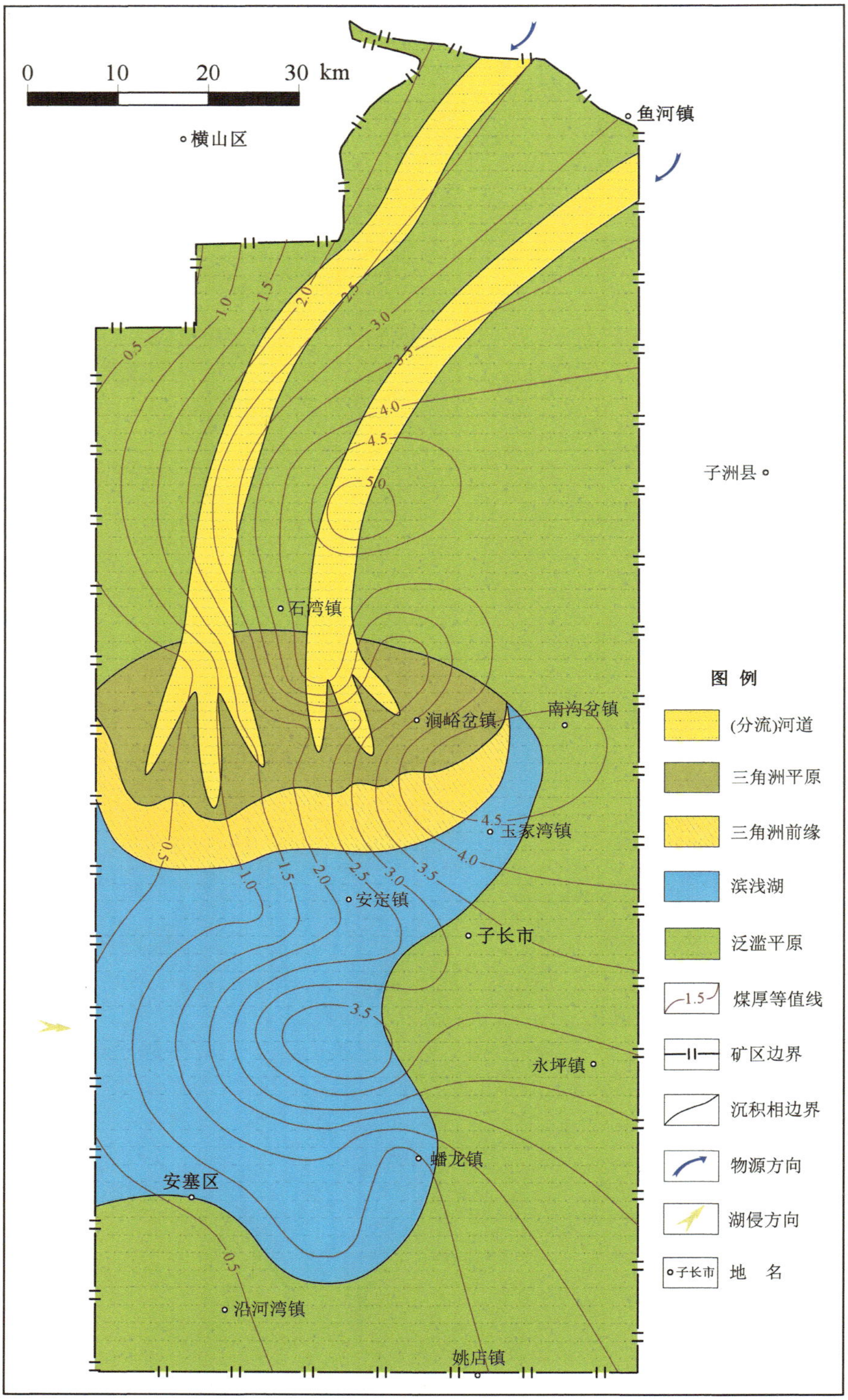

图 4-5-8 瓦窑堡组层序Ⅲ聚煤规律图

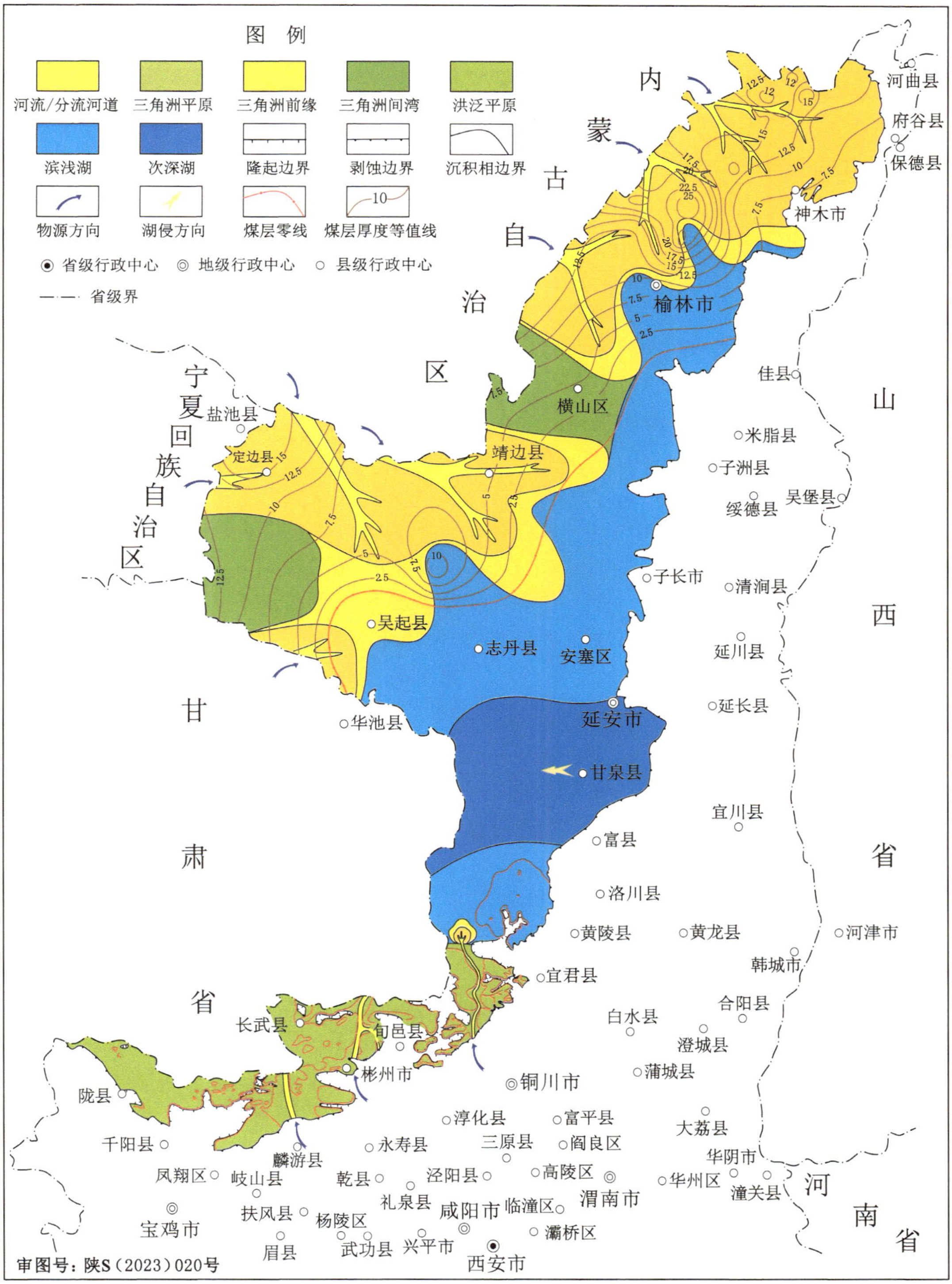

图 4-5-9 陕西省中侏罗世延安组聚煤规律图

广湖无煤带:以延安一带为中心,广泛发育浅湖-次深湖泥质-细碎屑沉积,无煤层或偶见煤线和薄层碳质泥岩沉积。

延安组的各个层序沉积时期,古地理格局不同,古地理单元配置各异,有利聚煤的沉积相带分布也大不相同,富煤带分布位置各异。

4.5.3.1 层序Ⅰ聚煤规律

层序Ⅰ沉积时期,聚煤作用较强,煤层厚度在 0～45 m 之间,平均厚度 8.5 m 左右,主要集中在黄陇侏罗纪煤田、陕北侏罗纪煤田(图 4-5-10)。

盆缘不稳定含煤带,煤层厚度较小,一般小于 5 m,煤层稳定性差,横向变化较快。

盆缘坳陷含煤带,煤层厚度较大,煤层局部可达十几米甚至几十米厚,主要分布在彬长矿区、焦坪矿区,但是煤层稳定性仍然较差,煤层厚度横向变化较快,厚煤层分布在坳陷中部。这些富煤带主要分布在河流洪泛平原的沼泽环境。

盆缘-广湖过渡带,煤层主要分布在黄陵矿区,该地区普遍发育滨湖相,煤层厚度普遍较小,仅在香坊地区煤层厚度大于 6 m,其余地区煤层厚度较薄,并向北部广湖方向逐渐分叉、尖灭。

盆缘稳定含煤带是该期主要的含煤区,虽然煤层最大厚度小于黄陇侏罗纪煤田,但是煤层分布范围广、厚度稳定,是黄陇侏罗纪煤田所不能比拟的。煤层厚度大于 10 m 的地区主要分布在神府矿区、榆神矿区和定边地区,其次在吴起-靖边中间的周湾镇,横山西北部红石桥地区也为次级富煤中心。该地区富煤带主要发育在三角洲平原沼泽和三角洲间湾相区。

广湖无煤带主要分布在安塞-延安-甘泉-甘肃宁县一带的广湖区和靖边、榆林一带的湖湾地区,该地区水体较深,水动力较强,不利于植物的繁殖和泥炭的堆积与保存。

4.5.3.2 层序Ⅱ聚煤规律

由于地层保存程度的限制,黄陇地区层序Ⅱ地层保存大都不全或缺失,煤层保存也较少。富煤带主要分布在榆神矿区、神府矿区和靖边地区(图 4-5-11),煤层厚度在 0～15.31 m 之间,平均厚度 5.4 m。

盆缘不稳定含煤带、盆缘坳陷含煤带大部分缺失。仅局部有所保存,盆缘-广湖过渡带也保存不全,聚煤作用明显较弱,煤层累积厚度均小于 3.34 m。

盆缘稳定含煤带是该区主要的煤层发育区,富煤带主要位于榆神矿区,其次为神府矿区和靖边地区,在定边和榆横矿区也有一定程度的煤层发育,但煤层厚度较小。该时期煤层以发育在三角洲平原为主,横山湖湾和姬塬湖湾聚煤能差。

广湖无煤带范围较层序Ⅰ明显扩大,主要分布在甘泉-甘肃宁县-延安-安塞-榆林-神木一带,不利于聚煤作用的发生。

4.5.3.3 层序Ⅲ聚煤规律

层序Ⅲ地层保存程度较层序Ⅱ更差,仅在陕北有不同程度的残留,黄陵矿区在沉积时期的煤层发育情况无法考究。根据残存地层和煤层现状来看(图 4-5-12),该期成煤作用普遍较弱,但局部地区成煤强度较大,煤层厚度在 0～17.2 m(小保当 XB1)之间,平均厚度 7 m,主要的富煤带位于神府矿区西北部、榆横矿区大海则地区。其余地区煤层厚度均小于 5 m。吴起-靖边-米脂一线东南部为无煤区。

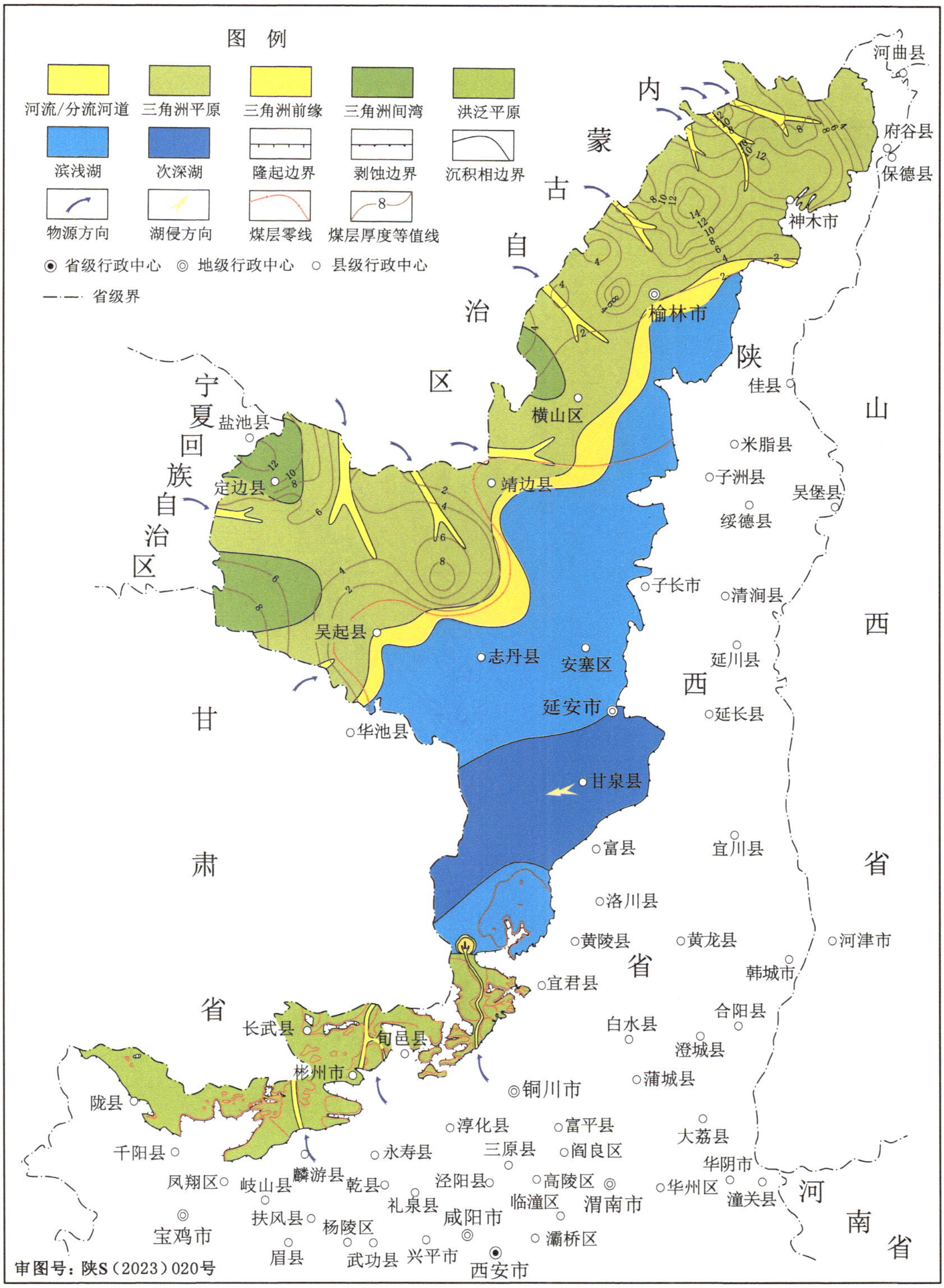

图 4-5-10　中侏罗世延安组层序 Ⅰ 聚煤规律图

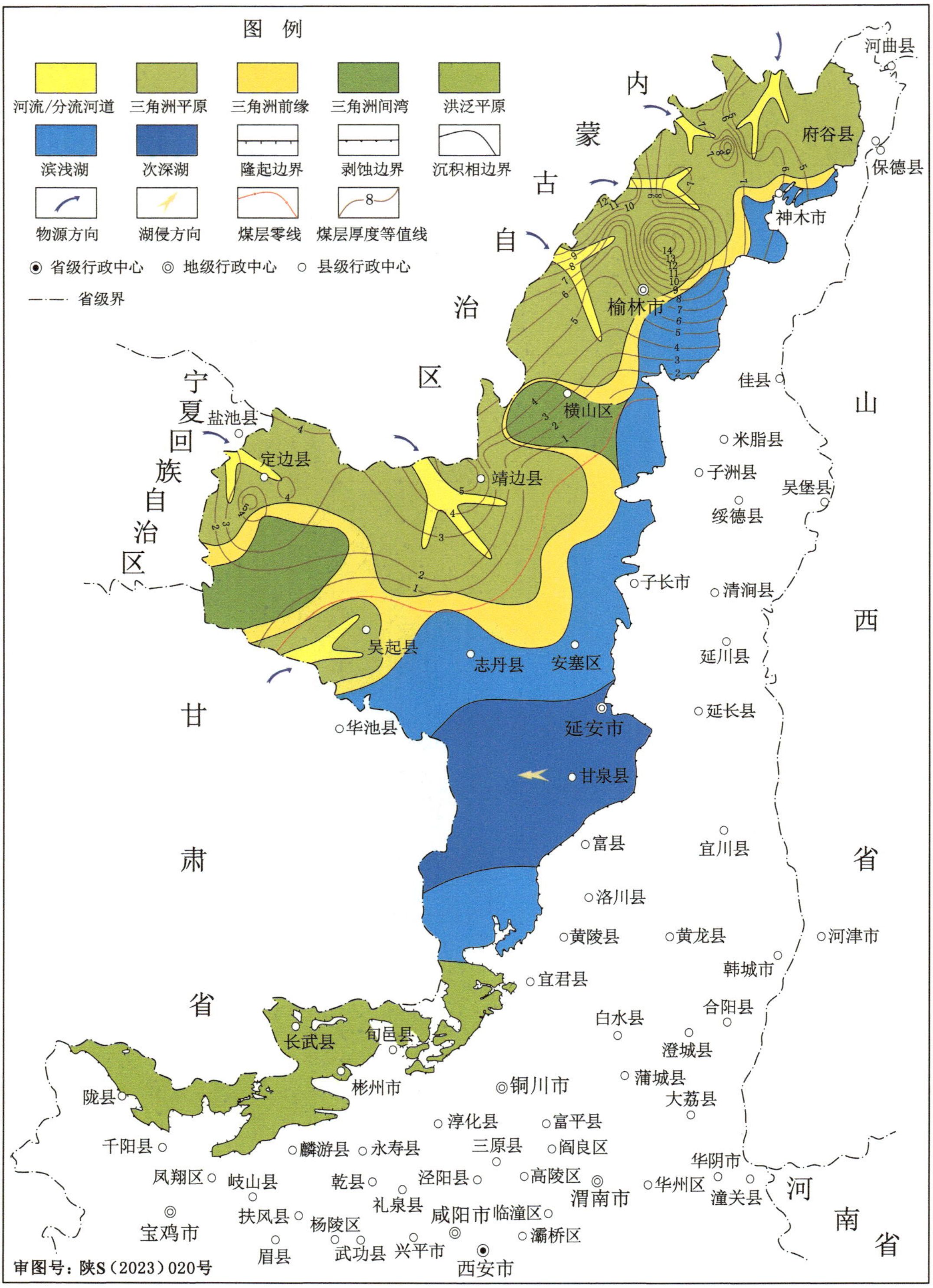

图 4-5-11 中侏罗世延安组层序Ⅱ聚煤规律图

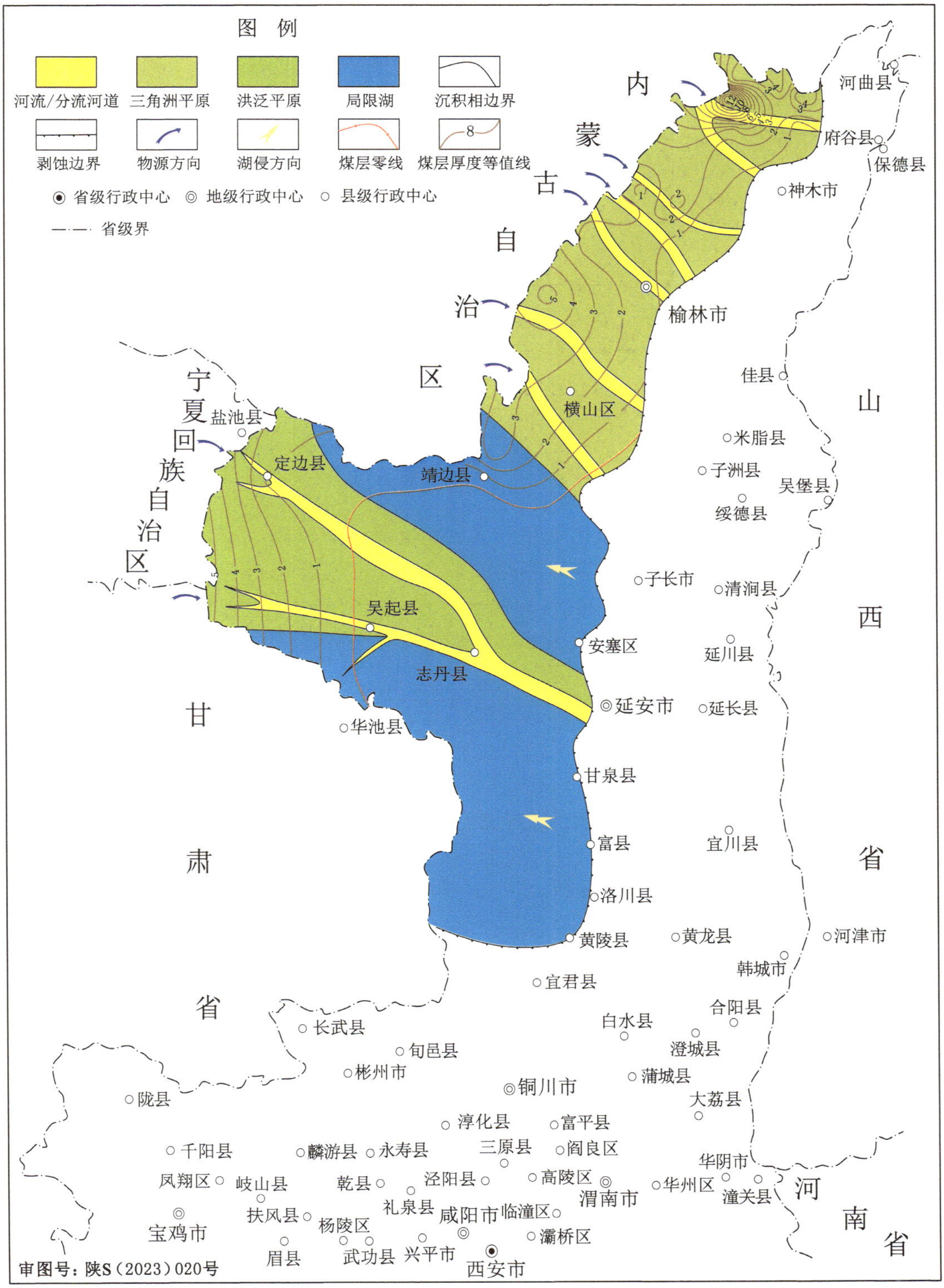

图 4-5-12 中侏罗世延安组层序Ⅲ聚煤规律图

延安组煤层垂向变化主要表现在自下而上聚煤中心由南向北迁移，南部表现为自下而上煤层厚度减薄，含煤性变差。西部为中上部好，下部较差。延安组五个含煤段中几乎均有煤层发育，主厚煤层在垂间上具有自南而北向上迁移的规律。盆地南缘主厚煤层发育于延安组第一段，如彬长地区 8 号煤层、旬耀及焦坪地区 4 号煤层、黄陵地区 2 号煤层等，盆地中西部定边地区主厚煤层（4^{-2}煤层）发育于第二、四段，北部无定河地区主厚煤层（2^{-2}煤层）发育于第四段，最北部石屹台、活鸡免一带第五段 1^{-2}煤厚达 12.28 m，北延至内蒙古境内。

盆地南部自下而上煤层厚度变薄，范围缩小，第一段含主采厚煤层，全区发育，第二、三段仅在彬长、焦坪、永陇矿区局部含可采煤层，第四、五段缺失。盆地中西部定边地区各含煤段均有煤层发育，煤层层数多，可采煤层多，层间距变化不大，向 SE 近盆地中部煤层层数减少，厚度变薄，煤层间距增大，吴起一带上部仅有薄煤层发育，中、下部均不含煤；盆地北部靖边以北地区，靠近 NE 方向的乌审旗-石屹台隆起南侧各含煤段均发育有中厚～厚煤层，厚度稳定，层间距变化不大，向盆地中心方向煤层间距增大，部分煤层分叉变薄，延安组中部出现了细碎屑为主的不含煤或仅有薄煤层段，至靖边以南仅上部含不连续的薄煤线，中下部厚度增大，不含煤。

4.5.3.4　延安组煤层厚度及结构变化规律

盆地中、北部地区表现为大型内陆坳陷盆地稳定发育的特征，煤层厚度呈渐变趋势，未发现骤然膨缩现象，各主采煤层厚度自盆缘向中心方向逐渐分叉、变薄尖灭，分叉变薄型多发育于湖湾或三角洲分流间湾地带，榆神矿区发育，其他地区以逐渐变薄型居多。盆地南部自盆缘向中心地区煤厚变薄，煤层厚度骤然膨缩突变现象较多，一般沿走向变化较小，倾向变化较大，厚煤带多发育于坳陷区内，隆起部位煤层变薄或尖灭。另外，煤层向同沉积古河道方向亦分叉变薄甚至尖灭，但以含煤地层沉积厚度增大为特征。

煤层含矸率与厚度呈负相关关系，即煤层越厚，结构越简单，不含或少含薄层夹矸，薄煤层结构复杂。以南部规律性明显，煤层结构变化部位一般与煤层开始分叉部位基本吻合，盆地北部与“黑色泥岩带”密切相关，南部与古河道发育有关。煤层分叉范围有 4 种情况：一是与薄煤区或不可采区范围相吻合，面积较小，以分叉变薄型常见，多发育于北部地区；二是绕古隆起周围分布，呈带状或环状，多发育于南部地区；三是绕小型聚煤坳陷周围分布，呈环状或封闭的片状，亦多见于南部地区；四是位于三角洲前缘与湖滨交替过渡带，展布方向与湖岸线大致平行。另外，煤层分叉区在垂向上往往有一定的继承性，这种现象为研究古构造控煤及富煤带赋存规律提供了一定的信息。

4.5.4　晚古生代含煤岩系控煤因素分析

4.5.4.1　古气候与古植物对聚煤作用的控制

气候变化对物源区的植被发育、生物活动、风化作用等产生重要影响，使湖（海）盆周围水系的营养成分、搬运能力和沉积物性质发生一定的变化，此外控制着沉积物供应量的大小，从而影响整个地区的沉积作用。

鄂尔多斯地区在石炭纪属华北地台的一部分。自晚石炭世本溪组开始，华北地台广泛接受沉积，主要发育滨浅海沉积，石灰岩、铝土矿及赤铁矿层普遍出现，含有较丰富的热带暖水型动物化石，如䗴类、珊瑚等。铝土矿通常是热带-亚热带高温多雨区的产物，赤铁矿一般形成于温暖潮湿的气候中。华北地区本溪组赤铁矿与铝土矿相伴生，正是这一地区当时高温多雨、化学风化比较严重的重要标志。

晚石炭世本溪组以 *Lepidodendron Subrhombicum* 植物群为主，该植物化石常见于盆地北部本溪组的泥岩地层中，在海岸平原沼泽相中十分发育。

晚石炭世晚期-早二叠世早期太原组以海陆交互相含煤沉积为主，含煤地层分布非常广泛，反映当时该区温热潮湿、森林密布，沼泽遍地的气候环境。这些地层中，含有大量动植物化石，其中䗴类有 *Triticites*，*Pseudoschwagerina* 等；珊瑚有 *Cyathaxonia*，*Lophophyllidium*，*Protoivania* 等，且复体珊瑚较少，但仍属典型的暖水型动物群。植物化石分子有：*Lepidodendron Szeianum*，*Aspidiaria* sp.，*Stigmaria ficoides*，*Cathaysiodendron incertum*，*Calamites cistii*，*Sphenophyllum oblongifolium*，*Annularia-orientalis*，*Neuropteris Ovata*，*Alethopteris norinii*，*Callipteridium koraiense*，*Cordaites Principalis*。本组合中含有晚石炭世晚期-早二叠世早期华夏植物群中最特征的分子 *Lepidodendron Szeianum*，其主要特征是叶座和叶痕较大，维管束痕和侧痕位于叶痕两侧角的连线上，叶座上无通气道痕，叶舌穴位于叶痕顶端之上，为典型的东方型鳞木。鳞木类植物的生活型为高大乔木，多生长在温暖潮湿的沼泽环境中，指示湿热的气候条件，为本区最重要的成煤植物之一。*Lepidodendron Szeianum*，*Neuropteris Ovata* 主要分布于我国北方晚石炭世晚期含煤地层中，具明显的时代意义，为华夏植物区晚石炭世晚期的代表分子。这些化石主要发育在泥炭沼泽环境中。晚石炭世的植物群落是以石松纲鳞木类植物为主，其次为真蕨纲和种子蕨纲植物等，以沼泽森林的形式出现。群落的垂直结构具明显的成层现象，从顶部到底部为乔木层、灌木层和草本层，以乔木层为主。其中鳞木、科达和芦木等乔木状植物高矮不一，以 *Lepidodendron Szeianum* 群落最为发育，种类组成丰富，结构复杂，植物生活型有禾木、树蕨、灌木、藤本和草本。

早二叠世晚期，鄂尔多斯盆地以近海河湖、沼泽相沉积为主，且广泛存在菱铁矿及铝土矿，这也是该区处于有利于产生强烈化学风化的中、低纬度多雨温湿气候带内的有力证据。其生物组合为典型华夏植物群 *Emplectopteris-Taeniopteris-Cathaysiopteris-Lobatannularia* 组合。主要分子有 *Lepidodendron oculusfelis*，*Sphenophyllum oblongifolium*，*S. thonii*，*Calamites cistii*，*Calamites suckowii*，*Annularia orientalis*，*Lobatannalaria* cf. *sinensis*，*Tingia carbonica*，*T. partita*，*Plagiozamites* cf. *oblongifolius*，*Sphenopteris norinii*，*S. nystroemii*，*S. tenuis*，*Pecopteris anderssonii*，*P. arcuata*，*P. lativenosa*，*Pecopteris Orientalis*，*Pterophyllum daihoense*，*Taeniopteris mucronata*，*Cordaites principalis* 等。其中 *Taeniopteris mucronata* 是华夏植物群的特有种类之一，其叶片顶端具明显尖头，类似现代热带雨林中一些植物所具有的滴水叶尖，它的产生是对叶面迅速排水的适应，这一特点在某种程度上反映了温热的气候条件。本组合中的代表分子 *Taeniopteris mucronata*，*Annularia orientalis* 的模式标本最早被记述于朝鲜早二叠世地层中，该标本也广泛分布于我国北方早二叠世地层中。这个时期植物群落以真蕨纲和种子蕨纲植物为主体，高大乔木鳞木类植物开始衰减，楔叶纲植物明显增加。群落结构的成层现象仍比较明显，可分为 3 个基本层次，即乔木层、灌木层和草本层。常见于三角洲前缘分流间湾和三角洲平原沼泽环境中。

总之，通过以上沉积类型和生物群特征清楚地显示出研究区晚石炭世晚期-早二叠世早期处于气候炎热潮湿，生物繁盛，化学风化作用强烈的热带-亚热带环境；早二叠世晚期处于有利于产生强烈化学风化的中、低纬度多雨温湿气候带，古气候与其对应的古植物发育的特征对泥炭沼泽中煤层的富集作用明显。

4.5.4.2 古构造对聚煤作用的控制

古构造的控制作用主要表现在两个方面：一是大地构造背景，它控制了陆源区和沉积区、海陆分布及海岸线位置等；二是盆地内次级隆起和坳陷控制富煤区的展布。

（1）大地构造背景的控制作用。盆地北缘由于中亚-蒙古古海槽的封闭，发生了阴山构造带的隆升。盆地基底构造长期控制着中部东经107°～109°之间的古陆梁。区域构造控制着海岸线的位置，从而控制了体系域内的沉积格局，引起煤层由东向西、由北向南的迁移。

西部晚石炭世初期由于构造背景以碰撞裂谷作用为主，沉降速度快，小盆地经常出现以补偿进积沉积为主，即使出现碎屑体系变浅、废弃和沼泽化，但持续很短时间就被水体淹没；晚石炭世至早二叠世沉积盆地已由裂陷型转化为宽广坳陷型，沉积作用明显减弱，沉积体系的充填和迁移建造了稳定而又开阔的浅水平台，因而有利于泥炭沉积的持续发育；早二叠世早期开始，西部逐渐向隆起转化，该时期正是处于转化的过渡阶段，构造背景更趋稳定，高位体系域中的进积碎屑出现大面积废弃，形成了宽广的有利于沼泽发育和泥炭堆积的平原，因而太原组下部形成了厚而稳定的工业煤层。

从水平方向上看，构造活动性的差异明显地控制着含煤性的分区，主要表现在：形成于前加里东期并长期活动的青铜峡-固原断裂，控制着东部地台区和西部地槽区的含煤性。

北纬38°线晚古生代沉积期活动的近EW向构造，造成了盆地南、北两侧的沉积差异。主要表现为：① 控制了海侵范围的分布。在此线以南，层序Ⅱ海侵体系域石灰岩层数多，厚度大；此线以北，石灰岩层数明显减少，厚度减小。② 控制着沉积体系域中环境的展布规律，层序Ⅱ海侵体系域在此线以南，主要由陆表海环境为主的沉积组成，此线以北则主要由河流、三角洲体系沉积构成。③ 下煤组的煤分层在此线以南增多，以北为单一煤层或层数少、厚度大。中煤组从此线向南变薄，向北则较厚。

（2）次级隆起和坳陷的控制作用。太原组的沉积厚度、沉积特征的区域性差异反映鄂尔多斯盆地内存在次级的相对隆起和坳陷。晚石炭世及早二叠世继承了早期同沉积隆起和坳陷，虽然其活动性的差异明显减弱，但对聚煤作用及沉积体系的分带起着明显的控制作用。

4.5.4.3 古地理对聚煤作用的控制

鄂尔多斯晚古生代聚煤区位于华北地块西部，太原组-山西组地层为连续沉积，发育稳定，煤层区域性变化主要受聚煤古构造及古地理控制，表现在两个方向上的变化具有明显的规律性：一是海岸线迁移因素，主要表现为煤层具有近SN向（北部）及NE向（南部）厚度变化规律，据上述成煤环境分析，本期聚煤作用主要是在海侵初期及海退末期的洪水平原、三角洲平原及潮坪地带上发育形成的，随着海侵的到来，潮坪地带首先被淹没，因而煤层通常比较薄，在海岸线前进方向及附近煤层最厚，向大陆方向亦逐渐变薄。在南部韩城桑树坪一带，煤层厚度具有NNW-NW向变化现象，除与其基底控制因素-奥陶系灰岩构造特征有关外，同时也与海岸线迁移因素有关。二是河道砂体分布因素：表现在南部煤层厚度在NW向变化中叠加有NE或近SN向变化，西南部尤为明显，呈NE向河道砂体影响下的

NW 向煤厚变化甚至被同期河床冲刷，东部以 SN 向延伸的河流三角洲砂体对煤层厚度变化具有明显的控制作用。主要煤层自下而上具有以下规律：

11 号煤层在府谷坳陷北部，为“晋祠期”河流体系中洪水盆地基础上发育的泥炭沼泽，煤层厚度自南而北明显增厚，这种 SN 方向的变化显然与太原早期海侵及海岸线位置有关；由于坳陷东部吕梁半岛之阻，“吴家峪期”海侵方向自南而北先期到达南部（海则庙以南），使这一地区聚煤作用较早中止，随着海域逐渐向北扩张，淹没了更多的聚煤沼泽，导致了煤层厚度出现南薄北厚的变化态势，EW 向变化目前尚不清楚。韩城坳陷区同期为障壁后沼泽环境，11 号煤层是在潮坪基础上发育的泥炭沼泽。“晋祠期”砂体在大峪河以东至合阳一带呈不连续的孤立体展布，韩城一带连续分布，与煤层产出状态相似，但二者呈负相关关系，其原因是与聚煤期潮坪带古地形有关。

10 号煤层是太原组早期自南而北的海侵达到府谷-准格尔坳陷中部后，逐渐向 SE 方向退出，北部地区最先在滨海平原和潮坪基础上开始形成泥炭沼泽，这一聚煤场所亦随海水后退而向南扩展，直到河东煤田南部；太原组中期第一次海侵（“庙沟期”）自 SE 方向进入府谷，聚煤作用自南而北逐渐退缩终止，本次海侵仅达保德附近（海相泥岩），所以，府谷以北煤层较厚，黄甫川以北为特厚煤区，吴堡一带为厚煤区。同期海侵自 NE 向 SW 达洛河一带后向东退出，洛河以西最先在滨海平原的基础上开始形成泥炭沼泽，这一聚煤区亦随着海水后退逐渐向东扩展，直到韩城一带；“庙沟期”海侵自东而西达洛河一带，使聚煤作用自东而西逐渐退缩终止，韩城一带聚煤期开始晚、结束早，所以煤层较薄，多不可采，洛河以西煤层较厚，铜川以西远离海岸，地势较高而成煤条件差，煤层薄且分布零星。另外，吴堡一带煤层分叉变薄现象与泥炭沼泽发育期地表水系介入有关，渭北一带则受古地形起伏影响较大，表现在 10 号煤层厚度与铝土质泥岩厚度呈正相关关系。

8 号煤层仅分布于府谷南部，根据太原组中段含砂率分析，该煤层底部砂岩（桥头砂岩）在海则庙以北为河道砂体，以南为分流河道砂体，聚煤条件较好的地段为三角洲平原及分流间湾地带，厚煤区分布于河流两侧及三角洲平原地带。

5 号煤层为局限碳酸盐台地逐渐被充填形成广阔的滨海平原基础上发育的泥炭沼泽，它与潮坪环境关系密切，其分布规律反映了海陆分布的总趋势。渭北一带海侵方向由 NE 向 SW，在海退过程中，西端近陆区高潮坪较东端近海区低潮坪先形成泥炭沼泽，且泥炭堆积持续时间也相对较长，因此，铜川坳陷区 5 号煤层较韩城坳陷区南部厚度大，韩城坳陷北部覆水太深不利于沼泽发育，铜川以西地势太高使聚煤作用过早终止。另外，5 号煤层的局部变化与成煤沼泽发育前潮坪环境有关，太原组上段含砂率与 5 号煤层厚度呈正相关关系，如铜川桃园薄煤带、东坡-朱家河薄煤带等，含砂率均在 40%左右，均呈 NE 向展布的潮沟、潮渠或潮池等潮坪砂体，所以煤层具有 NE 方向的厚薄相间变化。

山西早期渭北中部为近陆区浅水三角洲环境，分流河道密集，间湾狭窄，初期地壳运动活跃，表现为河道频繁迁移，不利于泥炭沼泽发育，仅有短暂的平稳过渡期，表现在三角洲环境中形成废弃河道、朵叶体等，发育泥炭沼泽，但很快上升结束，使 3 号煤层在这一带厚度变小仅局部可采；东部近海区潮坪环境广泛发育，形成较大范围的泥炭沼泽，沉降中心仍继承了太原期韩城坳陷古构造特征，成为该期主要富煤区。府谷坳陷亦呈 SN 向沿吕梁古陆山前展布，3 号煤层发育于 SN 向延伸的河道砂体两侧洪水盆地中，煤层厚度与底部砂岩（北岔沟砂岩）呈明显的负相关关系，砂体厚度大于 10 m 处煤厚小于 5 m；吴堡一带处于过渡环境的三角洲分流间湾地带，有利于形成聚煤场所，与盆缘近陆区（渭北中西部）相比，构造活动相对稳定，有较长的聚煤期，形成中厚煤层。

4.5.5 中生代含煤岩系控煤因素分析

4.5.5.1 古气候与古植物对聚煤作用的控制

气候条件不仅控制着大气降水，也控制着地表水体的蒸发、陆表风化作用的进行、集水区土壤性质及植被发育等情况，从而控制着河流、湖泊的沉积特征及煤层发育等。鄂尔多斯盆地中侏罗世早期区域总体呈亚热带-暖温带湿润气候特征，但延安组早期要相对比较干燥，中期显著湿润，而后期气候进一步干燥化。

根据瓦窑堡组所含矿物及化石资料推断，本期一般为温暖-湿润气候，氧化作用较弱，但变化比较频繁，这种气候不利于长时期聚煤作用的发生。

根据*Classopollis*花粉的古气候意义，南部延安组一段顶部主采煤层发育于潮湿气候条件下的垅岗沼泽区，焦坪、黄陵及旬耀地区28%～76%绕盆地南缘呈带状分布。延安组当时植物群以银杏、真蕨类为主体，真蕨类、苏铁类属热带-亚热带，银杏类属亚热带-温带，松柏类多为温带气候条件，总体分析这一植物群属亚热带-暖温带气候条件。延安组煤岩特征中，镜质组（半镜质组）与惰质组的比值和镜质组与壳质组的比值在北部地区垂向变化为上下小、中部大，说明延安组沉积中期气候最为湿润，而其前后气候都相对比较干燥。缓慢变化的湿润气候利于长时间持续聚煤作用的发生。

4.5.5.2 古构造对聚煤作用的控制

鄂尔多斯盆地印支期主要表现为大型内陆盆地沉积，以陆块内部垂向升降运动形式为主，晚期东部边缘抬升，沉积中心向西迁移，由于瓦窑堡期与延长期为连续沉积，基底构造较为简单，据瓦窑堡组基底构造及第一段沉积厚度分析，总体为略向西倾伏的NW向南陡北缓的不对称向斜构造，至瓦窑堡晚期，盆地中部一直受定边-吴堡基底断裂控制，北部地势相对较高，广泛发育河流相碎屑质沉积，一般不含煤；南部为坳陷区，以湖泊环境沉积为主，发育有较稳定的可采煤层，但盆地沉积范围已经缩小，如第四段沉积范围仅限于榆林-延安之间。

晚三叠世瓦窑堡期沉积受控于定边-吴堡断裂，在断裂北部形成无定河隆起，呈近EW向断续延伸，定边、子洲及大理河一带有所显示，两翼宽缓；南部为横山-子长坳陷。亦呈近EW向断续延伸，子长一带沉积较厚，为富煤中心；坳陷南部为吴起-延安隆起，呈近EW-NWW向展布，北翼陡南冀缓；整个瓦窑堡组沉积差异不十分明显，隆起与坳陷区变化不大。

首先，在整个瓦窑堡含煤地层沉积期，沉积速率与基底沉降速率总体变化不大，造成自层序Ⅰ至层序Ⅲ沉积相带的位置基本固定或略有南移，垂向叠置特征明显，使含煤区位置基本固定；其次，瓦窑堡组沉积时地壳的垂直升降运动十分频繁，表现为湖泊水体的频繁进退，且周期较短，造成本组煤层层数多而无厚煤层发育的特征。沉积环境因素也控制着富煤带的空间展布，本期富煤带主要发育于废弃河道及三角洲平原区，局部发育于湖湾淤浅或浅湖淤浅之后的沼泽环境。

侏罗纪含煤地层是在三叠系古剥蚀面之上沉积的。早侏罗世富县组的分布范围受古地形的严格制约，盆地北部主要分布在府谷孤山川和榆林大保当一带，最大厚度均超过

100 m,其间以 NW 向古隆起相隔;盆地南部主要分布在小型局限湖和古洼地之中,厚度一般由数米到数十米;盆地中部主要分布在古河流形成的河谷之中,厚度介于南、北之间,但岩性以粗碎屑岩为主。根据三叠系顶面等高线恢复的古地形,在盆地北部以隆为主,隆中有洼;在盆地中部以洼为主,洼中有隆;在盆地南部隆洼相间。最引人注目的是盆地南部古地形与延安组煤层聚积之间的密切关系。一般来说,古洼地中含煤地层最厚、煤层最厚、灰分最低。从古洼地向古高地过渡,含煤地层自下而上超覆,煤层变薄尖灭,煤质由好变差。可见古地形是叠加在总体沉降构造背景之上的主要控煤因素之一。

控制研究区煤层聚积的主要构造作用有盆内外差异沉降作用、兴蒙造山带和秦祁造山带的相向对挤作用、西强东弱的坳陷作用、南强北弱的隆起作用和基底断裂的影响。

A. 盆地内外差异沉降作用,主要表现在盆地外围造山带的抬升对盆地内聚煤作用的控制。强烈抬升期,盆内外高差加大,粗碎屑大量产生,无机沉积作用占明显优势,聚煤作用一般仅发生在冲积扇前缘低洼地带,分布范围小。盆地西南缘华亭、陇县一带的延一段上部厚煤层就是上述构造条件下形成的,富煤区位于冲积扇前方,向两侧迅速变薄、尖灭。

B. 兴蒙造山带和秦祁造山带的相向对挤作用,是控制盆地内部相对抬升的主要机制,以北纬 37°构造带为枢纽,挤的结果往往产生"活页式"掀斜,形成南北高、中间低的构造格局,导致湖水西侵,成煤区在 EW 方向上向西退缩,在 SN 方向上向盆地中心迁移。对挤与松弛的转换阶段,往往形成大面积分布的主要可采煤层。延安组上下粗、中间细的沉积特征,就是对挤与松弛交替作用的沉积效应。

C. 西强东弱的坳陷作用,是印支运动之后中国北方大陆东隆西坳构造格局的反映。地层厚度西厚东薄,煤层层数西多东少,煤层最大厚度西厚东薄,西部超过 30 m,而东部一般在 20 m 左右。

D. 南强北弱的隆起作用,主要受控于秦祁造山带由南向北的推挤,是鄂尔多斯盆地延安组含煤岩系沉积和聚煤特征南北分异的主要原因。延安组含煤岩系在南部以粗碎屑岩为主,厚度最大 180 m 左右,北部细碎屑岩的含量超过 50%,厚度一般大于 200 m;延安组第一段主要可采煤层在南部大面积发育,最大厚度达 45 m 以上,而在北部其厚度一般只有 2～3 m,延安组第四、五段主要可采煤层在南部不发育,但在陕北侏罗纪煤田,其单层厚度均超过 7 m;从垂向上分析,延安组聚煤中心具有明显的由南向北迁移现象。

E. 基底断裂的影响,表现为延安组含煤岩系的沉积特征和沉积环境以及聚煤作用的变化,以北纬 37°EW 向基底断裂和榆林-环县 NE 向基底断裂最为明显。北纬 37°EW 向基底断裂,在延安组第一段沉积时,控制着古宝塔山河的展布方向;在延安组第二段至第四段沉积期间,控制着延安湖的展布方向,使鄂尔多斯侏罗纪聚煤盆地呈现出无煤区居中、聚煤区南北对称分布的格局。榆林-环县 NE 向基底断裂在延安组沉积过程中,不论湖泊扩展还是萎缩,始终控制着北部成煤区和无煤区的界线。除此之外,延安组可采煤层累计厚度大于 10 m 的展布范围,也呈明显的 NE 向展布。

盆地基底同沉积沉降速率对于沼泽发育的控制作用,前人有过大量的研究认为泥炭的堆积速率十分缓慢。盆地基底沉积速率的快慢,特别是与泥炭堆积速率的匹配关系,是聚煤作用持续时间长短的关键,盆地基底沉降速率过快或过慢,都不利于聚煤作用的持续发生,只有当二者持续达到平衡时,才最有利于大强度聚煤作用的发生。基底构造的沉降速率与泥炭堆积速率最直观的体现即为含煤地层厚度和煤层的厚度。

4.5.5.3 古地理对聚煤作用的控制

瓦窑堡组煤层主要发育在河流、三角洲和湖湾环境。层序Ⅰ沉积期沉积环境逐渐由河流向湖泊-三角洲过渡，富煤带有河流洪泛平原沼泽逐渐向三角洲平原过渡，并一直延伸到三角洲前缘的近岸位置。在层序Ⅱ沉积时期，湖泊范围持续周期性扩张，三角洲平原沼泽成了该时期最主要的聚煤地区。层序Ⅲ沉积时期，湖泊逐渐萎缩消亡，三角洲平原沼泽以及逐渐淤积变浅的湖湾成为最有利的成煤环境，随着湖泊的逐渐萎缩，河流洪泛平原沼泽成为最主要的成煤环境。

延安组煤层主要发生在曲流河三角洲平原沼泽、三角洲间湾以及河流洪泛平原的河漫沼泽及洼地环境，滨湖、湖湾也具备一定的成煤能力。

曲流河三角洲沉积体系在盆地内广泛发育，以榆神府地区最为典型，其特点是河流作用占绝对优势，进积速度快，三角洲平原和前缘相发育，前三角洲及浅湖相不甚明显，分流河道决口频繁，迁移速度快，河口坝砂体异常发育，决口三角洲朵叶体成群叠置，几乎每个三角洲充填层序顶部都有泥炭沼泽发育，形成厚度大、分布广、质量好的稳定煤层。煤层厚度与下伏三角洲平原相砂体分布状况关系不明显，而在废弃三角洲范围内广泛发育泥炭沼泽，其形成煤层厚度稳定，灰分、硫分含量低，丝炭化组分高。也就是说煤层发育与废弃三角洲的规模有关，自三角洲体系边缘向湖区方向煤层逐渐变薄尖灭，煤质相应变差，镜质组含量较高。泥炭堆积多沿河道近堤岸附近分布，平行于河道方向煤层连续性略好。另外，在三角洲沉积环境中由于决口事件形成的小型决口三角洲朵叶体，当河道迁移后露出水面也可形成泥炭沼泽，但因三角洲整体处于进积阶段，这种泥炭沼泽很快被随后而来的下一个自生三角洲朵叶体覆盖，所以聚煤作用期短、范围小，常形成面积不大的薄煤层。

三角洲的分流河道因决口而改道，便出现了三角洲朵叶体的变化，即由活动的建设性三角洲朵叶体变为废弃的破坏性朵叶，在废弃的朵叶上，由于压实作用，地势逐渐低洼，变为泥炭沼泽发育的场所。这种条件反复出现，于是形成了若干含煤旋回。

河流沉积体系中广泛发育的冲积平原常常成为泥炭沼泽发育的良好基础，在盆地南部延安组比较发育。由于河流作用占绝对主导地位，决口事件频繁发生，形成局部稳定的洪水盆地(河漫湖泊)，其岩相、岩性横向变化较大，由于河流作用强烈，河床下切能力较强，常常使下伏泥炭沼泽被冲刷或缺失，或因河流往复迁移，使聚煤作用结束，所以形成煤层横向变化较大。

河间洼地环境发育于盆地南部，以彬长、旬耀及焦坪一带延安组早期为典型，其特点是水体小而多，展布范围严格受古地形控制，彼此分隔或相通，同生河道发育，河湖相接但影响不大。下部以湖泊环境深灰色泥岩、粉砂岩为主，中上部发育泥炭沼泽环境沉积，形成厚度巨大、分布范围广、横向稳定的煤层。据统计分析结果，煤层厚度与砂体厚度呈负相关关系，与地层厚度略有正相关关系，河间浅水洼地环境基础上发育的泥淤沼泽，横向稳定，沉积厚度巨大，靠近河道两侧其稳定性较差，或无泥炭沼泽发育。富煤带展布形态与洼地分布基本一致，说明河间洼地淤浅后有利于形成泥炭沼泽，洼地水体面积愈大，煤层分布愈广泛，横向愈稳定，同生河道发育地带通常不出现泥炭沼泽。

4.5.6 主要的成煤模式

通过对晚石炭世-早、中二叠世本溪组、太原组、山西组及晚三叠世瓦窑堡组和中侏罗世延安组含煤岩系聚煤环境分析，总结出四种主要的聚煤模式：滨海三角洲-潮坪聚煤模式、障壁-潟湖聚煤模式、曲流河聚煤模式和三角洲-湖泊聚煤模式。

4.5.6.1　滨海三角洲-潮坪聚煤模式

该模式主要发育在晚石炭世至早-中二叠世的本溪-太原组沉积时期，主要分布在东北部横山-榆林-神木-府谷一带(图 4-5-13)。

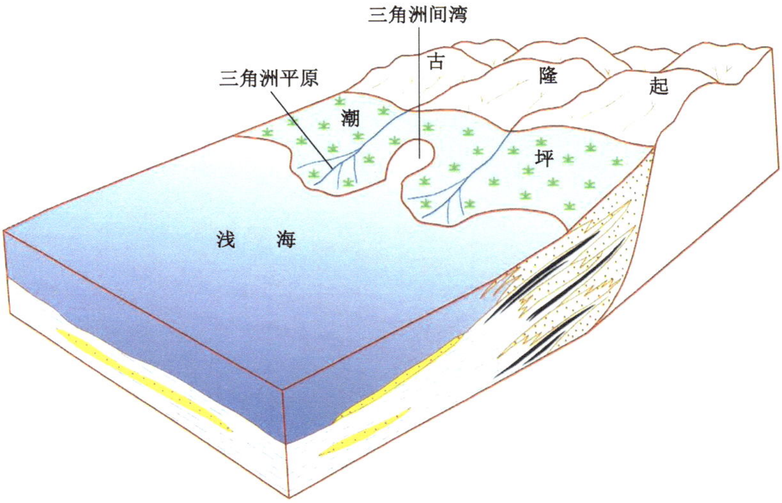

图 4-5-13　滨海三角洲-潮坪聚煤模式

该模式最有利的成煤带分布在三角洲平原、三角洲间湾和陆缘潮坪沼泽地区。主要发育在北部榆林-神木-府谷地区，位于内蒙古隆起的南部斜坡，坡度较缓，斜坡上发育曲流河，向南部注入局限海，在入海处发育三角洲平原，三角洲之间有时有三角洲间湾发育，在不发育三角洲的滨海区发育潮坪。该环境下，三角洲平原沼泽、三角洲间湾和潮坪沼泽均是有利的聚煤环境，特别是三角洲平原沼泽聚煤能力最强。随着海水的不断进退，三角洲也随之进退、分流河道改道、三角洲朵体不断废弃与新生，三角洲平原往往横向上连接成大片。在相对稳定时期，煤层横向连续性好；在构造活动频繁时期，煤层分布局限，横向连续性差。随着海侵、海退的不断发生，有利的成煤带随之向陆地方向或浅海方向迁移。

4.5.6.2　滨海障壁-潟湖聚煤模式

该模式主要发育在晚石炭世本溪组和太原组第一段，主要分布在渭北石炭-二叠纪煤田及陕北吴堡矿区也有发育(图 4-5-14)。

该模式最有利的成煤带位于陆缘潮坪、障壁岛潮坪、淤积的潟湖和越岸三角洲平原地区。南部秦岭古陆到中部广海之间发育一些障壁岛和潟湖沉积，在古陆一侧偶有扇三角洲发育，古陆与潟湖之间发育较狭窄的潮坪，向广海方向发育障壁岛，起到障壁作用是潟湖具有明显的局限性。在障壁岛靠近潟湖一侧可发育潮坪或越岸三角洲，在潮坪和越岸三角洲平原也可发生成煤作用。在障壁岛靠近广海一侧，潮坪不太发育，成煤作用较弱。当潟湖不断淤积变浅时，三角洲和潮坪范围向潟湖逐渐扩展，有利的成煤范围逐渐增大。随着海水的进退，潟湖水平面也随着升降，聚煤带也随着向潟湖或陆地、障壁岛方向迁移，在最大海泛期成煤带向陆地或障壁岛移动到最大程度，在低水位期和高水位体末期，成煤带向潟

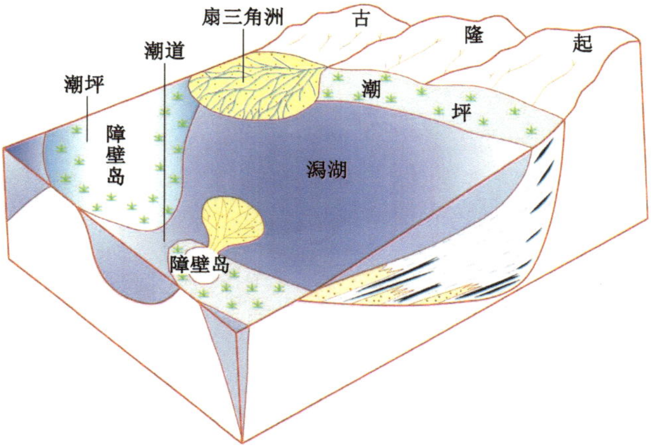

图 4-5-14　滨海障壁-潟湖聚煤模式

湖方向迁移到最大程度，富煤带随之不断移动。

4.5.6.3　曲流河聚煤模式

该模式发育早二叠世太原组第二、三段中部隆起的广大地区和早-中二叠世山西组的东北部府谷地区，晚三叠世瓦窑堡组的大理河以北的广大地区，中侏罗世延安组大部分地区（图 4-5-15）。曲流河成煤模式最有利的成煤场所主要为河漫沼泽和废弃河道充填沼泽。

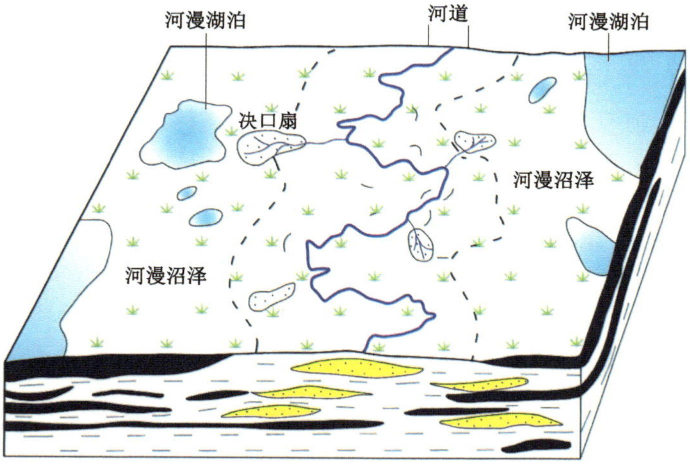

图 4-5-15　曲流河聚煤模式

河漫沼泽环境有利于形成厚煤层，主要是由于反复出现洪泛和由此而产生的天然堤的垂向增高，对洪泛盆地和岸后泥炭沼泽起着障壁作用，因此在堤的外侧直至洪泛盆地内部就成为成煤的最重要场所。但由于洪泛加剧等原因而造成的决口扇沉积，还会侵入这种成煤地带，从而干扰或破坏已形成的泥炭堆积。

河道边缘地带的沼泽化，按照与地下水位的关系可分为泄水好的沼泽及泄水差的沼泽，它们往往沿河道外侧成带分布。泄水好的沼泽位于洪泛盆地近河道的边侧，地势略高。当河水上涨，地下水位抬高时，就被水侵漫；当枯水期水位下降时，地下水位也随之下降，侵漫的水易于排泄出去。这种通畅的泄水条件使得沼泽内的氧化分解作用增强，因而对成煤不利。泄水条件差的沼泽位于洪泛盆地的低洼处，多位于远离河道的低洼地带。由于不易受决口扇的影响，停滞水占据优势，这就易于出现长期为水浸漫的泥炭沼泽。在适宜的条件下，有的泄水条件差的沼泽地带可扩展到整个洪泛盆地。

4.5.6.4 三角洲-湖泊聚煤模式

这种聚煤模式主要发育在早、中二叠世山西组广大沉积区、晚三叠世瓦窑堡组大理河以南地区和中侏罗世延安组二段到四段的陕北地区(图 4-5-16)。

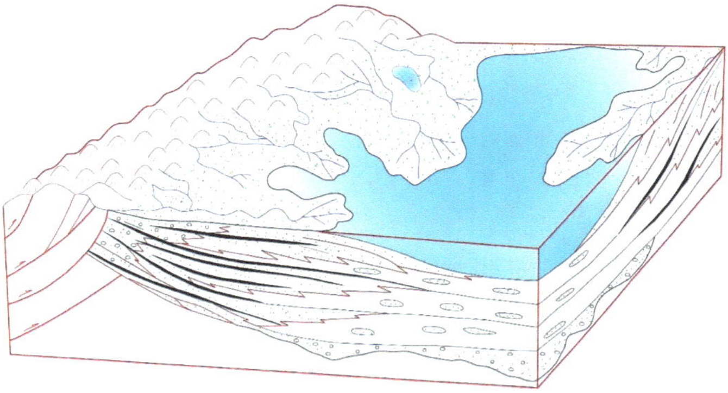

图 4-5-16 三角洲-湖泊聚煤模式

该模式有利的成煤带主要发育在三角洲平原、三角洲间湾、湖湾沼泽等地区。这些地区均为坳陷湖泊，湖泊边缘地势较缓，利于发育曲流河三角洲沉积。盆缘的三角洲平原是最有利的成煤地区。随着湖水进退和构造活动，三角洲分流河道不断决口、改道，先期的三角洲朵体不断废弃，新的朵体不断发育，废弃的三角洲多形成有利的成煤环境。由于朵体不断废弃与新生，成煤作用不断发生与终止，三角洲砂体与煤层相互叠置。坳陷湖泊的稳定性较好，所以发育的煤层厚度较大，横向连续性较好。但是，随着构造运动和湖水的进退，富煤带也随之向陆地或湖泊方向迁移。三角洲间湾也是有利的成煤环境。其次，三角洲朵体延伸形成的湖湾，由于水动力条件较差，特别是在湖湾淤积变浅期，也为有利的成煤场所。

5 煤盆地构造演化和煤田构造

陕西省大地构造单元横跨华北陆块、秦祁昆造山系、西藏-三江造山系和华南陆块，大体构成“两块夹一带”的基本构造格局。其渭河以北主要为中生代发育形成的北东向构造与北西向构造，其次是古生代发育并分别于印支、燕山期形成的北东向构造与区域东西向构造带，除南部边缘外，一般地层平缓，构造简单，震旦纪后一直比较稳定。中部秦祁昆造山系，主要为震旦纪前发育，并于中生代形成的秦岭东西向构造带，自北向南以比较发育的逆冲断裂为特征，含煤地层多受构造影响改造强烈，此外还有北西向构造和巴山弧等构造，总体呈近东西向，褶皱、断裂十分发育，岩浆活动和变质作用极其强烈，构造甚为复杂。南部华南陆块北部，主要为震旦纪前发育形成的北西向构造带和中生代发育形成的北西向构造带，岩浆活动发育，地层普遍遭受变质，含煤地层受断裂和褶皱改造强烈。

陕西省构造特征明显，渭河以北构造形态有利于含煤地层形成和保存，在鄂尔多斯盆地陕西部分，分布有石炭-二叠纪煤田(即渭北和陕北石炭-二叠纪煤田)、三叠纪和侏罗纪煤田(陕北和黄陇侏罗纪煤田)；中部秦祁昆造山系和西藏-三江造山系不利于含煤地层形成和保存，仅在凤县-商洛和勉县-安康两个构造条件相对较好的地带分布有近东西向古、中生代的小型煤产地；南部华南陆块北部，含煤地层发育比较稳定，但褶皱、断裂极其发育，含煤区变化大，仅在汉中镇巴分布有小型煤田(镇巴三叠-侏罗纪煤田)。

5.1 煤田构造格局

5.1.1 赋煤单元及赋煤构造单元划分

5.1.1.1 赋煤单元划分

陕西省赋煤单元的划分突出了煤炭资源赋存规律，划分为赋煤区、赋煤带(相当于煤盆地群)、煤田(煤产地)、矿区等四级赋煤单元。

陕西省是连接我国东部和西北、西南的重要地区，其地理位置大部分处于我国华北区的西南部，只有南部的巴山区处于华南区。根据我国主要含煤地层大地构造单元划分，陕西省赋煤单元属华北和华南两个赋煤区。

赋煤带是在赋煤区范围内，按主要含煤地层聚煤特征、构造特征和含煤地层赋存特征进行的Ⅱ级划分，是聚煤盆地或盆地群经历后期改造后形成的赋煤单元。根据以上划分原则，陕西省划分为4个赋煤带，分别为华北赋煤区鄂尔多斯盆地陕北赋煤带、鄂尔多斯盆地南缘赋煤带和秦岭山间盆地群赋煤带，华南赋煤区上扬子盆地北缘赋煤带。

煤田是在赋煤带范围内，按后期改造和含煤性进行的Ⅲ级赋煤单元划分。陕西省煤田主要分布在鄂尔多斯盆地渭河以北区域，含煤面积约56 436.04 km^2，分别为晚古生代渭北石炭-二叠纪煤田和陕北石炭-二叠纪煤田、中生代陕北三叠纪煤田、中生代陕北侏罗纪煤田和黄陇侏罗纪煤田。其次为渭河以南秦岭、上扬子北部地区石炭纪、二叠纪、三叠纪和侏罗纪形成的一些小型煤产地，主要为上扬子区盆地北部的镇巴三叠-侏罗纪煤田。各煤田根据规划划分为 18 个矿区(或煤产地)，详见表 5-1-1 和图 5-1-1。

表 5-1-1　陕西省赋煤单元划分一览表

赋煤区	赋 煤 带	煤田(煤产地)	矿 区
华北赋煤区	鄂尔多斯盆地陕北赋煤带	陕北石炭-二叠纪煤田	府谷矿区
			吴堡矿区
		陕北侏罗纪煤田	神府矿区
			榆神矿区
			榆横矿区
		陕北三叠纪煤田	子长矿区
	鄂尔多斯盆地南缘赋煤带	渭北石炭-二叠纪煤田	韩城矿区
			澄合矿区
			蒲白矿区
			铜川矿区
		黄陇侏罗纪煤田	黄陵矿区
			焦坪矿区
			旬耀矿区
			彬长矿区
			永陇矿区
	秦岭山间盆地群赋煤带	北秦岭煤产地	
		南秦岭煤产地	
华南赋煤区	上扬子盆地北缘赋煤带	镇巴三叠-侏罗纪煤田	

5.1.1.2　赋煤构造单元划分

以地球动力学和板块构造理论为指导，根据陕西省赋煤构造特征，将陕西省赋煤构造单元划分为 3 个一级赋煤构造单元，8 个二级赋煤构造单元，8 个三级赋煤构造单元，详见表 5-1-2 和图 5-1-2。

陕西省一级赋煤构造单元有鄂尔多斯坳陷盆地、秦岭弧盆地、上扬子古陆块，分别位于华北古陆块、秦祁昆造山系和华南古陆块大地构造单元之上。

鄂尔多斯坳陷盆地：鄂尔多斯坳陷盆地位于鄂尔多斯古陆块东南部，鄂尔多斯盆地东隔离石断裂与山西断块之吕梁隆起带相邻，南隔汾渭裂谷与秦祁昆造山系相接，西至六盘山弧形构造带，北止河套弧形构造带。该聚煤盆地位于华北陆块鄂尔多斯古陆块大地构造单元，盆地发展历史与中亚-蒙古、秦岭-祁连山两个活动构造单元以及太平洋、印度洋两板块的活动息息相关。

鄂尔多斯坳陷盆地沉积盖层构造格局的显著特点：明显的构造变形局限于盆地边缘，

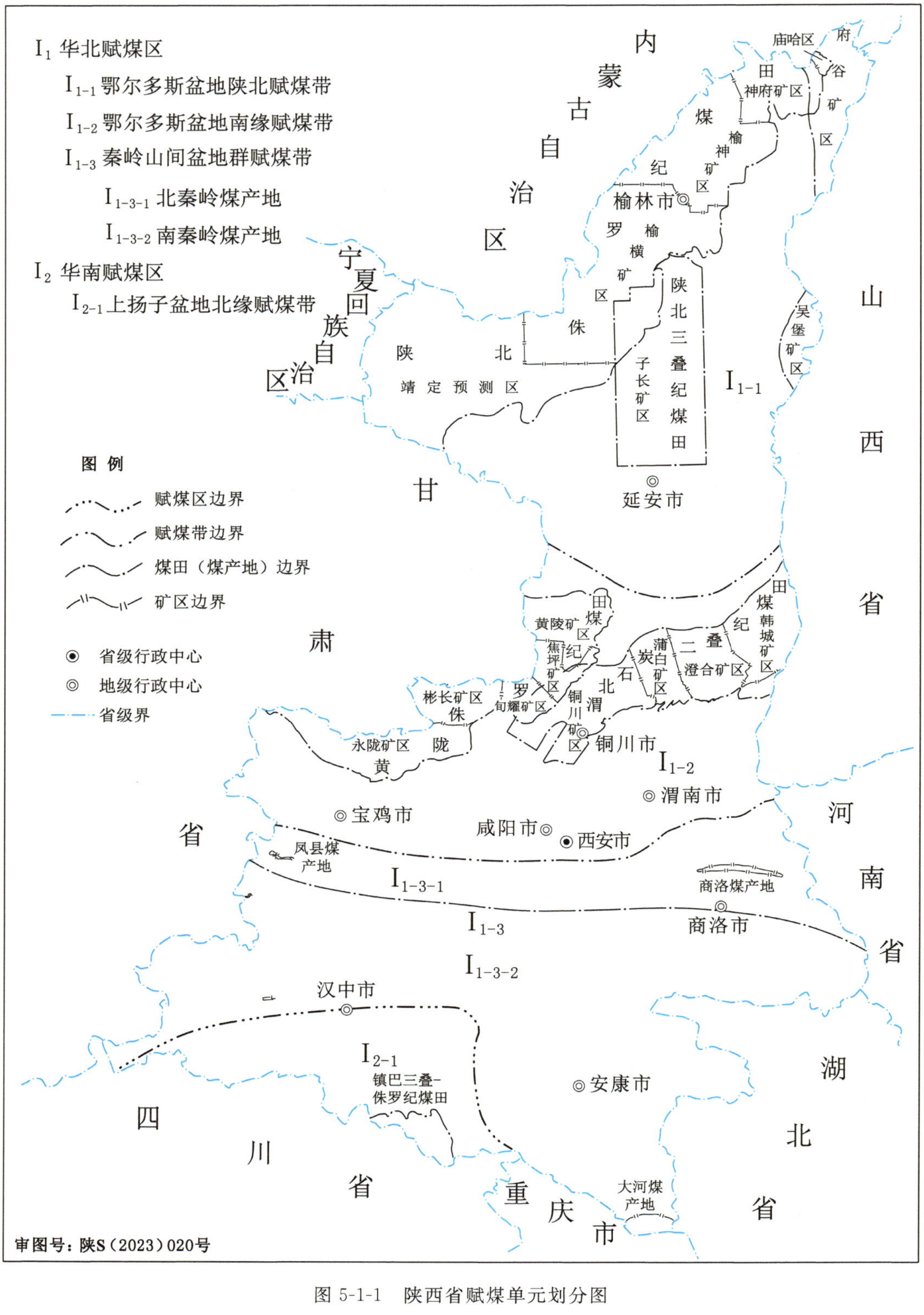

图 5-1-1　陕西省赋煤单元划分图

表 5-1-2　陕西省赋煤构造单元划分一览表

一级	二级	三级	煤田或矿区
Ⅰ鄂尔多斯坳陷盆地	Ⅰ$_1$伊陕斜坡区	Ⅰ$_1^1$东胜-靖边斜坡	陕北侏罗纪煤田
		Ⅰ$_1^2$延安斜坡	陕北三叠纪煤田
		Ⅰ$_1^3$庆阳斜坡	黄陇侏罗纪煤田（黄陵矿区）
	Ⅰ$_2$河东褶曲带	Ⅰ$_2^1$准格尔-兴县段	陕北石炭-二叠纪煤田（府谷矿区）
		Ⅰ$_2^2$离石-吴堡段	陕北石炭-二叠纪煤田（吴堡矿区）
	Ⅰ$_3$西缘褶皱冲断带	Ⅰ$_3^1$华亭-陇县段	黄陇侏罗纪煤田（陇县-千阳北部区）
	Ⅰ$_4$渭北断隆区	Ⅰ$_4^1$彬州-黄陵坳褶带	黄陇侏罗纪煤田
		Ⅰ$_4^2$铜川-韩城断褶带	渭北石炭-二叠纪煤田
	Ⅰ$_5$永寿-韩城碳酸岩台地		
Ⅱ秦岭弧盆地	Ⅱ$_1$北秦岭岩浆弧		北秦岭煤产地
	Ⅱ$_2$南秦岭弧盆系		南秦岭煤产地
Ⅲ上扬子古陆块	Ⅲ$_1$米仓山-大巴山基底逆冲带		镇巴三叠-侏罗纪煤田

盆地内部变形微弱，主体构造格局是向西倾斜的大单斜。中生代时期盆地边缘发育指向盆内的逆冲断层或逆冲推覆构造，使晚古生代含煤地层遭受变形、抬升，切割为大小不等的煤田和含煤块段。盆缘的挤压变形向盆内迅速减弱，盆内主体部分的侏罗纪含煤地层保持连续、近水平的原始产状。新生代的大地构造环境发生根本性变化，盆缘挤压构造带被伸展构造体系改造，沿盆地周缘发育新生代剪切-拉张带，构成断陷盆地与边缘隆起相邻排列的构造地貌格局。

秦岭弧盆地：秦岭发育了受断裂控制的晚古生代沉积盆地，其基底是具有洋壳、众多碳酸盐岩孤岛以及岛弧、弧前增生楔的洋盆底，盆地的主要边界逆冲断裂表现为背驮式的活动特征，各个盆地虽都有自己的沉积特点，但盆地的相对水深总体由北向南逐渐加大，反映出弧前大陆斜坡的古地理特征，盆地初始规模较大，到后期渐小，盆地充填呈退积序列，揭示了秦岭晚古生代盆地具有弧前增生的背驮形盆地性质。

上扬子古陆块：区内汉南岩浆弧和碑坝岩浆弧共同构成扬子克拉通汉南古陆核区（过渡基底），结晶基底为后河岩群，下构造层为中新元古界火地垭群和铁船山组，上构造层为震旦系-侏罗系。米仓山与大巴山构造交接的陕南镇巴地区具有典型的叠加褶皱构造。米仓山地区近 EW-NEE 向褶皱构造与大巴山近 SN-NNE 向紧闭褶皱构造呈横跨叠加构造样式。米仓山褶皱变形的时间要略早于南大巴山西段镇巴地区变形时间，分别为晚侏罗世（J_3）和晚侏罗世-早白垩世之间（J_3-K_1）。大巴山与米仓山构造交接变形是在印支期碰撞造山作用基础上，燕山期陆内造山作用期间不同体系构造复合叠加的产物。

鄂尔多斯坳陷盆地一级赋煤构造单元内的 5 个二级赋煤构造单元中，永寿-韩城碳酸岩台地赋煤构造单元受后期构造运动影响，含煤地层遭受剥蚀殆尽，出露地层基本上为寒武-奥陶纪海相沉积的碳酸岩；其余 4 个二级赋煤构造单元可划分为 8 个三级的赋煤构造单元，发育并赋存有晚古生代、中生代含煤岩系，含煤时代为石炭-二叠纪、三叠纪、侏罗纪煤田。

秦岭弧盆地一级赋煤构造单元包含了北秦岭岩浆弧和南秦岭弧盆系 2 个二级赋煤构造单元，均发育一些小型山间断陷煤产地，如商洛煤产地、山阳煤产地、凤县煤产地、勉县煤产

图 5-1-2　陕西省赋煤构造单元划分图

地等。

上扬子古陆块米仓山-大巴山基底逆冲带赋煤构造单元内赋存了中生代含煤岩系，发育镇巴三叠-侏罗纪煤田。

5.1.1.3 赋煤单元与赋煤构造单元关系

陕西省赋煤单元与赋煤构造单元以及大地构造分区的对应关系详见表 5-1-3。

表 5-1-3 陕西省赋煤单元与赋煤构造单元对应关系表

<table>
<tr><th colspan="3">赋煤单元</th><th colspan="2">赋煤构造单元</th><th rowspan="2">大地构造分区</th></tr>
<tr><th>赋煤区</th><th>赋煤带</th><th>煤田</th><th>二级</th><th>一级</th></tr>
<tr><td rowspan="8">华北赋煤区</td><td rowspan="3">鄂尔多斯盆地陕北赋煤带</td><td>陕北石炭-二叠纪煤田</td><td>Ⅰ$_2$河东褶曲带</td><td rowspan="6">Ⅰ鄂尔多斯坳陷盆地</td><td rowspan="6">华北古陆块</td></tr>
<tr><td>陕北侏罗纪煤田</td><td rowspan="2">Ⅰ$_1$伊陕斜坡区</td></tr>
<tr><td>陕北三叠纪煤田</td></tr>
<tr><td rowspan="3">鄂尔多斯盆地南缘赋煤带</td><td rowspan="2">黄陇侏罗纪煤田</td><td>Ⅰ$_3$西缘褶皱冲断带</td></tr>
<tr><td rowspan="2">Ⅰ$_4$渭北断隆区</td></tr>
<tr><td>渭北石炭-二叠纪煤田</td></tr>
<tr><td rowspan="2">秦岭山间盆地群赋煤带</td><td>北秦岭煤产地</td><td>Ⅱ$_1$北秦岭岩浆弧</td><td rowspan="2">Ⅱ秦岭弧盆地</td><td rowspan="2">秦祁昆造山系</td></tr>
<tr><td>南秦岭煤产地</td><td>Ⅱ$_2$南秦岭弧盆系</td></tr>
<tr><td>华南赋煤区</td><td>上扬子盆地北缘赋煤带</td><td>镇巴三叠-侏罗纪煤田</td><td>Ⅲ$_1$米仓山-大巴山基底逆冲带</td><td>Ⅲ上扬子古陆块</td><td>华南古陆块</td></tr>
</table>

根据全国赋煤区划分，陕西省属华北和华南两个赋煤区，华北赋煤区跨越了华北古陆块和秦祁昆造山系大地构造分区单元，华南赋煤区位于华南古陆块大地构造单元。华北赋煤区内次一级的鄂尔多斯盆地陕北赋煤带和鄂尔多斯盆地南缘赋煤带位于鄂尔多斯坳陷盆地一级赋煤构造单元，秦岭山间盆地群赋煤带位于秦岭弧盆地一级赋煤构造单元；华南赋煤区内次一级的上扬子盆地北缘赋煤带位于上扬子古陆块一级赋煤构造单元。

鄂尔多斯盆地陕北赋煤带跨越了伊陕斜坡区和河东褶曲带两个二级赋煤构造单元，其中陕北侏罗纪煤田和陕北三叠纪煤田位于伊陕斜坡区；陕北石炭-二叠纪煤田位于河东褶曲带。

鄂尔多斯盆地南缘赋煤带跨越了西缘褶皱冲断带和渭北断隆区两个二级赋煤构造单元，黄陇侏罗纪煤田跨越了西缘褶皱冲断带和渭北断隆区，其中陇县-千阳一带位于西缘褶皱冲断带，永陇矿区麟游北部区、彬长矿区、旬耀矿区和焦坪矿区均位于渭北断隆区，黄陵矿区实际上是位于伊陕斜坡区，但为了保持煤田的完整性，将黄陵矿区随着黄陇侏罗纪煤田划分归入鄂尔多斯盆地南缘赋煤带；渭北石炭-二叠纪煤田位于渭北断隆区。

秦岭山间盆地群赋煤带内，北秦岭煤产地位于北秦岭岩浆弧二级赋煤构造单元，南秦岭煤产地位于南秦岭弧盆系二级赋煤构造单元。

上扬子盆地北缘赋煤带内，镇巴三叠-侏罗纪煤田位于米仓山-大巴山基底逆冲带二级赋煤构造单元。

5.1.2 各赋煤构造单元的煤田构造特征

陕西省煤炭资源赋存好的赋煤构造单元为渭河以北的鄂尔多斯坳陷盆地赋煤构造单元，其他赋煤构造单元煤炭资源少、煤层赋存不好，仅为零星分布的小型煤产地，本节重点对鄂尔多斯坳陷盆地(陕西)赋煤构造单元的煤田构造特征进行详细研究。

鄂尔多斯坳陷盆地陕西范围内4个赋存含煤地层的主要二级赋煤构造单元的煤田构造特征如下。

5.1.2.1 伊陕斜坡区($Ⅰ_1$)

伊陕斜坡区北以巴音乌素-清水河断裂为界，与乌前-呼和断陷相邻，南以龙门-长武-黄陵-黄龙一线为界，与渭北断隆区($Ⅰ_4$)相接，东界大致在兔板-吴堡西-永和-吉县一线，与河东褶曲带($Ⅰ_2$)相接，西与天环坳陷相邻，分界大致在布伦-姬源-泾川一线。除北部与乌前-呼和浩特断陷有断层相隔以外，其他三面均为过渡关系。三叠系、侏罗系和白垩系自东向西依次排列出露，地层倾角1°～3°，平均坡降10 m/km左右。加里东运动晚期至印支运动末期，本区为西高东低，北高南低的区域构造背景，至燕山运动末期才变为东高西低的构造格局。依据其构造特征的差异，自北向南划分为东胜-靖边、延安和庆阳3个斜坡。

(1) 东胜-靖边斜坡($Ⅰ_1^1$)

东胜-靖边斜坡经过加里东和早期海西运动后为隆起区，北部和西部隆起最高，大致在东胜-杭锦旗-吴起之北一带。印支运动早期由于大同-吴起北东向断裂再次活动，本区上升速度和幅度较其断裂以南的延安地区有所加大，从而造成延长组北粗南细和北薄南厚的特征。印支运动晚期，继续隆起，不仅使延长组顶部遭受剥蚀，而且使得侏罗系富县组在广大地区未接受沉积。通过对构造活动的周期性分析，强烈活动之后必然有宁静时期的到来。由于其他成煤条件的配合，延安组成为全盆地含煤性最好的地区。

陕北侏罗纪煤田位于此斜坡的南部。区内有三叠系、侏罗系和白垩系出露。总体向西、北西方向倾斜，呈平缓斜坡，地层倾角1°～2°。褶皱、断裂少见，仅在神木市大柳塔-府谷县袁家梁南界一带煤田勘探证实存在一组近似东西正断层，走向延伸10～20 km，断距20～65 m；在神木活鸡兔-何家塔有两条断距约20 m正断层。在东部孤山-庙沟门一带有三叠系组成核部的北西西向宽缓背斜，并发育两条较大的正断层(F1和F2)，近东西向分布，F1断层倾向南西，倾角65°～70°，F2断层倾向北东，倾角65°～70°，自西向东断层规模逐渐变小，西端最大落差大于150 m，东端逐渐减小至20～30 m。

(2) 延安斜坡($Ⅰ_1^2$)

延安斜坡位于东胜-靖边斜坡之南，以吴起-府谷断裂为界。西侧和南侧分别与庆阳斜坡和渭北断隆区相连，其分界为延安组有煤与无煤的沉积界线，大致在华池-庆阳东-正宁-张村驿南一线。东与河东褶曲带呈过渡关系，实际上是河东褶曲带大单斜构造向西变缓部分。

本区出露地层主要为三叠系、侏罗系和下白垩统，从东向西依次渐新。地层走向呈NE至SSW，倾向NWW，地层倾角1°～3°。早古生代、晚古生代、三叠纪和早-中侏罗世时，本区均为坳陷。石炭-二叠纪含煤地层普遍存在，保存完好，但绝大部分地区埋藏深度已超过2 000 m。晚三叠世瓦窑堡组含可采煤层。侏罗纪富县组和延安组的宝塔山砂岩最为发育，延安组不含煤层，成为鄂尔多斯盆地引人注目的无煤区。

本区在中侏罗世及以前，一直处于西高东低的状态。中侏罗世末燕山运动导致吕梁山隆起，本区成为现今向西倾斜的单斜构造。由于本区地处鄂尔多斯盆地南北方向的中间部位，因此位于盆地南北的秦岭和内蒙古-兴安两大海槽（或造山带）不论何时以何种方式独自或共同作用于鄂尔多斯盆地，都将影响到本区。如南北对压，盆地产生上隆或下坳时，本区成为隆、坳的轴部；若南北一端上升或下降，使盆地做天平式运动时，本区则处于枢纽位置。这就是地质界长期以来所谓控制陕北地区南北部许多不同现象的东西构造带，我们称之为“构造枢纽带”。

陕北三叠纪煤田位于此区。区内三叠系地层出露，基本为一平缓的西倾单斜构造，地层倾角平缓，一般 1°～5°，次级构造不发育，仅发育宽缓的波状起伏、短轴背向斜及落差较小的断层。

(3) 庆阳斜坡（I_1^3）

庆阳斜坡位于天环坳陷之东、渭北断隆区之北、延安斜坡之西和东胜—靖边斜坡之南。本区地表出露皆为下白垩统志丹群。从区域上看，岩层向北西方向倾斜，倾角 1°左右。早古生代隆起（庆阳-洛阳）和石炭-二叠纪含煤地层底面隆起（杭锦旗-庆阳隆起）均位于本区西部。石炭-二叠纪含煤地层东厚西薄，并向西超覆于奥陶系不同层位之上。侏罗纪含煤岩系底面构造由北部樊家川、西部演武和东部子午岭三个隆起及夹于其间的合道川、华池两个坳陷构成。其中两个坳陷明显受近 EW 向和 NE 向两条基底断裂控制。延安组含煤性中等，受早期燕山运动影响，延安组上部遭受强烈剥蚀。

黄陇侏罗纪煤田黄陵矿区位于本区的东南缘，矿区内发育宽缓波状起伏，南部发育有褶皱和断裂，主要发育 NNE-NE 向褶皱，这些褶皱基本为同沉积构造，控制含煤地层的赋存。

5.1.2.2 河东褶曲带（I_2）

河东褶曲带东隔离石断裂与山西断块之吕梁隆起带相邻，西与伊陕斜坡区（I_1）呈过渡关系，其界线在兔板-吴堡西-永和-吉县一线，北起准格尔旗窑沟一带，南止西口-贺家庄断裂。南北长约 460 km，东西宽 30～60 km，呈狭窄条状展布。总体构造形态受离石断裂及其东侧吕梁隆起带控制，呈一走向南北，向西倾斜的大型单斜构造。在单斜构造背景上发育了许多次级的南北向褶皱，离石断裂既是本带东部边界，又是本带组成部分，沿其西侧一定宽度内还分布许多次级断裂。从次级构造发育程度和展布特征来看，本带具有明显的走向分段和倾向分带的特点。据此，自北向南将其分为 4 个段，其中陕北石炭-二叠纪煤田府谷矿区和吴堡矿区分别位于准格尔-兴县段和离石-吴堡段，煤田从府谷向吴堡一带延伸，主要受燕山运动改造，基本构造形态为一走向 NNE-近 SN，倾向 W 的平缓单斜，倾角约 1°～5°，构造变动轻微。煤田形成后，由于早期燕山运动，含煤地层深埋，发生成岩和煤化作用，在晚期燕山运动中，由于吕梁台背斜的形成，煤田东部抬升并部分遭受剥蚀，埋藏变浅，而西部则相应下沉变深，就开发而言，东部较西部有利。

(1) 准格尔-兴县段（I_2^1）

准格尔-兴县段北起准格尔旗窑沟，南止兴县，长约 160 km，本段构造简单，断裂少见，褶皱发育，呈束状分布。

陕北石炭-二叠纪煤田府谷矿区位于本段的西南缘，区内构造简单。府谷一带的两个挠曲：郝家寨挠曲，走向近 SN，两翼倾角一般 30°～45°，个别达 60°，走向长约 20 km；会家沟挠曲，走向近 SN，两翼倾角较大，东翼可达 80°，延伸 20 余千米，这两个挠曲使府谷以北的二叠、三叠系强烈隆起，呈紧密线状排列。矿区北部沿清水川存在两条正断层，走向 N45°W，断面倾角 75°～80°，相向陷落，长约 20 km，组成小型地堑，切错三叠系和侏罗系，落差在百米内；矿区南部沿孙家沟也存在两条正断层，走向近 EW 向，相向陷落，组成小型地堑。

(2) 离石-吴堡段（I_2^2）

离石-吴堡段北起三交区，南至柳林留誉川，长约 60 km。受鄂尔多斯盆地中部 EW 向枢纽构造带的影响，总体 SN 走向的构造变为向 W 突出的弧形。本段主体构造有柳林-吴堡鼻状构造、王家会背斜和离石-中阳向斜。

陕北石炭-二叠纪煤田吴堡矿区位于本段的西缘，区内主要有 EW 向辛家沟倾伏背斜，向 W 倾伏，核部为下古生界，省内走向长约 40 km，向东进入山西，褶皱地层为二叠系、三叠系，两翼倾角甚小，实为大型宽缓之倾伏背斜，对开发而言，背斜轴部含煤地层埋藏浅、向南北变深。南部发育两组走向近 EW、断距约 20 m 的正断层。

5.1.2.3 西缘褶皱冲断带（I_3）

西缘褶皱冲断带北起内蒙古磴口，经桌子山、贺兰山北-中段、银川平原、横山堡-马家滩地区、青龙山、平凉，南达陕西千阳一带。西以贺兰山西麓断裂和青铜峡-固原断裂为界，东以桌子山东麓断裂及马家滩-柳条井、惠安堡-沙井子、青龙山-平凉等三条断裂连线为界，大致在桌子山东麓-铁克苏庙-大水坑-沙井子-龙门一线。南北长约 640 km，东西宽约 50～120 km，跨越蒙、宁、甘、陕四省。

华亭-陇县段北起平凉，南至千阳一带，长约 140 km。本段是鄂尔多斯盆地西缘褶皱冲断构造带的最南部分，距秦岭-祁连造山带较近，在燕山运动中期的直接挤压作用下，本段隆起并产生了一系列逆断层和次级褶皱，从而成为鄂尔多斯盆地西南部翘起边缘。本段逆冲断裂发育，自东向西构成平凉-龙门、华亭-千阳和景福山 3 个逆冲断块，主干断裂的断面为向 W 倾斜，向 E 逆冲，断面倾角较陡，断距从北向南逐渐变小，各逆冲断块次级褶皱和断裂特别发育，对煤田肢解破坏与搁置保护作用比较明显。

黄陇侏罗纪煤田西部永陇矿区陇县-千阳北部区位于本段的东南部，呈 NW 向展布，本段呈“两隆夹一坳”的构造面貌，自北向南依次是龙门凸起、千阳坳陷和景福山凸起。除景福山凸起核部由中-新元古界和古生界构成以外，千阳坳陷和龙门凸起均由中新生界构成。本段断裂发育，主要为 NW 方向延展，延展长度达 30 km，倾角 60°～80°，它们对延安组沉积及煤层有控制作用，使得煤层埋深加大。

5.1.2.4 渭北断隆区（I_4）

渭北断隆区南以渭河断陷北缘断裂为界，北与天环坳陷、庆阳斜坡和延安斜坡相邻，大致在龙门-长武南-黄陵-黄龙一线，西与西缘褶皱冲断带相接，东以黄河为界。东西长约 320 km，南北宽约 30～90 km。

渭北断隆区总体上呈南翘北倾状态势，组成地层有太古界涑水群、元古界、寒武系、奥陶系、石炭系、二叠系、三叠系、侏罗系和白垩系下统等，第四系广泛覆盖于其上。各时代地层的出露自 SE 向 NW 依次变新。构造线方向在西部为 EW 向，向东逐渐转折为 NE 向。按地层分布和构造特点，以麟游-金锁关-黄龙一线为界划分出两个三级构造单元，北侧为彬州-黄陵坳褶带，南侧为铜川-韩城褶断带。

(1) 彬州-黄陵坳褶带($Ⅰ_4^1$)

黄陇侏罗纪煤田主要分布于该区,总体构造形态为中生界构成的向 NW 缓倾的大型单斜构造。在此单斜之上产生一些宽缓而不连续的褶皱,断裂不发育。褶皱出现较多,而且较为集中的是麟游-宜君地区。产于该区的褶皱大多以背斜形式出现,其中主要有两亭、太峪、彬州、旬邑、亭口、罗店、雅店、百里、马栏、庙湾、安子洼、四郎庙和建庄等背斜。其轴向与区域地层走向一致,彬州一带呈 EW 向,彬州以西呈 NW 或近 EW 向,彬州以东为 NE 向。两翼产状多不对称,南翼较缓,5°～10°,个别可达 30°～45°;北翼较陡,一般在 20°～30°,个别达 50°～70°。背斜轴长 10～30 km,小者 5～10 km。这些背斜分别发育于三叠系、侏罗系和白垩系之中,出现在白垩系中规模较大的背斜对侏罗纪含煤地层有一定影响。

(2) 铜川-韩城断褶带($Ⅰ_4^2$)

渭北石炭-二叠纪煤田分布于该区,区内褶皱和断裂均较发育,断裂尤为突出。受构造影响而发生形变的地层主要为上、下古生界、三叠系及少量前寒武系。根据构造形变特征大致以淳化和英山为界,可将铜川-韩城断褶带分为西、中、东三段。

西段:指清峪河以西,三原冯村-永寿马坊-凤翔东北祝家河一线以南的广大地区,包括嵯峨山、钻天岭、五峰山和瓦罐岭等主要高大山岭。此段属于晚古生代古隆起,因此缺失石炭系和山西组沉积。燕山运动所形成的多条南倾北冲的逆断层构成叠瓦状式推覆构造,被卷入的地层有元古界、寒武系、奥陶系和二叠系等,由于逆冲作用,导致该区地层产生剧烈的形变,形成一系列规模不等的背、向斜构造,岩层发生陡立或者倒转的现象多处可见。

中段:西起清峪河,东至韩城芝川,包括了铜川、蒲白和澄合三个矿区。本区构造特点是褶皱和断裂均较发育,规模较大的褶皱构造主要分布于铜川矿区,自北向南主要有赵家源、苏家店、峪岭-将军山背斜和县北、阿姑社、黄堡、陈炉镇向斜。断裂构造主要有两组。一组走向近 NW,分布于三个矿区中深部的压性断裂带,自东向西有爱帖村-狄家河逆断层、杜康沟-前柳湾逆断层。两断层平行错列,均为南倾北冲,受其影响,断裂北侧煤层埋藏变深,从而构成铜川、蒲白和澄合三个矿区初期开发的深部边界。杜康沟逆断层向西延伸,过铜川市北前柳湾之后,虽然地表已经消失,据石油地震勘探资料,沿着田家咀、安子洼、焦家河一线,长达 80 km 之内仍有南倾北冲断层存在,并在其东段地表相应位置出现田家咀背斜。这一组走向 EW 的压性断裂带和上述嵯峨山-瓦罐岭一带的逆冲推覆构造以及铜川一带的大型褶皱构造为同期产物,它们影响到中生代地层,是燕山运动时期秦岭造山带对鄂尔多斯南缘一次强烈挤压的记录。另一组为遍布全区的 NE 向正断层。据现有资料,自铜川至合阳之间长度大于 10 km,落差大于 70 m 的正断层有 70 余条。这组断层走向大致平行,倾向各异,规模较大,常构成井田边界。此类断层以中部蒲白矿区最为发育,形成阶梯式或地堑式断块格局。它破坏了煤层的连续性,整体将煤层抬升变浅,增加了易开发利用煤层的范围。

东段:韩城芝川至禹门口,长约 35 km,属于韩城矿区。本段构造特点是在现今煤田南部边缘出现一个强烈的挤压构造带或推覆带。此构造带外缘由逆冲断层和倒转向、背斜构成,逆断层数量不等,一般 1～2 条,多者可达 4 条,断面大部向 SE 倾斜,向 NW 逆冲,呈叠瓦式出现。主断层一般发生在寒武系、奥陶系或奥陶系与石炭系接触处;次要断层多发生在二叠系内。主断裂东地层均倒转,较老地层逆冲推覆于较新地层之上;主断裂以西一般出现倒转或陡斜带,其宽从几百米到一千米左右,由陡斜带向西地层产状变为正常,一般 5°

左右，有时出现少量正断层。这一构造特征与黄河以东山西境内禹门口-河津地区基本一样，属于陡边平底的“陶盘”形构造。

5.1.3 主要断裂和褶皱

鄂尔多斯坳陷盆地为一个较稳定的内陆盆地，沿盆地边缘构造发育。截至目前，陕西省五大煤田内共发现大断裂150条左右，走向以NE向为主，断距在2～1 000 m不等，正断层居多，大部分断裂发育在渭北石炭-二叠纪煤田；发现大小褶皱100余条，轴向为NE-EW向，延伸长度3～60 km不等，大部分褶皱发育在黄陇侏罗纪煤田。另外，秦岭山间断陷盆地和陕南镇巴三叠-侏罗纪煤田构造极其发育，对煤层赋存形态影响和破坏严重，本次不进行详细统计。

5.1.4 煤田构造分布规律及其对含煤地层赋存的控制作用

根据含煤地层沉积与构造发育的时间关系，控煤构造可分为：成煤前的古构造、成煤期的同沉积构造和成煤后的后期构造。

按成煤时代，从北至南，各煤田构造特征及其对含煤地层赋存的控制作用如下。

5.1.4.1 陕北石炭-二叠纪煤田

陕北石炭-二叠纪煤田处于河东褶曲带的西缘。由于吕梁台背斜形成，位于背斜西部的陕北石炭-二叠纪煤田以东地区长期抬升，背斜的核部由古老基底岩系组成，呈NE向展布，上覆盖层则呈SN向展布，两翼古生代至中生代的一整套地层形成向W缓倾的单斜构造。基本构造形态为一走向NNE-近SN、倾向W的平缓单斜，倾角一般1°～5°，构造简单。

府谷矿区位于河东褶曲带的准格尔-兴县段，主要构造为近SN向的墙头-高石崖挠褶带，挠褶带东翼含煤地层埋藏浅，甚至被剥蚀，西翼含煤地层埋藏较深，不易开发利用。目前府谷矿区勘探和开发部位为挠褶带东部，区内有近EW向开阔平缓的褶曲，断裂构造主要为NW向的清水川正断裂组（F1、F2、F3、F4）和近EW向的孙家沟正断裂组（F5、F6），见图5-1-3。这两组正断裂组形成于燕山运动后期，为地堑式断裂组，断裂组所夹持的断块被错断且下降，使得其含煤地层埋藏变深，破坏了煤层的连续性，不利于煤层的开发利用。同时，这两组断裂也为府谷矿区划分井田边界提供了依据，控制了井田边界。挠褶带西部由于煤层埋藏相对较深，目前尚未被勘探开发，随着地质勘探工作不断推进，此区块也是今后煤田地质勘探工作的首选找矿靶区。

吴堡矿区位于河东褶曲带的离石-吴堡段，本区基本构造形态为一向W缓倾的单斜层，构造简单。在单斜构造中发育有离石-吴堡短轴倾伏背斜构造，背斜轴在离石-横沟一线，呈EW向展布，倾伏角5°～10°，由E向W逐渐变缓，在其两翼有伴生的小型褶曲。沿倾伏背斜轴发育近EW向断裂，呈地堑式出现，早期显张性，角砾岩发育，后期在两侧断面有压扭性特征，碎裂岩、断层泥发育，形成于燕山运动后期。区内主要在柳壕沟井田北部和吴堡县城北部发育两组近EW向地堑式断裂组——柳壕沟地堑式断层组（F1、F2）和吴堡城地堑式断层组（F4、F5），见图5-1-4。断层倾角70°～80°，断距20～150 m，断层内可见挤压碎裂岩、断层泥、角砾岩及方解石脉，断层切割含煤地层，破坏煤层连续性，对今后煤矿开采有一定的影响。另外，区内岩石节理较为发育，普遍见于厚层砂岩及下部灰岩中，主要有NNE和NWW两组，倾角80°左右，具剪切特征，二者成“X”形相交，沿节理面充填有方解石薄膜及

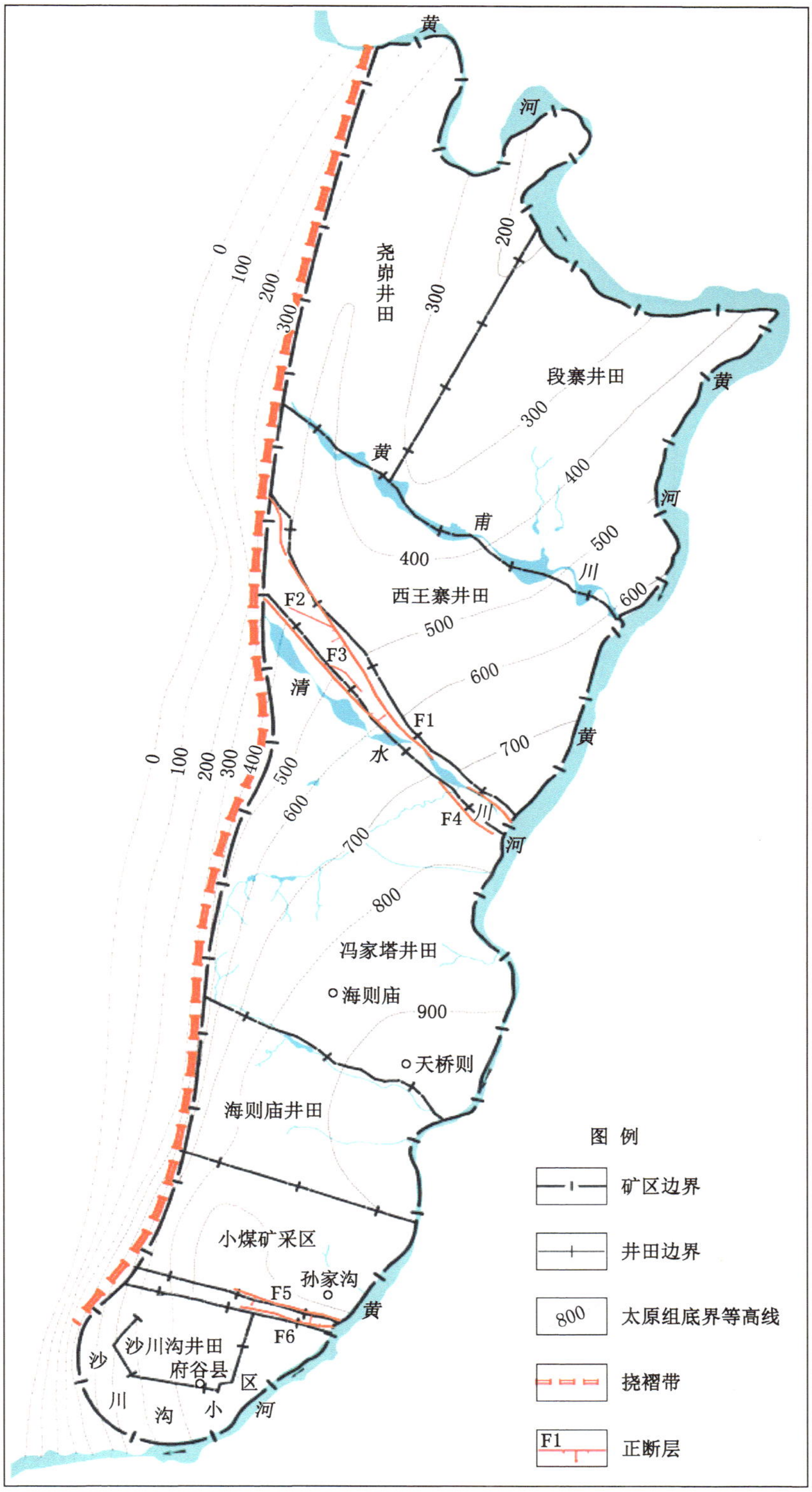

图 5-1-3　府谷矿区构造示意图

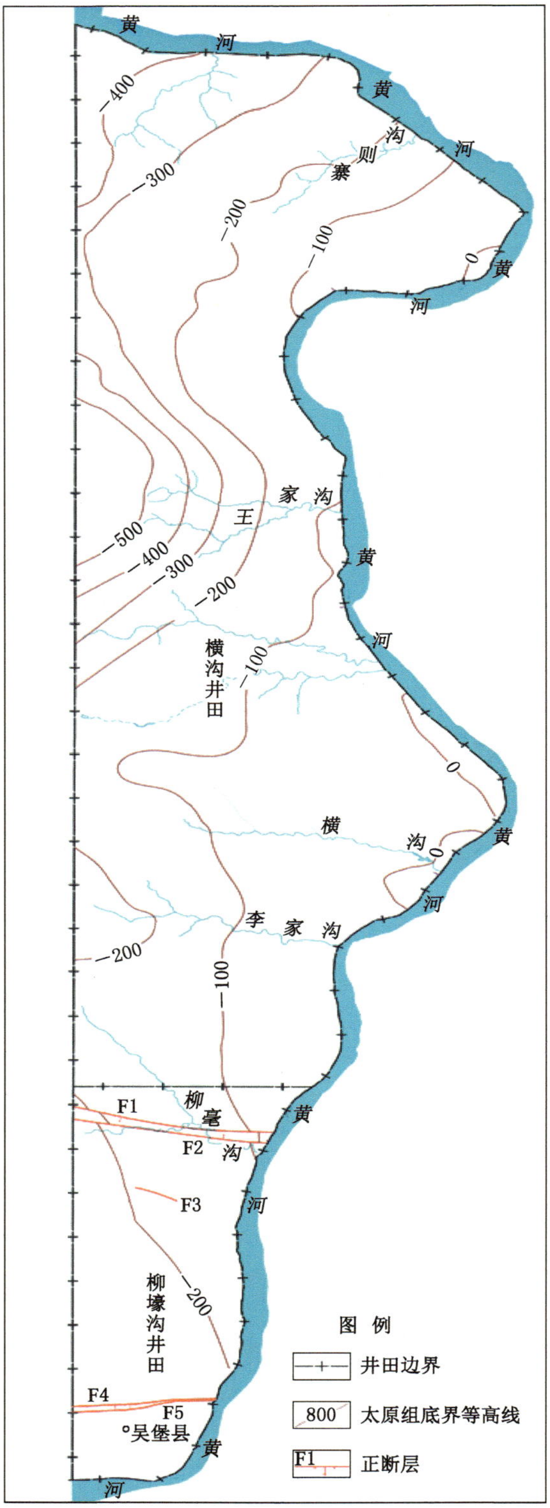

图 5-1-4 吴堡矿区构造示意图

半自形方解石晶体，节理密度 3～5 条/m。

5.1.4.2 渭北石炭-二叠纪煤田

渭北石炭-二叠纪煤田地处鄂尔多斯坳陷盆地渭北断隆区铜川-韩城褶断带，石炭-二叠纪含煤地层沉积后，历经印支运动、燕山运动、喜马拉雅运动的多次构造变动，使不同方向、不同规模、不同性质、不同序次和不同时期的构造交织在一起，而渭北隆起带的隆升，最终决定了煤田分布的总格局，使区内的含煤地层总体走向为 NEE 及 NE 向、倾向 N 及 NW、倾角 5°～15°的南翘北倾的单斜构造，造成煤田南部和东部隆起，含煤地层剥蚀并埋藏变浅，同时产生一系列 EW 向、NE 向和 NNE 向排列的断裂，将含煤岩系切割成一系列 EW 向、NE 向的条块，从而构成了煤田现今的南界和东南界，并使煤田南界以南未被剥蚀的含煤地层断陷并深埋地下；而煤田西北部逐渐沉降，含煤地层得以保存，埋深向西北变深，构造变动也趋于微弱。总的构造轮廓颇似一个平卧的反“S”形，区内断裂发育。

本区的褶皱相比断裂不甚发育，主要褶皱有阿姑社向斜、桃曲坡-铜川背斜、合阳向斜、乔子玄背斜等，另有小型和次一级褶曲 20 余条(陈炉镇短轴向斜、合阳背斜、英山背斜、象山背斜、禹门口-文涧岭背斜、马家塔背斜、嵯峨山向斜、新兴-到贤背斜、崔家河背斜、旬邑背斜、照金背斜、田家咀-川口背斜、马克川背斜、桐木-石安背斜、柏瑞向斜、韩家河向斜、三眼桥背斜、黄堡-桃园向斜、郗家堡向斜、焦家河背斜、井家堡背斜、南沟向斜、张家原向斜、南张庄背斜)，这里不做详述。本区褶皱基本上为 NE 向延展，大多向 SW 倾伏，延展长度 5～20 km，一般 7～10 km。

煤田内正断层有近 50 条，走向以 NE-NNE 向为主，倾向 SE 或 NW，倾角一般 60°～75°，延展长度 3～200 km，一般 10～20 km；断距大于 50 m 的有 9 条：韩城大断裂(F1)、马村岭正断层(F11)、东泽村正断层(F23)、合阳-流曲正断层(F29)、杨庄正断层(F31)、雷家河一号正断层(F37)、石马岭南正断层(F55)、高阳镇正断层(F56)和白龙潭正断层(F58)；断距小于 50 m 或断距不详的有近 40 条：房家河正断层(F48)、仁村正断层(F49)、张家河正断层(F50)、毛家河正断层(F51)、桥西正断层(F52)、新井正断层(F53)、王家窑头正断层(F54)、马家湾正断层(F25)、高家坡正断层(F10)、西王村正断层(F9)、徐家河正断层(F13)、平政正断层(F15)、雷家河二号正断层(F38)、莘村正断层(F14)、雷庄正断层(F32)、北社正断层(F33)、史家河正断层(F68)、梯腊川正断层(F7)、戈家村正断层(F8)、石家沟正断层(F4)、七佛洞正断层(F6)、贺家庄-中雷村正断层(F19)、甘贤正断层(F20)、合阳正断层(F28)、F17、F22、F24、F26、F39、F40、F41、F42、F44、F45、F46、F59、F62、F63、F65 等。

煤田内逆断层有 11 条，断层走向主要为 NE 向和近 EW 向，大部分向 SE 倾斜，倾角一般 40°～50°，延展长度 6～55 km，一般 10～30 km；断距大于 50 m 的逆断层有 3 条：莲花山逆断层(F5)、爱帖村逆断层(F12)和杜康沟逆断层(F34)；断距小于 50 m 或断距不详的有 8 条：上峪口逆断层(F2)、文家岭逆断层(F3)、狄家河逆断层(F36)、枣庙逆断层(F63)、口镇逆断层(F71)、云蒙山逆断层(F70)、塔泥河逆断层(F73)和钻天岭逆断层(F75)。

另外在韩城大断裂(F1)的外侧，即 NEE 向延展的新生代断陷盆地(地堑)的边缘，尚有一系列生成时代较新的高角度正断层存在，分别为：朝邑断裂(F26)、双泉-龙阳-石桥正断层(F27)、口镇-关山大断裂(F64)，走向以 NE-NEE 为主，断距很大。具体如图 5-1-5 所示。

总体而言，渭北石炭-二叠纪煤田内断裂构造较发育，且东南部较西北部发育。含煤地层沉积东厚西薄，煤层埋藏东南浅西北深，由于成煤后期的断裂构造发育，将含煤地层切割

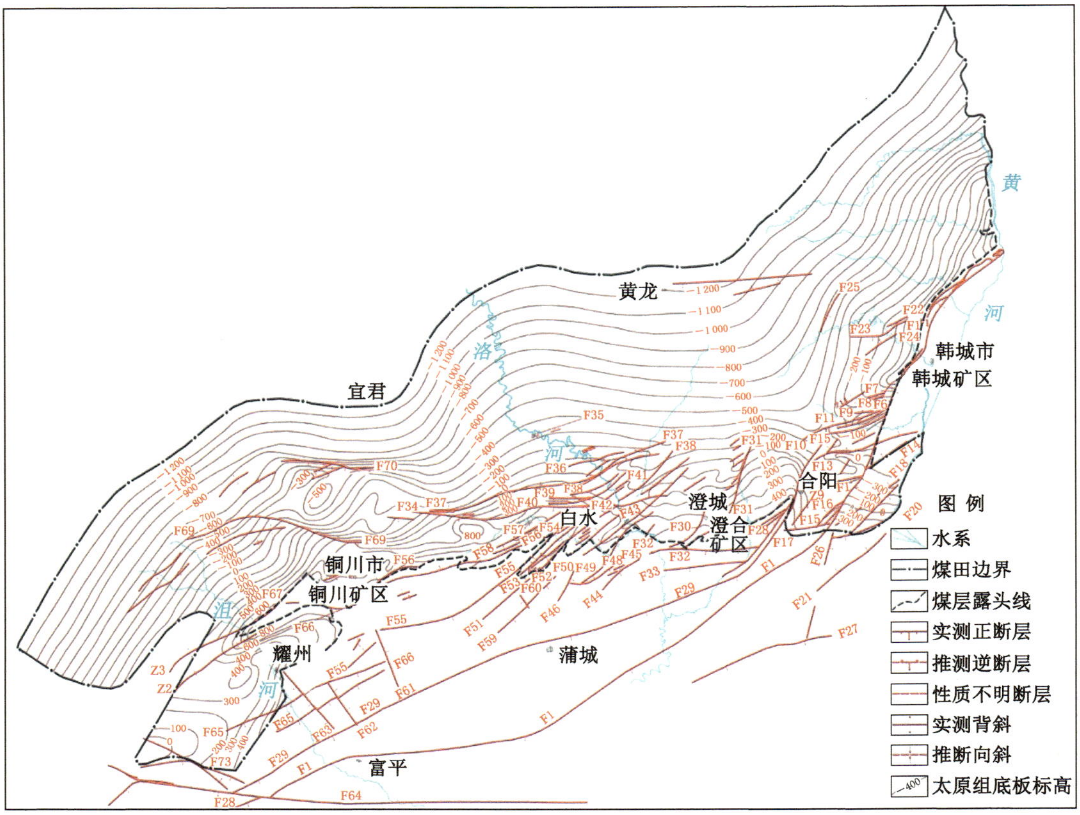

图 5-1-5　渭北石炭-二叠纪煤田构造示意图

成条块状，不利于煤层开采。韩城大断裂（F1）控制了煤田的东南边界，断裂使其南部含煤岩系被错断且深埋，在其上部堆积了巨厚（可达 7 000 m）的新生界碎屑沉积物，煤炭资源无法被开发利用；断裂北部的含煤岩系埋藏变浅，甚至遭受剥蚀，地表暴露，形成的煤层露头线成为煤田东部和东南部的边界。含煤岩系沉积范围控制了煤田的西部边界，煤层的埋藏深度控制了煤田的北部边界。

目前，渭北石炭-二叠纪煤田南部区（即煤层埋藏浅部区）早在解放初期就开展了地质工作，至今其勘探开发程度高，甚至有些煤矿资源储量接近枯竭；但是，北部区（即煤层埋藏深部区）由于煤层埋藏较深，加之，奥陶系灰岩含水层对煤矿开采条件的不利影响，至今该区勘探开发程度仍较低，煤炭资源尚未能开发利用。

从构造控煤来看，在渭河断陷与渭北隆起区之间的过渡带，尤其是渭北石炭-二叠纪煤田的东南方向如合阳龙王庙-坊镇-大伏六一带，有可能找到埋藏不深的未被剥蚀殆尽的含煤地层沉积。

5.1.4.3　陕北三叠纪煤田

陕北三叠纪煤田位于伊陕斜坡区的延安斜坡，基本为一平缓向西倾单斜构造，地层倾角平缓，一般 1°～5°。沿走向和倾向发育有宽缓的波状起伏及短轴背向斜，发育有落差甚小的断层，本区构造简单，对含煤地层影响甚微。具体如图 5-1-6 所示。

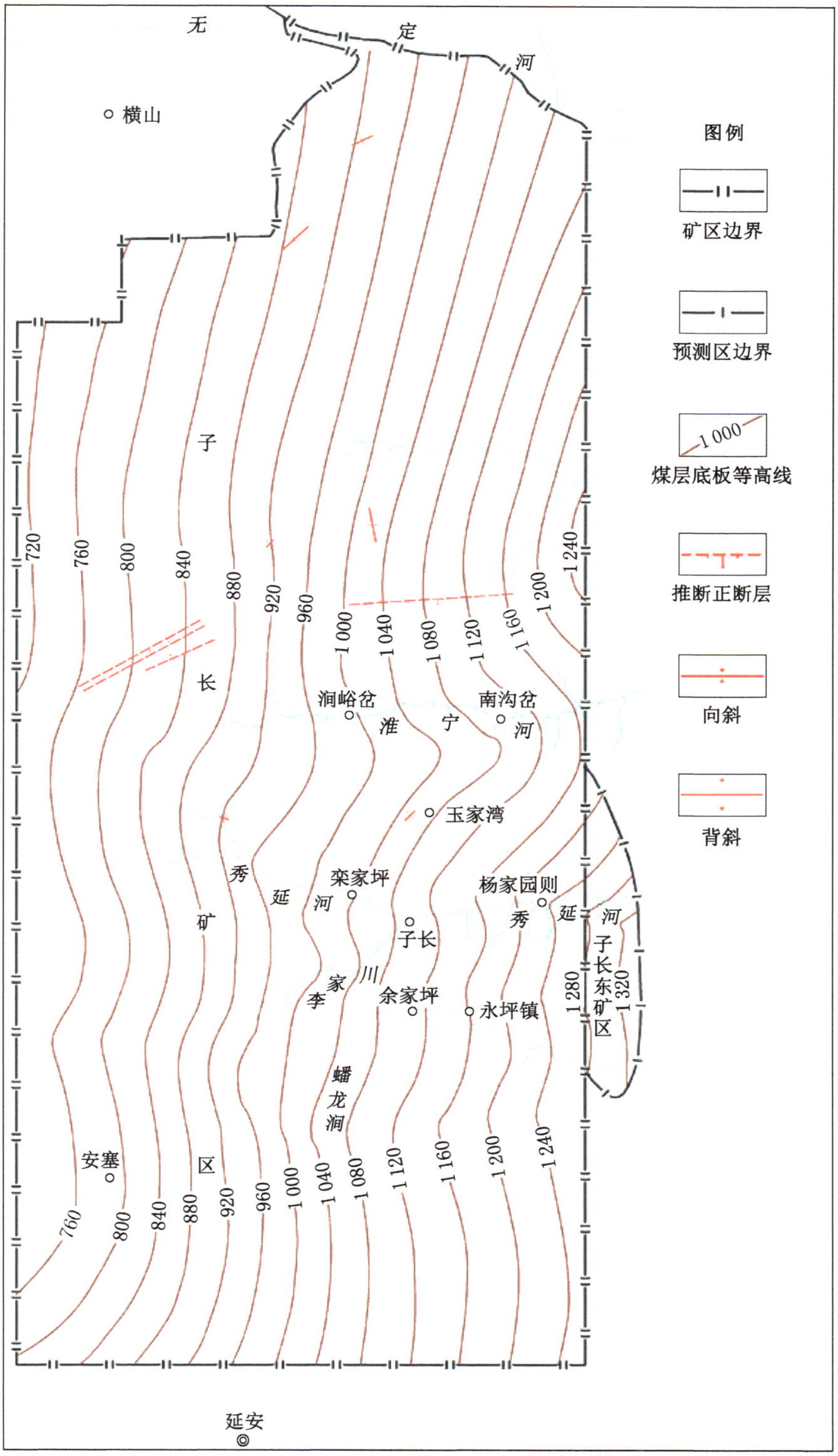

图 5-1-6 陕北三叠纪煤田构造示意图

中侏罗世及以前，延安斜坡一直处于西高东低的状态。中侏罗世末燕山运动导致吕梁山隆起，本区成为现今向西倾斜的单斜构造。由于受成煤后期构造的影响，煤田东部含煤地层遭受剥蚀，煤层露头线为煤田的东南部边界。

5.1.4.4 陕北侏罗纪煤田

陕北侏罗纪煤田位于伊陕斜坡区东胜-靖边斜坡南部，构造运动相对稳定，其构造运动形式为整体差异升降运动。本区总体为走向 NE，倾向 NW，倾角 1°左右的单斜构造。

目前发现的断层有 20 余条，主要分布在神府矿区北部大柳塔井田、袁家梁井田、郭家湾井田、前石畔井田、庙哈孤区沙梁井田和安山井田，断层呈雁行排列，为多个断层组，走向以 NWW 向为主，倾角在 60°～80°间，断距在 20～150 m 不等，以正断层居多，形成于燕山运动后期，如图 5-1-7 所示。断层切割了含煤地层，破坏了煤层连续性，此外，生产矿井揭露的 3～5 m 小断层较多，对煤矿开采有一定的影响。

总体而言，陕北侏罗纪煤田内构造简单，成煤后期构造产生的煤层露头线、火烧边界和含煤地层剥蚀边界为煤田的东南边界。

5.1.4.5 黄陇侏罗纪煤田

黄陇侏罗纪煤田主要位于鄂尔多斯坳陷盆地渭北断隆区的彬州-黄陵坳褶带，煤田西部陇县-千阳一带跨入西缘褶皱冲断带华亭-陇县段的南部，煤田北部黄陵矿区进于伊陕斜坡区庆阳斜坡的东缘。主要受燕山运动，其次为喜马拉雅运动的改造，煤田西部呈 NW 向，中部 EW 向，东部以 NE 向构造为主，大致成一倾向 NW，向 SE 凸出的平缓单斜构造，地层倾角一般在 10°以下，构成煤田的一级控煤构造。

本区褶皱相对断裂较发育，主要发育 EW 向和 NNE-NE 向的褶皱。EW 向褶皱构成煤田的基础控煤构造，常伴以逆冲断裂出现，它们呈宽缓的背向斜构造，褶皱形态随地层时代渐新变缓。轴部由上三叠统地层组成，倾角平缓，但两翼较陡，达 20°～70°，在侏罗系及下白垩统中，多呈宽缓状隐伏背斜，倾角一般 5°～10°，且有北翼陡而南翼缓的特点。太峪背斜(ⅠC)和瓦窑坪-夜虎庄背斜(ⅠA)(二级控煤构造)最为主要，是煤田内最大的 EW 向背斜，它们延伸长 30 km 左右，形成于印支运动期间，对延安组沉积环境有控制作用，并在后期构造运动中得到加强，从而构成矿区边界，为煤田内二级控煤构造。还有次一级(三级)及更次一级(四级)构造分布，三级一般延展 10～30 km，四级规模更小，仅数千米，倾角多在 10°以下。NNE-NE 向褶皱从南到北明显表现出组成地层由老到新、规模由大到小、褶皱由紧密到宽缓、密度由密到疏的特征。在煤田南缘皆由 T_3 地层组成较紧密的不对称褶皱，长度达 20～30 km，两翼倾角在 10°以上，有的甚至达 60°～70°，并控制含煤地层沉积，组成煤田南部边界。向内由侏罗系及下白垩系地层组成，其规模变小，地表出露一般长度为 5 km 左右，幅度变缓，两翼倾角都小于 10°，更多在 5°以下，褶皱形态多为宽缓状，且以隐伏构造为主。同时，黄陵矿区内隐伏褶皱多呈弧形、弯曲形、以缓“S”形特征为著，东西向两端为 NE 向，中端为 NNE 向，轴部有起伏；焦坪矿区有一向 ES 向收敛、NW 撒开的压扭性旋卷构造，在衣食村和阳沟间，由六条隐伏弧形褶皱组成，分布长度达 18 km，宽度达 7 km；在煤田西侧景福山区见有一小型 SN 向隐伏背斜，长度为 15 km，其东翼伴生一个次级向斜。具体如图 5-1-8 所示。

本区断裂主要由四条斜列帚状弧形断裂带组成(ⅢF1 西缘断裂带、ⅢF2 东缘断裂带、

图 5-1-7　陕北侏罗纪煤田神府矿区构造示意图

ⅢF3 和ⅢF4 断裂带），断裂带向 NW 向收敛、ES 向撒开，多为压扭性。断裂主要为 NW 方向延展，延展长度达 30 km，倾角 60°～80°，主要分布于煤田西端，它们对延安组分布起到控制作用，并构成煤田西界。同时，在煤田东部焦坪矿区南缘 T_3 地层中见有规模较大的 NE 向断裂，主要表现为弧形逆冲断层，断裂长度一般为 4～13 km，走向以 NE60°～70°为多，断距为百米左右。在马栏镇 K_1 地层中，有呈 NE60°～70°，长度为 10 km 左右的张性和压性断裂，但其断距仅有 15～40 m。此外尚有一些规模更小，呈 NW 向、NWW 向和 NEE 向的张扭性和压扭性断裂，长度仅数百米，多分布在黄陵矿区。

总体而言，黄陇侏罗纪煤田大部地区褶皱较发育，西部断裂带发育。受成煤后期构造运动的影响，含煤地层遭受剥蚀，延安组地层剥蚀边界和煤层露头线控制了煤田的东、南边界；西部陇县一带地处盆地西缘褶皱断冲带，断裂构造发育，压扭性断裂为主，形成倾向 SW、向 NE 逆冲的断裂带，断层上盘含煤地层遭受剥蚀，下盘含煤地层得以保存，断裂带控

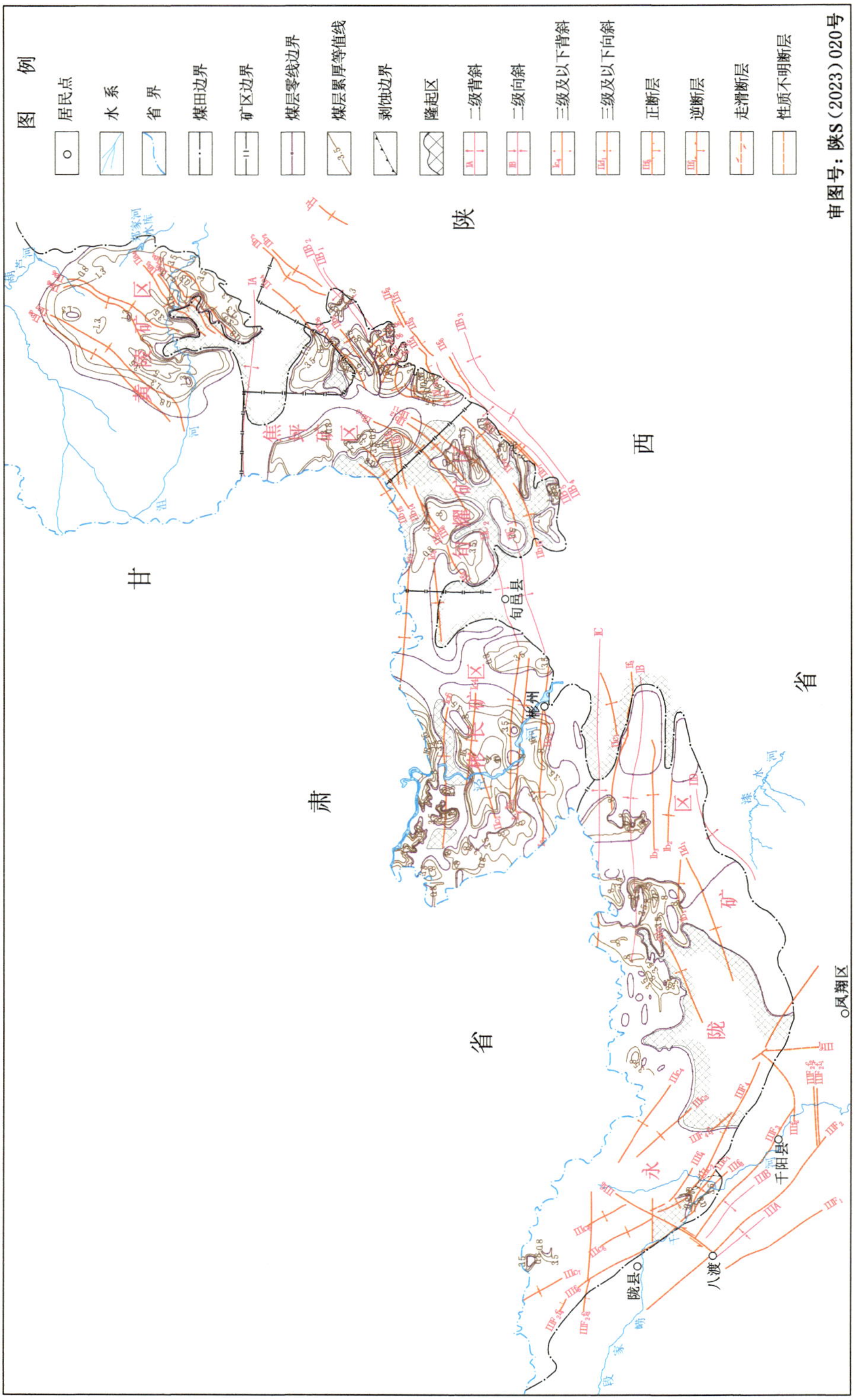

图5-1-8 黄陇侏罗纪煤田构造示意图

制了煤田的西部边界。太峪背斜(ⅠC)和瓦窑坪-夜虎庄背斜(ⅠA)制约了侏罗系地层的沉积环境，背斜轴部的隆起，不利于含煤地层的沉积，形成了无煤区，分别控制了黄陵矿区和彬长矿区边界。

侏罗纪含煤岩系是在三叠系古剥蚀面之上沉积的，早侏罗世富县组(J_1f)的分布范围受三叠系古地形的严格制约，古洼地中沉积富县组，古隆起区三叠系地层直接与延安组甚至直罗组地层接触，富县组起到填平补齐的作用，形成了成煤期的同沉积构造。向斜古洼地中含煤地层沉积厚、煤层厚、含煤性好；背斜古隆起区含煤地层沉积薄、煤层薄、含煤性差，甚至无含煤地层沉积而形成无煤区；从向斜古洼地向背斜古隆起过渡，含煤地层自下而上超覆，煤层变薄尖灭。次一级的褶皱也不同程度地控制了含煤地层的沉积和赋存状况，向斜处含煤地层沉积厚、煤层厚，背斜处含煤地层沉积薄、煤层薄。

目前，煤层赋存厚且埋藏较浅的彬长矿区、黄陵矿区等勘探开发程度较高，永陇矿区的勘探工作也在逐步深入。从构造控煤来看，向斜轴部为找矿优选区，永陇矿区陇县东部-千阳北部有含煤地层的沉积；在煤田南部陇县南-千阳一带，有可能找到隐伏的含煤地层。

5.1.4.6　陕南煤产地

陕南煤产地和煤田基本零散分布、面积较小，除商洛二叠纪煤产地、镇巴三叠-侏罗纪煤田和安康一些石煤赋存面积较大外，其他基本为小的煤产地和煤矿点，而且这些煤产地、煤田和煤矿点的生成时代由古元古代到中生代均有。本区跨越了秦祁昆造山系南部和上扬子古陆块，构造复杂，主要为近EW向和近SN向的构造，见图5-1-9。

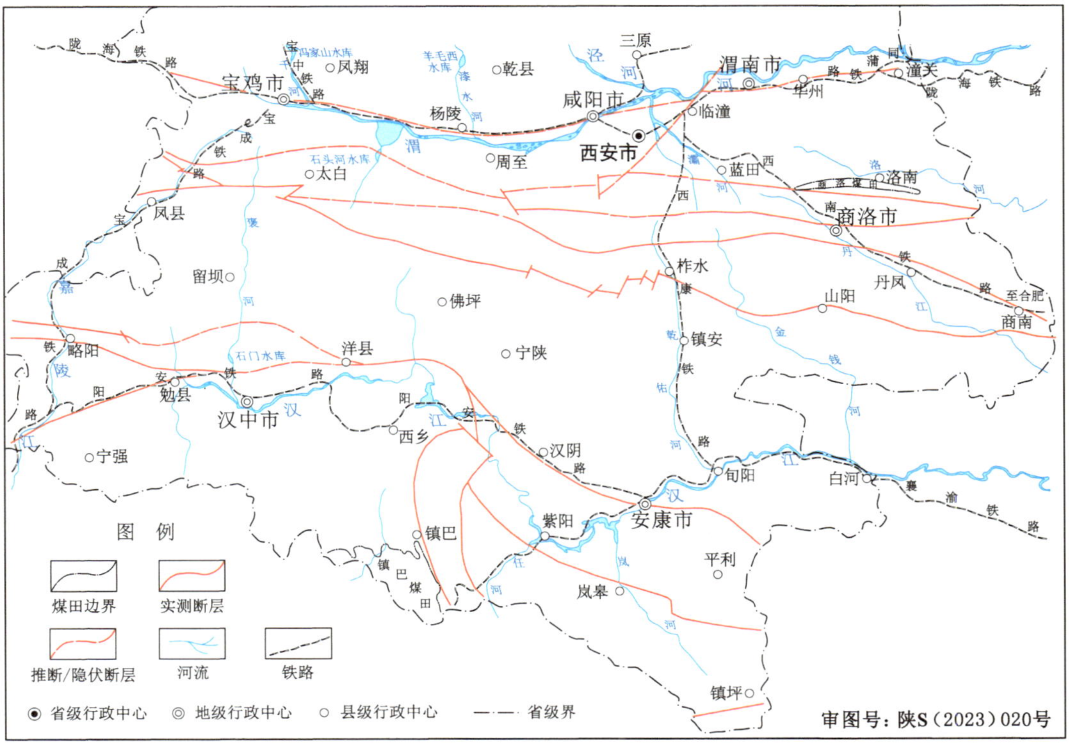

图5-1-9　陕南煤产地构造示意图

镇巴三叠-侏罗纪煤田位于上扬子盆地北缘，秦岭纬向带南侧。煤田为一复式褶皱构造，由一系列相互平行的背、向斜组成，倾角为50°～70°，构造形态以褶皱为主，除东部边界断裂规模较大外，煤田内部断裂少且规模小。

该煤田主要由5个向斜和4个背斜相间展布，自东向西依次为二里垭向斜、渔渡背斜、梨子园向斜、长木岭复背斜、长岭复向斜、力坝复背斜、板桥向斜、水洋坪复背斜及泥溪复向斜。它们大致平行，轴线由北向南由N20°～30°W逐渐偏为N50°～60°W，总体呈现向WS突出的弧形。褶皱长短轴之比大多在10∶1以上，间距2～7 km，并从NE向WS增大，轴面大多倾向NE，幅度一般300～500 m，最大1 600～2 400 m。向斜开阔，中心部位倾角10°～20°，轴部地层为中侏罗统(J_2)，含煤地层均保存在其内；背斜紧密，东北翼较缓，西南翼较陡，局部直立或倒转，两翼倾角50°～70°，轴部出露地层为早-中三叠统(T_{1-2})。此外，还有一些规模较小的褶曲。

镇巴大断裂位于煤田东部，走向NNW，呈向WS突出的弧形，断面倾向NE，倾角60°～70°，落差约2 000 m，东侧为震旦系地层(Z)，西侧早-中三叠统为地层(T_{1-2})，控制了两侧的沉积，构成了煤田的东部边界。

5.2 煤盆地构造演化史

5.2.1 煤盆地构造形成及发展演化

根据区内及邻区地层中反映出的构造运动面，在陕西区内划分出7个构造层，自老而新依次是：吕梁-五台-阜平构造层(LF)、扬子构造层(X)、加里东构造层(Ce)、海西构造层(V)、印支构造层(Ⅰ)、燕山构造层(Y)、喜马拉雅构造层(H)，详见表5-2-1。

1. 太古代

在古太古代，华北集宁、迁安、鄂尔多斯等陆核已形成，当时陆壳和洋壳已逐步形成，海、陆自然环境逐渐分异。阜平运动使陆核经过横向增生和垂直增厚，陆核连为一体，成为统一的华北古陆壳。

太古代形成的地层在区内北部深藏埋、南缘出露，称涑水群、太华群。涑水群出露在韩城禹门口附近，岩性主要为混合花岗片麻岩、混合片麻岩及混合岩、夹角闪斜长片麻岩及磁铁石英岩，厚度不详，系山西中条山区涑水群的西延部分；太华群主要出露于小秦岭的太华山、老牛山、将军帽及临潼骊山，东延入河南，由各种片麻岩、混合岩、角闪岩及大理岩构成。总体看，太古代形成的岩石为一套中高级变质岩系，总厚度大于5 000 m，原岩可能为一套海相火山-沉积岩系，并以火山物质为主，沉积物质较少，经历了强烈的区域变质作用及混合岩化作用。

2. 元古代

在元古代，由于北部古亚洲洋壳与南部秦祁洋壳相向俯冲，在华北古陆壳内形成断裂及裂谷，华北古陆壳解体。西侧坳拉槽裂谷劈开了华北古陆，由裂堑发展到断陷裂谷，使西侧阿拉善块体长期上升隆起，东侧鄂尔多斯块体下沉。断陷裂谷内充填沉积了以石英砂岩为主的长城系黄旗口群和以碳酸盐岩为主的王全口群，并发生褶皱、断裂、变质和岩浆活动，形成了桌子山(T_{1-2})-贺兰山南北向构造带，该构造带向北延至宝音图隆起，西南延至龙门山、大雪山，成为我国著名的南北向地质、地貌分界线。

表 5-2-1 构造层划分简表

年代地层 界	名称	符号	地壳运动	构造层(代号)	超构造层
新生界(Cz)	第四系	Q	喜马拉雅运动	喜马拉雅构造层(H)	活动型沉积盖层超构造层
	新近系	N			
	古近系	E			
中生界(Mz)	白垩系	K	燕山运动	燕山构造层(Y)	
	侏罗系	J			
	三叠系	T	印支运动	印支构造层(Ⅰ)	稳定型沉积盖层超构造层
古生界(Pz)	二叠系	P	海西运动	海西构造层(V)	
	石炭系	C			
	泥盆系	D			
	志留系	S	广西(祁连)运动	加里东构造层(Ce)	
	奥陶系	O			
	寒武系	∈	兴凯运动		
新元古界(Pt_3)	震旦系	Z	晋宁运动Ⅱ幕	扬子构造层(Yz)	
	南华系	Nh			
	青白口系	Qb			
中元古界(Pt_2)	待建系				
	蓟县系	Jx	晋宁运动Ⅰ幕		
古元古界(Pt_1)	长城系	Ch			
	滹沱系	Ht	吕梁(中条)运动 五台运动 阜平运动	吕梁-五台-阜平构造层(LF)	结晶基底超构造层
太古界(Ar)					

元古代是世界上坳拉槽最发育的时期，华北古陆壳除贺兰坳拉槽外，还有晋陕、豫陕和燕山-太行坳拉槽，它们呈 NNE 或 NE 向，属元古宙早期地壳断裂，除燕山-太行坳拉槽与兴蒙海槽相通外，其余均为向北收敛而向南张开并与秦祁海槽相通。

中元古界，在中卫-陇县一带为被动大陆边缘，地层厚度向西剧增，沙井子、平凉地区属地台边缘相，而南华山、西华山地区则沉积巨厚，为地槽相沉积。

在陕豫坳拉槽底部含有总厚达 5 000 余米的中酸性熔岩为主的熊耳群火山岩系，东端中元古界汉高山群中也有陆相火山喷发岩系，宜君、彬州一带中元古界厚 3 000 m 以上。贺兰坳拉槽中仅有中基性岩浆侵入，中元古界厚度也比东部坳拉槽薄。这些说明了在中元古界，鄂尔多斯古陆块各坳拉槽中的岩浆活动由东向西变弱，断陷深度相应变浅，岩浆活动由南向北减弱。

由于兴蒙海槽、秦祁海槽及贺兰坳拉槽的围限，使鄂尔多斯古陆块的北、西、南界已具有初步轮廓。中元古代末的蓟县运动使鄂尔多斯古陆块上几个坳拉槽与华北克拉通一起隆起上升，造成大部分地区缺失青白口系。

吕梁-中条运动使华北古陆壳(基底)固结到最终定型,晋宁运动初期华北古陆壳上覆第一盖层(似盖层)定型,中国及华北古板块形成。

3. 早古生代

进入显生宙的古生代,蓟县运动后形成的中国古板块及华北古板块再次发生解体,这时的华北克拉通除贺兰坳拉槽外,其他坳拉槽均停止活动,形成覆盖面积较广的地台盖层。

在中朝(华北)陆块边缘,早寒武世化石带及震旦-早寒武世洋壳残片蛇绿岩带的发现,确立了铁岭-阜新-平泉-承德-尚义-武川-固阳-小佘太拼合线。这说明了古亚洲洋壳的向南俯冲推挤,兴凯运动已成为中亚-蒙古海槽第一次重要的造山运动。这次造山运动不仅使华北陆块及鄂尔多斯古陆块北部边缘褶皱、断裂、变质和发生岩浆活动,同时隆起抬升。早古生代加里东期,古秦岭海洋板块也开始向华北陆块南缘俯冲。这样一来,华北陆块南北两缘从被动大陆边缘转化为活动大陆边缘,由于南北对挤,使华北陆块及鄂尔多斯古陆块隆起抬升,但北部隆起抬升比南部幅度大且时间早,形成北高南低的古地貌格局,被动大陆边缘转化为活动大陆边缘,祁连海由西向东海侵,华北海由东向西海侵,二者之间隔鄂托克-庆阳古隆起遥遥相望,古构造格局呈现东西分异的态势。到晚石炭世太原期,东西海水越过古隆起而相互沟通。

早寒武世苏峪口期,秦祁海水从鄂尔多斯古陆块西南缘呈"L"形向 NE 方向侵漫。含磷砂泥质的苏峪口组向阴山地区逐渐超覆。在东胜凸起(亦称乌兰格尔隆起)边缘仅有馒头组沉积。中寒武世海侵规模最大,晚寒武世海水渐退,为潮坪相碳酸盐岩建造。寒武系在清水河佘太区厚 200~300 m、桌子山为 600 m,并夹多层绿色页岩,贺兰山南段中寒武统香山群为厚 4 000 m 的类复理石建造,陕西区内西部永寿、耀州以西以南接受了厚达 3 000 多米的类复理石沉积。

晚寒武世末期短暂的海退之后,海水于早奥陶世又开始从 SW 向 NE 及阴山方向侵漫。早奥陶世马家沟末期,加里东运动第Ⅰ幕使鄂尔多斯古陆块抬升,造成大面积海退,晚奥陶世沉积仅见于西南缘及北部佘太区仍有残存的海盆在接受沉积。加里东运动第Ⅱ幕使海盆消失,鄂尔多斯古陆块同华北陆块一起大面积抬升,不仅普遍缺失上奥陶上部,还普遍缺失志留系、泥盆系和下石炭统。在这个漫长的地史时期,在西缘外侧的祁连地槽与构造过渡带却沉积了相应时代的磨拉石建造。陕西除陇县、铜川、永寿以南地区外,均缺失 O_2-C_1 地层;另外,区内盆地南缘小秦岭-宝鸡一带 EW 向展布的加里东褶皱带发育。

4. 晚古生代

自晚奥陶世末期抬升以来,经过 100 Ma 的剥蚀,石炭世海西构造运动使鄂尔多斯古陆块在晚石炭世又整体下沉,这与南、北洋壳板块弹回松弛有关。因古亚洲洋壳碰撞弹回,使华北海沿东胜凸起南侧向西侵漫并与贺兰海相沟通。至晚石炭世-早二叠世太原期,华北海水越过 SN 向隆起与祁连海水沟通。由于南、北洋壳板块对华北陆块几次碰撞弹回,挤压与拉张应力交替,使海水在鄂尔多斯古陆块中时进时退,形成了本溪组、太原组海陆交互相含煤地层的沉积,并在准格尔旗、桌子山等地形成大型煤田。

早二叠世南、北洋壳板块活动趋于平静,虽然使华北古陆及鄂尔多斯古陆块缓慢下坳,但没有海侵发生,便开始了包括整个中国北部在内的陆相沉积统治时期。早-中二叠世山西组沉积时，除盆地西南部因受六盘山隆起影响，连同陇县-泾川-淳化一带无沉积外，其余地区均有沉积，环境为近海平原上的河流、沼泽及湖泊相，形成陆相沼泽含煤岩系。中-晚二叠世石盒子组沉积时，气候逐渐干燥，形成以红色陆源碎屑建造为主的内陆沉积，以洛河-韩城一带沉积最细，往北及往西南变粗。晚二叠世孙家沟组沉积时，盆地西南缘发生小股海侵，分布于岐山-铜川一带，总体来看，区内当时沉降中心在盆地南缘的韩城-洛河-岐山一带。

5. 中生代

中生代以来，太平洋、特提斯和印度板块对中国古板块施加影响，产生了以陆相为主的中、新生代"板内盆地"，这些板内盆地是在中国古板块基础上通过构造体制和热体制的改变而产生的。太平洋、特提斯和印度板块的影响不仅在于表层地质，而且涉及地壳和上地幔的深部构造。它们所表现的构造、沉积、岩浆活动和变质作用、成矿过程等形式多种多样，但都是通过对中国古板块本身的改造而完成的。因而印支运动不仅改变了中国古板块的构造格局，也使鄂尔多斯古陆块构造复杂化。

由于太平洋板块对欧亚板块的俯冲，早三叠世发生的印支运动打破了古生代"南北对立"的构造格局，并逐步形成了"东西分异"的新构造格局。

此时，中国东部大陆主要表现为"东隆西陷"，在早-中三叠世已初步显现，晚三叠世末则表现更加明显，它不仅使 EW 向的古断裂带处于拉张环境下复合，印支期岩浆沿古断裂带侵入，而且使鄂尔多斯古陆块东翘西陷，西缘桌子山东麓则沉降为南北向坳褶带，形成了向东开口南北较长的矩形箕状盆地。中三叠世末，鄂尔多斯古陆块东翘西陷，北高南低；晚三叠世沉积北薄南厚，而西缘坳陷继续加深，鄂尔多斯古陆块中部开始下坳，转入典型的内陆盆地发展阶段。晚三叠世盆地中心厚度大于 300 m，东缘不足百米，西缘桌子山、贺兰山厚近千米（山麓堆积），局部达 1 800 m。由此可知，三叠世形成的鄂尔多斯盆地坳陷中心在西部，而沉积中心在铜川、平凉一带，坳陷与沉积中心不吻合。晚三叠世末的印支运动第Ⅲ幕，使盆地又一次整体抬升，不仅是延长组局部剥蚀，主要使整个三叠系挠曲，形成宽缓褶皱。

燕山运动时期是在中生代地史中地壳活动、岩浆活动及构造运动最强烈的时期，也是内生金属矿产主要形成期和又一次重要成煤、成油期。三叠世的印支运动与早侏罗世的燕山运动，因受特提斯俯冲，在中国东部和北部主要表现为 NNE 向平移错动及由此而引起的盖层褶皱与岩浆活动。以昆仑-秦岭-淮阳作为南北分界，以贺兰-龙门-玉龙作为东西分界，把中国板块地壳分为四块。这一时期，西南块（青藏）仍在中生代覆盖下；西北块为古褶皱带与盆地相间；西北块（鄂尔多斯盆地）和西南块（四川盆地）均呈现西降东升的特点。

三叠纪末，盆地南方的秦岭海槽闭合，扬子古陆块与塔里木-中朝陆块对撞造山，此时盆地南界北秦岭拔地而起成为雄伟山脉，造成盆地构造应力场方向的转换，由自北向南的挤压转变为自南向北的挤压，在此同时，盆地还受到来自西面的阿拉善古陆块的挤压，主压应力方向为 NE-SW，由此造成盆地的天平式运动，盆地西南部陇县-麟游一带上升，使三叠系地层受到深度剥蚀，而地形结构趋于复杂。盆地东北部沉积，从而造成整体上沉积作用的发生具有东北（延安以北）较早、西南较晚的特征。

中-晚侏罗世，太平洋板块与欧亚板块间发生左旋剪切挤压作用，标志着燕山运动进入高潮，盆地构造应力场方向发生变化，由NE-SW方向的挤压转换为NW-SE向的挤压，并伴随左旋剪切作用，受燕山运动影响，延安组沉积后，盆地一度抬升，造成延安组与其上覆直罗组间呈假整合接触。盆地南部（沮水河以南）遭受不同程度侵蚀，在直罗组和安定组沉积时，本区气候干燥，主要为河流沉积，后期（J_2a）在盆地中部形成内流湖泊，中-晚侏罗世期间，受燕山运动影响，发生沉积间断。

晚侏罗世受来自东部的挤压应力作用，盆地发生天平式运动，东部抬升、西部沉降，沉积范围向西收缩，形成位于六盘山东麓的芬芳河组磨拉石建造。之后，盆地再次抬升。

古生代已存在的SN向挤压应力在中生代并未消失，中生代EW向挤压应力发挥了越来越明显的作用。自三叠世鄂尔多斯盆地形成以来，侏罗世继承和发展了东翘西陷的构造特点，发生在晚侏罗世末的燕山运动第Ⅲ幕，不仅使盆地整体抬升，而且盆地东缘因吕梁山系褶隆翘起，分割了中、下侏罗统分布范围。因盆地东缘的翘起，使中、下侏罗统在盆地东部暴露地表。同时盆地北缘大青山、乌拉山、狼山及西缘北段桌子山、贺兰山开始逐渐隆起抬升。

早白垩世，太平洋板块的持续向西俯冲挤压，鄂尔多斯盆地继续东翘西陷，沉积向西迁移，在六盘山处堆积了厚2 000余米的六盘山群，志丹群厚度也由东向西增厚。到早白垩世晚期，盆地开始萎缩抬升，晚白垩世燕山运动第Ⅴ幕，使盆地整体抬升，缺失上白垩统。

6. 新生代

进入新生代以后，塔里木-中朝陆块EW方向挤压应力松弛，但印度板块的持续北移开始使之受到自SW向NE方向的挤压，构造应力场方向由燕山期的左旋剪切挤压转换为右旋剪切挤压，主张应力方向为NW-SE，沿盆地边缘发生纵张断裂的NE向构造带，如盆地东南、西北边缘发生裂陷，从而形成了NE向展布的银川-河套断陷系和汾渭断陷系，位于陕西境内的渭河断陷中堆积了巨厚（达7 000 m）的新生界碎屑沉积物。

5.2.2 含煤岩系古构造分析

本次采用岩相-厚度分析法，在含煤岩系下部选定一层做等时面，通过勾绘该层含煤岩系地层厚度，结合此段含煤岩系的岩相古地理特征，综合区域构造特征和沉积环境特征，分析研究各含煤岩系的古构造特征，这一方法所得出古隆起、古坳陷一般反映了受古构造控制的古地形特征。

5.2.2.1 *石炭-二叠纪含煤岩系古构造特征*

鄂尔多斯古陆块在晚期加里东运动中，除西缘和南缘发生轻微褶皱外，块体内部表现为整体抬升，遭受剥蚀，并一直保持到海西早期，随后发生沉降，进入海陆过渡发展阶段，为华北海盆的西延部分。当时，鄂尔多斯盆地的古构造应力场表现为，盆地受到自北而南、自东向西的挤压应力作用。就本区而言，南部濒临秦岭海槽，因此受到自南而北、自东向西的挤压应力作用，主压应力合力方向为NW-SE向，由此导致本区含煤岩系古构造表现为以NE向、NEE向构造为主的特征，当时的古构造格局为，西侧为近SN向延展的鄂尔多斯西部隆起，东北为NE向的吕梁古隆起，东南为NE方向的中条古隆起，南缘为在加里东运动中隆升的秦岭古陆。在东面的吕梁和中条古隆起之间呈NEE向展布的古坳陷成为海水侵入本区的主要通道，如图5-2-1所示。古隆起一般表现为缺失本溪组（C_2b）沉积，在古坳陷内则形成了本溪组沉积。

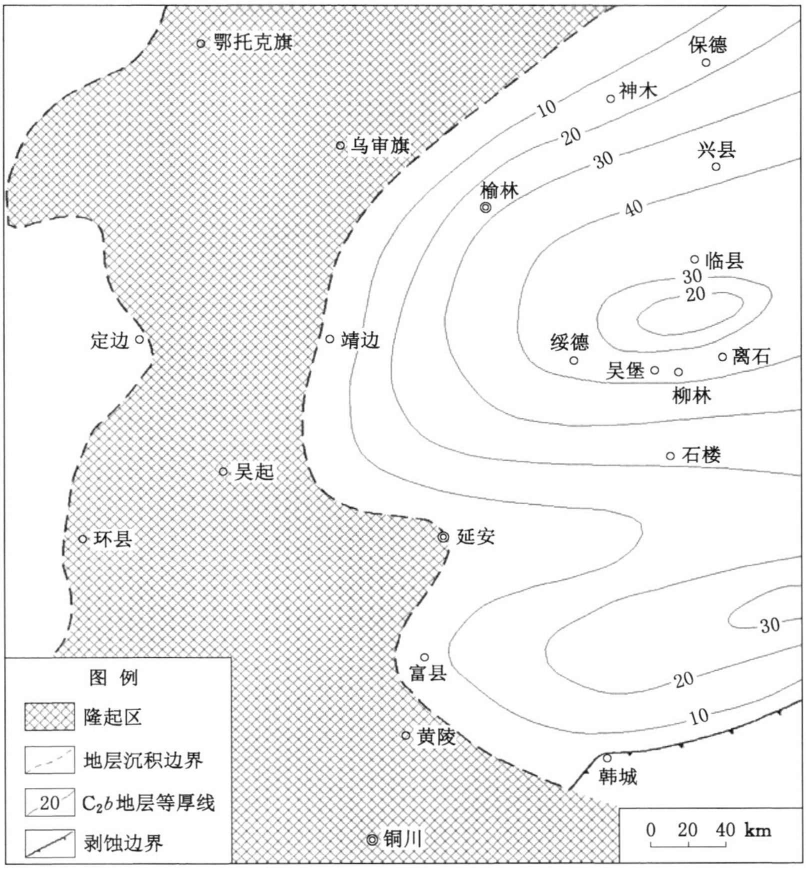

图 5-2-1 石炭-二叠纪含煤岩系古构造简图(C_2b 等厚线)

根据本区石炭系本溪组和太原组第一段含煤地层厚度勾绘此段的地层厚度等值线，结合此段对应的层序Ⅰ岩相古地理特征，综合盆地古构造区域特征分析可知：陕西省辖区内石炭-二叠纪聚煤作用发生前，整体地势西高东低，含煤地层厚度东厚西薄，总体上呈 SN 向延展且向 E 向倾斜，区内自北而南存在 7 个呈 NEE 向、近 EW 向展布的小型古隆起和古坳陷。

(1) 府谷隆起(Z_1)：展布于府谷矿区府谷县、保德县一带，近 EW 向延伸，隆起区内本溪组和太原组第一段地层沉积较薄，厚度一般为 40 m 左右。

(2) 神木南部坳陷(Z_2)：展布于神木市城以南，高家堡镇一带，呈近 EW 向延伸，坳陷内本溪组和太原组第一段地层沉积较厚，厚度一般为 50 m 左右。

(3) 榆林隆起(Z_3)：展布于榆林东部高家堡镇一带，呈近 EW 向延伸，隆起区内本溪组和太原组第一段地层沉积较薄，厚度一般为 40 m 左右。

(4) 横山坳陷(Z_4)：展布于横山区-佳县一带，呈 NEE 向延伸，坳陷内本溪组和太原组第一段地层沉积较厚，厚度一般为 50 m 左右。

(5) 米脂-子洲隆起(Z_5):展布于米脂县-子洲县一带,呈 NEE 向延伸,隆起区内本溪组和太原组第一段地层沉积较薄,厚度一般为 30 m 左右。

(6) 吴堡-清涧坳陷(Z_6):展布于吴堡县-清涧县一带,呈 NE 向延伸,坳陷内本溪组和太原组第一段地层沉积较厚,厚度一般为 45 m 左右。

(7) 韩城-合阳坳陷(Z_7):展布于韩城市-合阳县一带,呈 NE 向延伸,坳陷内本溪组和太原组第一段地层沉积较厚,厚度一般为 30 m 左右。

上述聚煤期前古构造对聚煤作用的控制表现为:古隆起上含煤地层沉积厚度薄,含煤性相对较差;古坳陷处含煤地层沉积厚度大,煤层厚,含煤性好。

5.2.2.2 晚三叠世瓦窑堡组含煤岩系古构造特征

瓦窑堡组为上三叠统最顶部的一个组,与上覆侏罗系为平行不整合接触,与下伏延长组为整合接触,故该组建组依据以岩石组合特征为主。由于瓦窑堡组与下伏地层为连续沉积,用厚度-岩相分析所得的结果实则反映了同沉积构造的特征。

陕西省晚三叠世瓦窑组的构造条件相对稳定,岩相古地理格局比较简单,北部为阴山古陆(省外)、南为秦岭古陆、西为贺兰-六盘山古陆、东为华北古陆,呈周围高、中间低的陆块内部大陆盆地,发育湖泊及三角洲环境碎屑岩,含煤、油、气沉积。地层厚度显示南北薄而中间厚,岩性显示南北粗、南中细的总体分布规律。

经横山韩岔-延安蟠龙找煤区钻孔资料显示:该区瓦窑堡组地层厚度东西薄中间厚,南北薄中间厚,总体上呈四周薄中间厚,以子长地区地层厚度最大,达 360 m 左右,区内发育 2 个小型古隆起和坳陷依次为:

(1) 子长坳陷(Z_1):展布于子长一线,近 SN 向延伸,坳陷内瓦窑堡组地层沉积最厚,厚度一般为 350 m 左右,含煤地层发育,煤层较发育。

(2) 马家岔沟隆起(Z_2):展布于子洲西部马家岔沟镇一带,近 EW 向延伸,隆起区瓦窑堡组地层沉积东薄西厚,厚度一般不足 200 m,含煤地层总体较发育,煤层较发育。

总体看,富有经济价值的含煤区分布于子长市一带,与子长古坳陷位置基本吻合,古构造控制了含煤地层的沉积,在坳陷处含煤地层沉积厚,含煤性较好,煤层较厚。

5.2.2.3 侏罗纪含煤岩系古构造特征

鄂尔多斯盆地是一个稳定的内陆坳陷盆地,其构造沉降具有整体性,在整体沉降的背景上,由于古坳陷先期堆积了较厚的沉积物,受负荷力作用沉降速度相对隆起区加快,从而使古坳陷转化为同沉积向斜,古隆起一般转化为同沉积背斜。

本区地处鄂尔多斯盆地中南部,构造稳定,符合上述规律,由于沉降速率差异,导致沉积环境不同,进而对聚煤作用产生严格控制。因此,根据沉降速率的差异,将本区划分为三个构造沉降带,如图 5-2-2 所示,自北向南依次为:

第一沉降带:府谷-吴起断裂以西,横山以北直抵省界,包括神木、府谷、横山、靖边、定边地区。

第二沉降带:府谷-吴起断裂以东,横山以南,宜君-建庄隆起以北,包括安塞、富县等地。

第三沉降带:宜君-建庄隆起以南,包括黄陵、彬州一带。

从沉降速率看,第二沉降带沉降速率最快,具有沉积厚度大(富县组和延安组厚度一般在 350 m 以上),岩石构成以细碎屑岩为主,沉积环境早期为河流-湖泊相、中晚期为湖相,不

图 5-2-2 延安组沉积时构造-岩相分区示意图

含煤等特征，为本区的沉积中心和沉降中心。

第一沉降带沉降速率次于第二沉降带，沉积厚度中等（富县组和延安组厚度在 150～350 m 之间变化），以砂泥岩互层夹煤层为主构成，总体上为河流-三角洲相，延安组普遍含煤。

第三沉降带沉降速率最慢，对应基底削蚀面上反映的构造隆起区，沉积环境为冲积扇-河流相为主，沉积厚度薄（一般小于 150 m），延安组仅底部含煤。

三个沉降带中，第二沉降带除盆地南部与第三沉降带过渡的店头地区因具有适当的沉降速率形成煤层堆积外，其余基本为无煤区。因此，府谷-吴起断裂，宜君-建庄隆起实际上成为划分无煤区和有煤区的构造，可谓一级控煤构造。

第一沉降带沉降速率适中，即不会因沉降过快而发生湖侵，亦不会因沉降过慢使沼泽受到侵蚀，因此是本区含煤性最好的地区。

第三沉降带沉降缓慢，但由于古地形起伏剧烈，故延安组沉积时，可在一些洼地内形成很厚的泥炭堆积，如彬长矿区、焦坪矿区底部煤层厚可达 15 m 以上。

第二沉降带地处本区中央，最早发生沉积，后在负荷作用下沉降加快，形成以湖泊相为主的沉积，这是它不含煤的主要原因。

通过重、磁资料解释的府谷-吴起基底大断裂呈 NE 方向斜穿陕北侏罗纪煤田，穿过部位与陕北侏罗纪煤田延安组可采煤层分叉变薄带基本吻合，从沉积环境分析看，其西北部属长期较为稳定的三角洲平原分布区，东南部则属于浅湖区；从聚煤作用来看，西北部为富煤地带，东南部为分叉变薄尖灭地带；从更大的区域上看，此断裂带恰好是整个陕北侏罗纪煤田的南、东边界。

该断裂带在三叠纪末随着区域应力场由压性向压扭性方向转化，活动性得到加强，对早-中侏罗世含煤地层作用不一定是产生断裂形迹，更主要的是在广阔范围内控制了各时期地层的沉积相分布和沉积建造。三叠纪末期，其西北部呈现为持续隆起遭受剥蚀，广泛发育风化壳型沉积，而东南部则接受沉积，于子洲-子长一带形成了 NE 向展布的三叠纪瓦窑堡组聚煤区。早侏罗世时，整个盆地处于坳陷阶段，断裂西北部易形成浅水台地和分流平原，断裂东南部则长期为覆水较深的湖区，从而有效地控制了这一时期的聚煤作用，使富煤区分布于断裂的西北部。

区内延安组与下伏富县组整合接触，在没有富县组沉积的地区，延安组直接与上三叠统不同层位接触，表现为不整合关系。故其沉积基底由三叠系构成。

1. 侵蚀面反映的古构造特征

受印支运动影响，三叠纪和侏罗纪之间有一剥蚀作用为主的时期，在表层剥蚀和河流冲刷的共同作用下，上三叠统顶部地层保存状况发生了较大变化。强烈侵蚀反映了构造隆起，而基本未受剥蚀的地区则是相对坳陷，地层界线主要呈 NW 向展布，在本区北部延安-榆林之间及其东部，上三叠统保存最完整，为相对坳陷区，而盆地南部陇县-麟游-彬州一带则为强烈剥蚀区，缺失永坪组和瓦窑堡组，为一隆起区。据此，侏罗纪沉积前古构造形态总体表现为一巨大的轴向 NW-SE 的复式向斜，中部呈现波浪状起伏。

2. 厚度-岩相分析反映的古构造特征

本次选用侏罗纪富县组和延安组第一段厚度进行古构造分析，与侵蚀面反映的结果一致，根据厚度-岩相分析法，勾绘 $J_1f+J_2y^1$ 地层沉积厚度等值线，结合延安组层序Ⅰ岩相古地理特征，分析结果反映：整体上看，侏罗纪含煤岩系古构造与聚煤作用与上述三个沉降带特征吻合，府谷-吴起基底断裂以北地区以三角洲相沉积为主，含煤地层沉积较厚；府谷-吴起基底断裂以南至黄陵一带以湖泊相沉积为主，含煤地层沉积最厚，黄陵-彬州-麟游-陇县一带以河流相为主，含煤地层沉积厚度不一，整体变薄，小型古隆起和古河道较多。在这三个沉降带上自北向南发育了 12 个小型的古隆起和坳陷，这些 NW-近 EW 向的次级构造基本反映了含煤岩系形成前古构造形态。

(1) 庙沟门-孤山坳陷(Z_1)：展布于庙沟门-孤山一带，呈 NW 向延伸，坳陷区内富县组和延安组第一段地层沉积厚,厚度一般为 140 m 左右。

(2) 大柳塔-店塔隆起(Z_2):展布于大柳塔-店塔一带,呈 NW 向延伸,隆起区内富县组和延安组第一段地层沉积较薄,厚度一般为 40 m 左右。

(3) 瑶镇坳陷(Z_3):展布于神木西南部瑶镇一带,呈 NW 向延伸,坳陷区内富县组和延安组第一段地层沉积较厚,厚度一般为 100 m 左右。

(4) 榆林隆起(Z_4):展布于榆林北部一带,呈 NWW 向延伸,隆起区内富县组和延安组第一段地层沉积较薄,厚度一般为 40 m 左右。

(5) 横山北部坳陷(Z_5):展布于横山北部巴拉素镇-鱼河镇一带,呈 NW 向延伸,坳陷区内富县组和延安组第一段地层沉积较厚,厚度一般为 80 m 左右。

(6) 靖边隆起(Z_6):展布于靖边西南部一带,呈 NW 向延伸,隆起区内富县组和延安组第一段地层沉积较薄,厚度一般为 20 m 左右。

(7) 吴起坳陷(Z_7):展布于吴起北部一带,近 SN 向延伸,坳陷区内富县组和延安组第一段地层沉积厚,厚度一般为 140 m 左右。

(8) 定边坳陷(Z_8):展布于定边南部一带,近 SN 向延伸,坳陷区内富县组和延安组第一段地层沉积厚,厚度一般为 120 m 左右。

(9) 志丹坳陷(Z_9):展布于志丹南部一带,基本上呈 NWW 向延伸,坳陷内富县组和延安组第一段地层沉积很厚,厚度一般为 220 m 左右,含煤地层较发育,但煤层不发育。

(10) 建庄隆起(Z_{10}):展布于黄陵县建庄一带,近 EW 向延伸,缺失富县组和延安组第一段地层,含煤地层不发育。

(11) 彬州北部坳陷(Z_{11}):展布于彬州北部一线,近 SN 向延伸,坳陷内沉积富县组和延安组第一段地层较厚,含煤地层较发育,为一小型古河流冲刷沉积,煤层不发育。

(12) 太峪隆起(Z_{12}):展布于彬州南部太峪-永坪一带,近 EW 向延伸,缺失富县组和延安组第一段地层,含煤地层不发育。

总体看,古坳陷最深的地方为志丹坳陷,坳陷内含煤地层沉积最厚,但煤层不发育,从岩相古地理上看,该区沉积环境以湖泊相沉积为主。

第一、第三沉降带内,含煤岩系古构造与富煤带的分布有密切的联系。古隆起、坳陷控制了富煤带的空间分布,表现为坳陷中含煤地层厚,煤层厚,含煤性好,隆起区含煤地层薄,煤层薄,含煤性相对较差的特征,如陕北侏罗纪煤田神府矿区的大保当普查区和新民区均为富煤带分布区,也均与古坳陷位置相符,前者对应于瑶镇坳陷,后者对应于庙沟门-孤山坳陷;在黄陇侏罗纪煤田建庄一带含煤地层较薄,含煤性较差,建庄古隆起南北两侧的含煤地层沉积较厚,含煤性相对较好,隆起部位与黄陵和焦坪矿区边界线吻合。因此,这些古构造可称为二级控煤构造。

综上所述,一级控煤构造控制了无煤区和有煤区的分布,二级控煤构造则控制了富煤带的空间分布。从资源分布看,第一、第三沉降带内的坳陷区内含煤地层堆积厚度大,煤层厚。

5.2.3 古构造应力场分析

构造应力场是指某一空间范围内特定构造阶段的应力分布状态。区域古构造应力场的研究不仅从历史演化角度,而且在力学体制上对阐明沉积盆地形成演化的动力学环境有不可替代的功能；此外，古构造应力场的研究对应影响煤矿开发的小型构造的预测，预测和防治煤和瓦斯突出具有重要的实际意义。

现今能观察到的一切构造形变都与特定的构造应力场相关。鄂尔多斯盆地除周缘部分地区受邻近构造运动带或造山带影响，表现出一定的活动性外，绝大部分地区的构造性质都是十分稳定的，即在坚固的结晶基底之上叠覆着近水平沉积盖层。

5.2.3.1 印支运动构造应力场

鄂尔多斯盆地的印支运动构造应力场是以近于水平的、几近南北方向的最大主应力轴为其基本特征的，最小主压力应力轴的平均产状为88°～268°∠2°～3°，也近于水平；中间主压应力轴近于直立，平均倾角83°左右。

乌拉特前旗-东胜-榆林-延安-黄陵以东和吕梁山以西的广大地区，最大主压应力迹线基本保持SN走向，但在盆地南缘千阳-铜川之间略向SSW偏转。在盆地西缘的南段石沟驿-六盘山东麓，最大主压应力轨迹为NE-SW走向；而北段的贺兰山一带，最大主压应力迹线则为NW-SE走向。

鄂尔多斯盆地印支运动构造应力场与我国南方同期构造应力场是一致的。在华南，最大主压应力轴迹以似水平、走向近SN为基本特征，但是，从变形和变质特征判断，这一SN向挤压应力的作用力愈向南愈加强烈：华南两广地区，印支运动形成深变质岩系，并将加里东期的SN向褶皱置换成近EW向褶皱；向北至秦岭以南，印支期仍以褶皱变形为主；但是，在鄂尔多斯盆地这一刚性块体，则表现为小型的破裂构造。

5.2.3.2 燕山运动构造应力场

燕山运动最大主压应力轴的优选产状为130°∠2°～310°∠4°，最小主压应力轴的方位为220°～40°，倾角近于水平，各点的中间主压应力轴虽然略有倾斜，但平均倾角在80°以上。鄂尔多斯盆地周边的主要先存断裂(如巴彦乌拉-阴山断裂、青铜峡-固原断裂、铁炉子-三要断裂等)均与区域最大主应力迹线斜交，因此，在燕山期的活动应该具有平移剪切性质。盆地东北部发育一系列与主压应力迹线平行的NW向小型地堑构造(如府谷矿区清水川地堑)和小型正断层(神木大柳塔附近)。

5.2.3.3 喜马拉雅运动构造应力场

鄂尔多斯盆地最大主压应力轴的优选方位为30°～120°，倾角1°～2°；最小主压应力轴的优选方位是121°～301°，倾角近于水平，中间主压应力轴大都近于直立或有10°左右的倾斜。

最大主压应力以NE向为主，最小主应力则为NW-SE方向。但主压应力的区域分布存在一定的差异，如河套断陷的最大主压力的优选方位为46°，银川断陷为45°，渭河断陷48°，“山西地堑系”57°，“西南弧形构造带”为72°。以上可以看出，除“山西地堑系”和“西南弧形构造带”的最大主压应力轴偏向NEE外，其他三个断陷基本保持NE向。

5.2.3.4 构造应力场变迁与煤盆地的发育过程

以扬子古陆块为核心的华南陆块在印支末期与华北陆块碰撞对接，在华南陆块强大的北向运动作用下，华北陆块处在西伯利亚板块和华南陆块的南北对挤格局之下，产生了轴迹为SN向的挤压构造应力场。鄂尔多斯古陆块印支运动构造应力场表明，盆地主体(东部)的挤压方向或最大主压应力轴迹为SN向；盆地西缘北段为NW-SE向，盆地西缘南段为 NE 向。

鄂尔多斯盆地燕山运动构造应力场完全不同于印支运动的构造应力场。不过，盆地西缘南段仍和印支期一样，最大主压应力轴迹为 NE 向，其他区域 NW-SE 向挤压应力占主导地位。

太平洋的构造演化史表明，库拉-太平洋板块于中生代中期向 N 或向 NNW 运动，并插入于阿留申-日本海沟之下，同时，欧亚大陆向南运动。两者相向运动中产生的左旋剪切作用派生了鄂尔多斯盆地轴迹为 NW-SE 向的挤压应力场。在这一过程中，华北陆块东部隆起，西部坳陷。

鄂尔多斯盆地西缘的局部构造应力场与印支期是一致的，但是，挤压应力经祁连山加里东褶皱带的北向传递与鄂尔多斯刚性古陆块之间产生右旋剪切的根源可能来自特提斯海的扩张。盆地西缘地段 NE 向挤压应力、阿拉善古陆块的 E 向滑动与鄂尔多斯盆地 NW 向挤压应力的耦合，使得鄂尔多斯西缘的褶皱-冲断上升的构造格局定型，并限制了盆地的西部边界。

总之，鄂尔多斯盆地是中国东部左旋剪切和西部右旋剪切的共同作用下形成的。但是，盆地的第一世代的轴向为 N35°E，沉积中心也做逆时针旋转迁移至环县以西。

鄂尔多斯古陆块早白垩世以后的构造应力场发生了根本的改变，即挤压方向由燕山期的 NW 向为主转变为 NE 向，这种改变是环太平洋板块向 NW 俯冲以及特提斯构造域的 NE 向挤压，迫使中国东部岩石圈块体遭受 NW-SE 向拉伸的必然结果，其挤压应力源于特提斯构造域。NE 向挤压和 NW-SE 向拉张的构造应力场，伴随着岩石圈厚度的减薄和稍高的深部热状态，使鄂尔多斯古陆块缓慢上升，终结了鄂尔多斯盆地的演化历史。这种缓慢上升直到现代仍以 1 mm/a 的速率进行。

5.3 控煤构造样式

5.3.1 控煤构造样式特征

构造样式是指一群构造或某种构造特征的总特征和风格，即同一期构造变形或同一应力作用下所产生的构造的总和。在各类盆地中，构造样式是盆地内构造组合的几何形态表达，与形成盆地的动力学具有一致性。

控煤构造样式是指对含煤地层和煤层的现今赋存状况具有控制作用的构造样式，它们是区域构造样式中的重要组成部分但不是全部。控煤构造样式的厘定，对于深入认识煤田构造发育规律、指导煤炭资源评价和煤炭资源勘查实践具有重要意义。以地球动力学为基础，根据地球应力环境将控煤构造样式划分为伸展构造样式、压缩构造样式、剪切和旋转构造样式，以及具有构造叠加和复合性质的反转构造样式等四大类。

由于陕西各个煤田（煤产地）的地质构造特征不同，控煤构造样式也不尽一致。针对陕西各煤田（煤产地）构造发育特征及规律，主要控煤构造样式有伸展构造和压缩构造共 2 类，分别为堑垒构造、掀斜构造、同沉积正断层，逆冲叠瓦构造、逆冲褶皱、纵弯褶皱、同沉积褶皱，共 7 型，详见表 5-3-1。

表 5-3-1 陕西省煤田控煤构造样式一览表

类	型	构造特征及控煤意义	实例	模式图
伸展构造	堑垒构造	在张应力作用下，由平行排列或近平行排列，相向倾斜或相背倾斜的正断层及其所夹持的地层组合成，相向正断层之间的含煤块段为共同下降盘构成地堑，相背倾斜正断层之间的含煤块段为共同上升盘，构成地垒，在地堑处煤层埋藏变深，地垒处煤层埋藏变浅	陕北石炭-二叠纪煤田府谷矿区、吴堡矿区；渭北石炭-二叠纪煤田	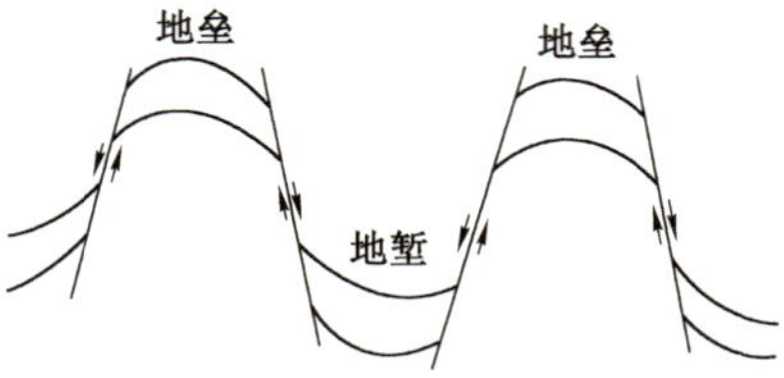
	掀斜构造	在拉张应力作用下，正断层不均匀运动引起断块旋转，一端倾斜，另一端掀起的断裂断块组合	陕北石炭-二叠纪煤田府谷矿区	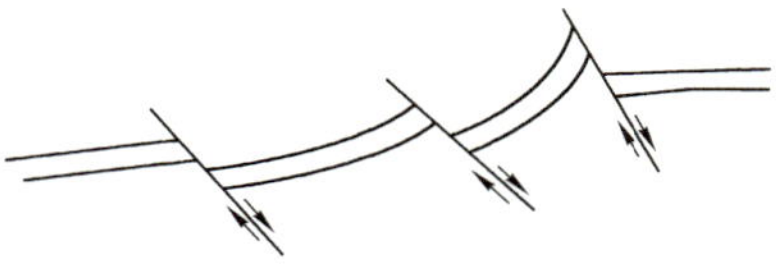
	同沉积正断层	主要发育于沉积盆地边缘。在盆地形成发育的过程中，盆地不断沉降，沉积不断进行，盆地外侧不断隆起。一般而言，同沉积断层都为走向正断层，在剖面上常呈上陡下缓的凹面向上勺状，上盘（下降盘）地层明显增厚	黄陇侏罗纪煤田永陇矿区	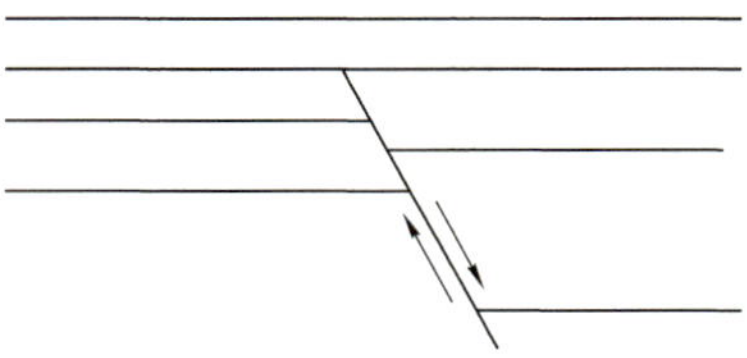
压缩构造	逆冲叠瓦构造	由产状相近、近乎平行排列的一系列由浅至深，断面由陡变缓的分支逆断层组成，在深部归为一条主干逆冲断层	渭北石炭-二叠纪煤田	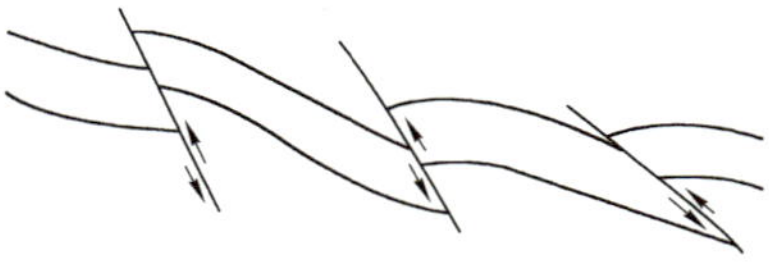
	逆冲褶皱	在区域应力场作用下，夹持于逆断层之间的断夹块，由于边界逆冲断层的挤压和逆冲牵引作用，发生褶皱变形，褶皱轴向与边界逆冲断层走向平行	渭北石炭-二叠纪煤田	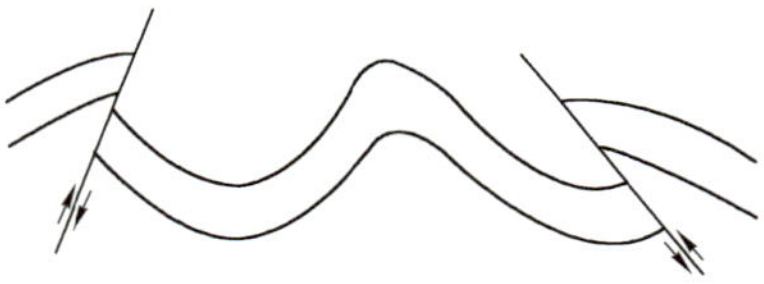
	纵弯褶皱	岩层受到顺层挤压力的作用而形成的褶皱，强硬层受力失稳而发生弯曲，岩石力学性质相对较软含煤地层作为介质，在压扁的同时被动地调整和适应由强硬层引起的弯曲形态，发育的褶皱致使煤层也弯曲变形，改变原来的赋存状态	镇巴三叠-侏罗纪煤田	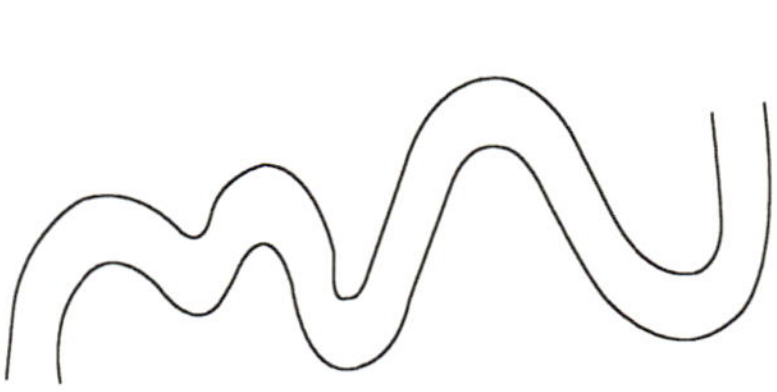
	同沉积褶皱	含煤地层沉积过程中，由于受构造应力场作用，形成中间沉积厚两翼沉积薄或者中间沉积薄两翼沉积厚的褶皱形态	黄陇侏罗纪煤田	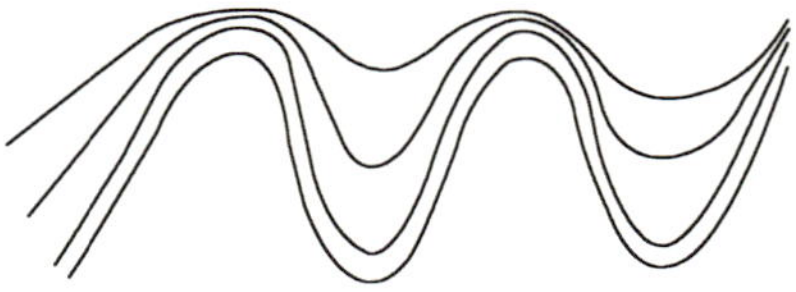

5.3.2 各煤田控煤构造样式及控煤意义

鄂尔多斯盆地陕西省区域内有 3 个成煤期 5 大煤田，其中陕北侏罗纪煤田和陕北三叠纪煤田构造简单，陕北石炭-二叠纪煤田构造较简单，渭北石炭-二叠纪煤田和黄陇侏罗纪煤田构造较发育；秦岭山间断陷盆地发育各时代煤产地的地质构造非常复杂，成煤后多期次多体系的构造叠加改造使得含煤地层变形严重，面目全非；扬子古陆块米仓山-大巴山基底逆冲带构造部位发育的镇巴三叠-侏罗纪煤田受后期构造作用含煤地层赋存状态复杂，煤层产状多变。陕北侏罗纪煤田和陕北三叠纪煤田构造简单，控煤构造因素和样式单一；秦岭山间断陷盆地的各煤产地构造非常复杂，控煤构造样式分析困难且具有多解，加上煤产地含煤面积和资源储量太小；上述两个煤田及秦岭煤产地控煤构造不具代表性，因此本次仅分析陕北石炭-二叠纪煤田、渭北石炭-二叠纪煤田、黄陇侏罗纪煤田以及镇巴三叠-侏罗纪煤田的控煤构造样式及控煤意义。

5.3.2.1 陕北石炭-二叠纪煤田

陕北石炭-二叠纪煤田位于河东褶曲带，受后期构造影响，煤田基本构造形态为一走向 NNE-近 SN、倾向 W 的平缓单斜，倾角一般 1°～5°，构造简单，主要发育张性正断层和小的褶曲。

府谷矿区位于河东褶曲带准格尔-兴县段，主要构造为近 SN 向的墙头-高石崖挠褶带，地层总体倾向 W。基岩出露自东向西由老变新，含煤地层自东向西埋藏由浅变深，因此，煤层埋藏东浅西深，见图 5-3-1。

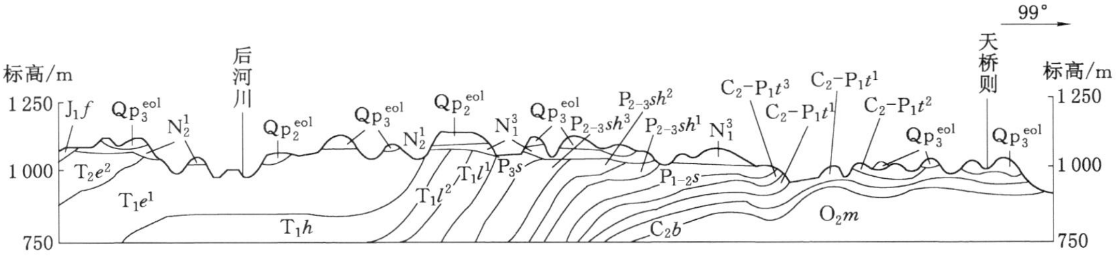

图 5-3-1 后河川-天桥则地质剖面示意图

府谷矿区发育的控煤构造样式主要有伸展构造样式——地堑构造和掀斜构造。

清水川断裂组形成地堑和掀斜构造控煤样式，正断层 F1 和 F4 为清水川断裂组的主干断裂，二者近乎平行排列，相向倾斜，有共同的下降盘，断裂形成地堑构造。断层 F1 的下盘（上升盘）不均匀运动发生旋转，北端倾斜，南端掀起；断层 F4 的次级断裂 F3 将 F1、F4 共同的下降盘错断，致使 F4 的上盘（下降盘）不均匀运动发生旋转，南端倾斜，北端掀起，形成掀斜构造，使地层产状发生改变，见图 5-3-2。孙家沟断裂组形成地堑构造控煤样式，正断层 F5 和 F6，二者近乎平行排列，相向倾斜，有共同的下降盘，断裂形成地堑构造，见图 5-3-3。地堑构造往往使含煤地层埋藏变深，不利于煤层开采利用。

吴堡矿区位于河东褶曲带离石-吴堡段，基本构造形态为一向 W 缓倾的单斜层，构造简单，发育的控煤构造样式主要为伸展构造样式——地堑构造，两组地堑构造所在之处含煤地层埋藏变深，不利于煤层开采利用。

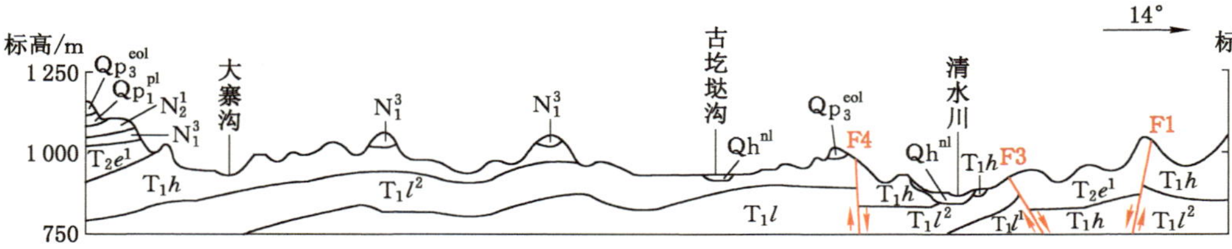

图 5-3-2 大寨沟-清水川地质剖面示意图

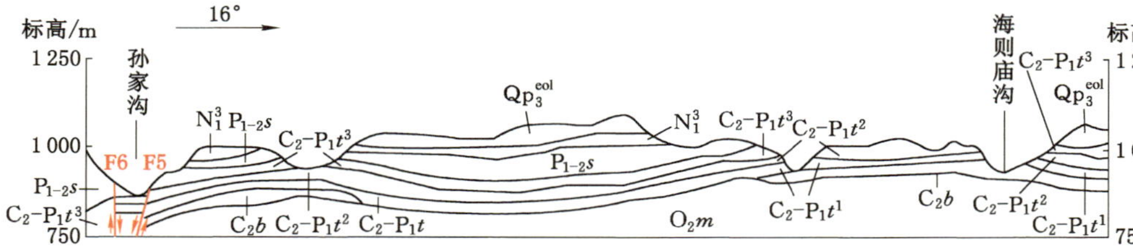

图 5-3-3 孙家沟-海则庙地质剖面示意图

5.3.2.2 渭北石炭-二叠纪煤田

渭北石炭-二叠纪煤田位于渭北断隆区铜川-韩城断褶带，受后期构造影响，其构造特点为：由南向北、由东而西构造形变强度逐渐减弱、规模逐渐变小和密度逐渐稀疏，浅部以断裂为主，深部以褶皱为主。铜川以西褶皱为主，以东断裂为主。

作为局部构造的褶皱和断裂对煤炭资源开采影响甚大，结合现有构造特征，渭北石炭-二叠纪煤田可以归纳出以下三种主要控煤构造样式。

(1) 伸展构造样式——堑垒构造。由于煤田早期处于挤压状态，晚期则受到拉张，故形成构造配置形式中，堑垒相间式是最基本的一种。在煤田的南部，往往在地堑中保留含煤地层，而地垒上含煤地层被剥蚀，如韩城东景峰地区，见图 5-3-4。正断层 F23、F24 及 F1 的发育形成了地堑和地垒，地堑处含煤地层埋藏较深，地垒处含煤地层埋藏较浅，有的甚至被剥蚀，F1 韩城断裂将韩城南部地区错断下陷，导致煤层埋藏过深无法开采利用。

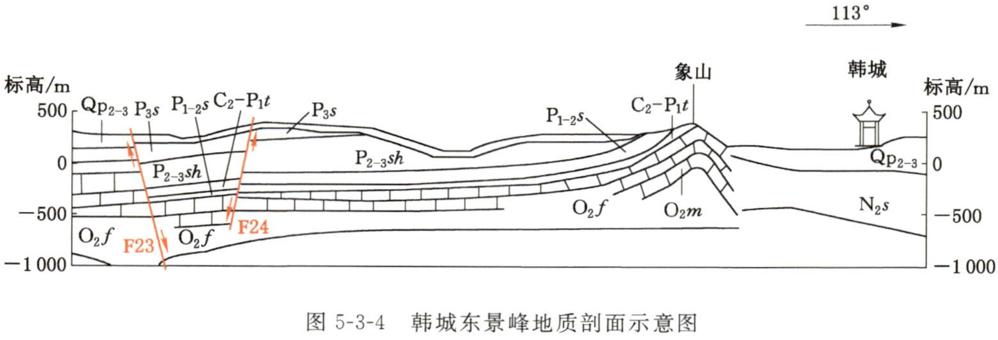

图 5-3-4 韩城东景峰地质剖面示意图

(2) 压缩构造样式——逆冲叠瓦构造。在煤田南部边缘韩城芝川至禹门口一带出现一个强烈的挤压构造带或推覆带，此构造带外缘由逆冲断层和倒转向、背斜构成，逆断层数量不等，一般 1～2 条，多者可达 4 条，断面大部分向 SE 方向倾斜，向 NW 逆冲，呈叠瓦式出现。主断层一般发生在寒武系、奥陶系或奥陶系与石炭系接触处；次要断层多发生在二叠系内。主断裂之东地层均倒转，较老地层逆冲推覆于较新地层之上；主断裂以西一般出现倒转或陡斜带，其宽从几百米到 1 000 m 左右，由陡斜带向西地层产状变为正常，一般 5°左右，见图 5-3-5。该逆冲推覆构造使含煤地层发生强烈变形，不利于煤层开采利用。

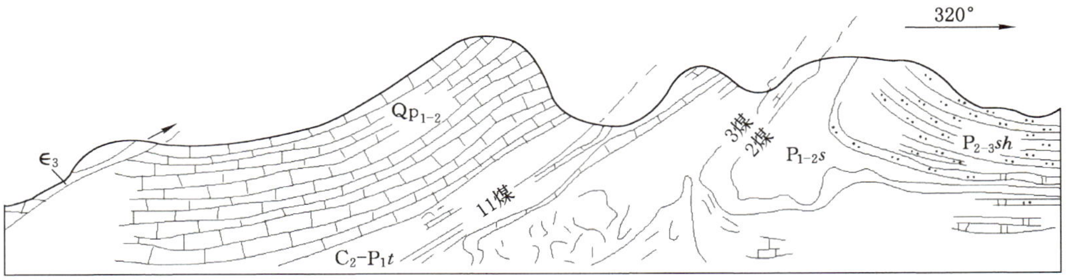

图 5-3-5　韩城上峪口沟地质构造横剖面图

另外，在渭北石炭-二叠纪煤田以西，三原冯村-永寿马坊-凤翔东北祝家河一线以南广大地区，属于晚古生代古隆起，因此缺失石炭系和山西组沉积。燕山运动所形成的多条南倾北冲的逆断层构成叠瓦状式推覆构造，见图 5-3-6。被卷入的地层有元古界、寒武系、奥陶系和二叠系等，地表可清楚见到奥陶系逆冲于石炭系、二叠系之上，寒武系逆冲于奥陶系之上及奥陶系下部逆冲于上部之上等等。由于逆冲作用，导致该区地层产生剧烈的形变，形成一系列规模不等的背、向斜构造，使岩层发生陡立或者倒转的现象多处可见。

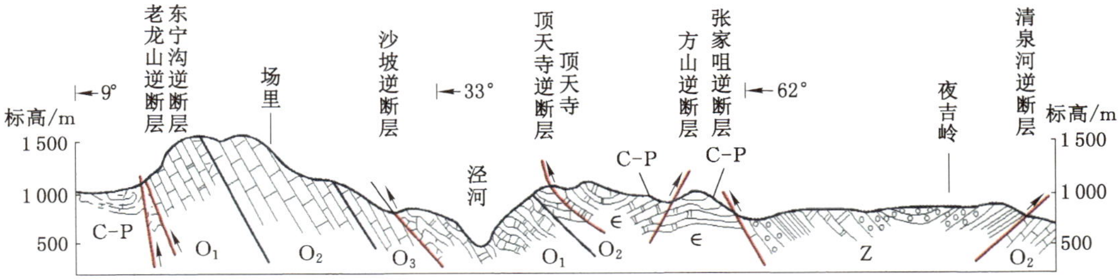

图 5-3-6　渭北隆起西段泾河口地区构造横剖面图

(3) 压缩构造样式——逆冲褶皱构造。由于挤压应力一般源于南、东南方向，而在北部形成响应，故在区内南、东南部形成逆冲，北部形成向南的对冲（逆掩），在逆冲和逆掩断裂之间则形成背、向斜相间的构造形态，而具体发育样式则取决于地层的力学性质。

口头镇北地质剖面（图 5-3-7）代表了南部和中部的特征，文家岭地质剖面（图 5-3-8）则代表了北部的特征，前者向北逆冲，后者向南逆掩。而南部（东南部）由于受挤压应力作用较强，地层往往直立或倒转，发生揉皱变形。

新区预测：从构造形变角度看，在渭河断陷与渭北隆起间的过渡带，尤其是渭北石炭-二叠纪煤田的东南方向如寺前-坊镇一线向南，有可能找到埋藏较浅的未被剥蚀殆尽而残余的含煤地层。

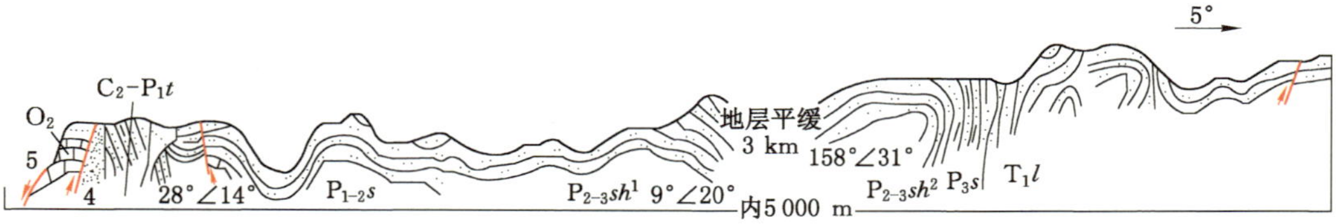

图 5-3-7 口头镇北地质剖面示意图

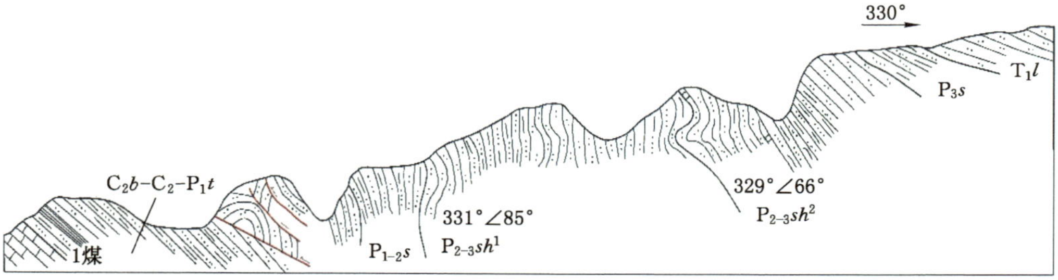

图 5-3-8 文家岭地质剖面示意图

5.3.2.3 黄陇侏罗纪煤田

黄陇侏罗纪煤田主要分布于渭北断隆区彬州-黄陵坳褶带，西部跨西缘褶皱冲断带华亭-陇县段的南部，北部进入伊陕斜坡区庆阳斜坡东缘，整体呈一倾向 NW，向 SE 凸出的平缓单斜，地层倾角一般在 10°以下。煤田发育的褶皱和断裂影响煤层赋存状态，就现有的构造特征，可以归纳出以下两种控煤构造样式。

（1）伸展构造样式——同沉积正断层。含煤地层沉积过程中，由于断层发育，使上、下盘地层接受沉积厚度。陇县北部地区普陀正断层发育，使断层上盘（下降盘）侏罗系地层沉积厚，下盘（上升盘）沉积薄，见图 5-3-9，因此认为陇县北部预测区的煤层厚但埋藏深。

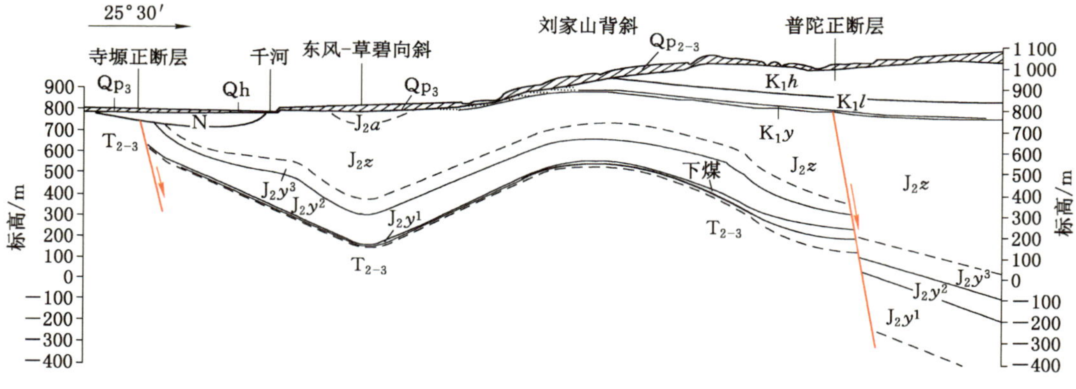

图 5-3-9 陇县北部地区地质剖面示意图

（2）压缩构造样式——同沉积褶皱。同沉积褶皱使含煤地层在向斜部位沉积厚、背斜处沉积薄，呈现煤层在向斜轴部厚，由两翼向背斜轴部递减、变薄，甚至缺失的特征。

黄陇侏罗纪煤田主要受同沉积构造控煤，向斜处含煤地层沉积厚、煤层厚，背斜处含煤地层沉积薄、煤层薄，见图 5-3-10，这对今后煤田内的找煤地质工作具有重要的指导意义。

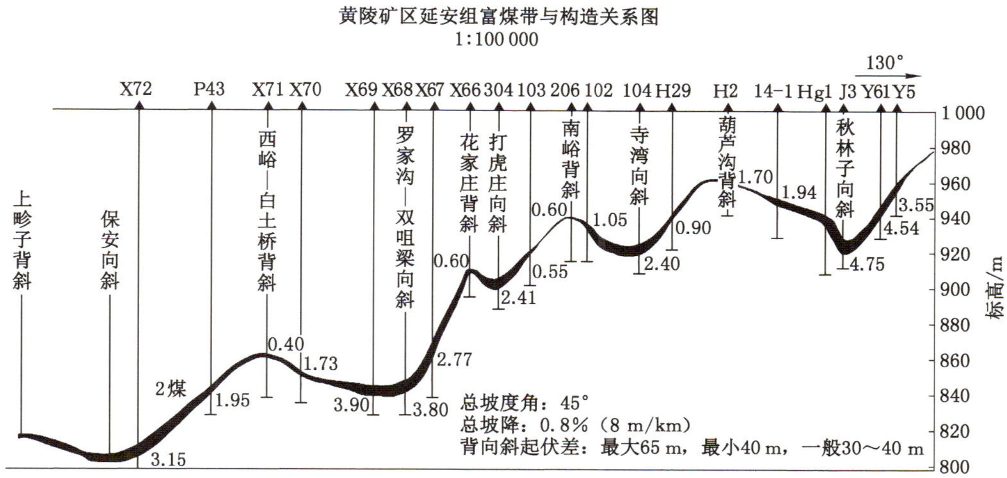

图 5-3-10 黄陵矿区延安组富煤带与构造关系图

5.3.2.4 镇巴三叠-侏罗纪煤田

镇巴三叠-侏罗纪煤田地处华南陆块上扬子古陆块米仓山-大巴山基底逆冲带上，为中生代内陆相聚煤盆地。成煤后，由于燕山期构造运动的影响，在挤压应力作用下，形成一系列相互平行的 NW 向梳状褶皱，这些复背斜对含煤地层影响甚重，有的发生直立、倒转，其主要控煤构造样式为压缩构造样式的逆冲推覆构造和纵弯褶皱。

(1) 压缩构造样式——逆冲推覆构造。在华南陆块上扬子古陆块米仓山-大巴山基底逆冲上，发育的大型逆冲断裂带，形成逆冲推覆构造，将古生代震旦、寒武、奥陶纪地层向西南推覆至中生代含煤地层上三叠统须家河组（T_3x）和下侏罗统白田坝组（J_1b）之上，控制了镇巴三叠-侏罗纪煤田东北部边界，见图 5-3-11。

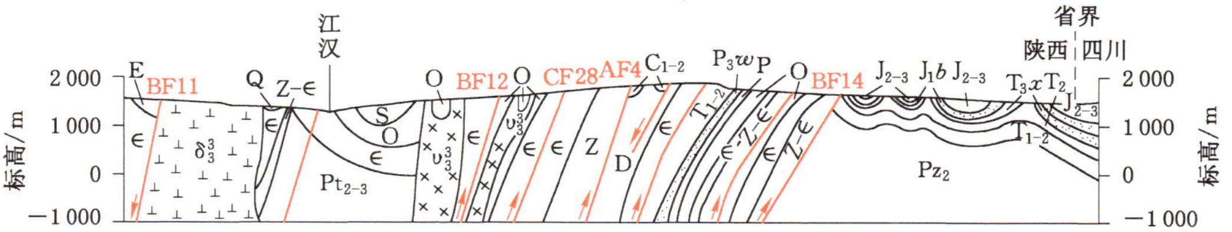

图 5-3-11 镇巴三叠-侏罗纪煤田区域地质剖面示意图

(2) 压缩构造样式——纵弯褶皱。煤田南部水磨沟井田内，由于复背斜上升产生的不对称侧压力，使得复背斜翼部又产生了次一级较强烈的倒转背、向斜褶皱，致使井田地质构造复杂（图 5-3-12），含煤地层和煤层赋存产状多变，对煤层开采带来一定影响。

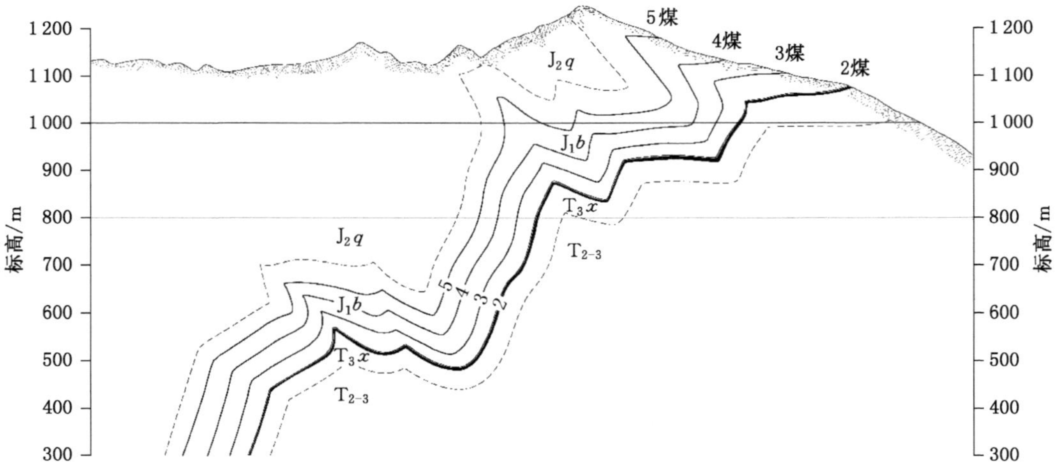

图 5-3-12 镇巴三叠-侏罗纪煤田水磨沟井田地质剖面示意图

6 煤质特征与煤变质作用

石炭-二叠纪煤田主要可采煤层变质程度属中高变质阶段，且从南向北逐渐降低，灰分高、硫分高、软化温度高，煤类从贫煤～长焰煤，为动力用煤和炼焦用煤；陕北三叠纪煤田主要可采煤层变质程度属中变质阶段，硫分低、黏结指数较高、焦油产率高，煤类为气煤，为气化用煤、低温干馏和炼焦配煤；侏罗纪煤田主要可采煤层变质程度属中低变质阶段，灰分低、特低～低硫分、中高发热量，为良好的动力、气化、液化用煤。陕南煤产地成煤时代多，成煤时代越早，变质程度越高，煤质变化大，为动力用煤。

6.1 煤岩学特征

6.1.1 陕北石炭-二叠纪煤田

6.1.1.1 物理性质

府谷矿区主要可采煤层为黑褐色，沥青-玻璃光泽，内、外生裂隙从不发育到较发育，性脆，硬度中等，参差状、阶梯状、贝壳状断口，煤层多为碎块状，常见条带状、线理状结构，一般为层状构造。

吴堡矿区主要可采煤层为褐～黑褐色，沥青-玻璃光泽，少量金刚光泽。常见阶梯状、参差状断口，硬度小，性极脆，挤压多呈粉末状，少量为碎块状，内、外生裂隙属较发育～极发育，条状带结构，层状构造。

6.1.1.2 宏观煤岩特征

府谷矿区山西组 4 号煤层以半暗型煤为主，半亮和暗淡型煤次之，光亮型煤少量；太原组 6、7 号煤层以半亮型煤为主，半暗型煤次之，暗淡型煤少量；8 号煤层以半暗型煤为主，暗淡和半亮型煤次之，光亮型煤少量。详见图 6-1-1。

吴堡矿区山西组 s_1 煤层以半亮型煤为主，光亮型煤次之，半暗型煤少量。太原组 t_1 煤层以光亮型煤为主，半亮型煤次之，半暗型煤少量，详见表 6-1-1。

6.1.1.3 显微煤岩组成特征及其变化规律

府谷矿区主要可采煤层显微组成中显微组分平均值变化在 83.6%～89.1%之间。其中山西组 4 号煤层以镜质组为主，含量变化在 34.3%～64.4%之间，平均值为 49.2%；惰质组含量变化在 18.0%～42.7%之间，平均值为 28.1%；壳质组少量。矿物成分以黏土类为主，平均值为 14.0%，碳酸盐次之，硫化物少量。太原组 6、7、8 号煤层均以镜质组为主，其值变化在 37.4%～61.8%，综合平均值为 47.6%～58.9%；惰质组次之，其值变化在 17.9%～49.8%，综合平均值为 24.3%～35.5%。壳质组少量，其值变化在 3.2%～9.2%之间，综合平均值为 5.7%～6.9%。矿物成分均以黏土类为主，其值变化在 2.3%～23.2%，

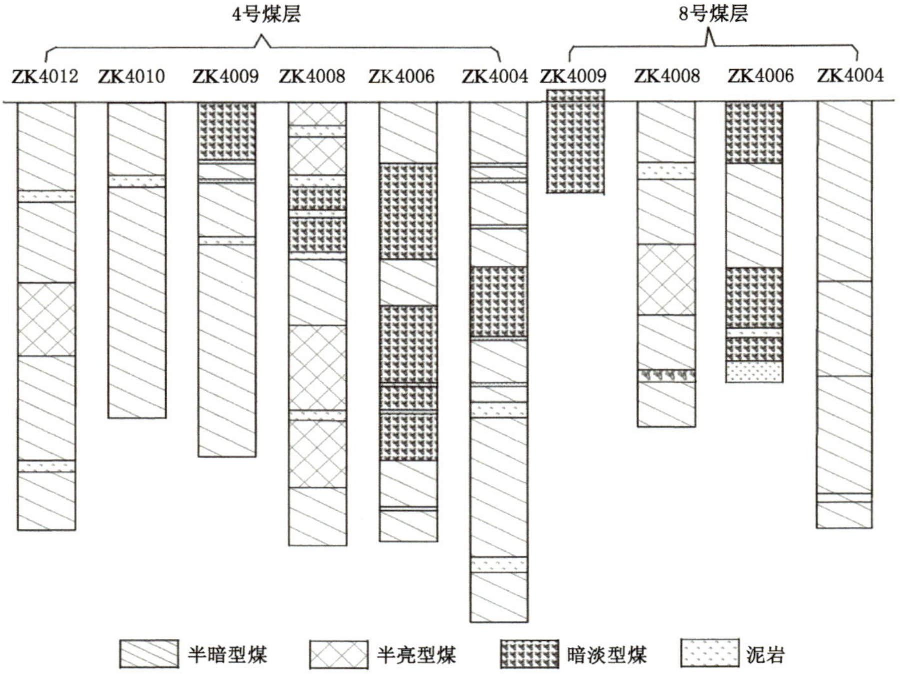

图 6-1-1 府谷矿区 4 号、8 号煤层宏观煤岩类型对比图

表 6-1-1 陕北石炭-二叠纪煤田主要可采煤层宏观煤岩特征含量表 单位:%

矿区	含煤地层	煤号	光亮型煤	半亮型煤	半暗型煤	暗淡型煤
府谷矿区	山西组	4	1.99(301)	30.56(301)	40.86(301)	26.58(301)
	太原组	6	3.06(98)	43.88(98)	38.78(98)	14.28(98)
		7	3.64(110)	49.09(110)	34.55(110)	12.72(110)
		8	5.66(159)	28.93(159)	42.14(159)	23.27(159)
吴堡矿区	山西组	s_1	41.03(32)	56.41(44)	2.56(2)	
	太原组	t_1	53.41(47)	38.64(34)	7.95(7)	

综合平均值为 8.9%～10.2%,硫化物和碳酸盐均少量。垂向上,太原组煤层由上而下,镜质组含量逐渐降低,而惰质组含量逐渐升高,壳质组分逐渐降低。由图 6-1-2 可以看出,从太原组下段 11 号煤层到上段 5 号煤层,其镜质组(半镜质组)与惰质组的比值和镜质组(半镜质组)与壳质组的比值总体是向上增高,5 号煤层到山西组 2 号煤层比值逐渐降低。这种规律性变化反映了太原组成煤初期的中、下段,气候较为干燥,沼泽环境覆水较浅,进入晚期上段,气候逐渐变为湿润,沼泽环境覆水较深,尔后山西组又转为气候较干燥、覆水较浅的环境。煤的宏观煤岩类型分布也反映了这一特征。

吴堡矿区主要可采煤层显微组分中显微组分含量平均值均大于 90%。其中,山西组 s_1 煤层以镜质组为主,含量在 47.1%～65.7%,平均值为 54.6%;惰质组次之,含量在 21.5%～44.2%,平均值为 33.8%;壳质组少量。矿物组分以黏土矿物为主,平均值为 6.0%,碳酸盐次之,平均值为 2.3%,硫化物少量。太原组 t_1 煤层以镜质组为主,含量在 48.2%～66.8%,平均

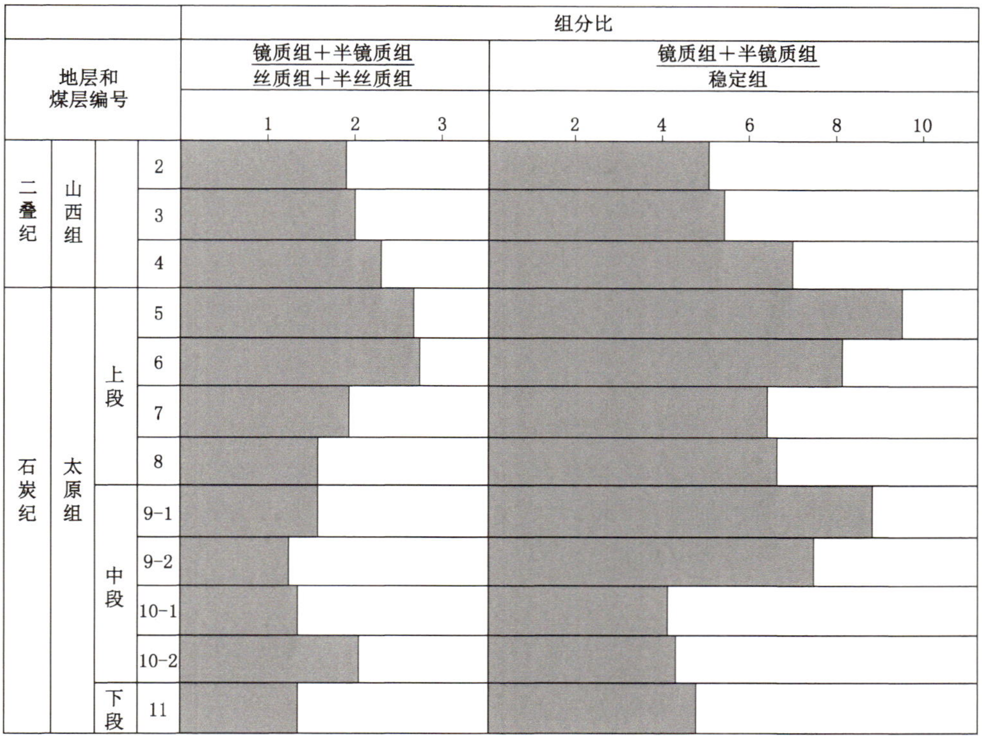

图 6-1-2 府谷矿区煤岩组分比值图

值为 58.3％；惰质组次之，含量在 24.3％～38.2％之间，平均值为 31.6％；矿物组分均以黏土类为主，平均值为 6.6％，硫化物和碳酸盐少量。山西组煤层镜质组含量小于太原组煤层。惰质组含量山西组煤层大于太原组煤层。详见表 6-1-2。

表 6-1-2 陕北石炭-二叠系煤田主要可采煤层显微煤岩组成特征表 单位：％

矿区	含煤地层	煤层号	镜质组	半镜质组	惰质组	壳质组	有机总量	黏土类	硫化物	碳酸盐	镜质组最大反射率
府谷矿区	山西组	4	34.3～64.4 49.2	0.82～2.3 1.3	18.0～42.7 28.1	1.7～11.6 5.0	83.6	5.7～25.8 14.0	0.0～0.9 0.5	0.1～5.4 1.9	0.61
	太原组	6	53.4～60.3 58.9		18.0～29.4 24.3	4.8～8.9 6.9	89.1	2.3～21.8 8.9	0.8～2.4 1.7	0.0～0.8 0.4	
		7	40.2～61.8 52.2		17.9～38.2 29.9	3.2～9.2 5.8	87.9	3.9～23.2 9.7	0.1～2.2 0.9	0.0～7.8 1.5	
		8	37.4～58.6 47.6		18.4～49.8 35.5	4.7～8.0 5.7	88.8	2.8～15.4 10.2	0.0～1.7 0.7	0.0～0.9 0.3	0.66
吴堡矿区	山西组	s_1	47.1～65.7 54.6(5)	0.8～0.9 0.9(2)	21.5～44.2 33.8(5)	0.6～2.2 0.8(2)	90.7	2.1～11.6 6.0(5)	0.6～1.4 1.0(4)	0.0～9.7 2.3(5)	1.11～1.20 1.15(5)
	太原组	t_1	48.2～66.8 58.3	1.5～1.6 1.6(2)	24.3～38.2 31.6(4)		91.5	3.0～9.8 6.6(4)	0.2～0.8 0.5(2)	0.0～2.8 1.4(2)	1.22～1.43 1.34(4)

6.1.1.4 镜质组最大反射率

陕北石炭-二叠纪煤田主要可采煤层镜质组最大反射率介于0.61%～1.43%之间，属第Ⅰ～Ⅴ变质阶段的烟煤，且由上向下镜质组最大反射率逐渐增高，煤变质属区域变质作用类型。

6.1.2 渭北石炭-二叠纪煤田

6.1.2.1 物理性质

山西组3号煤层为黑色～黑灰色，弱玻璃光泽，线理状、条带状结构，参差状断口。裂隙较发育，且被方解石脉充填，含黄铁矿薄膜及少量结核。

太原组5号煤层为黑色，弱玻璃～玻璃光泽，条带状结构，参差状～棱角状断口，裂隙较发育，含有方解石及黄铁矿结核；10号煤层为黑色～黑灰色，玻璃～强玻璃光泽，条带状结构，贝壳状～参差状断口，常见两组垂直节理，含方解石及黄铁矿结核；11号煤层为深灰色，玻璃～金刚光泽，细条带～线理状结构，参差状断口，裂隙发育，硬度较大，含有方解石及黄铁矿结核。

6.1.2.2 宏观煤岩特征

3号煤层以半亮型煤为主，半暗型煤次之，光亮型和暗淡型煤少量。垂向上底部为光亮型煤，向上依次为半暗型煤夹半亮型煤、光亮型煤，顶部为少量薄层暗淡型煤。

5号煤层以半暗型煤为主，光亮型煤次之，半亮型和暗淡型煤少量。垂向上下部煤层为半暗型煤，中部为暗淡型煤和半亮型煤夹碳质泥岩，上部为半暗型和暗淡型煤。

10号煤层以半暗型煤为主，暗淡型煤次之，半亮型和光亮型煤少量。垂向上下部煤层以半暗型煤为主，夹暗淡型及半亮型薄煤层，中部为暗淡型和半暗型煤夹碳质泥岩薄层，上部为暗淡型煤和半亮型煤互层。

11号煤层以半亮型煤为主，暗淡型煤次之，垂向上煤层上、下部主要为暗淡型煤，中部为光亮型煤、半亮型煤夹暗淡型煤条带。详见表6-1-3。

表6-1-3 渭北石炭-二叠纪煤田主要可采煤层宏观煤岩特征表 单位：%

煤层号	光亮型煤	半亮型煤	半暗型煤	暗淡型煤
3	16.2	46.3	32.9	4.6
5	23.4	12.4	51.8	12.4
10	8.9	13.4	45.5	32.2

6.1.2.3 显微煤岩组成及其变化规律

渭北石炭-二叠纪煤田主要可采煤层显微煤岩组成中显微组分普遍较高，其综合平均值为86.9%～95.3%，镜质组＋半镜质组综合平均值为48.6%～69.3%，惰质组综合平均值为20.2%～46.7%。其中，3号煤层显微组分平均值为88.7%，镜质组＋半镜质组平均值为59.0%，惰质组平均值为29.7%；5号煤层显微组分综合平均值为87.6%～90.2%，镜质组＋半镜质组综合平均值为49.2%～62.5%，惰质组综合平均值为27.5%～38.4%；10号煤层显微组分综合平均值为90.4%～95.3%，镜质组＋半镜质组综合平均值为48.6%～

69.3%，惰质组综合平均值为 22.6%～46.7%；11 号煤层显微组分平均值为 86.9%，镜质组＋半镜质组平均值为 49.8%，惰质组平均值为 37.1%。矿物成分以黏土类为主，其综合平均值为 1.6～11.3%，硫化物次之，碳酸盐和氧化物少量。详见表 6-1-4 至表 6-1-7。

表 6-1-4　3 号煤层显微煤岩组成含量表　　单位：%

矿区名称	镜质组	半镜质组	惰质组	有机总量	黏土类	硫化物	碳酸盐	氧化物
韩城矿区	50.5～53.1 51.8	5.2～8.7 7.2	27.1～33.5 29.7	88.7	5.9～15.8 10.0	0～0.4 0.1	0.2～1.9 0.8	0～1.1 0.4

表 6-1-5　5 号煤层显微煤岩组成含量表　　单位：%

矿区名称	镜质组	半镜质组	惰质组	有机总量	黏土类	硫化物	碳酸盐	氧化物
铜川矿区	32.8～64.2 45.3(11)	1.8～6.4 3.9(11)	19.0～57.1 38.4(11)	87.6(11)	1.6～24.3 7.1(11)	0.4～10.2 2.4(11)	0.4～10.8 2.6(8)	0.1～0.9 0.3(3)
蒲白矿区	42.2～76.9 57.3(23)	0.9～6.5 3.1(23)	13.1～42.2 29.9(23)	90.2(23)	1.2～19.6 7.0(23)	0.2～3.5 1.0(20)	0.1～3.9 2.1(18)	0.2～1.7 0.5(16)
澄合矿区	31.1～92.6 52.7(39)	1.1～12.0 5.8(35)	18.1～47.6 33.2(36)	89.4(40)	3.4～28.8 8.3(40)	0.1～2.3 0.9(36)	0.1～9.8 1.5(25)	0～0.4 0.2(13)
韩城矿区	35.9～60.5 55.3	2.7～7.5 7.2	25.1～43.9 27.5	90.0	6.2～12.5 7.5	0.2～2.4 1.6	0～2.4 0.9	

表 6-1-6　10 号煤层显微煤岩组成含量表　　单位：%

矿区名称	镜质组	半镜质组	惰质组	有机总量	黏土类	硫化物	碳酸盐	氧化物
铜川矿区	47.6	1.0	46.7	95.3	1.6	3.1		
蒲白矿区	40.1～76.1 63.8(9)	1.1～5.9 2.6(9)	10.9～47.7 24.1(9)	90.4(9)	1.3～9.9 8.7(9)	0.2～7.8 3.3(9)	0.2～0.9 0.5(5)	0.2～0.7 0.4(5)
澄合矿区	47.4～86.4 66.0(14)	0.41～8.3 3.3(14)	6.4～34.1 22.6(14)	91.8(14)	2.1～10.8 4.9(14)	0.7～8.2 2.4(12)	0.4～2.3 1.3(12)	0.1～0.9 0.3(7)

表 6-1-7　11 号煤层显微煤岩组成含量表　　单位：%

矿区名称	镜质组	半镜质组	惰质组	有机总量	黏土类	硫化物	碳酸盐
韩城矿区	33.1～49.3 40.6	6.2～14.7 9.2	29.0～45.2 37.1	86.9	4.3～15.0 11.3	0.3～1.5 0.9	0.1～2.4 0.9

6.1.2.4　镜质组最大反射率

渭北石炭-二叠纪煤田主要可采煤层镜质组平均最大反射率为 1.46%～2.12%，属第Ⅴ～Ⅷ变质阶段的烟煤，且由上向下镜质组最大反射率逐渐增高，详见表 6-1-8。

表 6-1-8 主要可采煤层镜质组最大反射率表 单位:%

煤层号	铜川矿区	蒲白矿区	澄合矿区	韩城矿区
3				1.83
5	1.29～1.55 1.46(8)	1.48～1.81 1.60(2)	1.55～1.75 1.66(5)	
10	1.72(1)	1.57～1.81 1.70(3)		
11				2.12

6.1.3 陕北三叠纪煤田

6.1.3.1 物理性质

瓦窑堡组 3 号、5 号煤层为黑色、灰黑色,油脂～沥青光泽,层面偶呈丝绢光泽,具贝壳状、参差状及不规则状断口,裂隙较为发育,呈细条带状、致密线理状结构,块状及层状构造,多具水平层理。

6.1.3.2 宏观煤岩特征

5 号煤层以半亮型煤为主,光亮型和暗淡型煤次之,半暗型煤少量。垂向上,上部与下部均以光亮型煤和半亮型煤为主,中部以暗淡型煤为主。详见表 6-1-9。

表 6-1-9 瓦窑堡组 5 号煤层宏观煤岩特征表 单位:%

煤层号	光亮型煤	半亮型煤	半暗型煤	暗淡型煤
5	24.1	40.4	3.7	18.5

6.1.3.3 显微煤岩组成特征及其变化规律

3 号、5 号煤层的显微煤岩组成中有机含量平均值为 91.6%～95.4%。其中,镜质组+半镜质组平均含量在 63.9%～78.8%,惰质组平均含量在 13.8%～24.6%,壳质组少量。矿物成分以黏土矿物和碳酸盐矿物为主,硫化物少量。详见表 6-1-10。

表 6-1-10 瓦窑堡组 3 号、5 号煤层显微煤岩特征表 单位:%

含煤地层	煤号	镜质组	半镜质组	惰质组	壳质组	有机总量	黏土类	硫化物	碳酸盐	镜质组反射率
瓦窑堡组	3	62.1	1.8	24.6	3.1	91.6	3.5	0.6	4.3	0.76
	5	75.1	3.7	13.8	2.8	95.4	2.4	0.2	2.0	0.74

6.1.3.4 镜质组最大反射率

3 号、5 号煤层镜质组最大反射率变化在 0.74%～0.76%之间,属第Ⅱ变质阶段的烟煤,即气煤-气肥煤范畴,垂向上煤的变质程度自上而下略有增高。

6.1.4 陕北侏罗纪煤田

6.1.4.1 物理性质

各主要可采煤层物理性质变化不大,均为黑色,弱沥青～沥青光泽,具贝壳状、阶梯状及参差状断口,裂隙从不甚发育到较为发育,裂隙被方解石或黄铁矿薄膜充填。上部 2^{-2}、3^{-1}煤层以细条带结构为主,下部 5^{-1}、5^{-2}煤层以线理状结构为主,水平层理。煤层易燃,燃烧时烟浓、焰长、不熔融膨胀。

6.1.4.2 宏观煤岩特征

(1) 宏观煤岩组分

含煤地层剖面中部 2^{-2}、3^{-1}、4^{-2}煤层一般为亮煤+暗煤+镜煤+丝炭(按含量由大到小为序,下同),含煤地层剖面上、下部其他煤层一般为暗煤+亮煤+丝炭+镜煤。丝炭含量较高是本区各煤宏观煤岩组分的主要特征。

(2) 宏观煤岩类型

神府矿区 2^{-2}和 3^{-1}煤层以半亮型煤和半暗型煤为主,光亮型煤次之,暗淡型煤少量;5^{-2}煤层以半暗型煤为主,半亮型煤次之,光亮型和暗淡型煤少量,见图 6-1-3。榆神矿区:2^{-2}煤层以半暗型煤为主,半亮型煤次之,光亮型和暗淡型煤少量;3^{-1}煤层以半亮型煤为主,半暗型次之,光亮型和暗淡型煤少量;5^{-3}煤层以半暗型煤为主,半亮型煤次之,光亮型和暗

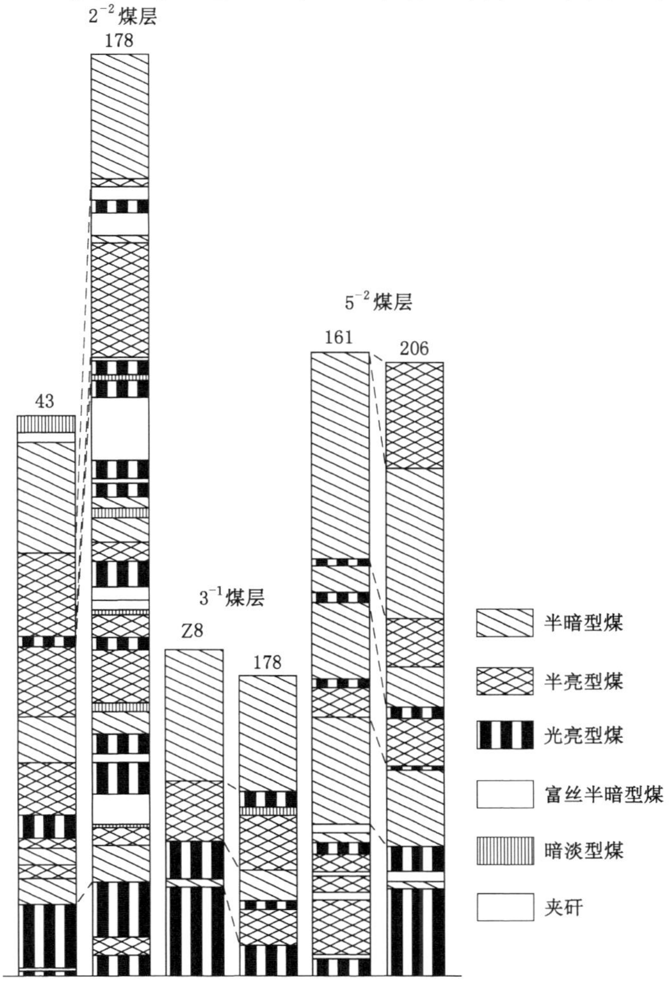

图 6-1-3 各主要可采煤层宏观煤岩组分图

淡型煤少量。榆横矿区：Ⅲ(2^{-2})煤层以半亮型煤为主，半暗型煤次之，光亮型和暗淡型煤少量；Ⅳ(3^{-1})煤层以半亮型煤为主，半暗型、光亮型及暗淡型煤均少量；Ⅸ(5^{-3})煤层以半亮型煤为主，半暗型煤次之，光亮型和暗淡型煤少量。见表 6-1-11。

表 6-1-11　陕北侏罗纪煤田主要可采煤层宏观煤岩特征表　　单位：%

矿区	煤层号	光亮型煤	半亮型煤	半暗型煤	暗淡型煤
神府	2^{-2}	24.8	34.5	32.4	7.7
	3^{-1}	23.0	37.1	35.3	4.6
	5^{-2}	8.1	21.6	58.6	11.5
榆神	2^{-2}	8.0	37.1	49.6	5.3
	3^{-1}	14.6	46.4	34.5	4.5
	5^{-3}	5.1	22.1	58.6	2.8
榆横	Ⅲ(2^{-2})	2.9	66.7	22.4	8.0
	Ⅳ(3^{-1})	6.5	76.4	10.7	6.4
	Ⅸ(5^{-3})	2.7	50.4	45.0	1.9

6.1.4.3　显微煤岩组成特征及其变化规律

主要可采煤层显微煤岩组成中显微组分含量较高，其综合平均值为 94.5%～98.4%；其中镜质组＋半镜质组综合平均值为 42.1%～65.2%。神府和榆神两矿区上部煤层镜质组＋半镜质组含量高于下部煤层；榆横矿区Ⅳ(3^{-1})煤层镜质组＋半镜质组含量较高，Ⅲ(2^{-2})煤层次之，Ⅸ(5^{-3})煤层相对较低；惰质组含量综合平均值为 26.8%～52.7%；壳质组分含量较少且变化不大。矿物成分以黏土矿物为主，综合平均值为 0.5%～3.9%，碳酸盐次之，综合平均值为 0.3%～1.1%，硫化物和氧化物均少量。平面上 2 号煤层镜质组含量中北部高于北部和南部；3 号煤层由北东向南西逐渐增多；5 号煤层镜质组含量中部向南北两侧逐渐增高。详见表 6-1-12，图 6-1-4 至图 6-1-6。

表 6-1-12　陕北侏罗纪煤田主要可采煤层显微煤岩特征表　　单位：%

矿区		煤层号	镜质组	半镜质组	惰质组	壳质组	有机总量	黏土类	硫化物	碳酸盐	氧化物
神府矿区	新民区	2^{-2}	30.5～65.37 49.5(7)	0.7～6.8 3.8(7)	28.1～63.4 43.5(7)	0.3～2.0 1.2(7)	98.0 (7)	0.3～2.13 1.2(7)	0～0.5 0.2(7)	0～1.7 0.6(7)	0～0.1 0(7)
		3^{-1}	4.86～57.6 52.9(11)	2.5～5.8 3.90(11)	35.1～43.6 39.8(11)	0.5～2.6 1.5(11)	98.1 (11)	0.2～3.5 1.4(11)	0～0.2 0(11)	0～1.3 0.5(11)	0～0.4 0(11)
		5^{-1}	26.7～61.0 44.3(20)	1.7～10.3 5.0(20)	30.2～66.8 46.6(20)	0.8～2.2 1.1(20)	97.0 (20)	0.4～4.7 1.6(20)	0～0.6 0.1(20)	0.2～3.4 1.1(20)	0～2.5 0.2(20)
	神北区	2^{-2}	25.3～69.2 55.4(47)	1.4～7.1 3.9(47)	2.47～62.2 36.5(47)	0.3～6.1 1.1(47)	96.9 (47)	0.1～6.7 1.5(45)	0～1.1 0.3(45)	0～4.3 1.0(45)	0～1.3 0.3(45)
		3^{-1}	35.0～66.7 55.4(41)	2.3～9.3 4.9(41)	25.0～58.3 37.1(41)	0～2.4 0.9(41)	98.3 (41)	0.2～10.5 1.0(38)	0～0.5 0.1(41)	0～2.3 0.5(41)	0～0.5 0.1(34)
		5^{-2}	22.4～54.7 35.6(87)	1.9～10.0 6.5(87)	36.0～64.5 52.7(87)	0～4.8 2.1(87)	96.9 (87)	0～10.7 1.6(86)	0～2.4 0.4(86)	0～5.8 0.7(85)	0～1.5 0.4(82)

表 6-1-12(续)

矿区	煤层号	镜质组	半镜质组	惰质组	壳质组	有机总量	黏土类	硫化物	碳酸盐	氧化物
榆神矿区	2^{-2}	49.1～62.4 54.9(15)	2.3～9.9 4.1(15)	29.0～45.4 37.8(15)	0.2～3.1 1.6(15)	98.4 (15)	0.2～2.6 0.5(15)	0.2～0.8 0.4(15)	0.2～2.4 0.7(15)	0
	3^{-1}	38.3～64.0 52.8(18)	1.4～7.0 4.3(18)	28.0～55.1 40.5(18)	0.2～1.2 0.7(18)	98.3 (18)	0.2～2.0 0.5(18)	0.1～1.1 0.4(18)	0.1～2.0 1.0(18)	0
	5^{-3}	32.4～52.0 44.4(12)	3.0～12.9 5.2(12)	38.2～57.0 46.7(12)	0.2～2.1 1.4(12)	97.7 (12)	0.2～6.3 1.1(12)	0.1～0.5 0.2(12)	0.5～2.1 1.0(12)	0
榆横矿区	Ⅲ (2^{-2})	37.8～61.7 50.3	2.8～16.0 7.8	25.0～51.0 34.7	0.5～3.1 1.8	94.6	0.2～15.6 3.1	0.0～1.8 0.4	0.1～5.7 0.9	0.3～1.4 1.0
	Ⅳ (3^{-1})	25.0～70.4 56.9	3.9～12.7 8.3	19.9～32.8 26.8	1.9～3.4 2.5	94.5	0.7～10.0 3.9	0.2～1.6 0.7	0.2～2.2 0.7	0～0.5 0.2
	Ⅸ (5^{-3})	20.2～49.9 37.1	3.5～13.7 8.9	28.4～72.2 48.3	0.8～3.6 1.9	96.2	0.2～3.4 1.3	0.2～4.7 1.5	0.0～0.9 0.3	0～0.9 0.7

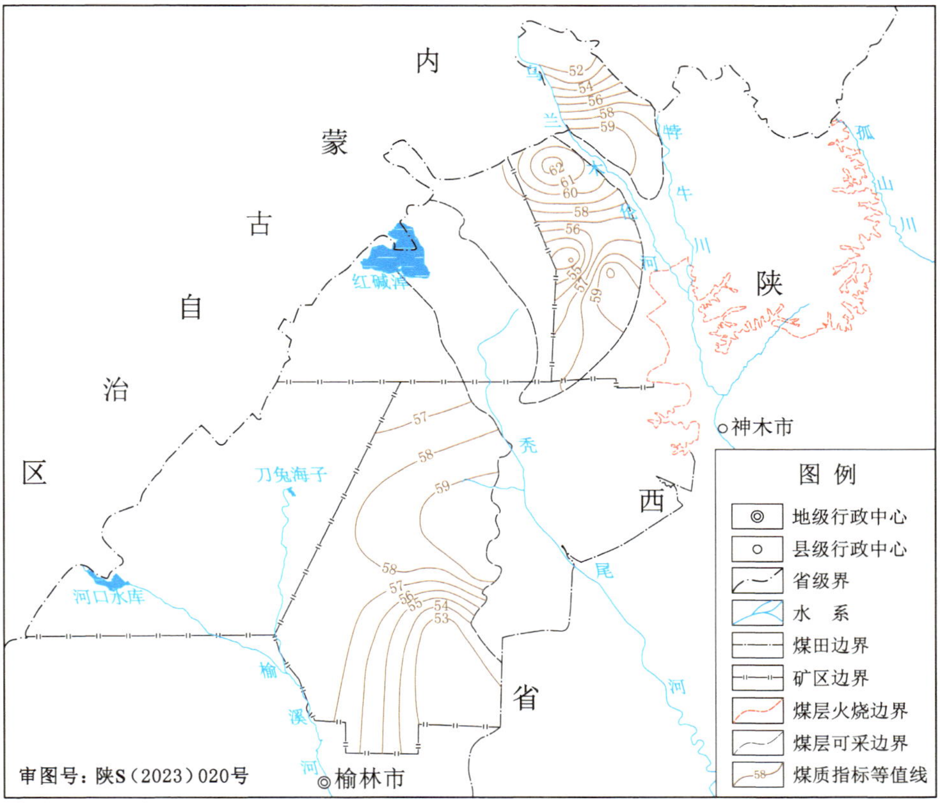

图 6-1-4 陕北侏罗纪煤田 2 号煤层镜质组含量等值线图

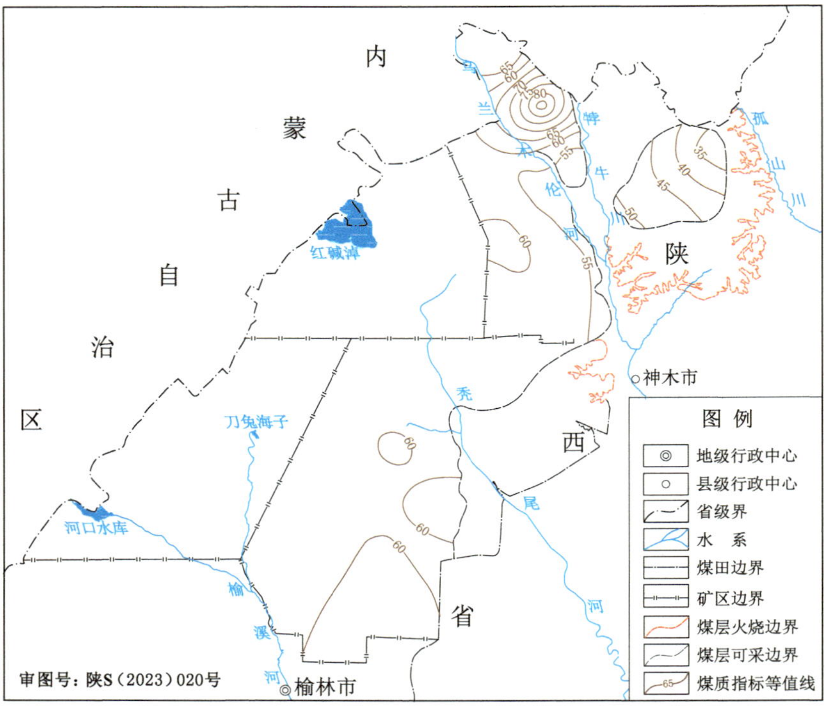

图 6-1-5 陕北侏罗纪煤田 3 号煤层镜质组含量等值线图

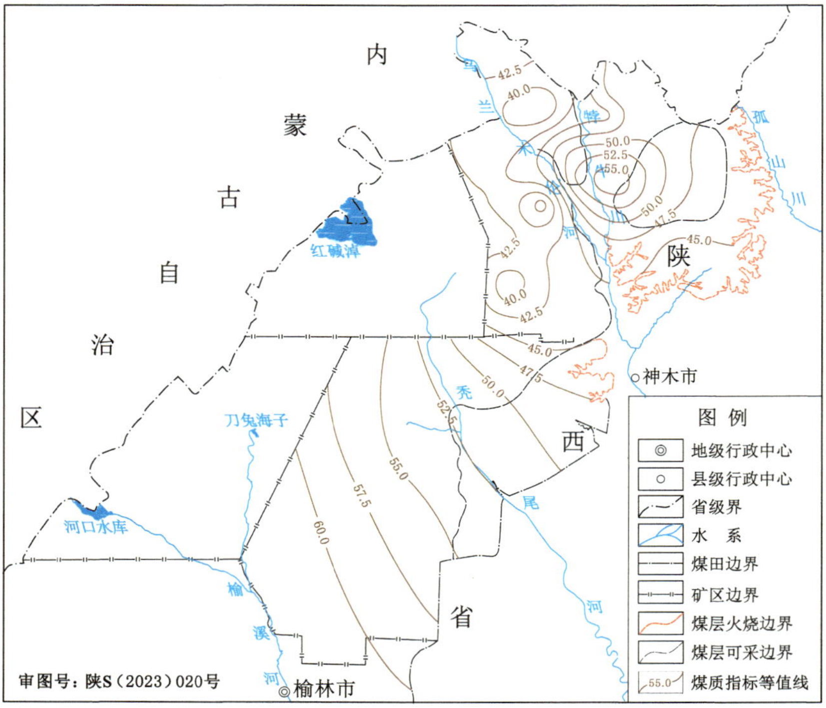

图 6-1-6 陕北侏罗纪煤田 5 号煤层镜质组含量等值线图

6.1.4.4 镜质组最大反射率

神府矿区和榆神矿区各主要可采煤层镜质组最大反射率值在0.46%～0.69%，综合平均值在0.53%～0.61%，属Ⅰ～Ⅱ低变质阶段烟煤。煤的变质程度在平面上由东北向西南有逐渐增高的趋势，垂向上上部煤层的变质程度略低于下部煤层。详见表6-1-13。

表6-1-13 陕北侏罗纪煤田主要可采煤层煤的镜质组最大反射率一览表 单位:%

煤层号	神府矿区		榆神矿区
	新民区	神北区	
2^{-2}	0.49～0.57 0.53(7)	0.48～0.63 0.55(22)	0.54～0.60 0.568(15)
3^{-1}	0.46～0.58 0.53(19)	0.48～0.64 0.570(18)	0.54～0.64 0.593(15)
5^{-1}	0.49～0.62 0.56		
5^{-2}		0.51～0.69 0.58(59)	
5^{-3}			0.54～0.66 0.61(11)

6.1.5 黄陇侏罗纪煤田

6.1.5.1 物理性质

黄陇侏罗纪煤田主要可采煤层为黑色，弱沥青～沥青光泽，具贝壳状、阶梯状断口，条带状、线理状、均一状结构，质硬而脆。内、外生裂隙较为发育，并被方解石及黄铁矿薄膜等充填。另外黄陵矿区煤层中还含有少量黄铁矿结核及菱铁质鲕粒等。煤层具有易燃、烟浓及熔融膨胀等现象。

6.1.5.2 宏观煤岩特征

西南部彬长矿区8(4)号煤层以暗淡型煤为主，半暗型煤次之，半亮型煤少量。在垂向上表现为上、下部煤层光泽暗淡，中部偏亮的特征，横向发育稳定。永陇矿区3(下)号煤层以半亮型煤为主，其顶部为半暗型煤，底部为半暗～暗淡型煤；焦坪矿区4^{-2}煤层以半暗型和暗淡型煤为主，半亮型煤次之，并夹有光亮型煤薄层，垂向变化下部以暗淡型煤为主，中部以半暗型煤为主，上部为各种类型煤交替出现；黄陵矿区2号煤层以半暗～暗淡型煤为主，半亮型煤次之。各矿区主要可采煤层宏观煤岩特征见表6-1-14。

表6-1-14 黄陇侏罗纪煤田主要可采煤层宏观煤岩特征含量表 单位:%

矿区	煤层号	光亮型煤	半亮型煤	半暗型煤	暗淡型煤	夹矸
黄陵矿区	2	5.7	19.2	41.0	31.5	2.6
焦坪矿区	4^{-2}	1.4	28.2	37.7	32.4	0.3
彬长矿区	8(4)	0	4.6	41.2	54.2	0

6.1.5.3 显微煤岩组成特征及其变化规律

黄陇侏罗纪煤田主要可采煤层显微煤岩组成中有机含量综合平均值为90.4%～

95.4%，并由东北向西南有逐渐增高的趋势，其中镜质组＋半镜质组综合平均含量为30.1%～49.7%，黄陵、焦坪和旬耀矿区镜质组含量相对较高；惰质组综合平均含量为41.4%～60.2%，彬长、永陇矿区相对较高；壳质组分含量较低，变化不大。矿物成分以黏土矿物为主，综合平均值为2.0%～6.5%，碳酸盐次之，综合平均值为1.0%～5.1%，硫化物和氧化物均少量。详见表6-1-15。

表6-1-15　黄陇侏罗纪煤田主要可采煤层显微煤岩组成特征表　　单位：%

矿区	煤层号	镜质组	半镜质组	惰质组	壳质组	有机总量	黏土类	硫化物	碳酸盐	氧化物
黄陵矿区	2	29.6～58.5 43.2(50)	1.0～7.2 3.3(50)	28.3～52.8 42.6(50)	0.5～2.3 1.3(50)	90.4 (50)	0.2～27.0 6.5(50)	0～1.0 0.5(50)	0.2～1.9 1.0(50)	0～1.9 1.0(50)
焦坪矿区	4^{-2}	29.3～52.2 44.5(9)	0.9～17.6 4.5(9)	31.6～59.8 41.4(9)	0.9～3.2 1.3(9)	91.7 (9)	0.9～3.9 2.1(5)	0.3～2.1 1.0(4)	1.5～11.7 5.1(5)	0～0.7 0.2(4)
旬耀矿区	4^{-2}	28.4～58.8 45.6(13)	1.0～24.0 4.1(13)	17.1～57.2 42.3(13)	0.1～4.6 2.2(13)	94.3 (13)	0.4～11.0 2.7(13)	0.2～2.9 1.2(13)	0.4～3.5 1.0(13)	0.2～1.6 0.8(13)
彬长矿区	8(4)	13.9～73.6 23.7(74)	0.9～36.9 6.4(74)	21.7～84.0 60.2(74)	0.4～6.1 1.8(74)	92.1 (74)	0～26.2 4.0(73)	0～5.6 0.6(73)	0～9.8 2.7(74)	0～4.1 0.6(62)
永陇矿区	3(下)	23.0～56.85 40.9(9)	1.1～11.2 3.8(9)	33.13～63.7 48.0(9)	0～6.3 2.7(9)	95.4 (9)	0～8.9 2.0(9)	0.1～2.2 0.8(9)	0～3.5 1.8(9)	0

6.1.5.4　镜质组最大反射率

黄陇侏罗纪煤田主要可采煤层的镜质组最大反射率为0.52%～0.84%，属Ⅰ～Ⅲ变质阶段烟煤。镜质组最大反射率由东北部黄陵矿区向西南部永陇矿区有逐渐降低的趋势。详见表6-1-16。

表6-1-16　黄陇侏罗纪煤田主要可采煤层镜质组最大反射率成果表

矿　区	黄陵矿区	焦坪矿区	旬耀矿区	彬长矿区	永陇矿区
煤层号	2	4^{-2}	4^{-2}	8(4)	3(下)
镜质组最大反射率/%	0.63～0.84 (37)	0.62～0.71 (4)	0.52～0.75 (8)	0.56～0.75 (40)	0.54～0.74 (8)

6.2 煤的化学特征、工艺性能及综合利用途径

6.2.1 陕北石炭-二叠纪煤田

6.2.1.1　化学性质

1. 工业分析

(1) 水分

府谷矿区主要可采煤层原煤水分为1.52%～9.43%，综合平均值为4.28%～5.24%；浮煤水分为1.90%～8.53%，综合平均值为5.18%～5.83%。吴堡矿区主要可采煤层原煤水分为0.19%～4.47%，综合平均值为0.68%～0.76%；浮煤水分为0.19%～4.64%，综

合平均值为 0.63%～0.74%。府谷矿区原煤水分含量高于吴堡矿区原煤水分含量，反映了原煤水分随变质程度增高而降低。详见表 6-2-1。

表 6-2-1 陕北石炭-二叠纪煤田主要可采煤层水分(M_{ad})含量表 单位：%

含煤地层	煤层号	煤别	府谷矿区	含煤地层	煤层号	煤别	吴堡矿区
山西组	4	原煤	1.52～7.20 5.07(93)	山西组	s_1	原煤	0.19～4.47 0.76(76)
		浮煤	2.78～7.79 5.83(93)				
太原组	6	原煤	2.65～8.61 5.24(75)			浮煤	0.24～4.64 0.74(76)
		浮煤	3.12～8.53 5.63(75)				
	7	原煤	2.68～6.76 4.28(92)	太原组	t_1	原煤	0.27～1.87 0.68(50)
		浮煤	1.90～7.70 5.18(90)				
	8	原煤	2.26～9.43 4.78(96)			浮煤	0.19～1.80 0.63(50)
		浮煤	5.18～7.27 5.26(92)				

(2) 灰分

府谷矿区山西组 4 号煤层原煤灰分值为 16.79%～38.25%，平均值为 27.91%，属中灰煤；浮煤灰分为 4.06%～12.34%，综合平均值为 7.90%。太原组 6、7、8 号煤层原煤灰分值为 9.54%～36.99%，综合平均值为 17.74%～22.86%，属低中灰～中灰煤；浮煤灰分为 3.28%～14.95%，综合平均值为 6.12%～8.02%。垂向上，山西组煤层原煤灰分高于太原组煤层，太原组上部煤层灰分低于下部煤层，详见表 6-2-2。4 号煤层灰分产率变化较小，灰分等值线呈北东向展布，总体显示出东部高，西部相对较低的特点，中灰煤主要分布在段寨井田西北部 ZK4810、ZK5212、ZK6010 孔一带及海则庙煤矿西北部；6 号煤层低灰煤主要分布在段寨井田呈带状展布的 ZK5605、ZK5004、ZKS4602、ZK4204 孔一带以及海则庙煤矿 ZKS2010、ZK1407、ZK1405 孔范围内；7 号煤层的灰分在段寨井田南部高、北部相对较低，海则庙煤矿东北和西南部相对较高；8 号煤层在平面分布特征上具有西部高于东部的特点，垂向上变化特点是下部高于上部。

吴堡矿区山西组 s_1 煤层原煤灰分值为 9.96%～37.39%，平均值为 20.19%，属中灰煤；浮煤灰分为 3.82%～17.50%，平均值为 8.95%。太原组 t_1 煤层原煤灰分值为 11.62%～38.28%，平均值为 21.04%，属中灰煤；浮煤灰分为 4.73%～15.22%，平均值为 8.58%。垂向上，山西组 s_1 煤层原煤灰分低于太原组 t_1 煤层原煤灰分，见表 6-1-4。平面上，山西组 s_1 煤层的中灰煤主要分布在矿区的东部及东南部，低中灰煤主要分布在西北部及中西部；太原组 t_1 煤层的中灰煤主要分布在矿区的东部，低中灰煤主要分布在矿区的西南部，自东北向西南灰分产率逐渐降低的规律性明显，见图 6-2-1。

表 6-2-2 陕北石炭-二叠纪煤田主要可采煤层灰分(A_d)含量表 单位:%

含煤地层	煤层号	煤别	府谷矿区	含煤地层	煤层号	煤别	吴堡矿区
山西组	4	原煤	16.79～38.25/27.91(93)	山西组	s_1	原煤	9.96～37.39/20.19(76)
		浮煤	4.06～12.34/7.90(93)				
太原组	6	原煤	9.54～30.08/17.74(71)			浮煤	3.82～17.50/8.95(76)
		浮煤	3.28～9.91/6.12 (71)				
	7	原煤	10.99～34.55/18.89(90)	太原组	t_1	原煤	11.62～38.28/21.03(50)
		浮煤	4.27～12.74/6.62(90)				
	8	原煤	10.76～36.99/22.86(96)			浮煤	4.73～15.22/8.58(50)
		浮煤	4.74～14.95/8.02(92)				

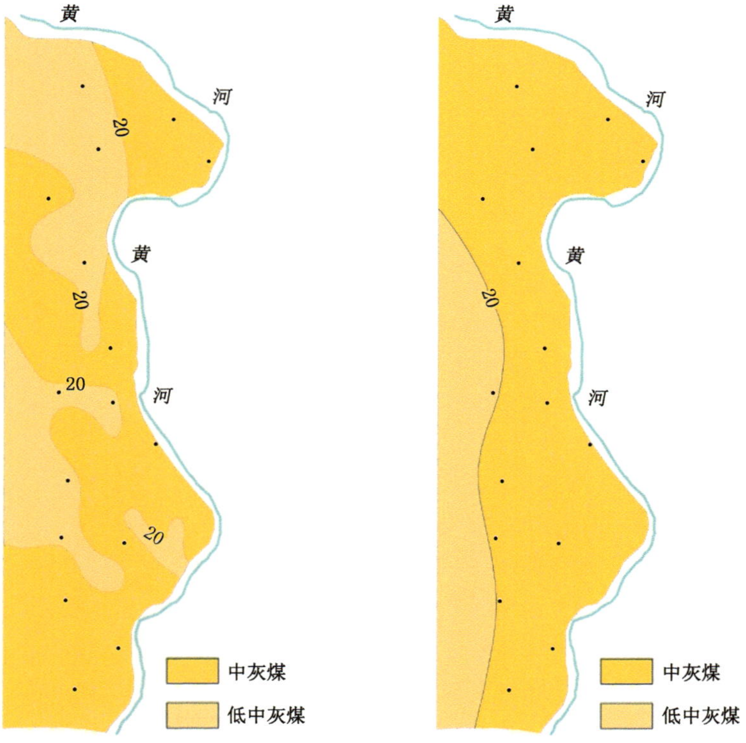

(a) s_1煤层 (b) t_1煤层

图 6-2-1 吴堡矿区 s_1、t_1煤层原煤灰分产率等值线图

(3) 挥发分

府谷矿区山西组 4 号煤层原煤挥发分为 36.47%～51.56%,平均值为 42.03%;浮煤挥发分为 37.80%～43.63%,平均值为 41.13%。太原组 6、7、8 号煤层原煤挥发分为 35.00%～

45.84%,综合平均值为 38.82%～40.49%,均属高挥发分煤;浮煤挥发分值为 35.97%～45.38%,综合平均值为 39.48%～40.85%。垂向上,由上而下挥发分逐渐降低。

吴堡矿区山西组 s_1 煤层原煤挥发分为 19.56%～32.61%,平均值为 27.20%;浮煤挥发分为 17.65%～38.08%,平均值为 26.07%。太原组 t_1 煤层原煤挥发分为 18.23%～28.72%,平均值为 22.75%;浮煤挥发分为 16.21%～28.81%,平均值为 21.13%。s_1 与 t_1 煤层均属中等挥发分煤,垂向上,由上而下挥发分逐渐降低。平面上,南部吴堡矿区煤的变质程度高于北部府谷矿区煤的变质程度,因此吴堡矿区煤的挥发分低于府谷矿区煤的挥发分。详见表 6-2-3。

表 6-2-3 陕北石炭-二叠纪煤田主要可采煤层干燥无灰基挥发分表(V_{daf}) 单位:%

含煤地层	煤层号	煤别	府谷矿区	含煤地层	煤层号	煤别	吴堡矿区
山西组	4	原煤	36.47～51.56 / 42.03(93)	山西组	s_1	原煤	19.56～32.61 / 27.20(75)
		浮煤	37.80～43.63 / 41.13(92)				
太原组	6	原煤	37.46～45.07 / 40.49(73)			浮煤	17.65～38.08 / 26.07(76)
		浮煤	38.01～43.85 / 40.62(75)				
	7	原煤	36.44～45.75 / 40.10(90)	太原组	t_1	原煤	18.23～28.72 / 22.75(50)
		浮煤	37.47～45.38 / 40.85(89)				
	8	原煤	35.00—45.84 / 38.82(96)			浮煤	16.21～28.81 / 21.13(50)
		浮煤	35.97～43.52 / 39.48(90)				

(4) 固定碳和燃料比

府谷矿区山西组 4 号煤层原煤干燥无灰基固定碳含量为 60.09%,燃料比为 1.43。太原组 6、7、8 号煤层原煤固定碳含量在 60.71%～62.69%,燃料比为 1.50～1.61,为中等固定碳煤。吴堡矿区山西组 s_1 煤层原煤干燥无灰基固定碳含量为 73.00%,燃料比为 2.68;太原组 t_1 煤层原煤固定碳含量为 77.39%,燃料比为 3.40。各主要可采煤层均为中高～高固定碳煤,详见表 6-2-4。垂向上,随着煤层埋深的加深,府谷和吴堡两个矿区原煤固定碳含量有所增多。平面上,南部吴堡矿区主要可采煤层变质程度高于北部府谷矿区主要可采煤层变质程度,固定碳含量也大于北部府谷矿区主要可采煤层的固定碳含量。

表 6-2-4 陕北石炭-二叠纪煤田主要可采煤层的干燥无灰基固定碳和燃料比含量表

府谷矿区				吴堡矿区			
含煤地层	煤层号	固定碳/%	燃料比	含煤地层	煤层号	固定碳/%	燃料比
山西组	4	60.09	1.43	山西组	s_1	73.00	2.68
太原组	6	60.71	1.50				
	7	60.95	1.52	太原组	t_1	77.39	3.40
	8	62.69	1.61				

2. 有害元素

(1) 硫

① 全硫

府谷矿区山西组 4 号煤层原煤全硫为 0.29%～1.51%，平均值为 0.52%；浮煤全硫为 0.34%～0.94%，平均值为 0.45%。太原组 6 号煤层原煤全硫为 0.21%～3.96%，平均值为 1.43%；浮煤全硫为 0.39%～2.31%，平均值为 1.14%。7 号煤层原煤全硫为 0.49%～5.45%，平均值为 2.09%；浮煤全硫为 0.45%～2.09%，平均值为 1.26%。8 号煤层原煤全硫为 0.52%～3.76%，平均值为 1.24%；浮煤全硫为 0.24%～2.25%之间，平均值为 0.84%。山西组 4 号煤层属低硫煤，太原组 6、8 号煤层属低中硫煤，7 号煤层属中高硫煤。

吴堡矿区山西组 s_1 煤层原煤全硫为 0.15%～1.91%，平均值为 0.47%；浮煤全硫为 0.17%～1.73%，平均值为 0.44%。太原组 t_1 煤层原煤全硫为 0.37%～4.03%，平均值为 1.54%；浮煤全硫为 0.28%～2.07%，平均值为 1.04%。山西组 s_1 煤层以特低硫煤为主，低硫煤次之，低中硫煤和中硫煤零星分布。太原组 t_1 煤层以中硫煤为主，低硫煤次之，特低和低中硫煤少量。

从垂向上看，陕北石炭-二叠纪煤田上部煤层硫分含量低于下部煤层，详见表 6-2-5。平面上，s_1 煤层全硫含量总体具有南高北低的变化特征，t_1 煤层全硫含量自东南向西北逐渐变小的变化特征，见图 6-2-2。

表 6-2-5 陕北石炭-二叠纪煤田主要可采煤层全硫($S_{t,d}$)含量表 单位：%

含煤地层	煤层号	煤别	府谷矿区
山西组	4	原煤	0.29～1.51 0.52(90)
		浮煤	0.34～0.94 0.45(80)
太原组	6	原煤	0.21～3.96 1.43(73)
		浮煤	0.39～2.31 1.14(64)
	7	原煤	0.49～5.45 2.09(90)
		浮煤	0.45～2.09 1.26(77)
	8	原煤	0.52～3.76 1.24(96)
		浮煤	0.24～2.25 0.84(79)

含煤地层	煤层号	煤别	吴堡矿区
山西组	s_1	原煤	0.15～1.91 0.47(76)
		浮煤	0.17～1.73 0.44(70)
太原组	t_1	原煤	0.37～4.03 1.54(50)
		浮煤	0.28～2.07 1.04(46)

② 各种硫

府谷矿区太原组主要可采煤层中各种硫以硫化铁硫为主，综合平均值为 1.16%～1.28%；有机硫次之，综合平均值为 0.60%～0.80%；硫酸盐硫少量，综合平均值为 0.08%～0.16%。

吴堡矿区山西组 s_1 煤层各种硫以有机硫为主，平均值为 0.34%；硫铁矿硫次之，平均值为 0.13%；硫酸盐硫少量，平均值为 0.02%。s_1 煤层因各种硫中以有机硫为主，所以相对平

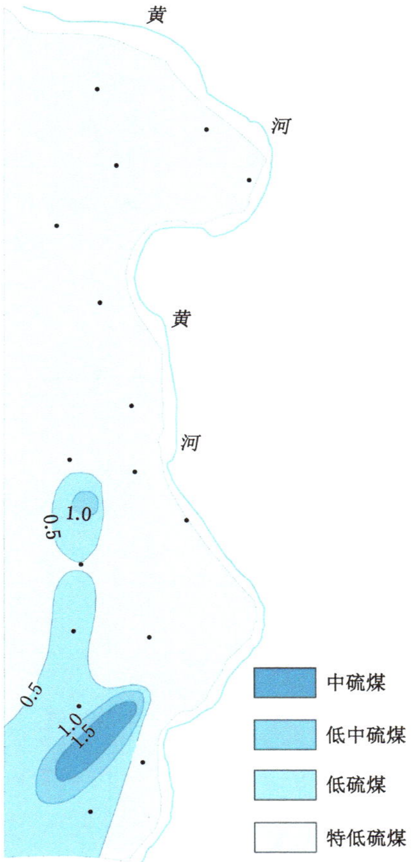

(a) s_1煤层

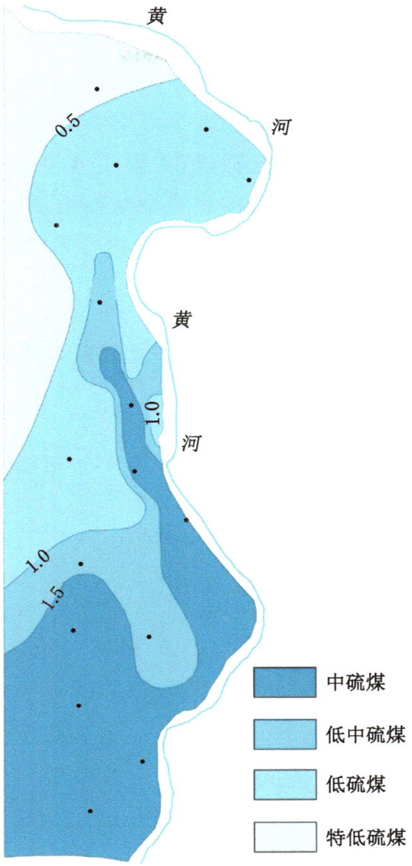

(b) t_1煤层

图 6-2-2 吴堡矿区 s_1、t_1煤层原煤全硫含量等值线图

均脱硫率低,仅为0.06%。太原组 t_1煤层各种硫以硫铁矿硫为主,平均值为1.29%;有机硫次之,平均值为0.95%;硫酸盐硫少量,平均值为0.03%。详见表6-2-6。

表 6-2-6 陕北石炭-二叠纪煤田主要可采煤层各种硫分含量表

矿区	含煤地层	煤层号	硫分/%		
			硫铁矿硫	有机硫	硫酸盐硫
府谷	太原组	6	0.30～3.19 1.16(40)	0.52～1.16 0.80(40)	0.01～0.28 0.08(40)
		7	0.30～4.09 1.27(75)	0.04～1.37 0.69(75)	0.01～0.51 0.16(75)
		8	0.47～3.94 1.28(39)	0.42～1.33 0.60(39)	0.02～0.33 0.13(39)
吴堡	山西组	s_1	0.03～1.50 0.13(28)	0.21～0.52 0.34(28)	0.00～0.05 0.02(28)
	太原组	t_1	0.09～3.09 1.29(27)	0.12～2.68 0.95(27)	0.00～0.14 0.03(27)

(2) 磷分

府谷矿区山西组 4 号煤层原煤磷分为 0.004%～0.080%，平均值为 0.028%。太原组 6 号煤层原煤磷分为 0～0.042%，平均值为 0.010%；7 号煤层原煤磷分为 0.001%～0.017%，平均值为 0.008%；8 号煤层原煤磷分为 0.002%～0.108%，平均值为 0.030%。山西组 4 号煤层属低磷煤；太原组 6 号、8 号煤层属低磷煤，7 号煤属特低磷煤。

吴堡矿区山西组 s_1 煤层原煤磷分为 0.004%～0.607%，平均值为 0.070%；太原组 t_1 煤层原煤磷分为 0.009%～0.375%，平均值为 0.070%。山西组和太原组煤层均属中磷煤。详见表 6-2-7。

表 6-2-7 陕北石炭-二叠纪煤田主要可采煤层磷分(P_d)含量表 单位：%

含煤地层	煤层号	煤别	府谷矿区	含煤地层	煤层号	煤别	吴堡矿区
山西组	4	原煤	$\frac{0.004\sim0.080}{0.028(30)}$	山西组	s_1	原煤	$\frac{0.004\sim0.607}{0.070(67)}$
		浮煤	$\frac{0.00\sim0.059}{0.021(18)}$				
太原组	6	原煤	$\frac{0.00\sim0.042}{0.010(23)}$			浮煤	$\frac{0.00\sim0.135}{0.025(49)}$
		浮煤	$\frac{0.00\sim0.006}{0.002(9)}$				
	7	原煤	$\frac{0.001\sim0.017}{0.008(30)}$	太原组	t_1	原煤	$\frac{0.009\sim0.375}{0.070(45)}$
		浮煤	$\frac{0.00\sim0.013}{0.003(15)}$				
	8	原煤	$\frac{0.002\sim0.108}{0.030(15)}$			浮煤	$\frac{0.00\sim0.103}{0.024(31)}$
		浮煤	$\frac{0.003\sim0.060}{0.027(12)}$				

(3) 其他有害元素

府谷矿区主要可采煤层砷含量综合平均值为(0.5～9.4)$\times10^{-6}$，4、7、8 号煤层属 1 级含砷煤，6 号煤层属 3 级含砷煤；氯含量综合平均值为 0.018%～0.025%，属特低氯煤；氟含量综合平均值为(1.22～1.95)$\times10^{-6}$。详见表 6-2-8。

表 6-2-8 府谷矿区主要可采煤层砷、氯、氟含量表

矿区	煤层号	砷/$\times10^{-6}$	氯/%	氟/$\times10^{-6}$
府谷矿区	4	$\frac{0\sim6.6}{0.5(38)}$	$\frac{0.003\sim0.216}{0.025(31)}$	$\frac{52\sim328}{195(35)}$
	6	$\frac{0\sim23.0}{9.4(30)}$	$\frac{0.006\sim0.051}{0.020(22)}$	$\frac{50\sim300}{128(28)}$

表 6-2-8(续)

矿区	煤层号	砷/$\times10^{-6}$	氯/%	氟/$\times10^{-6}$
府谷矿区	7	0～26.0 3.8(37)	0.005～0.038 0.018(27)	60～216 122(32)
	8	0～18.5 1.8(42)	0～0.081 0.021(30)	20～242 139(37)

吴堡矿区主要可采煤层原煤砷含量综合平均值为(1～6)$\times10^{-6}$,属 1～2 级含砷煤;氯含量综合平均值为 0.035%～0.056%,属特低～低氯煤;氟含量综合平均值为(1.03～1.42)$\times10^{-4}$。

3. 元素分析

府谷矿区山西组 4 号煤层碳含量为 73.66%～80.24%,平均值为 76.98%;氢含量为 3.41%～7.11%,平均值为 5.17%;氮含量为 1.04%～1.41%,平均值为 1.30%;氧含量为 11.73%～19.02%,平均值为 15.69%。太原组 6、7、8 号煤层煤中碳含量为 75.31%～86.54%,综合平均值为 78.13%～79.06%;氢含量为 4.42%～5.31%,综合平均值为 4.84%～4.92%;氮含量为 1.02%～1.68%,综合平均值为 1.29%～1.40%;氧含量为 10.07%～15.81%,综合平均值为 12.74%～13.48%。

吴堡矿区山西组 s_1 煤层煤中碳含量为 81.61%～89.12%,平均值为 86.27%;氢含量为 2.94%～5.53%,平均值为 4.94%;氮含量为 0.56%～1.58%,平均值为 1.36%;氧含量为 3.31%～8.26%,平均值为 5.68%。太原组 t_1 煤层煤中碳含量为 85.51%～88.96%,平均值为 86.91%;氢含量为 4.06%～4.96%,平均值为 4.57%;氮含量为 1.19%～1.51%,平均值为 1.39%;氧含量为 3.62%～8.38%,平均值为 5.75%。

陕北石炭-二叠纪煤田中,南部吴堡矿区煤的变质程度高于北部府谷矿区,而煤中碳的含量由南到北逐渐降低,氢含量变化不明显,氧含量则逐渐增加。详见表 6-2-9。

表 6-2-9 陕北石炭-二叠纪煤田主要可采煤层元素分析成果表

矿区	含煤地层	煤层号	C_{daf}/%	H_{daf}/%	N_{daf}/%	O_{daf}/%
府谷矿区	山西组	4	73.66～80.24 76.98(19)	3.41～7.11 5.17(19)	1.04～1.41 1.30(19)	11.73～19.02 15.69(19)
	太原组	6	77.81～80.40 79.06(12)	4.42～5.31 4.92(12)	1.19～1.68 1.40(12)	10.07～14.30 12.88(12)
		7	76.63～86.54 78.74(17)	4.56～5.18 4.91(17)	1.02～1.51 1.29(17)	10.91～15.81 12.74(17)
		8	75.31～80.60 78.13(16)	4.51～5.26 4.84(16)	1.28～1.51 1.37(16)	11.44～15.41 13.48(16)
吴堡矿区	山西组	s_1	81.61～89.12 86.27(39)	2.94～5.53 4.94(39)	0.56～1.58 1.36(39)	3.31～8.26 5.68(39)
	太原组	t_1	85.51～88.96 86.91(18)	4.06～4.96 4.57(18)	1.19～1.51 1.39(18)	3.62～8.38 5.75(18)

6.2.1.2 工艺性能

1. 黏结性

府谷矿区主要可采煤层浮煤黏结指数为0.1～80.8，一般为5～35，其黏结性属弱～中等。吴堡矿区主要可采煤层浮煤黏结指数为42～95，综合平均值为67～82，表明煤层的黏结性均好，属中黏结～特强黏结煤。煤的黏结性指数变化与煤变质程度有一定的相关关系。详见表6-2-10。

表6-2-10 陕北石炭-二叠纪煤田主要可采煤层浮煤黏结指数统计表

含煤地层	煤层号	府谷矿区	含煤地层	煤层号	吴堡矿区
山西组	4	0.1～65.0(89)	山西组	s_1	$\frac{50\sim95}{82(70)}$
太原组	6	0.3～80.8(68)			
	7	0.8～78.7(80)	太原组	t_1	$\frac{42\sim86}{67(47)}$
	8	0.1～76.9(84)			

2. 发热量

府谷矿区山西组4号煤层原煤干燥基低位发热量($Q_{net.d}$)为17.83～24.69 MJ/kg，平均值为21.45 MJ/kg，原煤干燥基高位发热量($Q_{gr.d}$)为18.95～25.81 MJ/kg，平均值为22.57 MJ/kg，属中热值煤；太原组6、7、8号煤层原煤干燥基低位发热量为17.44～30.38 MJ/kg，综合平均值为23.23～25.33 MJ/kg，原煤干燥基高位发热量为18.49～31.45 MJ/kg，综合平均值为24.28～26.40 MJ/kg，属中热值～高热值煤。

吴堡矿区山西组s_1煤层原煤干燥基低位发热量为19.92～31.39 MJ/kg，平均值为27.49 MJ/kg；原煤干燥基高位发热量为20.95～32.41 MJ/kg，平均值为28.51 MJ/kg，属高热值煤；太原组t_1煤层原煤干燥基低位发热量为17.95～29.72 MJ/kg，平均值为26.29 MJ/kg；原煤干燥基高位发热量为18.90～30.672 MJ/kg，平均值为27.24 MJ/kg，属高热值煤。见图6-2-3。

煤的发热量高低与原煤灰分有一定关系，垂向上府谷矿区山西组煤层原煤灰分高于太原组煤层，则发热量低于太原组煤层；而吴堡矿区山西组煤层原煤灰分低于太原组煤层，则发热量高于太原组煤层。煤的发热量随煤的变质程度增高而增大，故南部吴堡矿区煤的发热量高于北部府谷矿区。平面上，吴堡矿区山西组s_1煤层特高热值煤由北东到南西呈条带状，其余均为高热值煤。太原组t_1煤层发热量由西向东逐渐降低，与灰分产率呈反比关系。详见表6-2-11。

3. 灰成分与灰熔融性

(1) 灰成分

府谷矿区山西组和太原组主要可采煤层煤灰成分中均以SiO_2为主，综合平均值为43.62%～45.67%；Al_2O_3次之，综合平均值为30.32%～40.48%；Fe_2O_3、CaO和MgO均少量。吴堡矿区山西组和太原组主要可采煤层煤灰成分中均以SiO_2为主，综合平均值为48.19%～51.27%；Al_2O_3次之，综合平均值为36.14%～37.32%；Fe_2O_3、CaO和MgO均少量。详见表6-2-12。

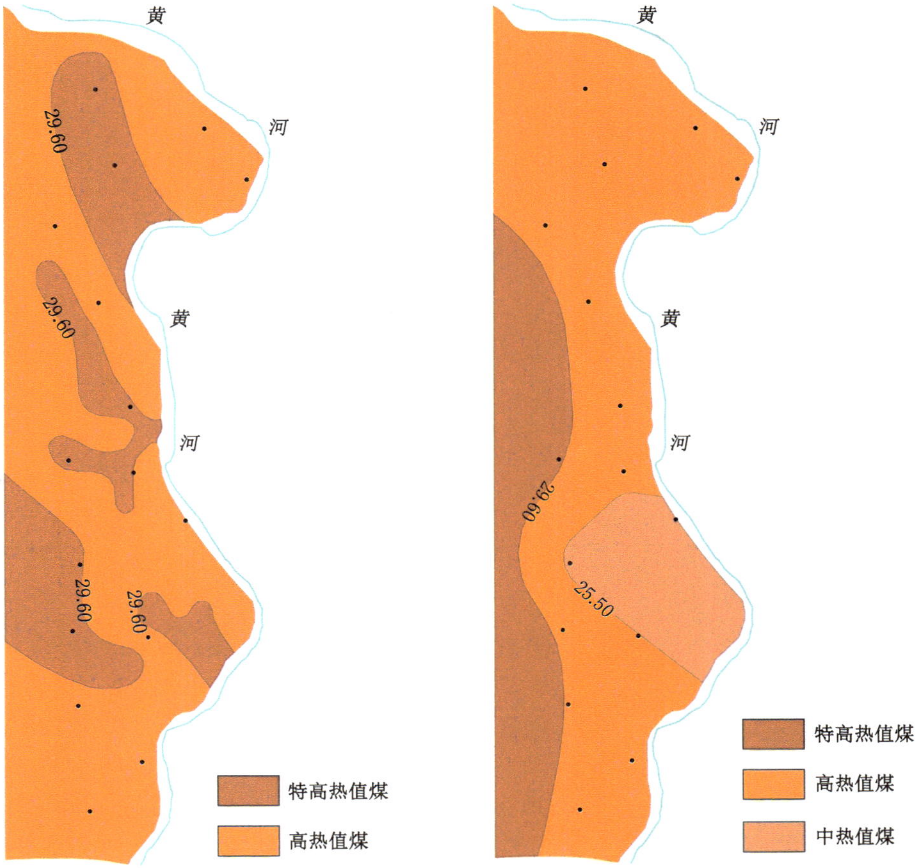

(a) s_1煤层　　(b) t_1煤层

图 6-2-3　吴堡矿区 s_1、t_1 煤层原煤发热量等值线图

表 6-2-11　陕北石炭-二叠纪煤田主要可采煤层原煤发热量成果表　单位：MJ/kg

含煤地层	煤层号	府谷矿区		含煤地层	煤层号	吴堡矿区	
		$Q_{net,d}$/(MJ/kg)	$Q_{gr,d}$/(MJ/kg)			$Q_{net,d}$/(MJ/kg)	$Q_{gr,d}$/(MJ/kg)
山西组	4	17.83～24.69 21.45(53)	18.95～25.81 22.57(53)	山西组	s_1	19.92～31.39 27.49(76)	20.95～32.41 28.51(76)
太原组	6	20.79～30.38 25.33(38)	21.86～31.45 26.40(38)				
	7	19.89～29.18 24.12(51)	20.95～30.24 25.18(51)	太原组	t_1	17.95～29.72 26.29(50)	18.90～30.67 27.24(50)
	8	17.44～28.17 23.23(52)	18.49～29.22 24.28(52)				

表 6-2-12 陕北石炭-二叠纪煤田主要可采煤层煤灰成分成果表 单位:%

矿区	含煤地层	煤层号	Fe_2O_3	Al_2O_3	SiO_2	CaO	MgO
府谷矿区	山西组	4	0.79～13.00 3.24(45)	29.76～46.15 40.48(45)	32.79～60.88 43.62(45)	0.20～11.86 5.20(45)	0.12～1.27 0.63(45)
	太原组	6	1.72～26.62 8.77(39)	14.99～40.58 30.32(39)	28.00～56.45 45.13(39)	1.32～16.09 6.43(39)	0.36～2.98 0.95(39)
		7	3.03～24.42 10.64(49)	23.99～38.24 32.28(49)	32.00～57.64 44.26(49)	0.28～14.82 5.25(49)	0.19～2.01 0.66(49)
		8	1.14～17.71 6.60(49)	22.90～42.65 35.12(49)	37.74～58.03 45.67(49)	0.34～14.35 4.93(49)	0.08～2.63 0.57(49)
吴堡矿区	山西组	s_1	2.22～10.19 4.61(35)	31.86～43.85 36.14(35)	42.05～57.94 51.27(35)	0.41～6.33 2.10(35)	0.34～1.53 0.69(35)
	太原组	t_1	1.28～24.03 6.46(17)	30.08～41.48 37.32(17)	37.22～53.32 48.19(17)	0.55～6.18 2.28(17)	0.15～1.22 0.52(17)

(2) 灰熔融性

府谷矿区山西组 4 号煤层灰熔融性软化温度为 1 320～1 500 ℃,平均值大于 1 479 ℃,属较高软化温度灰;太原组 6、7、8 号煤层灰熔融性软化温度为 1 170～1 500 ℃,综合平均值为 1 421～1 464 ℃,均属较高软化温度灰。吴堡矿区山西组和太原组主要可采煤层灰熔融性软化温度综合平均值为 1 462～1 482 ℃,均属较高软化温度灰。详见表 6-2-13。灰熔融性与灰成分中的 $SiO_2+Al_2O_3$ 含量成正相关关系,煤中 $SiO_2+Al_2O_3$ 含量越高,灰熔融性就越高。在府谷矿区,4 号煤层煤灰成分中 $SiO_2+Al_2O_3$ 含量较高,平均含量为 84.1%,煤灰软化温度相应也较高(>1 479 ℃)。6 号煤层煤灰成分中 $SiO_2+Al_2O_3$ 含量较低,平均含量较低为 75.45%,煤灰软化温度大于 1 421 ℃。

表 6-2-13 陕北石炭-二叠纪煤田主要可采煤层灰熔融性(ST)成果表 单位:℃

含煤地层	煤层号	府谷矿区	含煤地层	煤层号	吴堡矿区
山西组	4	1 320～1 500 >1 479(36)	山西组	s_1	>1 462(33)
太原组	6	1 195～1 500 >1 421(31)			
	7	1 170～1 500 >1 428(17)	太原组	t_1	>1 482(15)
	8	1 260～1 500 >1 464(37)			

4. 低温干馏

府谷矿区山西组和太原组主要可采煤层焦油产率为 6.5%～14.0%之间,综合平均值为 9.2%～10.6%,属富油煤。

吴堡矿区山西组和太原组主要可采煤层焦油产率值为 3.0%～10.6%之间，综合平均值为 5.6%～6.7%，属含油煤。详见表 6-2-14。

表 6-2-14 主要可采煤层低温干馏焦油产率($T_{ar.d}$)含量表 单位：%

含煤地层	煤层号	府谷矿区	含煤地层	煤层号	吴堡矿区
山西组	4	6.6～12.8 9.4(43)	山西组	s_1	4.3～10.6 6.7(34)
太原组	6	9.1～14.0 10.6(31)			
	7	8.6～13.7 10.6(40)	太原组	t_1	3.0～9.4 5.6(12)
	8	6.5～12.7 9.2(41)			

5. 可磨性

府谷矿区山西组和太原组主要可采煤层可磨性指数为 48%～72%，综合平均值为 58%～61%，属较难磨～中等可磨煤。吴堡矿区山西组和太原组各煤层煤的可磨性指数为 85%～127%，综合平均值为 97%～98%，属易磨煤。南部吴堡矿区煤的可磨性指数高于北部府谷矿区煤的可磨性指数。详见表 6-2-15。

表 6-2-15 陕北石炭-二叠纪煤田主要可采煤层可磨性指数成果表 单位：%

含煤地层	煤层号	府谷矿区	含煤地层	煤层号	吴堡矿区
山西组	4	48～66 58(12)	山西组	s_1	89～118 97(10)
太原组	6	55～68 58(5)			
	7	54～61 59(7)	太原组	t_1	85～127 98(8)
	8	54～72 61(9)			

6. 气化指标

(1) 煤对 CO_2 反应性

府谷矿区山西组和太原组主要可采煤层煤对 CO_2 反应性在 850 ℃时，综合平均值为 10.7%～13.9%；950 ℃时，综合平均值为 36.4%～42.9%；1 100 ℃时，综合平均值为 89.5%～94.8%，属反应性较强的煤，见图 6-2-4。

吴堡矿区山西组和太原组主要可采煤层煤对 CO_2 反应性在 850 ℃时，综合平均值为 3.0%～3.1%；950 ℃时，综合平均值为 9.9%～13.2%；1 100 ℃时，综合平均值为 33.9%～42.1%，属反应性较弱的煤，详见表 6-2-16。

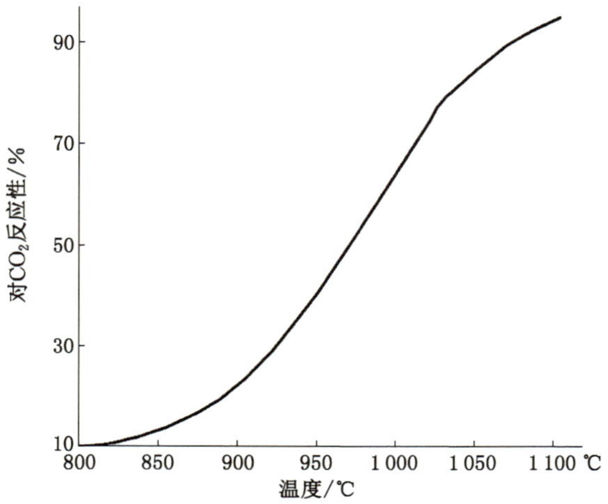

(a) 府谷矿区4号煤层煤对CO_2反应性曲线

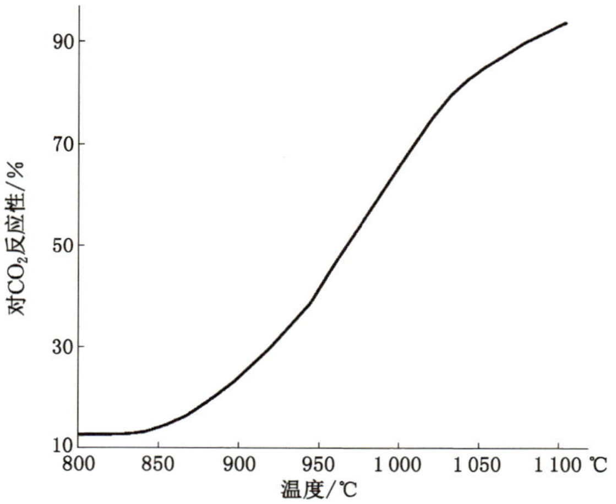

(b) 府谷矿区8号煤层煤对CO_2反应性曲线

图 6-2-4 府谷矿区 4 号、8 号煤层煤对 CO_2 反应性曲线

表 6-2-16 陕北石炭-二叠纪煤田主要可采煤层煤对 CO_2 反应性成果表 单位：%

矿区	含煤地层	煤层号	850 ℃	950 ℃	1 100 ℃
府谷矿区	山西组	4	$\frac{7.0\sim24.5}{13.6(13)}$	$\frac{26.2\sim56.0}{39.0(13)}$	$\frac{84.5\sim100}{93.9(13)}$
	太原组	6	$\frac{7.5\sim24.2}{12.7(9)}$	$\frac{27.4\sim66.5}{42.9(9)}$	$\frac{91.8\sim99.5}{94.8(9)}$
		7	$\frac{4.0\sim17.0}{10.7(10)}$	$\frac{20.0\sim59.5}{36.4(10)}$	$\frac{64.0\sim100}{89.5(10)}$
		8	$\frac{8.5\sim30.0}{13.9(11)}$	$\frac{23.5\sim62.5}{39.8(11)}$	$\frac{73.5\sim100}{91.8(11)}$

表 6-2-16(续)

矿区	含煤地层	煤号	850 ℃	950 ℃	1 100 ℃
吴堡矿区	山西组	s_1	2.4～4.0 3.1(6)	5.0～30.0 13.2(6)	22.1～60.0 42.1(6)
	太原组	t_1	2.0～3.7 3.0(4)	5.0～12.6 9.9(4)	22.1～42.5 33.9(4)

平面上，南部吴堡矿区主要可采煤层煤对 CO_2 反应性弱于北部府谷矿区，煤的变质程度越高，煤对 CO_2 反应性越小。

(2) 热稳定性

府谷矿区山西组和太原组主要可采煤层热稳定性(T_{S+6})为 71.4%～94.8%，综合平均值为 82.6%～89.4%，均属高热稳定性煤。

吴堡矿区山西组和太原组主要可采煤层煤的热稳定性值为 22.1%～93.6%，综合平均值为 78.5%，属低～高热稳定性煤，详见表 6-2-17。

表 6-2-17　陕北石炭-二叠纪煤田主要可采煤层热稳定性(T_{S+6})成果表　　单位：%

含煤地层	煤层号	府谷矿区	含煤地层	煤层号	吴堡矿区
山西组	4	71.4～94.8 82.6(6)	山西组	s_1	22.1～93.5 78.5(5)
太原组	6	87.4～91.7 89.4(3)	太原组	t_1	29.7～93.6 78.5(5)
	7	87.0(1)			

(3) 煤的结渣性

据吴堡矿区横沟井田勘探 32 个煤的结渣性试验成果可知，当鼓风强度为 0.1 m/s，结渣率为 0.0～10.0%，综合平均值为 1.8%；鼓风强度为 0.2 m/s，结渣率为 0.0～8.6%，综合平均值为 2.3%；鼓风强度为 0.3 m/s，结渣率为 0.8%～19.7%，综合平均值为 3.2%。属弱结渣～中等结渣煤。

6.2.1.3　可选性

1. 吴堡矿区

(1) 筛分浮沉试验

据吴堡县横沟村东石洞门煤矿(山西柳林)s_1 煤层 1 个生产大样的筛分测试结果(表 6-2-18)可知，区内 s_1 煤层各粒级的产率在>100 mm、100～50 mm、50～25 mm 和 25～13 mm、13～6 mm、6～3 mm、3～0.5 mm 粒级之间随着粒级的减小而逐渐增多，灰分产率则随着粒级的减小有逐渐降低的趋势。

表 6-2-18 吴堡矿区 s_1 煤层筛分生产大样成果表

粒级/mm	煤层号	吴堡矿区	
		产率/%	A_d/%
>100	s_1	4.90	71.95
100～50		5.23	49.66
50～25		9.48	48.85
25～13		7.56	38.15
13～6		8.13	28.84
6～3		21.29	20.95
3～0.5		29.74	16.68
0.5～0		13.37	16.99

可选性采用 GB/T 16417—2011 进行评定，s_1 煤层选用±0.1 含量法进行评定，其结果见表 6-2-19。s_1 煤层选用分选密度级为 1.50，±0.1 产率为 10.67%，为中等可选煤层。浮煤灰分 6.96%，浮煤回收率为 60.16%，属良等可选煤层。

表 6-2-19 陕北石炭-二叠纪煤田吴堡矿区 s_1 煤层生产大样选用±0.1 含量法评定结果

密度级	±0.1 产率/%	等级	A_d/%	浮煤回收率/%	级别
1.5	10.67	中等可选	6.96	60.16	良等

(2) 钻孔简易可选性

通过 21 个(s_1 煤层 11 个，t_1 煤层 10 个)简易可选性筛分测试结果(表 6-2-20)可知，s_1 煤层在 13～6 mm、6～3 mm 粒级之间，随着粒级的减小而产率和灰分有逐渐降低的趋势；在 6～3 mm、3～0.5 mm 粒级之间，随着粒级的减小而产率则有逐渐上升的趋势，灰分随着粒级的减小而降低。t_1 煤层在 13～6 mm、6～3 mm 粒级之间，随着粒级的减小而产率有逐渐降低的趋势；在 6～3 mm、3～0.5 mm 粒级之间，随着粒级的减小而产率则有逐渐上升的趋势，灰分随着粒级的减小而降低。

表 6-2-20 陕北石炭-二叠纪煤田主要可采煤层简易可选筛分试验成果表

矿区	煤层号	13～6 mm		6～3 mm		3～0.5 mm	
		产率/%	A_d/%	产率/%	A_d/%	产率/%	A_d/%
吴堡矿区	s_1	5.96～43.47 (11)	10.04～47.24 (11)	14.85～33.88 (11)	10.52～38.51 (11)	20.41～37.28 (11)	11.41～35.07 (11)
	t_1	4.10～64.15 (10)	13.18～48.42 (10)	15.92～24.85 (10)	15.45～32.25 (10)	10.19～41.24 (10)	14.08～26.51 (10)
府谷矿区	4	51.35(15)	28.63(15)	28.33(15)	26.88(15)	20.42(15)	25.25(15)
	6	51.55(5)	15.40(5)	29.00(5)	12.63(5)	19.45(5)	12.81(5)
	7	48.55(4)	18.58(4)	29.86(4)	16.75(4)	21.58(4)	17.40(4)
	8	47.23(6)	20.90(6)	29.23(6)	19.84(6)	23.54(6)	18.20(6)

可选性采用 GB/T 16417—2011 进行评定，s_1 和 t_1 煤层选用±0.1 含量法进行评定，其结果见表 6-2-21。s_1 煤层选用密度级为 1.5，±0.1 产率为 10.98%～27.83%，属中等可选～较难选煤层。浮煤灰分为 7.18%～11.61%，浮煤回收率为 40.94%～90.36%，属中等～优等可选煤层。t_1 煤层选用密度级为 1.50，±0.1 产率为 10.01%～27.77%，属中等可选～较难选煤层。浮煤灰分为 6.45%～11.20%，浮煤回收率为 61.72%～88.51%，属良～优等可选煤层。

表 6-2-21 陕北石炭-二叠纪煤田主要可采煤层简易可选筛分试验成果表

矿区	煤层号	密度级	±0.1 产率/%	等级	A_d/%	浮煤回收率/%	级别
吴堡	s_1	1.5	10.98～27.83 (11)	中等～较难选	7.18～11.61 (11)	40.94～90.36 (11)	中等～优等 (11)
	t_1	1.5	10.01～27.77 (10)	中等～较难选	6.45～11.20 (10)	61.72～88.51 (10)	良～优等 (10)
府谷	4	1.5	19.95(15)	中等可选	11.47(15)	59.00(15)	良等(15)
	6	1.5	15.82(5)			51.60(5)	中等～优等 (15)
	7	1.5	19.89(4)			48.60(4)	
	8	1.5	19.35(6)		11.00(6)	72.27(6)	

2. 府谷矿区

通过 30 个主要可采煤层(4 号煤层 15 个、6 号煤层 5 个、7 号煤层 4 个、8 号煤层 6 个)简易可选性筛分测试结果(表 6-1-20)可知：4 号煤层随着粒级的减小，各粒级的产率也随之减少，灰分也随之降低；6 号、7 号和 8 号煤层，随着粒级的减小，各粒级的产率也随之减少，灰分也随之降低。

可选性采用 GB/T 16417—2011 进行评定，用±0.1 含量法对上述煤层进行评定，其结果见表 6-2-21。4 号煤层选用分选密度级为 1.5，±0.1 产率平均值为 19.95%，为中等可选煤层。浮煤灰分平均值为 11.47%，浮煤回收率为 59.00%，属良等可选煤层；6 号、7 号和 8 号煤层选用分选密度级为 1.5，±0.1 产率平均值为 15.82%～19.95%，属中等可选煤层。浮煤灰分平均值为 11.00%～11.47%，浮煤回收率为 48.6%～72.27%，属中等～优等可选煤层。

6.2.1.4 煤的综合利用

1. 府谷矿区

(1) 气化用煤

矿区内主要可采煤层以长焰煤为主，不黏煤和气煤均少量分布。区内煤质指标详见表 6-2-22。由表可以看出，除了煤对 CO_2 反应性指标较低外，其余各项指标均达到沸腾层发生炉用煤要求。

表 6-2-22 府谷矿区各主要可采煤层煤质主要指标

沸腾层发生炉用煤要求		煤层号			
项目	指标	4	6	7	8
煤对 CO_2 反应性	(900～950 ℃)>60	22.0～39.0	23.4～42.9	19.5～36.4	23.2～39.8
黏结性	不黏或弱黏结	0.1～65.0	0.3～80.8	0.8～78.7	0.1～76.9
A_d/%	<25	27.91	17.74	18.98	22.86
ST/℃	>1 200	>1 479	>1 421	>1 428	>1 464
$S_{t.d}$/%	<2	0.52	1.43	2.09	1.24
M_{ad}/%	<10	5.07	5.24	4.82	4.78
粒级/mm	<10	均达到要求			

(2) 炼油用煤

区内主要可采煤层煤低温干馏焦油产率综合平均值为 9.2%～10.6%,属富油煤。煤的热稳定性 T_{s+6} 均大于 80%,黏结指数较小,符合低温干馏炼油用煤质量要求。

(3) 其他用煤

区内主要可采煤层是极好的发电或动力用煤。随着国民经济的发展,煤气化所得的合成气通过催化反应,由 $CO+H_2$ 或 CO_2+H_2 可合成甲醇。煤制气和甲醇是煤化工的初原料,通过有关工艺处理后可合成甲酸、乙酸及合成氨等。

(4) 制备水煤浆

国内外水煤浆制备的生产实践表明:对制浆有显著影响的是煤中的水分(M_{ad})和可磨性指数(HGI),用 $D=7.5+0.5M_{ad}-0.05HGI$ 和 $C_e=77-1.2D$ 来评定,矿区煤层 D 值为 6.52～7.24,C_e 值为 68.31～69.18,属中等成浆煤类。

2. 吴堡矿区

(1) 炼焦用煤

① 冶金焦用煤

矿区内主要为中变质的肥煤、焦煤、瘦煤,属主炼焦煤。煤质指标中,浮煤灰分综合平均值为 8.58%～8.95%,硫分为 0.44%～1.04%,全水分为 0.68%～0.81%,磷分为 0.024%～0.025%,挥发分为 21.13%～26.07%,胶质层厚度为 19.0～28.8 mm,黏结指数为 67～82,详见表 6-2-23。除磷含量偏高外,其他各项指标均符合冶金焦用煤质量要求。但黏结性指标略大于该用煤指标,在炼焦过程中须配入瘦化组分偏高的煤,使炼出的焦炭具有一定的块度和强度。

表 6-2-23 吴堡矿区主要煤层冶金焦用煤评价表

冶金焦用煤主要煤质指标		吴堡矿区主要煤层煤质主要指标(浮煤)
项目	指标	
A_d/%	10.0～12.5	8.58～8.95
$S_{t.d}$/%	1.5～2.5	0.44～1.04

表 6-2-23(续)

冶金焦用煤主要煤质指标		吴堡矿区主要煤层煤质主要指标(浮煤)
项　目	指　标	
M_t/%	12.0	0.68～0.81
P_d/%	0.010～0.015	0.024～0.025
V_{daf}/%	26～28	21.13～26.07
Y_m/mm	14～20	19.0～28.8
黏结指数	58～72	67～82
变质程度	中等	中等

② 铸造焦用煤

铸造焦主要用于冲天炉熔炼，对煤炭指标要求较小，要求炼出焦炭块度大，煤灰成分中碱酸度 CaO/SiO_2 小于 1.5，硫分一般不超过 1.0%，全水分不超过 12.0%。区分各煤层碱酸度 CaO/SiO_2 在 0.041～0.063，其余煤质指标均能达到冶金焦用煤质量要求，是良好的冶金焦用煤。

③ 炼焦制煤气或化工焦

区内主要可采煤层也是很好的炼焦制煤气和化工焦用煤。用焦气炉或立式干馏炉制煤气，生产出的气化焦大部分产品可供化工厂、化肥厂作生产合成气($CO+H_2$)的原料，供氮肥生产等。

(2) 其他工业用途

区内主要可采煤层也可用作烧结矿用煤、电石炉用煤和蒸汽机车用煤等，是良好的民用和动力用煤。

6.2.2　渭北石炭-二叠纪煤田

6.2.2.1　化学性质

1. 工业分析

(1) 水分

渭北石炭-二叠纪煤田主要可采煤层原煤水分含量普遍较低，除铜川矿区 5 号煤层原煤水分平均值为 1.54%外，其余煤层原煤水分平均值均小于 1.0%。浮煤综合平均水分变化在 0.69%～1.60%。详见表 6-2-24。

表 6-2-24　渭北石炭-二叠纪煤田主要可采煤层水分(M_{ad})含量表　　单位:%

含煤地层	煤层号	煤别	铜川矿区	蒲白矿区	澄合矿区	韩城矿区
山西组	3	原煤				0.44～2.12 / 0.93(206)
		浮煤				0.12～2.52 / 1.22(204)

表 6-2-24(续)

含煤地层	煤号	煤别	铜川矿区	蒲白矿区	澄合矿区	韩城矿区
太原组	5	原煤	0.40～2.29 1.54(160)	0.22～6.53 0.90(178)	0.32～4.03 0.72(204)	0.33～1.76 0.98(97)
		浮煤	0.52～3.44 1.21(160)	0.39～1.57 0.90(139)	0.36～3.88 0.73(204)	0.58～3.25 1.60(89)
	10	原煤	0.36～1.74 0.74(157)	0.15～6.42 0.89(84)	0.28～5.37 0.74(145)	
		浮煤	0.43～1.85 0.88(157)	0.24～2.13 0.69(53)	0.38～4.96 0.89(145)	
	11	原煤				0.31～2.05 0.74(221)
		浮煤				0.30～4.15 1.07(205)

(2) 灰分

山西组 3 号煤层原煤灰分为 7.41%～39.17%，平均为 19.42%；浮煤灰分为 4.88%～16.11%，平均为 9.84%。山西组煤层属低中灰～中灰煤为主，平面上韩城矿区 3 号煤层以低中灰煤为主，矿区南部的中东部和北部的东南部及 149、102、65 孔之间分布少量中灰煤。

太原组 5 号煤层原煤灰分为 5.53%～39.67%，综合平均值为 18.76%～23.62%；浮煤灰分为 3.28%～15.05%，综合平均值为 7.23%～8.67%，属低中灰～中灰煤。平面上韩城矿区南部以低中灰煤为主，中灰煤少量，北部灰分含量相对较高多为中灰煤；澄合矿区以低中灰～中灰煤为主，部分地区分布有少量中高灰～高灰煤；蒲白和铜川矿区以低中灰～中灰煤为主，零星分布有中高灰煤。

太原组 10 号煤层原煤灰分为 8.91%～39.16%，综合平均值为 19.73%～23.55%；浮煤灰分为 3.68%～18.79%，综合平均值为 8.13%～8.48%，属低中灰～中灰煤。平面上澄合矿区主要分布为低中灰～中灰煤，中高灰煤零星分布；蒲白矿区主要分布为中灰～中高灰煤，中部分布有少量高灰煤；铜川矿区东部主要分布为低中灰～中灰煤。

太原组 11 号煤层原煤灰分为 10.83%～36.66%，综合平均值为 21.63%；浮煤灰分为 3.83%～18.14%，综合平均值为 11.30%，属中灰煤。

渭北石炭-二叠纪煤田山西组和太原组各主要可采煤层以低中灰～中灰煤为主，有少量高灰煤和低灰煤。平面上煤田西南部煤层灰分高于东北部煤层灰分。详见表 6-2-25。

表 6-2-25 渭北石炭-二叠纪煤田主要可采煤层灰分(A_d)含量表 单位：%

含煤地层	煤层号	煤别	铜川矿区	蒲白矿区	澄合矿区	韩城矿区
山西组	3	原煤				7.41～39.17 19.42(204)
		浮煤				4.88～16.11 9.84(204)

表 6-2-25(续)

含煤地层	煤层号	煤别	铜川矿区	蒲白矿区	澄合矿区	韩城矿区
太原组	5	原煤	5.53～39.66 23.62(160)	10.75～39.67 21.88(180)	11.65～38.01 18.93(204)	8.87～37.78 18.76(96)
		浮煤	3.28～14.69 8.51(160)	3.63～15.05 7.23(139)	3.75～12.35 8.67(176)	4.07～13.28 8.52(89)
	10	原煤	12.41～34.86 23.55(157)	12.17～39.16 20.93(86)	8.91～36.61 19.73(157)	
		浮煤	3.68～15.17 8.21(157)	4.80～13.77 8.13(56)	4.64～18.79 8.48(119)	
	11	原煤				10.83～36.66 21.63(218)
		浮煤				3.83～18.14 11.30(205)

(3) 挥发分

山西组 3 号煤层原煤挥发分为 7.58%～23.43%，平均为 15.30%，浮煤挥发分为 7.48%～17.35%，平均为 12.28%，属低等挥发分煤。

太原组 5 号煤层原煤挥发分为 11.03%～30.16%，综合平均值为 15.58%～19.99%，浮煤挥发分为 9.82%～23.57%，综合平均值为 13.28%～17.99%，属低等挥发分煤。

太原组 10 号煤层原煤挥发分为 11.08%～34.09%，综合平均值为 13.68%～18.92%，浮煤挥发分为 9.98%～20.19%，综合平均值为 15.12%～16.31%，属低等挥发分煤。

太原组 11 号煤层原煤挥发分为 8.08%～24.71%，平均为 14.60%，浮煤挥发分为 7.06%～16.69%，平均为 12.77%，属低等挥发分煤。

渭北石炭-二叠纪煤田垂向上由上到下煤的挥发分有逐渐降低的趋势，而煤的变质程度则逐渐增高。平面上煤田西南部煤层挥发分高于东北部煤层挥发分。详见表 6-2-26。

表 6-2-26 渭北石炭-二叠纪煤田主要可采煤层干燥无灰基挥发分(V_{daf})表 单位：%

含煤地层	煤层号	煤别	铜川矿区	蒲白矿区	澄合矿区	韩城矿区
山西组	3	原煤				7.58～23.43 15.30(206)
		浮煤				7.48～17.35 12.28(206)
太原组	5	原煤	14.87～30.16 19.99(160)	13.73～22.55 18.91(138)	11.03～25.54 18.31(200)	16.32～21.74 15.58(96)
		浮煤	11.28～21.81 16.65(160)	14.01～23.57 17.99(138)	9.82～20.09 14.36(200)	11.13～15.50 13.28(94)
	10	原煤	13.56～28.47 18.92(157)	12.25～34.09 13.68(56)	11.08～26.41 16.93(118)	
		浮煤	10.56～19.65 15.46(157)	11.99～20.19 16.31(56)	9.98～19.34 15.12(118)	
	11	原煤				8.08～24.71 14.60(221)
		浮煤				7.06～16.69 12.77(209)

(4) 固定碳和燃料比

主要可采煤层煤的固定碳含量综合平均值为 78.53%～86.57%，属高～特高固定碳煤，燃料比综合平均值为 3.66～6.33。垂向上，由上到下，煤的变质程度逐渐增高而碳含量也逐渐增加，两者呈正相关关系。详见表 6-2-27。

表 6-2-27 渭北石炭-二叠纪煤田主要可采煤层干燥无灰基固定碳和燃料比含量表

煤层号	铜川矿区		蒲白矿区		澄合矿区		韩城矿区	
	固定碳/%	燃料比	固定碳/%	燃料比	固定碳/%	燃料比	固定碳/%	燃料比
3							84.14	5.31
5	80.49	4.03	82.27	5.70	81.87	4.70	78.53	3.66
10	81.26	4.28	86.57	6.33	80.46	4.75		
11							82.46	4.70

2. 有害元素

(1) 硫

① 全硫

山西组 3 号煤层原煤全硫为 0.21%～3.71%，平均为 0.68%，属低硫煤；浮煤全硫为 0.21%～0.87%，平均为 0.45%。平面上韩城矿区北东部和东南部分布有少量的低中硫～中硫煤，其他地区均为低硫煤。

太原组 5 号煤层原煤全硫为 0.42%～8.63%，综合平均值为 1.58%～3.32%，属中硫～高硫煤；浮煤全硫为 0.38%～3.93%，综合平均值为 0.77%～2.48%。平面上韩城矿区煤的硫分含量相对较低，大部分为低中硫～中硫煤，矿区中南部分布有少量中高硫煤；澄合矿区和蒲白矿区的东北部和西南部煤的硫分含量较高，矿区大部分地区以中高硫～高硫煤为主，低中硫和中硫煤少量；铜川矿区东部以中高硫～高硫煤为主，中硫煤零星分布，西部的耀西找煤区由西向东煤的硫分含量逐渐降低，均为中高硫～高硫煤。

太原组 10 号煤层原煤全硫为 1.21%～16.58%，综合平均值为 5.34%～8.01%，属高硫煤；浮煤全硫为 1.32%～11.43%，综合平均值为 3.65%～5.52%。平面上澄合矿区东部由北向南、西部由南向北煤的硫分含量逐渐降低，区内大部分地区属高硫煤，中硫和中高硫煤零星分布；蒲白矿区南部和北部煤的硫分偏高，向中部逐渐降低，但均为高硫煤；铜川矿区东部由北向南、西北部由南向北煤的硫分含量逐渐降低，但属高硫煤。中高硫煤仅在铜川和澄合两矿区零星分布。

太原组 11 号煤层原煤全硫为 0.58%～9.38%，平均为 4.25%，属高硫煤；浮煤全硫为 0.35%～6.99%，平均为 3.88%。

渭北石炭-二叠纪煤田各煤层全硫含量普遍较高，除韩城矿区的 3、5 号煤层全硫含量较低外，其他各矿区均属中高-高硫煤。在垂向上，下部煤层全硫含量高于上部煤层。详见表 6-2-28。平面上，西南部煤层硫分高于东北部煤层硫分。

表 6-2-28 渭北石炭-二叠纪煤田主要可采煤层全硫($S_{t,d}$)含量表 单位:%

含煤地层	煤层号	煤别	铜川矿区	蒲白矿区	澄合矿区	韩城矿区
山西组	3	原煤				0.21~3.71 0.68(181)
		浮煤				0.21~0.87 0.45(181)
太原组	5	原煤	0.92~6.25 3.32(160)	1.14~5.30 3.25(175)	0.45~8.63 2.90(191)	0.42~5.35 1.58(92)
		浮煤	0.51~3.39 2.05(160)	1.05~3.54 2.48(122)	0.49~3.93 1.94(184)	0.38~2.27 0.77(81)
	10	原煤	2.51~16.58 6.65(157)	3.22~14.64 8.01(76)	1.21~15.47 5.34(129)	
		浮煤	1.32~11.43 4.23(157)	1.61~9.35 5.52(42)	1.41~10.70 3.65(111)	
	11	原煤				0.58~9.38 4.25(208)
		浮煤				0.35~6.99 3.88(205)

② 各种硫

铜川、蒲白和澄合矿区的5号、10号煤层和韩城矿区的3号、11号煤层各种硫均以有机硫为主,硫化铁硫次之,硫酸盐硫少量。铜川、蒲白和澄合矿区的3号煤层和韩城矿区的5号煤层各种硫均以硫化铁硫为主,有机硫次之,硫酸盐硫少量。硫酸盐硫含量:3号煤层在0.00~0.61%,平均为0.055%;5号煤层在0.00~1.91%,综合平均值为0.03%~0.18%;10号煤层在0.00~0.46%,综合平均值为0.04%~0.08%;11号煤层在0.00~0.58%,平均为0.075%。硫化铁硫含量:3号煤层在0.05%~1.30%,平均为0.31%;5号煤层在0.02%~8.45%,综合平均值为1.21%~1.45%;10号煤层在0.60%~11.61%,综合平均值为1.45%~3.83%;11号煤层在0.06%~6.29%,平均为0.92%。有机硫含量:3号煤层在0.25%~0.84%,平均为0.41%;5号煤层在0.21%~3.98%,综合平均值为0.49%~2.03%;10号煤层在1.23%~9.11%,综合平均值为3.31%~4.54%;11号煤层在0.79%~5.81%,平均值为2.85%。见表6-2-29。

表 6-2-29 渭北石炭-二叠纪煤田主要可采煤层各种硫含量表 单位:%

煤层号	铜川矿区			蒲白矿区		
	硫酸盐硫	硫化铁硫	有机硫	硫酸盐硫	硫化铁硫	有机硫
5	0~0.18 0.05(11)	0.69~4.47 1.25(11)	0.21~2.74 1.52(11)	0~0.16 0.03(101)	0.02~3.28 1.21(110)	0.95~3.11 2.01(107)
10	0.01~0.43 0.08(9)	0.85~7.04 3.70(9)	1.23~9.11 4.02(9)	0~0.46 0.08(41)	0.60~11.61 3.83(45)	1.56~6.71 4.54(43)

表 6-2-29(续)

煤层号	澄合矿区			韩城矿区		
	硫酸盐硫	硫化铁硫	有机硫	硫酸盐硫	硫化铁硫	有机硫
3				0～0.61 0.055(21)	0.05～1.30 0.31(22)	0.25～0.84 0.41(19)
5	0.10	1.45	2.03	0.01～1.91 0.18(23)	0.07～8.45 1.43(28)	0.30～3.98 0.49(19)
10	0.04	1.45	3.31			
11				0～0.58 0.075(77)	0.06～6.29 0.92(93)	0.79～5.81 2.85(74)

(2) 磷分

山西组 3 号煤层磷分为 0.018%～0.317%,平均为 0.042%,属低磷煤。太原组 5 号煤层磷分为 0.002%～0.245%,综合平均值为 0.029%～0.050%,属低磷煤;10 号煤层磷分为 0.003%～0.082%,综合平均值为 0.014%～0.023%,属低磷煤;11 号煤层磷分为 0.001%～0.095%,平均为 0.021%,属低磷煤。详见表 6-2-30。

表 6-2-30 渭北石炭-二叠纪煤田主要可采煤层磷分(P_d)含量表 单位:%

含煤地层	煤层号	铜川矿区	蒲白矿区	澄合矿区	韩城矿区
山西组	3				0.018～0.317 0.042(93)
太原组	5	0.008～0.136 0.050(160)	0.002～0.107 0.029(56)	0.002～0.245 0.042(131)	0.002～0.141 0.031 5(67)
	10	0.012～0.034 0.023(157)	0.006～0.082 0.020(15)	0.003～0.062 0.014(86)	
	11				0.001～0.095 0.021(49)

(3) 其他有害元素

各主要可采煤层的其他有害元素,砷含量综合平均值小于 8×10^{-6},仅 5、11 号煤层的少数样超过 8×10^{-6};氯含量均很低,未超过 0.3%;氟含量综合平均值为$(3.80～7.98)\times10^{-5}$,仅 5、11 号煤层个别样超过 0.01%。总而言之,砷、氯、氟的含量均未超过允许范围。

3. 元素分析

山西组 3 号煤层碳含量平均值为 91.44%,氢含量为 4.24%,氮含量为 1.29%,氧含量在 2.78%。太原组 5 号煤层碳含量综合平均值为 89.41%～91.28%;氢含量为 4.22%～4.38%,氮含量为 1.05%～1.34%,氧含量为 2.32%～2.69%。太原组 10 号煤层碳含量综合平均值为 86.83%～88.48%;氢含量为 4.05%～4.29%,氮含量为 0.87%～0.95%,氧含量为 1.19%～2.72%。太原组 11 号煤层碳含量平均值为 88.03%,氢含量为 4.08%,氮含量为 1.04%，氧含量为 2.13%。详见表 6-2-31。

表 6-2-31 渭北石炭-二叠纪煤田主要可采煤层元素分析表 单位：%

矿区	含煤地层	煤层号	C_{daf}	H_{daf}	N_{daf}	O_{daf}
铜川矿区	太原组	5	88.35～91.79 89.90	3.96～4.91 4.38	0.90～1.22 1.06	1.41～5.05 2.69
		10	80.71～90.00 86.83	3.36～4.52 4.05	0.74～1.09 0.94	1.71～5.10 2.72
蒲白矿区	太原组	5	83.91～90.32 89.41(76)	3.87～4.87 4.27(76)	0.90～1.29 1.05(76)	1.15～5.08 2.57(76)
		10	86.39～89.24 87.37(32)	3.61～4.62 4.09(32)	0.64～1.03 0.87(32)	0.81～2.92 1.19(32)
澄合矿区	太原组	5	87.06～92.08 90.20(126)	3.78～4.69 4.27(126)	0.68～1.45 1.13(126)	1.07～10.06 2.43(126)
		10	84.69～90.97 88.48(75)	3.34～4.71 4.29(75)	0.59～1.26 0.95(75)	0.69～18.17 2.46(75)
韩城矿区	山西组	3	88.74～93.53 91.44(103)	3.58～5.37 4.24(103)	1.03～1.58 1.29(103)	0.49～4.66 2.78(103)
	太原组	5	86.47～92.82 91.28(64)	3.67～4.67 4.22(64)	0.77～1.97 1.34(64)	0.90～7.57 2.32(64)
		11	85.43～91.53 88.03(104)	2.73～4.63 4.08(104)	0.73～1.25 1.04(104)	0.59～5.20 2.13(104)

6.2.2.2 工艺性能

1. 黏结性

铜川、蒲白和澄合矿区 5 号煤层黏结指数为 0～83.5，综合平均值为 9.4～52.7，属不黏结～强黏结煤；铜川、蒲白和澄合矿区 10 号煤层黏结指数为 0～71.0，综合平均值为 12.2～28.9，属不黏结～强黏结煤；韩城矿区 11 号煤层黏结指数为 0，属不黏煤。详见表 6-2-32。

表 6-2-32 渭北石炭-二叠纪煤田主要可采煤层黏结指数表

含煤地层	煤层号	铜川矿区	蒲白矿区	澄合矿区	韩城矿区
太原组	5	2.5～79.8 22(160)	0～83.5 52.7(69)	0～62.8 9.4(57)	
	10	0～71.0 18(157)	0～55.1 28.9(22)	0～66.0 12.2(38)	
	11				0

2. 发热量

山西组 3 号煤层原煤干燥基低位发热量（$Q_{net.d}$）平均值为 24.99 MJ/kg；干燥基高位

发热量($Q_{gr.d}$)平均值为 25.87 MJ/kg,属高热值煤。铜川、蒲白和澄合矿区 5 号煤层原煤干燥基低位发热量综合平均值为 26.34～27.65 MJ/kg,干燥基高位发热量综合平均值为 27.23～28.54 MJ/kg,属高热值煤;韩城矿区 5 号煤层原煤干燥基低位发热量平均值为 20.71 MJ/kg,干燥基高位发热量平均为 21.59 MJ/kg,属低热值煤。铜川、蒲白和澄合矿区 10 号煤层原煤干燥基低位发热量综合平均值为 25.67～27.47 MJ/kg,干燥基高位发热量综合平均值为 26.52～28.36 MJ/kg,均属高热值煤。韩城矿区 11 号煤层原煤干燥基低位发热量综合平均值为 24.90 MJ/kg,干燥基高位发热量综合平均值为 25.75 MJ/kg,属于高热值煤。总而言之,渭北石炭-二叠纪煤田各主要可采煤层大部为高热值煤。详见表 6-2-33。

表 6-2-33 渭北石炭-二叠纪煤田主要可采煤层发热量 单位:MJ/kg

含煤地层	煤层号	发热量				
		指标	铜川矿区	蒲白矿区	澄合矿区	韩城矿区
山西组	3	$Q_{net.d}$				19.37～30.61 24.99(117)
		$Q_{gr.d}$				20.25～31.49 25.87(117)
太原组	5	$Q_{net.d}$	20.04～34.38 26.82(160)	20.52～35.70 26.34(166)	19.79～34.98 27.65(185)	19.47～21.95 20.71(87)
		$Q_{gr.d}$	20.96～35.30 27.74(160)	21.41～36.59 27.23(166)	20.68～35.87 28.54(185)	20.35～22.83 21.59(87)
	10	$Q_{net.d}$	20.63～30.62 26.39(15)	19.96～29.74 25.67(75)	19.42～33.90 27.47(125)	
		$Q_{gr.d}$	21.47～31.46 27.23(15)	20.81～30.59 26.52(75)	20.31～34.79 28.36(125)	
	11	$Q_{net.d}$				19.98～29.81 24.90(184)
		$Q_{gr.d}$				20.83～30.66 25.75(184)

3. 灰成分与灰熔融性

(1) 灰成分

山西组 3 号煤层煤灰成分以 SiO_2 为主,平均值为 45.3%,Al_2O_3 次之,平均值为 35.84%,Fe_2O_3、CaO 及 MgO 均少量。太原组 5 号、10 号、11 号煤层煤灰成分均以 SiO_2 为主,其中 5 号煤层综合平均值为 38.27%～42.54%;10 号煤层综合平均值为 32.95%～37.48%;11 号煤层平均值为 42.65%。Al_2O_3 次之,5 号煤层综合平均值为 31.74%～33.54%;10 号煤层综合平均值为 25.88%～28.87%;11 号煤层平均值为 36.50%。Fe_2O_3、CaO 及 MgO 少量。详见表 6-2-34。

表 6-2-34 渭北石炭-二叠纪煤田主要可采煤层灰成分成果表 单位：%

矿区	含煤地层	煤层号	Fe_2O_3	Al_2O_3	SiO_2	CaO	MgO
铜川矿区	太原组	5	5.58～42.25 14.10(52)	16.83～39.20 31.77(52)	22.42～49.99 40.88(52)	2.00～17.65 5.75(52)	0.33～13.39 1.28(52)
		10	9.26～37.12 25.12(38)	19.05～40.56 26.60(38)	28.10～46.28 35.51(38)	1.23～11.37 5.13(38)	0.32～1.97 0.69(38)
蒲白矿区	太原组	5	3.92～28.34 10.63(35)	22.91～40.40 31.74(35)	24.20～52.94 38.52(35)	0.73～22.20 8.63(35)	0.13～18.06 0.98(35)
		10	7.84～39.35 25.20(12)	14.63～34.14 25.88(12)	22.04～42.49 32.95(12)	1.79～16.05 6.91(12)	0.24～0.96 0.45(12)
澄合矿区	太原组	5	2.44～38.82 11.19(84)	18.75～43.10 31.89(84)	24.98～58.33 38.27(84)	2.98～21.52 8.67(84)	0.07～2.33 0.88(84)
		10	2.69～61.01 17.01(49)	4.52～42.14 28.87(49)	10.64～56.73 37.48(49)	2.34～18.16 7.14(49)	0.11～2.16 0.79(49)
韩城矿区	山西组	3	1.61～21.95 5.51(128)	22.0～43.10 35.84(128)	31.84～57.56 45.30(128)	0.70～19.87 6.81(128)	0.27～2.87 0.83(128)
	太原组	5	0.41～28.30 9.44(72)	13.75～42.90 33.54(72)	18.16～54.02 42.54(72)	1.12～23.79 6.88(72)	0.32～3.30 1.13(72)
		11	0.93～28.38 6.96(142)	12.65～45.19 36.50(142)	21.38～55.44 42.65(142)	0.48～29.50 6.03(142)	0.04～0.92 0.46(142)

（2）灰熔融性

山西组 3 号煤层灰熔融性在 1 203～1 400 ℃，平均值大于 1 395 ℃，属较高软化温度灰。太原 5 号煤层灰熔融性在 1 120～1 445 ℃，综合平均值在 1 288～1 352 ℃；10 号煤层灰熔融性在 1 080～1 450 ℃，综合平均值在 1 225～1 312 ℃；11 号煤层灰熔融性在 1 103～1 400 ℃，平均值大于 1 358 ℃。煤灰熔融性的高低与煤灰成分中的 $SiO_2+Al_2O_3$ 含量成正比关系，$SiO_2+Al_2O_3$ 含量越高，灰熔融性越高，而 Fe_2O_3 和 CaO 含量越高，灰熔融性越低。详见表 6-2-35。

表 6-2-35 渭北石炭-二叠纪煤田主要可采煤层灰熔融性(ST)成果表 单位：℃

含煤地层	煤层号	铜川矿区	蒲白矿区	澄合矿区	韩城矿区
山西组	3				1 203～1 400 >1 395(128)
太原组	5	1 164～1 400 >1 312(52)	1 198～1 400 1 300(35)	1 120～1 445 1 352(84)	1 121～1 400 >1 288(72)
	10	1 200～1 400 >1 310(38)	1 080～1 400 1 225(12)	1 120～1 450 1 312(49)	
	11				1 103～1 400 >1 358(142)

4. 低温干馏

各主要可采煤层低温干馏焦油产率均较低，在 0.6%～4.4%，属含油煤。详见表 6-2-36。

表 6-2-36 渭北石炭-二叠纪煤田主要可采煤层低温干馏焦油产率($T_{ar.d}$)含量表

单位：%

含煤地层	煤层号	铜川矿区	蒲白矿区	澄合矿区	韩城矿区
山西组	3				1.1(1)
太原组	5	0.60～3.82 2.8(9)	0.9～4.4 2.8(8)	2.2～4.0 3.1(6)	
	10	0.73～1.50 1.21(6)	2.3～2.4 2.4(2)	1.4(1)	
	11				0.8～1.0 0.9(2)

5. 可磨性

各主要可采煤层煤的可磨性指数为 82～94，属易磨煤。详见表 6-2-37。

表 6-2-37 渭北石炭-二叠纪煤田主要可采煤层可磨性指数成果表

含煤地层	煤层号	铜川矿区	蒲白矿区	澄合矿区	韩城矿区
太原组	5	82～93	89～94	90	
	10	83		86	

6.2.2.3 可选性

1. 筛分浮沉试验

(1) 筛分

据 16 个(3 号煤层 2 个、5 号煤层 12 个、11 号煤层 2 个)筛分浮沉测试结果(表 6-2-38、表 6-2-39)可知：3 号煤层筛分试验结果，>50 mm 粒级产率为 3.64%～6.77%，灰分产率为 24.44%～36.33%；50～0 mm 粒级之间产率为 7.90%～23.10%。随着粒级的减小，灰分产率有逐渐降低的趋势。5 号煤层筛分试验结果，>50 mm 粒级产率为 1.79%～17.32%，灰分产率为 17.06%～64.18%，灰分产率变化较大；50～25 mm、6～3 mm 粒级之间产率变化较大，在 8.34%～55.5%，其余各粒级之间产率为 2.80%～28.22%，随着粒级的减小，灰分产率有逐渐降低的趋势。11 号煤层筛分试验结果，>100 mm 粒级产率为 9.30%，100～13 mm 粒级之间，随着粒级的减小，产率有逐渐升高的趋势，13～0.5 mm 粒级之间，随着粒级的减小，产率有逐渐降低的趋势；灰分产率随着粒级的减小有逐渐降低的趋势。

表 6-2-38 3、11 号煤层生产大样筛分试验成果表

粒级/mm	煤层号	产率/%	A_d/%	煤层号	产率/%	A_d/%
>100	3	3.64～5.55	24.44～35.81	11	9.30	52.33
100～50		5.56～6.77	27.63～36.33		1.98～7.98	12.25～52.27
50～25		9.57～11.53	23.92～31.12		6.03～7.98	24.11～50.85
25～13		13.10～14.32	19.42～23.59		10.24～12.29	24.31～40.69
13～6		14.83～23.10	17.21～19.77		15.06～27.07	20.13～31.67
6～3		15.22～16.50	14.58～18.44		15.95～21.03	17.05～27.97
3～0.5		7.90～13.43	14.79～18.10		10.18～10.80	17.12～26.17
0.5～0		18.76～20.31	15.91～18.26		20.97～23.47	17.46～23.81
3、11 号煤层大样样品数量各为 2 个						

表 6-2-39 5 号煤层生产大样筛分试验成果表

粒级/mm	煤层号	产率/%	A_d/%
>100	5	1.79～17.32	17.08～57.73
100～50		5.06～13.65	17.06～64.18
50～25		8.34～53.70	18.65～52.53
25～13		8.63～21.61	16.78～44.49
13～6		9.28～27.88	17.59～41.70
6～3		9.00～55.50	12.05～33.84
3～0.5		3.25～20.88	11.97～31.74
0.5～0		2.80～28.22	11.77～30.82
5 号煤层大样样品数量为 12 个			

(2) 浮沉

据浮沉试验结果(表 6-2-40、表 6-2-41)可知:其中煤产率为 8.65%～12.03%,属易选～中等可选煤层。浮煤灰分为 18.50%～23.17%,浮煤回收率为 62.39%～81.35%,属良等～优等;5 号煤层:① 用中煤含量进行评述,其中煤产率为 15.15%～31.62%,属中等易选～很难选煤。浮煤灰分为 5.95%～11.48%,浮煤回收率为 28.73%～57.80%,属低等～良等。② 用±0.1 含量法进行评述,选用 1.5 密度级,±0.1 产率变化为 42.34%～66.44%,属极难选煤。浮煤灰分为 11.35%～13.23%,浮煤回收率为 40.26%～74.39%,属中等～优等。选用 1.6 密度级,±0.1 产率变化为 16.93%～24.86%,属中等～较难选煤,浮煤灰分变化为 13.18%～15.14%,浮煤回收率为 48.30%～86.55%,属中等～优等。11 号煤层浮沉试验结果用中煤(1.5～1.8 密度级)含量法进行评述,其中煤产率为 3.78%～12.34%,属易选～中等可选煤层。浮煤灰分变化在 19.80%～32.43%之间,浮煤回收率为 46.38%～73.47%,属中等～优等。

表 6-2-40 3、11 号煤层生产大样浮沉试验成果表

煤层号	中煤产率/%	等级	A_d/%	浮煤回收率/%	级别
3	8.65～12.03	易选～中等可选	18.50～23.17	62.39～81.35	良等～优等
11	3.78～12.34	易选～中等可选	19.80～32.43	46.38～73.47	中等～优等

表 6-2-41　5 号煤层生产大样浮沉试验成果表

矿区	密度级	中煤产率/%	±0.1 产率/%	等级	A_d/%	浮煤回收率/%	级别
铜川矿区	1.4～1.8	28.04		难选	10.06	30.16	低等
蒲白矿区	1.5		45.27～52.05	极难选	11.35～13.23	40.26～45.79	中等
	1.6		16.93～18.60	中等可选	13.18～15.14	48.30～51.91	中等～良等
	1.5～1.8	15.15～31.62		中等～很难选	5.95～11.48	28.73～57.80	低等～良等
澄合矿区	1.5		42.34～66.44	极难选	11.90～12.60	60.09～74.39	良等～优等
	1.6		20.43～24.86	较难选	13.70～14.19	71.35～86.55	优等

2. 钻孔简易可选性

据对 5 号煤层 7 个简易可选性筛分试验成果(表 6-2-42)可知:13～6 mm 粒级产率为 20.00%～51.40%;6～3 mm 粒级产率为 19.20%～33.70%;3～0.5 mm 粒级产率为 11.60%～27.30%。随着粒级的减小,产率逐渐减小,灰分产率也逐渐减小。

表 6-2-42　渭北石炭-二叠纪煤田 5 号煤层简易可选性筛分试验成果表

矿区	13～6 mm 粒级		6～3 mm 粒级		3～0.5 mm 粒级	
	产率/%	A_d/%	产率/%	A_d/%	产率/%	A_d/%
铜川矿区	20.0～35.40 (3)	27.40～41.64 (3)	22.00～33.70 (3)	21.86～38.07 (3)	20.10～27.30 (3)	16.69～34.47 (3)
蒲白矿区	40.40～51.40 (4)	29.52～40.89 (4)	19.20～23.00 (4)	21.25～27.65 (4)	11.60～13.90 (4)	18.61～22.93 (4)

可选性采用 GB/T 16417—2011 进行评定,5 号煤层用±0.1 含量法进行评定,其结果见表 6-2-43。选用分选 1.5 密度级,±0.1 产率为 14.50%～30.43%,属中等可选～难选煤。浮煤灰分为 8.16%～10.23%,浮煤回收率为 39.70%～65.30%,属低等～良等;选用分选 1.6 密度级,±0.1 产率为 15.38%～19.88%,属中等可选煤。浮煤灰分为10.97%～11.94%,浮煤回收率为 56.92%～69.16%,属良等。

表 6-2-43　渭北石炭-二叠纪煤田 5 号煤层简易可选性浮沉试验成果表

矿区	密度级	±0.1 产率/%	等级	A_d/%	浮煤回收率/%	级别
铜川矿区	1.5	14.50～24.60 (3)	中等～较难选	8.16～9.78 (3)	39.7～65.3 (3)	低等～良等
蒲白矿区	1.5	28.28～30.43 (4)	较难选～难选	8.89～10.23 (4)	50.64～60.96 (4)	良等
	1.6	15.38～19.88 (4)	中等可选	10.97～11.94 (4)	56.92～69.16 (4)	良等

6.2.2.4 综合利用途径

1. 炼焦用煤

根据《商品煤质量 炼焦用煤》(GB/T 397—2022),炼焦用商品煤根据镜质体随机反射率分布及其变异系数分为单种煤和配合煤,按灰分和硫分对炼焦用商品煤进行质量等级划分,以"类别+灰分等级+全硫等级"形式表示。单种煤中炼焦用煤煤类有:气煤、气肥煤、1/3 焦煤、肥煤、焦煤、瘦煤。配合煤中未经用户同意,不应在常规炼焦煤中配入无烟煤、贫煤、长焰煤、弱黏煤、不黏煤等煤类。渭北石炭-二叠纪煤田煤类主要为贫煤、瘦煤、贫瘦煤、少量无烟煤和焦煤。其中瘦煤可以作为炼焦用煤的单独煤使用,其他煤作为配合煤使用:浮煤灰分平均值为 8.00%～12.50%,配合煤的灰分等级在 A3-A4,对于大于 12.50%的不满足要求。

韩城矿区 3 号和 5 号煤浮煤全硫平均值小于 1.00%,满足全硫等级 S2 要求,11 号煤浮煤硫分平均值 3.88%,不符合配合煤对于硫分的要求。铜川矿区、蒲白矿区、澄合矿区浮煤硫分均大于 1.5%,不符合要求。整体而言,本区煤层硫分高,大部分大于 2.5%,不宜作为炼焦用煤的使用。

2. 气化用煤

渭北石炭-二叠纪煤田韩城矿区的 11 号煤层及西高渠的无烟煤灰分平均值为 21.63%,硫分为 4.25%,水分为 0.74%,煤灰软化温度大于 1 358 ℃,不具黏结性,除硫分含量偏高外,其余指标均达气化用煤质量标准。

3. 动力用煤

渭北石炭-二叠纪煤田煤层除硫分含量偏高外,其他各项指标均符合火力发电、动力机车及船舶用煤要求。

6.2.3 陕北三叠纪煤田

6.2.3.1 化学性质

1. 工业分析(表 6-2-44)

表 6-2-44 瓦窑堡组 5 号、3 号煤层工业分析测定成果表

含煤地层	煤层号	煤别	M_{ad}/%	A_d/%	V_{daf}/%
瓦窑堡组	5	原煤	0.85～6.65 2.11(51)	9.34～25.89 19.29(51)	37.28～45.24 42.07(51)
		浮煤	0.94～4.16 1.97(49)	4.10～11.31 7.27(49)	37.46～49.40 41.96(49)
	3	原煤	0.97～2.51 1.40(26)	10.84～26.63 18.97(26)	36.73～42.96 39.81(26)
		浮煤	1.16～2.24 1.52(21)	5.31～12.04 7.01(21)	34.68～49.95 41.00(21)

(1) 水分

5 号煤层原煤水分为 0.85%～6.65%，平均值为 2.11%，浮煤水分为 0.94%～4.16%，平均值为 1.97%；3 号煤层原煤水分为 0.97%～2.51%，平均值为 1.40%，浮煤水分为 1.16%～2.24%，平均值为 1.52%。垂向上，煤层水分含量随着煤层埋深的增加而减小。

(2) 灰分

5 号煤层原煤灰分为 9.34%～25.89%，平均值为 19.29%，浮煤灰分为 4.10%～11.31%，平均值为 7.27%；3 号煤层原煤灰分为 10.84%～26.63%，平均值为 18.97%，浮煤灰分为 5.31%～12.04%之间，平均值为 7.01%，平均脱灰率为 0.63%；5 号、3 号煤层均属低中灰煤。

垂向上，煤的灰分由上至下有降低的趋势。平面上，低灰煤分布在中东部和西南角，低中灰煤位于中部，中灰煤分布在中西部及东南部，中高灰煤零星分布。见图 6-2-5。

(3) 挥发分

5 号煤层原煤挥发分为 37.28%～45.24%，平均值为 42.07%，浮煤挥发分为 37.46%～49.40%，平均值为 41.96%；3 号煤层原煤挥发分为 36.73%～42.96%，平均值为 39.81%，浮煤挥发分为 34.68%～49.95%，平均值为 41.00%；5 号、3 号均属高挥发分煤，垂向上煤的挥发分由上至下有降低的趋势。

(4) 固定碳和燃料比

5 号煤层干燥无灰基固定碳含量为 58.45%，燃料比为 1.39；3 号煤层干燥无灰基固定碳含量为 60.53%，燃料比为 1.52。均属中等固定碳煤，见表 6-2-45。

表 6-2-45 瓦窑堡组 5 号、3 号煤层干燥无灰基固定碳和燃料比成果表

含煤地层	煤层号	固定碳/%	燃料比
瓦窑堡组	5	58.45	1.39
	3	60.53	1.52

2. 有害元素

(1) 硫分

① 全硫（表 6-2-46）

表 6-2-46 瓦窑堡组 5 号、3 号煤层有害元素测定成果表

含煤地层	煤层号	煤别	全硫($S_{t.d}$)/%	磷分(P_d)/%
瓦窑堡组	5	原煤	$\frac{0.26\sim1.41}{0.57(51)}$	$\frac{0.007\sim0.025}{0.012(19)}$
		浮煤	$\frac{0.31\sim0.85}{0.49(49)}$	
	3	原煤	$\frac{0.41\sim0.68}{0.52(26)}$	$\frac{0.002\sim0.019}{0.010(19)}$
		浮煤	$\frac{0.43\sim0.59}{0.51(21)}$	

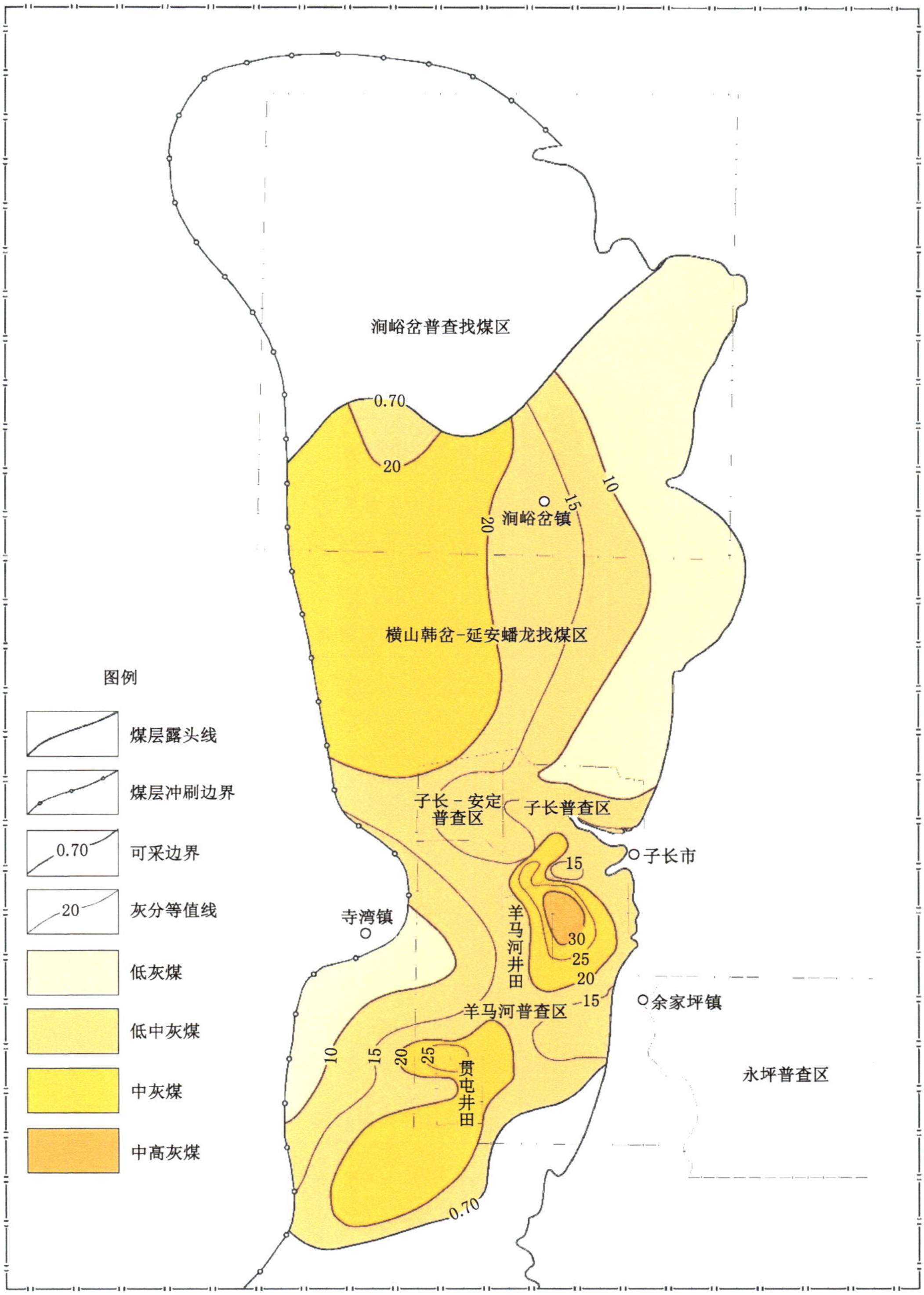

图 6-2-5 陕北三叠纪煤田 5 号煤层灰分等值线图

5 号煤层原煤全硫含量为 0.26%～1.41%之间，平均值为 0.57%；浮煤全硫为 0.31%～0.85%，平均值为 0.49%；3 号煤层原煤全硫为 0.41%～0.68%，平均值为 0.52%；浮煤全硫为 0.43%～0.59%，平均值为 0.51%。5 号、3 号煤层均属低硫煤。平面上，特低硫煤主要分布在东南部、中部和西北部，低硫煤分布在西南部和东北部，详见图 6-2-6。

② 各种硫

5 号煤层各种硫中以硫化铁硫为主，其值为 0.08%～1.12%，平均值为 0.33%；有机硫次之，其值为 0.10%～0.40%，平均值为 0.28%；硫酸盐硫少量，其值为 0.01%～0.02%，平均值为 0.02%。见表 6-2-47。

表 6-2-47 瓦窑堡组 5 号煤层各种硫测定成果表 单位：%

硫酸盐硫	硫化铁硫	有机硫
0.01～0.02 0.02(10)	0.08～1.12 0.33(10)	0.10～0.40 0.28(10)

(2) 磷分

5 号煤层原煤磷分为 0.007%～0.025%，平均值为 0.012%，属低磷分煤；3 号煤层原煤磷分为 0.002%～0.019%，平均值为 0.010%，属特低磷分煤，见表 6-2-46。

(3) 其他有害元素(表 6-2-48)

表 6-2-48 瓦窑堡组 5 号煤层有害元素测定成果表

砷(As)/$\times10^{-6}$	氟(F) /$\times10^{-6}$	氯(Cl))/%
2～8 <7(10)	27～84 76(10)	0.083～0.297 0.28(10)

① 砷：5 号煤层原煤砷含量为(2～8)$\times10^{-6}$，平均值小于 7$\times10^{-6}$，属 1～2 级含砷煤。

② 氟：5 号煤层原煤氟含量为(2.7～8.4)$\times10^{-5}$，平均值为 7.6$\times10^{-5}$。

③ 氯：5 号煤层原煤氯含量为 0.083%～0.297%，平均值为 0.28%，属中氯煤。

3. 元素分析

5 号、3 号煤层碳含量为 82.06%～84.91%，综合平均值为 83.20%～83.66%；氢含量为 5.12%～6.06%，综合平均值为 5.46%～5.73%；氮含量为 1.52%～2.16%，综合平均值为 1.94%～1.97%；氧含量为 7.05%～10.96%，综合平均值为 8.34%～8.64%。垂向上，碳含量随着煤层埋深的增加而增大，氢和氧含量则减少，见表 6-2-49。

表 6-2-49 瓦窑堡组 5 号、3 号煤层元素分析表 单位：%

含煤地层	煤层号	C_{daf}	H_{daf}	N_{daf}	O_{daf}
瓦窑堡组	5	82.06～84.91 83.20(21)	5.12～6.06 5.73(21)	1.52～2.16 1.94(21)	7.05～10.96 8.64(21)
	3	83.14～84.18 83.66(2)	5.17～5.75 5.46(2)	1.95～1.98 1.97(2)	8.19～8.49 8.34(2)

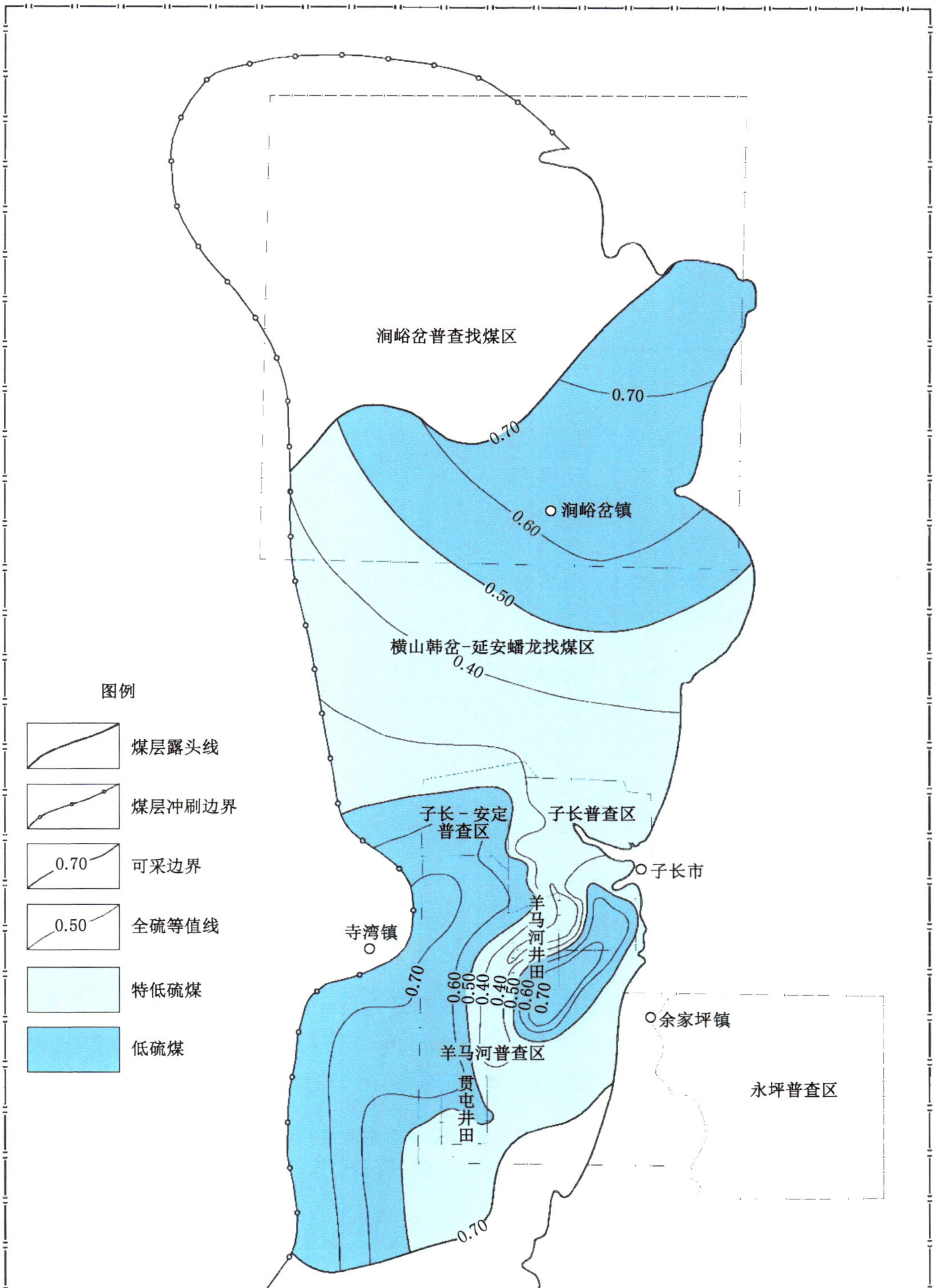

图 6-2-6 陕北三叠纪煤田 5 号煤层硫分等值线图

6.2.3.2 工艺性能

1. 黏结性

5 号、3 号煤层浮煤黏结指数为 65～94，综合平均值为 81～85，属强黏结～特强黏结煤，见表 6-2-50。

表 6-2-50 瓦窑堡组 5 号、3 号煤层黏结指数统计表

含煤地层	煤层号	黏结指数
瓦窑堡组	5	65～94 81(40)
	3	65～92 85(21)

2. 发热量

5 号煤层原煤干燥基低位发热量（$Q_{net.d}$）为 22.07～27.19 MJ/kg，平均值为 24.65 MJ/kg；原煤干燥基高位发热量（$Q_{gr.d}$）为 23.28～28.40 MJ/kg，平均值为 25.86 MJ/kg，属高热值煤。

3 号煤层原煤干燥基高位发热量（$Q_{net.d}$）为 20.89～28.99 MJ/kg，平均值为 25.29 MJ/kg；原煤干燥基高位发热量（$Q_{gr.d}$）为 22.03～30.13 MJ/kg，平均值为 26.43 MJ/kg，属高热值煤，见表 6-2-51。

表 6-2-51 瓦窑堡组 5 号、3 号煤层工艺性能成果表

含煤地层	煤层号	$Q_{net.d}$/(MJ/kg)	$Q_{gr.d}$/(MJ/kg)
瓦窑堡组	5	22.07～27.19 24.65(49)	23.28～28.40 25.86(49)
	3	20.89～28.99 25.29(26)	22.03～30.13 26.43(26)

3. 灰成分与灰熔融性

(1) 灰成分

5 号、3 号煤层煤灰成分中均以 SiO_2 为主，其含量为 47.16%～57.88%，综合平均值为 53.64%～56.47%；Al_2O_3 次之，其含量为 24.61%～38.71%，综合平均值为 29.80%～34.12%，Fe_2O_3、CaO 和 MgO 均为少量。见表 6-2-52。

表 6-2-52 瓦窑堡组 5 号、3 号煤层煤灰成分成果表 单位：%

含煤地层	煤层号	Fe_2O_3	Al_2O_3	SiO_2	CaO	MgO
瓦窑堡组	5	2.38～10.90 6.47(21)	24.61～38.71 34.12(21)	47.16～55.89 53.64(21)	1.15～10.13 4.92(21)	1.04～3.22 1.49(21)
	3	2.73～5.46 3.80(3)	29.5～30.02 29.80(3)	55.84～57.88 56.47(3)	0.63～3.52 2.39(2)	0.43～10.90 0.70(26)

（2）灰熔融性

5 号煤层软化温度为 1 284～1 400 ℃，属中等～较高软化温度灰；3 号煤层煤的软化温度为 1 173～1 370 ℃，属较低～较高软化温度灰。煤灰熔融性的高低与煤灰成分有一定的关系，5 号煤层煤灰成分中 $SiO_2+Al_2O_3$ 含量高于 3 号煤层煤灰成分中 $SiO_2+Al_2O_3$ 含量，因此，5 号煤层煤灰熔融性略高于 3 号煤层煤灰熔融性。见表 6-2-53。

表 6-2-53 瓦窑堡组 5 号、3 号煤层灰熔融性(ST)成果表

含煤地层	煤层号	ST/℃
瓦窑堡组	5	1 284～1 400(21)
	3	1 173～1 370(3)

4. 低温干馏

5 号煤层焦油产率为 10.0%～17.75%，平均值为 13.58%，属富～高油煤。3 号煤层焦油产率为 7.42%～13.40%，平均值为 10.97%，属富～高油煤。见表 6-2-54。

表 6-2-54 瓦窑堡组 5 号、3 号煤层低温干馏焦油产率($T_{ar.d}$)含量表

含煤地层	煤层号	$T_{ar.d}$/%
瓦窑堡组	5	10.0～17.75 / 13.58(19)
	3	7.42～13.40 / 10.97(7)

6.2.3.3 可选性

据南家咀煤矿所采 5 号煤生产筛粉大样测试结果表明：>25 mm 粒级的煤占 63.5%，加权平均灰分 23.51%，大于全样灰分 21.6%；25～0.5 mm 粒级的煤占 36.31%，加权平均灰分 18.61%，小于全样灰分 21.6%；6～3 mm 粒级的煤灰分最低为 18.35%，但产率太低，只占全样的 8.72%。上述资料表明 5 号煤层成块性较好。

可选性采用 GB/T 16417—2011 进行评定，5 号煤层用±0.1 含量法进行评定，其结果见表 6-2-55。选用 1.5 密度级，综合级浮煤灰分为 7.4%，±0.1 产率为 11.91%，属中等可选煤，浮煤回收率为 73.39%，属优等。选用 1.6 密度级，综合级浮煤灰分为 8.68%，±0.1 产率为 8.60%，属易选煤，浮煤回收率为 77.70%，属优等。选用 1.7 密度级，综合级浮煤灰分为 10.20%，±0.1 产率为 6.70%，属易选煤，浮煤回收率为 81.98%，属优等。

表 6-2-55 50～0.5 mm 粒级自然级、破碎级及综合级评定结果表

项目		自然级评定	破碎级评定	综合级评定
1.5 密度级	1.5±0.1 含量/%	13.40	9.4	11.91
	浮煤回收率/%	74.51	72.03	73.39
	灰分/%	8.19	6.81	7.40
	可选性	中等可选	易选	中等可选

表 6-2-55(续)

项　目		自然级评定	破碎级评定	综合级评定
1.6 密度级	1.6±0.1 含量/%	10.40	6.80	8.60
	浮煤回收率/%	79.28	75.81	77.70
	灰分/%	9.60	8.43	8.68
	可选性	中等可选	易选	易选
1.7 密度级	1.7±0.1 含量/%	7.9	5.60	6.70
	浮煤回收率/%	84.87	78.79	81.98
	灰分/%	11.60	9.13	10.20
	可选性	易选	易选	易选

6.2.3.4　综合利用途径

(1) 气化用煤

区内主要可采煤层以气煤为主。煤的灰分综合平均值为 18.97%～19.29%，硫分为 0.52%～0.57%，水分为 1.40%～2.11%，煤灰软化温度为 1 173～1 400 ℃，煤的黏结指数为 81～85，除了煤的黏结性较强以外，其余各项指标均符合沸腾层发生炉用煤质量要求，煤的黏结性较强，单独炼焦时能产生大量的煤气，可作为干馏煤气原料。见表 6-2-56。

表 6-2-56　瓦窑堡组 5 号、3 号煤层主要煤质一览表

煤层号	M_{ad}/%	A_d/%	V_{daf}/%	$S_{t.d}$/%	$T_{ar.d}$/%
5	0.85～6.65 2.11(51)	9.34～25.89 19.29(51)	37.28～45.24 42.07(51)	0.26～1.41 0.57(51)	10.0～17.75 13.58(19)
3	0.97～2.51 1.40(26)	10.84～26.63 18.97(26)	36.73～42.96 39.81(26)	0.41～0.68 0.52(26)	7.42～13.40 10.97(7)
煤层号	P_d/%	ST/℃	$G_{R.I}$	$Q_{net.d}$/(MJ/kg)	
5	0.007～0.025 0.012(19)	1 284～1 400 (21)	65～94 81(40)	22.07～27.19 24.65(49)	
3	0.002～0.019 0.010(19)	1 173～1 370 (3)	65～92 85(21)	20.89～28.99 25.29(26)	

(2) 低温干馏用煤

区内主要可采煤层低温干馏焦油产率为 7.42%～17.75%，综合平均值为 10.97%～13.58%，属富～高油煤，可作为低温干馏炼油用煤。

(3) 炼焦配煤

区内主要煤层以气煤为主，少量气肥煤，气煤单独炼焦时炼出的焦炭呈细长状，有较多的纵裂纹、易碎，强度和耐磨性均较差。气肥煤由于黏结性较强，单独炼焦时能产生大量的胶质体和煤气，因析出气体过多不能生成致密高强度的焦炭。因而本区气煤或气肥煤只适宜作为炼焦配煤使用。

(4) 动力用煤

区内煤层各项指标均优于各种动力用煤要求，是良好的动力用煤。

6.2.4 陕北侏罗纪煤田

6.2.4.1 化学性质

1. 工业分析

(1) 水分

2^{-2}(Ⅲ)煤层原煤水分为1.78%～12.93%,综合平均值为5.49%～8.70%;浮煤水分为2.24%～13.42%,综合平均值为5.13%～8.97%。3^{-1}(Ⅳ)煤层原煤水分为3.43%～14.02%,综合平均值为5.92%～8.58%;浮煤水分为2.29%～13.62%,综合平均值为4.98%～8.67%。5^{-1}煤层原煤水分为4.69%～9.31%,平均值为7.15%;浮煤水分为3.70%～10.04%,平均值为6.86%。5^{-2}煤层原煤水分为5.32%～10.81%,平均值为7.15%;浮煤水分为4.66%～12.23%,平均值为7.26%。5^{-3}(Ⅸ)煤层原煤水分为2.49%～9.20%,综合平均值为5.31%～5.39%;浮煤水分为2.09%～7.47%,综合平均值为4.26%～5.08%。详见表6-2-57。

表 6-2-57 陕北侏罗纪煤田主要可采煤层水分(M_{ad})含量表 单位:%

煤层号	煤别	神府矿区		榆神矿区	榆横矿区
		新民矿区	神北矿区		
2^{-2}(Ⅲ)	原煤	6.48～10.55 8.58(39)	4.46～12.93 8.70(176)	3.98～8.92 6.45(117)	1.78～9.38 5.49(101)
	浮煤	5.40～10.30 8.40(39)	3.93～13.42 8.97(176)	3.06～10.81 5.13(117)	2.24～8.50 5.40(93)
3^{-1}(Ⅳ)	原煤	5.49～14.02 8.11(75)	5.16～10.29 8.58(183)	3.70～10.40 6.32(124)	3.43～8.72 5.92(25)
	浮煤	3.95～10.26 7.67(73)	5.19～13.62 8.67(180)	2.29～8.46 4.98(124)	3.95～8.41 5.88(25)
5^{-1}	原煤	4.69～9.31 7.15(134)			
	浮煤	3.70～10.04 6.86(133)			
5^{-2}	原煤		5.32～10.81 7.15(231)		
	浮煤		4.66～12.23 7.26(230)		
5^{-3}(Ⅸ)	原煤			3.25～9.20 5.39(81)	2.49～8.49 5.31(26)
	浮煤			2.09～6.70 4.26(81)	2.65～7.47 5.08(26)

平面上2^{-2}(Ⅲ)、3^{-1}(Ⅳ)、5^{-3}(Ⅸ)煤层均由东北至西南水分含量逐渐降低,垂向上上部煤层水分含量高于下部煤层水分含量。详见图6-2-7至图6-2-9。

(2) 灰分

2^{-2}(Ⅲ)煤层原煤灰分3.31%～26.21%,综合平均值为6.02%～9.55%;浮煤灰分1.31%～7.34%,综合平均值为2.69%～3.43%。3^{-1}(Ⅳ)煤层原煤灰分为3.15%～28.30%,综合平均值为6.66%～10.26%;浮煤灰分为1.30%～9.64%,综合平均值为2.68%～

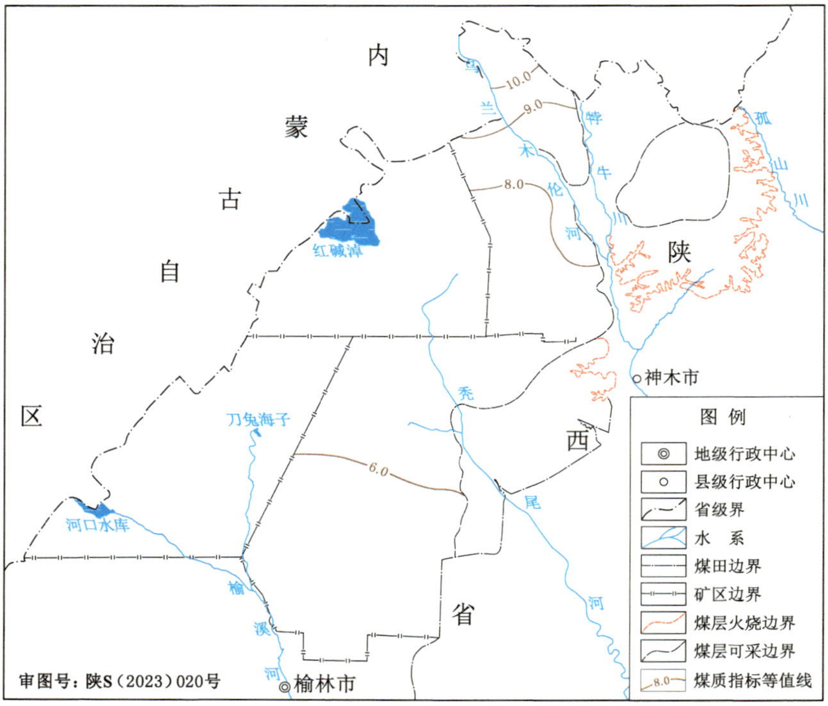

图 6-2-7 陕北侏罗纪煤田 2 号煤层水分等值线图

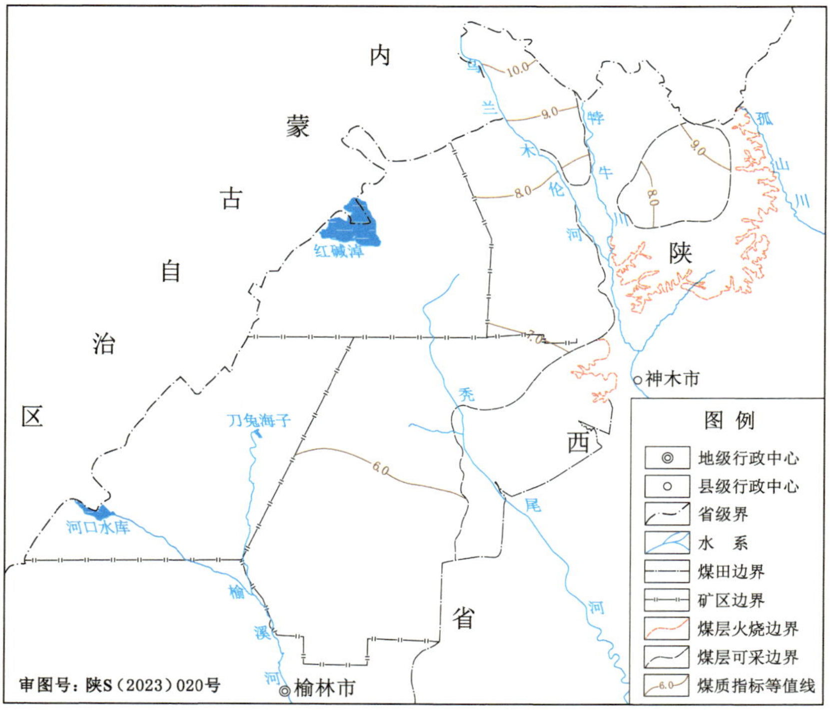

图 6-2-8 陕北侏罗纪煤田 3 号煤层水分等值线图

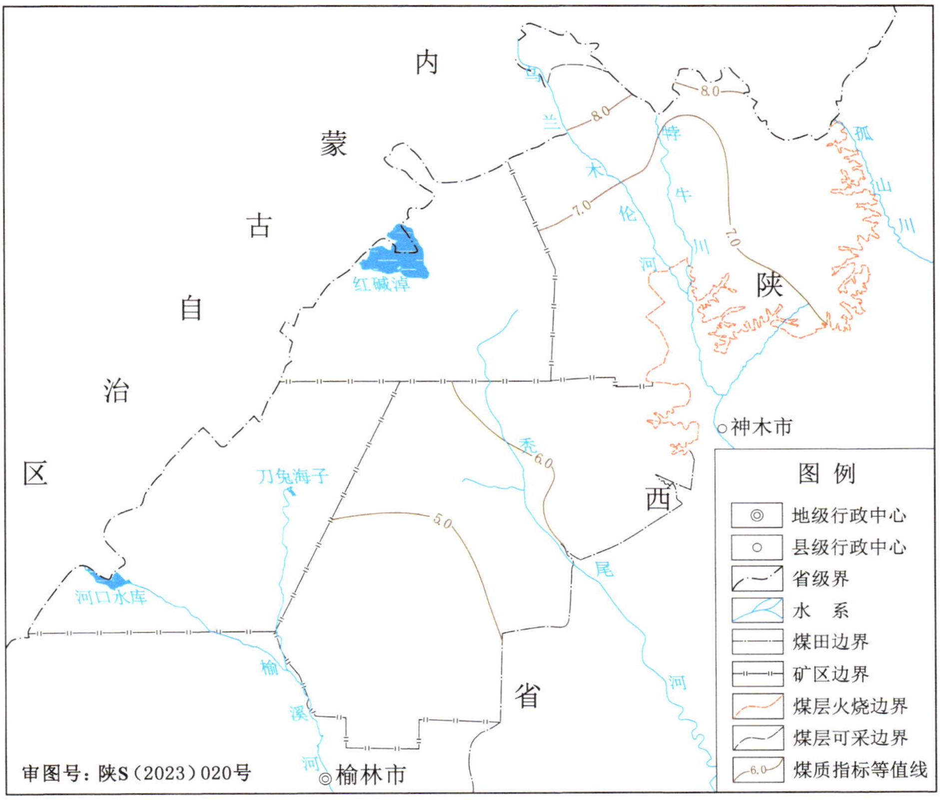

图 6-2-9 陕北侏罗纪煤田 5 号煤层水分等值线图

3.81%。5^{-1}煤层原煤灰分为 5.04%～15.19%，平均值为 8.52%；浮煤灰分为 2.81%～5.55%，平均值为 4.13%。5^{-2}煤层原煤灰分为 4.49%～24.35%，平均值为 8.39%；浮煤灰分为 2.34%～7.55%，平均值为 4.00%。5^{-3}(Ⅸ)煤层原煤灰分为 3.51%～21.09%，综合平均值为 8.28%～8.77%；浮煤灰分为 1.70%～6.85%，综合平均值为 3.41%～4.07%。

上述煤层平均灰分除榆横矿区 3^{-1}(Ⅳ)煤层为低中灰煤外，其他煤层均属低灰煤，详见表 6-2-58。灰分与矿物组分成正相关关系，显微煤岩组成中矿物组分含量高，一般灰分就偏高，详见表 6-2-59。平面变化：2^{-2}(Ⅲ)煤层灰分产率由东南向西北逐渐增高；3^{-1}(Ⅳ)煤层灰分产率在北部的东北角由北东向南西逐渐增高，中北部区域由东南向西北逐渐增高，南部区域由北向南逐渐增高；5^{-3}(Ⅸ)煤层灰分产率由东南向西北逐渐增高，见图 6-2-10 至图 6-2-12。

表 6-2-58 陕北侏罗纪煤田主要可采煤层灰分(A_d)含量表 单位：%

煤层号	煤别	神府矿区		榆神矿区	榆横矿区
		新民矿区	神北矿区		
2^{-2}(Ⅲ)	原煤	3.31～8.02 6.02(39)	3.69～14.89 7.89(176)	3.93～11.79 7.69(46)	3.65～26.21 9.55
	浮煤	2.50～5.29 3.43(39)	2.12～6.63 3.42(176)	1.87～4.00 2.69(46)	1.31～7.34 3.16(92)

表 6-2-58(续)

煤层号	煤别	神府矿区		榆神矿区	榆横矿区
		新民矿区	神北矿区		
3^{-1}(Ⅳ)	原煤	$\frac{3.32\sim17.67}{8.08(73)}$	$\frac{3.15\sim15.03}{6.66(183)}$	$\frac{3.62\sim25.40}{7.92(48)}$	$\frac{4.05\sim28.30}{10.26}$
	浮煤	$\frac{2.42\sim5.04}{3.54(73)}$	$\frac{2.08\sim9.34}{3.55(183)}$	$\frac{1.92\sim3.85}{2.68(48)}$	$\frac{1.30\sim9.64}{3.81(25)}$
5^{-1}	原煤	$\frac{5.04\sim15.19}{8.52(133)}$			
	浮	$\frac{2.81\sim5.55}{4.13(133)}$			
5^{-2}	原煤		$\frac{4.49\sim24.35}{8.39(230)}$		
	浮煤		$\frac{2.34\sim7.55}{4.00(230)}$		
5^{-3}(Ⅸ)	原煤			$\frac{3.74\sim21.09}{8.28(26)}$	$\frac{3.51\sim18.85}{8.77}$
	浮煤			$\frac{2.08\sim4.93}{3.41(26)}$	$\frac{1.70\sim6.85}{4.07(26)}$

表 6-2-59 陕北侏罗纪煤田主要可采煤层原煤灰分与矿物组分含量对比表

矿区		类别	煤号				
			2^{-2}(Ⅲ)	3^{-1}(Ⅳ)	5^{-1}	5^{-2}	5^{-3}(Ⅸ)
神府矿区	新民矿区	灰分	6.02	8.08	8.52		
		矿物组分	2.00	1.90	3.00		
	神北矿区	灰分	7.89	6.66		8.39	
		矿物组分	3.10	1.70		3.10	
榆神矿区		灰分	7.69	7.92			8.28
		矿物组分	1.60	1.70			2.30
榆横矿区		灰分	9.55	10.26			8.77
		矿物组分	5.40	5.50			3.80

(3) 挥发分

2^{-2}(Ⅲ)煤层原煤挥发分为29.69%～52.68%，综合平均值为36.36%～38.57%，浮煤挥发分为29.57%～44.77%，综合平均值为36.13%～37.71%；3^{-1}(Ⅳ)煤层原煤挥发分为32.52%～43.27%，综合平均值为36.80%～38.32%，浮煤挥发分为32.55%～41.76%，综合平均值为36.18%～37.41%；5^{-1}煤层原煤挥发分为31.99%～39.35%，平均值为36.28%，浮煤挥发分为31.94%～39.23%，平均值为35.75%；5^{-2}煤层原煤挥发分为

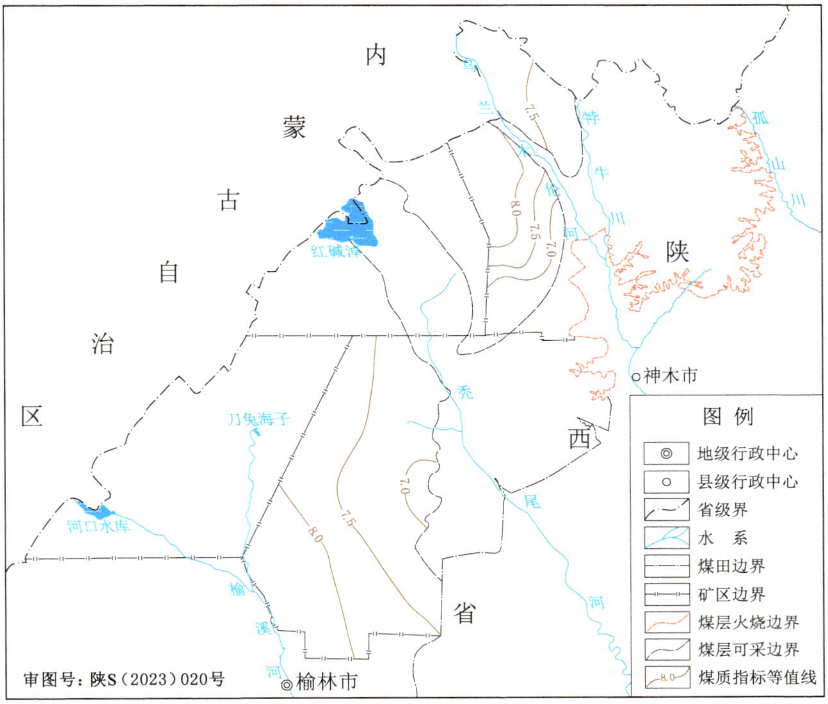

图 6-2-10 陕北侏罗纪煤田 2 号煤层灰分等值线图

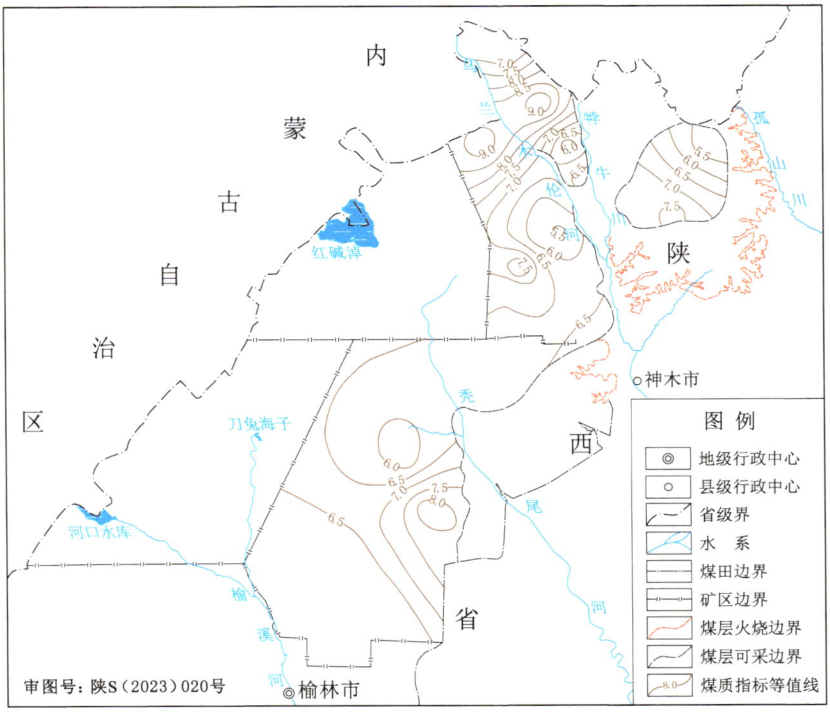

图 6-2-11 陕北侏罗纪煤田 3 号煤层灰分等值线图

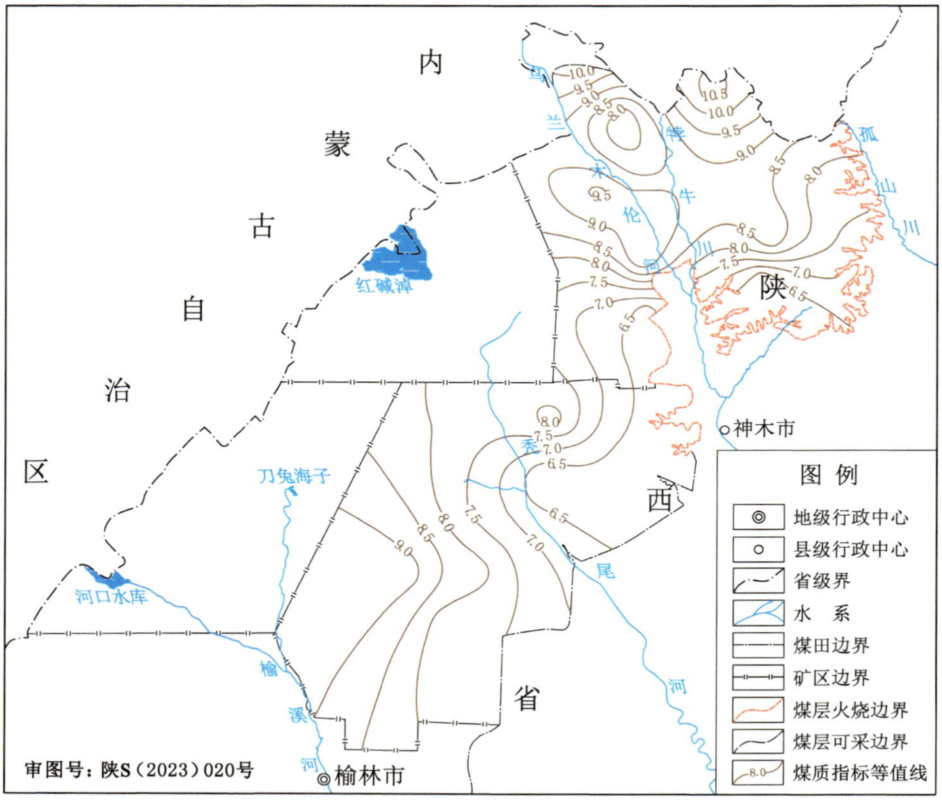

图 6-2-12 陕北侏罗纪煤田 5 号煤层灰分等值线图

29.88%～39.01%，平均值为 34.28%，浮煤挥发分为 30.33%～38.39%，平均值为 36.05%；5^{-3}(Ⅸ)煤层原煤挥发分为 29.36%～38.50%，综合平均值为 33.26%～36.12%，浮煤挥发分为 30.93%～39.74%，综合平均值为 33.77%～36.11%。详见表 6-2-60。

表 6-2-60 陕北侏罗纪煤田主要可采煤层挥发分(V_{daf})含量表 单位：%

煤层号	煤别	神府矿区		榆神矿区	榆横矿区
		新民矿区	神北矿区		
2^{-2}(Ⅲ)	原煤	33.19～38.00 36.36(39)	32.53～41.25 37.88(176)	35.18～41.99 38.57(117)	29.69～52.68 38.34(101)
	浮煤	33.89～38.45 36.13(39)	34.72～41.09 37.48(176)	34.83～40.19 37.71(117)	29.57～44.77 37.63(93)
3^{-1}(Ⅳ)	原煤	33.59～39.65 37.02(73)	32.52～40.91 36.80(183)	36.67～41.04 38.32(124)	34.18～43.27 36.87(25)
	浮煤	32.73～38.88 36.18(73)	33.67～41.76 37.11(183)	35.03～39.37 37.41(124)	32.55～40.52 36.64(25)

表 6-2-60(续)

煤层号	煤别	神府矿区		榆神矿区	榆横矿区
		新民矿区	神北矿区		
5^{-1}	原煤	31.99～39.35 36.28(133)			
	浮煤	31.94～39.23 35.75(133)			
5^{-2}	原煤		29.88～39.01 34.28(230)		
	浮煤		30.33～38.39 36.05(230)		
5^{-3}(Ⅸ)	原煤			34.45～38.50 36.12(81)	29.36～36.70 33.26(26)
	浮煤			34.14～37.99 36.11(81)	30.93～39.74 33.77(26)

各煤层均属中高～高挥发分煤层。挥发分产率不仅与变质程度有关，而且还与显微煤岩类型有一定的关系。低变质烟煤中一般壳质组分挥发分产率最高，镜质组次之，惰质组最低。表 6-2-61 反映了原煤挥发分产率随镜质组＋壳质组分含量的增高而增大。平面上 2、3 号煤层挥发分产率由北向南逐渐增大；5 号煤层由中部向南北两侧逐渐增大，见图 6-2-13 至图 6-2-15。

表 6-2-61 陕北侏罗纪煤田主要可采煤层原煤挥发分与镜质组＋壳质组含量关系表 单位：%

矿区		类别	煤号				
			2^{-2}(Ⅲ)	3^{-1}(Ⅳ)	5^{-1}	5^{-2}	5^{-3}(Ⅸ)
神府矿区	新民矿区	原煤挥发分	36.36	37.02	36.28		
		镜质组＋壳质组	54.50	58.30	50.40		
	神北矿区	原煤挥发分	37.88	36.80		34.28	
		镜质组＋壳质组	60.40	61.20		44.20	
榆神矿区		原煤挥发分	38.57	38.32			36.12
		镜质组＋壳质组	60.60	57.80			51.00
榆横矿区		原煤挥发分	38.34	36.87			33.20
		镜质组＋壳质组	59.90	67.70			47.90

(4) 固定碳和燃料比

主要可采煤层固定碳为 61.21%～66.80%，燃料比为 1.60%～2.01%。各主要可采煤层固定碳与燃料比含量，属中等～中高固定碳煤，见表 6-2-62。

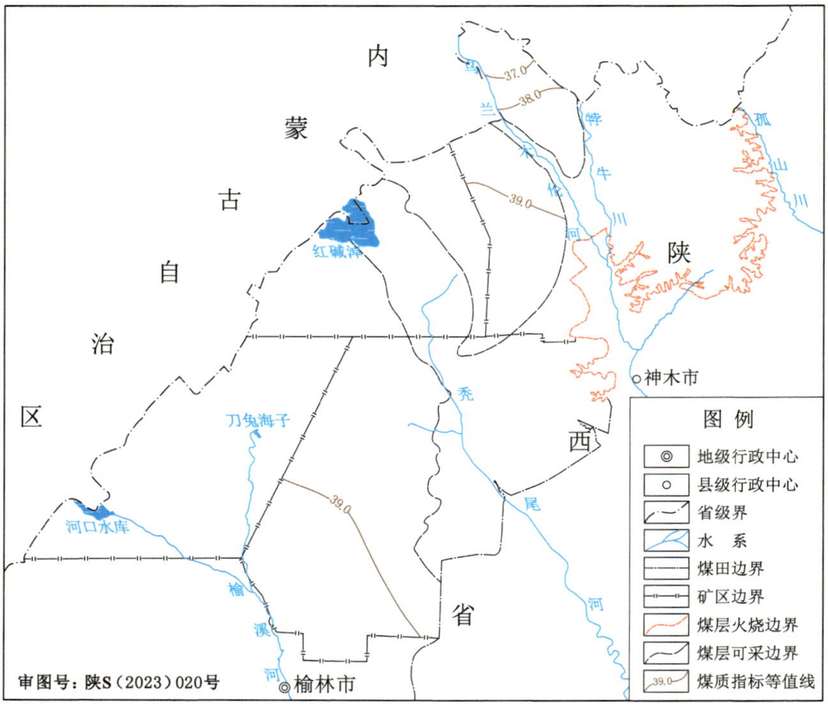

图 6-2-13 陕北侏罗纪煤田 2 号煤层挥发分等值线图

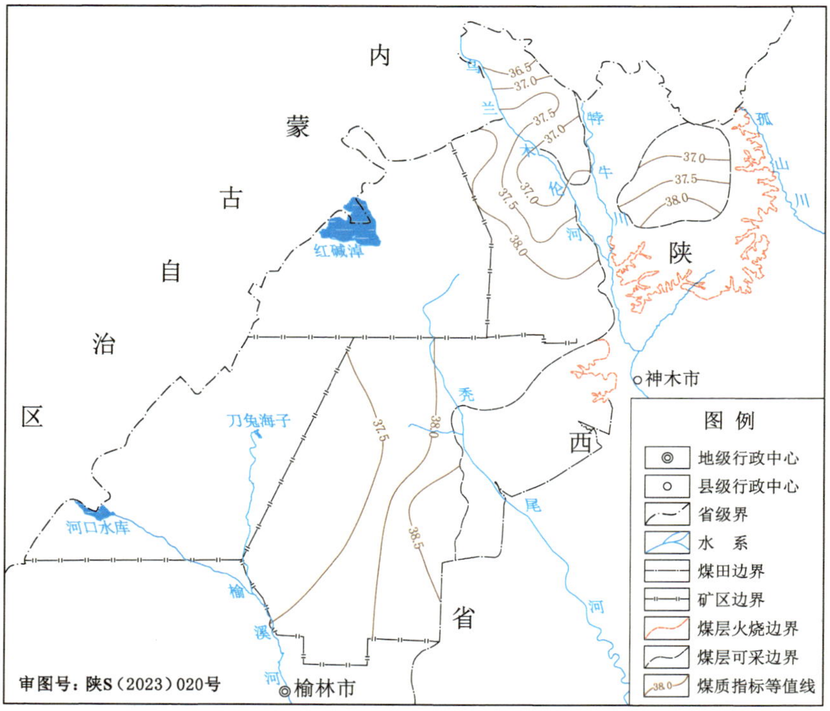

图 6-2-14 陕北侏罗纪煤田 3 号煤层挥发分等值线图

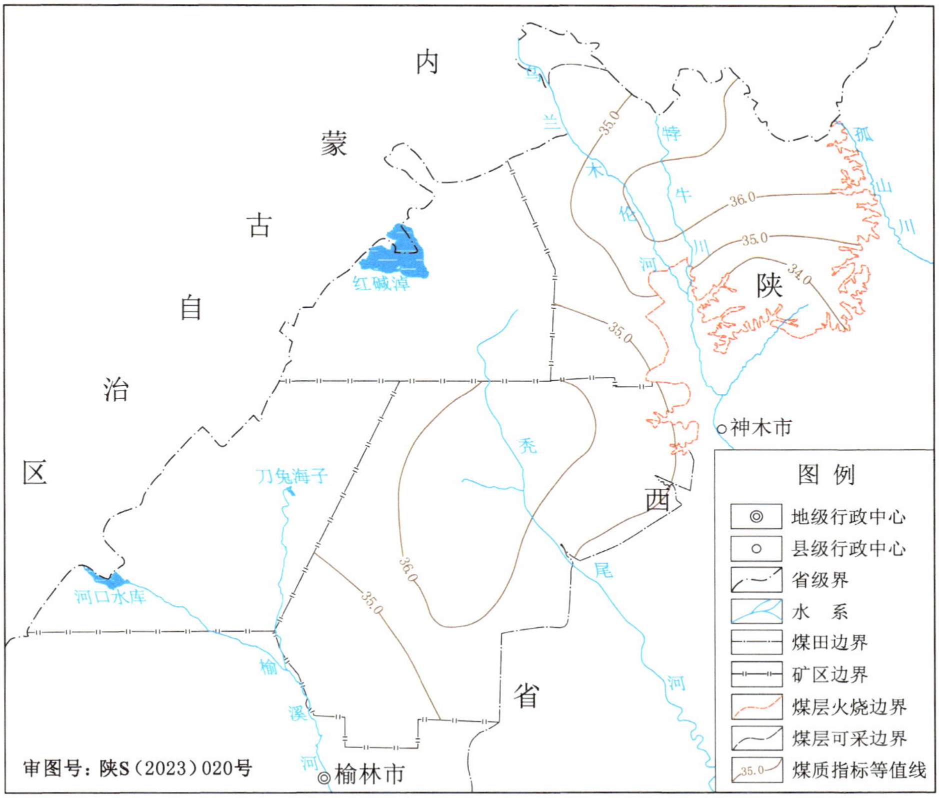

图 6-2-15 陕北侏罗纪煤田 5 号煤层挥发分等值线图

表 6-2-62 陕北侏罗纪煤田主要可采煤层干燥无灰基固定碳和燃料比含量表

煤层号	神府矿区				榆神矿区		榆横矿区	
	新民矿区		神北矿区					
	固定碳/%	燃料比	固定碳/%	燃料比	固定碳/%	燃料比	固定碳/%	燃料比
2^{-2}(Ⅲ)	63.64	1.75	62.12	1.64	61.21	1.60	61.66	1.61
3^{-1}(Ⅳ)	62.98	1.70	63.20	1.72	62.57	1.63	62.89	1.72
5^{-1}	63.72	1.76						
5^{-2}			65.72	1.92				
5^{-3}(Ⅸ)					63.91	1.77	66.80	2.01

2. 有害元素

(1) 硫

① 全硫

2^{-2}(Ⅲ)煤层原煤全硫为0.21%～3.98%，综合平均值为0.32%～1.79%；浮煤全硫为0.13%～2.20%，综合平均值为0.24%～1.00%。3^{-1}(Ⅳ)煤层原煤全硫为0.17%～2.25%，综合平均值为0.25%～0.85%，浮煤全硫为0.10%～0.90%，综合平均值为

0.23%～0.48%。5^{-1}煤层原煤全硫为0.16%～0.71%，平均值为0.27%，浮煤全硫为0.12%～0.91%，平均值为0.22%。5^{-2}原煤全硫为0.20%～1.89%，平均值为0.49%，浮煤全硫为0.15%～0.55%，平均值为0.26%。5^{-3}(Ⅸ)煤层原煤全硫为0.17%～1.28%，综合平均值为0.38%～0.42%，浮煤全硫为0.17%～0.58%，综合平均值为0.29%～0.32%。全硫除榆横矿区2^{-2}(Ⅲ)煤层平均含量为1.79%，属中硫煤外，其余煤层全硫含量综合平均值小于0.90%，属特低～低硫煤，详见表6-2-63。

表6-2-63 陕北侏罗纪煤田主要可采煤层全硫($S_{t,d}$)含量表 单位：%

煤层号	煤别	神府矿区		榆神矿区	榆横矿区
		新民矿区	神北矿区		
2^{-2}(Ⅲ)	原煤	0.25～0.46 / 0.32(38)	0.21～1.07 / 0.47(173)	0.26～1.70 / 0.67(117)	0.29～3.98 / 1.79(86)
	浮煤	0.16～0.37 / 0.24(38)	0.13～0.90 / 0.28(173)	0.16～1.27 / 0.44(117)	0.25～2.20 / 1.00(81)
3^{-1}(Ⅳ)	原煤	0.17～0.37 / 0.25(73)	0.22～0.74 / 0.38(181)	0.19～1.32 / 0.52(124)	0.25～2.25 / 0.85(17)
	浮煤	0.10～0.42 / 0.23(71)	0.13～0.90 / 0.28(179)	0.16～0.57 / 0.30(124)	0.25～0.86 / 0.48(17)
5^{-1}	原煤	0.16～0.71 / 0.27(131)			
	浮煤	0.12～0.91 / 0.22(123)			
5^{-2}	原煤		0.20～1.89 / 0.49(226)		
	浮煤		0.15～0.55 / 0.26(224)		
5^{-3}(Ⅸ)	原煤			0.17～0.83 / 0.38(81)	0.23～1.28 / 0.42(23)
	浮煤			0.17～0.45 / 0.29(81)	0.19～0.58 / 0.32(23)

② 各种硫

新民矿区主要可采煤层各种硫以有机硫为主，硫化铁硫次之，硫酸盐硫少量；神北矿区主要可采煤层各种硫以硫化铁硫为主，有机硫次之，硫酸盐硫少量。榆神矿区2^{-2}煤层以硫化铁硫为主，有机硫次之，硫酸盐硫少量；3^{-1}煤层以硫化铁硫及有机硫为主，硫酸盐硫少量；5^{-3}煤层以有机硫为主，硫化铁硫次之，硫酸盐硫少量。榆横矿区2^{-2}(Ⅲ)煤层以硫化铁硫为主，有机硫次之，硫酸盐硫少量。详见表6-2-64。

表 6-2-64 陕北侏罗纪煤田主要可采煤层各种硫($S_{t,d}$)含量表 单位:%

矿区		煤层号	硫酸盐硫	硫化铁硫	有机硫
神府矿区	新民矿区	2^{-2}(Ⅲ)	0.01～0.08 0.02(19)	0.02～0.20 0.10(19)	0.01～0.30 0.18(19)
		3^{-1}(Ⅳ)	0.01～0.04 0.02(38)	0.01～0.27 0.12(38)	0.03～0.35 0.20(38)
		5^{-1}	0.01～0.04 0.02(78)	0.01～0.40 0.08(78)	0.01～0.31 0.16(78)
	神北矿区	2^{-2}(Ⅲ)	0～0.06 0.02(46)	0.09～0.76 0.29(46)	0.01～0.67 0.16(46)
		3^{-1}(Ⅳ)	0.01～0.05 0.03(41)	0.09～0.53 0.22(41)	0～0.33 0.13(41)
		5^{-2}	0.01～0.27 0.03(60)	0.01～1.08 0.32(60)	0.02～0.76 0.14(60)
榆神矿区		2^{-2}(Ⅲ)	0.01～0.08 0.03(26)	0.03～1.54 0.66(26)	0.02～0.68 0.19(26)
		3^{-1}(Ⅳ)	0.01～0.05 0.03(34)	0.03～0.98 0.27(34)	0～0.55 0.26(34)
		5^{-3}	0.01～0.05 0.03(40)	0.01～0.60 0.15(40)	0.04～0.34 0.18(40)
榆横矿区		2^{-2}(Ⅲ)	0～1.07 0.23(12)	0.30～2.63 1.11(22)	0.14～1.62 0.83(40)

(2) 磷分

2^{-2}(Ⅲ)煤层原煤磷分为0～0.034%,综合平均值为0.002%～0.013%,属特低～低磷煤;浮煤磷分为0～0.023%,综合平均值为0～0.005%。3^{-1}(Ⅳ)煤层原煤磷分为0～0.109%,综合平均值为0.006%～0.013%,属特低～低磷煤;浮煤磷分为0～0.030%,综合平均值为0.006%～0.010%。5^{-1}煤层原煤磷分为0.002%～0.148%,平均值为0.047%,属低磷煤;浮煤磷分为0～0.41%,平均值为0.04%。5^{-2}煤层原煤磷分为0.001%～0.144%,平均值为0.033%,属低磷煤;5^{-3}(Ⅸ)煤层原煤磷分为0.001%～0.174%,综合平均值为0.026%～0.055%,属低～中磷煤;浮煤磷分为0.002%～0.088%,综合平均值为0.015%～0.031%。详见表6-2-65。

表 6-2-65 陕北侏罗纪煤田主要可采煤层磷分(P_d)含量表 单位:%

煤层号	煤别	神府矿区		榆神矿区	榆横矿区
		新民矿区	神北矿区		
2^{-2}(Ⅲ)	原煤	0.002～0.018 0.013(38)	0～0.029 0.002(150)	0.001～0.012 0.010(49)	0～0.034 0.008(34)
	浮煤	0～0.01 0(13)		0.001～0.01 0.005(5)	0～0.023 0.003(31)

表 6-2-65(续)

煤层号	煤别	神府矿区		榆神矿区	榆横矿区
		新民矿区	神北矿区		
3^{-1}(Ⅳ)	原煤	$\frac{0\sim0.050}{0.013(73)}$	$\frac{0\sim0.109}{0.006(157)}$	$\frac{0.002\sim0.041}{0.012(48)}$	$\frac{0.001\sim0.040}{0.012(14)}$
	浮煤	$\frac{0\sim0.03}{0.010(22)}$		$\frac{0.001\sim0.028}{0.007(7)}$	$\frac{0.001\sim0.024}{0.006(12)}$
5^{-1}	原煤	$\frac{0.002\sim0.148}{0.047(130)}$			
	浮煤	$\frac{0\sim0.41}{0.04(53)}$			
5^{-2}	原煤		$\frac{0.001\sim0.144}{0.033(192)}$		
	浮煤				
5^{-3}(Ⅸ)	原煤			$\frac{0.001\sim0.052}{0.026(31)}$	$\frac{0.004\sim0.174}{0.055(11)}$
	浮煤			$\frac{0.007\sim0.022}{0.015(2)}$	$\frac{0.002\sim0.088}{0.031(10)}$

(3) 其他有害元素

其他有害元素含量详见表 6-2-66。

表 6-2-66 陕北侏罗纪煤田主要可采煤层砷、氯、氟含量表

矿区	煤层号	砷/$\times10^{-6}$	氯/%	氟/$\times10^{-6}$
新民矿区	2^{-2}(Ⅲ)	$\frac{0\sim3}{1(36)}$	$\frac{0.005\sim0.022}{0.011(36)}$	$\frac{7\sim95}{57(23)}$
	3^{-1}(Ⅳ)	$\frac{0\sim6}{1(68)}$	$\frac{0.005\sim0.106}{0.015(66)}$	$\frac{7\sim145}{65(37)}$
	5^{-1}	$\frac{0\sim5}{1(125)}$	$\frac{0.001\sim0.059}{0.012(124)}$	$\frac{22\sim280}{86(77)}$
神北矿区	2^{-2}(Ⅲ)	$\frac{0\sim3.8}{1.4(6)}$	$\frac{0.01\sim0.32}{0.063(6)}$	
	3^{-1}(Ⅳ)	$\frac{0\sim4.7}{1.6(9)}$	$\frac{0.009\sim0.30}{0.050(10)}$	
	5^{-1}	$\frac{0\sim2.0}{0.9(9)}$	$\frac{0.01\sim0.50}{0.094(10)}$	

表 6-2-66(续)

矿区	煤号	砷/ppm	氯/%	氟/ppm
榆神矿区	2^{-2}(Ⅲ)	1～17 2(18)	0.006～0.037 0.025(20)	74～97 82(20)
	3^{-1}(Ⅳ)	0～7 2(27)	0.009～0.048 0.026(27)	11～95 76(26)
	5^{-3}	0～3 1(29)	0.011～0.097 0.038(29)	69～99 84(29)

① 砷:各主要可采煤层砷含量较小,变化在 0～1.7×10^{-5},大部分在(2～3)$\times10^{-6}$,属 1 级含砷煤。

② 氯:各主要可采煤层氯含量综合平均值为 0.011%～0.094%,属特低～低氯煤。

③ 氟:各主要可采煤层氟含量综合平均值为(5.7～8.6)$\times10^{-5}$。

3. 元素分析

2^{-2}(Ⅲ)煤层碳含量综合平均值为 80.84%～82.58%,氢含量综合平均值为 4.85%～5.12%,氮含量综合平均值为 0.84%～1.14%,氧含量综合平均值为 10.40%～12.91%;3^{-1}(Ⅳ)煤层碳含量综合平均值为 81.24%～83.04%,氢含量综合平均值为 4.94%～5.15%,氮含量综合平均值为 0.94%～1.19%,氧含量综合平均值为 10.45%～12.49%;5^{-1}煤层碳含量平均值为 81.53%,氢含量平均值为 4.94%,氮含量平均值为 1.15%,氧含量平均值为 11.51%;5^{-2}煤层碳含量平均值为 82.57%,氢含量平均值为 4.91%,氮含量平均值为 0.90%,氧含量平均值为 11.31%;5^{-3}(Ⅸ)煤层碳含量综合平均值为 83.62%～83.96%,氢含量综合平均值为 4.99%～5.15%,氮含量综合平均值为 1.14%～1.19%,氧含量综合平均值为 9.58%～9.75%。平面上由东北向西南煤层碳含量逐渐增加,氧含量逐渐减小。垂向上上部煤层碳含量低于下部煤层碳含量,氧含量高于下部煤层氧含量。详见表 6-2-67。

表 6-2-67 陕北侏罗纪煤田主要可采煤层元素分析成果表 单位:%

矿区		煤层号	C_{daf}	H_{daf}	N_{daf}	O_{daf}
神府矿区	新民区	2^{-2}	79.80～84.10 81.32(18)	4.52～5.26 4.85(18)	0.95～1.45 1.14(18)	9.73～14.08 12.42(18)
		3^{-1}	79.87～83.52 81.59(26)	4.12～6.13 4.94(26)	0.84～1.34 1.15(26)	7.92～13.71 11.95(26)
		5^{-1}	80.00～84.11 81.53(52)	4.29～5.45 4.94(52)	0.89～1.50 1.15(52)	9.76～13.71 11.51(52)
	神北区	2^{-2}	77.45～82.69 80.84(59)	3.95～5.95 5.08(59)	0.69～1.20 0.84(59)	11.04～16.70 12.91(59)
		3^{-1}	77.98～83.45 81.24(61)	3.84～5.62 5.06(61)	0.73～1.27 0.94(61)	10.57～15.62 12.49(61)
		5^{-2}	79.98～84.21 82.57(76)	4.08～5.49 4.91(76)	0.75～1.25 0.90(76)	9.57～13.88 11.31(76)

表 6-2-67(续)

矿区	煤层号	C_{daf}	H_{daf}	N_{daf}	O_{daf}
榆神矿区	2^{-2}	81.11～83.28 82.57(39)	4.83～5.41 5.12(39)	0.86～1.13 1.04(39)	10.21～12.38 11.04(39)
	3^{-1}	82.09～83.82 82.87(43)	4.96～5.40 5.15(43)	0.87～1.28 1.13(43)	9.85～11.36 10.50(43)
	5^{-3}	81.43～84.62 83.62(89)	4.86～5.55 5.15(89)	1.05～1.31 1.19(89)	8.85～11.78 9.75(89)
榆横矿区	2^{-2}(Ⅲ)	79.35～84.81 82.58(32)	4.52～5.48 5.11(32)	0.71～1.34 1.01(32)	8.56～14.28 10.40(32)
	3^{-1}(Ⅳ)	80.99～86.44 83.04(8)	4.89～5.62 5.13(8)	1.03～1.30 1.19(8)	9.15～11.66 10.45(8)
	5^{-3}(Ⅸ)	82.29～85.14 83.96(10)	4.65～5.69 4.99(10)	0.84～1.60 1.14(10)	8.37～10.75 9.58(10)

6.2.4.2 工艺性能

1. 黏结性

主要可采煤层黏结指数大多为零，榆神和榆横矿区局部范围下部煤层黏结指数达5～16。

2. 发热量

陕北侏罗纪煤田 2^{-2}(Ⅲ)煤层原煤干燥基低位发热量为 19.47～28.93 MJ/kg，综合平均值为 24.76～27.09 MJ/kg；原煤干燥基高位发热量为 20.58～30.08 MJ/kg，综合平均值为 25.89～28.24 MJ/kg。3^{-1}(Ⅳ)煤层原煤干燥基低位发热量为 19.19～31.81 MJ/kg，综合平均值为 24.75～27.88 MJ/kg；原煤干燥基高位发热量为 20.31～32.93 MJ/kg，综合平均值为 25.88～29.00 MJ/kg。5^{-1}煤层原煤干燥基低位发热量为 24.06～29.38 MJ/kg，平均值为 26.33 MJ/kg；原煤干燥基高位发热量为 25.16～30.48 MJ/kg，平均值为 27.43 MJ/kg。5^{-2}煤层原煤干燥基低位发热量为 24.22～29.58 MJ/kg，平均值为 27.73 MJ/kg；原煤干燥基高位发热量为 25.31～30.67 MJ/kg，平均值为 28.82 MJ/kg。5^{-3}(Ⅸ)煤层原煤干燥基低位发热量为 17.60～32.01 MJ/kg，综合平均值为 24.98～28.48 MJ/kg；原煤干燥基高位发热量为 18.09～33.10 MJ/kg，综合平均值为 26.10～29.57 MJ/kg。各矿区主要可采煤层的干燥基高位发热量综合平均值为 25.88～29.57 MJ/kg，均属高热值煤。见表 6-2-68、表 6-2-69。

表 6-2-68 陕北侏罗纪煤田主要可采煤层干燥基低位发热量($Q_{net,d}$)成果表 单位：MJ/kg

煤层号	神府矿区		榆神矿区	榆横矿区
	新民矿区	神北矿区		
2^{-2}(Ⅲ)	25.27～28.46 26.48(39)	22.47～28.93 27.09(176)	21.13～26.49 24.76(117)	19.47～27.67 26.34(101)
3^{-1}(Ⅳ)	20.61～28.64 25.01(75)	20.12～28.88 26.31(180)	23.49～26.03 24.75(124)	19.19～31.81 27.88(25)

表 6-2-68(续)

煤层号	神府矿区		榆神矿区	榆横矿区
	新民矿区	神北矿区		
5^{-1}	24.06～29.38 26.33(134)			
5^{-2}		24.22～29.58 27.73(230)		
5^{-3}(Ⅸ)			23.75～26.20 24.98(81)	17.60～32.01 28.48(26)

表 6-2-69 陕北侏罗纪煤田主要可采煤层干燥基高位发热量($Q_{gr.d}$)成果表 单位:MJ/kg

煤层号	神府矿区		榆神矿区	榆横矿区
	新民矿区	神北矿区		
2^{-2}(Ⅲ)	26.36～29.55 27.57(39)	23.62～30.08 28.24(176)	22.26～27.62 25.89(117)	20.58～28.78 27.45(101)
3^{-1}(Ⅳ)	21.72～29.75 26.12(75)	21.26～30.02 27.45(180)	24.62～27.16 25.88(124)	20.31～32.93 29.00(25)
5^{-1}	25.16～30.48 27.43(134)			
5^{-2}		25.31～30.67 28.82(230)		
5^{-3}(Ⅸ)			24.87～27.32 26.10(81)	18.09～33.10 29.57(26)

3. 灰成分与灰熔融性

(1) 灰成分

主要可采煤层灰成分中以 SiO_2 为主,综合平均值为 25.28%～53.48%,Al_2O_3、Fe_2O_3 和 CaO 次之,其综合平均值为 Al_2O_3 为 10.26%～15.69%,Fe_2O_3 为 8.12%～26.69%,CaO 为 9.98%～26.74%,MgO 少量,其综合平均值为 0.85%～3.04%。详见表 6-2-70。

表 6-2-70 陕北侏罗纪煤田主要可采煤层灰成分成果表 单位:%

矿区		煤层号	Fe_2O_3	Al_2O_3	SiO_2	CaO	MgO
神府矿区	新民矿区	2^{-2}	2.43～48.34 13.91(20)	5.29～21.08 12.53(20)	25.36～80.66 51.23(20)	1.50～24.58 9.98(20)	0.99～4.66 2.35(20)
		3^{-1}	1.37～28.25 10.11(50)	2.55～22.33 14.12(50)	14.31～89.12 51.36(50)	0.98～34.53 12.50(50)	0.35～4.73 1.96(50)
		5^{-1}	1.68～38.81 10.87(106)	7.10～25.08 14.73(106)	20.21～84.06 44.99(106)	2.24～48.09 18.00(106)	0.36～4.20 1.52(106)
	神北矿区	2^{-2}	2.47～28.36 10.02(110)	6.77～21.87 13.23(110)	17.25～67.96 35.42(110)	4.19～50.00 26.74(110)	0.61～11.17 1.43(110)
		3^{-1}	3.47～24.17 8.12(108)	7.05～27.40 14.57(108)	27.49～68.32 49.53(108)	1.25～39.71 15.15(108)	0.41～4.14 1.29(108)
		5^{-2}	2.33～31.97 8.87(142)	3.83～26.63 15.02(142)	15.25～72.62 40.60(142)	2.33～53.05 22.89(142)	0.17～4.03 0.85(142)

表 6-2-70(续)

矿区	煤层号	Fe_2O_3	Al_2O_3	SiO_2	CaO	MgO
榆神矿区	2^{-2}	7.42～26.94 18.03(64)	5.24～23.75 10.95(64)	11.52～55.03 27.90(64)	3.94～40.25 25.38(64)	0.83～6.60 3.04(64)
	3^{-1}	8.20～39.17 26.69(70)	6.56～17.85 10.26(70)	19.61～57.60 35.17(70)	6.86～35.11 15.06(70)	0.94～2.43 1.60(70)
	5^{-3}	1.53～25.08 12.47(34)	10.62～24.01 15.69(34)	29.66～79.63 53.48(34)	1.19～34.70 11.20(34)	0.46～3.19 1.22(34)
榆横矿区	2^{-2}(Ⅲ)	3.40～51.84 16.96(33)	2.89～22.32 13.22(33)	2.76～54.15 25.28(33)	2.05～47.91 25.74(33)	0.20～5.88 1.59(33)
	3^{-1}(Ⅳ)	3.18～76.24 24.39(9)	1.79～24.68 15.63(9)	1.46～81.78 40.99(9)	1.34～33.20 11.35(9)	0.29～6.68 1.27(9)
	5^{-3}(Ⅸ)	2.00～25.20 11.77(10)	2.73～23.76 15.57(10)	15.25～67.36 44.92(10)	1.77～37.16 14.60(10)	0.37～11.85 2.10(10)

(2) 灰熔融性

2^{-2}(Ⅲ)煤层煤灰软化温度综合平均值为 1 154～1 240 ℃,属于较低软化温度灰;3^{-1}(Ⅳ)煤层煤灰软化温度综合平均值为 1 182～1 280 ℃,属于较低～中等软化温度灰;5^{-1}煤层煤灰软化温度平均值为 1 183 ℃,属于较低软化温度灰;5^{-2}煤层煤灰软化温度平均值为 1 228 ℃,属于较低软化温度灰;5^{-3}(Ⅸ)煤层煤灰软化温度综合平均值为 1 213～1 220 ℃,属于较低软化温度灰。见表 6-2-71。平面上,2 号、5 号煤层煤灰软化温度由北向南逐渐增高,3 号煤层煤灰软化温度由东向西逐渐增高,见图 6-2-16 至图 6-2-18。

表 6-2-71 陕北侏罗纪煤田主要煤层煤灰软化温度(ST)成果表 单位:℃

煤层号	神府矿区		榆神矿区	榆横矿区
	新民矿区	神北矿区		
2^{-2}(Ⅲ)	1 030～1 420 1 227(20)	1 080～1 400 1 227(110)	1 070～1 350 1 154(64)	1 150～1 400 1 240(33)
3^{-1}(Ⅳ)	1 070～1 490 1 212(50)	1 055～1 400 1 193(108)	1 040～1 320 1 182(70)	1 170～1 400 1 280(9)
5^{-1}	1 020～1 400 1 183(106)			
5^{-2}		1 080～1 500 1 228(142)		
5^{-3}(Ⅸ)			1 040～1 390 1 213(34)	1 120～1 400 1 220(10)

4. 低温干馏

主要可采煤层低温干馏焦油产率综合平均值为 8.7%～11.0%,均属富油煤,见表 6-2-72。

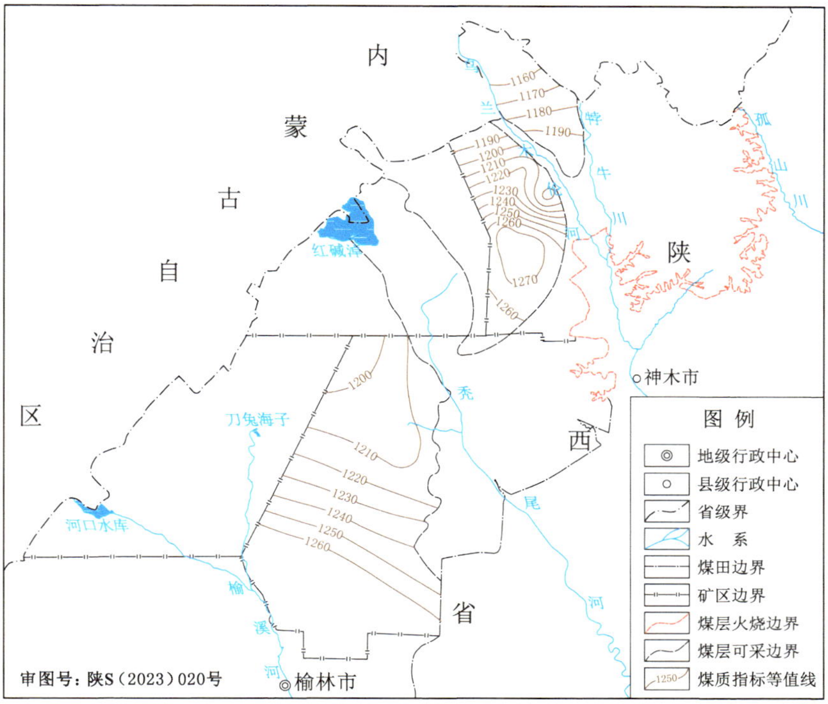

图 6-2-16　陕北侏罗纪煤田 2 号煤层煤灰软化温度等值线图

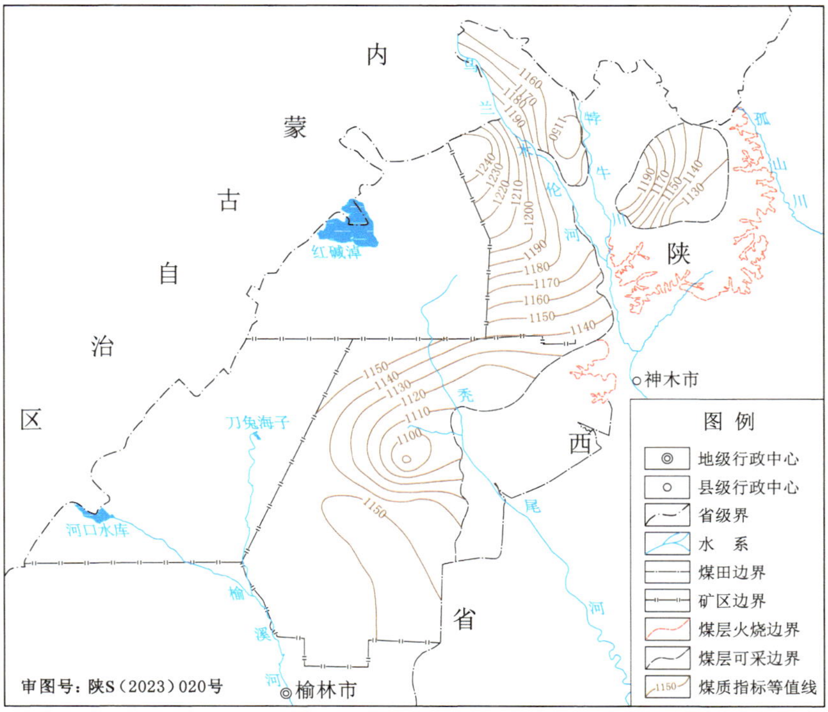

图 6-2-17　陕北侏罗纪煤田 3 号煤层煤灰软化温度等值线图

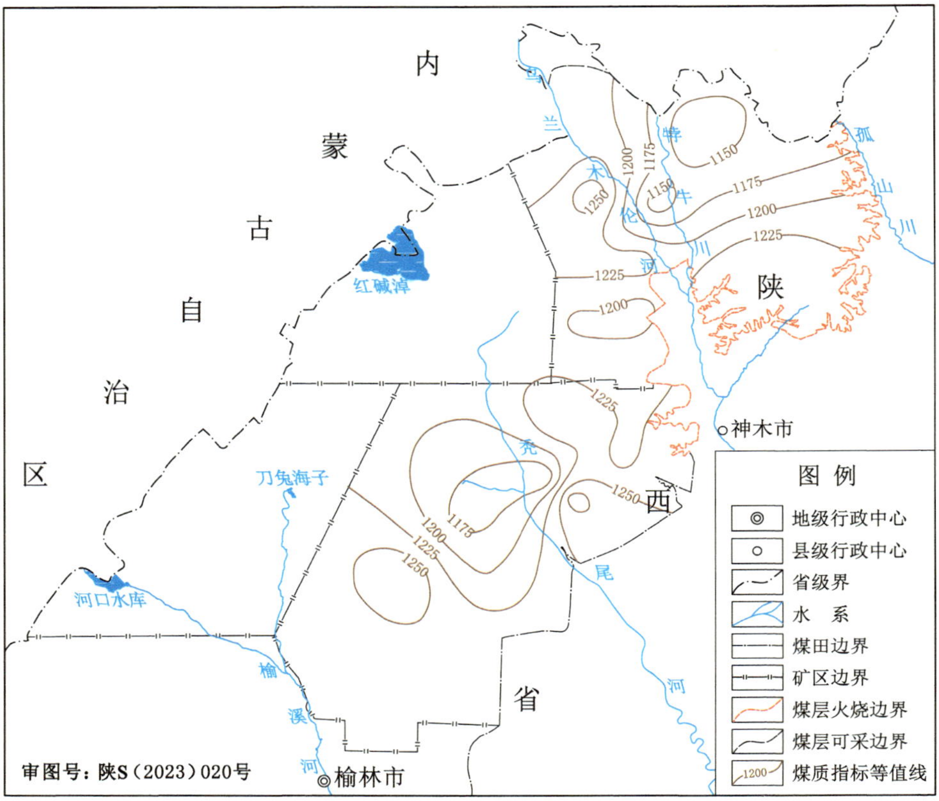

图 6-2-18 陕北侏罗纪煤田 5 号煤层煤灰软化温度等值线图

表 6-2-72 陕北侏罗纪主要煤层低温干馏焦油产率($T_{ar,d}$)含量表 单位：%

煤层号	神府矿区		榆神矿区	榆横矿区
	新民矿区	神北矿区		
2^{-2}(Ⅲ)	8.9～9.0 9.0(2)	7.4～12.5 9.7(56)	7.0～12.6 10.9(42)	3.84～13.70 10.85(50)
3^{-1}(Ⅳ)	6.4～10.0 9.0(8)	6.5～12.3 9.6(48)	8.7～13.1 11.0(45)	5.55～12.10 10.45(14)
5^{-1}	7.5～11.8 9.0(18)			
5^{-2}		6.6～10.8 8.7(70)		
5^{-3}(Ⅸ)			8.0～12.5 10.7(25)	5.40～12.20 9.53(16)

5. 可磨性

主要可采煤层可磨性指数值为 43～68，综合平均值为 46～61，属较难磨～中等可磨煤，见表 6-2-73。

表 6-2-73 陕北侏罗纪煤田主要煤层可磨性指数成果表

矿区		2^{-2}(Ⅲ)	3^{-1}(Ⅳ)	5^{-1}	5^{-2}	5^{-3}(Ⅸ)
神府矿区	新民矿区	56～64 60(3)	53～65 58(5)	43～62 56(17)		
	神北矿区	57～68 61(47)	55～61 57(4)		43～53 46(3)	
榆神矿区		52～60 57(5)	48～60 56(4)			44～53 49(8)

6. 气化指标

(1) 煤对 CO_2 反应性

陕北侏罗纪煤田主要可采煤层煤对 CO_2 反应性在 850 ℃时，二氧化碳还原率综合平均值为 10.7%～26.8%；950 ℃时二氧化碳还原率综合平均值为 30.3%～72.0%；1 100 ℃时二氧化碳还原率综合平均值为 72.8%～94.1%；各主要可采煤层属反应性较强的煤。详见表 6-2-74。平面变化：2 号煤层煤对 CO_2 反应性由北西向南东逐渐增强；3 号煤层由中部向南北两侧逐渐减弱；5 号煤层由东向西逐渐增强。见图 6-2-19 至图 6-2-21。

表 6-2-74 陕北侏罗纪煤田主要可采煤层对 CO_2 反应性成果表 单位：%

矿区		煤层号	850 ℃	950 ℃	1 100 ℃
神府矿区	新民矿区	2^{-2}	26.4(2)	72.0(2)	94.0(2)
		3^{-1}	26.8(1)	54.0(1)	94.1(1)
		5^{-1}	24.7(10)	64.4(10)	93.6(10)
	神北矿区	2^{-2}	3.7～70.4 23.1(12)	25.4～91.8 57.5(12)	70.7～95.1 85.8(12)
		3^{-1}	1.4～50.5 18.5(20)	13.5～84.5 47.3(20)	65.3～96.7 81.1(20)
		5^{-2}	1.6～52.2 21.6(35)	8.7～83.4 45.5(35)	35.5～92.0 72.8(35)
榆神矿区		2^{-2}	5.5～36.0 12.3(13)	23.4～72.0 40.5(13)	69.0～100.0 89.0(13)
		3^{-1}	4.2～49.0 12.3(12)	14.5～84.0 37.7(12)	68.2～100.0 86.7(12)
		5^{-3}	4.0～61.0 10.7(14)	14.6～80.5 30.3(14)	60.2～100.0 83.7(14)

(2) 热稳定性

主要可采煤层热稳定性(T_{s+6})综合平均值为 70.0%～91.7%，均大于 70%，属高热稳定性煤，见表 6-2-75。

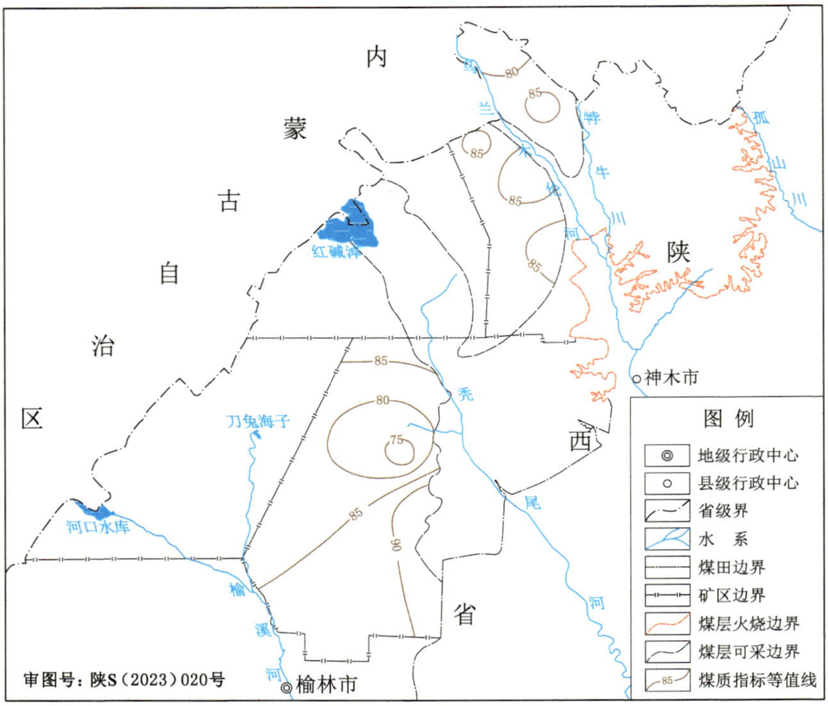

图 6-2-19 陕北侏罗纪煤田 2 号煤层煤对 CO_2 反应性等值线图

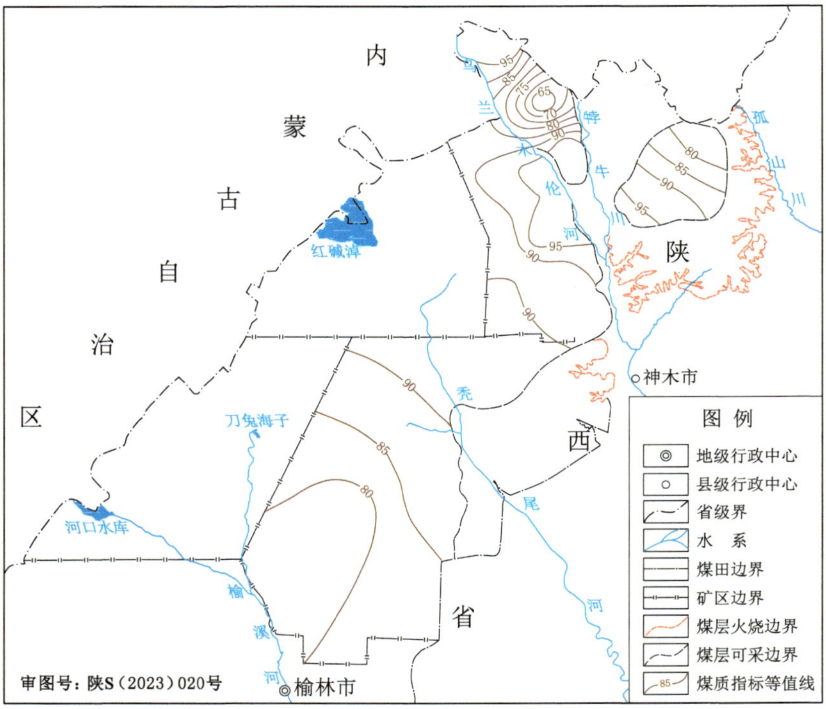

图 6-2-20 陕北侏罗纪煤田 3 号煤层煤对 CO_2 反应性等值线图

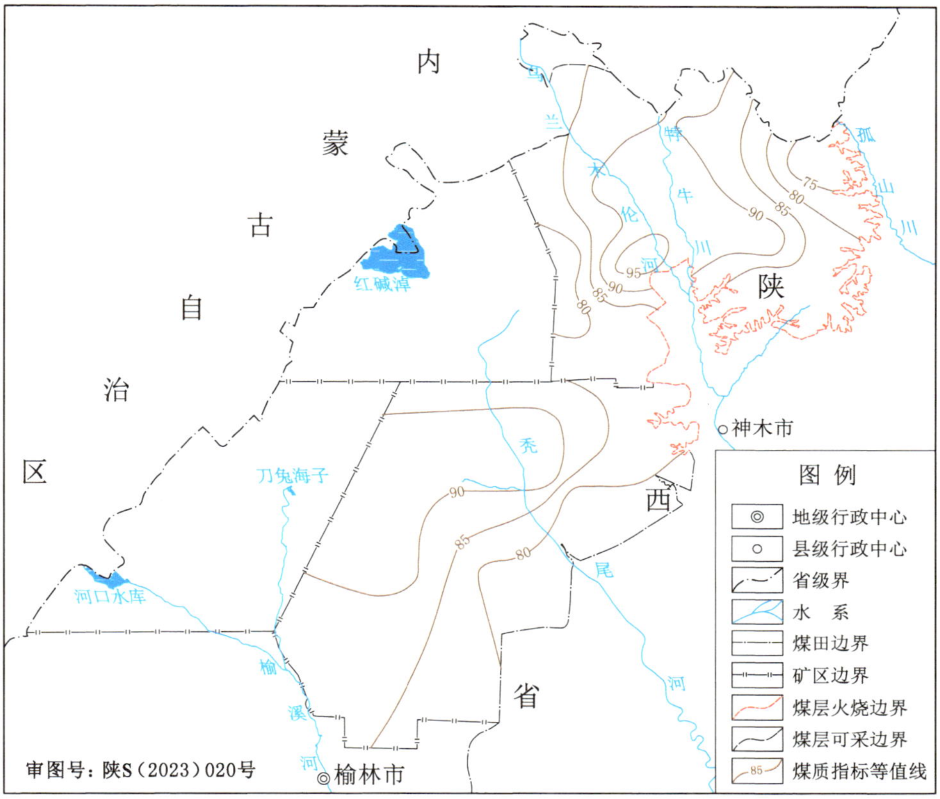

图 6-2-21 陕北侏罗纪煤田 5 号煤层煤对 CO_2 反应性等值线图

表 6-2-75 陕北侏罗纪煤田主要可采煤层热稳定性(T_{s+6})成果表 单位：%

煤层号	神府矿区		榆神矿区
	新民矿区	神北矿区	
2^{-2}(Ⅲ)	73(2)	70.4～86.4 76.2(12)	84.2～97.5 90.7(13)
3^{-1}(Ⅳ)	73(1)	53.0～85.1 72.8(20)	85.5～97.9 91.7(12)
5^{-1}	70(4)		
5^{-2}		80.9～84.5 81.5(9)	
5^{-3}(Ⅸ)			83.3～97.0 91.5(10)

(3) 抗破碎强度

主要可采煤层抗破碎强度综合平均值为 78.0%～91.0%，均属高强度煤，见表 6-2-76。

表 6-2-76 陕北侏罗纪煤田主要可采煤层抗破碎强度成果表 单位:%

煤层号	神府矿区		榆神矿区
	新民矿区	神北矿区	
2^{-2}(Ⅲ)	85.0(4)	78.0(6)	$\frac{82\sim89}{87(5)}$
3^{-1}(Ⅳ)	84.7(13)	85.0(10)	$\frac{80\sim88}{84(2)}$
5^{-1}	85.8(14)		
5^{-2}		91.0(8)	
5^{-3}(Ⅸ)			$\frac{72\sim89}{84(4)}$

6.2.4.3 可选性

1. 筛分浮沉试验

(1) 筛分试验

据 8 个(2^{-2}煤层 5 个、3^{-1}煤层 2 个、5^{-1}煤层 1 个)生产大样筛分测试结果(表 6-2-77)可知:2^{-2}、3^{-1}煤层随着粒级的减小,各粒级的产率也随之减小,灰分产率随着粒级的减小,除 0.5~0 mm 粒级灰分产率有所增大以外,其余粒级也随之减小;5^{-1}煤层随着粒级的减小,各粒级的产率也随之减小,除 3~0.5 mm、0.5~0 mm 粒级灰分产率有所增大以外(7.78%~19.42%),其余粒级灰分产率变化不大,均在 5.0%左右。

表 6-2-77 陕北侏罗纪煤田主要可采煤层生产大样筛分试验成果表

粒级/mm	榆神矿区(5 个)			朱盖塔(四门沟)(2 个)			榆家梁(1 个)		
	煤层号	产率/%	A_d/%	煤层号	产率/%	A_d/%	煤层号	产率/%	A_d/%
>100		19.00~71.20	5.01~14.18		26.5~60.3	3.56~27.62		37.1	5.16
100~50		7.50~56.11	5.59~13.52		8.3~16.1	4.30~23.66		23.7	4.60
50~25		5.60~17.65	4.82~11.79		9.0~14.9	4.33~23.41		12.7	4.86
25~13	2^{-2}	5.30~13.12	4.61~9.11	3^{-1}	8.0~10.7	4.68~21.40	5^{-1}	9.9	4.79
13~6		4.00~9.30	4.58~9.25		6.0~10.2	4.50~21.81		8.0	4.82
6~3		3.60~11.37	4.90~9.85		4.5~9.5	4.54~22.33		5.0	4.97
3~0.5		1.80~14.32	6.34~11.93		2.9~8.9	9.66~22.57		2.4	7.78
0.5~0		1.00~4.78	10.82~23.12		1.0~3.2	15.04~41.07		1.2	19.42

(2) 浮沉试验

可选性采用 GB/T 16417—2011 进行评定,选用±0.1 含量法对上述煤层进行评定,其结果见表 6-2-78。2^{-2}煤层分选密度为 1.5,±0.1 产率为 3.06%~10.09%,属易选~中等可选煤;浮煤灰分为 3.60%~5.45%,浮煤回收率为 84.38%~97.15%,属优等。3^{-1}煤层选用分选密度为 1.5,±0.1 产率为 2.45%~3.90%,属易选煤;浮煤灰分为 3.47%~4.20%,浮煤回收率为 77.6%~96.49%,属优等。5^{-1}煤层选用分选密度为 1.5,±0.1 产率为 4.55%，属易选煤；浮煤灰分为 4.61%，浮煤回收率为 97.63%，属优等。

表 6-2-78 陕北侏罗纪煤田主要可采煤层生产大样浮沉试验成果表

矿区	煤层号	分选密度	±0.1 产率/%	等级	A_d/%	浮煤回收率/%	级别
榆神矿区	2^{-2}	1.5	3.06～10.09(5)	易选～中等可选	3.60～5.45(5)	84.38～97.15(5)	优等
朱盖塔	3^{-1}	1.5	2.45～3.90(2)	易选	3.47～4.20(2)	77.60～96.49(2)	优等
榆家梁	5^{-1}	1.5	4.55(1)	易选	4.61(1)	97.63(1)	优等

2. 钻孔简易可选性试验

(1) 简易筛分

据 40 个（2^{-2}煤层 11 个、3^{-1}煤层 10 个、5^{-1}煤层 6 个、5^{-2}煤层 7 个、5^{-3}煤层 6 个）简易可选性筛分测试结果（表 6-2-79）可知：2^{-2}煤层随着粒级的减小，各粒级的产率也随之减小，灰分产率 13～6 mm 粒级为 4.96%～11.87%，6～3 mm 粒级为 4.55%～10.90%，3～0.5 mm粒级为 5.60%～12.59%；3^{-1}煤层随着粒级的减小，各粒级的产率也随之减小，灰分产率 13～6 mm 粒级为 3.61%～10.69%，6～3 mm 粒级为 3.23%～9.08%，3～0.5 mm 粒级为 3.58%～12.01%；5^{-1}煤层随着粒级的减小，各粒级的产率也随之减小，各粒级灰分产率为 4.48%～9.61%；5^{-2}煤层随着粒级的减小，各粒级的产率也随之减小，各粒级灰分产率为 4.56%～12.61%；5^{-3}煤层随着粒级的减小，各粒级的产率也随之减小，各粒级灰分产率为 3.21%～13.44%。

表 6-2-79 陕北侏罗纪煤田主要可采煤层简易可选性筛分试验成果表

矿区	煤层号	样品数	13～6 mm		6～3 mm		3～0.5 mm	
			产率/%	A_d/%	产率/%	A_d/%	产率/%	A_d/%
新民矿区	2^{-2}	1	63.00	4.96	18.6	5.38	13.10	6.29
	3^{-1}	1	63.80	5.81	18.1	5.90	12.30	5.79
	5^{-1}	6	52.17～64.10	4.55～7.99	18.09～23.62	4.48～8.03	10.08～21.51	4.94～9.61
神北矿区	2^{-2}	2	58.80～69.20	7.99～9.96	16.60～19.30	6.79～8.29	10.70～16.20	6.74～8.22
	3^{-1}	3	54.30～59.20	3.61～6.35	22.30～26.23	3.56～6.10	13.80～17.38	4.62～6.44
	5^{-2}	7	11.90～60.26	4.56～11.28	20.86～45.18	4.61～10.29	12.59～29.37	5.58～12.61
榆神矿区	2^{-2}	8	42.47～67.86	5.11～11.87	17.14～27.59	4.55～10.90	11.00～20.52	5.60～12.59
	3^{-1}	6	48.73～60.32	3.64～10.59	21.21～29.93	3.23～9.08	12.50～18.28	3.58～12.01
	5^{-3}	6	47.60～63.00	3.21～13.44	20.67～28.60	3.75～11.41	11.67～18.73	4.36～10.86

(2) 可选性评定

简易可选性采用 GB/T 16417—2011 进行评定，选用±0.1 含量法对上述煤层进行评定，其结果见表 6-2-80。2^{-2}煤层选用分选密度级 1.5，±0.1 产率为 7.3%～18.9%，属易选～中等可选煤；浮煤灰分为 3.52%～5.84%，浮煤回收率为 78.72%～96.90%，属优等。3^{-1}煤层选用分选密度级 1.5，±0.1 产率为 1.9%～9.9%，属易选煤；浮煤灰分为 2.40%～4.80%，浮煤回收率为 88.90%～99.10%，属优等。5^{-1}煤层选用分选密度级 1.5，±0.1 产率为8.4%～15.6%，属易选～中等可选煤；浮煤灰分为5.0%～6.54%，浮煤回收率为91.78%～96.80%，属优等。5^{-2}煤层选用分选密度级1.5，±0.1产率为4.6%～13.1%，属易选～中等可选煤；浮煤灰分为4.06%～6.00%，浮煤回收率为89.14%～97.88%，属优等。5^{-3}煤层选用分选密度级1.5，±0.1产率为3.4%～9.4%，属易选煤；浮煤灰分2.90%～4.43%，浮煤回收率92.87%～95.60%，属优等。

表6-2-80　陕北侏罗纪煤田5号煤层简易可选性浮沉试验成果表

矿区		煤层号	样品数	密度级	±0.1产率/%	等级	A_d/%	浮煤回收率/%	级别
神府矿区	新民矿区	2^{-2}	1	1.5	7.3	易选	4.20	96.90	优等
		3^{-1}	1	1.5	6.7	易选	4.80	90.90	优等
		5^{-1}	6	1.5	8.4～15.6	易选～中等可选	5.00～6.54	91.78～96.80	优等
	神北矿区	2^{-2}	2	1.5	12.9～13.9	中等可选	4.80～5.20	87.60～91.20	优等
		3^{-1}	3	1.5	3.4～8.3	易选	3.50～4.63	94.67～99.10	优等
		5^{-2}	7	1.5	4.6～13.1	易选～中等可选	4.06～6.00	89.14～97.88	优等
榆神矿区		2^{-2}	8	1.5	8.9～18.9	易选～中等可选	3.52～5.84	78.72～94.72	优等
		3^{-1}	6	1.5	1.9～9.9	易选	2.40～4.45	88.90～98.60	优等
		5^{-3}	6	1.5	3.4～9.4	易选	2.90～4.43	92.87～95.60	优等

6.2.4.4　煤的综合利用

1. 直接液化

从区内各主要可采煤层煤质特征分析可知，神北矿区和榆神矿区2号、3号煤资源量大，镜质组+半镜质组含量相对较高，其平均值均大于55%，灰分平均值小于8%，挥发分平均值均大于37%，氢含量平均值都在5%以上，碳含量平均值在82%左右，H/C原子比为0.73～0.76，氧含量平均值在11%左右，煤对二氧化碳反应性平均值都在80%以上，最高可达95%，通过与液化用煤特性及区内液化试验（金鸡滩矿2号煤、兔尾河东区电站矿3号煤、榆神矿区黑龙沟3号煤和神北矿区拧条塔2号煤）的煤质指标相比较，上述指标均达到或超过液化用煤的要求，是适于直接液化的原料用煤，且榆神矿区2号、3号煤更优于神北矿区2号、3号煤，以往试验结果表明转化率最高可达92.4%，油收率最高可达65.8%。但区内各煤惰质组含量较高，平均值一般在35%～45%，加之煤灰软化温度低，大部分小于1 250 ℃，是影响煤液化的2个不利因素。此外，榆林地区有丰富的天然气资源，若用天然气制氢较用煤制氢经济效益更好。

2. 气化

从上面的煤质指标可知，区内各煤层灰分平均值在8%以下，硫分在0.7%以下，挥发分为37%左右，发热量为26～28 MJ/kg，角质层厚度为0，抗破碎强度大于80%，煤对二氧化碳反应性（1 100 ℃）都在80%以上，热稳定性（S_{T+6}）大于60%，煤灰软化温度（ST）多数大于1 150 ℃，除软化温度偏低外，其他指标均满足或超过了常压固定床煤气发生炉用煤质量要求[灰分一级不大于18%、煤灰软化温度（灰分一级不大于18%时）要求ST≥1 150 ℃、全硫不大于2%、发热量大于21 MJ/kg、角质层厚度无搅拌小于12 mm、煤对二氧化碳反应性越高越好、粒度下限大于10～15 mm、抗破碎强度（>25 mm）大于60%、热稳定性大于60%

等]。煤灰软化温度虽偏低，但灰分平均值在8%以下，灰在反应层中的“浓度”相应比较小，加之灰成分中 CaO 含量较高，能起到降低熔融灰黏度的作用，区内以往试验（大砭窑5号煤、四门沟3号煤及新民矿区榆家梁3号煤）成果表明不会造成炉内严重结渣或炼炉现象，炉内气化平稳，煤气质量好，各煤层均是很好的气化用煤。煤气化所得的合成气通过催化反应，由 $CO+H_2$ 或 CO_2+H_2 可合成甲醇。煤制气和甲醇转化是煤化工的初级原料，通过有关工艺处理后可合成甲酸、乙酸及合成氨等。

3. 铁合金专用焦

神木煤经低温干馏后，制得的半焦经测试具有灰分低、硫分低、发热量高、化学活性高、比电阻值大等优点，已成功地用于铁合金生产。在生产专用焦的过程中还副产相当数量的焦油和煤气，是煤化工的原料产品。

4. 制备超纯煤

该区原煤灰分平均值大都在8%以下，一般用常规方法可使浮煤灰分降低到3%以下，且浮煤回收率大都在80%左右，是制备超纯煤的理想原料煤。中国矿业大学（北京）以榆家梁煤为原料，用常规酸碱法脱灰制得灰分为0.34%的超纯煤。该区煤中含量最多的是以硅、铝、钙、铁等元素组成的矿物，这些矿物经酸碱脱灰处理后浸出率都很高，以各元素的氧化物计，其脱出率均在90%以上，而残留在超纯煤中的主要是一些难以脱除的黄铁矿、二氧化钛及反应过程中沉淀的氟化物。此法对煤中有机质的元素组成和残余煤灰的熔融性没有不利的影响，如脱灰处理后水分、挥发分降低2%左右，固定碳增加6%左右，碳含量增加3%左右，氧含量增加2%左右，发热量增加1%左右，软化温度稍有提高。

5. 制备水煤浆

国内外水煤浆制备的生产实践表明，对制浆有显著影响的是煤的水分（M_{ad}）和可磨性指数（HGI），用 $D=7.5+0.5M_{ad}-0.05HGI$ 评定。该区煤的 D 值应为8.5～9.5，属难成浆煤，主要是内在水分偏高所致。通过有关研究表明：该区煤中有液态吸附水（层间水）、羟基结构水和束缚吸附水三种赋存状态。吸附水当温度超过100 ℃便可蒸发出来；羟基结构水是以化合方式与煤中矿物质结合，又称结合水，一般在200 ℃以上才能分解析出，若是高岭土中的结合水，其分解温度高达560 ℃以上；束缚吸附水键压缩紧密，更难分解。可见通过对煤加热改性使部分水分和官能团脱出，则可降低煤的成浆难度，提高煤浆浓度。

6.2.5 黄陇侏罗纪煤田

6.2.5.1 化学性质

1. 工业分析

(1) 水分

黄陇侏罗纪煤田主要可采煤层原煤水分为0.80%～12.18%，综合平均值为2.43%～8.12%；浮煤水分为0.59%～11.84%，综合平均值为2.98%～7.24%。详见表6-2-81。在平面上具有明显的分区性，黄陵矿区主采煤层水分含量相对较低，永陇矿区主采煤层水分含量相对较高，反映出了煤的变质程度越高，水分含量越低，水分含量与煤变质程度呈负相关关系。

表 6-2-81 黄陇侏罗纪煤田主要可采煤层水分(M_{ad})含量表

矿区	黄陵矿区	焦坪矿区	旬耀矿区	彬长矿区	永陇矿区
煤层号	2	4^{-2}	4^{-2}	8(4)	3(下)
原煤水分/%	0.80～4.71 2.43(423)	1.21～9.96 5.09(314)	3.12～10.65 6.98(67)	1.27～8.08 4.28(216)	3.47～12.18 8.12(109)
浮煤水分/%	0.59～5.72 2.98(423)	1.88～11.01 5.63(314)	2.70～11.84 7.24(66)	2.40～8.08 4.73(212)	2.91～11.10 6.52(109)

(2) 灰分

黄陇侏罗纪煤田原煤灰分为3.34%～39.57%,综合平均值为15.05%～17.07%,平均值为低中灰煤;浮煤灰分为2.17%～20.20%,综合平均值为5.45%～6.31%。详见表6-2-82。煤中矿物质的多少决定着煤层灰分的大小,灰分产率随矿物含量的增高而增大。平面变化规律:黄陵矿区南-西南角灰分含量偏高,有少量中～中高灰煤,北部地区为低灰煤;焦坪矿区西北角有少量中高灰煤,北部、西部及中东部大部分地区为低中灰煤;旬耀矿区东部分布少量低灰煤,其余大部分地区为低中灰煤,中灰煤仅分布在西部边缘地带;彬长矿区东部灰分偏高为中灰煤,其余大部地区为低～低中灰煤。

表 6-2-82 黄陇侏罗纪煤田主要可采煤层灰分(A_d)含量表

矿 区	黄陵矿区	焦坪矿区	旬耀矿区	彬长矿区	永陇矿区
煤层号	2	4^{-2}	4^{-2}	8(4)	3(下)
原煤灰分/%	3.34～39.57 16.35(423)	6.84～38.55 16.00(314)	7.50～32.63 17.07(67)	8.87～35.94 15.05(216)	8.49～39.32 16.58(109)
浮煤灰分/%	2.66～13.25 6.31(423)	2.17～20.20 6.20(314)	3.38～10.05 5.91(66)	3.59～13.79 6.05(212)	3.06～9.30 5.45(109)

(3) 挥发分

黄陇侏罗纪煤田主要可采煤层原煤挥发分产率为25.06%～45.09%,综合平均值为32.74%～36.65%,属中高～高挥发分煤;浮煤挥发分产率为22.01%～42.56%,综合平均值为33.42%～37.55%。详见表6-2-83。煤的挥发分产率除了和煤的变质程度有关外,还与煤岩类型的组成有一定的关系。由表6-2-84可知,原煤挥发分随镜质组+壳质组含量的增高而增大。

表 6-2-83 黄陇侏罗纪煤田主要可采煤层干燥无灰基挥发分(V_{daf})成果表

矿 区	黄陵矿区	焦坪矿区	旬耀矿区	彬长矿区	永陇矿区
煤层号	2	4^{-2}	4^{-2}	8(4)	3(下)
原煤挥发分/%	30.11～42.00 34.23(423)	25.06～45.09 36.53(314)	28.09～43.90 36.65(67)	27.10～37.14 32.74(217)	26.26～41.56 34.60(109)
浮煤挥发分/%	30.03～40.22 34.10(423)	22.01～42.56 37.55(314)	30.06～41.77 37.01(66)	27.62～37.74 33.42(212)	26.87～42.31 33.94(109)

表 6-2-84　黄陇侏罗纪煤田主要可采煤层原煤挥发分与镜质组＋壳质组含量关系表

矿　区	黄陵矿区	焦坪矿区	旬耀矿区	彬长矿区	永陇矿区
煤层号	2	4^{-2}	4^{-2}	8(4)	3(下)
原煤挥发分/%	34.23	36.53	36.65	32.74	34.60
镜质组＋壳质组含量/%	47.8	50.3	51.9	31.9	44.7

(4) 固定碳和燃料比

黄陇侏罗纪煤田主要可采煤层干燥无灰基固定碳综合平均值为 64.50%～68.06%，属中等～中高固定碳煤。燃料比为 1.77%～2.08%，反映了该煤田各煤层为低变质烟煤的特征。详见表 6-2-85。

表 6-2-85　黄陇侏罗纪煤田主要煤层干燥无灰基固定碳和燃料比含量表

矿　区	黄陵矿区	焦坪矿区	旬耀矿区	彬长矿区	永陇矿区
煤层号	2	4^{-2}	4^{-2}	8(4)	3(下)
固定碳/%	66.26	64.50	64.90	68.06	67.16
燃料比	1.94	1.77	1.77	2.08	1.94

2. 有害元素

(1) 硫分

① 全硫

黄陇侏罗纪煤田主要可采煤层原煤全硫含量为 0.08%～5.85%，综合平均值为 0.44%～2.09%。永陇矿区主采煤层原煤全硫含量最低，为特低硫煤；其次是黄陵矿区和彬长矿区，煤层硫分含量相对较低，为低硫煤；焦坪矿区和旬耀矿区相对较高，为中～中高硫煤。浮煤全硫含量为 0.07%～2.30%，综合平均值为 0.27%～1.06%。其中，黄陵矿区、彬长矿区和永陇矿区主采煤层浮煤全硫综合平均值均小于 0.50%，详见表 6-2-86。平面变化规律：黄陵矿区除西-西南角分布有少量中高硫煤及低中～中硫煤外，其余大部分地区为特低～低硫煤；焦坪矿区除北部、中东部及西南部分布有少量孤立的中～中高硫煤外，其余大部分地区为特低～低硫煤；旬耀矿区西南部硫分偏高，为中～中高硫煤，东部硫分偏低，为低～低中硫煤；彬长矿区西部、西南、东部及东南角硫分偏高，为中～中高硫煤，矿区中部及北部硫分逐渐降低，为特低～低硫煤。

表 6-2-86　黄陇侏罗纪煤田主要可采煤层全硫($S_{t,d}$)含量表

矿区	黄陵矿区	焦坪矿区	旬耀矿区	彬长矿区	永陇矿区
煤层号	2	4^{-2}	4^{-2}	8(4)	3(下)
原煤全硫含量/%	$\frac{0.14\sim3.65}{0.61(373)}$	$\frac{0.13\sim5.85}{1.67(314)}$	$\frac{0.22\sim4.59}{2.09(60)}$	$\frac{0.08\sim3.61}{0.71(198)}$	$\frac{0.07\sim2.26}{0.44(109)}$
浮煤全硫含量/%	$\frac{0.07\sim1.30}{0.41(359)}$	$\frac{0.16\sim1.81}{0.77(314)}$	$\frac{0.21\sim2.30}{1.06(56)}$	$\frac{0.07\sim0.93}{0.27(77)}$	$\frac{0.10\sim1.08}{0.27(65)}$

② 各种硫

黄陇侏罗纪煤田主要可采煤层各种硫含量均以硫化铁硫为主，综合平均值为0.19%～1.22%；有机硫次之，综合平均值为0.18%～0.73%；硫酸盐硫少量，综合平均值为0.03%～0.06%。详见表6-2-87。

表6-2-87 黄陇侏罗纪煤田主要可采煤层各种硫含量成果表

矿 区	煤层号	硫酸盐硫 $(S_{sd})/\%$	硫化铁硫 $(S_{p.d})/\%$	有机硫 $(S_{od})/\%$
黄陵矿区	2	0～0.52 0.05(100)	0～2.50 0.51(100)	0.04～1.06 0.31(100)
焦坪矿区	4^{-2}	0.01～0.22 0.06(14)	0.02～4.05 1.22(14)	0.08～2.35 0.73(14)
旬耀矿区	4^{-2}	0～0.42 0.06(38)	0.06～3.96 1.13(38)	0.03～1.92 0.67(36)
彬长矿区	8(4)	0～0.08 0.03(63)	0.04～2.29 0.55(64)	0.02～1.16 0.28(63)
永陇矿区	3(下)	0.01～0.21 0.03(37)	0～1.46 0.19(37)	0～0.75 0.18(37)

(2) 磷分

黄陇侏罗纪煤田主要可采煤层原煤磷分含量为0～0.497%，综合平均值为0.017%～0.091%，属低～中磷煤。详见表6-2-88。除黄陵矿区为中磷煤外，其余矿区均为低磷煤，整个煤田变化规律为由东北向西南磷分含量有逐渐降低的趋势。

表6-2-88 黄陇侏罗纪煤田主要可采煤层磷分含量表/%

矿区	黄陵矿区	焦坪矿区	旬耀矿区	彬长矿区	永陇矿区
煤号	2	4^{-2}	4^{-2}	8(4)	3(下)
原煤磷分含量/%	0～0.497 0.091(293)	0.004～0.100 0.026(20)	0.001～0.071 0.017(35)	0.003～0.110 0.019(95)	0.001～0.112 0.017(109)
浮煤磷分含量/%	0～0.188 0.070(59)	0.009～0.083 0.026(7)	0.024～0.047 0.036(2)	0.004～0.025 0.013(9)	0.001～0.087 0.011(50)

(3) 其他有害元素

黄陇侏罗纪煤田主要可采煤层有害元素中：

① 砷：各主要可采煤层砷含量为0～5.3×10^{-5}，综合平均值为2.9×10^{-6}～1.09×10^{-5}。焦坪矿区和旬耀矿区平均含量大于7×10^{-6}，其余均小于7×10^{-6}，属1～3级含砷煤。

② 氟：各主要可采煤层氟含量为1×10^{-6}～5.04×10^{-4}之间，综合平均值为5.8×10^{-5}～1.1×10^{-4}。

③ 氯:各主要可采煤层氯含量为 0.006%～0.259%,综合平均值为 0.024%～0.085%,属特低氯～低氯煤。由东北部的黄陵矿区到西南部的永陇矿区,氯含量逐渐降低。详见表 6-2-89。

表 6-2-89 黄陇侏罗纪煤田主要可采煤层砷、氯、氟含量表

矿区	煤层号	砷/×10^{-6}	氟/×10^{-6}	氯/%
黄陵矿区	2	0～30.8 2.9(144)	13～382 83(110)	0.010～0.259 0.085(107)
焦坪矿区	4^{-2}	1～33 7.6(13)	32～300 110(13)	0.005～0.216 0.074(14)
旬耀矿区	4^{-2}	2～53 10.9(7)	17～120 58(15)	0.001～0.240 0.036(16)
彬长矿区	8(4)	0.5～20.3 3.7(90)	1～96 79(43)	0.008～0.100 0.033(80)
永陇矿区	3(下)	0～11 3.0(76)	7～504 69(80)	0.006～0.066 0.024(80)

3. 元素分析

黄陇侏罗纪煤田主要可采煤层原煤碳含量综合平均值为 81.07%～84.46%;氢含量综合平均值为 4.60%～5.14%;氮含量综合平均值为 0.81%～1.20%;氧含量综合平均值为 8.95%～13.52%。碳含量的高低与煤的变质程度呈正相关关系,即煤中碳含量越高,煤变质程度也相对较高;反之,煤变质程度就相对较低。碳含量与氧含量呈反相关关系,碳含量较高,则氧含量较低,反之,则氧含量就高。平面上,黄陵矿区、彬长矿区主要可采煤层碳含量相对较高,与煤的变质程度基本相一致。详见表 6-2-90。

表 6-2-90 黄陇侏罗纪煤田主要可采煤层元素分析成果表

矿区	煤层号	C_{daf}/%	H_{daf}/%	N_{daf}/%	O_{daf}/%
黄陵矿区	2	81.44～88.33 84.46(214)	4.16～6.26 5.14(214)	0.71～1.62 1.20(139)	4.92～13.16 8.95(139)
焦坪矿区	4^{-2}	77.19～88.99 81.41(38)	4.14～5.62 5.05(38)	0.70～3.97 0.88(38)	8.86～14.39 11.28(38)
旬耀矿区	4^{-2}	78.09～84.13 81.51(53)	4.41～6.67 5.10(53)	0.74～1.30 0.98(53)	8.70～13.81 11.14(44)
彬长矿区	8(4)	82.01～86.32 84.20(133)	4.19～5.25 4.62(133)	0.67～1.08 0.85(133)	7.34～12.20 10.12(126)
永陇矿区	3(下)	73.53～84.02 81.07(80)	3.08～4.97 4.60(80)	0.75～1.00 0.81(80)	11.06～17.27 13.52(80)

6.2.5.2 工艺性能

1. 黏结性

黄陇侏罗纪煤田主要可采煤层黏结指数为0～78，属不黏结～中强黏结煤。其中黄陵矿区属不黏结～中强黏结煤；焦坪矿区和彬长矿区属不黏结～弱黏结煤；旬耀矿区和永陇矿区属不黏结煤。黏结指数高低与煤类有一定关系，黄陵矿区黏结指数为5～78，煤类以弱黏结煤为主，少量1/2中黏煤和气煤；其余矿区煤层黏结指数为0～28，煤类均属长焰煤、不黏煤到弱黏煤，见表6-2-91。

表 6-2-91 黄陇侏罗纪煤田主要可采煤层黏结指数成果表

矿　区	黄陵矿区	焦坪矿区	旬耀矿区	彬长矿区	永陇矿区
煤层号	2	4^{-2}	4^{-2}	8(4)	3(下)
黏结指数	5～78(278)	0～28(49)	0～11(53)	0～24(158)	0(88)

2. 发热量

黄陇侏罗纪煤田主要可采煤层原煤干燥基低位发热量为17.13～31.66 MJ/kg，综合平均值为23.94～27.93 MJ/kg。其中，黄陵矿区原煤干燥基低位发热量综合平均值为26.80 MJ/kg，焦坪矿区为27.93 MJ/kg，旬耀矿区为23.94 MJ/kg，彬长矿区为26.84 MJ/kg，永陇矿区为25.29 MJ/kg。黄陇侏罗纪煤田主要可采煤层原煤干燥基高位发热量变化为18.16～32.74 MJ/kg，综合平均值为25.07～29.03 MJ/kg，属中～高热值煤。其中，黄陵矿区原煤干燥基高位发热量综合平均值为27.89 MJ/kg，焦坪矿区为29.03 MJ/kg，旬耀矿区为25.07 MJ/kg，彬长矿区为27.83 MJ/kg，永陇矿区为26.32 MJ/kg。详见表6-2-92。

表 6-2-92 黄陇侏罗纪煤田主要可采煤层发热量成果表

矿　区	黄陵矿区	焦坪矿区	旬耀矿区	彬长矿区	永陇矿区
煤层号	2	4^{-2}	4^{-2}	8(4)	3(下)
$Q_{net.d}$ /(MJ·kg^{-1})	$\frac{21.25～31.66}{26.80(370)}$	$\frac{18.91～31.49}{27.93(314)}$	$\frac{21.51～26.20}{23.94(57)}$	$\frac{20.60～29.68}{26.84(211)}$	$\frac{17.13～28.56}{25.29(102)}$
$Q_{gr.d}$/(MJ·kg^{-1})	$\frac{22.34～32.74}{27.89(370)}$	$\frac{20.01～32.59}{29.03(314)}$	$\frac{22.64～27.33}{25.07(57)}$	$\frac{21.58～30.67}{27.83(211)}$	$\frac{18.16～29.59}{26.32(102)}$

在低变质烟煤中煤的发热量与煤中的灰分、碳含量有一定相关关系。煤中灰分低、碳含量高，发热量就高。煤中灰分高，碳含量低，煤的发热量就低。与氧含量则反之。

3. 灰成分与灰熔融性

(1) 灰成分

黄陇侏罗纪煤田主要可采煤层煤灰成分均以SiO_2为主，综合平均值为44.20%～48.91%；Al_2O_3、Fe_2O_3和CaO次之，其中Al_2O_3综合平均值为18.42%～23.37%，Fe_2O_3综合平均值为4.92%～13.33%，CaO综合平均值为10.20%～17.67%；MgO少量。详见表6-2-93。

表 6-2-93 黄陇侏罗纪煤田主要可采煤层灰成分含量表 单位：%

矿区	煤层号	Fe_2O_3	Al_2O_3	SiO_2	CaO	MgO
黄陵矿区	2	1.41～21.49 4.92(208)	8.09～39.42 23.37(208)	20.36～70.40 48.91(208)	0.08～41.51 12.56(208)	0.13～4.84 1.21(208)
焦坪矿区	4^{-2}	1.38～66.69 13.33(86)	5.63～32.19 21.65(86)	19.66～72.12 44.77(86)	0.35～27.89 10.29(86)	0～4.69 1.07(86)
旬耀矿区	4^{-2}	2.08～43.52 13.07(43)	11.02～37.09 20.31(43)	24.93～58.86 44.62(43)	0.92～35.80 10.20(43)	0.15～4.15 1.53(43)
彬长矿区	8(4)	2.69～27.34 8.55(105)	10.74～35.64 18.42(105)	21.15～70.01 44.20(105)	0.46～43.10 17.67(105)	0.06～11.36 2.99(105)
永陇矿区	3(下)	2.33～21.39 8.70(62)	12.38～29.20 18.87(62)	28.33～62.62 45.00(62)	5.30～40.47 17.12(62)	0.60～9.29 1.58(62)

(2) 灰熔融性

黄陇侏罗纪煤田主要可采煤层煤灰熔融性软化温度综合平均值为 1 225～1 295 ℃，属较低～中等软化温度灰。煤灰熔融性的高低与煤灰成分中的 $SiO_2+Al_2O_3$ 含量成正比关系，与 Fe_2O_3 和 CaO 成反比关系。煤中 $SiO_2+Al_2O_3$ 含量越高，煤灰熔融性就越高。而 Fe_2O_3 和 CaO 含量越高，煤灰熔融性就越低。详见表 6-2-94。

表 6-2-94 黄陇侏罗纪煤田主要可采煤层灰熔融性(ST)成果表

矿 区	黄陵矿区	焦坪矿区	旬耀矿区	彬长矿区	永陇矿区
煤层号	2	4^{-2}	4^{-2}	8(4)	3(下)
煤灰熔融性软化温度/℃	1 120～1 500 1 295(195)	1 000～1 400 1 225(86)	1 109～1 410 1 245(42)	1 127～1 460 1 272(111)	1 126～1 440 1 259(69)

4. 低温干馏

黄陇侏罗纪煤田主要可采煤层焦油产率含量为 3.8%～15.7%，综合平均值为 7.3%～9.8%。其中黄陵矿区焦油产率含量较高，平均值为 9.8%；旬耀矿区含量较低，平均 7.3%，均属富油煤。详见表 6-2-95。

表 6-2-95 黄陇侏罗纪煤田主要可采煤层低温干馏焦油产率($T_{ar,d}$)含量表

矿 区	黄陵矿区	焦坪矿区	旬耀矿区	彬长矿区	永陇矿区
煤层号	2	4^{-2}	4^{-2}	8(4)	3(下)
低温干馏焦油产率/%	4.2～14.7 9.8(186)	4.8～15.7 8.1(36)	4.0～9.7 7.3(12)	4.1～11.8 7.5(116)	3.8～11.8 7.7(49)

5. 可磨性

黄陇侏罗纪煤田主要可采煤层可磨性指数为 52～80，综合平均值为 58～77，属较难磨～中等可磨煤。详见表 6-2-96。

表 6-2-96 黄陇侏罗纪煤田主要可采煤层可磨性试验成果表

矿 区	黄陵矿区	焦坪矿区	旬耀矿区	彬长矿区	永陇矿区
煤层号	2	4^{-2}	4^{-2}	8(4)	3(下)
可磨性指数	52～80 65(47)	52.8～61.4 58(18)	55～64 61(20)	54～74 61(54)	76～78 77(2)

6. 气化指标

(1) 煤对 CO_2 反应性

黄陇侏罗纪煤田主要可采煤层煤对二氧化碳反应性：850 ℃时为 2.0%～42.6%，综合平均值为 11.5%～23.1%；950 ℃时为 2.9%～100%，综合平均值为 28.2%～66.7%；1 100 ℃时为 31.0%～100.0%，综合平均值为 60.6%～88.0%，属反应性中等～较强的煤。详见表 6-2-97。

表 6-2-97 黄陇侏罗纪煤田主要可采煤层煤的气化指标成果表

矿区	煤层号	煤对 CO_2 反应性/%			热稳定性/%
		850/℃	950/℃	1 100/℃	T_{S+6}
黄陵矿区	2	2.0～42.6 11.5(69)	2.9～71.0 28.2(69)	31.0～99.0 60.6(69)	82.0～98.0 91.1(11)
焦坪矿区	4^{-2}		21.0～100 66.7(11)	65.1～100 88.0(11)	52.5～90.3 78.3(11)
旬耀矿区	4^{-2}	4.0～35.1 13.1(7)	36.0～81.9 41.1(7)	67.0～99.0 77.1(7)	66.9～79.7 73.9(8)
彬长矿区	8(4)	4.4～41.0 18.7(42)	16.1～73.0 44.0(42)	44.8～100 83.3(42)	61.2～95.7 76.4(25)
永陇矿区	3(下)	11.7～29.0 23.1(28)	36.3～60.9 50.5(28)	82.3～94.5 87.5(28)	45.4～70.5 63.6(18)

(2) 热稳定性

黄陇侏罗纪煤田主要可采煤层热稳定性值为 45.4%～98.0%，综合平均值为 63.6%～91.1%，属较高～高热稳定性煤。详见表 6-2-97。

6.2.5.3 可选性

1. 筛分浮沉试验

黄陇侏罗纪煤田主要可采煤层共采集 4 个生产大样，分别是黄陵矿区 2 号煤层 2 个，焦坪矿区 4^{-2} 号煤层 1 个，彬长矿区 8(4) 号煤层 1 个，其生产大样筛分试验结果见表 6-2-98。

表 6-2-98 黄陇侏罗纪煤田主要可采煤层生产大样筛分试验成果表

粒级 /mm	黄陵矿区				焦坪矿区		彬长矿区	
	苍村平硐 (2 号煤层)		双龙煤矿 (2 号煤层)		前河-西背塔精查报告 (4^{-2}号煤层)		水帘沟煤矿 [8(4)号煤层]	
	产率/%	A_d/%	产率/%	A_d/%	产率/%	A_d/%	产率/%	A_d/%
>100	6.44	30.96	2.17	16.21	13.16	12.30	5.70	21.85
100～50	10.80	24.05	6.06	17.93	13.90	12.80	10.70	19.13
50～25	14.23	18.49	16.48	29.73	22.28	15.30	16.00	17.10
25～13	14.98	17.89	15.95	21.46	13.83	14.73	17.40	14.87
13～6	19.62	14.57	10.86		17.52	14.31	15.70	12.62
6～3	11.73	14.66			7.91	16.62	16.90	12.00
3～0.5	13.94	14.93	45.90		4.98	14.62	10.90	12.84
0.5～0	8.24	23.41		22.76	6.79	18.11	6.70	15.42

(1) 筛分试验

① 黄陵矿区苍村平硐生产大样筛分后，>100～6 mm 粒级和 6～0.5 mm 粒级的产率随着粒级的减小而逐渐增大，灰分产率随着粒级的减小而减小。0.5～0 mm 粒级的灰分产率有所增高。

② 黄陵矿区双龙煤矿生产大样筛分后，>100 mm 粒级的产率为 2.17%，100～50 mm 粒级的产率为 6.06%，50～25 mm 粒级的产率为 16.48%，25～13 mm 粒级的产率为 15.95%，13～6 mm 粒级的产率为 10.86%，小于 6 mm 粒级的产率合计为 45.90%，占优势。随着筛子孔径的减小，粒度产率随之升高。在 50～25 mm、25～13 mm、0.5～0 mm 三个粒级中灰分产率较高，分别为 29.73%、21.46%和 22.76%，其余各粒级灰分产率均小于 20%。

③ 焦坪矿区前河-西背塔精查报告中生产大样筛分，50～25 mm 和 13～6 mm 粒级的产率较高，分别为 22.28%和 17.52%；6～3 mm、3～0.5 mm、0.5～0 mm 粒级产率较低，为 4.98%～7.91%；其余粒级产率均在 13%左右。灰分产率变化不大，为 12.30%～18.11%。

④ 彬长矿区水帘沟煤矿生产大样筛分后，>100 mm 粒级和 0.5～0 mm 粒级的产率较小，为 5.7%～6.7%；其余粒级产率为 10.7%～17.4%。灰分产率：>100 mm 粒级为 21.85%，其余粒级变化不大，为 12.00%～19.13%。

(2) 浮沉试验

① 黄陵矿区 2 号煤层

a. 苍村平硐

用中煤含量法评定结果见表 6-2-99：分选密度级 1.40～1.80，中煤产率为 26.53%，属难选煤；浮煤灰分为 5.89%，浮煤回收率为 64.05%，属良等。分选密度级 1.50～1.80，中煤产率为 11.78%，属中等易选；浮煤灰分为 7.68%，浮煤回收率为 78.80%，属优等。

b. 双龙煤矿

可选性采用 GB/T 16417—2011 进行评定，选用±0.1 含量法进行评定，其结果见表 6-2-99。选用 1.50 密度级，±0.1 产率为 15.03%，属中等可选煤；浮煤灰分为 6.83%，浮煤回收率为74.19%，属优等。选用1.60密度级，±0.1产率为7.49%，属易选煤；浮煤灰分为7.90%，浮煤回收率为78.40%，属优等。

表 6-2-99 黄陇侏罗纪煤田主要可采煤层生产大样浮沉试验成果表

密度级	中煤产率/%	等级	A_d/%	浮煤回收率/%	级别	密度级	±0.1产率/%	等级	A_d/%	浮煤回收率/%	级别
苍村平硐2号煤层						双龙煤矿2号煤层					
1.40～1.80	26.53	难选	5.89	64.05	良等	1.50	15.03	中等可选	6.83	74.19	优等
1.50～1.80	11.78	中等易选	7.68	78.80	优等	1.60	7.49	易选	7.90	78.40	优等
前河-西背塔精查报告4^{-2}号煤层											
1.40～1.80	34.23	很难选		61.56	良等						
水帘沟煤矿8号煤层						水帘沟煤矿8号煤层					
1.40～1.80	24.80	难选	6.70	68.43	良等	1.50	19.60	中等可选	8.30	85.95	优等
1.50～1.80	8.50	易选	8.00	85.30	优等	1.60	7.50	易选	9.33	90.88	优等

② 焦坪矿区4^{-2}号煤层

用中煤含量法评定结果见表6-2-99：分选密度级1.40～1.80，中煤产率为34.23%，属很难选煤；浮煤回收率为61.56%，属良等。

③ 彬长矿区水帘沟煤矿8(4)号煤层

a. 用中煤含量法评定结果见表6-2-99：选用密度级1.40～1.80，中煤产率为24.80%，属难选煤；浮煤灰分为6.70%，浮煤回收率为68.43%，属良等；选用密度级1.50～1.80，中煤产率为8.50%，属易选煤；浮煤灰分为8.00%，浮煤回收率为85.30%，属优等。

b. 用±0.1含量法评定结果见表6-2-99：选用1.50密度级，±0.1产率为19.6%，属中等可选煤；浮煤灰分为8.30%，浮煤回收率为85.95%，属优等。选用1.60密度级，±0.1产率为7.5%，属易选煤；浮煤灰分为9.33%，浮煤回收率为90.88%，属优等。

2. 钻孔简易可选性

黄陇侏罗纪煤田主要可采煤层51个简易可选性筛分试验结果表明，随着粒级的减小，产率也逐渐减小，灰分产率为8.07%～28.76%，见表6-2-100。

表 6-2-100 黄陇侏罗纪煤田主要可采煤层简易可选性筛分试验成果表

矿区	煤层号	13～6 mm		6～3 mm		3～0.5 mm	
		产率/%	A_d/%	产率/%	A_d/%	产率/%	A_d/%
黄陵矿区	2	46.57～69.99 (5)	10.71～22.22 (5)	16.12～22.98 (5)	10.97～21.20 (5)	6.48～20.84 (5)	11.39～21.25 (5)
彬长矿区	8(4)	51.46～62.31 (5)	8.83～20.43 (5)	19.23～22.38 (5)	8.07～16.98 (5)	17.50～27.33 (5)	9.26～18.16 (5)
永陇矿区	3(下)	31.25～60.39 (12)	10.34～28.76 (12)	19.61～31.08 (12)	8.55～25.39 (12)	13.81～27.46 (12)	9.42～24.24 (12)

可选性采用GB/T 16417—2011进行评定，选用±0.1含量法进行评定，其结果见

表 6-2-101。选用 1.50 密度级，±0.1 产率为 9.24%～56.22%，属易选～极难选煤；浮煤灰分为 4.92%～12.70%，浮煤回收率为 58.97%～93.43%，属良～优等。选用 1.60 密度级，±0.1 产率为 3.65%～26.02%，属易选～较难选煤；浮煤灰分为 5.56%～14.07%，浮煤回收率为 68.66%～96.30%，属良～优等。

表 6-2-101 黄陇侏罗纪煤田主要可采煤层简易可选性浮沉试验成果表

矿区	煤层号	密度级	±0.1 产率/%	等级	A_d/%	浮煤回收率/%	级别
黄陵矿区	2	1.50	10.26～43.80 (20)	中等～极难选	4.92～12.70 (20)	66.02～90.93 (20)	良～优等
		1.60	4.12～24.00 (20)	易选～较难选	5.56～14.07 (20)	68.66～93.71 (20)	良～优等
旬耀矿区	4^{-2}	1.50	29.50～34.26 (3)	较难选～难选	8.45～10.00 (3)	71.38～82.00 (3)	优等
		1.60	16.00～21.28 (3)	中等可选～较难选	10.00～10.78 (3)	83.01～86.50 (3)	优等
彬长矿区	8(4)	1.50	9.24～49.80 (16)	易选～极难选	5.81～10.96 (16)	62.70～93.43 (16)	良～优等
		1.60	3.65～24.90 (16)	易选～较难选	6.36～13.08 (16)	69.70～96.30 (16)	良～优等
永陇	3(下)	1.50	11.82～56.22 (12)	中等可选～极难选	5.64～10.37 (12)	58.97～89.60 (12)	良～优等
		1.60	4.59～26.02 (12)	易选～较难选	6.10～12.95 (12)	70.17～92.11 (12)	优等

6.2.5.4 综合利用途径

1. 气化用煤

各矿区主要可采煤层煤的灰分综合平均值为 15.05%～17.07%，硫分为 0.44%～2.09%，水分为 2.43%～8.12%，煤灰软化温度为 1 225～1 295 ℃，煤的黏结指数为 0～28（黄陵矿区北部少量气煤黏结指数可达 78），当温度为 1 100 ℃ 时煤对 CO_2 反应性为 60.6%～88.0%，热稳定性 T_{s+6} 为 63.6%～91.1%，发热量 $Q_{gr.d}$ 为 25.07～29.03 MJ/kg，从上面的各项指标看均符合沸腾层发生炉用煤质量要求。

另据黄陵矿区红石崖煤矿 2 号煤层气化试验结果可知，红石崖煤矿 2 号煤层为低灰、特低硫、中磷、高发热量的弱黏煤。经煤气炉试验，当空气流量为 3 500～4 000 Nm^3/h 的条件下能够平移操作连续性好，并能满足生产。煤层热稳定性好、机械强度高、灰熔点较高，使用该煤不需要特别措施和改动现有装置即可使用。根据上述试验结论可知，除旬耀矿区和焦坪矿区部分煤层的硫分过高外，其余各矿区的弱黏煤均符合 3AII-21 型煤气发生炉用煤质量要求。

2. 低温干馏用煤

煤田内各矿区主要可采煤层煤的低温干馏焦油产率平均值为 7.3%～9.8%，均属富油煤。煤的热稳定性 T_{s+6} 均大于 60%，符合低温干馏炼油用煤质量要求。

3. 炼焦用煤

黄陵矿区 2 号煤层主要煤类为弱黏煤和 1/2 中黏煤以及少量气煤，气煤黏结性较强，不能生成致密高强度的焦炭，但黄陵矿业公司用该区弱黏煤及10%气煤和10%～20%肥煤，可生产出合格焦炭。

4. 动力用煤

区内煤层灰分含量较低，硫、磷含量较低，煤的燃点低、火焰长，对船舶、设备以及食品加工不会造成污染和损坏，火力发电也是黄陇侏罗纪煤田煤的使用方向之一。但煤灰软化温度偏低，作为动力锅炉用煤应注意排渣方式。

5. 制备水煤浆

国内外水煤浆的生产实践表明，对制备水煤浆有显著影响的是煤中的水分（M_{ad}）和可磨性指数（HGI），用 $D=7.5+0.5M_{ad}-0.05\mathrm{HGI}$ 和 $C_e=77-1.2D$ 来评定，煤田内煤层 D 值为5.47～7.94，C_e 值为67.47～70.44，属中等成浆煤。

6.3 煤类分布及变质规律

6.3.1 陕北石炭-二叠纪煤田

6.3.1.1 煤变质程度及变质作用类型

1. 府谷矿区

府谷矿区主要可采煤层的镜质组最大反射率为0.61%～0.66%，属Ⅰ～Ⅱ变质阶段的较低变质烟煤，即长焰煤～气煤范畴。其挥发分产率为35.00%～51.56%，垂向上由上部煤层到下部煤层挥发分产率有下降的趋势，见图6-3-1。平面上煤的变质程度由南至北逐渐减弱，煤变质属于区域变质作用类型。

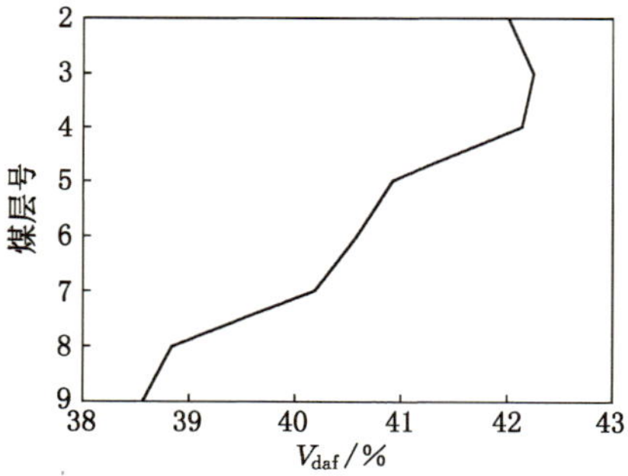

(a) 府谷矿区

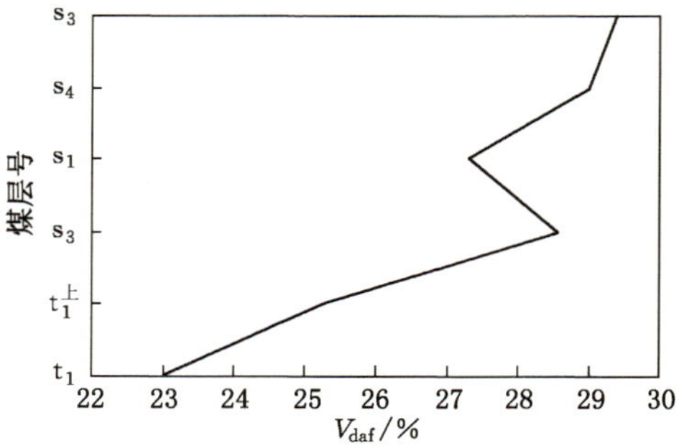

(b) 吴堡矿区

图6-3-1 府谷矿区和吴堡矿区煤层埋深与煤层挥发分变化关系图

2. 吴堡矿区

吴堡矿区主要可采煤层的镜质组最大反射率为1.11%～1.43%，属Ⅳ～Ⅴ变质阶段，以中变质的焦煤为主，次为瘦煤及少量肥煤。其挥发分产率为18.23%～32.61%，垂向上由上部煤层到下部煤层挥发分产率逐渐降低（图6-3-1），镜质组最大反射率则逐渐增高，煤变质属于区域变质作用类型。

6.3.1.2 煤类分布规律

依据《中国煤炭分类》(GB/T 5751—2009),按表征煤化程度的浮煤干燥无灰基挥发分(V_{daf})(900 ℃)和黏结指数(G_{RI})确定煤类。

目前 V_{daf}(850 ℃)已换算成 V_{daf}(900 ℃),换算公式为:

$$V_{daf}(900\ ℃)=1.004\times V_{daf}(850\ ℃)+0.844$$

Y 值换算成 G 值公式:

$$Y = 0.18G + 0.02 \quad (V_{daf} = 10\% \sim 20\%)$$

$$1/Y = 9.38/G - 0.057 \quad (V_{daf} = 20\% \sim 28\%)$$

$$Y = 3.68e^{0.02G} \quad (V_{daf} = 28\% \sim 37\%)$$

$$Y = 3.35e^{0.0207G} \quad (V_{daf} > 37\%)$$

府谷矿区浅部勘查区可采煤层煤类以长焰煤为主,不黏煤、弱黏煤次之,少量气煤。古城子勘查区可采煤层煤类以气煤为主,详见图 6-3-2。

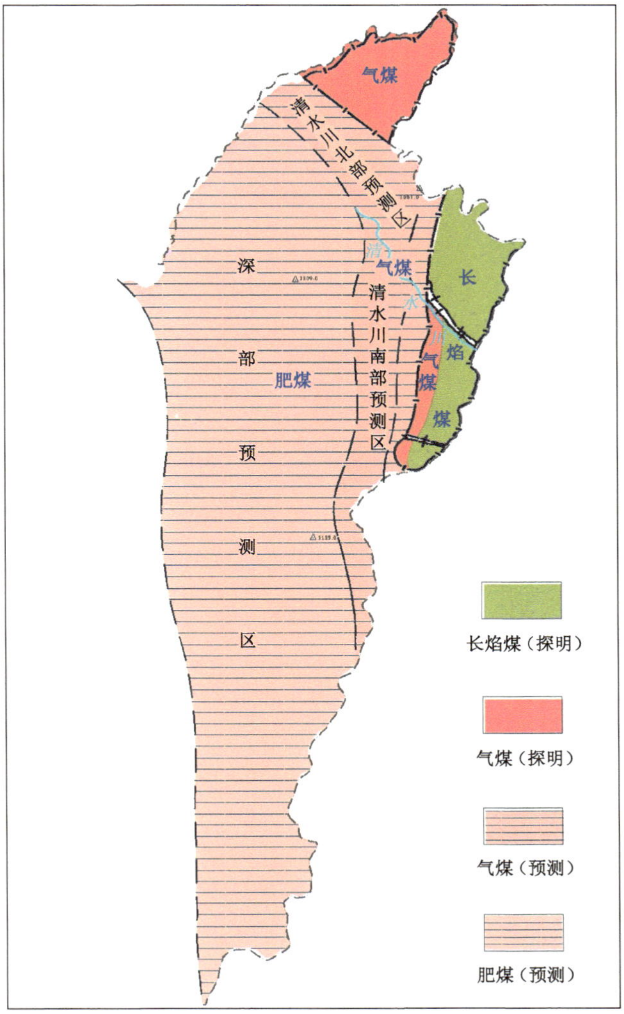

图 6-3-2 陕北石炭-二叠纪煤田府谷矿区煤类分布图

吴堡矿区主要可采煤层煤类以焦煤为主，瘦煤次之，肥煤少量。其中山西组 s_1 煤层以焦煤为主，占 87.13%；肥煤少量，占 12.87%。太原组 t_1 煤层以焦煤为主，占 66.88%；次为瘦煤，占 33.12%。详见图 6-3-3。

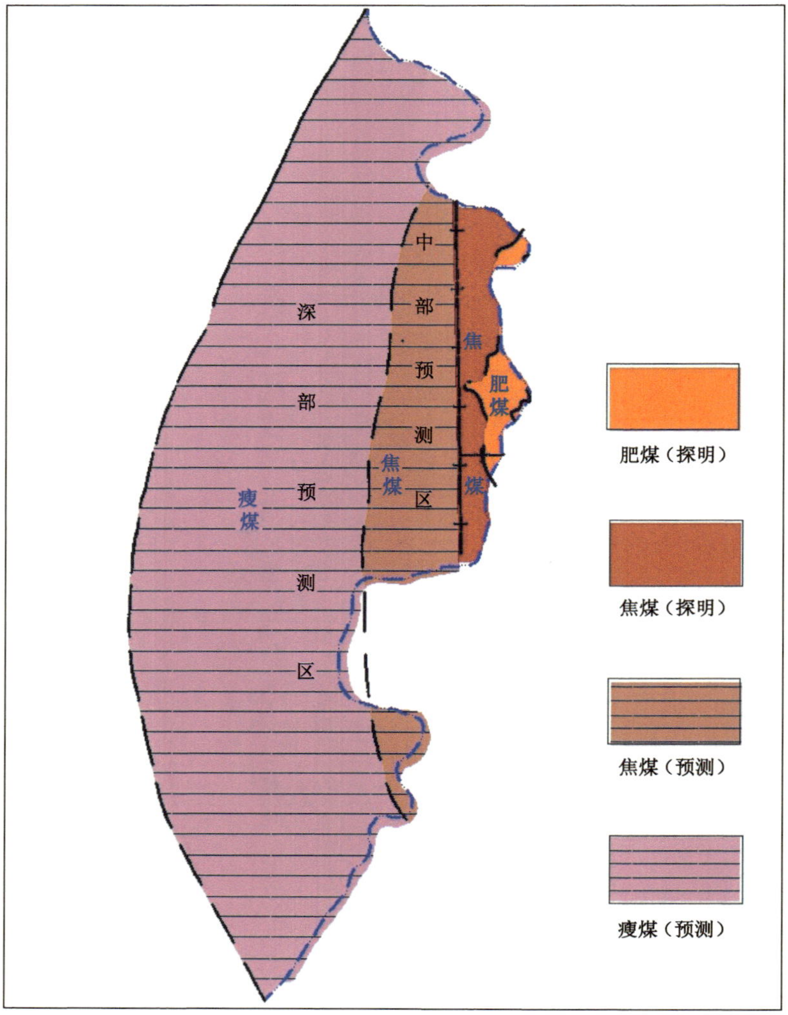

图 6-3-3 陕北石炭-二叠纪煤田吴堡矿区煤类分布图

6.3.2 渭北石炭-二叠纪煤田

6.3.2.1 煤变质程度及变质作用类型

渭北石炭-二叠纪煤田主要可采煤层镜质组最大反射率为 1.29%～2.12%，属Ⅴ～Ⅷ阶段的较高变质烟煤。煤变质规律：垂向上由上部煤层到下部煤层煤的挥发分产率逐渐降低，平面上由浅部到深部煤的挥发分产率也逐渐降低，煤的变质作用属区域变质作用类型。见图 6-3-4。

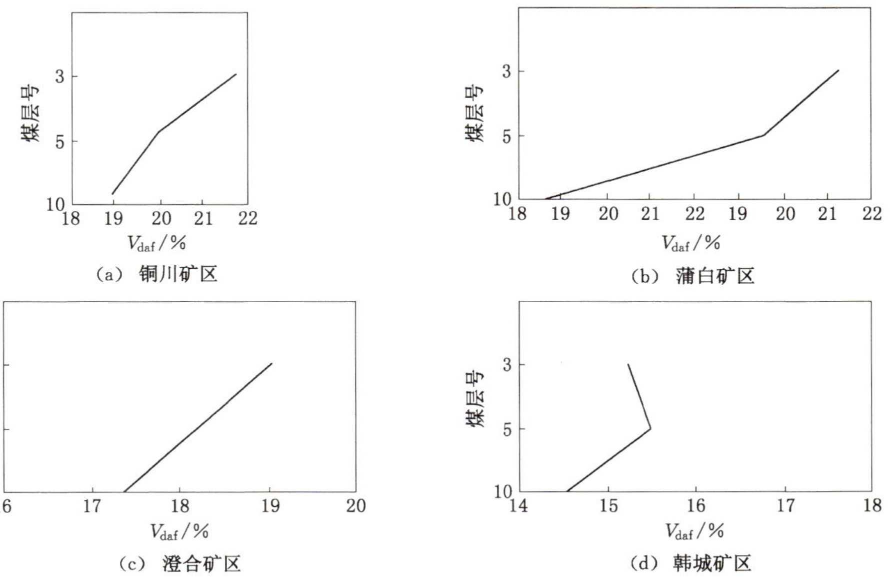

图 6-3-4 渭北石炭-二叠纪煤田各矿区煤层埋深与煤层挥发分变化关系图

6.3.2.2 煤类分布规律

渭北石炭-二叠纪煤田主要可采煤层以中、高变质阶段的烟煤为主，煤类以贫煤、贫瘦煤、瘦煤为主，3 号和 5 号煤层分布有少量焦煤。平面上分布：3 号煤层主要分布在韩城矿区，煤类以贫瘦煤为主，在矿区西南部有少量贫煤，西北部(西高渠)的深部有少量无烟煤。5 号煤层的焦煤零星分布在铜川矿区耀西找煤区的东南部和蒲白矿区的西南角；瘦煤主要分布在蒲白矿区、澄合矿区中部、铜川矿区的东部及耀西找煤区的中部和东部；贫瘦煤主要分布在铜川矿区耀西找煤区的中部和北部以及澄合矿区西部和中部部分地区；贫煤主要分布在韩城矿区，澄合矿区的东部、西北部和铜川矿区耀西找煤区中西部有少量分布。10 号煤层在铜川矿区东部、蒲白矿区和澄合矿区大部分地区分布贫瘦煤；贫煤分布在澄合矿区的东部；焦煤和瘦煤在铜川矿区和澄合矿区的东部有零星分布。11 号煤层主要分布在韩城矿区，煤类以贫煤和贫瘦煤为主，在矿区西北部(西高渠)有无烟煤分布。

煤类分布特点：焦煤一般分布在浅部，瘦煤分布在中深部，贫瘦煤、贫煤及无烟煤分布在深部。垂向上各煤层变质程度自上而下逐渐增高，挥发分逐渐降低，黏结指数也逐渐降低，构成了“希尔特定律”的典型特征。见表 6-3-1 和图 6-3-5。

表 6-3-1 渭北石炭-二叠纪煤田主要可采煤层煤类表

煤层号	V_{daf}/%	G_{RI}	煤类		
			类别	符号	数码
3	7.59～9.40	0	无烟煤	WY	03
	11.19～17.39	0	贫瘦煤	PS	12

表 6-3-1(续)

煤层号	V_{daf}/%	G_{RI}	煤类		
			类别	符号	数码
5	16.09～18.24	0～1.6	贫　煤	PM	11
		5～20	贫瘦煤	PS	12
	10.36～18.52	21～50	瘦　煤	SM	13
		50～62.8	瘦　煤	SM	14
	11.48～15.50	53	瘦　煤	SM	14
	20.19～24.30	>50	焦　煤	JM	24
10	10.42～17.42	10.6～20	贫瘦煤	PS	12
	11.20～18.73	20～52.2	瘦　煤	SM	13
		52.20	瘦　煤	SM	14
11	7.28～9.5	0	无烟煤	WY	03
	11.55～18.05	0	贫　煤	PM	11
	10.74～11.41	10.5～17.4	贫瘦煤	PS	12

6.3.3 陕北三叠纪煤田

6.3.3.1 煤变质程度及变质作用类型

煤田内各煤层煤的变质程度较低，煤的镜质组最大反射率为0.74%～0.76%，属Ⅱ阶段的低变质烟煤及气煤范畴。其挥发分产率为36.73%～45.24%。垂向上由上部煤层到下部煤层煤的挥发分产率逐渐降低，平面上由浅部到深部煤的挥发分产率也逐渐降低，煤的变质作用属区域变质作用类型。见图6-3-6。

6.3.3.2 煤类分布规律

陕北三叠纪煤田主要可采煤层浮煤挥发分为40%左右，黏结指数为65～94，据《中国煤炭分类》(GB/T 5751—2009)为依据，陕北三叠纪煤田瓦窑堡组主要可采煤层煤类比较单一，主要是以气煤(34、44、45)为主，气肥煤(46)少量。

6.3.4 陕北侏罗纪煤田

6.3.4.1 煤变质程度及变质作用类型

主要可采煤层镜质组最大反射率一般为0.46%～0.69%，属Ⅰ～Ⅱ阶段的低变质烟煤类，煤的挥发分产率为29.36%～52.68%，综合平均值为33.26%～38.57%。煤类上部煤层以长焰煤为主，下部煤层以不黏煤和弱黏煤为主，深部出现有少量气煤。垂向上，煤的镜质组最大反射率随着煤层的埋深而逐渐增大，挥发分产率有随着煤层的埋深而逐渐降低的趋势，煤的变质属区域变质作用类型。详见图6-3-7。

6.3.4.2 煤类分布规律

陕北侏罗纪煤田平面变化由东北向西南煤类分布依次是：神府矿区以长焰煤和不黏煤为主；榆神矿区以长焰煤和不黏煤为主，有少量弱黏煤；榆横矿区以不黏煤和弱黏煤为主，

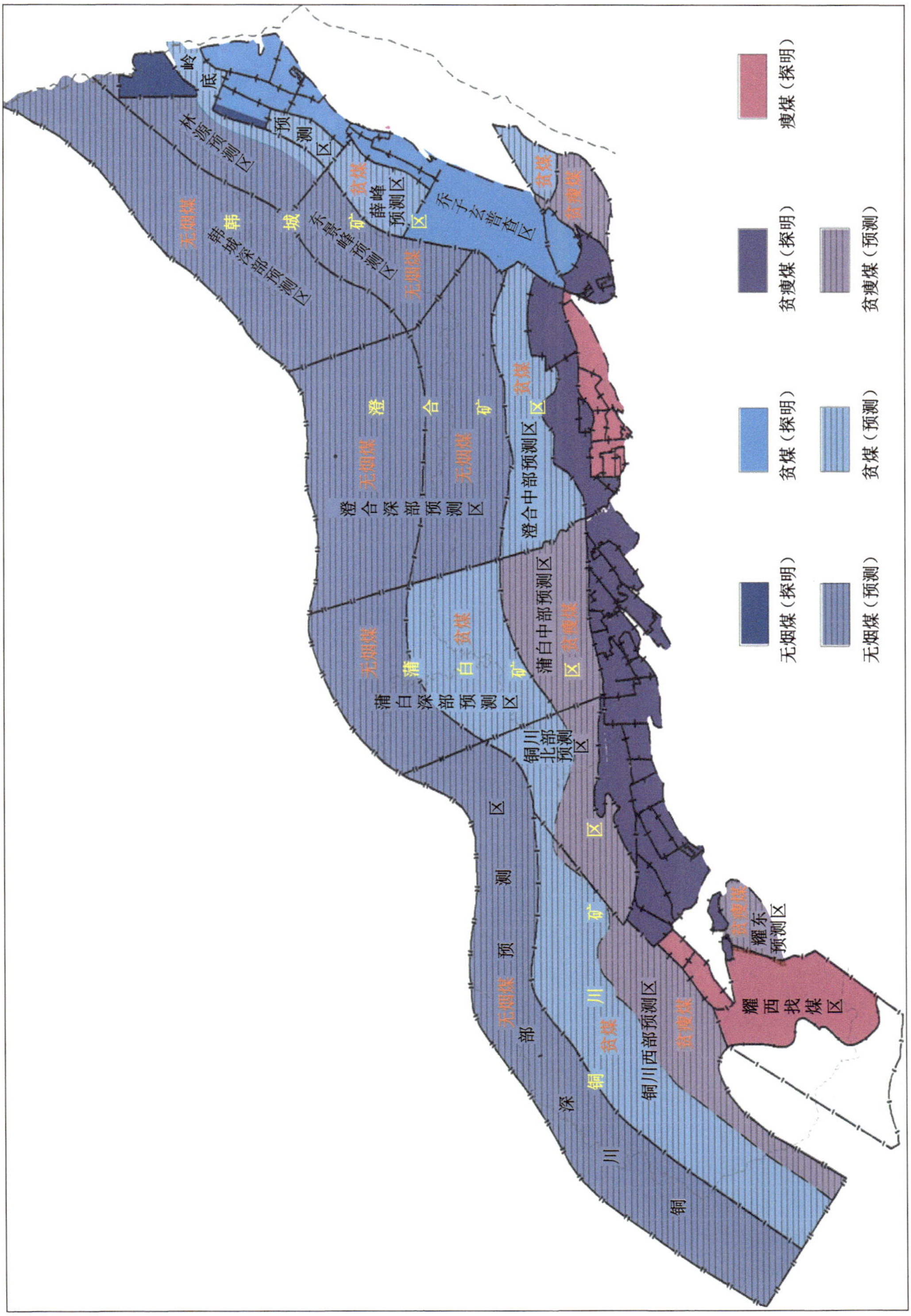

图6-3-5 渭北石炭－二叠纪煤田煤类分布图

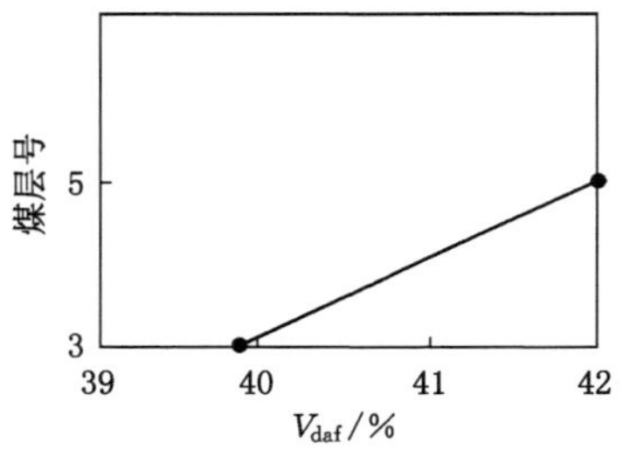

图 6-3-6 陕北三叠纪煤田煤层埋深与挥发分变化关系图

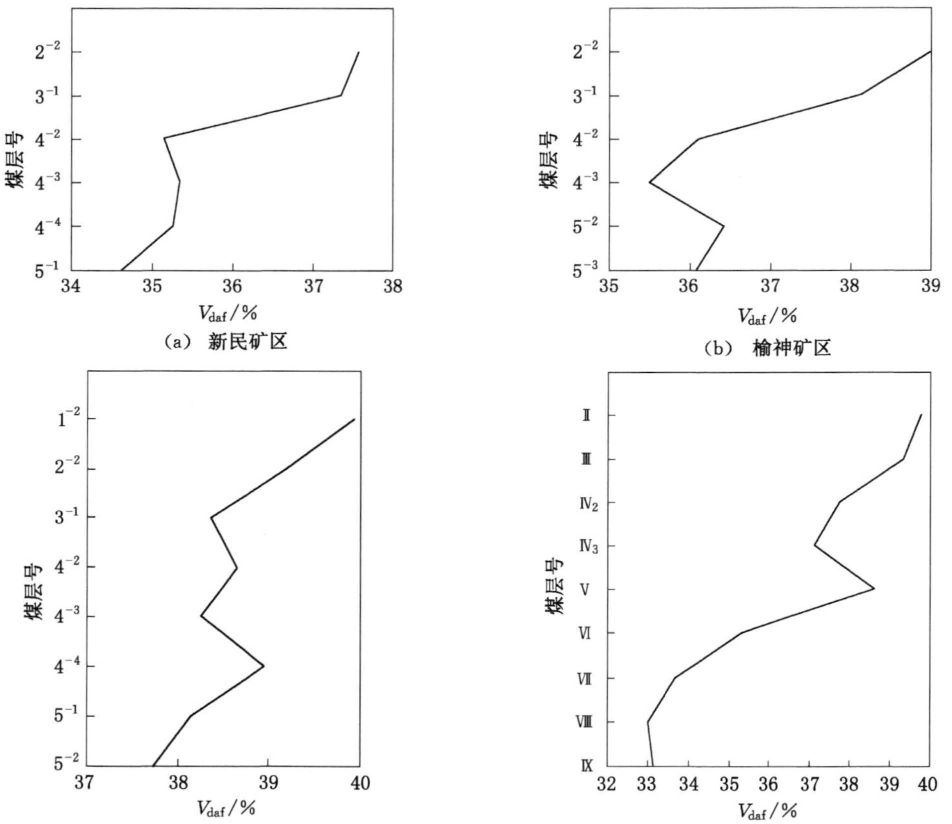

(a) 新民矿区　(b) 榆神矿区　(c) 神北矿区　(d) 榆横矿区

图 6-3-7 陕北侏罗纪煤田各矿区煤层埋深与挥发分变化关系图

长焰煤次之。垂向上煤层变化：神府矿区 2^{-2}、3^{-1}煤层以长焰煤为主，不黏煤次之；5^{-2}煤层以不黏煤为主，局部出现少量长焰煤。榆神矿区 2^{-2}、3^{-1}煤层以长焰煤为主，部分为不黏煤；5^{-3}煤层以不黏煤为主，长焰煤次之，弱黏煤零星分布于西北部。榆横矿区上部Ⅲ(2^{-2})号煤层东北及东南以长焰煤为主，北部局部为弱黏煤；中部Ⅳ(3^{-1})号煤层主要以不黏煤为主，长焰煤次之；下部Ⅸ(5^{-3})号煤层煤类主要为不黏煤，长焰煤少量，弱黏煤主要分布于西南部。煤类分布垂向上表现较为明显，煤的变质程度由浅至深，变质程度有所增高。

6.3.5 黄陇侏罗纪煤田

6.3.5.1 煤变质程度及变质作用类型

黄陇侏罗纪煤田各主要可采煤层煤的镜质组最大反射率为0.52%～0.84%，属Ⅰ～Ⅲ阶段的低变质烟煤，即长焰煤～气煤范畴。煤的变质程度由煤田东北部向西南部有逐渐降低的趋势，各矿区平面上由浅部到深部随着煤层的埋深挥发分有逐渐降低的趋势，变质类型属于区域变质作用类型。

6.3.5.2 煤类分布规律

黄陇侏罗纪煤田由西南至东北煤类分别为：永陇矿区为长焰煤和不黏煤；彬长矿区、旬耀矿区和焦坪矿区均为长焰煤、不黏煤和弱黏煤；黄陵矿区为弱黏煤、1/2中黏煤，其北部地区还出现少量气煤。详见表6-3-2。

表6-3-2 黄陇侏罗纪煤田主要可采煤层煤类表

矿区（煤层号）	浮煤挥发分/%	黏结指数	煤类	
			名称	编号
黄陵矿区（2）	$\frac{30.03\sim40.22}{34.10}$	5～78	弱黏煤	32
			1/2中黏煤	33
			气煤	45
焦坪矿区（4^{-2}）	$\frac{22.01\sim42.56}{37.55}$	0～28	长焰煤	41/42
			不黏煤	31
			弱黏煤	32
旬耀矿区（4^{-2}）	$\frac{30.06\sim41.77}{37.01}$	0～11	长焰煤	41/42
			不黏煤	31
			弱黏煤	32
彬长矿区（8或4）	$\frac{27.62\sim37.74}{32.42}$	0～24	长焰煤	41/42
			不黏煤	31
			弱黏煤	32
永陇矿区（3或$3_下$）	$\frac{26.87\sim42.31}{33.94}$	0	长焰煤	41
			不黏煤	21/31

6.3.6 陕南煤产地

陕南地区分布有石炭纪、二叠纪、三叠纪及侏罗纪时代的煤层，且各时代煤层均零散分布，现按时代进行分述。

6.3.6.1 石炭纪煤

1. 二峪河组

二峪河组分布于山阳二峪河一带，含薄煤层：煤的物理性质为黑色、光泽暗淡、松散易碎，含黄铁矿细粒，滑面发育，参差状、贝壳状断口。煤层的原煤水分平均值为2.62%，灰分平均值为 25.67%，挥发分平均值为 8.74%，全硫平均值为 6.88%，发热量 $Q_{gr.d}$ 值为 16.84～29.62 MJ/kg，平均值为 23.32 MJ/kg，煤灰成分中 SiO_2 平均值为 35.70%，Fe_2O_3 平均值为 43.29%，两者占 78.99%。煤灰熔融性软化温度平均值为 1 065 ℃，煤的热稳定性 T_{s+6} 为 50.0%～82.6%，平均值为 69.9%，抗碎强度为 88.4，固定碳含量为 48.1%～83.62%，平均值为 66.29%。属中灰、高硫、低挥发分、低软化温度、中高固定碳、高强度、较高热稳定性、中热值的无烟煤。详见表 6-3-3 和表 6-3-4。

表 6-3-3 石炭纪二峪河组煤层煤质成果表

时代	组	工业分析			全硫	发热量		煤类
		M_{ad}/%	A_d/%	V_{daf}/%	S_{td}/%	$Q_{gb.d}$/(cal/g)	$Q_{gr.d}$/(MJ/kg)	
石炭纪	二峪河组	1.27～4.84 2.62	3.91～33.26 25.67	2.56～23.46 8.74	0.48～12.84 6.88	4 184～7 243 5 735	16.84～29.62 23.32	无烟煤

注：1 cal＝4.19 J，下同。

表 6-3-4 石炭纪二峪河组煤层煤质成果表

时代	组	灰成分/%		煤灰熔融性	热稳定性	抗破碎	固定碳
		SiO_2	Fe_2O_3	软化温度 ST/℃	T_{s+6}/%	强度	/%
石炭纪	二峪河组	35.7	43.29	1 038～1 270 1 065	50.0～82.6 69.9	88.4	48.1～83.62 66.29

2. 草凉驿群

草凉驿群分布于凤县草凉驿、草滩沟、罗钵庵及太白黄牛河一带，含透镜状煤层。煤的物理性质基本同二峪河组煤层。煤层水分平均值为 4.44%～5.74%，灰分平均值为 20.26%～29.60%，全硫平均值为 0.82%～0.95%，磷分为 0.015%～0.059%，发热量 $Q_{gr.d}$ 值为 24.02～26.25 MJ/kg，煤灰成分中 $SiO_2+Al_2O_3$ 含量平均值为 80.32%～84.40%，煤灰熔融性软化温度平均值为 1 240～1 340 ℃，属中～高灰、低～中硫、低～中磷、较低～中等软化温度、中～高热值的无烟煤。工业用途为气化用煤和动力用煤。详见表 6-3-5 和表 6-3-6。

表 6-3-5 石炭纪草凉驿群煤层煤质成果表

时代	组	煤层号	工业分析		全硫	磷分/%	发热量		煤类
			M_{ad}/%	A_d/%	S_{td}/%		$Q_{gb.d}$/(cal/g)	$Q_{gr.d}$/(MJ/kg)	
石炭纪	草凉驿组	上$_1$	3.53～7.23 4.44	14.03～56.18 29.60	0.37～1.89 0.82	0.008～0.164 0.059	3 185～7 331 5 767	13.23～30.56 24.02	无烟煤
		上$_5$	1.89～7.55 5.74	12.88～39.08 20.26	0.23～2.85 0.95	0.004～0.108 0.015	4 714～7 294 6 305	19.60～30.38 26.25	

表 6-3-6 石炭纪草凉驿群煤层煤质成果表

时代	组	煤层号	灰成分/%		煤灰熔融性
			$SiO_2+Al_2O_3$	CaO+MgO	软化温度 ST/℃
石炭纪	草凉驿组	上$_1$	80.35～88.10 84.40	1.09～3.80 2.60	1 290～1 400 1 340
		上$_5$	66.40～84.75 80.32	1.63～10.96 3.27	1 215～1 400 1 240

6.3.6.2 二叠纪煤

石盒子组煤层分布于商州大荆至洛南兑山一带，有兑山、馒头山、寇村寺坪、焦凹和熊耳山等矿点，含煤 1～7 层，其中 3 层可采。煤的物理性质为黑色、灰黑色，粉末状，碎块状，局部为块状、易碎、暗淡及油脂光泽，含星散状或结核状黄铁矿，夹有薄厚不等的泥灰岩，泥质岩及细砂岩透镜体。煤层密度为 1.46～1.80 g/cm^3，平均为 1.60 g/cm^3，煤层节理及滑动面发育，煤体破碎。煤层灰分为 22.02%～62.28%，平均为 35.50%～50.50%，挥发分为 10.77%～36.91%，平均为 22.50%～26.50%，全硫为 0.77%～7.47%，平均为 2.50%～3.09%，发热量 $Q_{gr.d}$ 平均为 12.25～16.48 MJ/kg。煤的元素分析中，C_{daf} 含量较高，在 84.17%～88.00%，O_{daf} 含量较低，在 1.44%～9.18%，煤灰成分中以 SiO_2 和 Al_2O_3 为主，两者含量多在 60%以上，煤灰熔融性软化温度(ST)为 1 250 ℃左右，胶质层厚度 Y 为 0～38 mm，属高灰、中高～高硫、中等挥发分、较低～中等软化温度灰、不黏结～中等黏结、低热值的煤。其中以焦煤为主，肥煤次之，部分地区有少量气煤。

据中^2 煤层工业试验结果可知：以 1.5 密度液获得浮煤回收率为 5.9%～33.4%，一般为 15%～20%，属低等回收率；浮煤灰分为 4.4%～23.5%，比原煤降低 50%～75%，硫含量为 0.6%～3.8%，与原煤近似，其可选性极差。其影响因素主要是赋存于煤中的黏土类矿物杂质所致，这些矿物与煤粒密度差异不大，多呈细分散状，侵染状分布于煤粒之间，以兑山地区为最高，寺坪一带较低，其中各种硫中有机硫占 50%以上。详见表 6-3-7 和表 6-3-8。

表 6-3-7 石盒子组煤层煤质成果表

时代	组	煤层号	工业分析			全硫	发热量		煤类
			M_{ad}/%	A_d/%	V_{daf}/%	S_{td}/%	$Q_{gb.d}$/(cal/g)	$Q_{gr.d}$/(MJ/kg)	
二叠纪	石盒子组	1	0.65～1.76 1.20	36.79～62.28 50.50	10.77～36.91 26.50	0.77～7.47 3.05	2 615～4 514 3 000	10.64～18.58 12.25	焦煤
		中^2	0.49～2.00 1.20	22.02～55.32 35.50	14.71～30.84 25.50	2.14～4.68 3.09	3 130～6 692 4 000	12.79～27.68 16.43	焦煤 肥煤
		2^{-2}		31.64～52.20 37.50	20.99～26.76 22.50	0.89～3.53 2.50	3 697～5 642 4 000	15.21～23.34 16.48	焦煤 肥煤

表 6-3-8　石盒子组煤层煤质成果表

时代	组	煤层号	元素分析				$SiO_2+Al_2O_3$含量/%	煤灰熔融性软化温度 ST/℃	胶质层 Y/mm
			C_{daf}/%	H_{daf}/%	N_{daf}/%	O_{daf}/%			
二叠纪	石盒子组	1	86.98～87.53 87.20	4.39～5.15 4.98	0.90～1.21 1.00	3.15～4.82 3.00	＞60	1 250	0～38
		中^2	84.17～88.00 86.00	4.39～5.19 4.50	0.92～1.10 1.00	1.44～9.18 4.00			

煤类分布：石盒子组煤层以焦煤和肥煤为主，西部寺坪、焦凹及东部景村一带为肥煤，寺坪以东至大荆一带以及东部景村以西至兑山以东为肥煤，西部大荆以东至大挂一带以及东部兑山、汇槽、拷树凹至馒头山一带为焦煤，馒头山以西、以南为焦煤，最南端有瘦煤分布。

工业用途：炼焦用煤、动力用煤。

6.3.6.3　三叠纪煤

须家河组分布于镇巴一带，在水磨沟井田 2 号煤层为主要可采煤层。

1. 煤的物理性质及煤岩特征

(1) 物理性质：黑色，强玻璃～金刚光泽，发育有滑动面，常见黄铁矿薄膜，条带状结构，块状构造，裂隙发育。

(2) 煤岩特征：以半亮型煤为主，半暗煤及光亮型煤次之。

2. 煤的化学性质及工艺性能

(1) 三叠纪须家河组煤的化学性质及工艺性能详见表 6-3-9 至表 6-3-11。

表 6-3-9　三叠纪须家河组煤层煤质成果表

时代	组	煤层号	工业分析			全硫 S_{td}/%	磷分 /%	胶质层 Y/mm	罗加指数
			M_{ad}/%	A_d/%	V_{daf}/%				
三叠纪	须家河组	2	0.48～1.37 0.93	16.08～46.40 31.57	12.81～22.26 17.02	0.16～2.25 0.51	0.005～0.124 0.048	0	0～6

表 6-3-10　三叠纪须家河组煤层煤质成果表

时代	组	煤层号	元素分析				发热量	
			C_{daf}/%	H_{daf}/%	N_{daf}/%	O_{daf}/%	$Q_{gb.d}$/(cal/g)	$Q_{gr.d}$/(MJ/kg)
三叠纪	须家河组	2	88.56～92.91 91.33	1.00～4.64 4.12	0.90～1.29 1.14	1.14～5.40 2.61	4 184～6 810 5 553	17.44～28.41 23.16

表 6-3-11　三叠纪须家河组煤层煤质成果表

时代	组	煤层号	灰成分/%					煤灰熔融性软化温度 ST/℃
			SiO_2	Fe_2O_3	Al_2O_3	CaO	MgO	
三叠纪	须家河组	2	38.66～64.22 50.10	1.47～13.14 3.91	20.43～32.64 26.46	0.84～26.55 11.61	0.65～9.31 1.86	1 173～1 400 1 337

(2) 煤的可选性

据烂池坪主斜井南回风平巷所采煤层简选样测试结果见表 6-3-12。测试结果表明:2 号煤层采用 1.5～1.8 密度液的中煤含量,1～13 mm 粒级中煤产率为 15.33%～18.18%,属中等可选煤;浮煤回收率为 28.43%～62.97%,属低～良等。

表 6-3-12 烂池坪主斜井回风平巷所采煤层简选样试验结果表

煤层号	粒级/mm	浮煤回收/%	浮煤灰分/%	中煤含量/%	可选性等级
2	6～13	28.43	16.53	16.30	中等可选
	3～6	51.27	15.52	18.18	中等可选
	1～3	62.97	15.19	15.33	中等可选

(3) 煤类

据浮煤挥发分(V_{daf})和胶质层厚度(Y_{mm})测定,2 号煤层属贫煤。黏结性属不黏结～弱黏结。

3. 工业用途

本区 2 号煤层属于贫煤,因煤中灰分偏高,对发热量影响较大,燃烧时火焰短,没有黏结性,受热后不产生胶质体,不能结焦。该煤层可作为一般动力用煤和民用燃料。

6.3.6.4 侏罗纪煤

1. 白田坝组

白田坝组主要分布于镇巴一带,5 号煤层为大部可采煤层,煤质特征详见表 6-3-13 至表 6-3-15。据浮煤挥发分和胶质层厚度值测定,区内 5 号煤层属贫煤。工业用途为动力及民用燃料。

表 6-3-13 白田坝组煤层煤质成果表

时代	组	煤层号	工业分析			全硫	磷分	胶质层	罗加
			M_{ad}/%	A_d/%	V_{daf}/%	S_{td}/%	/%	Y/mm	指数
侏罗纪	白田坝组	5	0.72～2.79 1.26	18.86～55.67 41.27	13.54～23.08 18.61	0.29～3.73 0.71	0.012～0.071 0.036	0	0～14.3 6.7

表 6-3-14 白田坝组煤层煤质成果表

时代	组	煤层号	元素分析				发热量	
			C_{daf}/%	H_{daf}/%	N_{daf}/%	O_{daf}/%	$Q_{gb.d}$/(cal/g)	$Q_{gr.d}$/(MJ/kg)
侏罗纪	白田坝组	5	86.93～92.97 90.80	3.75～4.70 4.34	0.68～1.27 1.04	1.61～2.96 2.41	3 480～7 004 4 779	14.46～29.17 19.89

表 6-3-15 白田坝组煤层煤质成果表

时代	组	煤层号	灰成分/%					煤灰熔融性
			SiO_2	Fe_2O_3	Al_2O_3	CaO	MgO	软化温度 ST/℃
侏罗纪	白田坝组	5	51.92～61.72 56.57	2.76～5.10 3.73	27.77～33.86 29.38	0.53～6.09 3.21	1.08～2.84 1.63	1 395～>1 400 >1 400

2. 勉县群

勉县群主要分布于汉中勉县堰河和紫阳瓦房店至红椿坝等地，5 号煤层为大部可采煤层，煤质特征详见表 6-3-16 和表 6-3-17。据浮煤挥发分和胶质层厚度值测定，区内 5 号煤层煤类属以肥煤为主，有少量气煤。工业用途为炼焦用煤、低温干馏用煤和动力用煤。

表 6-3-16 勉县群煤层煤质成果表

时代	组	工业分析			全硫	磷分	胶质层
		M_{ad}/%	A_d/%	V_{daf}/%	S_{td}/%	/%	Y/mm
侏罗纪	勉县群	0.47～1.39 1.27	16.53～45.27 30.45	27.74～43.41 37.49	0.36～3.13 1.24	0.011～0.065 0.029	32～51 37.5

表 6-3-17 勉县群煤层煤质成果表

时代	组	灰成分/%					煤灰熔融性	焦油产率
		SiO_2	Fe_2O_3	Al_2O_3	CaO	MgO	软化温度 ST/℃	$T_{ar.d}$/%
侏罗纪	勉县群	50.23～61.63 55.62	2.85～14.84 6.17	23.89～41.49 29.18	0.51～6.09 2.75	0.50～3.16 1.77	1 200～1 328	13.15～13.73

7 煤炭资源现状分析

7.1 煤炭资源概况

陕西省煤炭资源丰富，主要分布在渭河以北，有陕北侏罗纪煤田、陕北石炭-二叠纪煤田、陕北三叠纪煤田、黄陇侏罗纪煤田及渭北石炭-二叠纪煤田。秦岭以南地区煤炭资源分布点多，但资源/储量小。全省埋深 2 000 m 以浅含煤面积 56 653.49 km^2，资源/储量 4 074.922 21 亿 t。已完成勘查面积 33 281.66 km^2，预测含煤面积 23 371.83 km^2。根据统计，探获的各级煤炭资源/储量 1815.654 61 亿 t，其中陕北石炭-二叠纪煤田 121.613 02 亿 t、渭北石炭-二叠纪煤田 118.765 45 亿 t、陕北三叠纪煤田 19.801 38 亿 t、陕北侏罗纪煤田 1 380.03636 亿 t、黄陇侏罗纪煤田 174.217 86 亿 t、陕南煤产地 1.220 5 亿 t；保有煤炭资源/储量 1 795.117 06 亿 t，其中陕北石炭-二叠纪煤田 121.406 88 亿 t、渭北石炭-二叠纪煤田 112.961 47 亿 t、陕北三叠纪煤田 19.644 67 亿 t、陕北侏罗纪煤田 1370.660 17 亿 t、黄陇侏罗纪煤田 169.479 92 亿 t、陕南煤产地 0.963 95 亿 t；查明煤炭资源/储量 1 236.616 19 亿 t，其中陕北石炭-二叠纪煤田 121.613 02 亿 t、渭北石炭-二叠纪煤田 89.098 28 亿 t、陕北三叠纪煤田 10.529 76 亿 t、陕北侏罗纪煤田 839.936 73 亿 t、黄陇侏罗纪煤田 174.217 86 亿 t、陕南煤产地 1.220 54 亿 t。煤层埋深 2 000 m 以浅预测资源量 2 259.267 6 亿 t，其中陕北石炭-二叠纪煤田 749.213 1 亿 t、渭北石炭-二叠纪煤田 333.658 1 亿 t、陕北侏罗纪煤田 1 108.790 0 亿 t、黄陇侏罗纪煤田 67.233 6 亿 t、陕南煤产地 0.372 8 亿 t。此外，陕北三叠纪煤田煤类为气煤，煤层厚度 0.4～0.7 m 的煤炭资源单独统计，截至 2008 年年底，完成勘查面积 121.68 km^2，探获煤炭资源/储量为 1.124 09 亿 t；预测煤层埋深 2 000 m 以下含煤面积 274.64 km^2，预测煤炭资源量 2.019 3 亿 t。陕西省煤炭资源分布统计表见表 7-1-1。

渭河以北 5 大煤田的资源/储量大，煤类从低变质长焰煤到高变质无烟煤均有分布。其中陕北侏罗纪煤田以低变质长焰煤、不黏煤为主，陕北三叠纪煤田以中变质气肥煤为主，渭北石炭-二叠纪煤田为高变质的瘦煤至无烟煤，陕北石炭-二叠纪煤田低变质长焰煤、不黏煤和中变质焦煤均有分布。目前陕西省开采的煤炭主要为侏罗纪低变质长焰煤、不黏煤，石炭-二叠纪低变质长焰煤、不黏煤和中高变质贫瘦煤，以及三叠纪中变质气肥煤；陕南煤产地煤类主要为高变质阶段贫煤和无烟煤。

渭河以北 5 大煤田勘查程度较高，目前渭北石炭-二叠纪煤田的中浅部地区、陕北石炭-二叠纪煤田和黄陇侏罗纪煤田煤层埋深 1 000 m 以浅地区及陕北三叠纪煤田和陕北侏罗纪煤田煤层埋深 1 000 m 以浅地区都已勘查；陕南煤产地中浅部地区也已勘查。预测区主要分布在渭北石炭-二叠纪煤田深部地区、黄陇侏罗纪煤田西部地区、陕北侏罗纪煤田的西部地区和陕南煤产地深部地区。

表 7-1-1 陕西省煤炭资源分布统计表

煤田名称	探获			预测		总计	
	面积/km^2	探获资源/储量/万 t	保有资源/储量/万 t	面积/km^2	潜在资源量/万 t	总面积/km^2	总资源量/万 t
陕北石炭-二叠纪煤田	526.12	1 216 130.2	1 214 068.8	3 880.89	7 492 131	4 407.01	8 708 261.2
渭北石炭-二叠纪煤田	2 440.62	1 187 654.5	1 129 614.7	7 447.36	3 336 581	9 887.98	4 524 235.5
陕北三叠纪煤田	8 920.20	198 013.8	196 446.7			8 920.20	198 013.8
陕北侏罗纪煤田	17 508.82	13 800 363.6	13 706 601.7	10 874.72	11 087 900	28 383.54	24 888 263.6
黄陇侏罗纪煤田	3 690.87	1 742 178.6	1 694 799.2	1 146.44	672 336	4 837.31	2 414 514.6
陕南煤产地	195.03	12 205.4	9 639.5	22.42	3 728	217.45	15 933.4
合　计	33 281.66	18 156 546.1	17 951 170.6	23 371.83	22 592 676	56 653.49	40 749 222.1
陕北三叠纪煤田(煤厚 0.4～0.7 m)	121.68	11 240.9	11 168.9	274.64	20 193	396.32	31 433.9

7.2 煤炭资源勘查现状分析

陕西省埋深 2 000 m 以浅含煤面积约 5.6 万多 km^2，占全省面积的 27.7%。自 20 世纪 50 年代以来，陕西煤田地质工作经过几代人的不懈努力，累计查明含煤面积约 3.3 万 km^2（勘查程度为预查及以上），其余约 2.3 万 km^2 为尚未开展地质工作的预测区，探获煤炭资源/储量面积约占总含煤面积的 58.7%。探获煤炭资源/储量 18 156 546.1 万 t，占总资源/储量的 44.6%。其中，勘探资源/储量 6 065 130.1 万 t，详查资源/储量 2 366 242.9 万 t，普查资源/储量 3 934 788.9 万 t，预查资源量 5 790 384.2 万 t。勘探、详查、普查、预查资源/储量分别占已探获资源/储量的 33.4%、13.0%、21.7%、31.9%。详见图 7-2-1 和表 7-2-1。

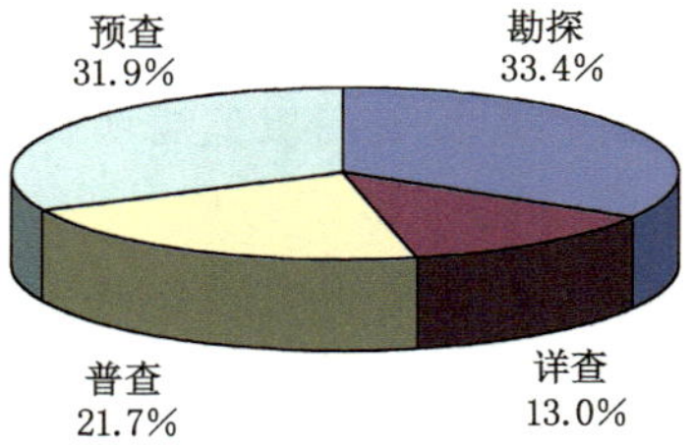

图 7-2-1 陕西省探获煤炭资源/储量勘查程度图

表 7-2-1 陕西省煤田(煤产地)、矿区煤炭资源勘查现状表

煤田	矿区	勘查面积/km²	各勘查程度资源/储量/万 t				
			合计	勘探	详查	普查	预查
陕北石炭-二叠纪煤田	府谷矿区	433.15	1 053 411.2	128 326.0	358 723.2	566 362.0	
	吴堡矿区	92.97	162 719	162 719			
	小计	526.12	1 216 130.2	291 045.0	358 723.2	566 362.0	
渭北石炭-二叠纪煤田	韩城矿区	767.74	646 214.9	102 089.1	34 291.3	266 416.5	243 418.0
	澄合矿区	461.99	290 102.1	176 518.9	113 583.2		
	蒲白矿区	209.50	79 168.4	78 940.8		228.0	
	铜川矿区	1 001.39	172 169.1	76 987.8		41 927.6	53 253.7
	小计	2 440.62	1 187 654.5	434 536.6	147 874.5	308 571.7	296 671.7
陕北三叠纪煤田	子长矿区	8 920.20	198 013.8	24 212.6		81 085.0	92 716.2
陕北侏罗纪煤田	榆神矿区	2 469.59	2 542 307.2	1 935 585.6	372 310.0	234 411.6	
	神府矿区	5 556.73	6 621 786.7	1 641 186.9	944 394.1	2 377 607.7	1 658 598.0
	榆横矿区	9 482.50	4 636 269.7	475 348.6	283 022.2	135 500.6	3 742 398.3
	小计	17 508.82	13 800 363.6	4 052 121.1	1 599 726.3	2 747 519.9	5 400 996.3
黄陇侏罗纪煤田	黄陵矿区	961.26	256 926.8	234 591.3	20 261.0	2 074.5	
	焦坪矿区	389.26	146 890.2	105 957.2		40 933.0	
	旬耀矿区	367.07	121 907.6	50 269.4		71 638.2	
	彬长矿区	1 143.12	854 422.3	728 908.8	87 129	38 384.5	
	永陇矿区	830.16	362 031.7	135 538.7	151 524.0	74 969.0	
	小计	3 690.87	1 742 178.6	1 255 265.4	258 914.0	227 999.2	
陕南煤产地	小计	195.03	12 205.4	7 949.4	1 004.9	3 251.1	
合计		33 281.66	18 156 546.1	6 065 130.1	2 366 242.9	3 934 788.9	5 790 384.2
陕北三叠纪煤田(煤厚 0.4～0.7 m)		121.68	11 240.9	7 705.9		3 535	

7.2.1 陕北石炭-二叠纪煤田

陕北石炭-二叠纪煤田查明含煤面积 526.12 km²,探获煤炭资源/储量 1 216 130.2 万 t。其中,勘探煤炭资源/储量 291 045.0 万 t、详查资源/储量 358 723.2 万 t,普查资源量 566 362.0 万 t。勘探、详查、普查资源/储量分别占探获资源/储量的 23.9%、29.5%、46.6%。详见图 7-2-2 和表 7-2-1。

7.2.2 渭北石炭-二叠纪煤田

渭北石炭-二叠纪煤田查明含煤面积 2 240.62 km²,探获煤炭资源/储量 1 187 654.5 万 t。其中,勘探煤炭资源/储量 434 536.6 万 t、详查资源/储量 147 874.5 万 t,普查资源量 308 571.7 万 t,预查资源量 296 671.7 万 t。勘探、详查、普查、预查资源/储量分别占已探获资

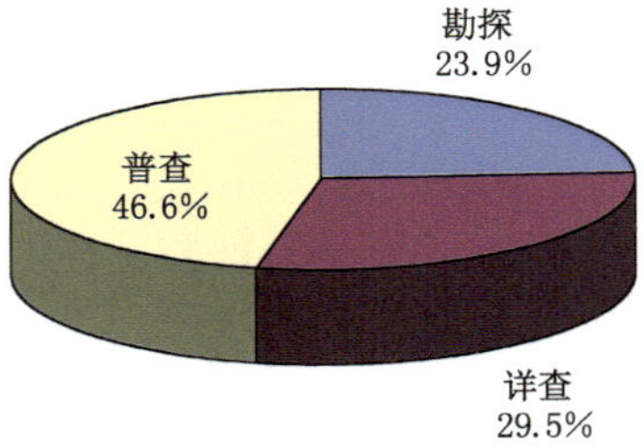

图 7-2-2 陕北石炭-二叠纪煤田探获煤炭资源储量勘查程度图

源/储量的 36.6%、12.4%、26.0%、25.0%。详见图 7-2-3 和表 7-2-1。

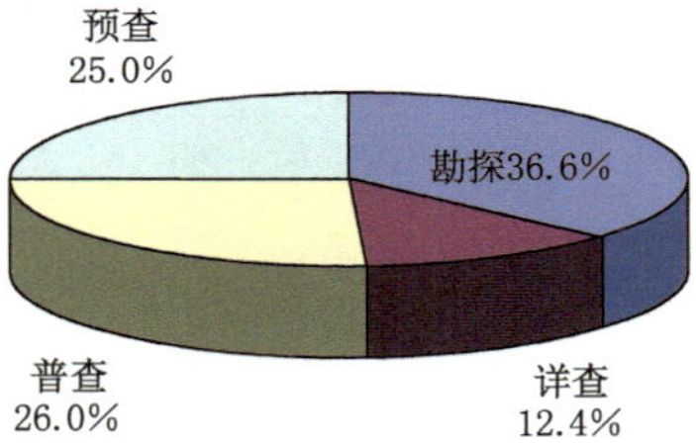

图 7-2-3 渭北石炭-二叠纪煤田探获煤炭资源/储量勘查程度图

7.2.3 陕北三叠纪煤田

陕北三叠纪煤田查明含煤面积 8 920.20 km^2，探获煤炭资源/储量 198 013.8 万 t(不含煤层厚度为 0.4～0.7 m 的资源储量)。其中，勘探煤炭资源/储量 24 212.6 万 t、普查资源量 81 085.0 万 t，预查资源量 92 716.2 万 t。勘探、普查、预查资源/储量分别占已探获资源/储量的 12.2%、41.0%、46.8%。详见图 7-2-4 和表 7-2-1。

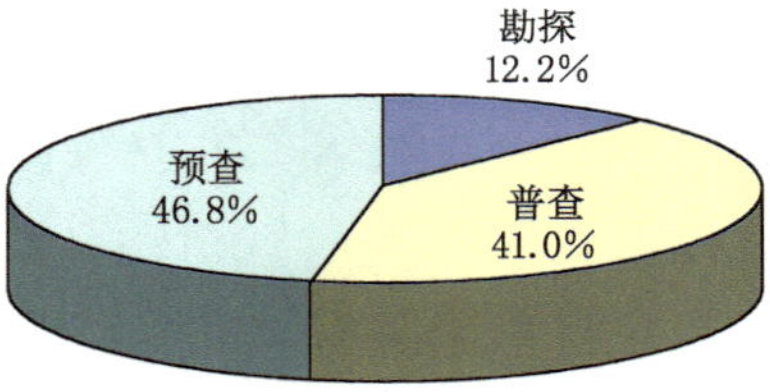

图 7-2-4 陕北三叠纪煤田探获煤炭资源/储量勘查程度图

7.2.4 陕北侏罗纪煤田

陕北侏罗纪煤田查明含煤面积 17 508.82 km^2，探获煤炭资源/储量 13 800 363.6 万 t。其中，勘探煤炭资源/储量 4 052 121.1 万 t、详查资源/储量 1 599 726.3 万 t，普查资源量 2 747 519.9 万 t，预查资源量 5 400 996.3 万 t。勘探、详查、普查、预查资源/储量分别占探获资源/储量的 29.4%、11.6%、19.9%、39.1%。详见图 7-2-5 和表 7-2-1。

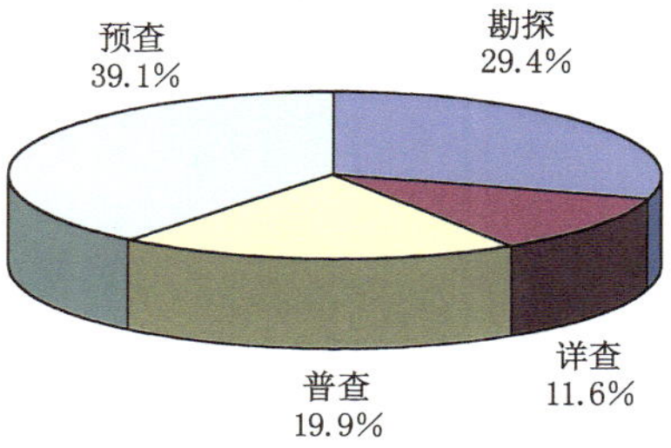

图 7-2-5 陕北侏罗纪煤田探获煤炭资源/储量勘查程度图

7.2.5 黄陇侏罗纪煤田

黄陇侏罗纪煤田查明含煤面积 3 690.87 km²,探获煤炭资源/储量 1 742 178.6 万 t。其中,勘探煤炭资源/储量 1 255 265.4 万 t、详查资源/储量 258 914.0 万 t,普查资源/储量 227 999.2 万 t。勘探、详查、普查资源/储量分别占已查明探获资源/储量的 72.0%、14.9%、13.1%。详见图 7-2-6 和表 7-2-1。

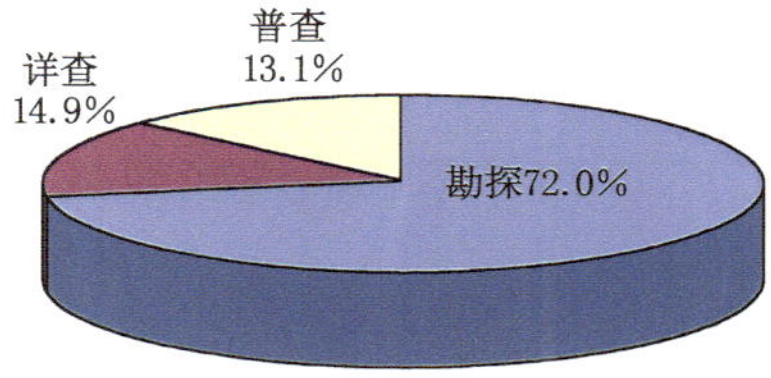

图 7-2-6 黄陇侏罗纪煤田探获煤炭资源/储量勘查程度图

7.2.6 陕南煤产地

陕南煤产地查明含煤面积 195.03 km²,探获煤炭资源/储量 12 205.4 万 t。其中勘探煤炭资源/储量 7 949.4 万 t、详查资源/储量 1 004.9 万 t,普查资源量 3 251.1 万 t。勘探、详查、普查资源量分别占已查明探获资源/储量的 65.1%、8.2%、26.7%。详见图 7-2-7 和表 7-2-1。

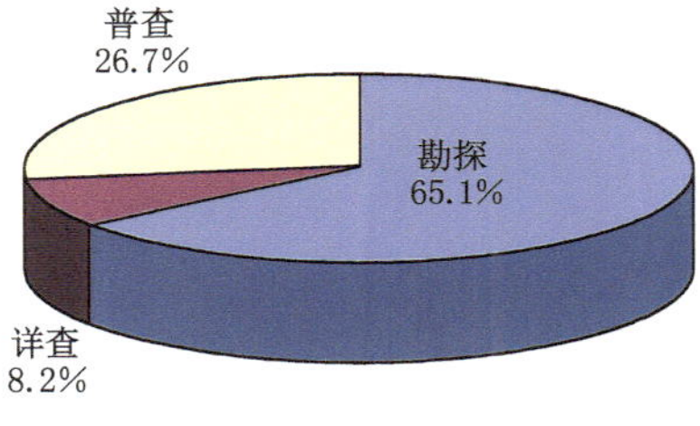

图 7-2-7 陕南煤产地探获煤炭资源/储量勘查程度图

7.3 煤炭资源开采现状

7.3.1 陕西省煤炭资源开采状况

陕西省2016年年底煤矿总数451个，生产能力70 278×10⁴ t/a，实际生产原煤48 929.09×10⁴ t。其中，生产矿井271个，生产能力39 687×10⁴ t/a；在建矿井（包含筹建矿井）139个，生产能力10 311×10⁴ t/a；新建矿井41个，生产能力20 280×10⁴ t/a。生产矿井、在建矿井（包含筹建矿井）、新建矿井的生产能力分别占全省煤矿总生产能力的56.47%、14.67%、28.86%。其中，陕北石炭-二叠纪煤田矿井数量9个，生产能力达2 094×10⁴ t/a；渭北石炭-二叠纪煤田矿井数量68个，生产能力4 584×10⁴ t/a；陕北三叠纪煤田矿井数量41个，生产能力2 675×10⁴ t/a；陕北侏罗纪煤田矿井数量246个，生产能力47 058×10⁴ t/a；黄陇侏罗纪煤田矿井数量74个，生产能力13 621×10⁴ t/a；陕南煤产地矿井数量13个，生产能力246×10⁴ t/a。上述各煤田（煤产地）煤矿生产能力（按照文中提及顺序）分别占全省煤矿总生产能力的2.98%、6.52%、3.81%、66.96%、19.38%、0.35%。其中陕北侏罗纪煤田的生产能力最大、黄陇侏罗纪煤田次之。各煤田（矿区）煤矿数量及生产能力统计见表7-3-1。

表7-3-1 各煤田（矿区）煤矿数量及生产能力统计表

煤田名称	矿区	合计		生产矿井		在建矿井		新建矿井	
		数量/个	生产能力/(万 t/a)	数量/个	生产能力/(万 t/a)	数量/个	生产能力/(万 t/a)	数量/个	生产能力/(万 t/a)
陕北石炭-二叠纪煤田	古城矿区	1	500	0	0	0	0	1	500
	府谷矿区	8	1 594	3	1 039	5	555	0	0
	吴堡矿区	0	0	0	0	0	0	0	0
	小计	9	2 094	3	1 039	5	555	1	500
渭北石炭-二叠纪煤田	韩城矿区	21	1 755	14	1 095	6	360	1	300
	澄合矿区	18	1 551	5	300	11	651	2	600
	蒲白矿区	22	1 038	10	453	12	585	0	0
	铜川矿区	7	240	1	60	6	180	0	0
	小计	68	4 584	30	1 908	35	1 776	3	900
陕北三叠纪煤田	子长矿区	41	2 675	9	905	32	1 770	0	0
陕北侏罗纪煤田	庙哈孤矿区	5	420	1	120	3	180	1	120
	神府新民矿区	151	25 953	121	19 933	26	3 720	4	2 300
	榆神矿区	61	15 565	41	7 090	5	585	15	7 890
	榆横矿区	29	5 120	9	540	13	570	7	4 010
	小计	246	47 058	172	27 683	47	5 055	27	14 320

表 7-3-1(续)

煤田	矿区	合计		生产矿井		在建矿井		新建矿井	
		数量/个	生产能力/(万 t/a)	数量/个	生产能力/(万 t/a)	数量/个	生产能力/(万 t/a)	数量/个	生产能力/(万 t/a)
黄陇侏罗纪煤田	黄陵矿区	28	3 665	17	2 975	11	690	0	0
	焦坪矿区	9	1 110	6	930	3	180	0	0
	旬耀矿区	13	1 116	12	996	0	0	1	120
	彬长矿区	16	5 425	10	2 425	0	0	6	3 000
	永陇矿区	8	2 305	3	685	2	180	3	1 440
	小计	74	13 621	48	8 011	16	1 050	10	4 560
陕南煤产地		13	246	9	141	4	105	0	0
合计		451	70 278	271	39 687	139	10 311	41	20 280

7.3.2 陕西省各地级市煤炭资源开采情况

陕西省各地级市煤矿数量及生产能力统计见表 7-3-2。由表可知，榆林市矿井数量 260 个，生产能力达 49 392×10^4 t/a；延安市矿井数量 64 个，生产能力达 6 100×10^4 t/a；铜川市矿井数量 21 个，生产能力达 1 845×10^4 t/a；渭南市矿井数量 60 个，生产能力达 4 299×10^4 t/a；咸阳市矿井数量 28 个，生产能力达 6 316×10^4 t/a；宝鸡市矿井数量 5 个，生产能力达 2 080×10^4 t/a；汉中市矿井数量 10 个，生产能力达 180×10^4 t/a；商洛市矿井数量 3 个，生产能力达 66×10^4 t/a；安康市现无煤矿开采(安康地区主要为石煤矿开采)。榆林市、延安市、铜川市、渭南市、咸阳市、宝鸡市、汉中市和商洛市的煤矿生产能力分别占全省煤矿总生产能力的 70.28%、8.68%、2.62%、6.12%、8.99%、2.96%、0.26%、0.09%。其中，榆林地区的生产能力最大、其次为咸阳地区。500×10^4 t/a 以上生产能力的矿井 37 个，其中 1 000×10^4 t/a 以上的特大型现代化矿井 18 个，均位于榆林地区。

表 7-3-2 陕西省各地级市煤矿数量及生产能力统计表

地级市	合计		生产矿井		在建矿井		新建矿井	
	数量/个	生产能力/×10^4 t/a	数量/个	生产能力/×10^4 t/a	数量/个	生产能力/×10^4 t/a	数量/个	生产能力/×10^4 t/a
榆林市	260	49 392	177	28 812	55	5 760	28	14 820
延安市	64	6 100	24	3 790	40	2 310	0	0
铜川市	21	1 845	11	1 440	10	405	0	0
渭南市	60	4 299	29	1 848	28	1 551	3	900
咸阳市	28	6 316	19	3 016	2	180	7	3 120
宝鸡市	5	2 080	2	640	0	0	3	1 440
汉中市	10	180	6	75	4	105	0	0
商洛市	3	66	3	66	0	0	0	0
合计	451	70 278	271	39 687	139	10 311	41	20 280

8 煤炭资源潜力预测

8.1 总述

8.1.1 煤炭资源潜力预测依据及方法

8.1.1.1 煤炭资源潜力预测依据

煤炭资源潜力预测依据是《陕西省第三次煤炭资源预测与评价》《鄂尔多斯盆地聚煤规律与资源评价》和其他地质研究成果，近十多年来煤田地质勘查、研究成果和煤矿开采资料，预测区盐井、石油、煤层气等钻孔和地震等资料，以及本次潜力评价开展的各种研究成果。

8.1.1.2 煤炭资源潜力预测方法

煤炭资源潜力预测方法是通过编制矿区及煤田含煤地层等厚线图、主要可采煤层等厚线图、构造纲要图、主要可采煤层煤质图等，分析研究含煤地层、成煤构造、煤层赋存规律和煤质变化规律；运用层序地层学理论研究聚煤盆地规律与控煤构造的成因关系，分析各成煤期古地理面貌及成煤环境；在上述地质分析研究的基础上，采用类比和类推的方法，结合预测区盐井、石油、煤层气等钻孔及地震资料对预测区煤炭资源进行预测。

8.1.2 预测等级划分原则及预测参数的确定

8.1.2.1 潜在资源量的分级

根据煤炭资源潜力预测评价技术要求，结合预测区生产矿井与勘查区生产矿井关系，预测区所处构造位置，结合地质规律分析，参考预测区盐井、石油与煤层气钻孔及地震等资料，将潜在的煤炭资源量分为可靠级潜在煤炭资源量(334-1)、可能级潜在煤炭资源量(334-2)和推断级潜在煤炭资源量(334-3)，具体如下所述。

1. 可靠级潜在煤炭资源量

该级别预测区位于生产矿区或已发现煤炭资源勘查区的周边，处于控煤构造的有利区块，结合成煤古地理图及盐井、石油、煤层气等钻孔及地震资料，确定存在含煤地层和煤层赋存。资源量主要估算参数可直接取得，煤类、煤质可以基本确定。

2. 可能级潜在煤炭资源量

该级别预测区位于控煤构造的比较有利区块，进行过小于1∶25 000煤田地质填图；或少量山地工程、矿点揭露和个别钻孔控制；或较有效的地面物探工作；或可靠级预测区的有限外推地段，结合地质规律分析，确有含煤地层存在，可能有煤层赋存，地质构造格架基本清楚，估算参数与煤类、煤质是推定的。

3. 推断级潜在煤炭资源量

该级别预测区按照区域地质调查或物探、遥感资料，或可能级预测区的有限外推地段，结合聚煤规律推断有含煤地层、可采煤层赋存，估算参数、煤类、煤质等均为推测确定。

8.1.2.2 预测远景区的分类

根据煤炭资源的地质条件、开采技术条件、外部条件和生态环境容量，将预测远景区分为 3 类：有利的预测远景区（Ⅰ类）、次有利的预测远景区（Ⅱ类）和不利的预测远景区（Ⅲ类）。

1. 有利的预测远景区

该预测远景区地质条件和开采技术条件好，外部条件和生态环境优越，煤层埋藏在 1 000 m以浅，煤质优良。

2. 次有利的预测远景区

该预测远景区地质条件和开采技术条件较好，外部条件和生态环境较优越，煤层埋藏在 1 500 m 以浅，煤质较优良。

3. 不利的预测远景区

该预测远景区资源量小，地质条件和开采技术条件复杂，外部条件差，生态环境脆弱，煤层埋藏在 1 500 m 以深。

8.1.2.3 预测单元划分

根据煤炭资源勘查及煤矿开采边界、断层预测赋煤边界及煤层 600 m、1 000 m、1 500 m、2 000 m 煤层埋深线。

8.1.2.4 预测参数的确定

（1）煤层厚度

根据周边勘查区煤层累积厚度等值线，结合煤层厚度变化、分布、最低可采厚度等因素，综合求取煤层厚度平均值；或煤层厚度取钻孔煤层厚度和二维地震解释煤层厚度的平均值。

（2）预测面积

根据确定的预测区边界和煤层倾角通过计算机求得预测。当煤层倾角小于 15°时，利用煤层伪厚度和水平投影面积估算资源量，面积采用平面面积。当煤层倾角大于或等于 15°时，则以煤层的真厚度和斜面面积进行估算。当煤层倾角小于 60°时，在平面投影图上估算资源量；当煤层倾角大于或等于 60°时，则在立面投影图上或立面展开图上进行估算资源量。

（3）煤层视密度

煤层视密度的确定是依据浅部勘查区各煤层视密度的平均值。

（4）预测深度

依据区域构造态势和地震反射波，根据太原组地层底界等高线与侵蚀基准面高程、延安组地层底界等高线与侵蚀基准面高程，结合预测区内煤炭、石油、盐井、煤层气、天然气钻孔及二维地震成果确定预测深度；三叠纪预测区预测深度依据邻近勘查区或煤矿 3 号煤层埋藏深度确定。依据“技术要求”，本次煤炭资源潜力预测评价我国陆上埋深 2 000 m 以浅的煤炭资源，起算深度统一确定为当地侵蚀基准面。

为便于利用和统计，进一步划分为 0～600 m、600～1 000 m、1 000～1 500 m、1 500～2 000 m 4 个深度级。

（5）煤类

根据预测区与勘查区或煤矿开发区边界钻孔煤类指标，按照煤类与深度的关系确定煤类，或根据预测区钻孔测试指标确定煤类。

8.1.2.5 潜在资源量估算方法

1. 基本方法为地质块段法

根据预测区和邻区资料确定估算参数，资源量的计算公式为：

$$Q_K = Shd \tag{8-1-1}$$

式中 Q_K——资源量，10^4 t；

S——块段面积，10^4 m^2；

h——块段煤层平均厚度，m；

d——煤视密度，t/m^3。

2. 资源量原始估值的校正

根据预测区地质构造复杂程度和煤层稳定程度，采用校正系数 β 对原始估量 Q_K 进行校正。校正后的资源量 Q 为：

$$Q = \beta Q_K \tag{8-1-2}$$

式中，β 的取值为：

① 陕北石炭-二叠纪煤田预测区：构造简单，煤层稳定，β 取 1.0～0.8。

② 渭北石炭-二叠纪煤田预测区：构造简单，煤层较稳定，β 取 0.6～1.0。

③ 陕北三叠纪煤田预测区：构造简单，煤层较稳定，β 取 1.0。

④ 陕北侏罗纪煤田预测区：有大量石油、盐井和天然气钻孔资料证实简单构造，煤层稳定，β 取 1.0。

⑤ 黄陇侏罗纪煤田预测区：构造简单-中等，煤层较稳定，β 取 0.6～1.0。

8.1.2.6 潜在资源量统计

潜在资源量按照埋深、级别、类别和煤类进行分类统计。

8.1.3 煤炭资源预测区简况及预测资源量

8.1.3.1 煤炭资源预测区分布、面积及煤类

渭河以北分布有渭北石炭-二叠纪煤田、陕北石炭-二叠纪煤田、陕北三叠纪煤田、黄陇侏罗纪煤田及陕北侏罗纪煤田。目前渭北石炭-二叠纪煤田的中浅部地区、黄陇侏罗纪煤田中部和东部、陕北三叠纪煤田、陕北侏罗纪煤田的中北部和陕北石炭-二叠纪煤田黄河沿线府谷及吴堡都已勘探或开发。预测区主要分布在渭北石炭-二叠纪煤田中深部地区、黄陇侏罗纪煤田西部、陕北侏罗纪煤田的中深部地区，陕北石炭-二叠纪煤田除东部小面积勘探区外，西部大部分为预测区。上述 4 个煤田共预测 31 个区，总面积 23 349.41 km^2，占陕西省预测面积的 99.9%。其中，陕北石炭-二叠纪煤田西部预测区（府谷和吴堡矿区深部）：预测区块 5 个，预测面积 3 880.89 km^2，煤类为气煤、肥煤、焦煤和瘦煤；渭北石炭-二叠纪煤田中深部预测区（韩城、澄合、蒲白和铜川矿区深部）：预测区块 16 个，预测面积 7 447.36 km^2，煤

类为贫瘦煤、贫煤和无烟煤；陕北侏罗纪煤田中深部地区(靖定区)：预测区块 3 个，预测面积 10 874.72 km²，煤类为气煤和弱黏煤；黄陇侏罗纪煤田西部预测区(永陇矿区)：预测区块 7 个，预测面积 1 146.44 km²，煤类为长烟煤/不黏煤。此外，还有陕北三叠纪煤田子长矿区煤厚 0.4～0.7 m 预测区：预测区块 2 个，预测面积 274.64 km²，煤类为气煤，详见表 8-1-1。

表 8-1-1 陕西省潜在煤炭资源煤类汇总表

煤田	矿区	潜在资源量/万 t	煤类/万 t								
			长焰煤/不黏煤	弱黏煤	气煤	肥煤	焦煤	瘦煤	贫瘦煤	贫煤	无烟煤
陕北石炭-二叠纪煤田	府谷矿区	6 053 112			1 567 008	4 486 104					
	吴堡矿区	1 439 019					268 555	1 170 464			
	小计	7 492 131			1 567 008	4 486 104	268 555	1 170 464			
渭北石炭-二叠纪煤田	韩城矿区	1 164 309								283 120	881 189
	澄合矿区	950 392							79 334	278 469	592 589
	蒲白矿区	477 970							142 994	191 649	143 327
	铜川矿区	743 910							186 812	322 420	234 678
	小计	3 336 581							409 140	1 075 658	1 851 783
陕北侏罗纪煤田	靖定区	11 087 900		50 544	11 037 356						
黄陇侏罗纪煤田	永陇矿区	672 336	672 336								
陕南煤产地	小计	3 728				776	1 385	1 107			460
合　计		22 592 676	672 336	50 544	12 604 364	4 486 880	269 940	1 171 571	409 140	1 075 658	1 852 243
陕北三叠纪煤田(煤层厚度为 0.4～0.7 m)		20 193			20 193						

渭河以南秦岭、巴山含煤区，石炭纪、二叠纪、三叠纪、侏罗纪煤田均有含煤地层分布，本次预测依据大地构造分区将秦巴区分为 3 个预测含煤区，即北秦岭煤产地预测区、南秦岭煤产地预测区和上扬子煤产地预测区。除镇巴三叠-侏罗纪煤产地和商洛二叠纪煤产地，依据钻探资料进行了深部预测外，其余煤产地煤层均属不稳定煤层，受构造改造作用强烈，因而只能依据出露矿点及构造特点进行浅部预测。本次陕南煤产地共预测含煤地区(点) 9 个，面积 22.42 km²，占全省预测面积的 0.1%，多为中高变质的肥煤至无烟煤，且煤灰分较高，储量小，分布不集中，工业意义不大。

8.1.3.2 预测煤炭资源量

陕西省煤炭资源丰富，本次预测煤层埋深 2 000 m 以浅含煤面积 23 371.83 km²，预测潜在煤炭资源量 22 592 676 万 t，其中可靠级煤炭资源量 14 485 420 万 t，可能级煤炭资源量 6 986 586 万 t，推断级煤炭资源量 1 120 670 万 t；按煤层埋深划分：600 m 以浅煤炭资源量 450 444 万 t，600～1 000 m 煤炭资源量 1 212 342 万 t，1 000～1 500 m 煤炭资源量 4 787 708 万 t，1 500～2 000 m 煤炭资源量 16 142 182 万 t；按预测远景区类别划分：有利的（Ⅰ类）煤炭资源量 1 584 854 万 t，次有利的（Ⅱ类）煤炭资源量 4 861 912 万 t，不利的（Ⅲ类）煤炭资源量16 145 910 万 t；按煤类划分：长焰煤/不黏煤 672 336 万 t，弱黏煤 50 544 万 t，气煤12 604 364 万 t，肥煤 4 486 880 万 t，焦煤 269 940 万 t，瘦煤 1171571 万 t，贫瘦煤 409 140 万 t，贫煤1 075 658 万 t，无烟煤 1 852 243 万 t。另外，陕北三叠纪煤田预测煤层厚度在 0.4～0.7 m，预测含煤面积 274.64 km^2，预测潜在煤炭资源量 20 193 万 t，煤层埋深 300 m 以浅，煤类为气煤，未统计在预测总量内，详见表 8-1-2。

表 8-1-2 陕西省潜在煤炭资源量汇总表

煤田	矿区	面积/km^2	潜在煤炭资源量/万 t	不同埋藏深度煤炭资源量/万 t				不同级别潜在资源量/万 t			不同类别预测远景区资源量/万 t		
				0～600 m	600～1 000 m	1 000～1 500 m	1 500～2 000 m	334-1	334-2	334-3	Ⅰ类	Ⅱ类	Ⅲ类
陕北石炭-二叠纪煤田	府谷矿区	2 720.04	6 053 112		301 072	1 265 936	4 486 104	1 567 008	4 486 104		301 072	1 265 936	4 486 104
	吴堡矿区	1 160.85	1 439 019			268 555	1 170 464	268 555	1 170 464			268 555	1 170 464
	小计	3 880.89	7 492 131		301 072	1 534 491	5 656 568	1 835 563	5 656 568		301 072	1 534 491	5 656 568
渭北石炭-二叠纪煤田	韩城矿区	1 605.83	1 164 309		283 120	413 042	468 147	451 527	244 635	468 147	283 120	413 042	468 147
	澄合矿区	1 863.84	950 392	43 504	277 171	357 384	272 333	320 675	357 384	272 333	320 675	357 384	272 333
	蒲白矿区	1 194.82	477 970	44 302	98 692	191 649	143 327	142 994	191 649	143 327	142 994	191 649	143 327
	铜川矿区	2 782.87	743 910	61 286	199 730	248 216	234 678	186 812	322 420	234 678	186 812	322 420	234 678
	小计	7 447.36	3 336 581	149 092	858 713	1 210 291	1 118 485	1 102 008	1 116 088	1 118 485	933 601	1 284 495	1 118 485
陕北侏罗纪煤田	靖定区	10 874.72	11 087 900		50 544	1 700 097	9 337 259	11 087 900			50 544	1 700 097	9 337 259
黄陇侏罗纪煤田	永陇矿区	1 146.44	672 336	299 637		342 829	29 870	459 069	213 267		299 637	342 829	29 870
陕南煤产地		22.42	3 728	1 715	2 013			880	663	2 185			3 728
合　计		23 371.83	22 592 676	450 444	1 212 342	4 787 708	16 142 182	14 485 420	6 986 586	1 120 670	1 584 854	4 861 912	16 145 910
陕北三叠纪煤田（煤层厚度 0.4～0.7 m）		274.64	20 193	20 193				9 879	10 314		20 193		

8.1.4 煤炭资源开发利用潜力

8.1.4.1 资源条件及开采技术条件

陕西省渭河以北 5 大煤田均有预测区，本次预测区潜在煤炭资源总量为 22 588 948 万 t，其中煤层埋深 1 000 m 以浅潜在资源量为 1 659 058 万 t，占潜在资源总量的 7.3%。石炭-

二叠纪煤层厚度大，煤层埋深 600～2 000 m，煤类为无烟煤、贫煤、焦煤，硫分相对偏高，潜在资源量 10 828 712 万 t，其中煤层埋深 1 000 m 以浅潜在资源量为 1 308 877 万 t，占石炭-二叠纪煤炭资源潜在资源总量的 12.1%，瓦斯含量大，煤层埋藏深度基本都处于奥灰水水位标高以下，对矿井开采造成威胁。三叠纪煤田煤层埋藏深度小于 300 m，开采技术条件简单，煤类大部分为气煤，煤层厚度小，预测含煤面积小。侏罗纪煤田煤层稳定，潜在资源量 11 760 236 万 t，其中煤层埋深 1 000 m 以浅潜在资源量为 350 181 万 t，占潜在资源总量的 3.0%。其中，陕北侏罗纪煤田煤层埋深 1 000 m 以浅潜在资源量 50 544 万 t，煤类为弱黏煤，开采技术条件简单，1 000～2 000 m 潜在资源量 11 037 356 万 t，煤类为气煤，开采技术条件相对复杂；黄陇侏罗纪煤田煤层埋深 1 000 m 以浅潜在资源量 299 637 万 t，煤类为长焰煤/不黏煤，开采技术条件简单，1 000～2 000 m 潜在资源量 372 699 万 t，煤类为长焰煤/不黏煤，开采技术条件相对复杂。总体评价陕西省煤层埋深 1 000 m 以浅的煤炭开发利用前景较好。

8.1.4.2 外部经济条件

渭北石炭-二叠纪煤田位于关中经济开发带的东北部，是关中经济带的能源基地。预测区南缘浅部已形成了煤矿开发带，逐步形成了以煤炭开采为主，建材、冶金和电力为辅的行业格局。距离关中工业区较近，交通便利，为煤炭运输和销售创造了有利条件，且关中附近的火电厂都使用渭北石炭-二叠纪煤炭，其电厂炉型都是按该区煤质特点设置的，因此勘探开发渭北石炭-二叠纪煤田预测煤炭资源外部条件较好。

陕北延安、榆林、神木、府谷经过这几年的煤炭资源开发，交通条件有了很大的改善，先后建成了西安-包头铁路、神木-朔州铁路、银川-青岛铁路和西安-包头高速公路、银川-青岛高速公路、榆林-商洛高速公路。陕北侏罗纪煤田及三叠纪煤田煤炭资源外运条件较好，为勘探开发靖定中深部预测区煤炭资源提供了良好的外部条件。

黄陇侏罗纪煤田位于关中经济开发带的西北部，煤质优良，是关中经济开发带的能源基地，预测区中北部已形成了煤矿开发带，逐步形成了以煤炭开采为主，发电、炼焦为辅的行业格局。距离宝鸡工业区、国电宝鸡第二发电有限责任公司较近，交通便利，为煤炭运输和销售创造了有利条件，因此黄陇侏罗纪煤田预测煤炭资源外部条件较好。

8.1.4.3 预测区找矿前景

为了加强地质工作，保障煤炭资源供应能力，促进陕西省经济全面、协调和可持续发展，陕西省政府下发了《国务院关于加强地质工作的决定》的实施意见，目的是重点实施公益性、基础性地质调查项目，开展煤炭等战略性矿产预查、普查等基础勘查工作。

8.2 煤田预测分述

8.2.1 陕北石炭-二叠纪煤田

8.2.1.1 地理位置、预测区范围和面积及以往地质工作

1. 地理位置

陕北石炭-二叠纪煤田位于榆林市东部，东部以黄河为界，与山西省河东煤田相连，西部

至绥德-神木的太原组地层底界−1 100 m等高线(府谷矿区)和−1 200 m等高线(吴堡矿区),南部起无定河口,北部至陕西和内蒙古边界。地理坐标为东经110°15′～110°30′,北纬37°05′～39°36′,包括府谷、神木、米脂、绥德、吴堡、清涧等县,中部佳县一带埋藏深度超过2 000 m,分为南部吴堡和北部府谷两个区域,2 000 m以浅含煤总面积4 407.01 km^2,其中预测面积为3 880.89 km^2。

2. 预测区范围和面积

府谷预测区东以勘查区边界及黄河为界,西部、南部为太原组地层底界−1 100 m等高线,北部为黄河及古城勘查区,预测面积为2 720.04 km^2。

吴堡预测区东以勘查区边界及黄河为界,西部、南部、北部为太原组地层底界−1 200 m等高线(吴堡矿区西北有盐井钻孔),预测面积1 160.85 km^2。

3. 以往地质工作程度

陕北石炭-二叠纪煤田勘查工作始于1963年,以往地质工作程度较高。1963年陕西省194队在神木、府谷一带做过1/10万煤田地质测量;1972年陕西省冶金勘探公司716队在府谷地区进行过小范围煤田勘探;1982—2008年陕西省地质局各单位先后提交的地质报告有《陕北石炭-二叠纪煤田吴堡矿区普查报告》《陕西省府谷石炭-二叠纪煤矿区沙川沟小区详查报告》《沙川沟井田勘探报告》《陕西省府谷县石炭-二叠纪煤矿区海则庙小区和段寨小区详查报告》《陕北石炭-二叠纪煤田府谷矿区冯家塔井田勘探报告》《陕北石炭-二叠纪煤田吴堡矿区横沟井田勘探报告》和《陕北石炭-二叠纪煤田吴堡矿区柳毫沟井田勘探报告》等,预测区主要预测成果为陕西省煤田地质局第一次、第二次、第三次煤田预测成果,《鄂尔多斯盆地聚煤规律与煤炭资源评价》,天然气钻孔及盐井钻孔资料等。这些成果对探讨煤田东段构造、煤层底面起伏形态及煤层赋存条件,推断煤田深部构造及含煤情况具有一定的意义。20世纪90年代,煤田地质系统及地质矿产系统对本区深部做过远景评价,近几年有关单位在吴堡矿区西部开展了岩盐勘探,这对含煤地层的埋深和煤层厚度情况有了初步的了解。

8.2.1.2 煤田地质概况

1. 含煤地层

陕北石炭-二叠纪煤田含煤地层为上石炭-下二叠统太原组地层和下-中二叠统山西组地层。其特征如下:

太原组地层为灰色泥岩、深灰色泥岩、砂质泥岩、中细粒砂岩及碳酸盐岩夹煤层,含煤1～8层。本组地层府谷矿区厚度约51.23～121.3 m,一般厚约80 m;吴堡矿区厚度约66.10～96.74 m,一般厚约70 m。依据岩性及含煤性本组地层可划分为3段:上段为灰色砂岩、粉砂岩及深灰色泥岩,中段底部为碳酸盐岩,含煤2～5层,吴堡一带中段灰岩增多,一般2～3层,最厚达20 m以上。下段为灰色砂岩、粉砂岩、泥岩、碳质泥岩及煤层,含煤1～3层,南部变细,含煤性变差。本组地层由北向南厚度增大,泥质岩类及碳酸盐岩增多,含煤性变差,在北部以海陆过渡相湖沼环境沉积为主,泥炭沼泽环境沉积发育,南部滨浅海环境沉积发育。

山西组地层以陆相碎屑岩含煤沉积为主,北部府谷矿区厚度约18.84～105.13 m,一般厚约70 m;吴堡矿区厚度约85.13～175.31 m,一般厚100～150 m。岩性为灰色、深灰色砂岩、砂质泥岩、泥岩及煤层,含煤4～6层。北部府谷一带底部夹有砾岩,砂岩厚度大,并多为中、粗粒砂岩,向南部变薄,以中细粒砂岩为主。北部冲积层及泥质岩类发育,泥沼相地层发育,但多为河间沼泽,变化较大。南部多为三角洲沉积,泥炭沼泽沉积厚度相对较小,煤层稳定。

2. 古构造与聚煤规律

陕北石炭-二叠纪煤田古构造形态为西高东低，北高南低，含煤地层沉积东厚西薄。但在府谷县一带发育一个小型古隆起，隆起区含煤地层沉积厚度较小；吴堡县-清涧县一带发育一个小型古坳陷，坳陷处含煤地层沉积厚度较大，煤层发育。

陕北石炭-二叠纪煤田晚石炭世北部府谷聚煤区古地理环境主要为河流及河流三角洲沉积平原沉积环境，区内煤层主要聚集三角洲平原，煤层赋存条件较好，最厚处位于府谷县以北区域。南部吴堡聚煤区古地理环境主要为泛滥平原，浅部煤层赋存条件较好，深部煤层赋存条件不好。

进入早二叠世，北部府谷聚煤区古地理环境主要为河流及河流三角洲沉积平原沉积环境，煤层赋存条件较好，东北部为最有利聚煤区，煤层一般厚 20～25 m，厚度较为均匀，由东向西逐渐变薄。南部吴堡古地理环境由北向南为三角洲平原、三角洲前缘和海湾，煤层赋存条件较好，东北部为最有利聚煤区，煤层一般厚 10～15 m，厚度较为均匀，由北向南逐渐变薄。

3. 煤田构造

陕北石炭-二叠纪煤田处于河东褶曲带的西缘。基本构造形态为一走向 NNE-近 SN、倾向 W 的平缓单斜，倾角一般为 1°～5°，构造简单。

府谷矿区位于河东褶曲带准格尔-兴县段，主要构造为近 SN 向的墙头-高石崖挠褶带，挠褶带东翼含煤地层埋藏浅，甚至被剥蚀，西翼含煤地层埋藏较深(图 8-2-1)。目前府谷矿区勘查和开发区为挠褶带东部，区内有近东西向开阔平缓的褶曲，断裂构造主要为 NW 向的清水川正断裂组和近 EW 向的孙家沟正断裂组，府谷矿区东部边缘倾角较大，河曲至高石崖挠曲倾角 20°～40°，向西倾角变小，一般不超过 5°～10°，清水川断裂带走向 NW50°，由一组平行延伸的张性断裂组成，延伸长度 24 km，落差 60 m，为一地堑式断裂。

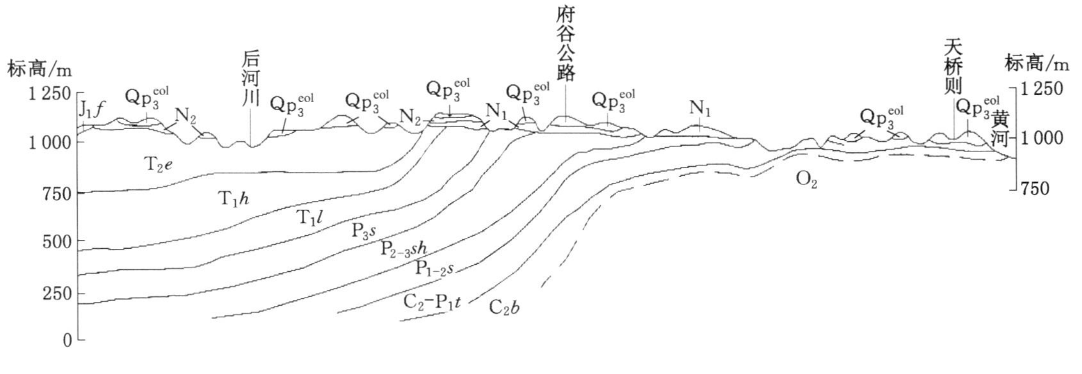

图 8-2-1 府谷矿区断面示意图

吴堡矿区位于河东褶曲带离石-吴堡段，本区基本构造形态为一向 W 缓倾的单斜层，构造简单。在单斜构造中发育有离石-吴堡短轴倾伏背斜构造，背斜轴在离石-横沟一线，呈 EW 向展布，倾伏角 5°～10°，由 E 向 W 逐渐变缓，在其两翼有伴生的小型褶曲。柳壕沟井田北部和吴堡城附近发育两组近 EW 向地堑式断裂组。断层倾角 70°～80°，断距 20～150 m。

4. 赋煤特征

府谷矿区含煤10余层，可采煤层总厚8.43～41.53 m，如图8-2-2所示。太原组地层含煤4～9层，编号5～11号，煤层累积厚度5.51～32.35 m，平均15.69 m，可采煤层累积厚度3.81～28.23 m，平均13.30 m，全区及局部主要可采煤层6层，分别为6、7、8、9、10、11号煤层。山西组地层含煤1～7层，含可采煤层1～3层，编号1～4号，煤层累积厚度1.50～17.52 m，平均9.52 m，可采煤层累积厚度1.05～14.46 m，平均7.78 m。4、3号煤层为主要可采煤层，2号煤层为零星可采煤层。

吴堡矿区山西组地层下段和太原组地层所含煤层中具有对比意义的共9层（s_4、s_3、s_2、s_1、t_4、t_3、t_2、$t_1^{上}$、t_1号煤层），其中可采煤层6层（s_3、s_2、s_1、t_3、$t_1^{上}$、t_1号煤层）。可采煤层累积厚度9.46～17.49 m（图8-2-3），平均14.41 m。山西组地层下段含煤层2～8层，含可采煤层1～3层，自上而下编号为s_3、s_2、s_1，煤层累积厚度2.49～8.34 m，平均5.65 m，可采煤层累积厚度1.63～7.96 m，平均厚度4.93 m，矿区煤层累积厚度总体上呈南薄北厚趋势；太原组地层含煤层2～8层，含可采煤层1～3层，自上而下编号为t_3、$t_1^{上}$、t_1，煤层累积厚度4.54～11.16 m，平均8.65 m，可采煤层累积厚度3.51～10.37 m，平均7.86 m，太原组地层煤层累积厚度总体上呈现由东北部向西南部增大的趋势。

5. 煤质特征

（1）府谷矿区：4、6、7、8号煤层原煤灰分（A_d）值变化在9.54%～38.25%，平均值为17.74%～27.91%；原煤挥发分（V_{daf}）变化在35.00%～51.56%，平均值为38.82%～42.03%；原煤全硫（$S_{t,d}$）变化在0.37%～4.03%，平均值为0.52%～2.09%；原煤干燥基低位发热量（$Q_{net,d}$）变化在17.44～31.45 MJ/kg，综合平均值为23.23～25.33 MJ/kg；黏结指数（$G_{R.I}$）变化在0.1～80.8，一般变化在5～35。主要可采煤层煤类以长焰煤为主，其次为气煤，还分布有少量弱黏煤和不黏煤。

（2）吴堡矿区：s_1、t_1号煤层原煤灰分（A_d）值变化在11.62%～38.28%，综合平均值20.19%～21.039%；原煤挥发分（V_{daf}）变化在17.65%～32.61%，综合平均值为27.20%～22.75%；原煤全硫（$S_{t,d}$）变化在0.21%～5.45%，平均值为0.44%～1.04%；原煤干燥基低位发热量（$Q_{net,d}$）变化在17.95～31.39 MJ/kg，综合平均值为27.49～26.29 MJ/kg；黏结指数（$G_{R.I}$）变化在42～95，一般在67～82。煤类以焦煤为主，瘦煤次之，肥煤少量。

8.2.1.3 预测参数的确定

府谷地区预测深度主要依据东部勘查区资料、石油天然气钻孔资料和区域构造形态综合编绘奥陶系地层顶面等高线图，推算含煤地层太原组地层底界等高线，根据太原组地层底界等高线与侵蚀基准面确定煤层埋深，侵蚀基准面（黄河）+900 m作为起算零点；吴堡地区预测深度主要依据东部勘查区资料、区域构造形态和预测区西北部盐井、米脂盐井资料，综合编绘奥陶系地层顶面等高线图，推算含煤地层太原组地层底界等高线，根据太原组地层底界等高线与侵蚀基准面确定煤层埋深，侵蚀基准面（黄河）+800 m作为起算零点；依据“技术要求”，本次煤炭资源潜力预测评价深度为煤层埋深2 000 m以浅。

为便于利用和统计，进一步划分为600～1 000 m、1 000～1 500 m、1 500～2 000 m 3个深度级。

煤层厚度：根据浅部勘查区钻孔绘制的累积可采煤层厚度等值线，求取煤层厚度平均值。

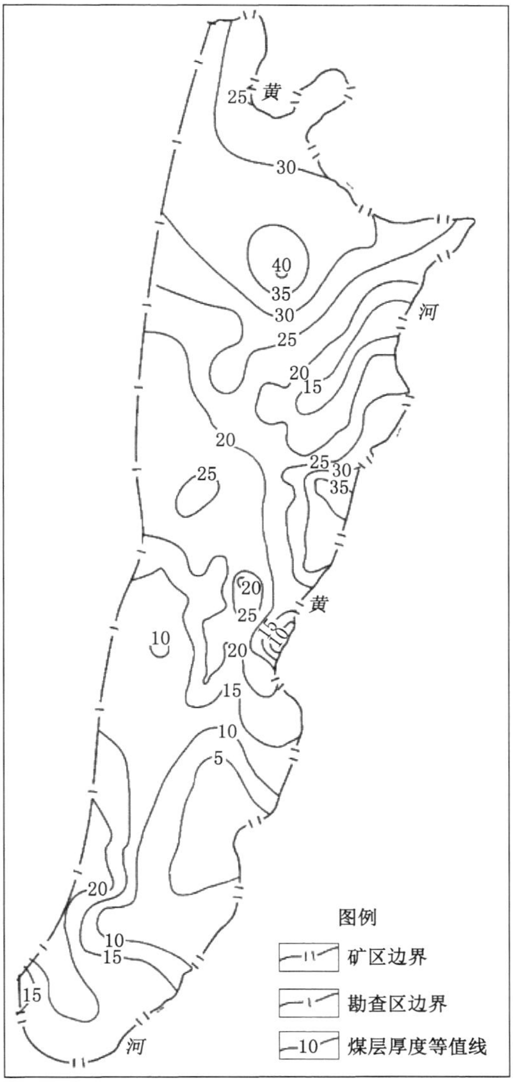

图 8-2-2 陕北石炭-二叠纪煤田府谷矿区可采煤层累积厚度等值线图

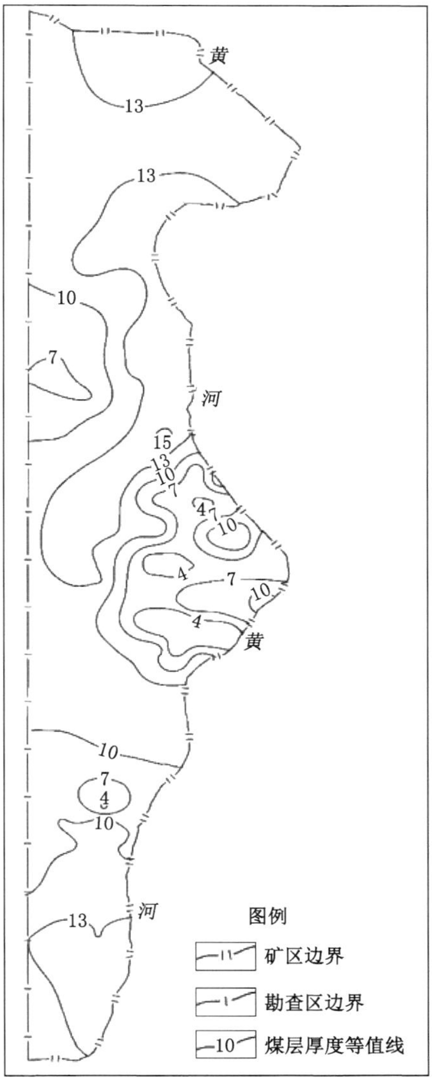

图 8-2-3 陕北石炭-二叠纪煤田吴堡矿区可采煤层累积厚度等值线图

预测面积根据确定的预测区边界和煤层倾角通过计算机求得。陕北石炭-二叠纪煤田煤层倾角小于 15°，利用煤层伪厚度和水平投影面积估算资源量；当煤层倾角大于或等于 15°时，则以煤层的真厚度和斜面面积进行估算。

煤层视密度取浅部勘查区各煤层视密度的平均值，府谷矿区煤层视密度平均值为 1.50 t/m^3，吴堡矿区煤层视密度平均值为 1.43 t/m^3；煤类根据勘查区或煤矿开采煤层煤类，按照煤类与深度的关系确定。

8.2.1.4 预测区分述

1. 府谷矿区

府谷矿区位于陕北石炭-二叠级煤田北部府谷、神木、佳县、米脂县境内，东以黄河为界。

西至太原组地层底界-1 100 m 等高线(煤层 2 000 m 埋深线),北部为陕西和内蒙古省界及古城勘查区,南至贺家川和罗峪口镇,预测面积 2 720.04 km^2,基本构造形态为向西倾斜的单斜构造,依据地表及钻孔揭露,东部倾角不大,一般小于 15°,局部达 30°,向西变小,一般为 3°～5°。东部黄河沿岸先后开展了预查、普查、详查和勘探,预测区西北部与陕北侏罗纪煤田重叠。以清水川地堑分为南北两部分,划分了 3 个预测区,分述如下。

(1) 清水川北预测区:北与古城勘查区及陕西和内蒙古边界为界,南部以清水川地堑与清水川南部预测区为界,东部以府谷矿区勘查区边界线和黄河为界,西部以太原组地层底界-600 m 等高线(太原组含煤地层 1 500 m 埋深线)为界,受清水川断层影响,总体呈向西倾向的单斜构造,但倾角较大,一般在 30°左右。根据尧峁井田、西王寨井田及古城勘查区勘探资料,采用类比和类推的方法,结合聚煤规律分析研究,预测区成煤环境较好,含煤地层为太原组和山西组地层。预测平面面积 233.67 km^2,煤层倾角 30°,根据太原组地层底界等高线预测煤层埋深 600～1 500 m;据府谷矿区浅部勘查区钻孔资料绘制的累积煤层等厚线图,如图 8-2-2 所示,推测预测煤层平均厚度 17.07 m,可采煤层为 6、7、8、9、10、11 号煤层;视密度为浅部勘查区各煤层视密度平均值,视密度值 1.50 t/m^3,根据尧峁井田、西王寨井田及古城勘查区煤类及煤类与深度的关系,煤层埋深 1 500 m 以浅的煤类为气煤。预测平面面积233.67 km^2,斜面积 269.82 km^2,资源量 690 894 万 t,校正后资源量 690 894 万 t。其中预测 600～1 000 m 可靠级潜在资源量平面面积 37.90 km^2,斜面积 43.76 km^2,资源量 112 056 万 t,煤层稳定,校正系数 β 取 1.0,校正后资源量 112 056 万 t,煤类为气煤,属于Ⅰ类预测远景区;预测 1 000～1 500 m 可靠级潜在资源量平面面积 195.77 km^2,斜面积 226.06 km^2,资源量 578 838 万 t,煤层稳定,校正系数 β 取 1.0,校正后资源量 578 838 万 t,煤类为气煤,属于Ⅱ类预测远景区。

(2) 清水川南部预测区:北部以清水川断层与清水川北部预测区为界,东南以府谷矿区勘查区边界及黄河为界,西部以太原组地层底界-600 m 等高线(含煤地层太原组地层 1 500 m 埋深线)为界,预测面积 296.32 km^2。受清水川断层影响,总体呈向西倾向的单斜构造,但倾角较大,一般在 30°左右。根据冯家塔井田、海则庙井田、沙川沟勘查区勘探资料,采用类比和类推的方法,结合聚煤规律分析研究,预测区成煤环境好,含煤地层为太原组和山西组地层。根据太原组地层底界等高线预测煤层埋深 600～1 500 m;据府谷矿区浅部勘查区钻孔资料绘制的累计煤层等厚线图(图 8-2-2),推测预测煤层平均厚度 17.07 m,可采煤层为 6、7、8、9、10、11 号煤层;视密度为浅部勘查区各煤层视密度平均值,视密度平均值为 1.50 t/m^3;根据冯家塔井田、海则庙井田、沙川沟勘查区煤类及煤类与深度关系,煤层埋深 1 500 m 以浅煤类为气煤。预测平面面积 296.32 km^2,斜面积 342.17 km^2,资源量 876 114 万 t,校正后资源量 876 114 万 t。其中,预测埋深 600～1 000 m 可靠级潜在资源量平面面积 63.93 km^2,斜面积 73.82 km^2,资源量 189 016 万 t,校正系数 β 取 1.0,校正后资源量 189 016 万 t,煤类为气煤,属于Ⅰ类预测远景区;预测埋深 1 000～1 500 m 可靠级潜在资源量平面面积 232.39 km^2,斜面积 268.35 km^2,资源量 687 098 万 t,校正系数 β 取 1.0,校正后资源量 687 098 万 t,煤类为气煤,属于Ⅱ类预测远景区。

(3) 府谷深部预测区:北部以内蒙古自治区边界为界,东南以黄河为界,东部与清水川南、北预测区以太原组地层底界-600 m 等高线为界,西部以太原组地层底界-1 100 m 等高线(太原组含煤地层 2 000 m 埋深线)为界,预测面积 2 190.05 km^2。为向西倾斜平缓的单斜构造，倾角小于10°。根据清水川南、北预测区可靠预测区有限外推，结合聚煤规律推断有含煤地层，含煤地层为太原组和山西组地层，推断6、7、8、9、10、11号煤层发育。根据太原组地层底界等高线预测煤层埋深1 500～2 000 m；根据府谷矿区东部勘查区钻孔资料绘制的累计煤层等厚线图，结合深部煤层气钻孔资料，推测预测区煤层厚度17.07 m，视密度为浅部勘查区各煤层视密度的平均值，视密度平均值为1.50 t/m^3；根据清水川南、北预测区推测煤类为肥煤。预测煤层埋深1 500～2 000 m可能级潜在资源面积2 190.05 km^2，资源量为5 607 630万t，煤层稳定，校正系数β取0.8，校正后资源量4 486 104万t，煤类为肥煤，属于Ⅲ类预测远景区。

2. 吴堡预测区

吴堡预测区位于煤田南部的吴堡、佳县、米脂县境内，东部、南部、北部都为黄河，西至太原组地层底界－1 200 m等高线（吴堡预测区西北有盐井钻孔资料），预测面积1 160.85 km^2，该区为向西倾单料构造，预测区为隐伏煤田，东部为横沟和柳井田，预测区深部（西北）有2对盐井钻孔资料，其中吴堡1号盐井穿透含煤地层，经计算煤底板深度在2 116 m（图8-2-4），位于吴堡预测2 000 m埋深线的附近。区内主采煤层为s_1、s_2、s_3、t_1、t_1上、t_3号煤层，s_1号煤层全区发育较好，其他煤层局部可采，可采总厚度10.50 m。依据吴堡横沟和柳毫沟井田的勘探资料分析，本区煤层自东而西、由北向南煤变质程度增加，由东而西依次出现肥煤、焦煤、瘦煤，根据不同的埋藏深度分为两个预测区，分述如下。

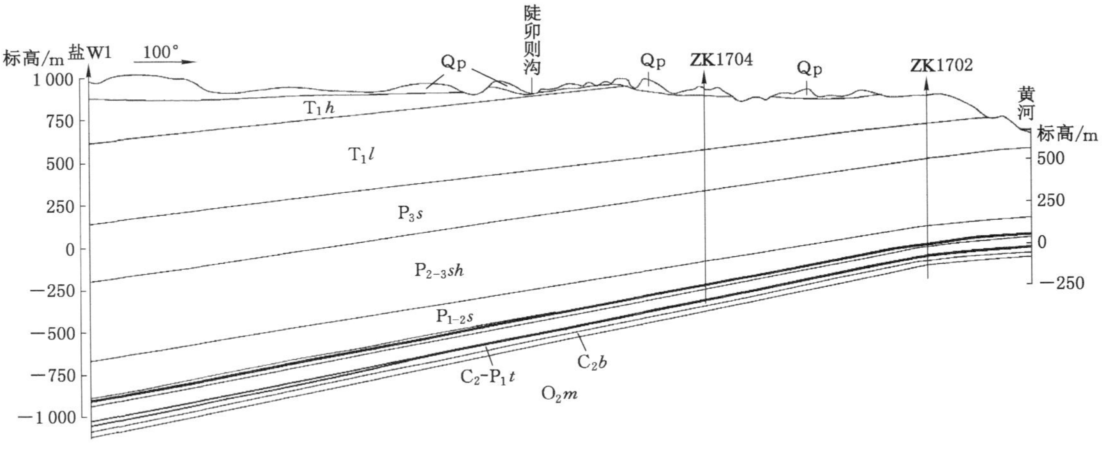

图8-2-4 吴堡矿区断面示意图

（1）吴堡中部预测区：东部为横沟和柳毫沟井田勘查边界，南部、北部以黄河为界，西部以太原组地层底界－700 m等高线（太原组含煤地层1 500 m埋深线）与深部预测区为界，预测面积174.70 km^2。为向西倾向的单斜构造，倾角一般在6°左右。根据横沟和柳毫沟井田勘探资料，采用类比和类推的方法，结合聚煤规律分析研究可知，预测区成煤环境较好，含煤地层为太原组和山西组地层。根据太原组地层底界等高线预测煤层埋深为1 000～1 500 m；据横沟和柳毫沟井田钻孔资料绘制的累积煤层等厚线图（图8-2-3），预测平均煤层厚度10.75 m，可采煤层为s_1、s_2、s_3、t_1、t_1上、t_3号煤层；视密度为横沟和柳毫沟井田各煤层视密度平均值，视密度平均值为 1.43 t/m^3；根据横沟和柳毫沟两井田煤类及煤类与深度关系，煤层埋深 1 000～1 500 m 以浅的煤类为焦煤。预测埋深 1 000～1 500 m 的可靠级潜在资源面积 174.70 km^2，资源量 268 555 万 t，煤层稳定，校正系数 β 取 1.0，校正后资源量 268 555 万 t，煤类为焦煤，属于Ⅱ类预测远景区。

（2）吴堡深部预测区：南部、北部与山西省以黄河为界，东邻吴堡中部预测区及黄河，西部以太原组地层底界－1 200 m 等高线（太原组含煤地层 2 000 m 埋深线，预测区西北有盐井钻孔资料）为界，预测面积 986.15 km^2。为向西倾向的单斜构造，倾角一般在 5°左右。根据吴堡中部预测区可靠预测区有限外推，结合聚煤规律推断及盐井钻孔资料推定赋存含煤地层，含煤地层为太原组和山西组地层，推断可采煤层为 s_1、s_2、s_3、t_1、$t_1^{上}$、t_3 号煤层；根据太原组地层底界等高线预测煤层埋深 1 500～2 000 m；根据吴堡矿区东部勘查区钻孔资料绘制的累积煤层等厚线图，结合盐井资料，推测煤层厚度为 10.38 m，视密度为浅部勘查区各煤层视密度平均值，视密度平均值为 1.43 t/m^3；根据吴堡中部预测区推测煤类为瘦煤。预测煤层埋深 1 500～2 000 m 的可能级潜在资源面积 986.15 km^2，资源量 1 463 080 万 t，煤层稳定，校正系数 β 取 0.8，校正后资源量 1 170 464 万 t，煤类为瘦煤，属于Ⅲ类预测远景区。

8.2.1.5　预测成果

陕北石炭-二叠纪煤田府谷和吴堡两矿区共分 5 个预测区，其中府谷矿区内 3 个预测区，预测面积 2 720.04 km^2，预测潜在资源量 6 053 112 万 t；吴堡矿区内预测区 2 个，预测面积 1 160.85 km^2，预测潜在资源量 1 439 019 万 t。全煤田总预测面积 3 880.89 km^2，预测潜在资源量 7 492 131 万 t，其中可靠级潜在资源量 1 835 563 万 t，可能级潜在资源量 5 656 568 万 t；按煤层埋深划分：600～1 000 m 资源量 301 072 万 t，1 000～1 500 m 资源量 1 534 491 万 t，1 500～2 000 m 资源量 5 656 568 万 t；按预测远景区类别划分：Ⅰ类资源量 301 072 万 t，Ⅱ类资源量 1 534 491 万 t，Ⅲ类资源量 5 656 568 万 t；按煤类划分：气煤 1 567 008 万 t，肥煤 4 486 104 万 t，焦煤 268 555 万 t，瘦煤 1 170 464 万 t。各类预测成果见表 8-2-1、表 8-2-2。

表 8-2-1　陕北石炭-二叠纪煤田潜在煤炭资源煤类统计表

名称		各种预测煤类资源量/万 t			
矿区	预测区	气煤	肥煤	焦煤	瘦煤
府谷矿区	清水川北部	690 894			
	清水川南部	876 114			
	深部区		4 486 104		
	小计	1 567 008	4 486 104		
吴堡矿区	中部区			268 555	
	深部区				1 170 464
	小计			268 555	1 170 464
合计		1 567 008	4 486 104	268 555	1 170 464

表 8-2-2 陕北石炭-二叠纪煤田潜在煤炭资源量汇总表

矿区	预测区	预测面积/km²		潜在资源量/万 t	不同埋藏深度资源量/万 t			不同级别潜在资源量/万 t		不同类别预测远景区资源量/万 t		
		平面面积	斜面积		600～1 000 m	1 000～1 500 m	1 500～2 000 m	334-1	334-2	Ⅰ类	Ⅱ类	Ⅲ类
府谷矿区	清水川北部	37.90	43.76	112 056	112 056			112 056		112 056		
		195.77	226.06	578 838		578 838		578 838			578 838	
	清水川南部	63.93	73.82	189 016	189 016			189 016		189 016		
		232.39	268.35	687 098		687 098		687 098			687 098	
	深部区	2 190.05		4 486 104			4 486 104		4 486 104			4 486 104
	小计	2 720.04		6 053 112	301 072	1 265 936	4 486 104	1 567 008	4 486 104	301 072	1 265 936	4 486 104
吴堡矿区	中部区	174.70		268 555		268 555		268 555			268 555	
	深部区	986.15		1 170 464			1 170 464		1 170 464			1 170 464
	小计	1 160.85		1 439 019		268 555	1 170 464	268 555	1 170 464		268 555	1 170 464
合计		3 880.89		7 492 131	301 072	1 534 491	5 656 568	1 835 563	5 656 568	301 072	1 534 491	5 656 568

8.2.2 渭北石炭-二叠纪煤田

8.2.2.1 地理位置、预测区范围和面积及以往地质工作

1. 地理位置

渭北石炭-二叠纪煤田位于渭河北岸，关中平原东北部。东以黄河为界，南以嵯峨山-将军山-尧山-露井一线的上石炭统太原组地层露头线为界，西至嵯峨山-凤凰山一线，北至太原组地层底界－1 300 m 等高线，即宜川-寿峰-黄龙-宜君-马栏一线。其地理坐标为北纬 34°45′～36°05′，东经 107°55～109 °35′，包括韩城、澄城、合阳、白水、蒲城、洛川、黄龙、宜川、宜君、铜川、黄陵、旬邑 12 个县(市)。自东向西有韩城、澄合、蒲白、铜川 4 个矿区，煤田东西长 200 km，南北宽 30～55 km，煤层埋深 2 000 m 以浅含煤面积为 9 887.98 km²，其中预测区面积为 7 447.36 km²，从东北到西南分属韩城、澄合、蒲白、铜川 4 个矿区。

2. 预测区范围和面积

预测区范围东以黄河为界，南为韩城、澄合、蒲白和铜川矿区勘查边界或煤矿开采边界，西至嵯峨山-凤凰山一线，北为太原组地层底界－1 300 m 等高线(太原组地层 2 000 m 埋深线)，预测区隶属渭南、延安、咸阳和铜川 4 市管辖，预测区面积为 7 447.36 km²。

3. 以往地质工作程度

渭北石炭-二叠纪煤田煤炭资源勘查源于 20 世纪 50 年代，经过 60 多年煤炭资源勘查，浅部勘查程度基本达到了精查勘探程度，如韩城矿区的象山、下峪口、桑树坪井田，澄合矿区的安阳井田、西卓子井田、山阳等井田，蒲白矿务局的白水井田等，铜川矿区的桃园、史家河、三里洞、王石凹、金华山、鸭口及东坡等达到了勘探程度；局部达到普详查程度，如韩城矿区的乔子玄普查区、盘龙普查区，澄合矿区中深部达到详查程度，铜川深部普查区达到普查程度等。预测区位于渭北石炭-二叠纪煤田中深部，地质工作程度较低，主要地质成果有：

1988年131队编制的“渭北石炭-二叠纪煤田预测汇总成果”；1991年131队编制的“渭北石炭-二叠纪煤田矿区图”，1991年铜川矿务局和194队提交的《陕西省铜川市煤炭资源状况及开发规划》，陕西省煤田地质局第一次、第二次、第三次煤田预测成果等，《鄂尔多斯盆地聚煤规律与煤炭资源评价》，陕西煤田地质勘察院1995—1996年完成的《陕西省煤层气资源评价》。预测区南部有1∶5万煤田地质测绘，中部有少量煤层气钻孔，靠近南部勘查区附近有少量煤炭资源勘查钻孔，对研究预测区地层、构造、含煤地层及煤层等均有一定指导意义。

8.2.2.2 煤田地质概况

1. 含煤地层

渭北石炭-二叠纪煤田含煤地层为上石炭-下二叠统太原组地层和下-中二叠统山西组地层。其特征如下。

太原组地层为海陆交互相含煤沉积，岩性为灰色泥岩、灰黑色泥岩、砂质泥岩、粉砂岩、砂岩、石灰岩及煤层，厚度约3.93～91.29 m，一般厚约30～50 m。该区地层受沉积前古地形及沉积后剥蚀影响，地层厚度变化大，除韩城、合阳及铜川矿区的桃园、柳林等区沉积较厚外，一般为东厚西薄，西部边缘厚度不足2 m。从现有资料分析，该组地层向北侧深部预测区有增厚的趋势。本组地层依据岩性变化从下至上分为一、二、三段地层。

一段地层：以黏土岩、砂质泥岩、粉砂岩及煤层为主，底部多为一层铁铝土质泥岩（K_1标志层），含11号煤层。本段地层受沉积前古地形影响，厚度变化较大，在韩城、合阳、铜川中部及铜川深部地区厚度较大，保存较好，其余地段仅有下部石英砂岩和黏土层。

二段地层：以海相灰岩为主，夹钙质泥岩、粉砂岩、砂岩，含7、8、9、10号4个煤层。灰岩有1～3层，层位稳定，K_2标志层基本全区分布，古地形低凹区厚度大，层数多，东部韩城、合阳最多2～3层，厚度达20 m以上，铜川三里洞、桃园最厚达8.25 m，外围变薄，并常相变为砂质岩类，铜川西部变薄尖灭，本段地层有向北变厚的趋势。

三段地层：为灰色粉砂岩、灰黑色粉砂岩、砂质泥岩、泥岩及浅灰色砂岩，顶、底部各含煤1层，为5、6号煤层，局部地段保存有4号煤层，4、5、6号煤层之间有一薄层或透镜状菱铁矿砂岩，合阳以西广为发育。在桃园、三里洞一带还有透镜状灰岩条带，铜川西部变薄、尖灭。向北泥岩增多，并有灰岩出现，说明该区有海退相地层存在。

太原组地层下段在韩城、合阳以海陆过渡相为主，泥炭沼泽发育，其他地区以滨海湖沼环境沉积为主，向北侧深部以滨海环境为主，具有成煤条件；太原组地层中段以浅海、滨海环境沉积为主，澄城、蒲白主要为滨海沉积，泥炭沼泽不发育；太原组地层上段在韩城北部及铜川主要为滨海-潟湖环境，成煤条件差，在韩城、合阳主要为湖沼沉积，具有较好的成煤条件。

山西组地层岩性为灰色砂岩、深灰色砂岩、粉砂岩、砂质泥岩及1、2、3号煤层，厚度8.22～131.85 m，一般厚40～60 m，西部变薄，仅8 m左右。

山西组地层下部多为灰色中细粒砂岩，局部含中粒砂岩，底部砂岩（K_4标志层）层面含大量云母片，厚约10 m，分布普遍，煤田东部厚约30 m，蒲白-铜川矿区东部减薄变细，铜川西部砂岩发育，厚度为30 m，对其下部的太原组地层有明显的冲刷作用。该组地层为海退后形成的滨海平原或三角洲沉积，铜川西部为河床沉积，成煤不利，向煤田东部及东北部河沼环境发育，泥炭沼泽沉积普遍，具有良好的成煤条件。

2. 古构造与聚煤规律

渭北石炭-二叠纪煤田位于鄂尔多斯盆地南部，盆地南缘为加里东运动中隆升的秦岭古陆，受区域古构造形态控制，古构造形态为西高东低，含煤地层沉积东厚西薄。韩城-合阳县一带发育一个小型古坳陷(韩城-合阳坳陷-Z_7)，坳陷处含煤地层沉积较厚，煤层较发育。铜川以西及以南地区在晚石炭世时期为一古陆剥蚀区，为低洼处地层沉积提供物源，未接受晚石炭世本溪组(C_2b)和太原组第一段(C_2-P_1t^1)地层沉积，而是随着盆地慢慢下坳；早-中二叠世时期，铜川地区及周边原先作为物源剥蚀区的古陆开始接受早-中二叠世含煤地层沉积，因此，铜川一带缺失本溪组和太原组第一段地层，甚至整个太原组(C_2-P_1t)地层沉积，发育山西组($P_{1\text{-}2}s$)地层，但地层厚度明显小于东部韩城、合阳、澄合等地区。同时，煤田内发育次一级古坳陷和隆起，也不同程度影响含煤地层的沉积和煤层的发育。

渭北石炭-二叠纪煤田晚石炭世太原组第一段地层沉积环境主要为障壁-潟湖-潮坪。煤层主要集中在潟湖和潮坪与潟湖的过渡带，成煤期主要发育 10 号、11 号煤层，且规模较大，韩城矿区煤层厚度最大，平均厚 3.5 m，铜川矿区最薄，一般在 0.8～2 m。障壁岛对其上下煤层富集影响较大，一般在这些地区煤层较薄，且分布不均匀。铜川矿区耀西找煤区 Pu12、Pu31 钻孔以西地区为古陆剥蚀区，未接受含煤地层沉积或沉积薄，太原组第一段地层不含煤或赋煤性差。

进入早中二叠世，太原组第二、三段地层(C_2-P_1t^2、C_2-P_1t^3)与山西组地层($P_{1\text{-}2}s$)沉积环境在煤田东部韩城、澄合矿区主要以潮坪-障壁-潟湖沉积环境为主，发育与海岸近平行的障壁岛及潟湖，障壁岛外以潮坪为主，蒲白及铜川矿区主要以过渡相三角洲为主，形成了层数多、厚度大的河道砂体。体系域内煤层层数较多，厚度较大，以 3、4、5 号煤层为主，局部发育 2、6 号煤层。韩城-合阳地区煤层最厚，可达 10 m 之余，一般 6～8 m，向西逐渐变薄，铜川矿区煤层厚度一般小于 2 m，耀西找煤以西煤层不发育，几乎无煤层富集。

3. 煤田构造

渭北石炭-二叠纪煤田位于鄂尔多斯坳陷盆地南缘渭北断隆区，基本构造形态为一走向 NE-NEE，倾向 NNW-NW 的单斜构造，平均倾角 5°～10°，向西北深部区变缓(图 8-2-5)。浅部以断裂为主，深部以单斜和波状起伏为主。断裂构造主要有北东向、东西向两组断裂，东西向断裂主要有韩城-铜川断裂、黄堡-罕井断裂、杜康沟断裂、淌泥河断裂及枣庙断裂；北东向断裂有东部边缘的韩城断裂、龙亭断裂及白水断裂。边部构造复杂，铜川以西以褶皱为主，东部韩城局部地层有倒转，构造样式有堑垒构造、逆冲叠瓦构造、逆冲褶皱构造、掀斜

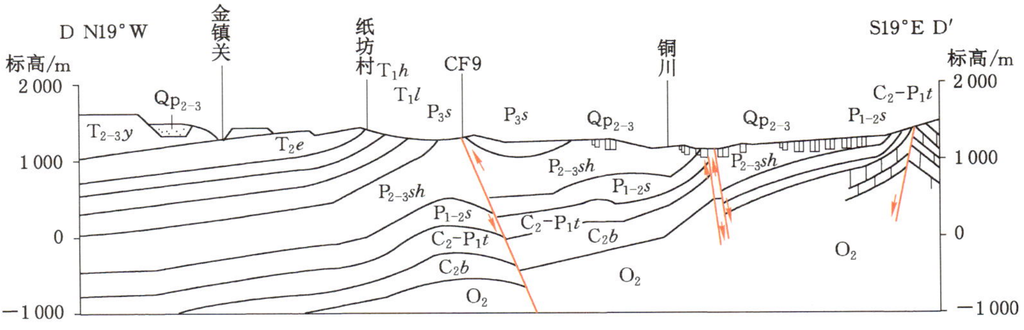

图 8-2-5 渭北石炭-二叠纪煤田剖面

断块构造等。依据含煤地层沉积厚度分析，基底在成煤前有一系列隆起和坳陷构造，如英山坳陷、象山坳陷、坊镇坳陷、桃园坳陷、柳林坳陷和桑树坪隆起、西固隆起、演池隆起。隆起和坳陷直接控制含煤地层及煤层的沉积，坳陷区含煤地层较厚，成煤条件较好，隆起区含煤地层较薄，成煤条件较差，这些隆起与坳陷虽形态各异，但长轴方向和区域构造线一致，多为 NE、NEE 方向展布。

4. 赋煤特征

本区煤层编号 11 层，1～3 号煤层位于山西组地层，4～11 号煤层位于太原组地层，其中可采及局部可采煤层 6 层，主采及局部可采煤层为 3、5、10、11 号煤层。韩城矿区主采煤层为 3、5、11 号煤层，2 号煤层局部可采，可采煤层总厚一般 4～7 m，最大为 16.20 m；澄合矿区主采煤层为 5、10 号煤层，3、4 号煤层为局部可采煤层，可采煤层总厚度一般 3～5 m，最大 9.58 m；蒲白矿区主采 5 号煤层，4、6、10 号煤层为局部可采煤层，可采煤层总厚一般 3～5 m，最大可采煤层厚度为 15.53 m；铜川矿区中部及东部主采 5、11 号煤层，厚度一般为 2.5～4.5 m，最大为 15.21 m。铜川矿区西部可采煤层为 11 号煤层，厚度 2～3 m，耀州西部 11 号煤层变薄、尖灭，5 号煤层局部达到可采厚度。煤田内煤层厚度及层数由东向西分别变薄和减少，5 号煤层全区均有发育，3 号煤层局部发育。

5. 煤质特征

3、5、10、11 号煤层原煤主要煤质特征为灰分(A_d)变化在 5.53%～39.79%，挥发分(V_{daf})综合平均值变化在 13.68%～21.90%，全硫($S_{t,d}$)变化在 0.21%～16.58%，综合平均值在 0.68%～8.01%，干燥基低位发热量($Q_{net,d}$)综合平均值为 24.53～28.372 MJ/kg。3 号煤层黏结指数($G_{R.I}$)变化在 0～92，综合平均值为 12.9～70.5；5 号煤层黏结指数($G_{R.I}$)变化在 0～83.5，综合平均值为 9.4～52.7；10 号煤层指数($G_{R.I}$)变化在 0～71.0，综合平均值为 12.2～28.9；11 号煤层黏结指数($G_{R.I}$)为 0。3、5 号煤层为焦煤-贫煤；10 号煤层为瘦煤～贫煤；11 号煤层为贫瘦煤～无烟煤。

8.2.2.3 预测参数的确定

(1) 资源量：预测区多为平缓单斜构造，倾角多小于 15°，根据煤层的伪厚度和水平投影面积估算资源量。当煤层倾角大于或等于 15°时，以煤层的真厚度和斜面面积进行估算资源量。当煤层倾角小于 60°时，在平面投影图上估算资源量。

(2) 煤层视密度：依据浅部勘查区各煤层视密度的平均值，视密度平均值为 1.40 t/m^3；或根据区内钻孔煤层的视密度值确定。

(3) 煤层厚度：根据浅部勘查区钻孔及中深部煤层气钻孔煤层厚度值绘制的累积厚度等值线图，结合煤层厚度变化、分布等因素，并参考煤层气钻孔及煤钻孔煤层厚度和二维地震资料求取。

(4) 埋藏深度：根据浅部勘查区钻孔资料、物探成果绘制 1∶20 万太原组地层等高线和侵蚀基准面确定煤层 2 000 m 埋深线。侵蚀基准面以＋700 m 线为起算点。

(5) 煤类：根据勘查区或煤矿开采煤层煤类，或根据预测区煤层煤类，按照煤类与深度的关系确定，或根据预测区钻孔测试指标确定。

8.2.2.4 预测区分述

1. 韩城矿区预测区

韩城矿区预测区位于渭北石炭-二叠纪煤田的东北部。其预测范围东以黄河为界，西与澄合预测区相邻，南为勘查区及煤矿边界，北以太原组地层底界−1 300 m 等高线为界，预测面积 1 605.83 km^2。矿区划分为 6 个预测区，其分布如图 8-2-6 所示。

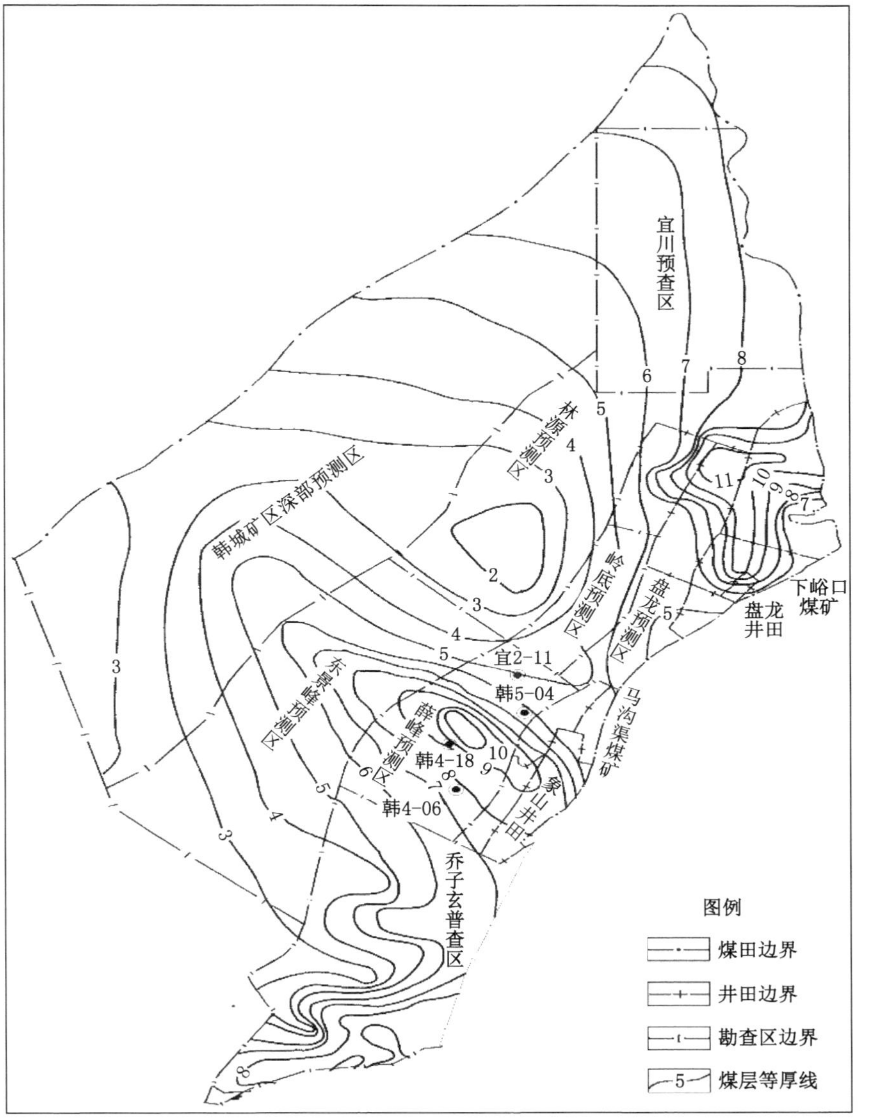

图 8-2-6 韩城矿区可采煤层累积厚度等值线图

(1) 林源预测区：位于韩城矿区东北部，东以黄河、桑树坪煤矿、西高渠井田、岭底预测区为界，西南接东景峰预测区，东南为宜川预查区，北为太原组地层底界 1 500 m 埋深线与韩城深部预测区相邻，面积 258.07 km^2。为一走向 NE、倾向 NW 的单斜构造，倾角约为 5°。根据预测区内 1∶5 万煤田地质测量资料与桑树坪煤矿、西高渠井田、宜川预查区普查资料，采用类比和类推的方法，结合聚煤规律分析研究可知，预测区成煤环境较好，含煤地层为太原组和山西组地层，区内 3、11 号煤层发育。根据太原组地层底界等高线预测煤层埋深 600～1 500 m；根据浅部勘查区钻孔及中深部煤层气钻孔值绘制的煤层累积厚度等值线图，预测平均煤层厚度 5.57 m；视密度为浅部勘查区各煤层视密度的平均值，视密度值 1.40 t/m³；根据桑树坪煤矿、西高渠井田、宜川预查区煤层煤类及煤类与深度的关系可知，煤层埋深在 1 000 m 以浅的煤类为贫煤，埋深 1 000～1 500 m 的煤类为无烟煤。预测面积 258.07 km²，资源量 201 247 万 t，校正后资源量 201 247 万 t。其中，煤层埋深 600～1 000 m 的可靠级潜在资源量面积 42.11 km²，预测资源量 32 840 万 t，煤层较稳定，校正系数 β 取 1.0，校正后资源量 32 840 万 t，煤类为贫煤，属于Ⅰ类预测远景区；煤层埋深1 000～1 500 m 的可靠级潜在资源量面积 215.96 km²，预测资源量为 168 407 万 t，煤层较稳定，校正系数 β 取 1.0，校正后资源量 168 407 万 t，煤类为无烟煤，属于Ⅱ类预测远景区。

（2）岭底预测区：位于韩城矿区东北部，东北部接西高渠井田和王峰井田，东南部为盘龙预测区，南邻薛峰预测区，西北部为林源预测区，面积 52.56 km²。为一倾向 NW 的平缓单斜构造，倾角小于 10°。根据预测区内 1∶5 万煤田地质测量资料与西高渠井田、韩城北部普查资料，采用类比和类推的方法，结合聚煤规律分析研究可知，预测区成煤条件较好，含煤地层为太原组和山西组地层。根据太原组地层底界等高线预测煤层埋深 600～1 000 m；根据浅部勘查区钻孔及中深部煤层气钻孔值绘制的煤层累积厚度等值线图可知，预测区内 3、11 号煤层发育，预测平均煤层厚度为 5.60 m；视密度为浅部勘查区各煤层视密度平均值，视密度值 1.40 t/m³；根据西高渠井田、韩城北部普查资料煤类及煤类与深度的关系可知，煤层埋深 600～1 000 m 的为贫煤。预测煤层埋深 600～1 000 m 的可靠级潜在资源量面积52.56 km²，资源量 41 205 万 t，煤层较稳定，校正系数 β 取 1.0，校正后资源量 41 205 万 t，煤类为贫煤，属于Ⅰ类预测远景区。

（3）盘龙预测区：位于韩城矿区北部与南部连接地段，东北部与燎原煤矿、韩城北部普查区相连，西南部与马沟渠、韩城南部详查区相接，东南部为矿区边界断裂，西北部为岭底预测区，面积 37.48 km²。为倾向 NW 的单斜构造，浅部倾角 12°～15°，深部倾角 5°。该区东北、西南部均为勘查开发区，区内有少量钻孔，采用类比和类推的方法，结合聚煤规律分析研究可知，预测区成煤条件较好，含煤地层为太原组和山西组地层。根据太原组地层底界等高线及钻孔资料预测煤层埋深为 600～1 000 m；根据区内钻孔资料、浅部勘查区钻孔及中深部煤层气钻孔参数值绘制的煤层累积厚度等值线图可知，预测区内 3、11 号煤层发育，预测平均煤层厚度为 5.0 m；视密度为浅部勘查区各煤层视密度的平均值，视密度值 1.40 t/m³；根据边部煤矿及勘查区钻孔煤质资料，煤层埋深 600～1 000 m 的煤炭为贫煤。预测煤层埋深 600～1 000 m 的可靠级潜在资源量面积为 37.48 km²，资源量 26 234 万 t，煤层较稳定，校正系数 β 取 1.0，校正后资源量 26 234 万 t，煤类为贫煤，属于Ⅰ类预测远景区。

（4）薛峰预测区：位于韩城矿区中部，东北部与岭底预测区和盘龙预测区相接，南部与乔子玄普查区相连，东部为韩城南部详查区，西北部为东景峰预测区，面积为 131.92 km²。为一倾向 NW 的平缓单斜构造，倾角小于 10°。根据姚庄井田、乔子玄普查、盘龙普查区钻孔资料及区内 11 个煤层气层钻孔资料，采用类比和类推的方法，结合预测区内地震资料和聚煤规律分析研究可知，预测区成煤条件较好，含煤地层为太原组和山西组地层，预测区内 3、5、11 号煤层发育。根据太原组地层底界等高线及区内煤层气钻孔资料预测煤层埋深 600～1 000 m；根据浅部勘查区钻孔及中深部煤层气钻孔参数值绘制的煤层累积厚度等值线图可知，结合煤层气钻孔煤层厚度资料，预测平均煤层厚度为 9.90 m；煤层视密度为浅部勘查区各煤层视密度的平均值，视密度平均值为 1.40 t/m³；根据姚庄井田、乔子玄普查、盘龙普查区煤类及煤类与深度的关系推测，煤层埋深 600～1 000 m 的煤类为贫煤。预测煤层埋深 600～1 000 m 的可靠级潜在资源量面积 131.92 km^2，资源量 182 841 万 t，煤层较稳定，校正系数 β 取 1.0，校正后资源量 182 841 万 t，煤类为贫煤，属于Ⅰ类预测远景区。

(5) 东景峰预测区：位于韩城矿区南部，东北部与林源预测区相接，西南部与澄合矿区深部预测区相连，东南部为薛峰预测区、乔子玄普查区，西北部为太原组地层埋深 1 500 m 线，与韩城深部预测区相邻，面积 309.82 km^2。为一倾向 NW 的平缓单斜构造，倾角小于 10°。根据乔子玄普查、薛峰预测区内煤层气钻孔资料，采用类比和类推的方法，并结合聚煤规律分析研究可知，预测区成煤条件较好，含煤地层为太原组和山西组地层，预测区内 3、5、11 号煤层发育。根据太原组地层底界等高线预测煤层埋深 1 000～1 500 m；根据浅部勘查区钻孔及中深部煤层气钻孔参数值绘制的煤层累积厚度等值线图可知，预测平均煤层厚度 7.05 m；煤层视密度为浅部勘查区各煤层视密度平均值，视密度平均值为 1.40 t/m^3；根据乔子玄普查、薛峰预测区煤类，推测煤层埋深 1 000～1 500 m 的煤类为无烟煤。预测煤层埋深 1 000～1 500 m 的可能级潜在资源量面积 309.82 km^2，资源量 305 794 万 t，煤层较稳定，校正系数 β 取 0.8，校正后资源量 244 635 万 t，煤类为无烟煤，属于Ⅱ类预测远景区。

(6) 韩城深部预测区：位于韩城矿区西北深部，西部接澄合矿区深部预测区，东南部邻东景峰、林源预测区及宜川预查区，东部为黄河，西北为太原组地层底界－1 300 m 等高线，面积 815.98 km^2。为一倾向 NW 的平缓单斜构造，倾角小于 10°。为东景峰可能级、林源可靠预测区有限外推地段。根据太原组地层底界等高线预测煤层埋深 1 500～2 000 m；依据宜川预查区内钻探资料分析，结合聚煤规律推断有含煤地层，含煤地层为太原组和山西组地层，区内有 3、5、10 号可采煤层赋存。根据浅部勘查区钻孔及中深部煤层气钻孔参数值绘制的煤层累积厚度等值线图可知，预测区煤层厚度 6.83 m，煤层视密度为浅部勘查区各煤层视密度平均值，视密度平均值为 1.4 t/m^3；根据东景峰、林源预测推测煤类为无烟煤。预测煤层埋深 1 500～2 000 m 的推断级潜在资源量面积 815.98 km^2，资源量 780 244 万 t，煤层较稳定，校正系数 β 取 0.6，校正后资源量 468 147 万 t，煤类为无烟煤，属于Ⅲ类预测远景区。

2. 澄合矿区预测区

澄合矿区预测区位于合阳、澄城一带，澄合矿区中深部预测区范围北至太原组－1 300 m 底板等高线，南部与澄合中部详查区为邻，西部与蒲白矿区预测区为界，东部与蒲白矿区预测区为界；东南部预测区南以太原组地层露头线为界，北部为韩城矿区乔子玄普查区，西部与安阳、西卓子勘探区为邻，东部为黄河，预测面积 1 863.84 km^2。该预测区共划分为 4 个预测区，其分布见图 8-2-7。

(1) 坊镇预测区：位于澄合矿区东南部，东南部为含煤地层露头线，北部与百良预测区以断层相接，西部以韩城 F1 断裂与安阳井田为邻，面积 61.20 km^2，为向 N 倾的单斜构造，倾角小于 10°，中部发育有 NE 向正断层。区内有少量钻孔控制，依据区内几个钻孔资料，结合聚煤规律分析研究可知，预测区成煤环境好，含煤地层为太原组和山西组地层，区内 4、5、6 号煤层发育。根据以往钻孔资料预测煤层埋深 300～1 000 m；据预测区钻孔资料统计，预测平均煤层厚度 8.7 m；视密度为以往钻孔 5 号主采煤层视密度值，视密度值为 1.49 t/m^3；根据区内钻孔煤类资料，预测煤层埋深 300～1 000 m 的煤类为贫瘦煤。预测可靠级潜在资源量面积 61.20 km^2，资源量 79 334 万 t，煤层较稳定，校正系数 β 取 1.0，校正后资源量 79 334 万 t。其

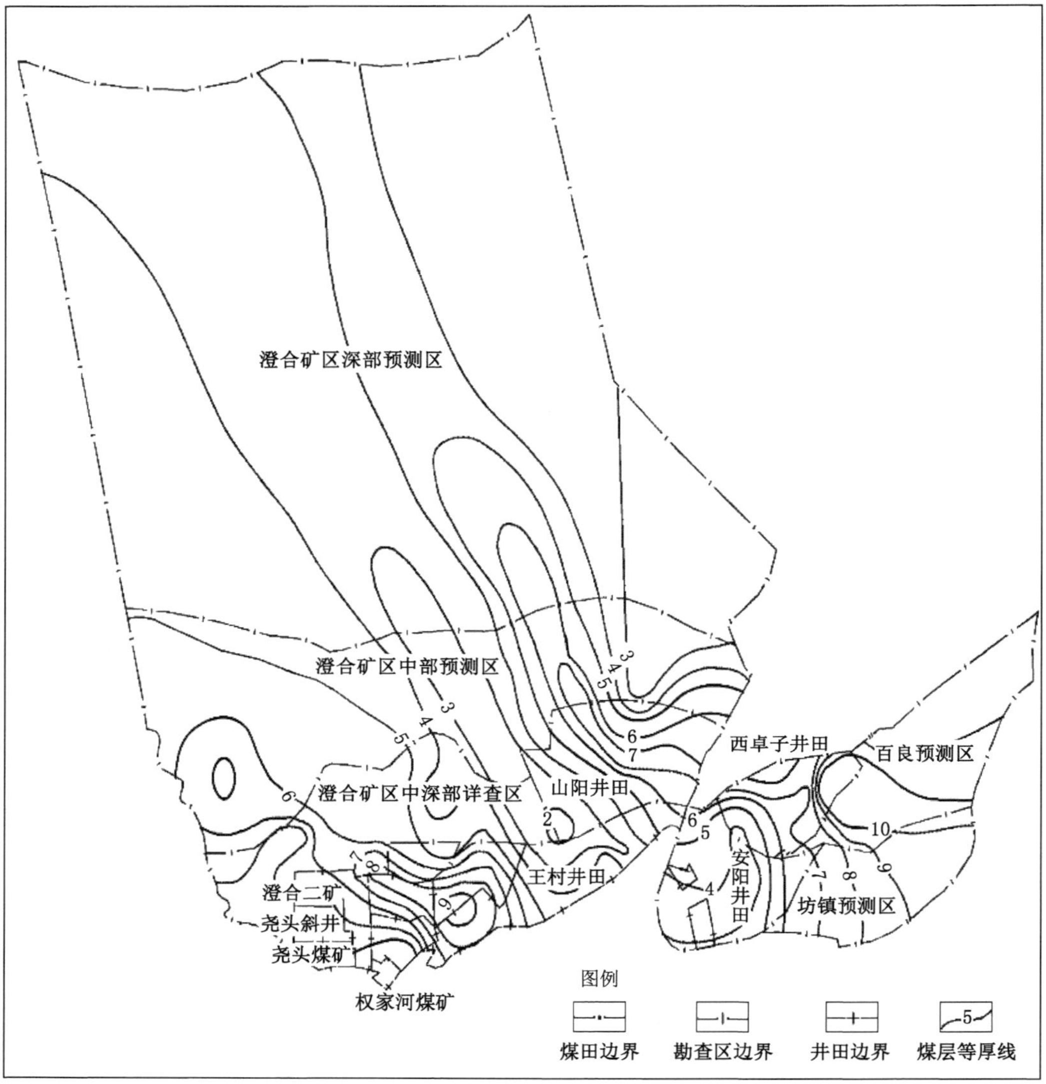

图 8-2-7 澄合矿区可采煤层累积厚度等值线图

中，煤层埋深 300～600 m 的可靠级潜在资源量面积 27.64 km^2，预测资源量 43 504 万 t，校正系数 β 取 1.0，校正后资源量 43 504 万 t，煤类为贫瘦煤，属于Ⅰ类预测远景区；煤层埋深 600～1 000 m 的可靠级潜在资源量面积 33.56 km^2，预测资源量为 35 830 万 t，煤层较稳定，校正系数 β 取 1.0，校正后资源量为 35 830 万 t，煤类为贫瘦煤，属于Ⅰ类预测远景区。

(2) 百良预测区：位于澄合矿区东部，东部依黄河，西部与西卓子井田为邻，南部与坊镇预测区以断裂相邻，北部以断裂为界，面积 90.0 km^2，为向 N 倾的单斜构造，倾角小于 10°。依据区内普 3 号钻孔资料，采用类比和类推的方法，结合聚煤规律分析研究可知，预测区成煤环境好，含煤地层为太原组和山西组地层，预测 4、5、6 号煤层发育。根据区内钻孔资料及太原组地层底界等高线预测煤层埋深 600～1 500 m；据浅部勘查区钻孔资料绘制的煤层累积等厚图及普 3 号钻孔煤层厚度值，预测煤层平均厚度为 5.0 m；视密度为浅部勘查区各煤层视密度平均值，视密度值为 1.40 t/m^3；根据西卓子井田煤层煤类，预测煤层埋深 600～1 500 m 的煤类为贫煤。预测面积 90.00 km^2，资源量为 63 000 万 t，校正后资源量为 53 718 万 t。其中，煤层埋深 600～1 000 m 的可靠级潜在资源量面积 33.22 km^2，资源量 16 590 万 t，煤层较稳定，校正系数 β 取 1.0，校正后资源量 16 590 万 t，煤类为贫煤，属于Ⅰ类预测远景区；煤层埋深 1 000～1 500 m 的可能级潜在资源量面积 57.78 km^2，资源量 46 410 万 t，煤层较稳定，校正系数 β 取 0.8，校正后资源量 37 128 万 t，煤类为贫煤，属于Ⅱ类预测远景区。

(3) 澄合中部预测区：位于澄合矿区中部，呈 EW 向带状展布，东部与韩城矿区预测区相连，西部与蒲白矿区预测区相接，南部为澄合中深部详查区及山阳井田，东南部为乔子玄普查区，北部为太原组地层底界－300 m 等高线(煤层 1 000 m 埋深线)，面积 356.75 km^2。为向 N 倾斜的单斜构造，倾角小于 10°。根据澄合中深部详查区、山阳井田及乔子玄普查钻孔资料，采用类比和类推的方法，结合聚煤规律分析研究可知，预测区成煤条件较好，含煤地层为太原组和山西组地层，5、11 号煤层发育。根据太原组地层底界等高线预测煤层埋深为 600～1 000 m；据澄合浅部勘查区钻孔资料绘制的累积煤层等厚线图，预测平均煤层厚度 4.5 m；视密度为浅部勘查区各煤层视密度平均值，视密度值 1.40 t/m^3；根据澄合中深部详查区、山阳井田及乔子玄普查钻孔煤层煤类及煤类与深度关系，预测煤层埋深 600～1 000 m 的煤类为贫煤。预测煤层埋深 600～1 000 m 的可靠级潜在资源量面积 356.75 km^2，资源量 224 751 万 t，煤层较稳定，校正系数 β 取 1.0，校正后资源量 224 751 万 t，煤类为贫煤，属于Ⅰ类预测远景区。

(4) 澄合深部预测区：位于澄合矿区深部，东、西侧分别为韩城矿区和蒲白矿区预测区，南侧邻澄合中部预测区，北侧至太原组地层底界－1 300 m 等高线，面积为 1 355.89 km^2。为向 N 倾斜的单斜构造，倾角小于 10°。根据澄合中部预测区可靠预测区有限外推，结合聚煤规律推断该预测区有含煤地层，含煤地层为太原组和山西组地层，推断 5、11 号煤层发育。根据浅部勘查区钻孔资料绘制的累积煤层等厚线图，预测煤层厚度 4.50 m；视密度为浅部勘查区各煤层视密度平均值，视密度值为 1.40 t/m^3；根据澄合中部预测区推测煤类为无烟煤。预测面积 1 355.89 km^2，资源量为 854 209 万 t，校正后资源量为 592 589 万 t。其中，预测煤层埋深 1 000～1 500 m 的可能级潜在资源量面积 635.43 km^2，资源量 400 320 万 t，煤层较稳定，校正系数 β 取 0.8，校正后资源量 320 256 万 t，煤类为无烟煤，属于Ⅱ类预测远景区；煤层埋深 1 500～2 000 m 的推断级潜在资源量面积 720.46 km^2，资源量为 453 889 万 t，煤层较稳定，校正系数 β 取 0.6，校正后资源量 272 333 万 t，煤类为无烟煤，属于Ⅲ类预测远景区。

3. 蒲白矿区预测区

蒲白矿区预测区位于渭北石炭-二叠纪煤田的中部，其预测范围北以太原组地层－1 300 m 底板等高线为界，西部与铜川矿区预测区交界，东部与澄合矿区预测区交界，南部为煤矿开采边界，预测面积 1 194.82 km^2。蒲白矿区预测区分为 2 个预测区，其分布见图 8-2-8。

(1) 蒲白中部预测区：位于蒲白矿区中部，东部为澄合矿区中部预测区，西部为铜川矿区北部预测区，南部以杜康沟逆断裂与南部煤矿开采区为界，北部为太原组地层底界－300 m 等高线(煤层埋深 1 000 m)，面积 340.46 km^2，为向 N 倾斜的单斜构造，倾角小于 15°。根据区内 5 个钻孔成果(南部边界附近)及杜康沟断裂南部煤矿开采区资料，采用类比

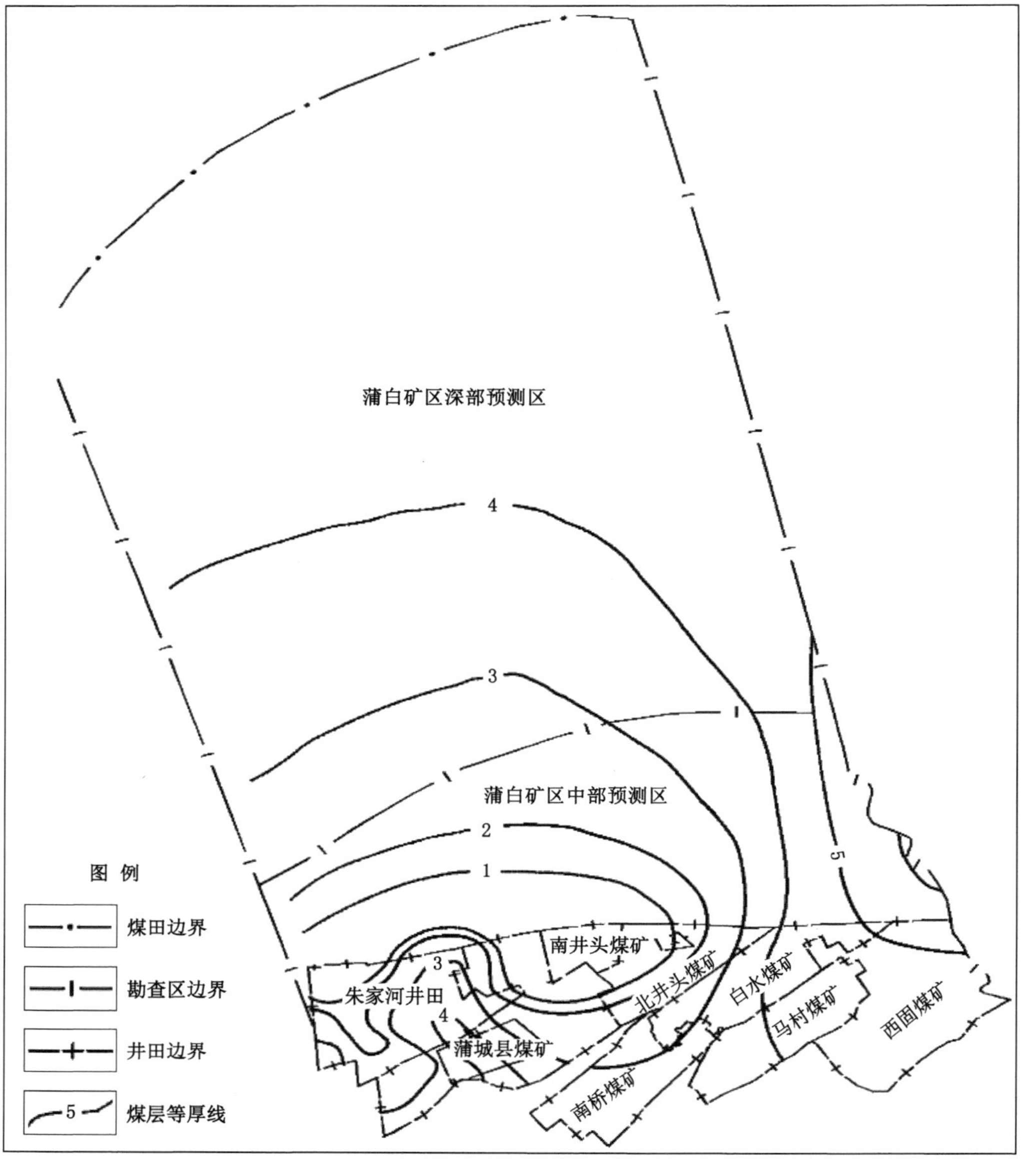

图 8-2-8 蒲白矿区可采煤层累积厚度等值线图

和类推的方法，结合聚煤规律分析研究可知，预测区成煤条件较好，含煤地层为太原组和山西组地层，预测 5、10 号煤层发育。根据太原组地层底界等高线预测煤层埋深为 300～1 000 m；据预测区 5 个钻孔资料统计，结合浅部勘查区钻孔资料绘制的煤层累积等厚线图，预测煤层厚度为 3.0 m；视密度为浅部勘查区各煤层视密度平均值，视密度值为1.40 t/m^3；依据区内 5 个钻孔煤类及南部可采煤层煤类资料，预测煤层埋深 300～1 000 m 的煤类为贫瘦煤。预测面积 340.46 km^2，资源量 142 994 万 t，校正后资源量 142 994 万 t。其中，预测煤层埋深 300～600 m 的可靠级潜在资源量面积 105.48 km^2，资源量44 302 万 t，煤层较稳定，校正系数 β 取 1.0，校正后资源量 44 302 万 t，煤类为贫瘦煤，属Ⅰ类预测远景区；预测煤层埋深 600～1 000 m 的可靠级潜在资源量面积 234.98 km^2，资源量为98 692 万 t，煤层较稳定，校正系数 β 取 1.0，校正后资源量 98 692 万 t，煤类为贫瘦煤，属Ⅰ类预测远景区。

(2) 蒲白深部预测区：位于蒲白矿区深部，东、西侧分别为澄合矿区和铜川矿区深部预测区，南侧为蒲白中部预测区，北侧至太原组地层底界－1 300 m 等高线(煤层 2 000 m 埋深线)，预测面积 854.36 km^2。为向 N 倾斜的单斜构造，倾角小于 10°。根据蒲白中部预测区可靠预测区有限外推，结合聚煤规律推断该预测区有含煤地层，含煤地层为太原组和山西组地层，推断 5、10 号煤层发育；根据浅部勘查区钻孔资料绘制的累积煤层等厚线图，推测煤层厚度为 4.00 m；视密度为浅部勘查区各煤层视密度平均值，视密度值为 1.40 t/m^3；根据蒲白中部预测区可靠预测区煤类预测煤层埋深 1 000～1 500 m 的煤类为贫煤，埋深1 500～2 000 m 的煤类为无烟煤。预测面积 854.36 km^2，资源量 478 440 万 t，校正后资源量 334 976 万 t。其中，预测煤层埋深 1 000～1 500 m 的可能级潜在资源量面积427.79 km^2，资源量 239 561 万 t，煤层较稳定，校正系数 β 取 0.8，校正后资源量 191 649 万 t，煤类为贫煤，属于Ⅱ类预测远景区；煤层埋深 1 500～2 000 m 的推断级潜在资源量面积 426.57 km^2，资源量为 238 879 万 t，煤层较稳定，校正系数 β 取 0.6，校正后资源量143 327 万 t，煤类为无烟煤，属Ⅲ类预测远景区。

4. 铜川矿区预测区

铜川矿区预测区位于渭北石炭-二叠纪煤田西南部，预测范围西北以太原组地层底界－1 300 m 底板等高线为界，东与蒲白矿区预测区为邻，南为煤矿开采区和铜川深部普查区，预测面积 2 782.87 km^2。铜川矿区预测区划分为 4 个预测区，其分布见图 8-2-9。

(1) 铜川北部预测区：位于铜川矿区东北，东与蒲白矿区中部及深部预测区相邻，南为铜川深部普查区及三里洞、王家河煤矿，西为铜川西部预测区，北为太原组地层底界－800 m等高线(煤层埋深 1 500 m)，面积为 350.85 km^2。呈 N 向倾斜的单斜构造，倾角小于 15°。根据铜川深部普查区与煤矿开采区资料，采用类比和类推的方法，结合聚煤规律分析研究，预测区成煤条件较好，含煤地层为太原组和山西组地层，预测区内发育 5、11 号煤层；根据铜川深部普查区及太原组地层底界等高线预测煤层埋深 600～1 500 m；依据浅部勘查区钻孔资料绘制的累计煤层等厚线图，预测煤层厚度为 4.00 m；视密度为浅部勘查区各煤层视密度平均值，视密度值为 1.40 t/m^3；根据铜川深部普查区及三里洞、王家河煤矿煤层煤类，预测煤层埋深 600～1 000 m 的煤类为贫瘦煤，埋深 1 000～1 500 m 的煤类为贫煤。预测面积 350.85 km^2，资源量 196 479 万 t，校正后资源量 182 288 万 t。其中预测煤层埋深 600～1 000 m 的可靠级潜在资源面积 224.15 km^2，资源量 125 526 万 t，煤层较稳定，校正系数 β 取 1.0，校正后资源量 125 526 万 t，煤类为贫瘦煤，属于Ⅰ类预测远景区；推断煤层埋深 1 000～1 500 m 的可能级潜在资源面积 126.70 km^2，资源量为 70 953 万 t，煤层较稳定，校正系数 β 取 0.8，校正后资源量 56 762 万 t，煤类为贫煤，属于Ⅱ类预测远景区。

(2) 铜川西部预测区：位于铜川矿区西部，东部为铜川北部预测区，东南部为王家河煤矿、演池井田、韩古庄井田、耀西找煤区，北为太原组地层底界－800 m 等高线(煤层 1 500 m 埋深线)，西部为含煤地层边界，面积 1 175.94 km^2。区内耀参 1 井揭露到含煤地层，西部 5 号煤层多被二叠纪山西组地层底部河床冲刷，11 号煤层由西向东逐渐变厚，据耀西找煤资料，西部出现无煤或薄煤区，成煤条件较差，可采边界不清。根据耀西找煤及太原组地层底界等高线预测煤层埋深 600～1 500 m，依据浅部勘查区钻孔资料绘制的累积煤层等厚线

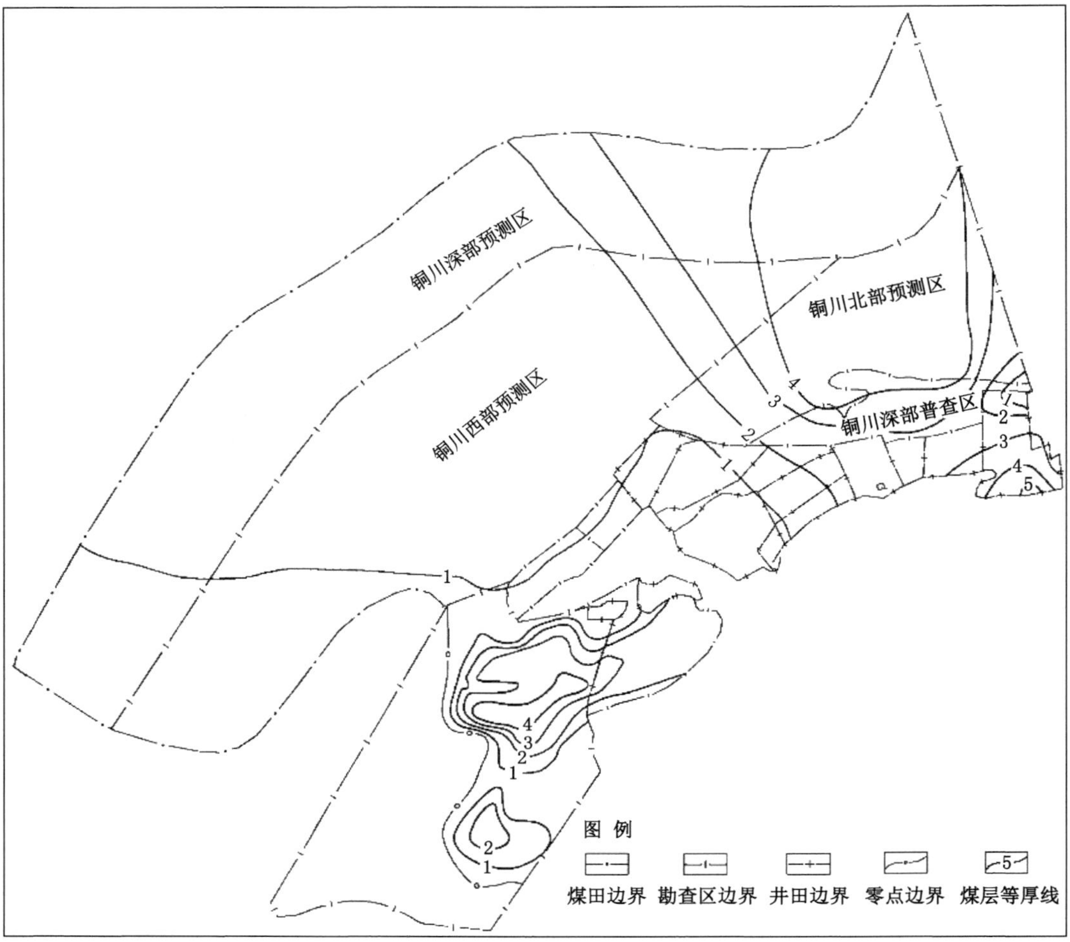

图 8-2-9 铜川矿区可采煤层累积厚度等值线图

图,预测煤层厚度 2.2 m;视密度为浅部勘查区各煤层视密度的平均值,视密度值为 1.40 t/m³;依据铜川王家河煤矿、演池井田、韩古庄井田、耀西找煤区煤层煤类推定煤层埋深 300～1 000 m 的煤类为贫瘦煤;埋深 1 000～1 500 m 的煤类为贫煤。预测面积 1 175.94 km²,资源量 362 189 万 t,校正后资源量 295 774 万 t。其中,预测煤层埋深 300～600 m 的可靠级潜在资源面积 97.78 km²,资源量 30 116 万 t,煤层较稳定,校正系数 β 取 1.0,校正后资源量 30 116 万 t,煤类为贫瘦煤,属Ⅰ类预测远景区;推断煤层埋深 600～1 000 m 的可能级潜在资源面积 301.15 km²,资源量为 92 755 万 t,煤层较稳定,校正系数 β 取 0.8,校正后资源量 74 204 万 t,煤类为贫煤,属Ⅱ类预测远景区;预测煤层埋深 1 000～1 500 m 的可能级潜在资源面积 777.01 km²,资源量 239 318 万 t,煤层较稳定,校正系数 β 取 0.8,校正后资源量 191 454 万 t,煤类为贫煤,属Ⅱ类预测远景区。

(3) 耀东预测区:位于铜川南部黄堡、董家河一带,北部为王家河煤矿、演池井田、韩古庄井田,东南部为太原组地层剥蚀边界,西部为耀西找煤区,面积 92.00 km²。为轴向向 W 倾的不对称向斜构造,倾角小于 15°。北侧为王家河煤矿、演池井田、韩古庄井田,中部有黄堡立井和三原煤矿。据煤层赋存规律分析，该预测区北部为韩古庄隆起无煤区，耀西找煤区资料11号煤层可采，5号煤层多被剥蚀，煤层厚度为2.42 m；视密度为浅部勘查区各煤层视密度的平均值，视密度值为1.40 t/m^3；根据耀西找煤及邻近勘查区煤层煤类，预测区煤类为贫瘦煤。预测煤层埋深0～600 m的可靠级潜在资源量31 170万t，煤层较稳定，校正系数β取1.0，校正后资源量31 170万t，煤层埋深600 m以下，煤类为贫瘦煤，属Ⅰ类预测远景区。

(4)铜川深部预测区：位于铜川矿区北部，东部为蒲白矿区深部预测区，西南部为铜川西部预测区，南部分为铜川北部预测区，北部至太原组地层底界－1 300 m等高线(煤层2 000 m埋深线)，面积1 164.08 km^2。为向NW倾斜的单斜构造，倾角小于10°。据铜川北部预测区可能预测区有限外推，结合聚煤规律推断有含煤地层，含煤地层为太原组和山西组地层，推断5、11号煤层发育。根据太原组地层底界等高线预测煤层埋深1 500～2 000 m；根据铜川矿区浅部勘查区钻孔资料绘制的累积煤层等厚线图，推测煤层厚度2.4 m；视密度为浅部勘查区各煤层视密度平均值，视密度值为1.40 t/m^3；根据铜川北部预测区煤层煤类推测煤类为无烟煤。预测煤层埋深1 500～2 000 m的推断级潜在资源面积1 164.08 km^2，资源量391 130万t，煤层较稳定，校正系数β取0.6，校正后资源量234 678万t，煤类为无烟煤件，属Ⅲ类预测远景区。

5. 预测成果

渭北石炭-二叠纪煤田韩城、澄合、蒲白、铜川4个矿区共划分16个预测区。其中，韩城矿区内预测区6个，预测面积1 605.83 km^2，预测潜在资源量1 164 309万t；澄合矿区内预测区4个，预测面积1 863.84 km^2，预测潜在资源量950 392万t；蒲白矿区内预测区2个，预测面积1 194.82 km^2，预测潜在资源量477 970万t；铜川矿区内预测区4个，预测面积2 782.87 km^2，预测潜在资源量743 910万t。全煤田内总预测面积7 447.36 km^2，预测潜在资源量3 336 581万t，其中可靠级潜在资源量1 102 008万t，可能级潜在资源量1 116 088万t，推测级潜在资源量1 118 485万t；按煤层埋深划分：600 m以浅资源量149 092万t，600～1 000 m资源量858 713万t，1 000～1 500 m资源量1 210 291万t，1 500～2 000 m资源量1 118 485万t；按预测远景区类别划分：Ⅰ类资源量933 601万t，Ⅱ类资源量1 284 495万t，Ⅲ类资源量1 118 485万t；按煤类划分：贫瘦煤409 140万t，贫煤1 075 658万t，无烟煤1 851 783万t。各类预测成果见表8-2-3、表8-2-4。

表8-2-3 渭北石炭-二叠纪煤田潜在煤炭资源煤类分区统计表

名称		各种预测煤类资源量/万t		
矿区	预测区	贫瘦煤	贫煤	无烟煤
韩城矿区	林源预测区		32 840	168 407
	岭底预测区		41 205	
	盘龙预测区		26 234	
	薛峰预测区		182 841	
	东景峰预测区			244 635
	韩城深部预测区			468 147
	小计		283 120	881 189

表 8-2-3(续)

名称		各种预测煤类资源量/万 t		
矿区	预测区	贫瘦煤	贫煤	无烟煤
澄合矿区	坊镇预测区	79 334		
	百良预测区		53 718	
	澄合中部预测区		224 751	
	澄合深部预测区			592 589
	小　计	79 334	278 469	592 589
蒲白矿区	蒲白中部预测区	142 994		
	蒲白深部预测区		191 649	143 327
	小　计	142 994	191 649	143 327
铜川矿区	铜川北部预测区	125 526	56 762	
	铜川西部预测区	30 116	265 658	
	耀东预测区	31 170		
	铜川深部预测区			234 678
	小　计	186 812	322 420	234 678
合计		409 140	1 075 658	1 851 783

表 8-2-4　渭北石炭-二叠纪潜在煤炭资源量汇总表

矿区(或含煤区)	预测区	面积/km²	潜在资源量/万 t	不同埋藏深度资源量/万 t				不同级别潜在资源量/万 t			不同类别预测远景区资源量/万 t		
				0～600 m	600～1 000 m	1 000～1 500 m	1 500～2 000 m	334-1	334-2	334-3	Ⅰ类	Ⅱ类	Ⅲ类
韩城矿区	林源	258.07	201 247		32 840	168 407		201 247			32 840	168 407	
	岭底	52.56	41 205		41 205			41 205			41 205		
	盘龙	37.48	26 234		26 234			26 234			26 234		
	薛峰	131.92	182 841		182 841			182 841			182 841		
	东景峰	309.82	244 635			244 635			244 635			244 635	
	深部	815.98	468 147				468 147			468 147			468 147
	小计	1 605.83	1 164 309		283 120	413 042	468 147	451 527	244 635	468 147	283 120	413 042	468 147
澄合矿区	坊镇	61.20	79 334	43 504	35 830			79 334			79 334		
	百良	90.00	53 718		16 590	37 128		16 590	37 128		16 590	37 128	
	澄合中部	356.75	224 751		224 751			224 751			224 751		
	澄合深部	1 355.89	592 589			320 256	272 333		320 256	272 333		320 256	272 333
	小计	1 863.84	950 392	43 504	277 171	357 384	272 333	320 675	357 384	272 333	320 675	357 384	272 333
蒲白矿区	蒲白中部	340.46	142 994	44 302	98 692			142 994			142 994		
	蒲白深部	854.36	334 976			191 649	143 327		191 649	143 327		191 649	143 327
	小计	1 194.82	477 970	44 302	98 692	191 649	143 327	142 994	191 649	143 327	142 994	191 649	143 327

表 8-2-4(续)

矿区(或含煤区)	预测区	面积/km^2	潜在资源量/万 t	不同埋藏深度资源量/万 t				不同级别潜在资源量/万 t			不同类别预测远景区资源量/万 t		
				0~600 m	600~1 000 m	1 000~1 500 m	1 500~2 000 m	334-1	334-2	334-3	Ⅰ类	Ⅱ类	Ⅲ类
铜川矿区	铜川北部	350.85	182 288		125 526	56 762		125 526	56 762		125 526	56 762	
	铜川西部	1 175.94	295 774	30 116	74 204	191 454		30 116	265 658		30 116	265 658	
	耀东	92.00	31 170	31 170				31 170			31 170		
	铜川深部	1 164.08	234 678				234 678			234 678			234 678
	小计	2 782.87	743 910	61 286	199 730	248 216	234 678	186 812	322 420	234 678	186 812	322 420	234 678
合计		7 447.36	3 336 581	149 092	858 713	1 210 291	1 118 485	1 102 008	1 116 088	1 118 485	933 601	1 284 495	1 118 485

8.2.3 陕北三叠纪煤田

8.2.3.1 地理位置、预测区范围和面积及以往地质工作

1. 地理位置

陕北三叠纪煤田北起大理河(无定河),南部至延安北部沿河湾及富县牛武一带,东部为上三叠统瓦窑堡组地层第四段底界,西部至安塞以西清阳岔煤层可采边界。地理坐标为东经 109°14′~109°45′,北纬 36°05′~37°38′,包括延安子长、安塞、宝塔区、富县等县(区),含煤面积 9 261.65 km^2。预测区为陕北三叠纪煤田子长矿区东部和南部牛武区,其中预测区面积 274.64 km^2。

2. 预测区范围和面积

预测区范围为瓦窑堡组地层剥蚀边界、横山韩岔-延安蟠龙找煤边界、小寺庄煤矿边界,预测区面积为 274.64 km^2。

3. 以往地质工作程度

区内早期以石油为目的的地质勘探钻孔较多,但多为无芯孔,其所反映的含煤地层资料较少。煤炭资源勘查工作起自 1961 年,先后提交了《陕北三叠纪煤田子长矿区南部羊马河普查勘探报告》《延安贯屯井田地质勘探报告》《延安县贯屯井田地质精查补充勘探报告》《子长南家咀精查勘探地质报告》《陕北三叠纪煤田横山韩岔-延安蟠龙区找煤地质报告》《羊马河精查地质报告》《陕西省延安市宝塔区四咀煤炭有限责任公司煤矿(整合区)详查(最终)报告》《陕西省延川县泰丰煤矿(整合区)报告》。预测区成果主要为陕西省煤田地质局第一次、第二次、第三次煤田预测成果和油井资料及《鄂尔多斯盆地聚煤规律与煤炭资源评价》等。这些成果对煤田基本构造轮廓及具有工业价值的含煤区范围、边界进行了圈定,为本次预测工作打下了良好的基础。

8.2.3.2 地质概况

1. 含煤地层

三叠纪煤田含煤地层为上三叠统瓦窑堡组地层,岩性为灰白色粉砂岩、灰绿色粉砂岩、砂质泥岩、中细粒砂岩、深灰色泥岩、油页岩和煤层,一般厚度 200 m,吴起以西厚度小于

100 m，子长坳陷区厚度超过 360 m，子长一带最厚达 368 m，向含煤盆地外围变薄、尖灭。本组地层依据其岩性、沉积旋回和含煤性自下而上可划分为四段。

第一段自瓦窑堡组地层底部砂岩至“姚店砂岩”(K_1)底部，为一套灰黑、灰色及少量绿色砂、泥岩层，含薄煤及煤线，一般厚八十多米，含煤 1～13 层，主要为 1 号煤层；第二段由“姚店砂岩”底至 2 号煤层或含炭屑砂质泥岩层顶部，以灰、灰黑色的砂岩和泥岩互层为主，另有黏土岩及薄煤层，含煤 1～8 层，主要为顶部的 2 号煤层；第三段自 2 号煤层顶部至 3 号煤层底部砂岩底，主要以中、细粒砂岩和粉砂岩为主，局部地段有泥灰岩发育，含薄煤层及煤线，含煤 1～8 层，一般 2～4 层；第四段自 3 号煤层底部砂岩底至侏罗系煤层底部富县组或延安组地层底界，为主要含煤段，由灰色砂岩、深灰色粉砂岩、煤层及其上部的油页岩组成，其中包括主要可采的 5 号、3 号煤层及 5 号煤层顶部油页岩，大多数地区被剥蚀，各地残留厚度不一。

2. 古构造与聚煤规律

晚三叠世瓦窑堡组煤层层数较多，单层厚度较小，以第四段 5 号煤层单层厚度最大，煤层主要分布在靖边-安塞一线以东，富煤带主要分布在子长市、玉家湾镇、周家镇、石湾镇一带。从古构造特征来看，涧峪岔镇经子长市至蟠龙镇一线发育一个南北向的古坳陷，坳陷处有利于含煤地层沉积，煤层相对发育，瓦窑堡组地层沉积较厚，一般在 320～360 m，煤层发育较好；古坳陷外围一带瓦窑堡组地层变薄，厚度一般在 200～300 m。从古地理格局来看，富煤带主要发育在子长三角洲群的平原沼泽、三角洲间湾及淤浅的湖湾地区。煤层发育最好的是层序Ⅲ，煤层多发育于湖泊三角洲沉积地区，以三角洲平原、分流间湾及废弃河道为主，主体部分位于废弃河道，向分流间湾区煤层分叉、变薄，层数增多，向三角洲平原和废弃河道区煤层层数减少，单层厚度增大。顶部 5 号煤层为区内大部可采煤层，其下部 3 号煤层在子长、南家咀一带局部可采。

3. 煤田构造

陕北三叠纪煤田位于鄂尔多斯坳陷盆地伊陕斜坡区，基本为一平缓的西倾单斜构造，地层倾角平缓，一般 1°～5°。沿走向和倾向发育有宽缓的波状起伏及短轴背向斜和落差很小的断层。本区构造简单，对含煤地层影响甚微。

4. 赋煤特征

瓦窑堡组地层含煤层(煤线)6 组 20 余层，最多可达 32 层，多为不可采的薄煤层，可采和局部可采煤层 1～2 层，具对比意义的煤层 7 层，编号自上而下依次为 6、5、4、3、3^{-1}、2、1 号。煤层总厚度达 11 m 左右，子长一带含主要可采煤层，富煤中心位于子长-蟠龙一带。可采煤层为 5、3 号煤层。5 号煤层位于瓦窑堡组第四段的中上部，厚煤层以子长为中心向周边变薄，属全区大部分可采煤层，煤层厚 0～3.10 m，平均 1.34 m。该煤层以子长西部为沉积中心，分布范围南起蟠龙镇，北至大理河，西到安塞一带向四周变薄、尖灭。子长矿区南部以贯屯和栾家坪连线一带为富煤带，向四周变薄规律性较强，到延安以南的牛武区也有零星分布。3 号煤层位于瓦窑堡组第四段的下部，厚度为 0～1.27 m，平均 0.42 m，大部分为0.60 m 左右，分布范围较大，厚度较小，属零星可采煤层。

5. 煤质特征

3、5 号煤层原煤灰分(A_d)变化在 9.34%～26.63%，综合平均值为 18.97%～19.29%；挥发分(V_{daf})变化在 36.74%～45.24%，综合平均值为 39.81%～42.07%；全硫($S_{t,d}$)变化

在0.26%～1.41%，综合平均值为0.52%～0.57%；干燥基低位发热量($Q_{net,d}$)变化在22.07～27.19/kg，平均值为24.65 MJ/kg；浮煤黏结指数($G_{R.I}$)变化在65～94，综合平均值为81～85。煤类以气煤为主，气肥煤少量。

8.2.3.3 预测参数的确定

预测深度依据邻近勘查区或煤矿3号煤层埋藏深度确定。依据相关技术要求，本次煤炭资源潜力预测评价深度为埋深2 000 m以浅。结合该区实际，只划分0～600 m深度级。

预测面积根据确定的预测区边界和煤层倾角通过计算机求得。陕北三叠纪煤田煤层倾角小于5°，则利用煤层伪厚度和水平投影面积估算资源量。

煤层厚度采用勘查区及邻近矿井煤层厚度的平均厚度。

煤层视密度为邻近勘查区各煤层视密度的平均值，子长东预测区视密度值为1.35 t/m^3，小寺庄预测区视密度平均值为1.46 t/m^3。

煤类根据勘查区或煤矿开采煤层煤类，按照煤类与深度的关系确定。

8.2.3.4 预测区分述

陕北三叠纪煤田划分为2个预测区，分别是子长东预测区和黄龙小寺庄预测区，煤层编号都为3号，煤类都为气煤，预测面积274.64 km^2，预测潜在资源量20 193万t。由于陕西省缺炼焦和配焦用煤，故本次预测将煤层可采厚度由规范的0.7 m降低到0.4 m，但资源量不统计在全省预测潜在煤炭资源总量内，单独计量。

1. 子长东预测区

该预测区东部、北部、南部为瓦窑堡组地层剥蚀边界，西部为横山韩岔-延安蟠龙找煤边界，预测面积173.64 km^2。总体呈向W倾斜的单斜构造，倾角小于5°。根据横山韩岔-延安蟠龙找煤、永坪找煤勘探资料，采用类比和类推的方法，结合聚煤规律分析研究可知，预测区成煤环境较好，含煤地层为瓦窑堡组，煤层为3号煤层。依据西部勘查区确定3号煤层埋深0～300 m；据横山韩岔-延安蟠龙找煤、永坪找煤成果预测煤层平均厚度为0.44 m；视密度为横山韩岔—延安蟠龙找煤3煤层视密度值，视密度值为1.35 t/m^3；根据永坪找煤预测埋深300 m以浅的煤层煤类为气煤。预测埋深0～300 m的煤层潜在资源面积173.64 km^2，资源量10 314万t，煤层稳定，校正系数β取1.0，校正后资源量10 314万t，煤类为气煤，属于Ⅰ类预测远景区。

2. 小寺庄预测区

该预测区四周都为瓦窑堡组地层剥蚀边界，预测区内有黄龙小寺庄煤矿，预测面积101.00 km^2。总体呈向W倾向的单斜构造，倾角小于5°。根据小寺庄煤矿资料，采用类比和类推的方法，结合聚煤规律分析研究可知，预测区成煤环境较好，含煤地层为瓦窑堡组，煤层为3号煤层。根据瓦窑堡组地层底界等高线预测3号煤层埋深0～300 m；据小寺庄煤矿煤层厚度资料，预测煤层平均厚度0.67 m；视密度为小寺庄煤矿3号煤层视密度值，视密度值为1.46 t/m^3；根据小寺庄煤矿煤类预测埋深300 m以浅的煤层煤类为气煤。预测0～300 m可靠级潜在资源面积101.00 km^2，资源量9 879万t，煤层稳定，校正系数β取1.0，校正后资源量9 879万t，煤类为气煤，属于Ⅰ类预测远景区。

各预测区潜在资源量分区情况详见表8-2-5。

表 8-2-5 陕北三叠纪煤田潜在煤炭资源量汇总表

预测区	面积/km^2	潜在资源量/万 t	不同埋藏深度资源量/万 t	不同级别潜在资源量/万 t			不同类别远景区资源量/万 t
			0～600 m	334-1	334-2	334-3	有利的（Ⅰ类）
子长东预测区	173.64	10 314	10 314		10 314		10 314
小寺庄预测区	101.00	9 879	9 879	9 879			9 879
小计	274.64	20 193	20 193	9 879	10 314		20 193

8.2.4 陕北侏罗纪煤田

8.2.4.1 地理位置、预测区范围和面积及以往地质工作

1. 地理位置

陕北侏罗纪煤田位于陕西省北部，西部为陕甘、陕宁交界，北部为陕西和内蒙古交界，南部及东南部为含煤地层边界，隶属榆林市神木、府谷、榆阳、横山、靖边、定边、吴起等县（区）管辖，其地理坐标为东经 107°15′～110°45′，北纬 36°35′～39°16′。呈 NE 向带状展布，长约 400 km，宽约 60 km，含煤面积为 28 383.54 km^2，为全省面积最大、资源/储量最大的煤田，东北部勘探程度较高，预测区仅位于煤田西南部的靖边-定边地区，预测面积为 10 874.72 km^2。

2. 预测区范围和面积

预测区范围西为陕甘、陕宁交界，北部为陕西和内蒙古交界及榆横找煤区，南部及东南部为含煤地层边界，预测区面积为 10 874.72 km^2。

3. 以往地质工作程度

本区南部为黄土高原，榆林城北基本沙漠化或半沙漠化；20 世纪 70 年代以前，曾进行过一些小规模的煤田勘探，地质工作投入较少。进入 20 世纪 80 年代初，随着我国能源工业的发展，陕北侏罗纪煤田成为陕西煤田地质勘查热点地区，先后有 186 队、185 队、131 队、139 队、194 队、煤田物测队及陕西省地矿局八队等单位在该区中北部投入了大量工作，先后完成了榆神府找煤、神北详查、新民普查、大保当普查、榆神矿区Ⅰ期详查、榆神矿区Ⅱ期勘探、榆横找煤及数十个井田勘探。目前，陕北侏罗纪煤田神府矿区、榆神矿区Ⅰ期和Ⅱ期基本达到了勘探程度，榆神矿区Ⅲ期及榆横矿区勘查程度基本达到了普详查程度，榆横矿区局部及西部的榆横找煤区为预查程度。全煤田 1∶5 万地质测量已基本完成，榆横矿区以北已完成普查找煤工作。近几年随着陕北能源化工基地的建设，完成了榆神矿区大面积普详查及井田的勘探，神府矿区神北区在 20 世纪 90 年代已完成大部分井田勘探工作。预测区位于陕北侏罗纪煤田西部，地质工作程度相对低，主要地质成果有：陕西省地矿局原地质八队于 1984 年编制的《陕北侏罗纪煤田西部靖边-地边煤田远景预测》、石油系统施工的 100 多个石油钻孔资料及天然气和盐井钻孔资料、二维地震资料，陕西省煤田地质局第一

次、第二次、第三次煤田预测成果、《鄂尔多斯盆地聚煤规律与煤炭资源评价》、《陕甘宁盆地石油普查报告》等，上述资料对研究预测区地层、构造、含煤地层及煤层等均有一定指导意义。

8.2.4.2 地质概况

1. 含煤地层

陕北侏罗纪煤田含煤地层为中侏罗统延安组，出露于煤田东部边缘的府谷、神木、榆阳、横山一线。岩性为浅灰～深灰色砂岩、黄绿色砂岩、粉砂岩、砂质泥岩、泥岩及煤层，总厚 172.5～400 m，地层厚度由东向西增大，东部神木、府谷地区地层厚度小于 200 m，中部榆阳、横山地区一般为 250 m，西部定边一带多在 300 m 左右，最厚达 400 m。依据含煤地层岩性组合及含煤性自下而上可划分为 5 个含煤段。

第一段：中上部为深灰色泥岩、砂质泥岩、细粉砂岩薄层，含煤 1～3 层，下部主要为中细粒砂岩、中粒砂岩、砂砾岩层，东部厚约 50～70 m，西部约 60～86 m，为主要含煤段；第二段：以细碎屑岩为主，由 2～3 个次一级旋回构成，旋回结构底部为中细粒砂岩，上部为泥质岩类，含煤 3～4 层，除横山、定边三角洲砂体少见外，两侧均为湖泊三角洲砂体；本段地层较厚，一般厚度 55 m，东北部厚 40～90 m，并向西南端靖边、定边一带增厚到 125～155 m；第三段：以灰色粉砂岩、深灰色粉砂岩、砂质泥岩为主，中夹中厚层状中细粒砂岩，三角洲砂体中心有时见中粒砂岩，中上部含煤 1～2 层，中部厚度 30～50 m，北部和西部均厚 40～70 m；第四段：上部以泥岩、粉砂岩为主，夹细粒砂岩薄层，下部以浅灰色中细粒砂岩为主，上部含煤 1～2 层，厚度 20～50 m，西部、北部均厚 30～60 m；第五段：上部为灰色块状粉砂岩、泥岩，下部为中厚层状中细粒砂岩，中部含煤 2～3 层，该段地层受后期剥蚀作用强烈，仅局部残留，保留厚度一般约 50 m。

2. 古构造与聚煤规律

陕北侏罗纪煤田古构造位于府谷-吴起基底断裂以西第一沉降带，区内构造形态简单，发育几个小型古隆起和古坳陷，对含煤地层沉积和煤层发育影响较小。

延安组煤层较多，各地发育情况差异较大，煤层累积厚度在 0～48 m，平均厚度在 11 m 左右。根据延安组煤层沉积环境的变化，湖泊沉积的环带状特征明显，以盆地中部延安一带为中心，向盆缘可分为 5 个含煤性不同的地带：盆缘不稳定含煤带、盆缘坳陷厚煤带、盆缘-广湖过渡带、盆缘稳定厚煤带、广湖无煤带。陕北侏罗纪煤田主要处于盆缘稳定厚煤带，以盆地北部、西部的榆阳、神木、府谷、定边、靖边、吴起等矿区为代表，煤层发育于广阔的湖泊三角洲平原区，厚度较大，发育稳定，可采煤层层数多，分布面积广，主采煤层全区发育。

3. 煤田构造

陕北侏罗纪煤田位于伊陕斜坡区的东胜-靖边斜坡上，总体为向西倾平缓单斜构造，发育有一系列 NE 向波状起伏。受印支末期构造运动的影响，东部及北部隆起，南部相对下降。燕山早期，围绕着南部的延安湖区发育滨湖三角洲环境含煤沉积，形成了稳定的延安组含煤地层沉积。燕山晚期东部地区继续上升，形成向 W 倾斜的单斜构造，煤田除北部新民区有一些小断裂活动外，南部有定边-吴堡断裂带。该断裂波及煤田南部，对煤层未造成大的破坏。

陕北侏罗纪煤田位于鄂尔多斯坳陷盆地伊陕斜坡区的东胜-靖边斜坡南部，构造运动相对稳定，其构造运动形式为整体差异升降运动。总体为向 NW 倾斜的平缓单斜构造，倾角小于 5°。勘探发现的断层有 20 余条，主要分布在神府矿区北部大柳塔井田、袁家梁井田、郭家湾井田、庙哈孤沙梁井田、安山井田和前石畔井田，断层呈雁行排列，为多个断层组，走向以 NWW 向为主，倾角在 60°～80°，断距在 20～150 m，以正断层居多。

4. 赋煤特征

本区自下而上分 5 个含煤段，共含煤 20 余层，其中可采煤层 5 层，各煤层发育程度不同，自下而上依次为：5^{-2}煤层位于第一含煤段上部，除横山南-靖边-安边东外，全区可采，北部最厚，为 8.24 m，平均 3.54 m，中部厚 3～5 m，西部边缘一般厚 2.0 m；4^{-2}煤层位于第二含煤段中上部，北部平均厚 1.37 m，最厚 4.42 m，中部平均厚 1.59 m，西部地区不稳定，有大范围无煤区，安边、定边、姬塬一带煤厚 1.3～3.5 m，其下部 4^{-3}煤层局部发育稳定，平均厚 1.38 m；3^{-1}煤层位于第三含煤段顶部，榆神府区基本全区可采，北部平均厚 2.07 m，中部平均厚 2.48 m，西部有大片无煤区，定边、新安边、姬塬一带煤层平均厚 1.30 m，结构简单；2^{-2}煤层位于第四含煤段中上部，北部平均厚 4.10 m，最大为 9.46 m，中部一般厚 5～8 m，最厚 12.36 m，平均厚 6.50 m，西部平均 4.24 m；1^{-2}煤层位于第五含煤段中部，北部平均厚 2.81 m，最厚达 10.28 m，发育较稳定，中、西部厚度变化较大，有大范围无煤区，煤厚 0.8～1.40 m。煤田内各个含煤段均有可采煤层发育，其下部 4^{-2}、5^{-2}煤层除中部发育较差外，基本全区可采，3^{-1}煤层在北部、中部发育最好，2^{-2}煤层为分布最广、厚度较大的主采煤层，上部的 1^{-2}煤层在北部发育较好，局部可采。西部预测区内各煤层累积厚度 1.2～17.7 m，平均 8.30 m。西北部最厚，南部边界处较薄，接近邻界可采边界，详见图 8-2-10。

5. 煤质特征

2^{-2}(Ⅲ)、3^{-1}(Ⅳ)、5^{-1}、5^{-2}、5^{-3}(Ⅸ)号煤层原煤灰分(A_d)变化在 3.15%～28.30%，综合平均值为 4.49%～24.35%，挥发分(V_{daf})变化在 29.36%～52.68%，综合平均值 33.26%～38.57%，全硫($S_{t,d}$)变化在 0.16%～3.98%，综合平均值为 0.25%～1.79%，干燥基低位发热量($Q_{net,d}$)变化在 17.60～32.01 MJ/kg，综合平均值为 24.75～28.48 MJ/kg，主要可采煤层黏结指数($G_{R.I}$)大多为零，榆神和榆横矿区局部范围下部煤层黏结指数达 5～16。煤类以长焰煤和不黏煤为主，有少量弱黏煤和气煤。

8.2.4.3 预测参数的确定

预测深度根据延安组地层底界等高线与当地侵蚀基准面确定，埋藏深度以当地平均侵蚀基准面＋1 500 m 为起算点。依据“技术要求”，本次煤炭资源潜力预测评价深度为埋深 2 000 m 以浅。

为便于利用和统计，进一步划分为 600～1 000 m、1 000～1 500 m、1 500～2 000 m 3 个深度等级。

预测面积根据确定的预测区边界和煤层倾角通过计算机求得。陕北侏罗纪煤田煤层倾角小于 15°，即可以利用煤层伪厚度和水平投影面积估算资源量。

煤层视密度为榆横勘查区各煤层视密度的平均值。视密度平均值为 1.30 t/m³。

煤类根据榆横勘查区煤层煤类，按照煤类与深度的关系确定。

8.2.4.4 预测区分述

陕西省地矿局原地质八队曾利用区内石油勘探井 113 个、盐井钻孔 5 个测井资料解释的延安组地层厚度分布特征及可采煤层的分析研究，结合紧邻东北部榆横远景区煤层赋存

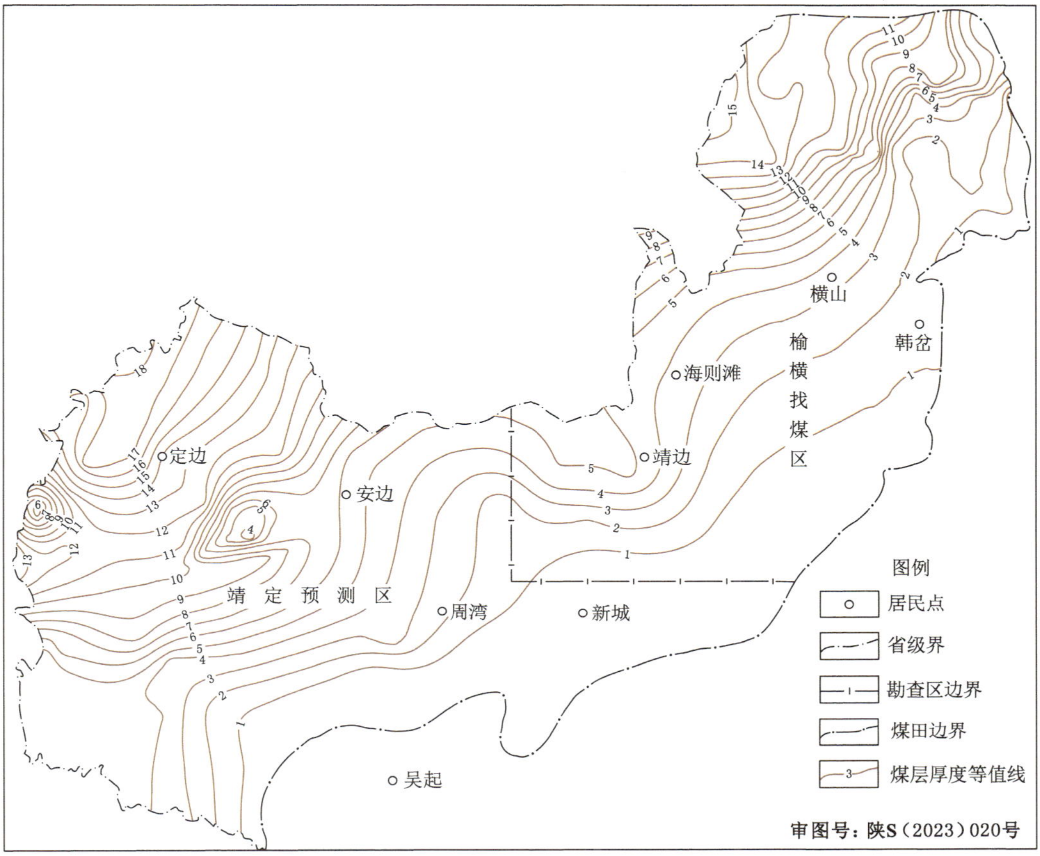

图 8-2-10　陕北侏罗纪煤田榆横矿区及预测区煤层累积厚度等值线图

特征，对预测区内主要可采煤层分布、变化及构造形态进行了预测。可采及局部可采煤层有 6 个，全区主要可采煤层为 4^{-2} 煤层，次可采煤层有 2^{-2}、3^{-1}、4^{-4}、5^{-2} 煤层，局部可采煤层有 7 个，其中 2^{-2} 可采煤层厚 1.0～4.0 m，平均为 1.77 m，3^{-1} 可采煤层厚 0.8～4.0 m，平均为 1.67 m，4^{-2} 可采煤层厚 0.8～4.0 m，平均为 1.67 m，4^{-4} 可采煤层厚 0.8～3.0 m，平均为 1.38 m，5^{-2} 可采煤层厚 0.8～5.0 m，平均为 1.79 m。各煤层普遍东南薄而西北厚，定边县城西北各可采煤层累积厚度 2.5～18.5 m，平均为 8 m 左右。预测区内煤层连片分布，预测面积 10 874.72 km^2。为了预测方便，将预测区按 1 000 m 和 1 500 m 埋深线分为 3 个预测区，各预测区分述如下。

1. 靖定东部预测区

该预测区位于靖边县北部，北部为榆横找煤区，西部以延安组地层底界 500 m 等高线（煤层 1 000 m 埋深线）与靖定预测区为界，东部和南部为延安组煤层地层露头界线，面积 388.80 km^2。预测区总体为向 W 倾平缓单斜构造，倾角小于 5°。根据预测区内石油钻孔、石油天然气钻孔、盐井等测井资料，结合聚煤规律分析研究可知，预测区成煤环境较好，含煤地层为延安组地层。根据延安组地层底界等高线预测煤层埋深 600～1 000 m；据《陕北侏罗纪煤田西部靖边-定边煤田远景预测》成果可知，预测煤层平均厚度

1.0 m；煤层视密度为榆横勘查区各煤层视密度的平均值，视密度平均值为 1.30 t/m³；根据榆横找煤区煤层煤类及煤类与深度的关系，推定煤层埋深 600～1 000 m 的煤类为弱黏煤。预测煤层埋深 600～1 000 m 的可靠级潜在资源面积 388.80 km²，预测资源量 50 544 万 t，煤层较稳定，校正系数 β 取 1.0，校正后资源量 50 544 万 t，煤类为弱黏煤，属于Ⅰ类预测远景区。

2. 靖定预测区

该预测区位于靖边县东南部，东北部为榆横找煤区边界和东部预测区延安组地层底界 500 m 等高线（煤层 1 000 m 埋深线）为界，西部以延安组地层底界 0 m 等高线（煤层埋深 1 500 m）与靖定西部预测区为界，南部为延安组煤层地层露头界线，北部为陕西和内蒙古边界，面积 3 423.47 km²。预测区总体为向 W 倾斜的单斜构造，发育有一系列 NE 向波状起伏，倾角小于 5°。根据预测区内石油钻孔、石油天然气钻孔、盐井等测井资料，结合聚煤规律分析研究可知，预测区成煤环境较好，含煤地层为延安组地层。根据延安组地层底界等高线预测煤层埋深 1 500～2 000 m；据《陕北侏罗纪煤田西部靖边-定边煤田远景预测》成果，预测煤层平均煤层厚度 3.82 m；煤层视密度为榆横勘查区各煤层视密度平均值，视密度平均值为 1.30 t/m³；根据榆横找煤区煤层煤类及煤类与深度的关系，推定煤层埋深 1 000～1 500 m 的为气煤。预测煤层埋深 1 000～1 500 m 的可靠级潜在资源量面积3 423.47 km²，预测资源量为 1 700 097 万 t，煤层较稳定，校正系数 β 取 1.0，校正后资源量 1 700 097 万 t，煤类为气煤，属于Ⅱ类预测远景区。

3. 靖定西部预测区

靖定西部预测区位于定边县，东部以延安组地层底界 0 m 等高线（煤层 1 500 m 埋深线）与靖定预测区为界，东南部为延安组地层煤层露头界线，北部为陕蒙边界，西部为陕、甘、宁省界，面积为 7 062.45 km²。预测区总体为向 W 倾平缓单斜构造，其上发育有一系列 NE 向波状起伏，倾角小于 5°。根据预测区内石油钻孔、石油天然气钻孔、盐井等测井资料，榆横找煤区资料类比和类推，结合聚煤规律分析研究可知，预测区成煤环境较好，含煤地层为延安组。根据延安组地层底界等高线预测煤层埋深 1 500～2 000 m；据《陕北侏罗纪煤田西部靖边-定边煤田远景预测》成果，预测煤层平均厚度 10.17 m；煤层视密度为靖定东部预测区煤层视密度的平均值，视密度平均值为 1.30 t/m³；根据靖定东部预测区煤层煤类及煤类与深度关系，推测煤层埋深 1 500～2 000 m 的煤类为气煤。预测埋深 1 500～2 000 m 的可靠级潜在资源量面积 7 062.45 km²，资源量 9 337 259 万 t，煤层较稳定，校正系数 β 取 1.0，校正后资源量 9 337 259 万 t，煤类为气煤，根据预测远景区分类条件，属于Ⅲ类预测远景区。

8.2.4.5 预测成果

陕北侏罗纪煤田共划分为 3 个预测区，均位于靖定含煤区内，总预测面积为 10 874.72 km²，预测潜在资源量 11 087 900 万 t，均为可靠级潜在资源量；按煤层埋深划分：600～1 000 m 资源量 50 544 万 t，1 000～1 500 m 资源量 1 700 097 万 t，1 500～2 000 m 资源量 9 337 259 万 t；按预测远景区类别划分：Ⅰ类资源量 50 544 万 t，Ⅱ类资源量 1 700 097 万 t，Ⅲ类资源量 9 337 259 万 t；按煤类划分：弱黏煤 50 544 万 t，气煤为 11 037 356 万 t。预测成果见表 8-2-6、表 8-2-7。

表 8-2-6 陕北侏罗纪煤田潜在煤炭资源煤类分区统计表

名 称		各种预测煤类资源量/万 t	
含煤区	预测区	弱黏煤	气煤
靖定区	靖定东部预测区	50 544	
	靖定预测区		1 700 097
	靖定西部预测区		9 337 259
	合 计	50 544	11 037 356

表 8-2-7 陕北侏罗纪煤田潜在煤炭资源量汇总表

矿区	预测区	面积/km^2	潜在资源量/万 t	不同埋藏深度资源量/万 t			不同级别潜在资源量/万 t	不同类型远景区资源量/万 t		
				600～1 000 m	1 000～1 500 m	1 500～2 000 m	334-1	有利的(Ⅰ类)	次有利的(Ⅱ类)	不利的(Ⅲ类)
靖定区	靖定东部预测区	388.80	50 544	50 544			50 544	50 544		
	靖定预测区	3 423.47	1 700 097		1 700 097		1 700 097		1 700 097	
	靖定西部预测区	7 062.45	9 337 259			9 337 259	9 337 259			9 337 259
合 计		10 874.72	11 087 900	50 544	1 700 097	9 337 259	11 087 900	50 544	1 700 097	9 337 259

8.2.5 黄陇侏罗纪煤田

8.2.5.1 地理位置、预测区范围和面积及以往地质工作

1. 地理位置

黄陇侏罗纪煤田位于鄂尔多斯盆地东南部，东部以葫芦河为界，西部至陇县峡口，南部为中侏罗统延安组地层露头线，北部至陕甘省界，地理坐标为东经 106°35′～109°15′，北纬 34°46′～35°05′，面积 9 324.75 km^2，含煤面积 4 837.31 km^2，其中预测区含煤面积 1 146.44 km^2。自东向西分为黄陵矿区、焦坪矿区，旬耀矿区、彬长矿区及永陇矿区，位于黄陵、旬邑、彬州、永寿、麟游、凤翔、千阳、陇县境内。

2. 预测区范围和面积

预测区位于黄陇侏罗纪煤田西南部的永陇矿区，属宝鸡市和咸阳市管辖，预测区范围边界有陕甘省界、勘查边界、煤矿边界、断层及延安组地层边界，预测区含煤面积 1 146.44 km^2。

3. 以往地质工作程度

黄陇侏罗纪煤田煤炭资源勘查源于 20 世纪 60 年代，经过 50 多年煤炭资源勘查，黄陵矿区、焦坪矿区、旬耀矿区、彬长矿区和永陇矿区浅部基本达到了详、精查勘探程度。预测区位于黄陇侏罗纪煤田西部的永陇矿区，地质工作程度较低，主要地质成果有：1∶5 万地质

测量成果，钻孔资料和二维地震资料，陕西省煤田地质局第一、二、三次煤田预测成果，《鄂尔多斯盆地聚煤规律与煤炭资源评价》等。上述成果对研究预测区地层、构造、含煤地层及煤层等均有一定指导意义。

8.2.5.2 地质概况

1. 含煤地层

含煤地层为中侏罗统延安组，其岩性为灰白色砂岩、深灰色泥岩、砂质泥岩及煤层，东部黄陵矿区含煤地层厚130～190 m，中部焦坪矿区-凤翔厚度为80～150 m，西部普社-凤翔断裂西最厚可达280 m。依据其岩性、沉积旋回和含煤性自下而上可划分为四段。本区延安组地层为陆相碎屑含煤岩系，由于古地理及沉积环境的不同，故在岩性组合上有所不同，北端湖相黑色泥岩发育，中南端河流相砂岩发育。

第一段：一般厚25～40 m，分上、下两部，下部为宝塔山砂岩段(K_2)，岩性以灰白色中～粗粒砂岩为主，仅分布在古地形低洼处或古河床内，最厚可达64.47 m(彬州古河床)。上部为含煤段(B标志层段)，发育主采煤层及深灰色含粉砂黏土岩，局部发育有2～3层煤层。

第二段：一般厚20～60 m，在陇县断裂带附近可达150 m。北端的黄陵矿区可分为上、下两部分，下部由下至上为灰色中粗粒砂岩(俗称七里镇砂岩)、灰色细粒砂岩、灰黑色泥岩及1号煤层；上部由灰色粉、细粒砂岩和黑色泥岩组成，泥岩厚度可达20～30 m(A标志层)，全段厚30～50 m。中、南端一般具有2个旋回，浅部往往只有1个旋回，均属含煤河流相旋回，岩性由底部灰白色含砾中粒砂岩或中粒砂岩(俗称小街砂岩K_4)、深灰色粉-细粒砂岩、灰黑色泥岩及煤层组成，在坳陷处厚度增大、旋回增多，煤层可达4层之多。

第三段：仅在北端发育齐全，厚度可达45 m，岩性以灰黑色泥岩(厚30～40 m)为主，底部为灰色粉、细粒砂岩夹薄煤(0号煤)。该段向南、向西均发育不全，缺失上部或顶部地层。中南端一般厚20～30 m，局部可达50 m，岩性：下部为灰白色中、粗粒砂岩和灰绿色细粒砂岩，上部为暗紫色、紫红色、灰绿色粉砂岩和砂质泥岩，局部含碳质泥岩或煤层。

第四段：仅发育在北端葫芦河剖面附近，厚0～27.18 m。岩性：下部为灰色粉砂岩与细粒砂岩互层(真武洞砂岩)，中部为灰绿色细粒砂岩夹粉砂岩，上部为灰绿色厚层状中粒砂岩(卫星砂岩)，呈现下细上粗特征。

2. 古构造与聚煤规律

黄陇侏罗纪煤田古构造位于黄陵-彬州-麟游-陇县一带的第三沉降带，以河流相为主，含煤地层沉积厚度不一，整体变薄，古构造形态较简单，区内发育小型古隆起和古河道较多。在延安组(J_2y)含煤地层沉积之前，侏罗纪下统富县组(J_1f)地层沉积起到填平补齐作用，古坳陷处沉积富县组(J_1f)、延安组(J_2y)地层较厚，煤层发育且较厚；在古隆起上，富县组(J_1f)地层缺失，延安组(J_2y)地层不发育或缺失，煤层不发育或缺失；古河道处受古河道冲刷作用，延安组(J_2y)地层沉积虽然较厚，但煤层不发育。因此，煤田内赋煤区和无煤区发育受古构造形态控制明显。

黄陇侏罗纪煤田位于盆缘不稳定含煤带、盆缘坳陷厚煤带、盆缘-广湖过渡带。其中盆缘不稳定含煤带以盆地南缘永寿平遥矿及麟游北马坊一带为特征，煤层分布受古地形严格控制，厚煤层均分布于山间坳陷区，范围较小、煤层层数多、结构复杂、横向变化大。盆缘坳陷厚煤带以盆地南缘焦坪、旬耀、彬长、天堂-丈八等地区为代表，总体为规模较大的聚煤坳陷，煤层发育于河流泛滥平原洼地，含煤地层及煤层明显受控于成煤前古地形，煤层厚度大，甚至为巨厚煤层，横向稳定或较稳定，分布范围较大。盆缘-广湖过渡带以盆缘南部黄陵矿区为代表，聚煤特征表现为南、北两个方向差异明显，南区具有盆缘坳陷厚煤带特点，煤层厚度较大，横向发育基本稳定，但具有明显的 NE 向厚、薄相间带发育；北区煤层厚度相对变薄，横向发育稳定，向湖区方向变薄、尖灭。

3. 煤田构造

黄陇侏罗纪煤田主要位于鄂尔多斯坳陷盆地渭北断隆区的彬州-黄陵坳褶带，煤田西部陇县-千阳一带跨入西缘褶皱冲断带华亭-陇县段的南部，煤田北部黄陵矿区为伊陕斜坡区庆阳斜坡的东缘。

黄陇侏罗纪煤田大部地区褶皱较发育，西部断裂带发育。受成煤后期构造运动的影响，含煤地层遭受剥蚀，延安组地层剥蚀边界和煤层露头线控制了煤田的东部、南部边界；西部陇县一带地处盆地西缘褶皱断冲带，断裂构造发育以压扭性为主，形成倾向南西、向北东逆冲的断裂带，断层上盘含煤地层遭受剥蚀，下盘含煤地层得以保存，断裂带控制了煤田的西部边界。太峪背斜和瓦窑坪-夜虎庄背斜制约了侏罗系地层的沉积环境，背斜轴部隆起不利于含煤地层的沉积，形成了无煤区，分别控制了黄陵矿区和彬长矿区边界。

侏罗纪含煤岩系是在三叠系古剥蚀面之上沉积的，早侏罗世富县组(J_1f)地层的分布范围受三叠系古地形的严格制约。古洼地中沉积富县组地层、古隆起区三叠系地层直接接触延安组甚至直罗组地层，富县组地层起到填平补齐的作用，形成了成煤期的同沉积构造，向斜古洼地中含煤沉积厚、煤层厚、煤灰分低，从向斜古洼地向背斜古隆起过渡，含煤地层自下而上超覆，煤层变薄、尖灭，煤质由好变差。次一级的褶皱也不同程度地控制了含煤地层的沉积和赋存状况，背斜处含煤地层沉积薄，煤层薄，含煤性差；向斜处含煤地层沉积厚，煤层厚，含煤性好。从构造控煤来看，向斜轴部为找矿优选区，永陇矿区陇县东部-千阳北部有含煤地层的沉积；在煤田南部陇县南至千阳一带，有可能找到未被剥蚀的含煤地层。

4. 赋煤特征

黄陇侏罗纪煤田延安组地层自上而下划分 4 个段及 4 个煤层(组)，第四段仅分布在黄陵矿区北部，向南尖灭不含煤；第三段在浅部，受上覆地层冲刷、剥蚀而保存不全，仅有零星分布的煤线或薄煤层；第二段以薄-中厚煤层为主；第一段发育主采煤层。本区延安组地层共含煤 3～8 层，主采煤层 1 层，为第一段的黄陵矿区 2 号煤层、焦坪-彬长矿区 4 号煤层、永陇矿区下煤(3 号煤)层；局部可采煤层为位于第二段的中(2 号)煤(麟游-千阳)层、3 号煤层(焦坪-旬耀)、$4^{上}$煤层(彬长矿区)。

黄陵矿区：共含煤 4 层，编号为 0、1、2、3 号煤，0、1、3 号煤层厚 0～1.90 m，分布零星，为不可采煤层。第一段的 2 号煤层为主采煤层，煤厚 0～7.39 m，一般厚 2～3 m，为中厚煤层。

旬耀-彬长区：共含煤 3～8 层，主采煤层为 4(8)号煤层，煤厚 0～43.87 m。焦坪矿区一般厚 8 m 左右；旬耀矿区为 3～4 m；彬长矿区为 10 m 左右，属厚-特厚煤层。局部可采煤层为 3 号煤(焦坪-旬耀矿区)或 $4^{上}$ 煤层(彬长矿区)，煤厚 0～6.9 m，其中焦坪矿区平均 1.17 m，彬长矿区平均 1.60 m。其余煤层均为较稳定～不稳定煤层，属零星可采或不可采煤层。煤层总厚：焦坪为 11.61 m、旬耀为 6.44 m、彬长为 13.67 m。

永陇矿区：共含煤 1～6 层，主采煤层为第一段的下煤层(3 号煤层)，煤厚 0～27.75 m，平均煤厚 12.80 m(麟游)、8.34 m(千阳)、5～8 m(陇县)。局部可采煤层为第二段中煤层，煤厚0～13.89 m，平均煤厚2.13 m(麟游)、1.25 m(千阳)。此外上煤层(2号煤层)煤厚0～2.81 m，属零星可采或不可采煤层。

5. 煤质特征

2、4(8)、下(3)号煤层原煤主要煤质特征为灰分(A_d)变化在3.34%～39.57%，综合平均值变化在15.05%～17.07%，挥发分(V_{daf})变化在25.06%～45.09%，综合平均值在32.74%～36.65%，全硫($S_{t.d}$)含量变化在0.08%～5.85%，综合平均值为0.44%～2.09%，干燥基低位发热量($Q_{net.d}$)变化在17.13～31.66 MJ/kg，综合平均值为23.94～27.93 MJ/kg。黏结指数($G_{R.I}$)变化在0～78，其中黄陵矿区黏结指数在5～78，其余矿区煤层黏结指数在0～28。由西南至东北煤类分别为：永陇矿区为长焰煤和不黏煤；彬长矿区、旬耀矿区和焦坪矿区均为长焰煤、不黏煤和弱黏煤；黄陵矿区为弱黏煤、1/2中黏煤，其北部地区还出现少量气煤。

8.2.5.3 预测参数的确定

预测深度依据延安组底界底板等高线与侵蚀基准面确定，永陇矿区侵蚀基准面采用+1 100 m。依据技术要求，本次煤炭资源潜力预测评价深度为埋深2 000 m以浅。

为便于利用和统计，进一步划分为0～600 m、600～1 000 m、1 000～1 500 m、1 500～2 000 m 4个深度级。

预测面积根据确定的预测区边界和煤层倾角通过计算机求得。黄陇侏罗纪煤田煤层倾角小于15°，故可利用煤层伪厚度和水平投影面积估算资源量。

煤层厚度采用预测区钻孔或开采煤矿煤层厚度、二维地震解释煤层厚度和0.8 m的平均值。

预测面积根据确定的预测区边界和煤层倾角通过计算机求得。当煤层倾角小于15°时，利用煤层伪厚度和水平投影面积估算资源量；当煤层倾角大于或等于15°时，则利用煤层的真厚度和斜面面积进行估算。

煤层视密度为浅部勘查区各煤层的视密度值，陇县东部预测区的煤层视密度为陇县普查视密度，视密度值为1.32 t/m³，老爷岭东、西部预测区、千阳北部预测区、花园北部、碾子沟和平遥各预测区的煤层视密度采用麟北普查和花园详查区煤层视密度的平均值，视密度平均值为1.43 t/m³。

煤类根据勘查区或煤矿开采煤层煤类，按照煤类与深度关系确定。

8.2.5.4 预测区分述

黄陇侏罗纪煤田预测区位于煤田西南部的永陇矿区，共划分了7个预测区，各预测区分布于古构造的低凹及向斜的轴部，基本上独立分布，详见图8-2-11，分述如下。

(1) 花园北部预测区

花园北部预测区位于永陇矿区东部，东西部为含煤地层边界，南部为花园详查区，北部为陕甘省界，预测区面积56.00 km²。预测区为东西向高、南北向低洼的坳陷，煤层倾角约15°。根据预测区内1∶5万煤田地质测量资料、花园详查区地质成果，结合聚煤规律分析研究可知，预测区成煤环境较好，含煤地层为延安组。依据延安组地层底界等高线与最底侵蚀基准面基准点，结合花园详查区、陕甘省界邵寨附近钻孔及周边勘查区资料，采用类比和类推的方法，预测煤层埋藏深度小于600 m。依据预测区构造特征和花园勘查区成煤形态

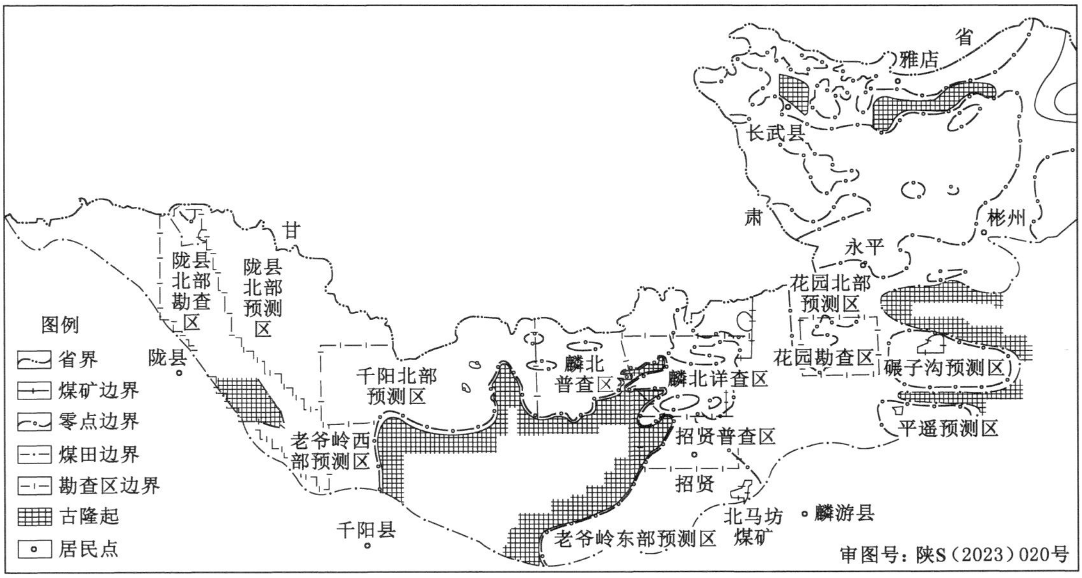

图 8-2-11 永陇矿区预测区分布及与成煤期构造基底的关系图

及外围钻孔控制推测，煤厚 0.8～14.75 m，预测区内，煤层平均厚度 8.0 m；根据花园详查区资料，视密度值为 1.43 t/m^3。根据花园详查区煤层煤类推测，预测区煤类为长焰煤和不黏煤。预测埋深 0～600 m 的可靠级潜在资源面积 56.00 km^2，资源量 64 064 万 t，构造简单，煤层较稳定，校正系数 β 取 0.8，校正后资源量 51 251 万 t，煤类为长焰煤和不黏煤，属于Ⅰ类预测远景区。

（2）碾子沟预测区

碾子沟预测区位于永陇矿区东段碾子沟煤矿外围，北部为太峪背斜，南部为遥远背斜，四周都为含煤地层边界，预测区含煤面积 103.56 km^2。预测区西北部为碾子沟煤矿，为 EW 向坳陷，煤层倾角约 15°。根据预测区内 1∶5 万煤田地质测量资料、碾子沟煤矿地质成果、周边钻孔资料，并结合聚煤规律分析研究可知，预测区成煤环境较好，含煤地层为延安组。依据延安组地层底界等高线与最底侵蚀基准面基准点，结合碾子沟煤矿及周边钻孔资料，采用类比和类推的方法，预测煤层埋藏深度小于 600 m。依据预测区碾子沟煤矿煤层厚度、周边钻孔煤层厚度推测，预测区煤厚 0.80～14.75 m，预测区内煤厚采用周边 4 个钻孔厚度和 0.8 m 的平均值 4.98 m。根据碾子沟煤矿资料，视密度值为 1.43 t/m^3，预测区煤类为长焰煤和不黏煤。预测埋深 600 m 以浅可靠级潜在资源面积 103.56 km^2，资源量 73 749 万 t，构造简单，煤层较稳定，校正系数 β 取 0.8，校正后资源量 58 999 万 t，煤类为长焰煤和不黏煤，属于Ⅰ类预测远景区。

（3）平遥预测区

平遥预测区位于永陇矿区东南部，碾子沟预测区南部，遥远背斜以南，刘家山背斜以北，四周都为含煤地层边界，预测区面积 40.52 km^2。预测区西部为平遥煤矿，为 EW 向坳陷，煤层倾角约 15°。根据预测区内 1∶5 万煤田地质测量资料、平遥煤矿地质成果，结合聚煤规律分析研究可知，预测区成煤环境较好，含煤地层为延安组。依据延安组地层底界等高线与最低侵蚀基准面基准点，结合平遥煤矿及周边钻孔资料，采用类比和类推的方法，预测煤层埋藏深度小于 600 m。平遥煤矿见煤 13 层，可采 1～3 层，煤层位于第二含煤段，结构复杂，厚度变化大，预测区煤层厚度采用平遥煤矿厚度平均值 2.5 m 和 0.8 m 可采边界平均值，经插值计算其平均值为 1.25 m。据平遥煤矿资料，视密度值采用1.43 t/m^3，预测区煤类为长焰煤和不黏煤。预测 600 m 以浅可靠级潜在资源面积40.52 km^2，资源量 7 243 万 t，构造简单，煤层较稳定，校正系数 β 取 0.8，校正后资源量5 794 万 t，煤类为长焰煤和不黏煤，属于Ⅰ类预测远景区。

（4）老爷岭东部预测区

老爷岭东部预测区位于永陇矿区中南部，东部、西部均为古隆起边界，南部边界为延安组含煤地层边界，北部为招贤普查区。预测区东部为北马坊煤矿，预测面积 211.44 km^2。为向西北倾斜的单斜构造，煤层倾角约 15°。根据预测区内 1∶5 万煤田地质测量资料、北马坊煤矿地质成果，结合聚煤规律分析研究可知，预测区成煤环境较好，含煤地层为延安组地层。依据延安组地层底界等高线与最低侵蚀基准面基准点，结合北马坊煤矿资料，采用类比和类推的方法，预测煤层埋藏深度小于 600 m。依据预测区北马坊煤矿煤层厚度、招贤普查区煤层厚度推测，预测区煤厚 0.8～15 m，预测区内煤厚采用北马坊煤矿煤层厚度、招贤普查区煤层厚度和 0.8 m 的平均值，预测煤层厚度为 7.59 m。根据北马坊煤矿、招贤普查区资料，视密度值为 1.43 t/m^3、预测区煤类为长焰煤、不黏煤。预测煤层埋深 600 m 以浅的可靠级潜在资源面积 211.44 km^2，资源量 229 491 万 t，构造简单，煤层较稳定，校正系数 β 取 0.8，校正后资源量 183 593 万 t，煤类为长焰煤、不黏煤，属于Ⅰ类预测远景区。

（5）老爷岭西部预测区

该预测区位于永陇矿区西南部，东部为古隆起边界，西部为陇县普查区，北部为千阳北部预测区，南部至延安组地层沉积边界，预测面积 65.72 km^2。位于老爷岭向斜的南翼，总体为向 NW 倾斜的单斜构造，向轴部向 ES 倾伏的向斜构造，煤层倾角小于 35°，黄里-关庄断裂从预测区中部穿过，区内以断裂构造线和 1 500 m 埋深线将全区分为 2 块预测区。根据预测区内 1∶5 万煤田地质测量资料、二维地震资料、陇县普查区资料，结合聚煤规律分析研究可知，预测区成煤环境较好，含煤地层为延安组。依据延安组地层底界等高线与最低侵蚀基准面基准点，结合陇县普查区资料，采用类比和类推的方法，预测煤层埋藏深度小于 1 000～1 800 m。依据钻孔资料及物探资料，预测煤层厚度为周边 5 个钻孔和 0.8 m 平均值，厚度为 5.48 m。依据陇县普查区视密度资料，视密度值为 1.32 t/m^3，煤类为长焰煤、不黏煤。预测区面积 65.72 km^2，资源量 47 539 万 t，校正后资源量 28 524 万 t。其中预测煤层埋深 1 000～1 500 m 可能级潜在资源面积 54.68 km^2，资源量 39 553 万 t，构造简单，煤层较稳定，校正系数 β 取 0.6，校正后资源量 23 732 万 t，煤类为长焰煤、不黏煤，属于Ⅱ类预测远景区；推断煤层埋深 1 500～2 000 m 的可能级潜在资源面积 11.04 km^2，资源量为 7 986 万 t，构造中等，煤层较稳定，校正系数 β 取 0.6，校正后资源量 4 792 万 t，煤类为长焰煤、不黏煤，属于Ⅲ类预测远景区。

（6）陇县东部预测区

陇县东部预测区位于黄陇侏罗纪煤田西北部，西部为陇县普查区，东南部与千阳北部预测区 2 相邻，北部为陕、甘省界，与甘肃华亭矿区相连，预测区面积 346.60 km^2。为向 NNE 倾斜的向斜构造，峡口断裂 EW 向穿过预测区中部，煤层倾角小于 25°。根据预测区内1∶5万煤田地质测量资料、陇县普查区资料，并结合聚煤规律分析研究可知，预测区成煤环境较好，含煤地层为延安组。依据延安组地层底界等高线与最低侵蚀基准面基准点，结合陇县普查区资料，采用类比和类推的方法，预测煤层埋藏深度小于1 000～2 000 m。依据钻孔资料及物探资料，预测煤层厚度采用周边4个钻孔煤层厚度的平均值(6.73 m)。依据陇县普查区视密度资料，视密度值为1.32 t/m³，煤类为长焰煤、不黏煤。预测区面积346.60 km²，资源量307 906万t，校正后资源量184 743万t。其中预测煤层埋深1 000～1 500 m的可能级潜在资源面积330.52 km²，资源量293 621万t，构造中等，煤层较稳定，校正系数β取0.6，校正后资源量176 172万t，煤类为长焰煤、不黏煤，属于Ⅱ类预测远景区；推断煤层埋深1 500～2 000 m的可能级潜在资源面积16.08 km²，资源量14 285万t，构造中等，煤层较稳定，校正系数β取0.6，校正后资源量8 571万t，煤类为长焰煤、不黏煤，属于Ⅲ类预测远景区。

(7) 千阳北部预测区

千阳北部预测区位于黄陇侏罗纪煤田西北部，西南部与老爷岭西部预测区相邻，南部为古隆起边界，东部为麟游普查区，北部为陕甘省界，面积322.60 km²。为向W倾斜的单斜构造，煤层倾角约15°。根据预测区内1∶5万煤田地质测量资料、二维地震资料(图8-2-12)、2个钻孔煤层资料和麟游北部普查区资料，结合聚煤规律分析研究可知，预测区成煤环境较好，含煤地层为延安组。

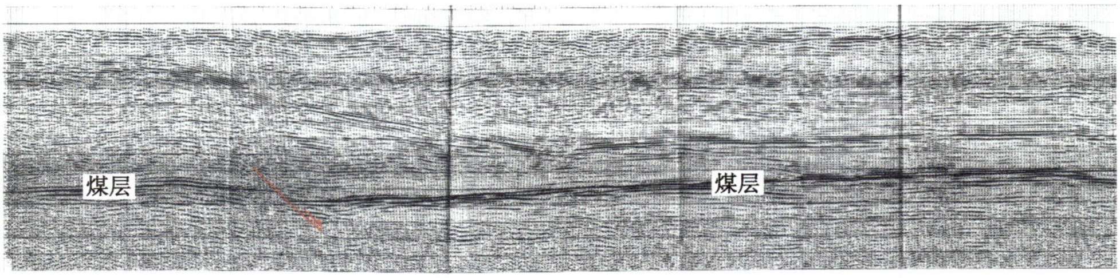

图8-2-12 千阳北部地震时间剖面解译图

依据延安组地层底界等高线与最低侵蚀基准面基准点，结合区内钻孔及地震资料，采用类比和类推的方法，预测煤层埋藏深度1 000～2 000 m。预测区煤层厚度为2个钻孔煤层厚度及地震资料解释煤层厚度的平均值，煤厚为4.68 m。依据麟游北部普查区及区内钻孔视密度资料，视密度值为1.32 t/m³，煤类为长焰煤、不黏煤。预测区面积322.60 km²，资源量199 289万t，校正后资源量159 432万t。其中，预测煤层埋深1 000～1 500 m的可靠级潜在资源面积289.20 km²，资源量178 656万t，构造简单，煤层较稳定，校正系数β取0.8，校正后资源量142 925万t，属Ⅱ类预测远景区；推断煤层埋深1 500～2 000 m的可靠级潜在资源面积33.40 km²，资源量20 633万t，构造简单，煤层较稳定，校正系数β取0.8，校正后资源量16 507万t，属Ⅲ类预测远景区。

8.2.5.5 预测成果

黄陇侏罗纪煤田共划分为7个预测区，预测区总含煤面积1 146.44 km²，预测区潜在资源量672 336万t，其中可靠级潜在资源量459 069万t，可能级潜在资源量213 267万t；按煤层埋深划分：600 m以浅资源量299 637万t，1 000～1 500 m资源量342 829万t，

1 500～2 000 m 资源量 29 870 万 t；按预测远景区类别划分：有利的资源量 299 637 万 t，次有利的资源量 342 829 万 t，不利的资源量 29 870 万 t；按煤类划分：全部为长焰煤/不黏煤。预测成果见表 8-2-8。

8.2.6 陕南煤炭资源预测

陕南地区包括商洛、汉中、安康 3 个地级市及渭南、西安、宝鸡的南部山区，即关中盆地以南各地区。大地构造位置为上扬子地块西北缘及秦岭褶皱系主体部位。该区西接甘肃，南邻四川、重庆，东部为河南、湖北，呈近东西走向。区内最低点为白河县汉江河谷，海拔 200 m，最高点为秦岭主峰太白山山顶，海拔 3 767 m。区内除汉中盆地、月河盆地和商洛盆地外，多为高山峻岭。

该区煤矿点多、面广，含煤区地质构造背景差异较大，依据大地构造分区，将煤炭预测区分为 3 个分区（Ⅱ级构造单元），即北秦岭区、南秦岭区及上扬子区。

8.2.6.1 北秦岭煤产地

该区北依走廊弧后盆地和华北陆块，南部为唐藏-商南断裂，断裂南缘为太白-蟒岭隆起带，含煤地层主要有晚石炭世草凉驿群地层。北秦岭煤产地共预测 2 个煤产区，分述如下。

（1）凤县红花铺预测区

凤县红花铺预测区位于秦岭主峰南侧的凤县草凉驿至红花铺含煤区西部，宝成铁路南北向纵贯含煤区中部，但受自然环境所限，公路运输不甚发达。含煤区为 EW 向带状分布，延伸长度约 10 km，南北宽不足百米，为一轴面 N 倾的不对称向斜构造。南缘为逆冲断层切割，或不整合于下伏奥陶系草滩沟组地层之上，区内褶皱断裂发育，并有火成岩体。含煤地层为晚石炭世草凉驿群地层，岩性为砾岩、砂岩、泥岩及不稳定煤层，厚度大于 500 m，划分为 3 个含煤组，上、下 2 个含煤组，煤层多呈小透镜体，一般不可采，中含煤组含煤 3 层，中$^{-1}$煤层厚度小于 0.65 m，不可采。中$^{-2}$煤层最厚 1.68 m。中$^{-3}$煤层为主要可采煤层，透镜体长约 100 m，最厚达 13.76 m。

据东部罗钵庵及西部草滩沟地区勘探资料可知，两个地区的煤质为中灰、低硫无烟煤，为良好的动力及民用煤。预测区位于草滩沟勘探区以东，红花铺以西，面积为 3.0 km^2。根据东部罗钵庵及西部草滩沟勘查区资料推测，预测区构造为一复式背向斜构造的残留翼，煤层倾角大多大于 45°；根据东部罗钵庵及西部草滩沟勘察区资料预测，煤层埋深小于 300 m，煤厚为 0.90 m，煤类为无烟煤；煤层视密度采用东部罗钵庵及西部草滩沟勘查区可采煤层视密度，其值为 1.56 t/m^3；预测资源量为 356 万 t，其中可能级潜在资源量为 96 万 t，推断级潜在资源量为 260 万 t，埋深 300 m 以浅，煤类均为无烟煤。根据预测远景区分类条件，预测区为Ⅲ类预测远景区。

（2）商洛二叠纪煤产地

商洛二叠纪煤产地位于洛南县城东西一线，东起洛南景村，西至商州韩峪川，东西长 45 km，南北宽为 1.5 km，面积约 60 km^2，其中预测区面积为 16.75 km^2。区内县（乡）间均有公路沟通，交通方便。总体呈走向 EW、南陡北缓的不对称向斜构造，两翼均被断裂切割，含煤区位于向斜北翼，呈南倾单斜，倾角为 15°～30°。1958—1960 年原商洛煤田地质队先后在全区做过 1∶1 万概查及韩峪川-古城的普查勘探工作，1966—1974 年陕西省 186 队先后在兑山、馒头山、大荆、寇村进行了详、精查勘探，在大洼及焦凹进行了普查勘探。

表 8-2-8 黄陇侏罗纪煤田潜在煤炭资源量汇总表

矿区	预测区		面积/km²	潜在资源量/万 t	不同埋藏深度资源量/万 t				不同级别潜在资源量/万 t			不同类别远景区资源量/万 t		
					0～600 m	600～1 000 m	1 000～1 500 m	1 500～2 000 m	334-1	334-2	334-3	Ⅰ类	Ⅱ类	Ⅲ类
永陇矿区	花园北部		56.00	51 251	51 251				51 251			51 251		
	碾子沟预测区		103.56	58 999	58 999				58 999			58 999		
	平遥预测区		40.52	5 794	5 794				5 794			5 794		
	老爷岭东部		211.44	183 593	183 593				183 593			183 593		
	老爷岭西部预测区	预测区 1	54.68	23 732			23 732			23 732			23 732	
		预测区 2	11.04	4 792				4 792		4 792				4 792
		小计	65.72	28 524			23 732	4 792		28 524			23 732	4 792
	陇县东部预测区	预测区 1	330.52	176 172			176 172			176 172			176 172	
		预测区 2	16.08	8 571				8 571		8 571				8 571
		小计	346.60	184 743			176 172	8 571		184 743			176 172	8 571
	千阳北部预测区	预测区 1	289.20	142 925			142 925		142 925				142 925	
		预测区 2	33.40	16 507				16 507	16 507					16 507
		小计	322.60	159 432			142 925	16 507	159 432				142 925	16 507
	合 计		1 146.44	672 336	299 637		342 829	29 870	459 069	213 267		299 637	342 829	29 870

含煤地层为中、晚二叠世石盒子组地层，一般厚度100～150 m，最大厚度为283.54 m，下部石英砂岩段厚度20～40 m，中上部含煤段一般厚50～70 m，分上、中、下3个煤组，含煤10层，可采5层，即上煤组上煤层，中煤组中$^{-1}$、中$^{-2}$、中$^{-3}$煤层，下煤组下煤。中$^{-2}$煤层为主要可采煤层，上煤层和中$^{-1}$煤层在馒头山以东局部可采。中$^{-2}$煤厚全区可采，一般厚2～3 m，最大厚15.9 m，为一复杂结构煤层，由浅而深，变薄、尖灭。据浅部地区勘探资料可知，本区主要可采煤类为高灰、富硫、低磷、低发热量的肥煤、焦煤、瘦煤，煤多为粉末状，不易洗选，可作为一般动力及民用煤，全区共划分为4个预测区。

① 兑山-景村预测区：位于煤田东段兑山和景村之间，西部与馒头山煤矿相邻，东部至景村，北部以赵沟背斜与兑山勘探区相隔。南部以煤层埋深1 000 m线为界，面积8.10 km^2，预测区为赵沟背斜南翼。根据兑山井田资料，预测煤层埋深600～1 000 m，主采煤层厚度1.0 m，视密度为1.50 t/m^3，煤类为焦煤和肥煤。预测推断级潜在资源量1 215万t，煤层埋深在600～1 000 m，按煤类分肥煤495万t、焦煤720万t。根据预测远景区分类条件，该预测区为Ⅲ类预测远景区。

② 馒头山预测区：位于馒头山井田南部，南部以煤层埋深1 000 m线为界，东部为兑山勘探区和兑山、景村预测区，西部以断层为界，面积4.00 km^2，为向S倾单斜构造。根据兑山井田资料，预测煤层埋深300～1 000 m，主采煤层厚度2.2 m，视密度为1.50 t/m^3，煤类为瘦煤。预测资源量1 069万t；其中可靠级潜在资源量367万t，推断级潜在资源量702万t；按煤层埋深划分：300～600 m资源量702万t，600～1 000 m资源量367万t；煤类为瘦煤。根据预测远景区分类条件可知，该预测区为Ⅲ类预测远景区。

③ 永丰预测区：位于洛南县城西永丰镇南部，东北部为构造破碎带，北部为大洼普查区及煤层露头线，西部为无煤区，面积2.04 km^2，总体呈S倾的单倾构造，据物探及钻探证实区内有一系列EW向断层，破坏了煤层的完整性。根据大凹普查区资料，预测煤层埋深300～600 m，煤层平均厚1.00 m，视密度为1.50 t/m^3，煤类为焦煤。预测可靠级潜在资源量417万t，其中煤层埋深300 m以浅资源量249万t，300～600 m资源量168万t；煤类均为焦煤。根据预测远景区分类条件，该预测区为Ⅲ类预测远景区。

④ 大荆、寇村预测区：位于大荆、寇村勘探区深部，东部为无煤区，西部至焦凹普查区，面积2.60 km^2，为S倾单斜构造。根据大荆、寇村勘探区资料，预测煤层埋深300～1 000 m，煤层平均厚1.50 m，视密度为1.50 t/m^3，煤类为焦煤、肥煤。预测可能级潜在资源量494万t，其中煤层埋深300～600 m资源量63万t，600～1 000 m资源量431万t；按煤类分，肥煤281万t，焦煤213万t。根据预测远景区分类条件，该预测区为Ⅲ类预测远景区。

商洛煤田共划分为4个预测区，预测视密度采用1.50 t/m^3，起算深度计算时按当地侵蚀基准面+900 m为起算点，共计预测含煤面积16.74 km^2，预测潜在资源量3 195万t，其中可靠级潜在资源量784万t，可能级潜在资源量494万t，推断级潜在资源量1 917万t；按煤层埋深划分：0～600 m资源量1 182万t，600～1 000 m资源量2 013万t；按煤类划分：肥煤776万t，焦煤1 350万t，瘦煤1 069万t。根据预测远景区分类条件，该预测区均为Ⅲ类预测远景区。

以上北秦岭地区共预测2个煤产区，预测含煤面积19.84 km^2，共计预测潜在资源量3 551万t，其中可靠级潜在资源量784万t，可能级潜在资源量590万t，推断级潜在资源量

2 177 万 t；按煤层埋深划分：0～600 m 资源量 1 538 万 t，600～1 000 m 资源量 2 013 万 t；按煤类划分：肥煤 776 万 t，焦煤 1 350 万 t，瘦煤 1 069 万 t，无烟煤 356 万 t。根据预测远景区分类条件，该预测区均为Ⅲ类预测远景区。

8.2.6.2 南秦岭煤产地

南秦岭煤产地位于北秦岭褶皱带以南，以略阳-洋县断裂和月河断裂分别与摩天岭褶带、扬子地块和安康褶带相邻。属宝鸡、商洛地区南部，汉中、安康地区北部，西部有宝成铁路，南部有阳安铁路。由于地处秦岭山区，公路运输不甚发达。含煤地层为早石炭世二峪河组。南秦岭煤炭预测含煤区 1 个，即山阳二峪河预测区。

山阳二峪河预测区位于镇安县红崖寺-山阳县东洼间，含煤地层为早石炭世二峪河组，总体构造为向 N 倾斜的单斜构造，北部为东西向断层切割，南部不整合于上泥盆统地层之上，含煤地层呈 EW 带状分布，中部有二峪河煤矿，曾进行过 1∶1 万煤田地质测量及普查勘探工作：含煤地层厚度为 541 m，含煤 1～5 层，煤层多呈不连续透镜体，走向延伸约 40 m，最大厚为 8.0 m，一般厚 2～3 m。依据地表资料及山地工程揭露，普查区东、西两侧仍有可采煤层分布，预测面积为 0.92 km^2，平均厚度为 0.7 m，预测资源量 26 万 t；其中可能级潜在资源量 18 万 t，推断级潜在资源量 8 万 t；煤层埋深 300 m 以浅；煤类为无烟煤。根据预测远景区分类条件，该预测区均为Ⅲ类远景区。

8.2.6.3 上扬子区

上扬子区位于陕西省西南部，北部与摩天岭褶带和南秦岭褶带相邻，东部与安康褶皱带相接，属汉中地区南部各县所辖，宝成铁路从西部通过，阳安铁路从北部通过，襄渝铁路从西部通过。各县间均有公路连接，南部山区交通不便。构造位置处于扬子地块北部边缘，含煤地层为早石炭世大塘组、中二叠世栖霞组、晚二叠世吴家坪组、晚三叠世须家河组及早侏罗世白田坝组。各预测区分述如下。

（1）紫阳黄草梁预测区

该预测区位于紫阳县西南川陕边界，属扬子地块北缘断褶带。据陕西省地质局 13 队普查资料，矿点位于星子山向斜南冀，断裂发育，含煤地层为中二叠世栖霞组，含煤 1 层，厚 0.40～1.70 m，煤层厚度变化大、灰分高，预测含煤面积 0.50 km^2，预测煤层厚度0.45 m，预测可靠级潜在资源量 35 万 t，煤层埋深 100 m 以浅，煤类为焦煤。根据预测远景区分类条件，该预测区为Ⅲ类预测远景区。

（2）西乡木竹坝预测区

该预测区位于西乡县城东南 75 km，有公路直达县城，距茶镇 19 km。据 185 队普查勘探及小窑开采资料，本区为向 W 倾单斜构造，倾角 50°～70°，含煤地层为早石炭世大塘组，一般厚度 50～60 m，最厚 100 m，含煤 4 层，底部 1^{-1} 号煤层为主要可采煤层，厚 0.55～3.46 m，一般 1.10～1.75 m，其余均为不可采薄煤层。预测区面积 0.60 km^2，煤厚 1.50 m。预测潜在资源量 78 万 t，其中可靠级潜在资源量 61 万 t，可能级潜在资源量 17 万 t；煤层埋深 300 m 以浅；煤类为无烟煤。根据预测远景区分类条件，该预测区均为Ⅲ类预测远景区。

（3）南郑黎坪预测区

该预测区位于南郑区西南川陕交界处，有公路直达县城。据矿点检查及小窑开采资料，本区为倾向 NW 的单料构造。含煤地层为晚二叠世吴家坪组王坡页岩段，岩性为铝土质岩、粉砂岩、灰岩、泥质灰岩、泥岩及薄煤层。含煤地层厚 10～15 m，含煤 1～2 层，煤层厚度一般为 0.40～1.30 m，预测区面积为 0.56 km^2，煤厚 0.40 m，可能级潜在资源量 38 万 t，煤层埋深 300 m 以浅，煤类为瘦煤。根据预测远景区分类条件，该预测区为Ⅲ类预测远景区。

上扬子区共划分 3 个预测区，总预测区面积 1.66 km^2，潜在资源量 151 万 t，其中可靠级潜在资源量 96 万 t；可能级潜在资源量 55 万 t；煤层埋深均在 0～600 m；按煤类划分：瘦煤 38 万 t，焦煤 35 万 t，无烟煤 78 万 t；该预测区均为Ⅲ类预测远景区。

（4）预测成果

陕西南部含煤地层多，分布不集中，煤层变化大，多数为不连续透镜体，煤质为高灰分、低热值煤，预测参数差异较大。依据其勘探成果，厚度利用见煤点厚度平均值，推断区厚度相应减薄，埋深起算深度采用煤层露头线平均值为零作为起算点。

陕南 3 个煤炭预测单元，共划分为 9 个煤炭预测区，预测区含煤面积为 22.42 km^2，潜在资源量 3 728 万 t，其中可靠级潜在资源量 880 万 t，可能级潜在资源量 663 万 t，推断级潜在资源量 2 185 万 t；按煤层埋深划分：0～600 m 资源量 1 715 万 t，600～1 000 m 资源量 2 013 万 t；按煤类划分：肥煤 776 万 t，焦煤 1 385 万 t，瘦煤为 1 107 万 t，无烟煤为 460 万 t。按预测远景区分类条件，该预测区均为Ⅲ类预测远景区。预测成果见表 8-2-9、表 8-2-10。

表 8-2-9 陕南煤产地潜在煤炭资源煤类统计表

预测区	各种预测煤类资源量/万 t			
	瘦煤	肥煤	焦煤	无烟煤
北秦岭煤产地	1 069	776	1 350	356
南秦岭煤产地				26
上扬子区	38		35	78
合 计	1 107	776	1 385	460

表 8-2-10 陕南煤产地煤田潜在煤炭资源量汇总表

预测区	面积/km^2	潜在资源量/万 t	不同埋藏深度资源量/万 t		不同级别潜在资源量/万 t			不同预测远景区类别资源量/万 t		
			0～600 m	600～1 000 m	334-1	334-2	334-3	Ⅰ类	Ⅱ类	Ⅲ类
北秦岭	19.84	3 551	1 538	2 013	784	590	2 177			3 551
南秦岭	0.92	26	26			18	8			26
上扬子区	1.66	151	151		96	55				151
合 计	22.42	3 728	1 715	2 013	880	663	2 185			3 728

9 结　论

本次潜力评价工作以陕西省第三次煤田预测成果为基础，广泛收集、整理与查阅了陕西省渭北石炭-二叠纪煤田、陕北石炭-二叠纪煤田、陕北三叠纪煤田、陕北侏罗纪煤田、黄陇侏罗纪煤田、陕南煤产地等各类勘查地质报告和资料；收集和查阅了西北煤田预测资料及陕西省第二次、第三次煤田预测文字和各类图纸，《陕西省煤炭资源远景调查报告》《陕西省渭北石炭-二叠纪煤田预测报告》及《陕北侏罗纪煤田靖边-定边地区煤炭资源预测报告》等；遥感和地球物理调查成果；《鄂尔多斯盆地聚煤规律及煤炭资源评价》《陕西省煤层气资源评价报告》《陕西省煤炭资源图集》《陕北早中侏罗世含煤岩系沉积环境》《黄陇煤田侏罗系沉积特征、时代划分与对比》《陕西省彬长矿区侏罗纪含煤地层研究》《陕西省渭北石炭-二叠纪煤田成煤期古地理古构造及下伏早古生代地层划分与对比》《陕北侏罗纪煤田榆神府地区聚煤条件与含煤建造特征》《陕北侏罗纪煤田榆神府地区主要煤层特征及其利用方向与成煤环境探讨》《渭北石炭-二叠纪煤田石炭系与二叠系分界研究》等科研成果；此外还收集了 533 个生产煤矿、180 个石油钻孔、40 个天然气钻孔、11 个煤层气钻孔、14 个盐井钻孔资料及 52 个山西、甘肃、宁夏、内蒙古煤田勘查钻孔资料。在充分利用和分析研究各种勘查手段提供的地质信息基础上，运用层序地层理论及计算成图技术等对陕西省渭河以北 5 大煤田和陕南 3 个煤产地赋煤规律与煤质分析进行了深入系统研究，结合勘查成果及煤层赋存规律对 41 个预测区进行了预测评价。提交了《陕西省煤炭资源潜力评价报告》，各种图件 220 幅，其中省级图件 18 幅，煤田及矿区级图件 47 幅，分析性图件 155 幅，完成各种表格 11 张。本书取得的主要成果如下：

(1) 对全省 5 大煤田主要可采煤层进行了详细对比研究，特别是首次通过陕北侏罗纪煤田、宁东侏罗纪煤田、甘肃环县-庆阳侏罗纪煤田、黄陇侏罗纪煤田对全省侏罗纪煤田煤层进行了详细对比研究。

本次潜力评价充分收集了陕西、山西、甘肃、宁夏等煤田地质资料，对全省 5 大煤田主要可采煤层进行了详细对比研究，并与周边煤田主要可采煤层进行了对接。特别是本次潜力评价充分收集了煤田、地矿、石油系统及甘肃、宁夏侏罗纪煤田地质有关资料，通过陕北侏罗纪煤田、宁东侏罗纪煤田、甘肃环县-庆阳侏罗纪煤田、黄陇侏罗纪煤田延安组地层岩性、旋回、标志层、生物化石等对陕北侏罗纪、黄陇侏罗纪延安组煤岩层进行了详细分析对比，通过对比认为，黄陇侏罗纪煤田延安组第一、二段地层与陕北侏罗纪煤田延安组第一、二段地层相同，黄陇侏罗纪煤田延安组第三段地层与陕北侏罗纪煤田延安组第三、四段地层相同。

(2) 运用层序地层理论开展了各含煤岩系聚煤规律研究，为煤炭资源预测区圈定提供了依据。

通过收集煤炭、石油和天然气等资料，对全省含煤岩系岩石学特征、含煤岩系沉积体系和沉积环境进行了详细研究；运用层序地层理论建立了陕西省石炭-二叠纪、三叠纪和侏罗纪地层格架，绘制了晚石炭世、早-中二叠世、晚三叠纪世、中侏罗世含煤岩系岩相古地理格局图；通过编制各成煤期古地理和聚煤规律图，对各含煤时代岩相古地理空间变化规律和演化规律进行了深入研究，总结出了各含煤岩系聚煤规律，特别是对黄陇侏罗纪煤田聚煤规律有了最新的认识，为煤炭资源预测区圈定提供了依据。

(3) 对全省3个主要含煤岩系成煤期含煤岩系古构造特征与煤盆地构造形成及发展演化进行了深入分析研究，对古构造应力场进行了深入探讨。

本次在历次对全省煤田地质构造研究的基础上，结合近年来地质构造理论和煤田地质勘查众多成果，对全省大地构造单元、煤盆地赋煤构造单元、赋煤单元进行了系统划分和初步分析，对各煤田的构造分布规律及其对含煤地层赋存控制作用、控煤构造样式及控煤意义进行了分析研究和归纳总结，对煤盆地构造形成及发展演化、各成煤期含煤岩系古构造特征进行了深入分析研究，对古构造应力场进行了深入探讨。

(4) 对全省各煤田主要可采煤层煤质进行了详细分析、研究和评价，根据煤质特征对其工业用途进行了评价。

通过收集、整理各勘查区煤岩与煤质及筛分浮沉试验大样、简易可选性试验资料，编制有关煤质分析图件等，对各煤田主要可采煤层煤岩特征、化学特征及工艺性能、浮沉试验等进行了详细分析研究和评价，根据煤质特征对其工业用途进行了评价，为煤炭工业利用指明了方向。

(5) 查明了陕西省煤炭资源勘查开发利用现状及资源/储量。

通过收集全省近几十年勘查成果与以往勘查成果资料及开发资料，编制各矿区、煤田勘查、开发现状图，对各煤田和全省煤炭资源勘查现状、开发利用现状进行了评价。根据统计探获各级煤炭资源/储量为1 815.654 61亿t，其中陕北石炭-二叠纪煤田121.613 02亿t、渭北石炭-二叠纪煤田118.765 45亿t、陕北三叠纪煤田19.80 138亿t、陕北侏罗纪煤田1 380.036 36亿t、黄陇侏罗纪煤田174.217 86亿t、陕南煤产地1.220 54亿t；保有资源/储量1 795.117 06亿t，其中陕北石炭-二叠纪煤田121.406 88亿t、渭北石炭-二叠纪煤田112.961 47亿t、陕北三叠纪煤田19.644 67亿t、陕北侏罗纪煤田1 370.660 17亿t、黄陇侏罗纪煤田169.479 92亿t、陕南煤产地0.963 95亿t；查明资源/储量1 236.616 19亿t，其中陕北石炭-二叠纪煤田121.613 02亿t、渭北石炭-二叠纪煤田89.098 28亿t、陕北三叠纪煤田10.529 76亿t、陕北侏罗纪煤田839.936 73亿t、黄陇侏罗纪煤田174.217 86亿t、陕南煤产地1.220 54亿t。

(6) 开展了全省煤炭资源预测评价，预测了煤炭资源量。

依据以往勘查的煤田地质资料，通过编制全省煤田及矿区煤田地质图、含煤岩系地层等厚线图、主要可采煤层等厚线图、累计可采煤层厚度等值线图，收集有关深部煤层气、盐井、石油、天然气等钻孔资料，在充分分析研究区域地质资料与含煤地层、成煤构造、煤层赋存规律等基础上，依据全国煤炭资源潜力预测评价技术要求及“省(区)级报告编制提纲”有关规定，对全省预测区煤炭资源进行了预测评价。

全省预测2 000 m以浅含煤面积为23 371.83 km^2，预测潜在资源量22592 676万t，其中可靠级潜在资源量14 485 420万t，可能级潜在资源量6 986 586万t，推断级潜在资源量1 120 670万t；按煤层埋深划分：600 m以浅资源量450 444万t，600～1 000 m资源量1 212 342万t，1 000～1 500 m资源量4 787 708万t，1 500～2 000 m资源量

16 142 182 万 t；按预测远景区类别划分：有利的(Ⅰ类)资源量 1 584 854 万 t，次有利的(Ⅱ类)资源量4 861 912 万 t，不利的(Ⅲ类)资源量 16 145 910 万 t；按煤类划分：长焰煤/不黏煤 672 336 万 t，弱黏煤 50 544 万 t，气煤 12 604 364 万 t，肥煤 4 486 880 万 t，焦煤 269 940 万 t，瘦煤 1 171 571 万 t，贫瘦煤 409 140 万 t，贫煤 1 075 658 万 t，无烟煤 1 852 243 万 t。

参考文献

[1] 白斌,杨文敬,周立发,等.鄂尔多斯盆地西缘山西组沉积物源及源区大地构造属性分析[J].煤田地质与勘探,2007,35(4):8-11.

[2] 曹红霞,李文厚,陈全红,等.鄂尔多斯盆地南部晚三叠世沉降与沉积中心研究[J].大地构造与成矿学,2008,32(2):159-164.

[3] 陈洪德,侯中健,田景春,等.鄂尔多斯地区晚古生代沉积层序地层学与盆地构造演化研究[J].矿物岩石,2001,21(3):16-22.

[4] 陈洪德,赵俊兴,付锁堂,等.鄂尔多斯盆地中南部早中侏罗世沉积层序充填动力学作用过程[J].天然气工业,2007,27(5):21-25.

[5] 陈孟晋,汪泽成,郭彦如,等.鄂尔多斯盆地南部晚古生代沉积特征与天然气勘探潜力[J].石油勘探与开发,2006,33(1):1-5.

[6] 陈钟惠,张年茂,张守良,等.鄂尔多斯盆地东缘晚古生代含煤岩系沉积体系和聚煤作用的时空演化[J].地球科学,1989,14(4):357-366.

[7] 陈钟惠.煤和含煤岩系的沉积环境[M].武汉:中国地质大学出版社,1988.

[8] 丁晓琪,张哨楠.鄂尔多斯盆地西南缘延安组层序地层分析[J].成都理工大学学报(自然科学版),2008,35(6):681-685.

[9] 冯增昭.单因素分析多因素综合作图法:定量岩相古地理重建[J].古地理学报,2004,6(1):3-19.

[10] 付国民,郑荣才,赵俊兴,等.鄂尔多斯盆地环县地区延安组高分辨率层序地层学特征[J].中国矿业大学学报,2005,34(3):394-399.

[11] 付锁堂,田景春,陈洪德,等.鄂尔多斯盆地晚古生代三角洲沉积体系平面展布特征[J].成都理工大学学报(自然科学版),2003,30(3):236-241.

[12] 葛道凯,杨起,付泽明,等.陕西省榆林地区延安组湖滨下三角洲平原沉积中的决口扇三角洲沉积及其意义[J].现代地质,1990,4(3):51-59.

[13] 葛玉辉,孙春林,刘茂修.鄂尔多斯盆地东北缘延安组划分与对比[J].地层学杂志,2007,31(2):164-168.

[14] 葛玉辉,孙春林,刘茂修.鄂尔多斯盆地东北缘中侏罗统延安组植物群与古气候分析[J].吉林大学学报(地球科学版),2006,36(2):164-168.

[15] 郭英海,刘焕杰,权彪,等.鄂尔多斯地区晚古生代沉积体系及古地理演化[J].沉积学报,1998,16(3):44-51.

[16] 何义中,陈洪德,张锦泉.鄂尔多斯盆地中部石炭-二叠系两类三角洲沉积机理探讨[J].石油与天然气地质,2001,22(1):68-71.

[17] 贺丹,李智学.黄陇侏罗纪煤田控煤构造研究[J].中国煤炭地质,2011,23(10):14-18.

[18] 侯中健,陈洪德,田景春,等.鄂尔多斯地区晚古生代陆相沉积层序地层学研究[J].矿

物岩石,2001,21(3):114-123.
[19] 姜烨,李宝芳,王绍昌.鄂尔多斯陆表海层序地层中的低位域沉积:以太原组上段桥头砂岩为例[J].现代地质,2001,15(4):425-430.
[20] 解艳玲,庄军.鄂尔多斯盆地南部延安组砂体粒度特征[J].中国矿业大学学报,1998,27(4):428-432.
[21] 李宝芳,李祯,林畅松,等.鄂尔多斯盆地中下侏罗统沉积体系和层序地层[M].北京:地质出版社,1995.
[22] 李宝芳,温显端,李贵东.华北石炭、二叠系高分辨层序地层分析[J].地学前缘,1999,6(增刊):81-94.
[23] 李明培,李智学,邵龙义,等.陕西省渭北煤田石炭-二叠系层序地层与聚煤作用研究[J].中国煤炭地质,2011,23(8):43-48.
[24] 李思田,程守田,焦养泉,等.鄂尔多斯盆地东北部层序地层及沉积体系分析[M].北京:地质出版社,1992.
[25] 李小彦,武彩英,晋香兰.鄂尔多斯盆地侏罗纪成煤模式与煤质[J].中国煤田地质,2005(5):18-21.
[26] 李增学,韩美莲,魏久传,等.鄂尔多斯盆地上古生界高分辨率层序划分与煤聚积规律分析[J].中国石油大学学报(自然科学版),2008,32(1):5-12.
[27] 李增学,魏久传,李守春,等.内陆表海含煤盆地Ⅲ级层序的划分原则及基本构成特点[J].地质科学,1996,31(2):186-192.
[28] 李增学,魏久传,魏振岱,等.含煤盆地层序地层学[M].北京:地质出版社,2000.
[29] 刘宝珺,曾允孚.岩相古地理基础和工作方法[M].北京:地质出版社,1985.
[30] 刘池洋,赵红格,桂小军,等.鄂尔多斯盆地演化-改造的时空坐标及其成藏(矿)响应[J].地质学报,2006,80(5):617-638.
[31] 刘绍龙.华北地区大型三叠纪原始沉积盆地的存在[J].地质学报,1986(2):128-138.
[32] 卢宗盛,黄其胜,焦养泉.鄂尔多斯盆地东北部中侏罗世延安组双壳类生态组合[J].地球科学,1992,17(3):353-361.
[33] 马润华.陕西省岩石地层[M].武汉:中国地质大学出版社,1998.
[34] 煤炭部煤炭科学院地质勘探分院.陕西北部侏罗纪含煤地层及聚煤特征[M].西安:西北大学出版社,1987.
[35] 倪新锋,陈洪德,韦东晓,等.陆相坳陷湖盆陡坡带物质聚集及层序充填动力学特征:以鄂尔多斯盆地陇东地区三叠系延长组为例[J].沉积与特提斯地质,2008,28(2):12-19.
[36] 裴先治,李瑞保,丁仁平,等.陕南镇巴地区大巴山与米仓山构造交接关系[J].石油与天然气地质,2009,30(5):576-583.
[37] 平立华,郭英海,李壮福,等.鄂尔多斯盆地保德地区太原组桥头砂岩沉积特征及成因[J].天然气地球科学,2006,17(6):797-801.
[38] 全国地层委员会.中国区域年代地层(地质年代)表说明书[M].北京:地质出版社,2002.
[39] 陕西省地质矿产局.陕西省区域地质志[M].北京:地质出版社,1989.

[40] 陕西省煤田地质勘探公司 185 队.陕北早中侏罗世含煤岩系沉积环境[M].西安:陕西科学技术出版社,1989.

[41] 沈玉林,郭英海,李壮福,等.鄂尔多斯盆地东缘晋祠组晋祠砂岩沉积特征[J].天然气地球科学,2006,17(1):109-113.

[42] 时志强,韩永林,赵俊兴,等.鄂尔多斯盆地中南部中侏罗世延安期沉积体系及岩相古地理演化[J].地球学报,2003,24(1):49-54.

[43] 滕吉文,王夫运,赵文智,等.鄂尔多斯盆地上地壳速度分布与沉积建造和结晶基底起伏的构造研究[J].地球物理学报,2008,51(6):1753-1766.

[44] 田野,李智学,邵龙义,等.鄂尔多斯盆地上三叠统瓦窑堡组层序地层及聚煤特征研究[J].中国煤炭地质,2011,23(8):13-18.

[45] 汪正江,陈洪德,张锦泉.鄂尔多斯盆地晚古生代沉积体系演化与煤成气藏[J].沉积与特提斯地质,2002,22(2):18-23.

[46] 汪正江,张锦泉,陈洪德.鄂尔多斯盆地晚古生代陆源碎屑沉积源区分析[J].成都理工学院学报,2001,28(1):7-12.

[47] 王超勇,郭英海,姜波,等.鄂尔多斯分地西缘延安组层序地层划分[J].中国矿业大学学报,2004,33(1):15-18.

[48] 王东东,邵龙义,李智学,等.鄂尔多斯盆地延安组层序地层格架与煤层形成[J].吉林大学学报(地球科学版),2013,43(6):1726-1739.

[49] 王东东,邵龙义,李智学,等.陕北地区中侏罗统延安组岩相古地理[J].古地理学报,2012,14(4):451-461.

[50] 王东东,邵龙义,李智学,等.陕西省中侏罗统延安组层序地层格架与煤层形成[J].中国煤炭地质,2011,23(8):22-27.

[51] 王桂梁,琚宜文,郑孟林,等.中国北部能源盆地构造[M].徐州:中国矿业大学出版社,2007.

[52] 王辉,冯帆,王亚红,等.黄陇侏罗纪煤田陇县地区构造及控煤作用分析[J].中国煤田地质,2005(5):4-7.

[53] 王双明,张玉平.鄂尔多斯侏罗纪盆地形成演化和聚煤规律[J].地学前缘,1999,6(增刊):147-155.

[54] 王双明.鄂尔多斯盆地聚煤规律及煤炭资源评价[M].北京:煤炭工业出版社,1996.

[55] 王宗起,王涛,闫臻,等.秦岭晚古生代弧前增生的背驮型盆地体系[J].地质通报,2002,21(8):456-464.

[56] 魏红红,彭惠群,李静群,等.鄂尔多斯盆地石炭二叠系沉积特征与储集条件[J].石油与天然气地质,1998,19(2):136-141.

[57] 魏红红.鄂尔多斯地区石炭-二叠系沉积体系及层序地层学研究[D].西安:西北大学,2002.

[58] 席胜利,李文厚,刘新社,等.鄂尔多斯盆地神木地区下二叠统太原组浅水三角洲沉积特征[J].古地理学报,2009,11(2):187-194.

[59] 夏文臣,雷建喜,王超勇.鄂尔多斯盆地南部延安组水下分流河道型湖泊三角洲体系的沉积构成[J].地球科学,1991,16(2):219-228.

[60] 向芳,陈洪德,李志宏,等. 鄂尔多斯盆地东北部山西组三角洲相沉积演化特征[J]. 成都理工大学学报(自然科学版),2008,35(6):693-699.
[61] 闫存凤,袁剑英. 陕西榆林地区中侏罗统延安组孢粉组合及聚煤环境探讨[J]. 沉积学报,1993,11(3):37-43.
[62] 杨明慧,刘池洋,兰朝利,等. 鄂尔多斯盆地东北缘晚古生代陆表海含煤岩系层序地层研究[J]. 沉积学报,2008,26(6):1005-1013.
[63] 杨明慧,刘池洋,郑孟林,等. 鄂尔多斯盆地中晚三叠世两种不同类型边缘层序构成及对构造活动响应[J]. 中国科学(D 辑),2007(增刊):173-184.
[64] 杨仁超,韩作振,李文厚,等. 鄂尔多斯地区二叠系三角洲沉积特征及其模式[J]. 西北大学学报(自然科学版),2004,34(3):340-344.
[65] 叶黎明,齐天俊,彭海燕. 鄂尔多斯盆地东部山西组海相沉积环境分析[J]. 沉积学报,2008,26(2):202-210.
[66] 张泓,白清昭,张笑薇,等. 鄂尔多斯聚煤盆地的形成及构造环境[J]. 煤田地质与勘探,1995,23(3):1-9.
[67] 张泓,孟召平,何宗莲. 鄂尔多斯煤盆地构造应力场研究[J]. 煤炭学报,2000,25(增刊):1-5.
[68] 张鹏飞,彭苏萍,邵龙义. 含煤岩系沉积环境分析[M]. 北京:煤炭工业出版社. 1993.
[69] 张永霖. 鄂尔多斯盆地东南缘早、中侏罗世延安组沉积环境与煤炭资源分布规律[J]. 地质论评,1983,29(4):358-364.
[70] 赵虹,党犇,李文厚. 鄂尔多斯盆地中东部上古生界三角洲沉积特征[J]. 天然气工业,2006,26(1):26-29.
[71] 赵俊峰,刘池洋,喻林,等. 鄂尔多斯盆地中生代沉积和堆积中心迁移及其地质意义[J]. 地质学报,2008,82(4):540-552.
[72] 赵俊兴,陈洪德,傅锁堂,等. 鄂尔多斯盆地侏罗系层序地层与盆地充填演化耦合关系[J]. 成都理工大学学报(自然科学版),2007,34(5):511-518.
[73] 赵俊兴,陈洪德,时志强. 古地貌恢复技术方法及其研究意义:以鄂尔多斯盆地侏罗纪沉积前古地貌研究为例[J]. 成都理工学院学报,2001(3):260-266.
[74] 赵俊兴,陈洪德,向芳. 鄂尔多斯盆地中部延安地区中侏罗统延安组高分辨率层序地层研究[J]. 沉积学报,2003,21(2):307-313.
[75] 赵重远,刘池洋. 华北克拉通沉积盆地形成与演化及其油气赋存[M]. 西安:西北大学出版社,1990.
[76] 郑孟林,金之钧,王毅,等. 鄂尔多斯盆地北部中新生代构造特征及其演化[J]. 地球科学与环境学报,2006,28(3):31-36.
[77] 中国煤炭地质总局. 中国聚煤作用系统分析[M]. 徐州:中国矿业大学出版社,2001.
[78] 朱红涛,陈开远,KEYU L,等. 鄂尔多斯盆地东北部山西组河流相沉积证据[J]. 天然气工业,2007,27(12):68-70.
[79] AITKEN J F,FLINT S S. The application of high-resolution sequence stratigraphy to fluvial systems:a case study from the Upper Carboniferous Breathitt Group,Eastern Kentucky,USA[J]. Sedimentology,1995,42(1):3-30.

[80] ARDITTO P A. A sequence stratigraphic analysis of the Late Permian succession in the Southern Coalfield, Sydney Basin, New South Wales[J]. Australian journal of earth sciences,1991,38(2):125-137.

[81] DIESSELC F K, BOYD R, WADSWORTH J, et al. On balanced and unbalanced accommodation/peat accumulation ratios in the Cretaceous coals from Gates Formation, Western Canada, and their sequence-stratigraphic significance [J]. International journal of coal geology,2000,43(1/2/3/4):143-186.

[82] DIESSEL C F K. Coal-bearing depositional systems[M]. Berlin, Heidelberg: Springer Berlin Heidelberg,1992.

[83] FLINT S, AITKEN J, HAMPSON G. Application of sequence stratigraphy to coal-bearing coastal plain successions: implications for the UK Coal Measures[J]. Geological Society, London, special publications,1995,82(1):1-16.

[84] HAMILTON D S, TADROS N Z. Utility of coal seams as genetic stratigraphic sequence boundaries in nonmarine basins: an example from the Gunnedah Basin, Australia[J]. AAPG bulletin,1994,78:267-286.

[85] HAMPSON G J, ELLIOTT T, FLINT S S. Critical application of high resolution sequence stratigraphic concepts to the Rough Rock Group (Upper Carboniferous) of Northern England[J]. Geological Society, London, special publications,1996,104(1):221-246.

[86] HOLZ M, KALKREUTH W, BANERJEE I. Sequence stratigraphy of paralic coal-bearing strata: an overview[J]. International journal of coal geology,2002,48(3/4):147-179.